计 算 机 科 学 丛 书

原书第11版

计算机组成与体系结构
性能设计

[美] 威廉·斯托林斯（William Stallings） 著

汤善江 于策 孙超 肖健 毕重科 常婉晴 王梓懿 牛童 译

Computer Organization and Architecture
Designing for Performance Eleventh Edition

机械工业出版社
CHINA MACHINE PRESS

图书在版编目（CIP）数据

计算机组成与体系结构：性能设计：原书第 11 版 /（美）威廉·斯托林斯（William Stallings）著；汤善江等译 . —北京：机械工业出版社，2023.5

（计算机科学丛书）

书名原文：Computer Organization and Architecture: Designing for Performance, Eleventh Edition

ISBN 978-7-111-72845-0

I.①计… II.①威…②汤… III.①计算机体系结构 IV.①TP303

中国国家版本馆CIP数据核字（2023）第050663号

机械工业出版社（北京市百万庄大街22号　邮政编码100037）

策划编辑：朱　劼　　　　责任编辑：朱　劼　关　敏
责任校对：梁　园　卢志坚　责任印制：张　博
保定市中画美凯印刷有限公司印刷
2023 年 9 月第 1 版第 1 次印刷
185mm×260mm · 36.75印张 · 936千字
标准书号：ISBN 978-7-111-72845-0
定价：199.00元

电话服务　　　　　　　　　　网络服务

客服电话：010-88361066　　机 工 官 网：www.cmpbook.com
　　　　　010-88379833　　机 工 官 博：weibo.com/cmp1952
　　　　　010-68326294　　金 　书 　网：www.golden-book.com
封底无防伪标签均为盗版　　机工教育服务网：www.cmpedu.com

《计算机组成与体系结构：性能设计》是美国著名计算机专家 William Stallings 的经典著作，是最受欧美著名高校欢迎的计算机系列教材之一。本书历经多次改版，现在是第 11 版。这一版对第 10 版进行了彻底的修订和补充，内容更加全面、深入和清晰。

全书内容丰富，涉及计算机组成与体系结构的基本概念、设计原理和实现，适合技术开发人员和学术研究人员学习与参考。整本书共由六个部分组成。第一部分（第 1 章和第 2 章）概述计算机组成与体系结构，以及计算机的发展演变、性能设计与评测；第二部分（第 3～9 章）介绍计算机系统，包括计算机的主要部件及其互连、cache 存储器、内部存储器、外部存储器、输入 / 输出（I/O）以及计算机体系结构与操作系统之间的关系；第三部分（第 10～12 章）介绍数字系统、计算机算术和数字逻辑；第四部分（第 13～15 章）介绍指令集和汇编语言；第五部分（第 16～19 章）介绍中央处理器，包括处理器结构和功能、精简指令集计算机（RISC）、指令级并行和超标量方法、控制单元操作和微程序控制；第六部分（第 20 章和第 21 章）介绍并行处理和多核计算机。

本书的翻译是由多位高性能计算与体系结构科研人员通力合作完成的，其中汤善江完成了全书的统稿与审校工作，于策、孙超、肖健、毕重科、常婉晴、王梓懿、牛童参与了部分章节的翻译与审校。

受语言背景及技术水平所限，书中难免会出现翻译错误，希望广大读者批评指正。

译　者
2022 年 10 月于天津大学

第 11 版有什么新内容

自本书第 10 版出版以来，计算机组成与体系结构领域的创新和改进不断。在这个新版本中，我试图展示这些变化，同时保持对整个领域的广泛而全面的覆盖。为了开始这一修订过程，许多教授和在这一领域工作的专业人士广泛审阅了本书第 10 版。结果是，第 11 版中很多地方的叙述更加清楚和严谨，插图也得到了完善。

除了这些用以提升教学效果和用户友好性的改进之外，本书还发生了实质性的变化。全书的章节组织和之前大致相同，但是修订了许多内容，并添加了一些新的内容。最值得注意的变化如下：

- **多芯片模块**：现在广泛使用的多芯片模块的新讨论已被添加到第 1 章。
- **SPEC 基准**：第 2 章中对 SPEC 的描述已经更新，以涵盖新的 SPEC CPU2017 基准套件。
- **存储器层次结构**：关于存储器层次结构的新的一章扩展了原 cache 存储器一章中的内容，并添加了新内容。新的第 4 章包括：
  - 更新和扩展了局部性原则的覆盖范围。
  - 更新和扩展了存储器层次结构的覆盖范围。
  - 存储器层次结构中数据访问性能建模的一种新方法。
- **cache 存储器**：cache 存储器一章已经更新和修订。第 5 章现在包括：
  - 修订和扩展了逻辑 cache 组织的处理方式，使用新的图形以更加清晰。
  - 内容可寻址存储器的描述。
  - 写入分配和无写入分配策略的描述。
  - 介绍 cache 性能建模的新的一节。
- **嵌入式动态随机存取存储器**：关于内存的第 6 章现在包括一节关注越来越流行的嵌入式动态随机存取存储器（eDRAM）。
- **高级格式 4K 扇区硬盘**：关于外部存储器的第 7 章，包括对现在广泛使用的 4K 扇区硬盘格式的讨论。
- **布尔代数**：第 12 章中关于布尔代数的讨论已经用新的文稿和图表进行了扩展，以便于理解。
- **汇编语言**：关于汇编语言的处理已经扩展到一整章（第 15 章），涵盖更多的细节和例子。
- **流水线**：关于流水线的讨论已经用新的文稿和图进行了实质性的扩展。内容涵盖在第 16～18 章的新节中。
- **cache 一致性**：第 20 章中对 MESI cache 一致性协议的讨论已经用新的文稿和图进行了扩展。

对 ACM/IEEE 计算机科学与计算机工程课程的支持

本书既面向学术读者，也面向专业读者。作为教材，本书可以用于计算机科学、计算机工程和电气工程专业的一学期或两学期的本科课程。本版支持 ACM/IEEE 计算机科学课程指南 2013（CS2013）的建议。CS2013 将所有课程划分为三类：核心一级（所有主题都应包含在课程中），核心二级（应包括所有或几乎所有主题），选修（希望提供广度和深度）。在体系结构和组成（AR）领域，CS2013 包括五个二级主题和三个选修主题，每个主题都有多个子主题。本书涵盖了 CS2013 列出的所有八个主题。表 P.1 显示了本书对 CS2013 AR 知识领域的覆盖。本书也支持 ACM/IEEE 计算机工程课程指南 2016（CE2016）。CE2016 定义了计算机工程本科的必要知识体系，分为十二个知识领域。其中一个领域是计算机体系结构和组成（CE-CAO），由十个核心知识领域组成。本书涵盖了 CE2016 中列出的所有 CE-CAO 知识领域，表 P.2 显示了覆盖范围。

表 P.1 对 CS2013 体系结构和组成（AR）知识领域的覆盖

IAS 知识单元	主 题	本书覆盖章节
数字逻辑与数字系统（二级）	• 计算机体系结构的概述和历史 • 组合与时序逻辑 / 现场可编程门阵列作为基本组合时序逻辑构建块 • 多重表示 / 分层的解释（硬件只是另一层） • 物理约束（门延迟、扇入、扇出、能量 / 功率）	第 1 章 第 12 章
数据的机器级表示（二级）	• 位、字节和字 • 数值数据表示和数值的进制 • 定点与浮点系统 • 有符号和二进制补码表示 • 非数值数据的表示（字符代码、图形数据）	第 10 章 第 11 章
汇编级机器组成（二级）	• 冯·诺依曼机的基本结构 • 控制单元；取指、译码和执行 • 指令集和类型（数据操作、控制、I/O） • 汇编 / 机器语言编程 • 指令格式 • 寻址模式 • 子程序调用和返回机制（交叉引用 PL/ 语言翻译和执行） • I/O 和中断 • 共享内存多处理器 / 多核组织 • SIMD 与 MIMD 和 Flynn 分类法简介	第 1 章 第 8 章 第 13 章 第 14 章 第 15 章 第 19 章 第 20 章 第 21 章
存储系统的组成与体系结构（二级）	• 存储系统及其技术 • 存储器层次：时间局部性与空间局部性 • 主存组成和操作 • 延迟、循环时间、带宽和交叉 • cache 存储器（地址映射、块大小、替换和存储策略） • 多处理器 cache 一致性 / 使用存储系统进行内核间同步 / 原子内存操作 • 虚拟内存（页表，TLB） • 故障处理和可靠性	第 4 章 第 5 章 第 6 章 第 7 章 第 9 章 第 20 章
接口与通信（二级）	• I/O 基础：握手、缓冲、编程 I/O、中断驱动 I/O • 中断结构：向量和优先级，中断确认 • 外部存储、物理组成和驱动器 • 总线：总线协议、仲裁、直接内存访问（DMA） • RAID 架构	第 3 章 第 7 章 第 8 章
功能性组成（选修）	• 简单数据路径的实现，包括指令流水线、冒险检测和解析 • 控制单元：硬连线实现与微程序实现 • 指令流水线 • 指令级并行性(ILP)简介	第 16 章 第 17 章 第 18 章 第 19 章

（续）

IAS 知识单元	主 题	本书覆盖章节
多处理及其他体系结构（选修）	• SIMD 和 MIMD 指令集和体系结构示例 • 互连网络 • 共享多处理器内存系统和内存一致性 • 多处理器缓存一致性	第 20 章 第 21 章
性能提升（选修）	• 超标量架构 • 分支预测、推测执行、乱序执行 • 预取 • 向量处理器和 GPU • 多线程的硬件支持 • 可扩展性	第 17 章 第 18 章 第 20 章

表 P.2　对 CE2016 体系结构和组成（AR）知识领域的覆盖

知识单元	本书覆盖章节	知识单元	本书覆盖章节
历史与概览	第 1 章	存储系统的组成与体系结构	第 4 章 第 5 章 第 6 章 第 7 章
相关工具、标准和工程约束	第 3 章	输入 / 输出接口与通信	第 8 章
指令集架构	第 13 章 第 14 章 第 15 章	外围子系统	第 3 章 第 8 章
衡量性能	第 2 章	多核 / 众核架构	第 21 章
计算机算术	第 10 章 第 11 章	分布式系统架构	第 20 章
处理器的组成	第 16 章 第 17 章 第 18 章 第 19 章		

本书目标

本书是关于计算机结构和功能的，目的是尽可能清晰完整地展示现代计算机系统的本质和特征。

这项任务颇具挑战性，原因如下。首先，有各种各样的产品可以称为计算机，从几美元的单芯片微处理器到几千万美元的超级计算机。多样性不仅表现在成本上，还表现在尺寸、性能和应用上。其次，计算机技术特征在持续不断地快速变化。这些变化涵盖了计算机技术的所有方面，从用于构建计算机组件的底层集成电路技术到在组合这些组件时使用越来越多的并行组织概念。

尽管计算机领域的变化多种多样，速度也很快，但某些基本概念始终适用。这些概念的应用取决于技术的当前状态和设计者的性价比目标。本书的目的是对计算机组成与体系结构基础进行彻底讨论，并将它们与当代设计问题联系起来。

本书的副书名"性能设计"暗示了本书的主题和方法。设计计算机系统以实现高性能一直很重要,但这一要求从未像今天这样强烈且难以满足。计算机系统的所有基本性能特征,包括处理器速度、存储器速度、存储器容量和互连数据速率,都在快速增长。此外,它们正以不同的速度增长。这样就很难设计一个平衡的系统来最大化所有元素的性能和利用率。因此,计算机设计逐渐变成一种博弈:改变一个领域的结构或功能以补偿另一个领域的性能不足。我们将在整本书的众多设计决策中看到这种博弈。

与其他系统一样,计算机系统由一组相互关联的部件组成。描述系统特性的最好方式是它的结构(指部件相互连接的方式)与功能(指单个部件的操作)。此外,计算机的组成是层次化的。通过将其分解为主要子部件并描述其结构和功能,可以进一步描述每个主要部件。为了清晰和易于理解,本书从上到下描述了这种层次结构:

- **计算机系统**:主要部件是处理器、存储器、输入/输出。
- **处理器**:主要部件是控制单元、寄存器、算术逻辑单元和指令执行单元。
- **控制单元**:为所有处理器部件的操作和协调提供控制信号。传统上,使用的是微程序实现,其中主要部件是控制存储器、微指令排序逻辑和寄存器。最近,微程序实现已经不那么突出,但仍然是一种重要的实现技术。

我们的目的是在保持上下文清晰的情况下呈现新内容,从而帮助读者理解这些知识。与自下而上的方法相比,读者的学习积极性会更高。

在整个讨论中,系统的各个方面都是从体系结构(机器语言程序员可见的系统属性)和组成(实现体系结构的操作单元及其互连)两个角度来审视的。

示例系统

本书旨在让读者了解当代操作系统的设计原则和实现问题,因此,仅介绍纯粹的概念或理论是不够的。为了说明这些概念并将它们与实际设计中必须做出的选择联系起来,我们选择了两个处理器系列作为示例系统。

- **Intel x86 体系结构**:非嵌入式计算机系统中应用最广泛的是 x86 体系结构。x86 本质上是具有某些精简指令集计算机(RISC)特点的复杂指令集计算机(CISC)。 x86 系列的最新成员利用了超标量和多核设计原则。x86 体系结构特性的演变为计算机体系结构中大多数设计原则的演变提供了一个独特的研究案例。
- **ARM**:ARM 体系结构可以说是使用最广泛的嵌入式处理器,用于手机、iPod、远程传感器设备和许多其他设备。 ARM 本质上是精简指令集计算机(RISC)。ARM 系列的最新成员利用了超标量和多核设计原则。

本书中的许多示例(但不是全部)都来自这两个计算机系列。许多其他系统,包括现代的和过去的,都体现了重要的计算机体系结构设计特性。

本书的组织结构

本书分为六个部分:

- 概述
- 计算机系统
- 算术与逻辑
- 指令集与汇编语言
- CPU

- 并行组织

本书具备许多适用于教学的特色，包括使用大量图表来使讨论更清晰。每章末尾都给出了关键词、思考题和习题。

教辅资源⊖

教师的教辅资料可从教师资源中心（IRC）获取，可通过出版商的网站 www.pearson. com/stallings 访问。要访问 IRC，请通过 www.pearson.com/replocator 联系当地的 Pearson 销售代表。IRC 提供以下资料：

- **项目手册**：项目资源，包括文档和可移植的软件，以及本前言中随后列出的所有项目类别的推荐项目作业。
- **解题手册**：对章末思考题和习题的解答。
- **PowerPoint 幻灯片**：一套涵盖所有章节的幻灯片，适用于教学。
- **PDF 文件**：书中的所有图表。
- **试题库**：每章的问题集。
- **教学大纲示例**：本书包含的资料多于一学期教学所需的量。因此，为教师提供了若干个教学大纲示例，以指导在有限时间内如何使用本书。这些示例都以教授本书第 1 版时的真实经验为基础。

学生资源

在新版本中，学生可以在网上获取大量的原始支持材料。本书网址为 www.pearson.com/stallings，包括按章组织的相关链接列表和勘误表。为了帮助学生理解材料，在这个网站上有一组独立的家庭作业问题和解答。学生可以通过解答这些问题，然后核对答案来增强自己对本书的理解。该网站还包括本书中引用的大量文件和论文。

项目和其他学生练习

对许多教师来说，计算机组成与体系结构课程的一个重要组成部分是一个或一组项目，学生可以通过这些项目获得实际经验来强化理解课本中的概念。本书为此提供了相关的支持，教师可通过 IRC 使用教辅资源，这些资源不仅包括关于布置和构建项目的指导，而且还包括一组针对各种项目类型和特定任务的用户手册，所有这些都是特别为本书而写的。教师可以针对以下各方面布置作业：

- **研究项目**：指导学生在互联网上研究特定主题并撰写报告的一系列研究任务。
- **仿真项目**：IRC 支持使用两个仿真包，其中 SimpleScalar 可用于探索计算机组成与体系结构设计问题，SMPCache 提供了一个强大的教育工具，用于检查对称多处理器的缓存设计问题。
- **汇编语言项目**：使用了一种简化的汇编语言 CodeBlue，并提供了基于流行的 Core Wars 概念的作业。
- **阅读 / 报告作业**：每章有一份或多份论文清单，可供学生阅读并写一份简短的报告。
- **写作作业**：用来帮助学习书中内容的写作作业清单。

⊖ 关于教辅资源，仅提供给采用本书作为教材的教师用于课堂教学、布置作业、发布考试等。请有需要的教师直接联系 Pearson 北京办公室查询并填表申请。联系邮箱：Copub. Hed@Pearson.com。——编辑注

- **测试库**：包括判断题、多选题以及填空题和答案。

这些多样化的项目和学生练习可使教师通过使用本书丰富学生的学习体验，也可以定制课程计划以满足师生的具体需求。

致谢

新版本得益于许多人的审阅，他们慷慨地贡献了自己的时间和专业知识。以下几位教授对整本书进行了审阅：Nikhil Bhargava（印度管理学院，德里）、James Gil de Lamadrid（鲍伊州立大学计算机科学系）、Debra Calliss（亚利桑那州立大学计算机科学与工程系）、Mohammed Anwaruddin（文特沃斯理工学院计算机科学系）、Roger Kieckhafer（密歇根理工大学电子与计算机工程系）、Paul Fortier（马萨诸塞大学达斯茅斯分校电子与计算机工程系）、Yan Zhang（南佛罗里达大学计算机科学与工程系）、Patricia Roden（北阿拉巴马大学计算机科学与信息系统系）、Sanjeev Baskiyar（奥本大学计算机科学和软件工程系）和 Jayson Rock（威斯康星大学密尔沃基分校计算机科学系）。我特别要感谢 Roger Kieckhafer 教授允许我使用他课堂讲稿中的一些图形和性能模型。

还要感谢许多人，他们为一章或多章提供了详细的技术意见：Rekai Gonzalez Alberquilla、Allen Baum、Jalil Boukhobza、Dmitry Bufistov、Humberto Calderón、Jesus Carretero、Ashkan Eghbal、Peter Glaskowsky、Ram Huggahalli、Chris Jesshope、Athanasios Kakarountas、Isil Oz、Mitchell Poplingher、Roger Shepherd、Jigar Savla、Karl Stevens、Siri Uppalapati、Sriram Vajapeyam 博士、Kugan Vivekanandarajah、Pooria M. Yaghini 和 Peter Zeno。

美国阿巴拉契亚州立大学的 Cindy Norris 教授、美国新布伦瑞克大学的 Bin Mu 教授、美国阿拉斯加州立大学的 Kenrick Mock 教授好心地提供了家庭作业。

西班牙埃斯特雷马杜拉大学的 Miguel Angel Vega Rodriguez 教授、Juan Manuel Sánchez Pérez 教授、Juan Antonio Gómez Pulido 教授编写了指导手册中的 SMPCache 问题，并编写了《SMPCache 用户指南》。

威斯康星大学的 Todd Bezenek 和利哈伊大学的 James Stine 准备了指导手册中的 SimpleScalar 问题，并编写了《SimpleScalar 用户指南》。

最后，我要感谢负责出版本书的许多人，他们所做的工作一如既往地出色。这包括 Pearson 的员工，特别是我的编辑 Tracy Johnson，以及她的助理 Meghan Jacoby 和项目经理 Bob Engelhardt。还要感谢 Pearson 的营销和销售人员，没有他们的努力，这本书就不会呈现在大家面前。

William Stallings 博士撰写了 18 本教科书，算上修订版，共有超过 70 本关于计算机安全、计算机网络和计算机体系结构的书籍。在这一领域工作的 30 多年里，他担任过几家高科技公司的技术贡献者、技术经理和高管。目前，他是一名独立顾问，其客户包括计算机与网络制造商和客户、软件开发公司以及政府前沿研究机构。他曾 13 次获得美国教材与学术专著作者协会颁发的"年度最佳计算机科学教材"奖。

他创建并维护着计算机科学学生资源网站 ComputerScienceStudent.com。该网站为计算机科学学生（和专业人员）提供了各种他们普遍感兴趣的主题的文档和链接。他是 *Cryptologia* 编辑委员会的成员，这是一本致力于密码学各个方面的学术期刊。

Stallings 博士在麻省理工学院（MIT）获得计算机科学博士学位，在圣母大学获得电气工程学士学位。

汤善江，天津大学智能与计算学部副教授，ACM SIGHPC China 新星奖获得者，ACM SIGHPC 执行委员，CCF 高性能计算专业委员会委员。2015 年博士毕业于新加坡南洋理工大学，本科与硕士分别于 2008 年和 2011 年毕业于天津大学。研究方向主要为高性能计算、云计算和大数据分析与处理。在 *TPDS*、*TSC*、*TCC* 等国际顶级期刊和 SC、ICS 等会议上发表论文 40 余篇，主持国家自然科学基金项目 2 项、天津市自然科学基金重点项目 1 项、科技部重点研发计划子课题 1 项。

于策，天津大学智能与计算学部教授，博导，国家天文科学数据中心技术研发创新中心主任，CCF 高性能计算专业委员会委员，天津市天文学会理事。主要研究方向为高性能计算、天文信息技术、大数据与云计算。主讲课程包括并行计算、现代计算机体系结构、并行程序设计。

孙超，天津大学超算中心工程师，日常负责超算中心计算集群的系统维护和技术支持工作，同时负责并行计算、高性能计算等课程的实验部分。主要研究方向为高性能计算、天文信息技术。参与国家自然科学基金项目 6 项（包括重点项目 1 项），科研成果曾获得天津市科学技术进步二等奖。

肖健，天津大学智能与计算学部高级工程师。本科、硕士、博士毕业于天津大学，2007 年入职天津大学软件学院，2017 年 10 月至 2018 年 6 月赴日本九州大学深造。主要研究方向为高性能计算、天文信息学。现任中国天文学会信息化工作委员会委员、国家天文科学数据中心（NADC）技术研发创新中心副主任，设计开发国家天文科学数据中心主系统、用户通行证以及望远镜观测申请系统，主持或参与国家级项目 7 项（包括重点项目 2 项），获天津市科学技术进步二等奖 1 项，发表论文 30 余篇。

毕重科，天津大学智能与计算学部副教授，重点研发计划项目负责人。主要研究方向为科学可视化、高性能计算。现任中国图象图形学学会可视化与可视分析专业委员会常务委员、CCF 高性能计算专业委员会委员、CCF 计算机辅助设计与图形学专业委员会委员。2012 年于东京大学获理学博士学位。2012～2016 年任日本理化学研究所研究员，2016 年加入天津大学。在高性能计算与可视化领域主持科技部重点研发计划、国家自然科学基金、日本国家级项目等 10 余项，发表论文 60 余篇。

常婉晴，天津大学智能与计算学部硕士研究生。主要研究方向为高性能计算、大数据安全，参与开发基于 Trustzone 大数据安全算子的相关代码，对 Spark、Hadoop 和 Trustzone 等框架下的跨语言分布式开发有着丰富的项目经验。

王梓懿，天津大学智能与计算学部硕士研究生，2021 年 6 月至 2021 年 8 月于百度深度学习技术平台部任算法工程师。主要研究方向为高性能计算、安全人工智能，是多项基于异构编程的课题代码的主要贡献者，对 PyTorch 和 PaddlePaddle 等深度学习框架下的分布式开发有着丰富的项目经验。

牛童，天津大学智能与计算学部硕士研究生。主要研究方向为视频分析、强化学习，目前主要研究面向视频的目标聚集程度问题，熟悉 PyTorch 框架。

附录⊖

⊖ 附录 A～G、术语表和参考文献可登录 www.cmpedu.com 下载查看。——编辑注

概　述

Computer Organization and Architecture: Designing for Performance, Eleventh Edition

基本概念与计算机演化

学习目标

学习完本章后，你应该能够：

- 解释数字计算机的通用功能和结构。
- 概述计算机技术从早期的数字计算机到最新的微处理器的演化。
- 概述 x86 架构的发展。
- 定义嵌入式系统，并列出各种嵌入式系统必须满足的一些要求和约束。

1.1　组成与体系结构

在描述计算机时，常常要区分计算机体系结构和计算机组成这两个基本概念。虽然很难给出这两个术语的精确定义，但对它们所涉及的领域已有共识（见文献 [VRAN80]、[SIEW82] 和 [BELL78a]），一种有趣的可供选择的观点可参见文献 [REDD76]。

计算机体系结构是指那些对程序员可见的系统属性，换句话说，这些属性直接影响程序的逻辑执行。经常与计算机体系结构互换使用的术语是**指令集体系结构**（ISA）。ISA 定义了指令格式、指令操作码、寄存器、指令和数据存储器，已执行指令对寄存器和存储器的影响，以及用于控制指令执行的算法。**计算机组成**是指实现体系结构规范的操作单元及其相互连接。例如，体系结构的属性包括指令集、用来表示各种数据类型（例如，数据、字符）的位数、输入输出机制以及内存寻址技术。组成的属性包括那些对程序员可见的硬件细节，如控制信号、计算机和外设的接口以及存储器使用的技术。

例如，计算机是否有乘法指令是体系结构设计的问题，而这条指令是由特定的乘法单元实现，还是通过重复使用系统的加法单元来实现，则是组成的问题。组成是基于乘法指令的预期使用频率、两种方案的相对速度以及特定乘法单元的成本和物理尺寸等因素决定的。

无论是过去还是现在，了解体系结构与组成之间的差别都是很重要的。很多计算机制造商会提供系列机产品，它们有着相同的体系结构，但组成是不相同的，因此，同一系列中不同型号的计算机的价格和性能也不相同。进一步来说，一种特殊的体系结构可以存在多年，并且覆盖多种不同的计算机型号，但它的组成则随着技术的进步而不断更新。这种现象的一个突出例子是 IBM System/370 体系结构，这种体系结构最早于 1970 年推出，包括多种型号。对设备要求低的用户 / 客户可以购买较便宜、速度较慢的型号，如果今后要求提高了，可以升级到更贵的、速度更快的型号，而不必丢弃已经开发的软件。近几年，IBM 通过改进技术推出了许多新型号来替代旧的型号，为用户提供高速、低价或两者兼备的产品。这些新型号保留了同样的体系结构，因而保障了用户的软件投资。值得注意的是，System/370 体系结构经过几次增强，不但生存至今，而且仍是 IBM 的旗舰产品。

在被称为微计算机的一类计算机系统中，体系结构和组成的关系非常紧密。技术的更新不仅会影响计算机的组成，而且会引入更强大、更复杂的体系结构。通常，越小的机器，新旧两代之间的兼容性要求越少，因此组成和体系结构设计决策的关系就更加紧密。关于它的一个有趣的例子就是精简指令集计算机（RISC），本书将在第 17 章进行深入的讨论。

本书介绍计算机组成和计算机体系结构两个方面的内容，或许更强调组成方面的内容。

但是，计算机组成的设计必须遵照特定的体系结构规范，因此，对组成的深入论述也要求对体系结构有同样细致的考察。

1.2　功能和结构

计算机是一个复杂的系统，当代计算机包含数百万个电子元件，那么，怎样才能清楚地描述它们呢？关键就在于认识包括计算机在内的大多数复杂系统具有层次化特性 [SIMO96]。层次化系统是一系列互相关联的子系统，每个子系统在结构上也是层次化的，直到分成我们所能达到的基本子系统的最低级。

复杂系统的层次化特性是设计和描述它们的基础。设计者每次只需处理系统的某个特定层次即可。在每一层中，系统由一组部件及其相互关联所组成。每一层的行为仅仅依赖于系统下一层的简单的、抽象的特征。在每一层上，设计者都要关心结构和功能。

- **结构**：部件相互关联的方式。
- **功能**：作为结构组成部分的单个独立部件的操作。

根据以上描述，我们就有了两种选择：由底层开始，向上建立完善的描述；从顶层开始，将系统分解成各个子部分。许多领域的事实证明，自顶向下的方法是最清晰且最有效的方法 [WEIN75]。

本书采用的方法也遵循这一观点，将自顶向下地描述计算机系统。从系统的主要部件开始，描述它的结构和功能，然后逐级深入推进到层次结构的较低层。本节的其余部分将为这种逐级推进的描述提供简短的概述。

1.2.1　功能

从本质上讲，计算机的结构和功能都很简单。一般而言，计算机只能执行四种基本功能。

- **数据处理**：数据可以有多种形式，处理的要求也很广泛。但是我们将看到数据处理的基本方法或类型只有几种。
- **数据存储**：即使计算机正在动态地处理数据（即数据输入并处理、结果直接输出），它至少也必须在某个特定的时刻临时存储它正在运算的数据值。因此，计算机至少要有短期数据存储的功能。计算机长期存储数据的功能同样重要。存储在计算机中的数据文件可以用于以后的检索或更新。
- **数据传送**：计算机的操作环境包含作为数据源或者数据目的的设备。当数据从直接与计算机相连的设备中发送或接收时，这个过程被称为输入－输出（I/O），而这个设备被称为外围设备（peripheral）。当数据传至更远处，或从远方设备接收时，这个过程称为数据通信。
- **控制**：在计算机内部，控制器根据指令管理计算机资源，并协调各个功能部件的性能。

前面的讨论似乎过于概括，但即使在计算机结构的最高层次，区分许多不同的功能仍是可能的。这里引用文献 [SIEW82] 中的一段话：

为适应功能而改变计算机结构的情况很少发生。计算机的通用性是根本，所有的功能专门化均发生在编程阶段，而不是设计阶段。

1.2.2　结构

我们现在大体看一看计算机的内部结构。我们从采用微程序控制器的单处理器的传统计算机开始，然后研究典型的多核结构。

简易单处理器计算机　　图 1.1 提供了传统单处理器计算机内部结构的分层视图。有四个主要的结构组件：

- **中央处理单元（CPU）**：它控制计算机的操作并执行数据处理功能，通常被简单地称为**处理器**。
- **主存储器**：存储数据。
- **I/O**：在计算机及其外部环境之间传输数据。
- **系统互连**：为 CPU、主存储器和 I/O 之间提供一些通信机制。系统互连常见的例子是利用**系统总线**，它由一系列导线组成，所有其他组件连接在导线上。

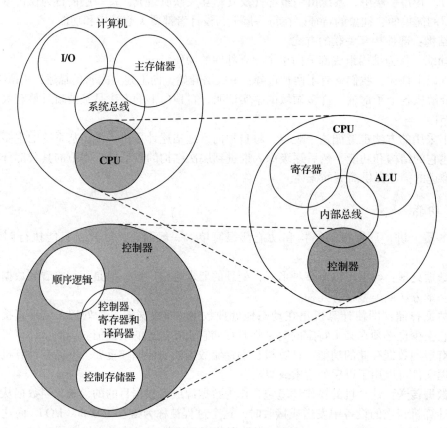

图 1.1　计算机：顶层结构

上述各种组件可能有一个或者多个，但传统上，处理器仅仅只有一个。近年来，在单机系统中采用多处理器的情况越来越多。随着内容的深入，本书会涉及和讨论有关多处理器系统的设计问题，第六部分将专门讨论这样的系统。

第二部分将详细地介绍以上每个组件。但对我们来说，最有趣的、在某种程度上也是最复杂的组件是 CPU，其主要结构组件如下所示：

- **控制器**：控制 CPU 以至于整个计算机的操作。
- **算术逻辑单元（ALU）**：执行计算机的数据处理功能。
- **寄存器**：提供 CPU 的内部存储。
- **CPU 内部互连**：提供控制器、ALU 和寄存器之间的某种通信机制。

本书将详细讨论以上各个组件，我们将看到使用并行和流水线技术所带来的复杂性。最后，实现控制器的方法有多种，一种常用的方法是微程序的实现技术。从根本上讲，微程序控制器通过执行一系列的微指令来操作，而微指令定义了控制器的功能。使用这种方法，控制器的结构可以描述为图 1.1 所示，本书第五部分将讨论这种结构。

多核计算机结构　　如前所述，现代计算机通常具有多个处理器。当这些处理器都存放在单个芯片上时，称为多核计算机，每个处理单元（由控制单元、ALU、寄存器组，或许还有 cache 组成）称为核。为清晰起见，本书将使用以下定义。

- **中央处理器（CPU）**：计算机中获取和执行指令的部分。它由算术逻辑单元、控制单元和寄存器组成。在具有单个处理单元的系统中，它通常简称为处理器。
- **核**：处理器芯片上的单个处理单元。核在功能上可能等同于单 CPU 系统上的 CPU。其他专用处理单元（例如针对向量和矩阵运算进行优化的处理单元）也称为核。
- **处理器**：包含一个或多个核的物理硅片。处理器是解释和执行指令的计算机组件。如果处理器包含多核，则称为**多核处理器**。

经过大约十年的讨论，业界对这种用法达成了广泛的共识。

现代计算机的另一个突出特点是在处理器和主存之间使用多层存储器，称为 cache 存储器。

第 5 章专门讨论 cache 存储器的主题。就我们本节的目的而言，我们只需注意到 cache 存储器比主存更小、更快，将来可能将主存的数据放入 cache 存储器而用于加速存储器访问。使用多个级别的 cache 可以获得更大的性能改进，其中 L1 最接近核，其他级别（L2、L3 等）逐渐远离核。在该方案中，第 n 级比第 $n+1$ 级更小、更快。

图 1.2 是典型多核计算机的主要组件的简化视图。大多数计算机（包括智能手机和平板电脑中的嵌入式计算机，以及个人计算机、笔记本电脑和工作站）都以主板为基础。在描述这种安排之前，我们需要定义一些术语。**印制电路板（PCB）**是固定和互连芯片与其他电子元件的刚性平板。电路板由若干层组成，通常是 2 到 10 层，这些层通过蚀刻在电路板上的铜通道互连组件。计算机中的主印制电路板称为系统板或**主板**，而插入主板插槽中的较小电路板称为扩展板。

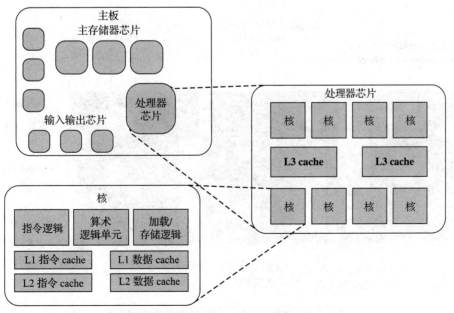

图 1.2　多核计算机主要组件的简化视图

主板上最突出的元素是芯片。**芯片**是一块半导体材料，通常是硅，在其上制造电子电路和逻辑门。由此产生的产品被称为**集成电路**。

主板包含处理器芯片的插槽，处理器芯片通常包含多个独立核，这就是所谓的多核处理器。还有内存芯片、I/O 控制器芯片和其他关键计算机组件的插槽。对于台式计算机，扩展槽允许在扩展板上包含更多组件。因此，现代主板只连接几个单独的芯片组件，每个芯片包含几千个到数亿个晶体管。

图 1.2 显示了一个包含八个核和两个 L3 cache 的处理器芯片，其中没标明控制核心与cache 之间以及核心与主板上的外部电路之间的操作所需的逻辑。该图表明 L3 cache 占据了芯片表面的两个不同部分。然而，通常情况下，所有核都可以通过前述控制电路访问整个L3 cache。图 1.2 中所示的处理器芯片并不代表任何特定产品，但提供了此类芯片布局的一般概念。

接下来，我们放大单个核的结构，它占据了处理器芯片的一部分。一般而言，核的功能要素包括：

- **指令逻辑**：这包括获取指令和译码每条指令以确定指令操作和任何操作数的存储位置所涉及的任务。
- **算术逻辑单元（ALU）**：执行指令指定的操作。
- **加载 / 存储逻辑**：管理通过 cache 与主内存之间的数据传输。

核中还包含 L1 cache，L1 cache 分为用于向主存传送指令和从主存传出指令的指令cache（I-cache），以及用于传送操作数和结果的 L1 数据 cache。一般来说，现在的处理器芯片通常还包括一个 L2 cache，作为核的一部分。在许多情况下，此 cache 也分为指令 cache和数据 cache，不过也可以使用组合的单个 L2 cache。

请记住，核布局的这种表示只是为了给出内部核结构的大致概念。在给定的产品中，功能元件的分布与图 1.2 中所示的可能不一样，尤其是当这些功能中的一些或全部作为微程序控制器的一部分来实现时。

示例   看看说明计算机层次结构的一些现实世界的例子会很有启发意义。图 1.3 是围绕两个 Intel 四核 Xeon 处理器芯片构建的计算机主板的照片。之后会讨论照片上标注的许多元素。

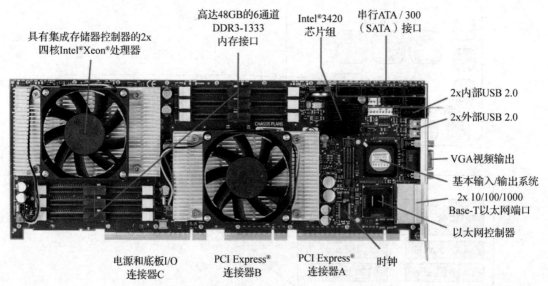

图 1.3 装有两个 Intel 四核 Xeon 处理器的主板

这里除了处理器插槽之外，我们还提到了最重要的：

- 用于高端显示适配器和其他外围设备的 PCI-Express 插槽（参见 3.6 节介绍的 PCIe）。
- 用于网络连接的以太网控制器和以太网端口。
- 用于外围设备的 USB 插槽。
- 用于连接磁盘存储器的串行 ATA（SATA）插槽（参见 8.8 节讨论的以太网、USB 和 SATA）。
- 用于 DDR（双倍数据速率）主存储芯片的接口（参见 6.3 节讨论的 DDR）。
- Intel 3420 芯片组是一个 I/O 控制器，用于在外围设备和主存之间进行直接内存访问操作（参见 6.3 节讨论的 DDR）。

按照自上而下策略（如图 1.1 和图 1.2 所示），我们现在可以放大并查看处理器芯片（称为处理器单元，PU）的内部结构。为了实现多样化，我们看一看 IBM 芯片。图 1.4 是 IBM z13 大型机 [LASC16] 处理器芯片按比例缩放的布局图。这个芯片有 39.9 亿个晶体管。标签指示了芯片的硅表面积是如何分配的。我们看到这个芯片有八个核或处理器。此外，芯片的很大一部分专门用于 L3 cache，由所有八个核共享。L3 控制逻辑控制 L3 cache 和核之间以及 L3 cache 和外部环境之间的流量。此外，核和 L3 cache 之间还有存储控制（SC）逻辑。存储器控制器（MC）功能控制对芯片外部存储器的访问。GX I/O 总线控制访问 I/O 的通道适配器的接口。

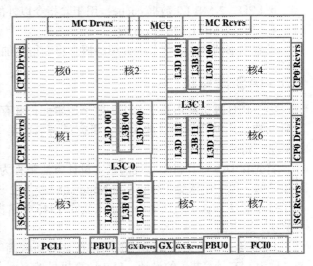

图 1.4 IBM z13 处理器单元芯片示意图

向下深入一层，我们来看看单个核的内部结构，如图 1.5 所示。核实现了被称为 z/Architecture 的 z13 指令集体系结构。请记住，这是构成单处理器芯片的硅表面积的一部分。该核的主要分区如下：

- ISU（指令序列单元）：确定指令在所谓的超标量体系结构中执行的顺序。它启用无序（OOO）管道，跟踪寄存器名称、OOO 指令相关性和指令资源分派的处理。这些概念将在第 16 章中讨论。
- IFB（指令提取与分支）和 ICM（指令缓存与合并）：这两个子单元包含 128KB[⊖] 指令缓存、分支预测逻辑、指令提取控制和缓冲器。这些子单元的相对大小是精心设计的分支预测设计的结果。

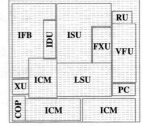

图 1.5 IBM z13 核布局

- IDU（指令译码单元）：IDU 从 IFU 缓冲区馈送，负责所有 z/Architecture 操作码的解析和译码。
- LSU（加载 – 存储单元）：LSU 包含 96KB 的 L1 数据 cache，并管理 L2 数据 cache 和功能执行单元之间的数据流量。它负责处理 z/Architecture 中定义的所有长度、模式

⊖ 1KB 为 1 048 字节。关于数字前缀的解释可参考网站 ComputerScienceStudent.com 中的"Other Useful"页面。

和格式的操作数访问。

- **XU（转换单元）**：这个单元将指令中的逻辑地址转换成主存中的物理地址。XU 还包含用于加速存储器访问的转换后备缓冲器（TLB）。TLB 将在第 9 章中讨论。
- **PC（核心普及单元）**：用于仪表化和错误收集。
- **FXU（定点单元）**：FXU 执行定点算术运算。
- **VFU（向量和浮点单元）**：二进制浮点单元部分处理所有二进制和十六进制浮点运算，以及定点乘法运算。十进制浮点单元部分处理存储为十进制数字的数字的定点和浮点运算。向量执行部分处理向量运算。
- **RU（恢复单元）**：RU 保存系统完整状态的副本，包括所有寄存器、收集硬件故障信号、管理硬件恢复操作。
- **COP（专用协处理器）**：COP 负责每个核的数据压缩和加密功能。
- **L2D**：2-MB L2 数据 cache，用于除指令以外的所有内存流量。
- **L2I**：2-MB L2 指令 cache。

随着本书的深入，本节中介绍的概念将变得更加清晰。

1.3　IAS 计算机

第一代计算机使用真空管作为数字逻辑元件和存储器。许多研究和商业计算机都是用真空管制造的。就我们的目的而言，研究最著名的第一代计算机，即 ISA（指令集体系结构）计算机，将是有益的。

首先在 IAS 计算机中实现的基本设计方法被称为存储程序概念。这个想法通常归因于数学家约翰·冯·诺依曼（John von Neumann）。艾伦·图灵（Alan Turing）大约在同一时间提出了这个想法。这个想法是冯·诺依曼在 1945 年首次关于新计算机 EDVAC（电子离散变量计算机）提出的⊖。

1946 年，冯·诺依曼和他的同事在普林斯顿高等研究院开始了一种新的存储程序计算机（称为 IAS 计算机）的设计。IAS 计算机虽然直到 1952 年才完成，但它是所有后续通用计算机的原型⊜。

图 1.6 显示了 IAS 计算机的结构（与图 1.1 相比）。它包括：

- **主存储器**，用于存储数据和指令⊜。
- 能够处理二进制数的**算术逻辑单元（ALU）**。
- **控制器**，负责解释内存中的指令并执行。
- 由控制器操纵的**输入 / 输出设备（I/O）**

冯·诺依曼早期的提案中概括了这种结构，值得一提的是（见文献 [VONN45]）：

2.2 **第一**：因为这台设备主要是计算机，所以它必须能够执行最频繁的基本算术运算，即加、减、乘、除运算。因此，它应该包含特殊的器件来执行这些操作。

必须看到，虽然这个原则可能是合理的，但是需要仔细研究实现它的特殊方式。无论如何，这一设备的中央算术（central arithmetical）部分必须存在，它组成了第 1 个特定的部分——CA。

⊖　1945 年关于 EDVAC 的报告见 box.com/COA11e。

⊜　1954 年的报告 [GOLD54] 中描述了 IAS 机器的实现，并列出了最终的指令集。参见 box.com/COA11e。

⊜　在本书中，除非特别声明，术语"指令"是指机器指令，与高级语言（例如 Ada 或 C++）中的指令不同，它由处理器直接解释和执行，而高级语言中的指令在被执行之前，必须首先被编译成一系列机器指令。

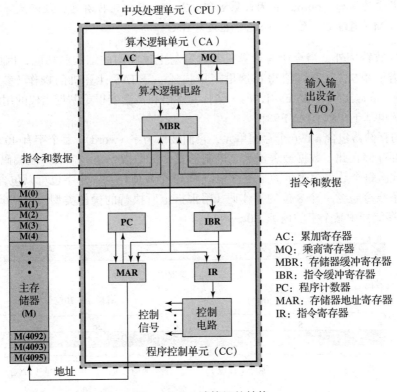

图 1.6 IAS 计算机的结构

2.3 **第二**：设备中控制操作顺序的逻辑控制部分，能够由中央控制器最有效地执行。如果此设备有弹性，也就是说，几乎适用于所有应用，那么必须区别对待为了特定问题给出的指令和定义特殊问题的具体指令，并保证这些指令（无论它是什么）都能被通用控制器执行。前者必须以某种形式存储，后者通过定义设备的操作部分来表示。中央控制（central control）仅指后者的功能。中央控制和实现它的器件组成了第 2 个特定部分——CC。

2.4 **第三**：任何执行长而复杂的操作序列（特别是计算序列）的设备都必须有一个相当大的存储器……

管理一个复杂问题的指令集可能包含很多内容，特别是如果代码是与特定环境有关的（这存在于大多数情况中），这些信息必须保存。

无论如何，所有的存储器（memory）组成了设备的第 3 个特定的部分——M。

2.6 这 3 个特定的部分，CA、CC（一起被称为 C）和 M，对应于人类神经系统中的联想神经元。后面还需要讨论感觉和运动神经元的对应物，即设备的输入和输出器件。

设备必须具有接触某些特定媒体并进行输入和输出（感觉和运动）的能力。这种媒体被称为设备的外部记录媒体：R。

2.7 **第四**：设备必须有从 R 到特定的 C 和 M 传送信息的器件。这类器件形成了它的输入（input），因此第 4 部分是 I。我们将看见，最好使得所有的传送都是从 R（通过 I）到 M，而绝非直接来自 C。

2.8 **第五**：设备必须有从它的特定部分 C 和 M 传送信息到 R 的器件。这些器件形成它的输出（output），因此第 5 部分是 O。我们还将看见，最好使得所有的传送都从 M（通过 O）至 R，而绝非直接来自 C。

除了少数特例外，当今所有计算机都具有与上述相同的结构和功能，因此它们都被称为"冯·诺依曼机"。所以值得在这里简单描述一下 IAS 计算机的操作（参见 [BURK46，GOLD54]）。依据文献 [HAYE98]，冯·诺依曼术语和概念变得更贴近当代的用法，伴随这些讨论的示例也基于文献 [HAYE98]。

IAS 的存储器包含 4 096 个存储单元，它们被称为字（word），每个字有 40 位（bit）⊖。数据和指令都存储在此。数据被表示为二进制形式，每个指令是一个二进制编码，图 1.7 给出了这种格式。每个数都被表示为 1 个符号位和 39 个数值位。一个字也可以包含两条 20 位的指令，每条指令包含一个 8 位的操作码（用来指定所执行的操作类型）和一个 12 位的地址（用于指定存储器中某个字的地址，0～999）。

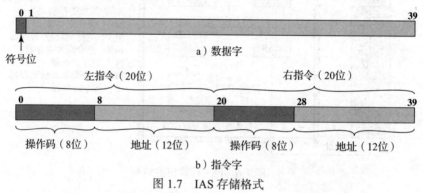

图 1.7　IAS 存储格式

控制器通过一次从存储器中取一条指令并执行它的方式来操作 IAS。为了解释这一过程，需要一张更详细的结构图，如图 1.6 所示。此图表明无论是控制器还是 ALU 都包含存储区域，它们被称为寄存器（register），具体定义如下：

- **存储器缓冲寄存器（MBR）**：包含将要写到存储器或送到 I/O 单元，以及接收来自存储器或 I/O 单元的字。
- **存储器地址寄存器（MAR）**：指定将要从 MBR 写进存储器或从存储器读入 MBR 的存储器字单元的地址。
- **指令寄存器（IR）**：包含正执行的 8 位操作码指令。
- **指令缓冲寄存器（IBR）**：用来暂存来自存储器字的右指令。
- **程序计数器（PC）**：存放将要从存储器中获取的下一对指令的地址。
- **累加寄存器（AC）和乘商寄存器（MQ）**：用来暂存 ALU 运算的操作数和结果。例如，两个 40 位的数相乘，结果是一个 80 位的数，则高 40 位放在 AC 中，低 40 位放在 MQ 中。

IAS 通过反复执行指令周期（instruction cycle）来运行，如图 1.8 所示。每个指令周期由两个子周期组成。在取指周期（fetch cycle）中，下一条指令的操作码装入 IR，地址部分装入 MAR。指令可以从 IBR 中获得，也可以从存储器中获得，即先从存储器装载一个字到 MBR，然后将该字解开放入 IBR、IR 和 MAR 中。

⊖　术语"字"没有统一定义。通常，一个字被定义为一组有序字节或位，它是某一给定计算机中可以存储、传送或处理的信息基本单位。特别是，如果一个处理器具有固定长指令集，那么其指令长等于其字长。

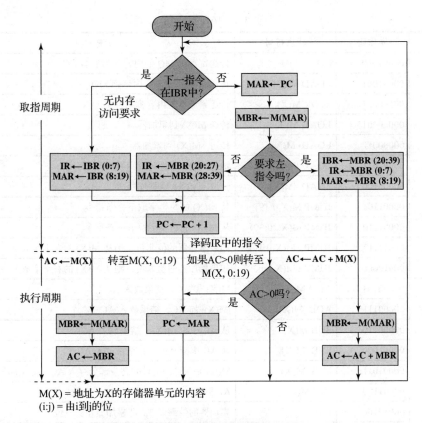

图 1.8   IAS 操作的部分流程图

为什么不直接获取？因为这些操作都是由电子电路控制并要使用数据通路。为了简化电路，只用一个寄存器来指定存储器中读写的地址，而且也只用一个寄存器来存放数据源或目的。

一旦操作码在 IR 中，则进入执行周期（execute cycle）。控制电路翻译操作码，并通过发送相应的控制信号来执行指令，这些信号控制数据的传送和 ALU 操作的执行。

IAS 计算机共有 21 条指令，在表 1.1 中列出，可分为以下几类：

- **数据传送**：在存储器和 ALU 的寄存器之间或在两个 ALU 寄存器之间传送数据。
- **无条件转移**：通常，控制器按顺序执行存储器中的指令，但这一顺序能通过跳转指令加以改变，以便执行重复的操作。
- **条件转移**：可以依据条件来决定是否跳转，从而选择从何处跳转。
- **算术运算**：由 ALU 完成的操作。
- **地址修改**：允许在 ALU 中计算地址，并将它插入存储器的指令中，为程序寻址带来很大的灵活性。

表 1.1 以符号化的、易读的形式列出了指令（不包括 I/O 指令）。在二进制形式中，每条指令必须遵循图 1.7b 的格式。操作码部分（前 8 位）指定了将要执行的 21 条指令。地址部分（剩余的 12 位）指定了执行指令所涉及的 4 096 个存储单元的某一个。

图 1.8 给出控制器执行指令的几个例子。注意，每个操作都要求用几步来完成，其中有些是相当精巧的。乘法运算需要 39 个子操作，除符号位外，每个位都对应一个子操作。

表 1.1 IAS 指令集

指令类型	操作码	代表符号	说 明
数据传送	00001010	LOAD MQ	传送寄存器 MQ 的内容到累加器 AC
	00001001	LOAD MQ, M(X)	传送内存单元 X 的内容到 MQ
	00100001	STOR M(X)	传送累加器的内容到内存单元 X
	00000001	LOAD M(X)	传送 M(X) 到累加器
	00000010	LOAD−M(X)	传送 −M(X) 到累加器
	00000011	LOAD |M(X)|	传送 M(X) 的绝对值到累加器
	00000100	LOAD−|M(X)|	传送 −|M(X)| 到累加器
无条件转移	00001101	JUMP M(X,0:19)	从 M(X) 的左半字取下一条指令
	00001110	JUMP M(X,20:39)	从 M(X) 的右半字取下一条指令
条件转移	00001111	JUMP +M(X,0:19)	如果累加器的值非负，则从 M(X) 的左半字取下一条指令
	00010000	JUMP +M(X,20:39)	如果累加器的值非负，则从 M(X) 的右半字取下一条指令
算术运算	00000101	ADD M(X)	M(X) 加 AC，结果放入 AC
	00000111	ADD |M(X)|	|M(X)| 加 AC，结果放入 AC
	00000110	SUB M(X)	从 AC 中减 M(X)，结果放入 AC
	00001000	SUB |M(X)|	从 AC 中减 |M(X)|，结果放入 AC
	00001011	MUL M(X)	M(X) 乘 MQ，结果的高位部分存入 AC，低位部分存入 MQ
	00001100	DIV M(X)	AC 除以 M(X)，商放入 MQ，余数放入 AC
	00010100	ISH	累加器的数乘以 2，即累加器左移一位
	00010101	RSH	累加器的数除以 2，即累加器右移一位
地址修改	00010010	STOR M(X,8:19)	用 AC 最右边的 12 位来替代 M(X) 的左地址区段
	00010011	STOR M(X,28:39)	用 AC 最右边的 12 位来替代 M(X) 的右地址区段

1.4 逻辑门、存储器位元、芯片和多芯片模块

1.4.1 逻辑门和存储器位元

如我们所知，电子计算机的基本器件必须执行数据存储、传送、处理、控制等功能。只有两种基本类型的元件是必需的：逻辑门和存储器位元（如图 1.9 所示）。**逻辑门**是实现简单布尔或逻辑功能的元件，例如，"如果 A 和 B 是真，那么 C 是真（与门）"。由于它们控制数据流的方式与闸门相似，因此这种元件被称为逻辑门。**存储器位元**是一个能够存储一位数据的元件，也就是说，该元件在任何时刻都可以处于两个稳定状态之一。将大量的基本元件连接起来，就能够建造一台计算机。我们可以将此与如下 4 个基本功能联系起来：

- **数据存储**：由存储器位元提供。
- **数据处理**：由逻辑门电路提供。
- **数据传送**：部件间的通路用于将数据从内存传送到内存，或从内存通过门电路再传送到内存。
- **控制**：部件间的通路传送控制信号。例如，一个门有一或两个数据输入和激活启动门的控制信号输入。当控制信号是 ON 时，逻辑门对数据输入执行其功能并产生数据输出。相反地，当控制信号是 OFF 时，输出线为空，和在高依赖状态下生成的一样。

类似地，存储器位元在写控制信号为 ON 时，存入其输入线的位值；而在读控制信号为 ON 时，将位元的位值放置在其输出线上。

因此，计算机包含门、存储器位元和它们之间的互连。而这些门和存储器位元是由简单的数字电子元件构造的，例如晶体管和电容器。

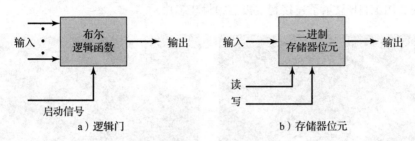

图 1.9　基本的计算机元件

1.4.2　晶体管

用于构建处理器、存储器和其他数字逻辑器件的数字电路的基本部件是晶体管。晶体管的有源部分是由硅或其他一些半导体材料制成的，这些材料在脉冲时可以改变其电状态。在正常状态下，材料可能不导电或导电，阻碍或允许电流流动。当向栅极施加电压时，晶体管会改变状态。

单个独立封装的晶体管称为分立元件（discrete component），从 20 世纪 50 年代到 60 年代早期，电子设备包含大量的分立元件——晶体管、电阻、电容等。分立元件独立制造，封装在自己的容器中，然后一起焊接到或连接到纤维板（类似电路板）上，最后再安装到计算机、示波器或其他电子设备中。在电子设备需要晶体管的地方，一个包含针尖大小硅片的小晶体管就会被焊接到电路板上。从晶体管到电路板的整个制造过程都是昂贵且麻烦的。

这种情况给计算机工业带来了挑战。早期的第二代计算机包含约 10 000 个晶体管，这一数字后来增长到了数十万，使生产更新、更强大的计算机变得越来越困难。

1.4.3　微电子芯片

顾名思义，微电子技术是"微小的电子技术"。从数字电子技术和计算机工业一开始，就存在持续不断地减小数字电子电路尺寸的趋势。在考察这一趋势的内涵和好处之前，我们需要先介绍数字电子技术的一些性质，而更详细的讨论在第 12 章。

集成电路利用了一个事实，即晶体管、电阻、导线都可以用硅之类的半导体制成。将整个电路安装在很小的硅片上而不是用分立元件搭成的等价电路，只不过是"固态技术"的一种扩展，而且在一块硅晶片上能同时制造很多个晶体管。同样重要的是，这些晶体管能够通过金属化过程相互连接，以形成电路。

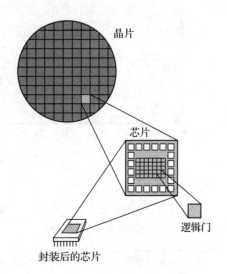

图 1.10 描述了集成电路的关键性概念。一块薄硅晶片（wafer）划分为由多个小区域排列而成

图 1.10　晶片、芯片和逻辑门之间的相互关系

的阵列，每个区域有几平方毫米，它们上面都有相同的电路。这块晶片被划分成许多块芯片（chip），每块芯片都包含许多逻辑门和存储器位元以及许多输入、输出连接点。然后封装这块芯片，使之得以保护，并加上引脚，用以连接芯片外部的其他器件。许多这样的集成电路块可以连接到印刷电路板上，产生更大、更复杂的电路。图 1.11a 显示了封装处理器或存储芯片的外观，图 1.11b 显示了连接到主板上的封装芯片。

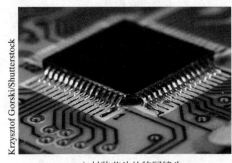

a）封装芯片的特写镜头   b）主板上的封装芯片

图 1.11   主板上的处理器或存储芯片

起初，只有几个门和存储器位元可以可靠地制造并封装在一起。这些早期的集成电路被称为小规模集成电路（SSI）。随着时间的推移，将越来越多的元件放在同一块芯片上成为可能。图 1.12 显示了数量的增长，它是所有曾经记录的最引人注目的技术趋势之一[⊖]。此图反映了著名的摩尔定律，该定律是 Intel 合伙创办人之一高登·摩尔（Gordon Moore）于 1965 年提出的（参见文献 [MOOR65]）。摩尔观察到单芯片上所能包含的晶体管数量每年翻一番，并正确断言这种态势在不远的将来还会继续下去。令许多人（包括摩尔在内）惊奇的是，这种态势年复一年地持续了下来。直到 20 世纪 70 年代，这种态势减慢成每 18 个月翻一番，但从此之后，这个新增长速率又持续下来。

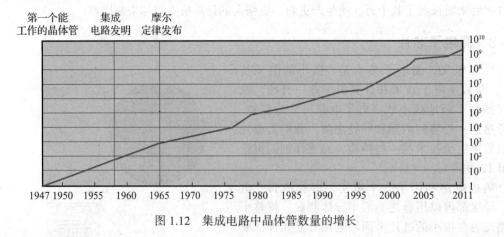

图 1.12   集成电路中晶体管数量的增长

摩尔定律的影响是深远的：

1. 在芯片集成度快速增长期间，单个芯片的成本几乎没有变化。这意味着计算机逻辑电路和存储器电路的成本显著下降。

⊖   注意纵轴使用了对数刻度。关于对数刻度的基本回顾包含在计算机科学学生资源站点的数学复习资料中，
　　网址为 ComputerScienceStudent.com。

2. 因为在集成度更高的芯片中逻辑和存储器单元的位置更靠近，电子线路长度更短，所以工作速度更快。

3. 计算机变得更小，更容易放置在各种环境中。

4. 减小了电能消耗及对冷却的要求。

5. 集成电路内部的连接比焊接更可靠。由于芯片上电路的增加，芯片间的连接变得更少。

1.4.4　多芯片模块

对更高密度和更快存储器日益增长的需求促使人们进一步压缩标准封装方法，其中最重要和最广泛使用的是多芯片模块。在传统的系统设计中，每个单独的进程或存储器芯片都被封装，然后连接到主板上（参见图 1.11）。

开发 MCM 技术的基本思想是减小电子系统中 IC 之间的平均间距。MCM 是一种芯片封装，它包含几个紧密安装在某种基板上并通过基板中的导体互连的裸芯片。芯片之间的短轨提高了性能，并消除了单个芯片封装之间的外部轨道可能会产生的大部分噪声。

按基板分类，MCM 包括以下几种类型 [BLUM99]：

- MCM-L：由堆叠的有机层压板上的痕量金属组成。
- MCM-C：在共烧陶瓷层上进行金属图案化和互连。
- MCM-D：气相沉积、图案化的金属层，与旋涂或气相沉积的介质薄膜顺序交替。

MCM 的基本架构由以下部分组成（见图 1.13）。

- **集成电路**：安装在衬底表面的裸露芯片。
- **1 级互连**：芯片之间通过基板中的路径连接。
- **基板**：为所有芯片 MCM 封装提供所有信号互连和机械支持的公共基座。
- **MCM 封装**：除散热和互连外，还为电路提供一定程度的保护。
- **2 级互连**：为安装 MCM 的印刷电路板提供必要的接口。

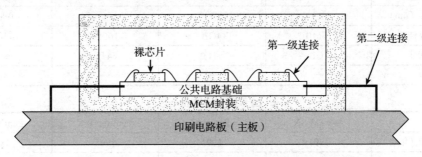

图 1.13　多芯片模块

1.5　Intel x86 体系结构的演化

贯穿本书，我们依赖计算机设计和实现的许多具体实例来说明各种概念，并阐述各类方法之间的权衡。本书主要依据两个计算机系列的例子：Intel x86 和 ARM 体系结构。当代的 Intel x86 代表了在**复杂指令集计算机**（CISC）中几十年设计成果的结晶，它采用了过去只有大型机和超级计算机中才会采用的复杂设计原则，是 CISC 设计的优秀范例。处理器设计的另一种方法是**精简指令集计算机**（RISC）。ARM 体系结构广泛应用于各种类型的嵌入式系统，是市场上基于 RISC 技术的功能最强大、设计最好的系列之一。下面将简单描述这两个系统。

依据市场份额，Intel 公司在过去几十年中始终是微处理器（非嵌入式系统）的领先制造商，这一地位似乎难以动摇。其旗舰微处理器产品的演变历史，是整个计算机技术演变的一个很好的写照。

表 1.2 给出了这一演变的历史。有趣的是，当微处理器变得更快更复杂时，Intel 的步调总是那么合拍。过去，Intel 习惯于每 4 年开发出一种新的处理器，但它期望将每代开发时间缩短到 1~2 年，以继续保持领先优势，并且已经这样做了，从而加速推出了几代最新的 x86 产品⊖。

表 1.2　Intel 微处理器的发展

a) 20 世纪 70 年代的处理器

	4004	8008	8080	8086	8088
发布时间（年份）	1971	1972	1974	1978	1979
时钟速度	108 kHz	108 kHz	2 MHz	5 MHz、8 MHz、10 MHz	5 MHz、8 MHz
总线宽度（bit）	4	8	8	16	8
晶体管数量	2 300	3 500	6 000	29 000	29 000
特征尺寸（μm）	10	8	6	3	6
可寻址存储器	640B	16KB	64KB	1MB	1MB

b) 20 世纪 80 年代的处理器

	80286	386 TM DX	386 TM SX	486 TM DX CPU
发布时间（年份）	1982	1985	1988	1989
时钟速度	6~12.5 MHz	16~33 MHz	16~33 MHz	25~50 MHz
总线宽度（bit）	16	32	16	32
晶体管数量	134 000	275 000	275 000	120 万
特征尺寸（μm）	1.5	1	1	0.8~1
可寻址存储器	16MB	4GB	16MB	4GB
虚拟存储器	1GB	64TB	64TB	64TB
高速缓存	—	—	—	8KB

c) 20 世纪 90 年代的处理器

	486 TM SX	Pentium	Pentium Pro	Pentium Ⅱ
发布时间（年份）	1991	1993	1995	1997
时钟速度	16~33 MHz	60~166 MHz	150~200 MHz	200~300 MHz
总线宽度（bit）	32	32	64	64
晶体管数量	118.5 万	310 万	550 万	750 万
特征尺寸（μm）	1	0.8	0.6	0.35
可寻址存储器	4GB	4GB	64GB	64GB
虚拟存储器	64TB	64TB	64TB	64TB
高速缓存	8KB	8KB	512 KB L1 和 1 MB L2	512 KB L2

⊖ Intel 将此称为滴答模式。使用这种模式，Intel 在过去的几年里已经成功地交付了下一代硅技术以及新的处理器微体系结构。参见 http://www.intel.com/content/www/us/en/silicon-innovations/intel-tick-tock-model-general.html。

（续）

d）最近的处理器

	Pentium Ⅲ	Pentium 4	Core 2 Duo	Core i7 EE 4960X	Core i9-7900X
发布时间（年份）	1999	2000	2006	2013	2017
时钟速度	450～660 MHz	1.3～1.8 GHz	1.06～1.2 GHz	4 GHz	4.3 GHz
总线宽度（bit）	64	64	64	64	64
晶体管数量	950 万	4 200 万	16 700 万	1.86 亿	7.2 亿
特征尺寸（nm）	250	180	65	22	14
可寻址存储器	64GB	64GB	64GB	64GB	128GB
虚拟存储器	64TB	64TB	64TB	64TB	64TB
高速缓存	512 KB L2	256 KB L2	2 MB L2	1.5MB L2 /15MB L3	14 MB L3
核数	1	1	2	6	10

Intel 产品系列的一些主要进展包括：

- 8080：世界上第一台通用微处理器。它是 8 位机，存储器的数据通路为 8 位。8080 曾用于第一台个人计算机 Altair。
- 8086：比 8080 更强大的 16 位微处理器。除了更宽的数据通路和更大的寄存器外，8086 还支持指令 cache（或称为队列），在指令被实际执行之前，它能预取几条指令。这种处理器的一个变形是 8088，8088 曾用于 IBM 公司的第一台个人计算机，并确保了 Intel 的成功。8086 标志着 x86 体系结构的首次出现。
- 80286：它是 8086 的扩展产品，可以寻址 16MB 的存储器，而不是 1MB 存储空间。
- 80386：Intel 的第一个 32 位机器，是一个有重大改进的产品。32 位体系结构，使 80386 的复杂程度和功能可以与几年前推出的小型机和大型机相媲美。80386 是 Intel 公司第一个支持多任务的处理器，即它能够同时运行多个程序。
- 80486：80486 采用了更为复杂、功能更强的 cache 技术和指令流水线技术。它的内置式的数学协处理器，减轻了主处理器的复杂算术运算的负担。
- Pentium：从 Pentium 开始，Intel 推出了超标量技术，它允许多条指令并行地执行。
- Pentium Pro：Pentium Pro 继续推进由 Pentium 开始的超标量结构，极富进取性地使用了包括寄存器重命名、分支预测、数据流分析、推断执行等技术。
- Pentium Ⅱ：融入了专门用于有效处理视频、音频和图形数据的 Intel MMX 技术。
- Pentium Ⅲ：融入了一些附加的浮点数指令——SIMD 流指令集扩展（SSE）指令集扩展增加了 70 条新指令，旨在提高在多个数据对象上执行完全相同的操作时的性能。典型的应用是数字信号处理和图形处理。
- Pentium 4：包括了另一些浮点指令，并对其他多媒体应用进行了增强。
- Core：这是第一款具有双核的 Intel x86 处理器，涉及在单芯片上双处理器的实现。
- Core 2：Core 2 将体系结构扩展到 64 位。Core 2 Quad 在单芯片上提供了 4 个处理器。最新的核心产品每个芯片最多有 10 个处理器。该体系结构的一个重要补充是高级矢量扩展指令集，它提供了一组 256 位指令，然后是 512 位指令，用于有效地处理矢量数据。

Intel x86 体系结构自 1978 年推出至今已有 40 多年，它一直统治着除嵌入式系统之外的处理器市场。虽然 x86 机器的组成和技术在几十年间发生着戏剧性的变化，但其指令集结构一直保持着向后兼容其早期的版本，因此，任何写于 x86 体系结构早期版本的程序都可以在其更新的版本上运行。所有对指令集结构的改变都是添加指令集，而不是减少指令集。指令集的变化速度大约是每月增加 1 条其他指令 [ANTH08]，因此，目前 x86 指令集有数千条指令。

Intel x86 极好地说明了过去 35 年来计算机硬件的发展。1978 年推出的 8086，其时钟频率为 5MHz，包含 29 000 个晶体管。而 2013 年推出的 6 核 Core i7 EE 4960X，其主频为 4GHz，是 8086 的 800 倍；它包含 18.6 亿个晶体管，大约是 8086 的 64 000 倍。然而，Core i7 EE 4960X 只是比 8086 的封装稍微大一点，且价格差不多。

1.6 嵌入式系统

术语"嵌入式系统"是指电子学和软件在产品中的使用，它与通用计算机系统（例如笔记本计算机或桌面系统）不同。每年售出数百万台计算机，包括笔记本计算机、个人计算机、工作站、服务器、大型机和超级计算机。相比之下，每年生产数十亿个嵌入大型设备的计算机系统。今天，大多数使用电力的设备都有嵌入式计算系统。在不久的将来，几乎所有这类设备都将拥有嵌入式计算系统。

带有嵌入式系统的设备种类多得无法一一列举出来。常见的例子包括手机、数码相机、摄像机、计算器、微波炉、家庭安全系统、洗衣机、照明系统、恒温器、打印机、各种汽车系统（例如，变速器控制、巡航控制、燃油喷射、防抱死制动和悬挂系统）、网球拍、牙刷以及自动化系统中的多种类型的传感器和执行器。

通常，嵌入式系统与其环境紧密相连。这可能会由于需要与环境交互而产生实时约束。约束条件例如所需的运动速度、所需的测量精度和所需的持续时间，决定了软件操作的时间。如果必须同时管理多个活动，这会带来更复杂的实时约束。

图 1.14 概括地显示了一个嵌入式系统组织。除了处理器和存储器外，还有许多元素与典型的台式机或便携式计算机不同：

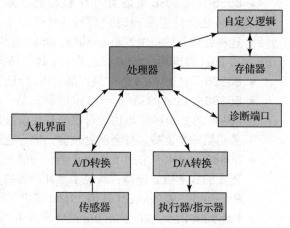

图 1.14 嵌入式系统的一个可能组成

- 可能存在各种接口，这些接口使系统能够测量、操纵外部环境并与之交互。嵌入式系统通常通过传感器和执行器与外界交互（感知、操纵和通信），因此通常是反应性系统。反应性系统与环境不断相互作用，并以该环境确定的速度执行。
- 人机界面可能像闪光灯一样简单，也可能像实时机器人视觉一样复杂。在许多情况下，没有人机界面。
- 诊断端口可用于诊断被控制的系统，而不仅仅是诊断计算机。
- 可以使用专用现场可编程门阵列（FPGA）、专用集成电路（ASIC）甚至非数字硬件来提高性能或可靠性。
- 软件通常具有固定的功能，并且特定于应用。
- 效率对于嵌入式系统至关重要。它们针对能量、代码量、执行时间、重量和尺寸以及成本进行了优化。

也有一些与通用计算机系统相似的地方：

- 即使是固定功能的软件，现场升级以修复缺陷、提高安全性和增加功能的能力对嵌入式系统而言也非常重要，而不仅是在消费设备中。
- 一个相对较新的发展是支持多种应用的嵌入式系统平台。这方面较好的例子是智能手机和音频 / 视频设备，如智能电视。

1.6.1　物联网

值得单独提出的是嵌入式系统激增的主要驱动因素之一。**物联网**（IoT）是指从设备到微型传感器的智能设备不断扩展的互连。它的主要作用是将短距离移动收发器嵌入到各种小工具和日常用品中，从而实现人与物之间以及物与物之间的新型通信形式。互联网现在通常通过云系统支持数十亿个工业和个人对象的互连。这些对象传递传感器信息，对它们的环境起作用，并在某些情况下对其进行修改，以创建对大型系统（如工厂或城市）的整体管理。

物联网主要由深度嵌入式设备驱动。这些设备是低带宽、低重复数据捕获和低带宽数据使用的设备，它们通过用户界面相互通信并提供数据。嵌入式设备，如高分辨率视频安全摄像头、视频 VoIP 电话和其他一些设备，都需要高带宽的流媒体功能。然而，无数的产品只是要求数据包间歇性地传送。

就所支持的终端系统而言，互联网经历了大约四代部署，最终形成了物联网：

1. 信息技术（IT）：PC、服务器、路由器、防火墙等，由企业 IT 人员作为 IT 设备购买，主要使用有线连接。

2. 运营技术（OT）：由非 IT 公司制造的具有嵌入式 IT 的机器 / 设备，例如医疗机械、SCADA（监督控制和数据采集）、过程控制和信息亭，它们由企业 OT 人员作为设备购买，主要使用有线连接。

3. 个人技术：消费者（雇员）作为 IT 设备购买的，仅使用无线连接的（通常是多种形式的无线连接）智能手机、平板电脑和电子书阅读器。

4. 传感器 / 执行器技术：消费者、IT 和 OT 人员购买的单用途设备，仅使用无线连接（通常是单一形式）作为大型系统的一部分。

第四代通常被认为是互联网，其特点是使用了数十亿个嵌入式设备。

1.6.2　嵌入式操作系统

有两种开发嵌入式操作系统（OS）的一般方法。一种方法是采用现有的 OS，并将其调整为适用于嵌入式应用程序。例如，有 Linux、Windows 和 Mac 的嵌入式版本，以及专门用于嵌入式系统的其他商业和专有操作系统。另一种方法是设计并实现一种仅用于嵌入式用途的 OS。后者的一个例子是 TinyOS，广泛用于无线传感器网络。在文献 [STAL16] 中深入探讨了该主题。

1.6.3　应用处理器与专用处理器

在本小节及接下来的两个小节中，我们将简要介绍嵌入式系统文献中常见的一些术语。**应用处理器**由处理器执行复杂的操作系统（例如 Linux、Android 和 Chrome）的能力定义。因此，应用处理器本质上是通用的。智能手机是使用嵌入式应用处理器的一个很好的例子。嵌入式系统旨在支持众多应用程序并执行多种功能。

大多数嵌入式系统采用**专用处理器**，顾名思义，该处理器专用于主机设备所需的一项或少量特定任务。因为这样的嵌入式系统专用于一个或多个特定任务，所以可以设计处理器和相关组件以减小尺寸和成本。

1.6.4 微处理器与微控制器

如我们所见，早期的**微处理器**芯片包括寄存器、ALU 和某种控制单元或指令处理逻辑。随着晶体管密度的增加，有可能增加指令集架构的复杂性，并最终增加内存和一个以上的处理器。如图 1.2 所示，当代的微处理器芯片包括多个核和大量的 cache。

微控制器芯片充分利用了可用的逻辑空间。图 1.15 概括地显示了通常在微控制器芯片上找到的元件。如图 1.15 所示，微控制器是单个芯片，包含处理器、用于程序的非易失性存储器（ROM）、用于输入和输出的易失性存储器（RAM）、时钟以及 I/O 控制单元。微控制器的处理器部分的硅的面积比其他微处理器小得多，能效也高得多。我们将在 1.6 节中更详细地研究微控制器的组成。

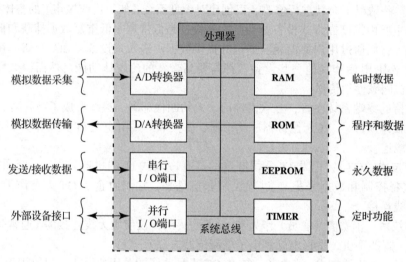

图 1.15 典型的微控制器芯片元件

微控制器也被称为"芯片上的计算机"，每年数十亿个微控制器单元被嵌入到从玩具到电器到汽车的无数产品中。例如，一辆车可能使用 70 个或更多个微控制器。通常，特别是更小、更便宜的微控制器被用作特定任务的专用处理器。例如，微控制器在自动化过程中被大量使用。通过提供对输入的简单反应，它们可以控制机器、打开和关闭风扇、打开和关闭阀门，等等。它们是现代工业技术不可或缺的组成部分，也是生产能够处理极其复杂功能的机器的最廉价方法之一。

微控制器有多种物理尺寸和处理能力。处理器涵盖从 4 位到 32 位体系结构。微控制器往往比微处理器慢得多，通常工作在 MHz 范围内，而不是微处理器的 GHz 速度。微控制器的另一个典型特征是它不提供人机交互。微控制器针对特定任务进行编程，嵌入其设备中，并在需要时执行。

1.6.5 嵌入式系统与深度嵌入式系统

在本节中，我们定义了嵌入式系统的概念。嵌入式系统的子集和相当多的子集被称为**深度嵌入式系统**。尽管此术语在技术和商业文献中得到了广泛使用，但是你可以在 Internet 上搜索一个简单的定义。通常，我们可以说一个深度嵌入式系统具有一个处理器，其行为很难被程序员和用户所观察到。深度嵌入式系统使用微控制器而不是微处理器，一旦将设备的程序逻辑刻录到 ROM（只读存储器）中，就无法进行编程，并且与用户之间没有任何交互。

深度嵌入式系统是专用的、单一用途的设备，它检测环境中的某些东西，执行基本的处理，然后对结果做一些事情。深度嵌入式系统通常具有无线功能，并出现在网络配置中，如大面积部署的传感器网络（如工厂、农业领域）。物联网在很大程度上依赖于深度嵌入式系统。通常，深度嵌入式系统在内存、处理器大小、时间和功耗方面有极端的资源限制。

1.7　ARM 体系结构

ARM 体系结构是指其处理器结构遵循 RISC 设计原则，并用于嵌入式系统之中。第 17 章将详细说明 RISC 的设计原则。本节将简要概述 ARM 体系结构。

1.7.1　ARM 的演变

ARM 是一种由英国剑桥 ARM 控股公司设计的基于 RISC 的微处理器和微控制器序列。该公司并不生产处理器，而是设计微处理器和多核的体系结构，然后向制造商发放许可。ARM 控股公司有两种类型的许可产品：处理器和处理器体系结构。对于处理器，客户购买在自己的芯片中使用 ARM 提供的设计的权利。对于处理器体系结构，客户购买设计符合 ARM 体系结构的处理器的权利。

ARM 芯片是高速的处理器，以小特征尺寸和低能耗需求著称。它们广泛应用于 PDA 及其他手持设备中，包括手机和游戏机以及各种消费产品。ARM 芯片是苹果公司流行的 iPod 和 iPhone 设备的处理器，而且几乎所有的 Android 智能手机都在使用。2016 年，ARM 合作伙伴的芯片出货量达到 167 亿。ARM 可能是最广泛使用的嵌入式处理器体系结构，并且确实是世界上各种应用中使用最广泛的处理器体系结构 [VANC14]。

ARM 技术的起源可以追溯到英国的 Acorn 计算机公司。在 20 世纪 80 年代早期，Acorn 获得了英国广播公司（BBC）的合同，为其公司的计算机文化项目开发一款新的微计算机体系结构。这个合同的成功促使 Acorn 继续开发出其第一款商用 RISC 商业处理器：ARM（Acorn RISC Machine）。第一个版本 ARM1 在 1985 年变成可用，并用于内部的研究和开发，以及用于 BBC 机器上作为协处理器。

在这个早期阶段，Acorn 利用公司的 VLSI 技术做处理器芯片的实际制造。VLSI 技术被授权给第三方公司进行芯片的独立产销，这使得其他一些公司在其产品中使用 ARM 也获得了一些成功，尤其是在嵌入式处理器中。

ARM 设计顺应了嵌入式应用中对高性能、低功耗、小尺寸和低成本处理器的不断增长的商业需求。但进一步发展超出了 Acorn 的能力范围，于是，由 Acorn、VLSI 以及苹果计算机作为股东，成立了一家新公司，叫 ARM 有限公司。Acorn 的 RISC 机器变成先进的 RISC 计算机⊖。ARM 于 2016 年被日本电信公司软银集团（SoftBank Group）收购。

1.7.2　指令集体系结构

ARM 指令集是高度规则的，为处理器的高效实现和高效执行而设计。所有指令都是 32 位长，遵循常规格式。这使得 ARM ISA 适合在很多产品上实现。

Thumb 指令集是对基本 ARM ISA 的增强，它是 ARM 指令集的重编码子集。Thumb 旨在提高使用 16 位或更窄的存储器数据总线的 ARM 实现的性能，并提供比 ARM 指令集提供的更好的代码密度。Thumb 指令集包含重编码为 16 位指令的 ARM 32 位指令集的子集。当前定义的版本是 Thumb-2。

第 13 章和第 14 章讨论了 ARM 与 Thumb-2 ISA。

⊖ 该公司在 20 世纪 90 年代后期停止使用先进的 RISC 机器的名称，现在简称为 ARM 体系结构。

1.7.3 ARM 产品

ARM Holdings 授权了许多专用微处理器和相关技术，但其大部分产品线是 Cortex 系列微处理器体系结构。共有三种 Cortex 体系结构，分别标有首字母 A、R 和 M。

Cortex-A Cortex-A 系列处理器是应用处理器，旨在用于智能手机和电子书阅读器等移动设备，以及数字电视和家庭网关（例如 DSL 和有线互联网调制解调器）等消费设备。这些处理器以更高的时钟频率（超过 1GHz）运行，并支持内存管理单元（MMU），这是 Linux、Android、MS Windows 和移动操作系统等全功能操作系统所必需的。MMU 是一个硬件模块，它通过将虚拟地址转换为物理地址来支持虚拟内存和分页；这个主题将在第 9 章中讨论。

这两种体系结构都使用 ARM 和 Thumb-2 指令集。本系列中的一些处理器是 32 位机器，其他处理器是 64 位机器。

Cortex-R Cortex-R 支持实时应用，在这些应用中，需要通过对事件的快速响应来控制事件的时序。它们可以以相当高的时钟频率（例如 2MHz 至 4MHz）运行，并且具有非常低的响应等待时间。Cortex-R 包括对指令集和处理器组成的增强，以支持深度嵌入式的实时设备。这些处理器大多数没有内存管理单元；有限的数据要求和有限的同时处理数量消除了对虚拟内存的复杂硬件和软件支持的需求。Cortex-R 具有专为工业应用设计的内存保护单元（MPU）、cache 和其他存储功能。MPU 是一种硬件模块，它禁止内存中的程序意外访问分配给另一个活动程序的内存。使用各种方法在程序周围创建了保护性边界，并且禁止程序内的指令引用该边界之外的数据。

使用 Cortex-R 的嵌入式系统的例子有汽车制动系统、大容量存储控制器以及网络和打印设备。

Cortex-M Cortex-M 系列处理器主要是为微控制器领域开发的，在微控制器领域，对快速、高确定性中断管理的需求与极低的门数和尽可能低的功耗的需求相结合。与 Cortex-R 系列一样，Cortex-M 体系结构有一个微处理器，但没有内存管理单元。Cortex-M 只使用 Thumb-2 指令集。Cortex-M 的市场包括物联网设备、工厂和其他企业中使用的无线传感器/执行器网络、汽车车身电子设备等。

Cortex-M 系列目前有七个版本：

- **Cortex-M0**：该型号专为 8 位和 16 位应用而设计，强调低成本、超低功耗和简单性。它针对小型硅芯片尺寸（从 12k 栅极开始）进行了优化，并用于成本最低的芯片。
- **Cortex-M0+**：更节能的增强型 M0。
- **Cortex-M3**：该型号专为 16 位和 32 位应用而设计，强调性能和能效。它还具有全面的调试和跟踪功能，使软件开发人员能够快速开发应用程序。
- **Cortex-M4**：该型号提供了 Cortex M3 的所有功能，以及支持数字信号处理任务的附加指令。
- **Cortex-M7**：提供比 M4 更高的性能。它仍然主要是一台 32 位机器，但使用 64 位宽的指令和数据总线。
- **Cortex-M23**：该型号类似于 M0+，增加了整数除法指令和一些安全功能。
- **Cortex-M33**：该型号类似于 M4，但增加了一些安全功能。

在本书中，我们将主要使用 ARM Cortex-M3 作为我们的示例嵌入式系统处理器。它是最适合通用微控制器使用的 ARM 型号。各种微控制器产品制造商都在使用 Cortex-M3。领先合作伙伴的首批微控制器设备已经将 Cortex-M3 处理器与闪存、静态随机存取存储器和多种外设相结合，以仅 1 美元的价格提供具有竞争力的产品。

图 1.16 提供了 Silicon Labs 的 EFM32 微控制器的框图。该图还显示了 Cortex-M3 处理器和核部件的详细信息。我们依次来检查每个级别。

Cortex-M3 核利用单独的总线来存储指令和数据。与冯·诺依曼架构相反，这种安排有时被称为哈佛架构，该架构使用相同的信号总线和存储器来存储指令与数据。通过能够同时从存储器读取指令和数据，Cortex-M3 处理器可以并行执行许多操作，从而加快了应用程序的执行速度。该核包含一个用于 Thumb 指令的译码器、一个支持硬件乘法和除法的高级 ALU、控制逻辑以及与处理器其他组件的接口。特别是，有一个到嵌套矢量中断控制器（NVIC）和嵌入式跟踪宏单元（ETM）模块的接口。

核是称为 **Cortex-M3 处理器**的模块的一部分。该术语在某种程度上具有误导性，因为通常在文献中，术语"核"和"处理器"被视为等同。除核外，处理器还包括以下元素：

- **NVIC**：为处理器提供可配置的中断处理功能。它促进了低延迟异常和中断处理，并控制电源管理。
- **ETM**：可选的调试组件，可用于重建程序执行。ETM 被设计为仅支持指令跟踪的高速、低功耗调试工具。
- **调试访问端口**（DAP）：此接口提供了对处理器进行外部调试访问的接口。
- **调试逻辑**：基本的调试功能包括处理器暂停、单步执行、处理器核寄存器访问、无限制的软件断点和完整的系统内存访问。
- **ICode 接口**：从代码存储空间获取指令。
- **SRAM 和外围设备接口**：到数据存储器和外围设备的读 / 写接口。
- **总线矩阵**：将核和调试接口连接到微控制器上的外部总线。
- **存储器保护单元**：保护操作系统使用的重要数据不受用户应用程序的影响，通过禁止访问彼此的数据，禁止对存储区域的访问，允许将存储区域定义为只读以及检测可能会破坏系统的意外的存储访问。

图 1.16 的上部显示了用 Cortex-M3 构建的典型微控制器（在本例中为 EFM32 微控制器）的框图。该微控制器已投放市场，可用于各种设备中，包括电表、天然气表和水表，警报和安全系统，工业自动化设备，家庭自动化设备，智能配件，以及健康和健身设备。硅芯片包括 10 个主要领域：

- **核和存储器**：该区域包括 Cortex-M3 处理器、静态 RAM（SRAM）数据存储器⊖和用于存储程序指令与固定应用程序数据的闪存⊖。闪存是非易失性的（断电时不会丢失数据），因此是理想的选择。SRAM 用于存储变量数据。该区域还包括调试接口，可轻松在现场对系统进行重新编程和更新。
- **并行 I/O 端口**：可配置为各种并行 I/O 方案。
- **串行接口**：支持各种串行 I/O 方案。
- **模拟接口**：支持传感器和执行器的模数与数模逻辑。
- **定时器和触发器**：跟踪时序并计数事件，生成输出波形，并在其他外设中触发定时动作。
- **时钟管理**：控制芯片上的时钟和振荡器。使用多个时钟和振荡器可最大限度地降低功耗并缩短启动时间。
- **能源管理**：管理处理器和外围设备的各种低能耗操作模式，以实时管理能源需求，从而最大限度地降低能耗。

⊖　静态 RAM 是用于 cache 存储器的随机存取存储器的一种形式，请参见第 6 章。

⊖　闪存是一种多功能的存储器形式，既可用于微控制器，也可用作外部存储器，将在第 6 章中讨论。

- **安全性**：该芯片包括高级加密标准（AES）的硬件实现。
- **32 位总线**：连接芯片上的所有组件。
- **外围总线**：一种网络，它使不同的外围模块彼此直接通信，而不需要处理器。这支持对时间要求严格的操作，并减少软件开销。

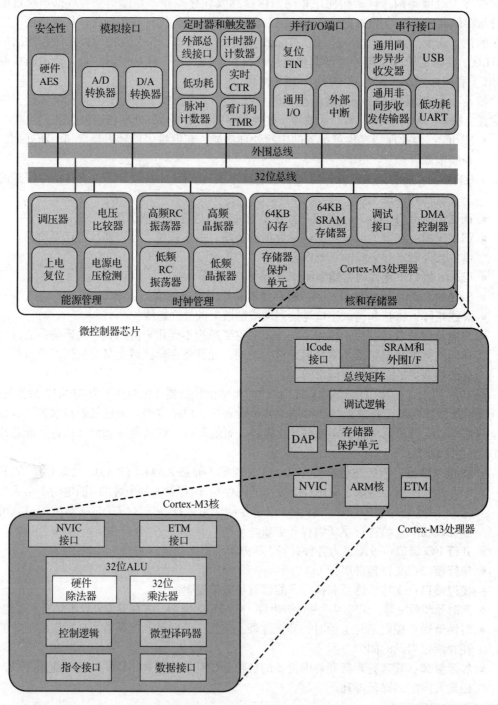

图 1.16　基于 Cortex-M3 的典型微控制器芯片

将图 1.16 与图 1.2 进行比较，你将看到许多相似之处和相同的常规层次结构。但是请注意，微控制器计算机系统的顶层是单个芯片，而对于多核计算机，顶层是包含许多芯片的主板。另一个值得注意的区别是，Cortex-M3 处理器和整个微控制器都没有 cache，如果代码或数据驻留在外部存储器中，则 cache 将发挥重要作用。尽管读取指令或数据的周期数根据 cache 的命中或未命中而有所不同，但是当使用外部存储器时，cache 极大地提高了性能。微控制器不需要这种开销。

1.8　关键词、思考题和习题

关键词

application processor：应用处理器

arithmetic and logic unit（ALU）：算术逻辑单元

ARM

central processing unit（CPU）：中央处理单元，中央处理器

chip：芯片

computer architecture：计算机体系结构，计算机系统结构

computer organization：计算机组成，计算机组织

control unit：控制器，控制单元

core：核

dedicated processor：专用处理器

deeply embedded system：深度嵌入式系统

embedded system：嵌入式系统

gate：逻辑门

input output（I/O）：输入 / 输出

instruction set architecture（ISA）：指令集体系结构

integrated circuit：集成电路

Intel x86

Internet of things（IoT）：物联网

main memory：主存储器、主存

memory cell：存储单元

memory management unit（MMU）：内存管理单元

memory protection unit（MPU）：内存保护单元

microcontroller：微控制器

microelectronics：微电子

microprocessor：微处理器

motherboard：主板

multichip module（MCM）：多芯片模块

multicore：多核

multicore processor：多核处理器

printed circuit board：印刷电路板

processor：处理器

register：寄存器

semiconductor：半导体

semiconductor memory：半导体存储器

system bus：系统总线

system interconnection：系统互联

transistor：晶体管

思考题

1.1　计算机组成与计算机体系结构在概念上有何区别？

1.2　计算机结构与计算机功能在概念上有何区别？

1.3　计算机的四个主要功能是什么？

1.4　列出并概要定义计算机的主要结构部件。

1.5　列出并概要定义处理器的主要结构部件。

1.6　什么是存储程序式计算机？

1.7　解释摩尔定律。

1.8　微处理器的关键特征是什么？

习题

1.1 编写一个 IAS 程序来计算以下方程式的结果。

$$Y = \sum_{X=1}^{N} X$$

假定该计算不会导致算术溢出，并且 X、Y 和 N 是正整数且 $N \geqslant 1$。注意：IAS 没有汇编语言，只有机器语言。

a. 编写 IAS 程序时，请使用等式 $Sum(Y) = N(N+1)/2$。

b. 不使用 a 部分的等式，用"硬方法"来做。

1.2 a. 在 IAS 机上，取存储器地址 2 的内容的机器代码指令应是什么样的？

b. 为了完成这条指令，在指令周期内 CPU 需要访问多少次存储器？

1.3 在 IAS 机上，需要通过将什么放入 MAR、MBR、地址总线、数据总线和控制总线，CPU 才能完成由存储器读取一个值或向存储器写入一个值？请描述此过程。

1.4 给出 IAS 机的存储器内容如下：

地址	内容
08A	010FA210FB
08B	010FA0F08D
08C	020FA210FB

试写出从地址 08A 开始的该程序的汇编语言代码，并说明这段程序做什么。

1.5 指出图 1.6 中每条数据通路（例如，AC 和 ALU 之间）的位宽度。

1.6 在 IBM 360 的 Model 65 和 Model 75 中，地址在两个分开的主存储器中交错排放（例如，所有的奇数序号字存放在一个存储器中，而所有的偶数序号字存放在另一个存储器中），采用这一技术的目的是什么？

1.7 IBM 360 Model 75 的相对性能是 360 Model 30 的 50 倍，但指令周期时间仅为 360 Model 30 的 5 倍。如何解释这种差异？

1.8 逛比利·鲍勃的计算机商店时，你听到一个顾客问比利·鲍勃他在该商店能买到的最快的计算机是什么。比利·鲍勃回答说："你正在看的是我们的 Macintosh 机器，最快的 Mac 机以 1.2GHz 的时钟速度运行。如果你实在想要最快的机器，你应该购买我们的 2.4GHz 的 Intel Pentium 4 计算机。"比利·鲍勃的回答对吗？你应说些什么来帮助这位顾客？

1.9 ENIAC 是一个十进制机器，它用 10 个电子管绕成一个环来表示一个寄存器。在任何时刻，只有一个电子管处于 ON 状态，表示 10 个数字中的一个。假定，ENIAC 有能力使多个电子管同时处于 ON 和 OFF 状态，为什么这种表示法是一种"浪费"？我们用 10 个电子管所能表示的整数范围是什么？

1.10 对于以下每个示例，请确定它是不是嵌入式系统，并说明原因。

a. 理解物理或硬件的程序是嵌入式的吗？例如，使用有限元方法预测飞机机翼上的流体流动的程序。

b. 内部微处理器控制磁盘驱动器是嵌入式系统的一个例子吗？

c. I/O 驱动程序控制硬件，那么 I/O 驱动程序的存在意味着执行该驱动程序的计算机是嵌入式的吗？

d. PDA（个人数字助理）是嵌入式系统吗？

e. 控制手机的微处理器是嵌入式系统吗？

f. 是否可以将大型雷达中的计算机视为嵌入式计算机？这些雷达是 10 层楼高的建筑物，在建筑物的倾斜侧面上有 1~3 个直径为 100 英尺[⊖]的辐射块。

g. 内置在飞机驾驶舱的传统的飞行管理系统（FMS）是不是嵌入式系统？

h. 硬件在环（HIL）模拟器中的计算机是嵌入式的吗？

i. 控制人体中起搏器的计算机是嵌入式的吗？

j. 汽车发动机中控制喷油的计算机是嵌入式的吗？

⊖ ft，1ft 约为 0.304 8 m。——编辑注

性能问题

学习目标

学习完本章后，你应该能够：

- 理解与计算机设计相关的关键性能问题。
- 解释转向多核组织结构的原因，并理解单个芯片上缓存和处理器资源之间的平衡问题。
- 区分多核、MIC 和 GPGPU 的区别。
- 总结计算机性能评估中的一些问题。
- 讨论 SPEC 基准程序。
- 解释算术平均值、调和平均值和几何平均值之间的差异。

本章讨论计算机系统性能的问题。我们首先考虑平衡使用计算机资源的需求，这会提供对本书有帮助的观点。接下来，我们看一下当代计算机组成的设计，这些设计旨在提供满足当前和预期需求的性能。最后，我们看一下已经开发出的工具和模型，它们提供了评估、比较计算机系统性能的方法。

2.1 性能设计

计算机系统的价格在逐年下降，而它们的性能和容量却在显著提高。现在的笔记本计算机与 10 年或者 15 年前的 IBM 大型机具有相同的计算能力。因此，我们拥有几乎是"免费"的计算机功能。处理器变得非常便宜，以至于我们现在有了可以扔掉的微处理器，例如数字验孕棒，使用一次就会被扔掉。而这一持续不断的技术革命使得开发极复杂和极高性能的应用成为可能。例如，今天基于微处理器系统的功能强大的桌面应用包括：

- 图像处理
- 三维渲染
- 语音识别
- 视频会议

- 多媒体创作
- 文件的语音和视频注解
- 模拟建模

工作站系统目前支持高度复杂的工程和科学应用，并且具有支持图像和视频应用的能力。此外，工商业正依赖于功能强大的服务器来完成交易和进行数据库处理，并用它来支持大型客户 / 服务器网络，以替代昔日庞大的大型机的计算中心。此外，云服务提供商使用大量高性能服务器来满足范围广泛的客户的大容量、高交易率应用的需求。

从计算机组成和结构的角度来看，发人深省的是：一方面，组成今天计算机奇迹的基本模块与 50 年前的 IAS 计算机基本相同；另一方面，从现有材料中挤出最后一丁点性能的技术都变得日益复杂。

这一观察结果是陈述本书的指导原则。当考察计算机各个组成部件的时候，我们追求两个目标：第一，本书解释每个所考察领域的基本功能；第二，本书探寻为达到最大性能所要求的技术。本节的剩余部分将突出性能设计所涉及的关键因素。

2.1.1 微处理器的速度

Intel x86 处理器或 IBM 大型机如此震撼人心的强大功能来自处理器芯片制造商对速度的执着追求。这些机器的演变一直遵循第 1 章介绍的摩尔定律。只要这个定律保持有效，芯片制造商就能每 3 年发布一代新的芯片，其晶体管数为上一代芯片的 4 倍。对于内存芯片，仍旧采用基本的主存储器技术，**动态随机存储器（DRAM）**的容量每 3 年提高 4 倍。对于微处理器，通过增加新的电路、减小电路间的距离来提高速度，使得性能每 3 年提高 4~5 倍，从 1987 年开始推出的 Intel x86 系列也是如此。

但是，除非以计算机指令的形式不断向它提供持续的工作流，否则微处理器将达不到它的潜在速度。任何阻碍工作流的事件都会降低处理器的性能。因此，当芯片制造商忙于研究怎样不断提高芯片集成度的同时，处理器的设计者必须提供更加复杂的技术来填饱这个怪物。当代处理器所包含的技术有：

- **流水线**：一条指令的执行涉及多个操作阶段，包括取指令、解码操作码、取操作数、执行计算等。流水线通过使多个指令中的每个指令同时执行不同的阶段，使处理器能够同时处理多个指令。处理器通过将数据或指令移动到概念性管道中来重叠操作，同时管道处理的所有阶段均会发生。例如，在执行一条指令时，计算机正在解码下一条指令。这与装配线的原理相同。
- **转移预测**：处理器提前考察取自内存的指令代码，并预测哪条分支指令或哪组指令下一步可能会被执行。如果处理器大部分时间的猜测是正确的，则它能预取正确的指令，并将它们放入缓存，这样处理器就会始终处于繁忙之中。这种预测策略的更复杂例子是不只预测下面一个分支，还要预测多条分支。如此，转移预测增加了可供处理器执行的工作量。
- **超标量执行**：这是一种在每个处理器时钟周期内发出一条以上指令的能力，实际上，使用了多个并行流水线。
- **数据流分析**：处理器通过分析哪一条指令依赖其他指令的结果或数据，来优化指令调度。事实上，准备好的指令就可以被调度执行，不必按照原来程序的顺序，这减少了不必要的延时。
- **推测执行**：使用转移预测和数据流分析，一些处理器让指令在程序实际执行之前就"推测执行"，并将结果存储在暂时的空间。通过执行可能需要的指令，可以使处理器的执行机制尽可能保持繁忙。

以上技术及其他复杂的技术是实现处理器强大功能所必需的。总的来说，它们使每个处理器周期执行许多指令成为可能，而不是每个指令占用许多周期。

2.1.2 性能平衡

当处理器的性能以惊人的速度向前发展的时候，计算机的其他关键部件并没有跟上。这引发了寻求性能平衡的需要：调整组成和结构，以补偿各种部件之间的能力不匹配。

处理器和主存储器的接口问题是这些不匹配问题中最重要的。随着处理器速度的快速增长，主存储器和处理器之间的数据传输率却严重滞后。处理器和主存储器之间的接口是整个计算机中最关键的通路，因为它负责在存储器芯片和处理器之间运送持续的程序指令和数据流。如果存储器或通路跟不上处理器持续不断的需求，处理器就会经常处于等待状态，宝贵的处理器时间就会被浪费。系统架构师可以用许多方法来解决这个问题，而所有这些方法又反映在当代计算机设计中。考虑如下一些例子：

- 通过使 DRAM 的接口"更宽"而不是"更深",以及增大总线的数据通路宽度,来增加每次所能取出的位数。
- 通过在 DRAM 芯片中加入 cache⊖或其他缓冲机制来改变 DRAM 接口,使其更加有效。
- 通过在主存和处理器之间引入更复杂、更有效的 cache 结构,来减少存储器访问频度。这包括在处理器芯片中加入一级或者多级 cache,以及在靠近处理器芯片的地方加入片外 cache。
- 通过使用高速总线和分层总线来缓冲与结构化数据流,从而增加处理器与存储器之间相互连接的带宽。

另一个设计焦点是 I/O 设备的处理。由于计算机变得更快、更强大,人们开发出更加复杂的应用来支持使用要求频繁 I/O 操作的外设。图 2.1 给出了个人计算机和工作站使用的一些典型例子。这些设备要求很高的数据吞吐量。虽然目前的处理器能够处理这些设备输出的数据,但在处理器和外设之间传送数据仍存在着问题。这里的策略包括缓冲和暂存机制,以及使用高速互连和更为精巧的总线结构。此外,使用多处理器配置有助于满足 I/O 的需要。

所有问题的关键是平衡。设计者始终努力平衡处理器部件、主存储器、I/O 设备及互连结构的吞吐量和处理要求。设计必须不断更新,以应付两个始终变化的因素:

- 从一种类型的元器件到另一种类型的元器件,对于各种不同的技术领域(处理器、总线、存储器和外设),它们性能变化的速度相差很大。
- 新的应用和新的外围设备根据典型指令的描述和数据访问模式不断改变对系统特性的要求。

因此,计算机设计是一种不断演变的艺术。本书试图呈现这种艺术形式所依赖的基础,以及这种艺术的当前发展状况。

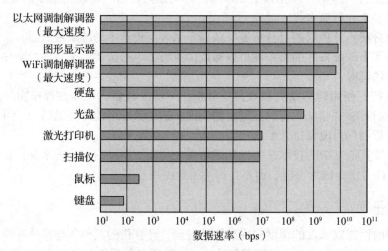

图 2.1　典型 I/O 设备的数据速率

2.1.3　芯片组成和体系结构的改进

当设计人员努力解决处理器性能与主存储器及其他部件的平衡问题时,提高处理器速度

⊖ cache 是指在大而慢的存储器与存取此存储器的处理器逻辑之间插入的一个相对小而快的存储器。cache 中保存最近被访问过的数据,并被设计用来加快对同一数据的后续访问。关于 cache 的内容在第 5 章中讨论。

的需求仍在增长。有三种办法可实现处理器的提速：

- **提高处理器硬件速度**：这个提速基本上归功于处理器芯片上逻辑门的尺寸减小，以便更多的门能更紧密地组装在一起；也归功于时钟频率的提升。随着门电路更紧密地集成在一起，信号的传播时间显著降低，从而允许处理器提速。时钟频率的提升意味着每个操作会被更迅速地执行。
- **提高插在处理器和主存之间的 cache 的容量和速度**。尤其是，将处理器芯片自身的一部分用作 cache，cache 的存取时间会显著降低。
- **改变处理器的组成和体系结构以提高指令执行的有效速度**。典型情况下，这包含使用各种形式的并行性。

传统上，性能增益的主导因素是时钟速度的提升和逻辑密度的提高。然而，随着时钟速度和逻辑密度的提高，几个障碍变得更加显著 [INTE04]：

- **功耗**：随着芯片上逻辑密度和时钟速度的提高，芯片消耗的功率密度（W/cm²）也随之提高。高密、高速芯片的散热困难成为一个重要的设计问题（[GIBB04]、[BORK03]）。
- **RC 延迟**：电子在芯片上各晶体管间流动的速度受限于连接它们的金属线的电阻和电容。特别是，延迟随电阻和电容之积的增长而增长。由于芯片上元件尺寸变小，互连线更细，从而电阻增加了；同时，线排列更紧密，电容也增大了。
- **存储器和吞吐量滞后**：正如前面所讨论过的，存储器速度落后于处理器速度，并且传输速度（吞吐量）也滞后于处理器速度。

因此，这里更强调以组成和体系结构的办法来改善性能。本书随后几章将讨论这些技术。

通过简单地提高时钟速度来实现的性能提升，从 20 世纪 80 年代后期开始并一直持续了约 15 年，之后为进一步提升性能还采用了两种主要策略。第一，增加 cache 容量。现在，处理器与主存之间一般都有两级或三级 cache。由于芯片密度的提高，更多的 cache 存储器已集成到处理器芯片上，从而允许更快的 cache 访问。例如，最初 Pentium 芯片将大约 10% 的芯片面积用于 cache，当代芯片将大约一半的芯片面积用于 cache，另一半的大约 3/4 用于与流水线相关的控制和缓冲。

第二，处理器内指令执行逻辑变得越来越复杂，以允许处理器内指令并行执行。两个值得重视的设计办法是流水化和超标量化。指令流水线的工作情况非常类似于制造厂的装配线，它允许不同指令的不同执行段在流水线上同时工作。本质上讲，超标量方法允许在单个处理器内有多条指令流水线，以便彼此无关的指令能并行地执行。

到了 20 世纪 90 年代中后期，这两种策略到达收益递减点。当代处理器的内部组织已非常复杂，并能够从指令流中压榨出大量的并行性。看起来，在这个方向上进一步显著提升性能是相当有限的 [GIBB04]。随着处理器芯片设置三级 cache，每级都有相当大的容量，看来增加 cache 容量所带来的好处也达到了瓶颈。

然而，简单地依靠提高时钟频率来提高性能又面临已指出的功率消耗问题。时钟频率越快，消耗的功率就越大，并且将达到某些基本的物理限制。

图 2.2 说明了我们一直在讨论的概念⊖。最上面的一行显示，根据摩尔定律，单个芯片上的晶体管数量继续呈指数级增长⊖。与此同时，时钟速度已经趋于平稳，以防止功率进一步上

⊖ 感谢加州大学伯克利分校的 Kathy Yelick 教授提供了这张图表。

⊖ 细心的读者会注意到，此图中的晶体管计数值明显小于图 1.12 中的值。后一个数字显示了一种被称为 DRAM（在第 6 章中讨论）的主存储器的晶体管计数，它支持比处理器芯片更高的晶体管密度。

升。为了继续提高性能，除了建造更复杂的处理器之外，设计者还必须找到利用越来越多的晶体管的方法。近年来多核计算机芯片的发展引起了人们的关注。

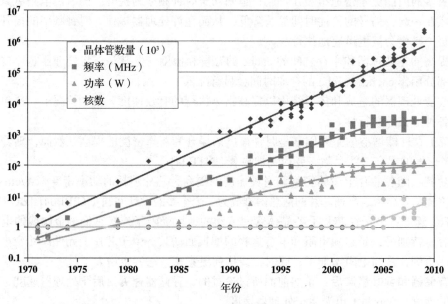

图 2.2　处理器趋势

2.2　多核、MIC 和 GPGPU

考虑到所有这些困难，设计者已转向一种根本性的新办法来改善性能：在同一芯片上安排多个处理器并带有大的共享 cache。同一芯片上多个处理器的使用，也称为**多核**，提供了无须提高时钟频率就能提高性能的潜力。已有研究指出，在处理器内，性能的提高大致正比于复杂度提高的平方根 [BORK03]。但是，如果软件能够有效地支持多个处理器的使用，则处理器数目的加倍几乎使性能加倍。因此，此策略是使用芯片上两个较简单的处理器，而不是一个更复杂的处理器。

此外，使用具有更大的 cache 的两个处理器也是恰当的。因为芯片上存储逻辑的功耗远小于处理逻辑的功耗，故这种安排很重要。

随着芯片上逻辑密度的不断提高，单个芯片上更多处理器和更多 cache 的趋势仍在继续。2 核芯片，然后是 4 核芯片，然后是 8 核，然后是 16 核，以此类推。随着 cache 的增大，在芯片上创建两级或三级 cache 在性能提升上是有意义的，最初第一个级别的 cache 专用于单个处理器，而第二个和第三个级别则由所有处理器共享。现在，二级 cache 对于每个处理器也是私有的。

芯片制造商目前正在使每个芯片的处理器数量实现巨大的飞跃，每个芯片有 50 个以上的核。性能的飞跃以及开发可利用大量核的软件方面的挑战导致引入了一个新术语：**集成多核**（many integrated core，MIC）。

多核和 MIC 策略涉及在单个芯片上统一收集通用处理器。同时，芯片制造商正在寻求另一种设计选择：一种具有多个通用处理器、**图形处理单元**（GPU）以及用于视频处理和其他任务的专用处理器的芯片。从广义上讲，GPU 是用于对图形数据执行并行操作的处理器。它通常出现在插入式图形卡（显示适配器）上，用于编码和渲染 2D 与 3D 图形以及处理视频。

由于 GPU 对多组数据执行并行操作，因此它们越来越多地用作矢量处理器，用于需要重复计算的各种应用程序。这模糊了 GPU 和 CPU 之间的界限 [AROR12, FATA08, PROP11]。当此类处理器支持广泛的应用程序时，将使用术语**通用图形处理单元**（GPGPU）。

我们将在第 18 章中探索多核计算机的设计特性。

2.3 阿姆达尔定律和利特尔法则

在本节中，我们看两个方程，称为"定律"（法则）。这两个定律是无关的，但是都可以用来了解并行系统和多核系统的性能。

2.3.1 阿姆达尔定律

当考虑系统性能时，计算机系统设计者希望通过改进技术或者改变设计来提高性能，例如，使用并行处理器、存储器 cache 以及通过技术改进来加快存储器的访问和 I/O 的传送速率。在所有这些情况中，需要特别注意的是，只是加速技术或设计的一个方面并不能促进性能改善。用阿姆达尔定律可以很好地说明其局限性。

阿姆达尔定律最早由 Gene Amdahl 在 1967 年（[AMDA67] 和 [AMDA13]）提出，用于研究一个程序在使用多个处理器时与使用单个处理器时可能出现的加速比。考虑一个运行在单处理器上的程序，执行时间中的 $(1-f)$ 部分表示其代码是固有的、只能被串行执行的部分，f 部分表示其代码可以无限制地并行、无调度负载。若假设 T 为该程序在单个处理器上的总执行时间，则使用具有 N 个处理器的并行系统后，探索该程序整个并行部分的加速比如下：

$$加速比 = \frac{在单个处理器上执行程序的时间}{在 N 个并行处理器上执行程序的时间}$$

$$= \frac{T(1-f)+Tf}{T(1-f)+\dfrac{Tf}{N}} = \frac{1}{(1-f)+\dfrac{f}{N}}$$

这个方程的曲线见图 2.3 和图 2.4。从中可以推导出两个重要的结论：

1. 当 f 非常小时，使用并行处理器只有一点点影响。

2. 随着 N 接近于无限大，加速比被 $1/(1-f)$ 所限制，因此使用更多的处理器只能导致速度下降。

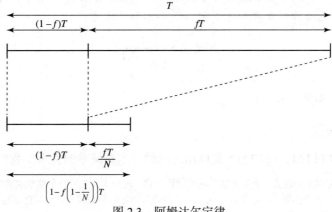

图 2.3　阿姆达尔定律

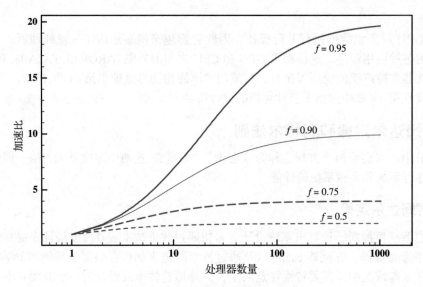

图 2.4   多处理器的阿姆达尔定律

这些结论太悲观，一个想法在文献 [GUST88] 中首次提出。例如，一个服务器可以支持多线程和多任务来处理多个客户端，并且并行地执行线程和任务，突破处理器数目的限制；许多数据库应用包含大量数据的计算，这可以分成多个并行的任务。然而，阿姆达尔定律揭示了计算机工业在开发具有不断增长的核数的多核机器时所面临的问题：运行在多核机器上的软件必须适应高速并行执行环境，以利用并行处理的能力。

阿姆达尔定律在评价计算机系统的设计和技术改进方面是通用的。考虑任何影响加速比的系统改进特征，加速比可以如下表示：

$$加速比 = \frac{改进后的性能}{改进前的性能} = \frac{改进前的执行时间}{改进后的执行时间} \qquad (2.1)$$

假如改进前系统可改进部分的执行时间为 f，改进后，可改进部分的加速比为 SU_f，则系统的总加速比可以表示成：

$$加速比 = \frac{1}{(1-f) + \dfrac{f}{SU_f}}$$

例 2.1   假如一个任务密集地使用浮点操作，浮点操作占整个操作时间的 40%。现有一个新的设计，其浮点操作部分被加速了 K 倍，则总加速比为：

$$加速比 = \frac{1}{0.6 + \dfrac{0.4}{K}}$$

即最大加速比与 K 无关，为 1.67。

2.3.2   利特尔法则

利特尔法则 [LITT61，LITT11]⊖是应用之间的基本且简单的关系。我们可以将其应用于

⊖ 第 2 个参考文献是一篇关于利特尔法则的回顾性文章，这篇文章是利特尔在他最初的论文发表 50 年后写的。这在技术文献历史上一定是独一无二的，尽管阿姆达尔与之接近，[AMDA67] 和 [AMDA13] 的发表时间相差 46 年。

几乎所有统计上处于稳定状态且没有泄漏的系统。具体来说，我们有一个稳态系统，每单位时间物料到达的平均速度为 λ。这些项目在系统中平均停留的时间为 W 个单位。最后，在任何一次系统中平均有 L 个单位。利特尔法则将这三个变量关联为 $L=\lambda W$。

使用排队理论术语，利特尔法则适用于排队系统。系统的中心元素是服务器，它为项目提供一些服务。来自某些项目群的项目到达要服务的系统。如果服务器空闲，则会立即提供一个项目。否则，到达的项目将加入等待线或排队。一个服务器可以有一个队列，多个服务器可以有一个队列，或者多个服务器可以有多个队列，每个服务器均可以有一个队列。服务器完成服务项目后，该项目将离开。如果队列中有等待的项目，则会立即将其分派到服务器。此模型中的服务器可以代表为项目集合执行某些功能或服务的任何事物。例如，为流程提供服务的处理器，向数据包或数据帧提供传输服务的传输线，为 I/O 请求提供读写服务的 I/O 设备。

要了解利特尔公式，请考虑以下论点，该论点着重于单个项目的体验。当项目到达时，会发现它前面平均有 L 个项目，其中一个正在服务中，其余在队列中。服务完成后该项目离开系统，平均会留下系统中相同数量的项目，即 L，因为 L 定义为等待的平均物品数。此外，该项目在系统中的平均时间为 W。由于项目以 λ 的速率到达，因此我们可以推断，在时间 W 中，总共必须有 λW 项目到达。因此，$L=\lambda W$。

总而言之，在稳态条件下，排队系统中的平均物品数等于物品到达的平均速率乘以物品在系统中花费的平均时间。这种关系需要很少的假设。我们不需要知道服务时间分布是什么，到达时间分布是什么，或者服务的顺序或优先级。由于它的简单性和通用性，利特尔法则非常有用。由于人们对与多核计算机相关的性能问题的兴趣，它又有了一些新的应用。

来自 [LITT11] 的一个非常简单的例子说明了利特尔法则是如何应用的。考虑一个多核系统，每个处理器支持多个执行线程。在某种程度上，处理器共享一个内存，共享一个主存储器，通常也共享一个缓存。在任何情况下，当一个线程正在执行时，它可能会到达一个点，在这个点上它必须从公共内存中检索一段数据。线程停止并发送数据请求。所有这样的停止线程都在一个队列中。如果系统用作服务器，分析人员可以根据用户请求的速率确定对系统的需求，然后将其转换为响应单个用户请求所生成的线程对数据的请求速率。为此，每个用户请求都被分解为子任务，这些子任务作为线程实现。然后我们得到 λ 等于所有成员的请求分解为所需的子任务后所需的总线程处理的平均速率。定义 L 为在某个相关时间内等待的停止线程的平均数量，则 W 等于平均响应时间。这个简单的模型可以作为一个指南，指导设计师判断用户的需求是否得到满足，如果没有得到满足，则可以提供一个量化的度量，衡量需要改进的数量。

2.4 计算机性能的基本指标

在评价处理器硬件和设置新系统的需求时，性能是必须考虑的关键因素之一，这包括成本、尺寸、安全性、可靠性以及某些情况下的能源消耗。

在不同的处理器之间，甚至在同一系列的处理器之间进行有意义的性能比较是困难的。当执行一个给定的应用时，原始的速度指标远不及处理器如何完成任务来得重要。不幸的是，应用的执行并不仅仅取决于处理器的原始速度，还依赖于其指令集、实现语言的选择、编译器的效率以及实现该应用的编程技巧。

本节首先介绍一些测量处理器速度的传统方法，然后考察评定处理器和计算机系统性能的最常用的方法，接着考虑如何从多个测试中获得平均结果。

2.4.1 时钟速度

处理器执行的操作，例如取指令、译码该指令、执行算术运算等，都是由系统时钟掌控的。典型的做法是，所有操作都随着时钟的脉冲开始。因此，在最基本的级别，处理器的速度由时钟产生的脉冲频率来指示，用每秒周期数或赫兹（Hz）来测量。

一般情况下，时钟信号由水晶振子产生，水晶振子在有动力供应时能产生一个连续的信号波。该波被转化为一个数字电压脉冲流，连续地供应给处理器电路（如图 2.5 所示）。例如，一个 1GHz 的处理器每秒接受 10 亿个脉冲。脉冲的速率被定义为**时钟频率**，或**时钟速度**。每增加一个脉冲或时钟被称为一个**时钟周期**，或**时钟滴答**。两个脉冲之间的时间定义为**周期时间**。

时钟频率不是任意的，它必须适应处理器的物理层。处理器中的操作需要信号将其从处理器的一个元件传送到另一个元件。当信号被放在处理器内部的一根线上时，它将占用一些有限的时间量来使电压水平平静下来，以便一个正确的值（1 或 0）可用。此外，这取决于处理器电路的物理层，有些信号可能比其他信号变化得更快，因此，操作必须同步，以便适当的电信号（电压）值可为每个操作用到。

指令的执行包含很多离散的步骤。例如，从存储器中取出该指令、译码指令的各个部分、取数据和存数据以及执行算术和逻辑运算，因此，大多数处理器的大部分指令需要多个时钟周期来完成。有些指令可能只需要几个周期，而另一些指令需要几十个周期。此外，当使用流水线时，多条指令被同时执行，因此，将不同处理器的时钟速度直接进行比较是不能说明性能的整体情况的。

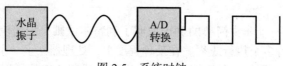

图 2.5 系统时钟

2.4.2 指令执行速度

处理器由时钟驱动，时钟具有固定的频率 f，或等价为固定的时钟周期 τ，这里 $\tau = 1/f$。定义一个程序的指令条数 I_c 为运行完该程序所执行的机器指令条数。注意这是指令执行的条数，而不是该程序目标代码中的指令条数。程序的一个重要参数是每条指令的平均周期数（average cycles per instruction，CPI）。如果所有指令需要相同的时钟周期数，则该程序的 CPI 就是一个固定值。然而，对于任意指定的处理器，不同的指令类型，例如取数、存数、分支等，会需要不同的时钟周期数。如果用 CPI_i 来表示指令类型 i 所需要的周期数，用 I_i 表示在某一给定程序中所执行的 i 类指令的条数，则我们可以计算整个 CPI 如下：

$$CPI = \frac{\sum_{i=1}^{n}(CPI_i \times I_i)}{I_c} \qquad (2.2)$$

处理器执行一个给定的程序所需要的时间可以表示为：

$$T = I_c \times CPI \times \tau$$

我们可以通过分析一条指令的执行过程来定义该公式，指令执行的一部分工作是由处理器完成的，而另一部分时间花费在处理器与存储器之间的字传送上。在后一种情况中，传送时间取决于存储器周期时间，它可能比处理器周期时间长。将以上等式改写成：

$$T = I_c \times [p + (m \times k)] \times \tau$$

这里，p 是译码和执行指令所需要的处理器周期数，m 是所需的存储器访问次数，k 是存储器周期时间和处理器周期时间之比。上面的等式中的 5 个性能因子（I_c, p, m, k, τ）受 4 个系统属性的影响：指令集（亦称指令集结构）设计、编译技术（编译器如何高效地将高级语言程序转换为有效的机器语言程序）、处理器实现以及 cache 与主存的层次结构。表 2.1 是一个矩阵，其行表示 5 个性能因子，列表示 4 个系统属性。单元中的 × 说明系统属性影响着性能因子。

表 2.1 性能因子和系统属性

	I_c	p	m	k	τ
指令集结构	×	×	—	—	—
编译技术	×	×	×	—	—
处理器实现	—	×	—	—	×
cache 与主存的层次结构	—	—	—	×	×

处理器性能的一个通用度量是指令执行的速率，表示为每秒百万条指令（MIPS），也称为 MIPS 速度。我们可以用时钟频率和 CPI 表示 MIPS 速度如下：

$$\text{MIPS速度} = \frac{I_c}{T \times 10^6} = \frac{f}{\text{CPI} \times 10^6} \tag{2.3}$$

例 2.2 考虑在一个 400MHz 的处理器上运行一个包含 200 万条指令的程序，该程序由四种主要的指令类型组成。基于程序踪迹实验的结果，得出的指令混合和每一种指令类型的 CPI 如下：

指令类型	CPI	指令混合比（%）
算术和逻辑	1	60
cache 命中的取数 / 存数	2	18
分支	4	12
cache 未命中的存储器访问	8	10

当由单一处理器执行该程序时，其平均 $\text{CPI} = 0.6 + (2 \times 0.18) + (4 \times 0.12) + (8 \times 0.1) = 2.24$，相应的 MIPS 速度 $= (400 \times 10^6) / (2.24 \times 10^6) \approx 178$。

另一个通用的性能度量仅仅用于浮点指令，这在科学计算和游戏应用中很常见。浮点性能表示为每秒百万条浮点操作（MFLOPS），定义如下：

$$\text{MFLOPS速度} = \frac{\text{在程序中执行的浮点操作的次数}}{\text{执行时间} \times 10^6}$$

2.5 计算平均值

在评估计算机系统性能的某些方面时，通常使用单个数字（如执行时间或内存消耗）来表征性能和比较系统。显然，单个数字只能提供系统功能的一个非常简单的视图。然而，特别是在基准程序领域，通常使用单个数字进行性能比较 [SMIT88]。

正如 2.6 节将要讨论的，使用基准程序来比较系统涉及计算与执行时间相关的一组数据点的平均值。事实证明，有多种可供选择的算法可以用于计算平均值，这在基准程序领域引发了一些争议。在本节中，我们将定义这些替代算法，并对它们的一些属性进行评论。这可为我们下一节关于基准程序中的均值计算的讨论做好准备。

用于计算平均值的三个常用公式是算术公式、几何公式和调和公式。给定一组 n 个实数 $(x_1, x_2, \cdots, x_n)$，三种均值定义如下：

算术平均值

$$AM = \frac{x_1 + x_2 + \cdots + x_n}{n} = \frac{1}{n}\sum_{i=1}^{n} x_i \tag{2.4}$$

几何平均值

$$GM = \sqrt[n]{x_1 \times x_2 \times \cdots \times x_n} = \left(\prod_{i=1}^{n} x_i\right)^{1/n} = e^{\left(\frac{1}{n}\sum_{i=1}^{n}\ln(x_i)\right)} \tag{2.5}$$

调和平均值

$$HM = \frac{n}{\left(\dfrac{1}{x_1}\right) + \cdots + \left(\dfrac{1}{x_n}\right)} = \frac{n}{\displaystyle\sum_{i=1}^{n}\left(\dfrac{1}{x_i}\right)} \qquad x_i > 0 \tag{2.6}$$

可以证明，以下不等式成立：

$$AM \geqslant GM \geqslant HM$$

只有当 $x_1 = x_2 = \cdots = x_n$ 时，这些值才相等。

通过定义函数平均值，我们可以了解这些替代计算。令 $f(x)$ 是在区间 $[0, +\infty)$ 中定义的连续单调函数。n 个正实数 $(x_1, x_2, \cdots, x_n)$ 相对于函数 $f(x)$ 的函数均值定义为

函数平均值

$$FM = f^{-1}\left(\frac{f(x_1) + \cdots + f(x_n)}{n}\right) = f^{-1}\left(\frac{1}{n}\sum_{i=1}^{n} f(x_i)\right)$$

其中 $f^{-1}(x)$ 是 $f(x)$ 的倒数。式（2.4）至式（2.6）中定义的平均值是函数平均值的特殊情况，如下所示：

- 当 $f(x) = x$ 时，AM 等于 FM 的倒数。
- 当 $f(x) = \ln x$ 时，GM 等于 FM 的倒数。
- 当 $f(x) = 1/x$ 时，HM 等于 FM 的倒数。

例 2.3   图 2.6 说明了应用于各种数据集的三种方法，每个方法都有 11 个数据点，最大数据点值为 11。图中还包括中位数。也许在该图中最突出的是，当数据偏斜到较大的值或存在较小的异常值时，HM 倾向于产生误导性结果。

现在让我们考虑这些方法中哪一种适合给定的性能度量。需要指出的是，多年来，许多论文（[CITR06]、[FLEM86]、[GILA95]、[JACO95]、[JOHN04]、[MASH04]、[SMIT88]）和书籍（[HENN12]、[HWAN93]、[JAIN91]、[LILJ00]）对这三种性能分析方法的利弊进行讨论，得出了相互矛盾的结论。为了简化复杂的争论，我们只需注意，得出的结论在很大程度上取决于所选择的例子和陈述目标的方式。

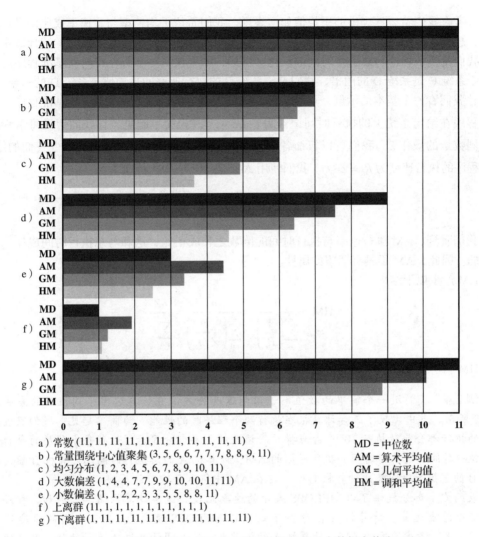

a）常数 (11, 11, 11, 11, 11, 11, 11, 11, 11, 11, 11)
b）常量围绕中心值聚集 (3, 5, 6, 6, 7, 7, 7, 8, 8, 9, 11)
c）均匀分布 (1, 2, 3, 4, 5, 6, 7, 8, 9, 10, 11)
d）大数偏差 (1, 4, 4, 7, 7, 9, 9, 10, 10, 11, 11)
e）小数偏差 (1, 1, 2, 2, 3, 3, 5, 5, 8, 8, 11)
f）上离群 (11, 1, 1, 1, 1, 1, 1, 1, 1, 1, 1)
g）下离群 (1, 11, 11, 11, 11, 11, 11, 11, 11, 11, 11)

MD = 中位数
AM = 算术平均值
GM = 几何平均值
HM = 调和平均值

图 2.6　各种数据集的均值比较（每个数据集的最大数据点值为 11）

2.5.1　算术平均值

如果所有测量值的总和是有意义且让人感兴趣的值，则 AM 是合适的测量值。AM 是比较多个系统的执行时间性能的理想选择。例如，假设我们对将系统用于大规模仿真研究感兴趣，并希望评估几种替代产品，那么在每个系统上，我们可以多次使用不同的输入值来运行模拟，然后取所有运行的平均执行时间。将多个运行与不同的输入配合使用应确保结果不会因给定输入集的某些异常功能而产生严重偏差。所有运行的 AM 都可以很好地衡量系统在仿真中的性能，并且可以用于系统比较。

用于基于时间的变量（例如，秒，用于计量程序执行时间）的 AM 具有重要的属性，即它与总时间成正比。因此，如果总时间加倍，则平均值加倍。

2.5.2　调和平均值

在某些情况下，系统的执行率可以被视为衡量系统价值的一个更有用的指标。这可以是以 MIPS 或 MFLOPS 衡量的指令执行速率，也可以是衡量给定类型程序执行速率的程序执行速率。考虑我们希望计算出的平均值如何表现。我们希望平均速率与总速率成比例是没有意义的，总速率被定义为各个速率的总和。这些速率的总和将是一个毫无意义的统计数字。相反，我们希望平均值与总执行时间成反比。例如，如果执行一套程序中所有基准程序的总时间对于系统 C 是系统 D 的两倍，我们希望系统 C 的执行速率的平均值是系统 D 的一半。

让我们看一个基本的示例，然后检查 AM 的表现。假设我们有一组 n 个基准程序，并将每个程序在给定系统上的执行时间记录为 $t_1, t_2, \cdots, t_n$。为简单起见，让我们假设每个程序执行相同数量的操作 Z。我们可以权衡各个程序并据此进行计算，但这不会改变我们的结论。每个程序的执行速度为 $R_i = Z / t_i$。我们使用 AM 来计算平均执行速率。

$$\mathrm{AM} = \frac{1}{n}\sum_{i=1}^{n} R_i = \frac{1}{n}\sum_{i=1}^{n}\frac{Z}{t_i} = \frac{Z}{n}\sum_{i=1}^{n}\frac{1}{t_i}$$

我们看到，AM 执行速率与执行时间的倒数之和成正比，这和与总执行时间成反比是不一样的。因此，AM 不具有期望的属性。

HM 产生以下结果。

$$\mathrm{HM} = \frac{n}{\displaystyle\sum_{i=1}^{n}\left(\frac{1}{R_i}\right)} = \frac{n}{\displaystyle\sum_{i=1}^{n}\left(\frac{1}{Z/t_i}\right)} = \frac{nZ}{\displaystyle\sum_{i=1}^{n} t_i}$$

HM 与所需的总执行时间成反比，符合预期。

例 2.4　我们用一个简单的数值例子说明这两种方法在计算速率平均值时的差异，如表 2.2 所示。表中比较了三台计算机在执行两个程序时的性能。为简单起见，我们假设每个程序的执行都会导致执行 10^8 个浮点操作。该表的左半部分显示了运行每个程序的每台计算机的执行时间、总执行时间和执行时间的 AM。计算机 A 的总执行时间比计算机 B 短，而计算机 B 的总执行时间又比计算机 C 短，这在 AM 中得到了准确的反映。

表的右半部分提供了以 MFLOPS 表示的速率比较。速率计算很简单。例如，程序 1 执行 1 亿个浮点运算。计算机 A 花费 2s 的时间以 MFLOPS 速率为 100/2 = 50 的速度执行程序。接下来，考虑速率的 AM。计算机 A 的值最大，这表明计算机 A 是最快的。就总执行时间而言，A 的时间最短，因此它是三者中最快的。但是速率的 AM 显示 B 比 C 慢，而实际上 B 比 C 快。通过查看 HM 值，我们可以看到它们正确地反映了计算机的速度排序。这证实了在计算速率时，HM 是首选。

表 2.2　速率的算术平均值和调和平均值的比较

	计算机 A 时间（s）	计算机 B 时间（s）	计算机 C 时间（s）	计算机 A 速率（MFLOPS）	计算机 B 速率（MFLOPS）	计算机 C 速率（MFLOPS）
程序 1（10^8 个 FP 操作）	2.0	1.0	0.75	50	100	133.33
程序 2（10^8 个 FP 操作）	0.75	2.0	4.0	133.33	50	25
总执行时间	2.75	3.0	4.75	—	—	—
时间的算术平均值	1.38	1.5	2.38	—	—	—
总执行时间的倒数（s^{-1}）	0.36	0.33	0.21	—	—	—
速率的算术平均值	—	—	—	91.67	75.00	79.17
速率的调和平均值	—	—	—	72.72	66.67	42.11

读者可能想知道为什么要做这样的比较。如果想比较执行时间，我们可以简单地比较三个系统的总执行时间。如果要比较速率，我们可以简单地将总执行时间取倒数，如表 2.2 中所示。进行单个计算而不是仅查看合计数字有两个原因：

1. 客户或研究人员不仅对总体平均性能感兴趣，还可能对不同类型的基准程序（如业务应用程序、科学建模、多媒体应用程序和系统程序）的性能感兴趣。因此，除了总数之外，还需要按基准程序类型进行细分。

2. 通常，用于评估的不同程序的权重是不同的。在表 2.2 中，假设两个测试程序执行相同数量的操作。如果不是这样，我们可能想要相应的权重。或者不同的程序可以用不同的权重来反映重要性或优先级。

让我们看看如果测试程序的权重与操作数成正比，那么结果是什么。按照前面的表示法，每个程序 i 在时间 t_i 中执行 Z_i 指令。每个速率均由指令计数加权。因此，加权 HM 为：

$$\text{WHM} = \cfrac{1}{\displaystyle\sum_{i=1}^{n}\left(\left(\cfrac{Z_i}{\displaystyle\sum_{j=1}^{n}Z_j}\right)\left(\cfrac{1}{R_i}\right)\right)} = \cfrac{n}{\displaystyle\sum_{i=1}^{n}\left(\left(\cfrac{Z_i}{\displaystyle\sum_{j=1}^{n}Z_j}\right)\left(\cfrac{t_i}{Z_i}\right)\right)} = \cfrac{\displaystyle\sum_{j=1}^{n}Z_j}{\displaystyle\sum_{i=1}^{n}t_i} \tag{2.7}$$

我们看到 WHM 是操作数量之和与执行时间之和的商。

2.5.3　几何平均值

看看这三种均值的表达式，我们更容易直观地了解 AM 和 HM 的行为，而不是 GM 的行为。[FEIT15] 中的一些观察可能会在这方面有所帮助。首先，我们注意到，关于值的变化，GM 给予数据集中所有值相同的权重。例如，假设要取平均值的数据集包括几个偏大的值和更多偏小的值。在这里，AM 是由偏大的值控制的。最大数值变化 10%，影响显著；最小数值变化相同系数，影响可以忽略不计。相比之下，任何数据值变化 10% 都会导致 GM 发生相同的变化 $\sqrt[n]{1.1}$。

例 2.5　图 2.6 中的数据集 e 说明了这一点。这是将数据集中的最大值或最小值增加 10% 的效果：

	几何平均值	算术平均值
原始值	3.37	4.45
最大值从 11 增加到 12.1（+10%）	3.40（+ 0.87%）	4.55（+ 2.24%）
最小值从 1 增加到 1.1（+10%）	3.43（+ 1.75%）	4.47（+ 0.41%）

第二个观察结果是，对于一个比率的 GM，比率的 GM 等于 GM 的比率：

$$\text{GM} = \left(\prod_{i=1}^{n}\frac{Z_i}{t_i}\right)^{1/n} = \frac{\left(\displaystyle\prod_{i=1}^{n}Z_i\right)^{1/n}}{\left(\displaystyle\prod_{i=1}^{n}t_i\right)^{1/n}} \tag{2.8}$$

将其与式（2.5）进行比较。

与执行时间一起使用时，GM 的一个缺点是，相对于更直观的 AM，它可能是非单调的。换句话说，可能存在这样的情况：一个数据集的 AM 大于另一个数据集的 AM，但其 GM 较小。

例 2.6　在图 2.6 中，数据集 d 的 AM 大于数据集 c 的 AM，但 GM 则相反。

	数据集 c	数据集 d
算术平均值（AM）	7.00	7.55
几何平均值（GM）	6.68	6.42

GM 的一个特性使其对基准程序分析具有吸引力，那就是当衡量机器的相对性能时，它提供了一致的结果。这实际上是基准程序的主要用途：在性能指标方面比较一台机器与另一台机器。正如我们所看到的，结果是用参考机器的归一化值来表示的。

例 2.7　我们用一个简单的例子来说明 GM 显示归一化结果一致性的方式。在表 2.3 中，我们使用与表 2.2 中相同的性能结果。在表 2.3a 中，所有结果均通过计算机 A 进行了归一化，并且均值是根据归一化后的值计算的。基于总执行时间，A 快于 B，而 B 快于 C。归一化时间的 AM 和 GM 都反映了这一点。在表 2.3b 中，将系统归一化为 B。GM 再次正确反映了三台计算机的相对速度，但是现在 AM 产生了不同的排序。

可悲的是，一致性原则并不总是能产生正确的结果。在表 2.4 中，某些执行时间已更改。AM 再次报告两个归一化的结果相互矛盾。GM 报告了一致的结果，但是结果是 B 快于相等的 A 和 C。

表 2.3　归一化结果的算术平均值和几何平均值的比较

a) 结果归一化到计算机 A

	计算机 A 时间（s）	计算机 B 时间（s）	计算机 C 时间（s）
程序 1	2.0 (1.0)	1.0 (0.5)	0.75 (0.38)
程序 2	0.75 (1.0)	2.0 (2.67)	4.0 (5.33)
总执行时间	2.75	3.0	4.75
归一化时间的算术平均值	1.00	1.58	2.85
归一化时间的几何平均值	1.00	1.15	1.41

b) 结果归一化到计算机 B

	计算机 A 时间（s）	计算机 B 时间（s）	计算机 C 时间（s）
程序 1	2.0 (2.0)	1.0 (1.0)	0.75 (0.75)
程序 2	0.75 (0.38)	2.0 (1.0)	4.0 (2.0)
总执行时间	2.75	3.0	4.75
归一化时间的算术平均值	1.19	1.00	1.38
归一化时间的几何平均值	0.87	1.00	1.22

表 2.4　归一化结果的算术平均值和几何平均值的另一个比较

a) 结果归一化到计算机 A

	计算机 A 时间（s）	计算机 B 时间（s）	计算机 C 时间（s）
程序 1	2.0 (1.0)	1.0 (0.5)	0.20 (0.1)
程序 2	0.4 (1.0)	2.0 (5.0)	4.0 (10.0)
总执行时间	2.4	3.0	4.2

（续）

	计算机 A 时间（s）	计算机 B 时间（s）	计算机 C 时间（s）
归一化时间的算术平均值	1.00	2.75	5.05
归一化时间的几何平均值	1.00	1.58	1.00

b）结果归一化到计算机 B

	计算机 A 时间（s）	计算机 B 时间（s）	计算机 C 时间（s）
程序 1	2.0（2.0）	1.0（1.0）	0.20（0.2）
程序 2	0.4（0.2）	2.0（1.0）	4.0（2.0）
总执行时间	2.4	3.0	4.2
归一化时间的算术平均值	1.10	1.00	1.10
归一化时间的几何平均值	0.63	1.00	0.63

正是这样的例子引发了前面列举的"基准程序之战"。可以肯定地说，没有一个单一的数字可以提供比较跨系统性能所需的所有信息。尽管在文献中有不同的观点，SPEC 还是选择使用 GM，原因如下：

1. 如上所述，无论使用哪个系统作为参考，GM 都能给出一致的结果。因为基准程序主要是一种比较分析，所以这是一个重要的特性。

2. 正如在 [MCMA93] 中记录，并在 SPEC 分析师 [MASH04] 随后的分析中确认的，GM 比 HM 或 AM 更少地受到异常值的影响。

3. [MASH04] 证明了使用对数正态分布比使用一般正态分布的建模性能比分布更好，因为归一化数字的分布通常是倾斜的。这在 [CITR06] 中得到了证实。如式（2.5）所示，GM 可以描述为对数正态分布的逆变换平均值。

2.6 基准测试和 SPEC

2.6.1 基准测试原则

使用像 MIPS 和 MFLOPS 一样的度量来评价处理器的性能已经被证明是不充分的。因为指令集不同，所以指令执行速率不是比较不同体系结构性能的有效方法。

例 2.8 考虑如下高级语言语句：

```
A = B + C    /* 假设所有变量在主存中 */
```

传统的指令集结构是指复杂指令集计算机（CISC），该语句能够被编译成一条处理器指令：

```
add    mem(B), mem(C), mem (A)
```

而在典型的 RISC 机上，该语句可能被编译成：

```
load   mem(B), reg(1);
load   mem(C), reg(2);
add    reg(1), reg(2), reg(3);
store  reg(3), mem (A)
```

因为 RISC 结构的特性（将在第 17 章中讨论），所以两种机器可能花费差不多相同的时间运行最初的高级语言语句。如果这个例子是两种机器的代表，则若 CISC 的速度为 1MIPS，那么 RISC 的速度将是 4MIPS。但二者处理等量的高级语言程序所需的时间相同。

进一步来说，处理器执行某一给定程序的性能并不能决定它将如何执行其他类型的应用程序。于是，从 20 世纪 80 年代后期和 90 年代早期开始，业界和学术界喜欢使用一系列基准程序来测量系统的性能。一组相同的程序可以运行在不同的机器上，并对执行时间进行比较。

另一个需要考虑的问题是，处理器执行某一给定程序的性能并不能决定它将如何执行其他类型的应用程序。于是，从 20 世纪 80 年代后期和 90 年代早期开始，业界和学术界喜欢使用一系列基准程序来测量系统的性能。一组相同的程序可以运行在不同的机器上，并对执行时间进行比较。基准程序可为试图决定购买哪个系统的客户提供指导，对供应商和设计人员在确定如何设计系统以满足基准目标时也很有用。

文献 [WEIC90] 列出了作为基准程序所需要具备的一些特征：

1. 由高级语言编写，可以方便地应用于不同的机器。

2. 是各种特殊程序设计方式的代表，例如，系统程序设计、数字程序设计或商业程序设计。

3. 易于度量。

4. 发行广泛。

2.6.2　SPEC 基准测试

业界、学术界和研究院对公认的计算机性能衡量方法的共同需求导致了标准基准程序集的发展。基准程序集就是一个程序集合，使用高级语言定义，它试图向在特殊应用或系统程序设计领域中的计算机提供一种有代表性的测试。最著名的测试程序集由标准性能评估公司（SPEC，一个行业联盟）定义和维护。SPEC 性能测试广泛应用于比较和研究的目的。

最著名的 SPEC 基准程序集是 SPEC CPU2017，这是一种测量处理器密集应用的行业标准集，也就是说，SPEC CPU2017 适合测试将大部分时间用于计算而非 I/O 的应用程序的性能。

其他 SPEC 测试集如下：

- SPEC Cloud_IaaS：解决基础设施即服务（IaaS）公共或私有云平台的性能问题的基准程序。
- SPECviewperf：基于专业应用程序测量 3D 图形性能的标准。
- SPECwpc：基于不同的专业应用，包括媒体和娱乐、产品开发、生命科学、金融服务和能源，测量工作站性能的所有关键方面的基准程序。
- SPECjvm2008：用于评估 Java 虚拟机（JVM）客户端平台的软硬件组合性能。
- SPECjbb2015（Java 业务基准程序）：用于评估服务器端基于 Java 的电子商务应用程序的基准程序。
- SPECsfs2014：旨在评估文件服务器的速度和请求处理能力。
- SPECvirt_sc2013：用于虚拟化服务器整合的数据中心服务器的性能评估。度量所有系统组件的端到端性能，包括硬件、虚拟化平台以及虚拟化的客户操作系统和应用程序软件。该基准程序支持硬件虚拟化、操作系统虚拟化和硬件分区方案。

基于现有应用程序的 CPU2017 套件已由 SPEC 行业成员移植到各种平台上。为了使基准程序结果可靠和真实，CPU2017 基准程序取自实际应用，而不是使用人工循环程序或合成基准程序。该套件包含 20 个整数基准程序与 23 个用 C、C++ 和 Fortran 编写的浮点基准程序（见表 2.5）。对于所有的整数基准程序和大多数浮点基准程序，都有速率和速度基准程序。相应的速率和速度基准程序之间的差异包括工作负载大小、编译标志和运行规则。该套件包含 1 100 多万行代码。这是 SPEC 推出的第六代处理器密集型套件，第五代是 CPU2006。CPU2017 旨在提供一套当代基准程序，反映自 CPU2006[MOOR17] 以来的工作量和性能要求的巨大变化。

表 2.5 SPEC CPU2017 基准程序

a）整数

速率	速度	语言	Kloc	应用领域
500.perlbench_r	600.perlbench_s	C	363	Perl 解释器
502.gcc_r	602.gcc_s	C	1 304	GNU C 编译器
505.mcf_r	605.mcf_s	C	3	路线规划
520.omnetpp_r	620.omnetpp_s	C++	134	离散事件模拟 – 计算机网络
523.xalancbmk_r	623.xalancbmk_s	C++	520	通过 XSLT 实现 XML 到 HTML 的转换
525.x264_r	625.x264_s	C	96	视频压缩
531.deepsjeng_r	631.deepsjeng_s	C++	10	AI：alpha-beta 树搜索（象棋）
541.leela_r	641.leela_s	C++	21	AI：蒙特卡罗树搜索（Go）
548.exchange2_r	648.exchange2_s	Fortran	1	AI：递归解决方案生成器（数独）
557.xz_r	657.xz_s	C	33	通用数据压缩

b）浮点数

速率	速度	语言	Kloc	应用领域
503.bwaves_r	603.bwaves_s	Fortran	1	爆炸建模
507.cactuBSSN_r	607.cactuBSSN_s	C++, C, Fortran	257	物理，相对论
508.namd_r		C++,C	8	分子动力学
510.parest_r		C++	427	生物医学成像，有限元光学层析成像
511.povray_r		C++	170	射线跟踪
519.ibm_r	619.ibm_s	C	1	流体动力学
521.wrf_r	621.wrf_s	Fortran,C	991	天气预报
526.blender_r		C++	1 577	3D 渲染和动画
527.cam4_r	627.cam4_s	Fortran,C	407	大气建模
	628.pop2_s	Fortran,C	338	大尺度海洋模拟（气候级）
538.imagick_r	638.imagick_s	C	259	图像处理
544.nab_r	644.nab_s	C	24	分子动力学
549.fotonik3d_r	649.fotonik3d_s	Fortran	14	计算电磁学
554.roms_r	654.roms_s	Fortran	210	区域海洋建模

注：Kloc 指代码的千行数，包括注释 / 空白。

为了更好地了解使用 CPU2017 系统的发布结果，我们定义了 SPEC 文档中使用的以下术语：

- **基准程序**：以高级语言编写的程序，可以在实现该编译器的任何计算机上进行编译和执行。

- **被测系统**：这是要评估的系统。
- **参考机**：这是 SPEC 用于建立所有基准程序的基准性能的系统。在该计算机上运行并测量每个基准程序，以建立该基准程序的参考时间。通过运行 CPU2017 基准程序并比较在参考计算机上运行相同程序的结果来评估被测系统。
- **基本指标**：所有报告的结果都需要这些指标，并有严格的编制指南。本质上，应该在测试的每个系统上使用带有或多或少默认设置的标准编译器，以获得可比较的结果。
- **峰值度量**：这使用户能够通过优化编译器输出来尝试优化系统性能。例如，不同的编译器选项可以用于每个基准程序，并且允许反馈导向的优化。
- **速度度量**：这只是对执行编译基准程序所需时间的度量。速度度量用来比较计算机完成单一任务的能力。
- **速率度量**：这是对计算机在一定时间内能够完成多少任务的度量，也称为**吞吐量**或容量。速率度量允许被测系统同时执行任务，以利用多个处理器的优势。

SPEC 使用历史悠久的 Sun 系统，即 1997 年推出的 Ultra Enterprise 2 作为参考机。参考机使用 296-MHz UltraSPARC II 处理器。在 CPU2017 参考机上运行 CINT2017 和 CFP2017 的基本指标需要大约 12 天的时间。表 2.6 和表 2.7 显示了使用参考机运行每个基准程序测试所需的时间。表中还显示了参考机上的动态指令计数，如 [PHAN07] 中所述。这些值是每个程序运行期间执行的实际指令数。

表 2.6　SPEC CPU2017 HP Integrity Superdome X 的整数基准程序

a) 速率结果（768 份）

基准程序	基础度量		峰值度量	
	时间（s）	速率	时间（s）	速率
500.perlbench_r	1 141	1 070	933	1 310
502.gcc_r	1 303	835	1 276	852
505.mcf_r	1 433	866	1 378	901
520.omnetpp_r	1 664	606	1 634	617
523.xalancbmk_r	722	1 120	713	1 140
525.x264_r	656	2 053	661	2 030
531.deepsjeng_r	604	1 460	597	1 470
541.leela_r	892	1 410	896	1 420
548.exchange2_r	833	2 420	770	2 610
557.xz_r	870	953	863	961

b) 速率结果（384 个线程）

基准程序	基础度量		峰值度量	
	时间（s）	比值	时间（s）	比值
600.perlbench_s	358	4.96	295	6.01
602.gcc_s	546	7.29	535	7.45
605.mcf_s	866	5.45	700	6.75
620.omnetpp_s	276	5.90	247	6.61

（续）

基准程序	基础度量		峰值度量	
	时间（s）	比值	时间（s）	比值
623.xalancbmk_s	188	7.52	179	7.91
625.x264_s	283	6.23	271	6.51
631.deepsjeng_s	407	3.52	343	4.18
641.leela_s	469	3.63	439	3.88
648.exchange2_s	329	8.93	299	9.82
657.xz_s	2 164	2.86	2 119	2.92

我们现在考虑评估一个系统所做的具体计算。我们考虑整数基准，同样的过程也用于创建浮点基准值。对于整数基准程序，测试套件中有 12 个程序。计算过程分为三步（见图 2.7）：

1. 评估被测系统的第一步是在系统上编译并运行每个程序三次。对于每个程序，都会测量运行时间并选择中间值。进行三次运行并取中间值的原因是考虑执行时间的变化，而这些变化并不是程序固有的，比如磁盘访问时间的变化，以及 OS 内核执行在一次运行和另一次运行之间的变化。

2. 接下来，通过计算参考运行时间与系统运行时间的运行时间比值，对 12 个结果中的每一个进行归一化。该比值计算如下：

$$r_i = \frac{\text{Tref}_i}{\text{Tsut}_i} \qquad (2.9)$$

其中，Tref_i 是基准程序 i 在参考系统上的执行时间，而 Tsut_i 是基准程序 i 在被测系统上的执行时间。因此，更快的机器比值更高。

3. 最后，计算 12 个运行时间比值的几何平均值，以得出总体指标：

$$r_G = \left(\prod_{i=1}^{12} r_i \right)^{1/12}$$

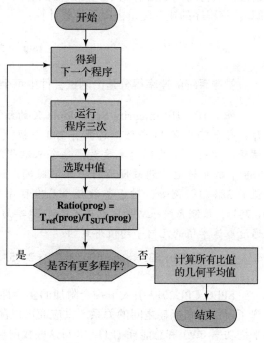

图 2.7　SPEC 评估流程图

对于整数基准程序，可以计算四个单独的指标：

- SPECspeed2017_int_base：通过基本调优编译基准程序时，12 个归一化比值的几何平均值。
- SPECspeed2017_int_peak：通过峰值调优编译基准程序时，12 个归一化比值的几何平均值。
- SPECrate2017_int_base：通过基本调优编译基准程序时，12 个归一化吞吐量比值的几何平均值。
- SPECrate2017_int_peak：通过峰值调优编译基准程序时，12 个归一化吞吐量比值的几何平均值。

例 2.9　SPEC CPU2017 整数速度基准程序之一是 625.x264_s。这是常用视频压缩标准 H.264/AVC（高级视频编码）的实现。参考机 Sun Fire v490 以 1764s 的中值时间执行此程序（按基本速度度量）。HP Integrity Superdome X 需要 283s。该比值的计算公式为：1764/283=6.23。为确定其他基准程序项目的比值，也进行了类似的计算。SPECspeed2017_int_base 速度度量通过取以下比值乘积的 10 次方根来计算：

$$(4.96 \times 7.29 \times 5.45 \times 5.90 \times 7.52 \times 6.23 \times 3.52 \times 3.63 \times 8.93 \times 2.86)^{1/10} = 5.31$$

速率度量考虑了具有多个处理器的系统。要测试一台机器，需选择一个副本数 N——通常它等于处理器的数量或测试系统上同时执行的线程的数量。每个单独的测试程序的速率是通过取三次运行的中位数来确定的。每次运行由 N 个同时在测试系统上运行的程序副本组成。执行时间是所有副本完成所需的时间（即从第一个副本开始到最后一个副本结束的时间）。该程序的速率度量由以下公式计算：

$$\text{rate}_i = N \times \frac{\text{Tref}_i}{\text{Tsut}_i}$$

被测系统的速率得分是由测试套件中每个程序的速率的几何平均值决定的。

例 2.10　HP Integrity Superdome X 的结果如表 2.6a 所示。这个系统有 16 个处理器芯片，每个芯片有 24 个核，总共有 384 个核。每个核运行两个线程，这样程序总共有 768 个核同时运行。要获得速率度量，每个基准程序在所有线程上同时执行，执行时间是从所有 768 个核开始运行到最慢运行结束的时间。速度比值的计算与前面相同，速率值为速度比值的 384 倍。例如，对于整数频率基准程序 SPECrate2017_int_base，参考机报告的时间是 1 751s，被测系统报告的时间是 655s。速率为 768 × (1 751/655) = 2 053。最终的速率度量是通过取速率值的几何平均值得到的：

$$(1\ 070 \times 835 \times 866 \times 606 \times 1\ 120 \times 2\ 053 \times 1\ 460 \times 1\ 410 \times 2\ 420 \times 953)^{1/10} = 1\ 223$$

SPEC CPU2017 引入了一个附加的实验性指标，允许在运行基准程序时测量能耗，让用户了解性能和能耗之间的关系。供应商可以测量和报告能耗统计数据，包括最大功率（W）、平均功率（W）和总能耗（kJ），并将这些数据与参考机进行比较。参考机的结果如表 2.7 所示。

表 2.7　参考机 SPECspeed2017_int_base 基准程序结果（1 线程）

基准程序	时间（s）	能耗（kJ）	平均功率（W）	最大功率（W）
600.perlbench_s	1 774	1 920	1 080	1 090
602.gcc_s	3 981	4 330	1 090	1 110
605.mcf_s	4 721	5 150	1 090	1 120
620.omnetpp_s	1 630	1 770	1 090	1 090
623.xalancbmk_s	1 417	1 540	1 090	1 090
625.x264_s	1 764	1 920	1 090	1 100
631.deepsjeng_s	1 432	1 560	1 090	1 130
641.leela_s	1 706	1 850	1 090	1 090
648.exchange2_s	2 939	3 200	1 080	1 090
657.xz_s	6 182	6 730	1 090	1 140

2.7 关键词、思考题和习题

关键词

Amdahl's law：阿姆达尔定律

arithmetic mean（AM）：算术平均值

base metric：基准

benchmark：基准程序

clock cycle：时钟周期

clock cycle time：时钟周期时间

clock rate：时钟频率

clock speed：时钟速度

clock tick：时钟滴答，时钟周期

cycles per instruction（CPI）：执行每条指令的周期数

functional mean（FM）：函数平均值

general-purpose computing on GPU (GPGPU)：通用图形处理单元

geometric mean（GM）：几何平均值

graphics processing unit（GPU）：图形处理单元

harmonic mean (HM)：调和平均值

instruction execution rate：指令执行率

Little's law：利特尔法则

many integrated core（MIC）：集成多核

microprocessor：微处理器

MIPS rate：MIPS 速度

multicore：多核

peak metric：峰值度量

rate metric：速率度量

reference machine：参考机

speed metric：速度度量

SPEC：系统性能评估公司

system under test：被测系统

throughput：吞吐量

思考题

2.1 列出并简要定义现代处理器中用于提高速度的一些技术。

2.2 解释性能平衡的概念。

2.3 解释多核、MIC 和 GPGPU 之间的差异。

2.4 简要描述阿姆达尔定律。

2.5 简要描述利特尔法则。

2.6 定义 MIPS 和 FLOPS。

2.7 列出并定义三种计算一组数据平均值的方法。

2.8 列出基准程序的理想特性。

2.9 SPEC 基准程序是什么？

2.10 基本度量、峰值度量、速度度量和速率度量之间有什么区别？

习题

2.1 某基准程序在一个 40 MHz 的处理器上运行，其目标代码有 100 000 条指令，由如下各类指令及时钟周期计数混合组成：

指令类型	指令条数	执行每条指令的周期数
整数运算	45 000	1
数据传送	32 000	2
浮点数运算	15 000	2
控制传送	8 000	2

试计算该程序的有效 CPI、MIPS 速度和执行时间。

2.2 考虑两类不同的机器，具有两种不同的指令集，两者的时钟频率都是 200 MHz。在这两种计算机上运行一组给定的基准程序的结果如下：

指令类型	指令条数（10^6）	执行每条指令的周期数
机器 A		
算术和逻辑运算	8	1
取数和存数	4	3
分支	2	4
其他	4	3
机器 B		
算术和逻辑运算	10	1
取数和存数	8	2
分支	2	4
其他	4	3

a. 试计算每台机器的有效 CPI、MIPS 速度以及执行时间。

b. 评论结果。

2.3 CISC 和 RISC 设计的早期例子分别是 VAX 11/780 和 IBM RS/6000。使用一个典型的基准程序，产生如下的机器特征结果：

处理器	时钟频率（MHz）	性能（MIPS）	CPU 时间（s）
VAX 11/780	5	1	$12x$
IBM RS/6000	25	18	x

最后一列显示 VAX 需要的 CPU 时间是 IBM 机器的 12 倍。

a. 运行在这两台机器上的基准程序的机器代码的指令条数的关系是什么？

b. 这两台机器的 CPI 各是多少？

2.4 在三台计算机上运行四个基准程序的结果如下：

	计算机 A 执行时间（s）	计算机 B 执行时间（s）	计算机 C 执行时间（s）
程序 1	1	10	20
程序 2	1 000	100	20
程序 3	500	1 000	50
程序 4	100	800	100

上表显示以秒为单位在各台机器上运行 1 亿条指令的执行时间，试计算每台计算机运行每种程序的 MIPS 值。假设这 4 个程序的权重相同，试计算其算术平均值和调和平均值，并按算术平均值和调和平均值给这三台计算机排序。

2.5 下表中的数据来自文献 [HEAT84]，显示了在三台机器上运行五种不同基准程序的执行时间，以秒为单位。

基准程序	处理器		
	R	M	Z
E	417	244	134
F	83	70	70

（续）

基准程序	处理器		
	R	M	Z
H	66	153	135
I	39 449	35 527	66 000
K	772	368	369

a. 首先，归一化到机器 R，计算每台计算机运行每种基准程序的速度度量，也就是说，让 R 的速度值都为 1.0，将机器 R 作为参考机，使用式（2.9）计算其他机器的速度。使用式（2.4）计算每个系统的算术平均值。这就是文献 [HEAT84] 采用的方法。

b. 采用机器 M 作为参考机重做问题 a，这个计算在文献 [HEAT84] 中未尝试。

c. 基于前面两种计算之一，指出哪一台机器是最慢的。

d. 使用几何平均值的计算公式（2.5），重做问题 a 和 b，并基于这两种计算指出哪一台机器是最慢的。

2.6 为了分清前面问题的结果，考虑一个更简单的例子（表中数据是以秒为单位的执行时间）。

基准程序	处理器		
	X	Y	Z
1	20	10	40
2	40	80	20

a. 首先将 X 作为参考机，然后将 Y 作为参考机，分别为每个系统计算算术平均值。直观讨论该三台机器有大致相等的性能以及给出了误导性结果的算术平均值。

b. 首先将 X 作为参考机，然后将 Y 作为参考机，分别为每个系统计算几何平均值。说明这些结果比算术平均值更现实。

2.7 考虑 2.4 节中计算平均 CPI 和 MIPS 速度的例子，该例子得到的结果是 CPI=2.24 和 MIPS 速度 =178。现假设该程序可以以 8 个并行的任务或线程的方式执行，而每个任务的指令条数大致相等。该程序在一个 8 核的系统上执行，每个核（处理器）的性能与最初使用的单核的性能相同。各部分之间的协调和同步使每个任务多执行 25 000 条指令。假设每个任务的指令混合与例子中相同，但由于对存储器的竞争，使 cache 失效时存储器访问的 CPI 增大到 12 个周期。

a. 计算平均 CPI。

b. 计算相应的 MIPS 速度。

c. 计算加速比因子。

d. 将实际加速比因子与由阿姆达尔定律决定的理论加速比因子进行比较。

2.8 一个处理器访问主存的平均访问时间为 T_2。一个容量比较小的 cache 存储器插在处理器与主存之间。cache 的访问速度比主存快很多，即 $T_1 < T_2$。任何时候，cache 保存主存的一部分副本，以便在不久的将来 CPU 最可能访问的字在 cache 中。假设处理器访问的下一个字在 cache 中的可能性为 H，即命中率为 H。

a. 对于任何单个存储器访问，在 cache 中访问该字与在主存中访问该字的理论加速比是多少？

b. 假设 T 为平均访问时间，将 T 表示为 T_1、T_2 和 H 的函数，总加速比与 H 的函数是什么？

c. 实际上，系统被设计为处理器必须首先访问 cache，并决定该字是否在 cache 中，如果该字不在 cache 中，然后才访问主存。因此，当 cache 访问未命中（与"命中"相反）时，存储器的

访问时间是 $T_1 + T_2$。将 T 表示为 T_1、T_2 和 H 的函数。现在计算其加速比，并与 b 中的结果进行比较。

2.9   商店老板观察到，平均每小时有 18 位顾客到达，并且商店中通常有 8 位顾客。每个顾客在商店里停留的平均时间是多少？

2.10   通过考虑图 2.8a，我们可以更深入地了解利特尔法则。在一段时间 T 中，总共有 C 个项目到达系统，等待服务并完成服务。上方的实线显示到达的时间顺序，下方的实线显示出发的时间顺序。两条线所围成的阴影区域代表系统以"工作秒"为单位进行的总"工作"；设 A 为总工作量。希望得出 L、W 和 λ 之间的关系。

   a. 图 2.8b 将总面积划分为水平矩形，每个矩形的高度为一个作业。图片将所有矩形向左滑动，以使它们的左边缘在 $t=0$ 处对齐。建立一个关于 A、C 和 W 的方程。

   b. 图 2.8c 将总面积划分为垂直矩形，这些矩形由虚线指示的垂直过渡边界定义。图片将所有矩形向下滑动，以使它们的下边缘在 $N(t) = 0$ 处对齐。建立一个关于 A、T 和 L 的方程。

   c. 从 a 和 b 的结果中得出 $L = \lambda W$。

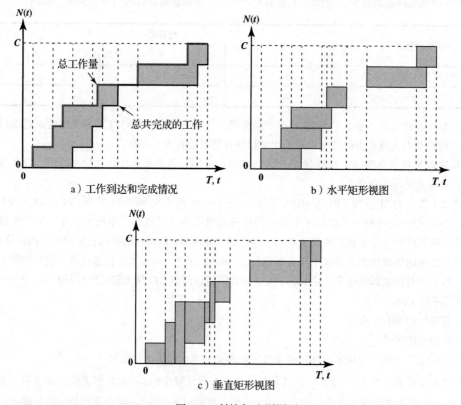

图 2.8   利特尔法则图示

2.11   在图 2.8a 中，工作在时间 $t =0, 1, 1.5, 3.25, 5.25, 7.75$ 到达。相应的完成时间为 $t = 2, 3, 3.5, 4.25, 8.25, 8.75$。

   a. 确定图 2.8b 中 6 个矩形中每一个的面积，然后求和以获得总面积 A，并展示。

   b. 确定图 2.8c 中 10 个矩形中每一个的面积，然后求和以得到总面积 A。

2.12   在 2.6 节中，我们指定用于将被测系统与参考系统进行比较的基本比值为：

$$r_i = \frac{\text{Tref}_i}{\text{Tsut}_i}$$

    a. 上面的方程式提供了与参考系统相比，被测系统加速比的度量。假设在测试程序中执行的浮点运算的数量为 I_i。求加速比与指令执行率 $FLOOPS_i$ 的关系。

    b. 归一化性能的另一种技术是将系统的性能表示为相对于另一个系统的性能的百分比。首先将这种相对变化表示为指令执行速率的函数，然后表示为执行时间的函数。

2.13 假设一个基准程序在参考机 a 上的执行时间是 480s，同一个程序在系统 B、系统 C 和系统 D 上的执行时间分别是 360s、540s 和 210s。

    a. 求出三个被测系统相对于 a 的加速比。

    b. 求出三个系统的相对加速比，并比较三种方法（执行时间、加速比和相对加速比）。

2.14 以 D 为参考机重复上述问题。这对这四个系统的相对排名有什么影响？

2.15 利用表 2.4 的计算机时间数据对表 2.2 中的结果重新进行计算，并对结果进行解释。

2.16 式（2.5）给出了两种不同的几何平均值公式，一种使用积运算符，另一种使用求和运算符。

    a. 证明这两个公式是等价的。

    b. 解释为什么求和公式更适合计算几何平均值。

2.17 **项目**。2.5 节列出了许多关于"基准程序意味着战争"的参考文献。所有引用的论文都可以在 box.com/COA10e 上找到。阅读这些文章并总结支持和反对在 SPEC 计算中使用几何平均值的理由。

Computer Organization and Architecture: Designing for Performance, Eleventh Edition

计算机系统

Computer Organization and Architecture: Designing for Performance, Eleventh Edition

计算机功能和互连的顶层视图

学习目标

学习完本章，你应该能够：

- 理解指令周期的基本要素和中断的作用。
- 描述计算机系统内部互连的概念。
- 评估点对点互连相对于总线互连的优势。
- 概要了解 QPI。
- 概要了解 PCIe。

从顶层来看，计算机包括 CPU（中央处理器）、存储器和 I/O 部件，每种类型有一个或多个模块。这些部件以某种方式互相连接，实现计算机的基本功能，即执行程序。因此，在顶层，我们可以通过两种方法来描述计算机系统：（1）描述每个部件的外部操作，即它与其他部件之间交换的数据和控制信号。（2）描述互连结构和管理互连结构所要求的控制。

从顶层考察结构和功能的重要性在于它有助于理解计算机的特性，另一个重要性在于它可以用来理解性能评估这一日趋复杂的问题。只要把握顶层的结构和功能，就可以洞察系统的瓶颈、选择其他可替代通路、了解因为部件失效而导致的系统故障的程度，并能够较容易地提升系统的性能。在许多情况下，只有通过修改设计而不仅仅是提高单个部件的速度和可靠性，才能满足对更多的系统功能和故障保护能力的要求。

本章重点讨论用于计算机部件互连的基本结构。作为背景，本章首先简要考察基本部件及其接口要求，然后提供功能概述，最后论述如何使用总线来连接系统部件。

3.1 计算机的部件

正如第 1 章所述，几乎所有当代计算机设计都是以普林斯顿高级研究院的冯·诺依曼提出的概念为基础的。这种设计称为冯·诺依曼结构，它基于以下 3 个主要概念：

- 数据和指令存储在单一的读 / 写存储器中。
- 存储器的内容通过位置寻址，而不关心存储在其中的数据类型。
- 从一条指令到下一条指令（除非显式修改）顺序执行。

形成这些概念的原因在第 2 章中已经讨论过，但在这里仍值得总结一下。可以将一小组基本的逻辑部件以各种方式组合起来，用以存储二进制数据和完成对数据的算术与逻辑操作。如果要执行一种特定的计算，需要构造一个专门用于特殊计算的逻辑单元的配置。将各种部件连接成所需配置的过程，可以看成某种形式的编程。得到的"程序"以硬件的形式存在，并被称为硬连线程序。

现在考虑另一种方案。假设我们构造一个具有算术和逻辑功能的通用结构。这组硬件将根据提供给它的控制信号，对数据执行各种功能。在原先专用化硬件的情况中，系统接收数据并生成输出（如图 3.1a 所示）。而对于通用的硬件，系统接收数据和控制信号并生成输出。因此，对于每个新程序，程序员只需提供一个新的控制信号集，而不用重新连接硬件。

如何提供控制信号？答案简单又微妙。整个程序实际上由许多步骤组成，对某些数据执行某种算术或逻辑操作，每一步都需要一组新的控制信号。让我们为每一组控制信号提供一个唯一的代码，并为通用硬件增加能够接收代码和产生控制信号的部分（如图 3.1b 所示）。

现在编程容易多了。不再需要为每个新的程序重新连接硬件，所需要做的只是提供新的代码序列。事实上，每个代码就是一条指令，而硬件的一部分翻译每条指令并产生相应的控制信号。为了区分这一新的编程方法，这一代码或指令序列被称为软件。

图 3.1b 指出了系统的两个主要部件：指令解释器和通用算术逻辑功能模块。这两部分组成了 CPU。为了制造能够工作的计算机还需要其他几个部件。数据和指令必须能够输入系统，为此，需要某种输入模块。这个模块包含几个基本部件，它们能够以某种形式接收数据和指令，并将其转换成系统能够使用的信号的内部形式。需要有某种报告结果的方法，这可以用输出模块的形式实现。两者放到一起，被称为 I/O 部件。

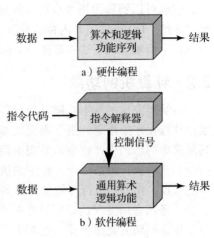

图 3.1　硬件和软件方法

还需要另外一个部件。输入设备顺序地输入指令和数据，但一个程序并不会始终顺序地执行，它可能会跳转到其他地方（例如 IAS 的跳转指令）。类似地，对数据的操作可能要求不只是以一种预先确定的序列每次访问一个单元。因此，必须有一个可以临时存放指令和数据的地方，这个模块被称为存储器或主存，这种称呼是为了将它同外部存储器或外部设备区分开。冯·诺依曼指出，同一存储器既可以存放指令又可以存放数据。

图 3.2 表示了这些顶层部件并暗示了它们之间的相互作用。CPU 负责与存储器间交换数据，为了这个目的，CPU 一般使用两个内部寄存器：一个是**存储器地址存储器**（MAR），为下一次读或写指定存储器的地址；另一个是**存储器缓冲寄存器**（MBR），容纳写到内存或从内存接收的数据。类似地，I/O 地址寄存器（I/O AR）指定了一个特定的 I/O 设备；I/O 缓冲寄存器（I/O BR）用于 I/O 模块与 CPU 之间的数据交换。

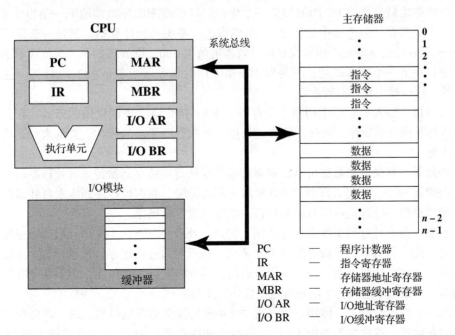

图 3.2　计算机部件：顶层视图

存储器模块包含一组单元，由连续的编号来定义其地址。每个单元都含有一个二进制数，它既可以解释为指令也可以解释为数据。I/O 模块将数据从外设传送到 CPU 或存储器，反之亦然。I/O 模块包含内存缓冲器，用来暂时存放 I/O 数据，直到它们被发送出去。

以上简单介绍了这些部件，下面将概述这些部件如何共同工作来执行程序。

3.2 计算机的功能

计算机完成的基本功能是执行程序，该程序由存储在存储器中的一串指令组成。处理器通过执行程序中指定的指令来完成实际的工作。本节提供了执行程序的关键元素的概况。在其最简单的形式中，指令的处理由两个步骤组成：处理器从存储器中每次读取（fetch）一条指令，然后执行每条指令。程序的执行便是重复地取指令和执行指令的过程。当然，根据指令的特点，指令的执行可能包含许多步骤（例如，参见图 2.4 的下半部分）。

一条指令所要求的处理过程被称为**指令周期**。根据以上描述的两个简单步骤，图 3.3 描绘了指令周期的处理步骤。这两个步骤分别称为**取指周期**和**执行周期**。只有当关机、某种不可恢复的错误发生或计算机遇到的是一条停机指令时，程序的执行才停止。

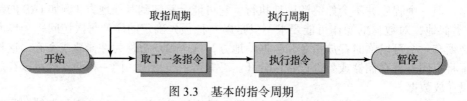

图 3.3 基本的指令周期

3.2.1 指令的读取和执行

在每个指令周期的开始，处理器都从存储器中取指令。在典型的处理器中，用一个称为程序计数器（PC）的寄存器来保存下一条将要读取指令的地址。除非特别说明，否则处理器在每次取指令之后总是将 PC 的值加上一个增量，以便将来顺序地读取下一条指令（也就是位于下一个更高存储器地址中的指令）。举例来说，考虑一台计算机，其每一条指令占住存储器的一个 16 位的字单元。现假设程序计数器的值为 300，则处理器下一次将读取 300 单元中的指令；在下一个指令周期，它将取 301 单元中的指令，接着是 302、303 等。正如刚才所解释的，这一顺序允许有所改变。

读取的指令装入处理器中的指令寄存器（IR）。指令以二进制代码的形式存在，它规定了处理器将要执行的动作。处理器解释这条指令并执行所要求的操作。总的来说，这些操作可归为 4 类：

- **处理器 - 存储器**：数据可从处理器传送到存储器或从存储器传送到处理器。
- **处理器 -I/O**：通过处理器和 I/O 模块之间的传输，数据可传送到或来自外部设备。
- **数据处理**：处理器可以对数据执行一些算术或逻辑操作。
- **控制**：指令可以用来改变执行顺序。例如，处理器可能从 149 单元取得一条指令，而这条指令指出下一条指令取自 182 单元。处理器通过将程序计数器设置为 182 来记录这一事实。这样，在下一个取指令周期，指令将取自 182 单元，而不是 150 单元。

当然，一条指令的执行可能包含这些操作的组合。

考虑一个简单的例子，使用一台包含图 3.4 所列特点的假想机器，其处理器包含唯一的一个数据寄存器，被称为累加器（AC），其指令和数据都是 16 位长，这样便于用 16 位的字来组织存储器；其指令格式提供 4 位的操作码，表示最多可以有 $2^4 = 16$ 种不同的操作码，最多有 $2^{12} = 4\ 096(4K)$ 个字的存储器可以直接寻址。

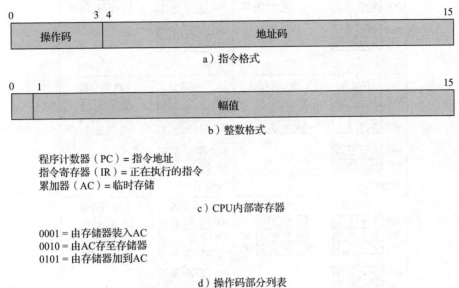

a）指令格式

b）整数格式

程序计数器（PC）= 指令地址
指令寄存器（IR）= 正在执行的指令
累加器（AC）= 临时存储

c）CPU 内部寄存器

0001 = 由存储器装入 AC
0010 = 由 AC 存至存储器
0101 = 由存储器加到 AC

d）操作码部分列表

图 3.4　假想机的特性

图 3.5 举例说明了部分程序的执行，显示了存储器和处理器寄存器的相关部分[⊖]。该程序段将存储器中地址 940 的内容与地址 941 的内容相加，结果放在 941 中。这里需要 3 条指令，它们可用 3 个取指令周期和 3 个执行周期来表示：

1. 程序计数器（PC）的内容是 300，即第 1 条指令的地址。这条指令（其值为十六进制数 1940）被装入指令寄存器 IR，并且 PC 加 1。注意，这一过程包含对存储器地址寄存器（MAR）和存储器缓冲寄存器（MBR）的使用。为简便起见，忽略了这些中间寄存器。

2. IR 中的前 4 位（第 1 个十六进制数字）指出要装入累加器（AC），而其余 12 位（3 个十六进制数字）指定从那个地址（940）取数据装载。即地址 940 的数据 0003 装入 AC。

3. 从单元 301 中取下一条指令（5941），并且 PC 加 1。

4. AC 中存放的内容和 941 单元的内容相加，结果放入 AC。

5. 从单元 302 中取下一条指令（2941），并且 PC 加 1。

6. 将 AC 的内容存入 941 单元。

在这个例子中，将 940 单元的内容加到 941 单元用了 3 个指令周期，每个指令周期都包含一个取指周期和一个执行周期。如果用更复杂的指令集，则需要更少的周期。例如，一些较老的处理器包含具有多个存储器地址的指令，因此，这类处理器中的特殊指令在执行周期可以多次访问存储器。而且，指令可能不用访问存储器，而是指定一个 I/O 操作。

例如，PDP-11 处理器包含一条指令，其符号表示为 "ADD B, A"，它将存储器单元 A 和 B 相加，然后将和存入单元 A 中。这一个指令周期由下列几步组成：

⊖ 这里使用的是十六进制表示法，在此表示法中，每个数字代表 4 位。当字长是 4 的整数倍时，它是表示存储器和寄存器内容的最方便的表示法。见第 10 章中对数字系统的讲解（十进制、二进制和十六进制）。

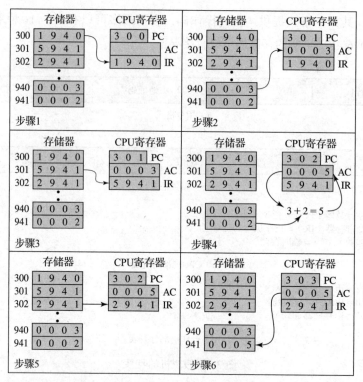

图 3.5 程序执行示例（存储器和寄存器的内容以十六进制表示）

- 取 ADD 指令。
- 将存储单元 A 的内容读入处理器。
- 将存储单元 B 的内容读入处理器。为了使 A 的内容不丢失，处理器必须至少有两个寄存器，而不是一个单一的累加器来存放存储器的值。
- 将两个值相加。
- 将结果从处理器写入内存单元 A 中。

因此，某个特定指令的执行周期可能包含对存储器的多次访问。而且，除访问存储器以外，一条指令可能指定一次 I/O 操作。考虑到这个附加的因素，图 3.6 针对图 3.3 的基本指令周期提供了更详细的内容，它以状态图的形式显示。对于任意给定的指令周期，有些状态可能为空，而另一些可能出现多次。这些状态的描述如下所示：

- **指令地址计算**（iac）：决定下一条将要执行的指令的地址。通常是将一个固定的值与前一条指令的地址相加。例如，如果每条指令有 16 位长，并且存储器是由 16 位字构成的，则将原地址加 1；如果存储器是由可独立寻址的 8 位字节构成的，则将原地址加 2。
- **读取指令**（if）：将指令从存储器单元读到处理器中。
- **指令操作译码**（iod）：分析指令，以决定将执行何种操作以及将使用的操作数。
- **操作数地址计算**（oac）：如果该操作包含对存储器中或通过 I/O 的操作数的访问，那么确定操作数的地址。
- **取操作数**（of）：从存储器或从 I/O 中读取操作数。
- **数据操作**（do）：完成指令需要的操作。
- **存储操作数**（os）：将结果写入存储器或输出到 I/O。

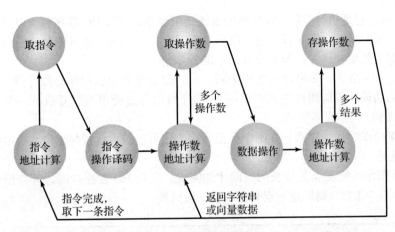

图 3.6 指令周期状态图

图 3.6 上半部分的状态图包含处理器与存储器或 I/O 模块的数据交换。图 3.6 下半部分的状态图仅涉及处理器内部的操作。oac 状态出现了两次，这是因为指令包含读、写或两者兼而有之。但在两种情况下该状态所完成的操作基本相同，因此只需要一个状态标识。

还请注意，图 3.6 允许多个操作数和多个结果，因为有些指令和有些机器要求这样。例如，PDP-11 的 "ADD A,B" 指令导致以下的状态序列：iac、if、iod 、oac 、of 、oac、of 、do、oac 和 os。

最后，在某些机器中，单条指令可以指定对向量（一维数组）数据或字符串（一维数组）执行操作。如图 3.6 所示，它将重复取操作数和存储操作数。

3.2.2 中断

几乎所有计算机都提供一种机制，其他模块（I/O 或存储器）通过此机制可以**中断**处理器的正常处理。表 3.1 列出了最常见的中断类型。这些中断的特点将在本书的后半部分（特别是在第 8 章和第 16 章中）讨论。但是为了更清楚地理解指令周期的特性和中断对互连结构的影响，有必要在此介绍这个概念。读者在本阶段不用关心中断的产生和处理等细节，只需专注由中断引起的模块之间的通信。

表 3.1 中断的类别

中断类型	产生的原因
程序	由作为指令执行结果的某些条件产生的。例如，算术溢出、除以零、企图执行一些非法的机器指令或访问的地址超出了用户存储器空间
定时器	由处理器中的定时器产生，它允许操作系统以规整的时间间隔执行特定的功能
I/O	由 I/O 控制器产生，以通知操作正常完成或各种出错情况
硬件故障	由电源故障或存储器奇偶校验出错这类故障产生

提供中断主要是为了提高处理的效率。例如，大部分外设比处理器慢很多。假如处理器使用如图 3.3 所示的指令周期的方法将数据传送给打印机，在每次写操作之后，处理器都会暂停并处于空闲状态，直到打印机跟上进度。暂停的时间可能有几百个甚至上千个指令周期，这还不包括存储器。显然，这是处理器使用上的巨大浪费。

图 3.7a 说明了事件的这种状态。用户程序执行一系列 WRITE 调用，WRITE 调用与处理过程交错进行。代码段①、②、③是指不包含 I/O 操作的指令序列。WRITE 调用是对一段

I/O 程序的调用，它是执行实际 I/O 操作的系统实用程序。这段 I/O 程序包含以下三个部分：

- 用于为实际 I/O 操作准备的指令序列，在图中标记为④。它可能包括将待输出数据复制到专用的缓冲区，以及为设备命令准备参数。
- 实际的 I/O 命令。如果没有使用中断，一旦此命令发出，程序必须等待 I/O 设备完成需要的功能（或周期性地测试设备）。程序可以通过简单地重复执行一个测试操作来决定该 I/O 操作是否完成。
- 完成该操作的指令序列，在图中标记为⑤。这可能包含设置标志位来表示操作是成功还是失败。

因为 I/O 操作可能需要花较长的时间才能完成，所以 I/O 程序挂起，等待操作完成。于是，用户程序在 WRITE 调用这一点暂停很长一段时间。

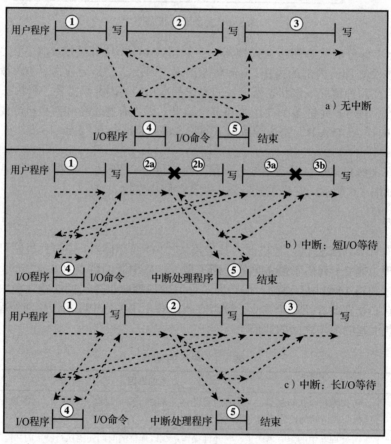

✖ = 在执行用户程序期间发生中断

图 3.7 没有中断和有中断的程序控制流

中断和指令周期 有了中断，处理器就可以在 I/O 操作进行的时候执行其他指令。考虑如图 3.7b 所示的控制流。与前面相同，用户程序到达一点，以 WRITE（写）调用的形式进行系统调用。此时，被调用 I/O 程序仅仅由准备代码和实际的 I/O 命令组成。当这几条指令执行后，控制权返回给用户程序。同时外部设备忙于从计算机存储器中接收数据并打印。这次 I/O 操作与用户程序中的指令执行同时进行。

当外部设备准备好接收服务，即当它准备从处理器中接收更多的数据时，外部设备的

I/O 模块发送中断请求信号给处理器。处理器通过挂起当前程序的操作，跳转服务于某个特定 I/O 设备的程序来响应，这个程序被称为**中断处理程序**，并且在设备服务完后恢复原来的执行。中断发生的断点在图 3.7b 中用叉号（×）表示。

让我们试着阐明图 3.7 中发生了什么。我们有一个包含两个 WRITE 命令的用户程序。开始有一段代码，然后是一个 WRITE 命令，然后是第二段代码，然后是第二个 WRITE 命令，然后是第三段，也是最后一段代码。WRITE 命令调用操作系统提供的 I/O 程序。类似地，I/O 程序由一段代码组成，接着是一个 I/O 命令，然后是另一段代码。I/O 命令调用硬件 I/O 操作。

从用户程序的角度来看，中断只是打断正常的执行序列。当中断处理完成之后，恢复执行原来的序列（如图 3.8 所示）。因此，用户程序不必为适应中断而提供任何特殊代码。处理器和操作系统负责用户程序挂起和在中断点处恢复等操作。

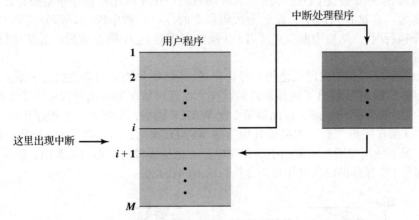

图 3.8　发生中断时的控制转换

为适应中断，将中断周期加入指令周期中，如图 3.9 所示。在中断周期中，处理器检查是否发生了中断，这将由中断请求信号的出现来指示。如果没有中断请求挂起，则处理器继续进入取指周期，读取当前程序的下一条指令。如果出现中断请求挂起，则处理器执行以下操作：

- 挂起当前正在执行的程序，并保存其上下文。这意味着保存下一条即将执行的指令的地址（程序计数器 PC 的当前内容）以及任何与处理器当前活动相关的数据。
- 将程序计数器设置为中断处理程序的起始地址。

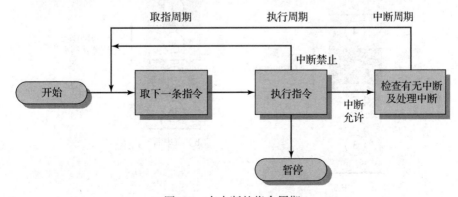

图 3.9　有中断的指令周期

处理器现在进入取指周期，并读取服务于该中断的中断处理程序的第 1 条指令。中断处理程序一般是操作系统的一部分。通常中断处理程序判定中断的性质并且完成所需要的任何操作。在我们已经使用过的例子中，中断处理程序判断是哪个 I/O 模块产生了中断，然后跳转到向 I/O 模块写数据的程序。中断处理程序结束后，处理器能够在断点处恢复用户程序的执行。

显然，这一处理增加了系统的开销。必须执行额外的指令（在中断处理程序中）来判断中断的性质并确定相应的操作。然而，由于简单地等待 I/O 操作要浪费大量的时间，因此中断的使用能使处理器更有效地运行。

为了评价获得的效率增益，考虑图 3.10，它是基于图 3.7a 和图 3.7b 控制流的时序简图。在图 3.10a 中，①、②、③为用户程序代码段，④和⑤的 I/O 程序代码段为灰色。在图 3.10b 中，①、②a、②b、③a、③b为用户程序代码段，④和⑤为 I/O 程序代码段。图 3.10a 显示了没有使用中断的情况。在执行 I/O 操作时，处理器必须等待。

图 3.7b 和图 3.10 假设 I/O 操作所需的时间较短：比完成用户程序中写操作之间的指令执行时间要短。在这种情况下，标记为代码段 2 的代码段被中断。一部分代码（2a）执行（当 I/O 操作执行时），然后中断发生（当 I/O 操作完成时）。中断完成后，继续执行代码段 2（2b）的剩余部分。

更典型的情况，对于打印机之类的慢速设备，I/O 操作的时间要比执行一系列用户指令的时间长很多，图 3.7c 给出了这种事件的状况。在这种情况下，用户程序在第 1 次 WRITE 调用产生的 I/O 操作完成之前，就面临第 2 次 WRITE 调用，结果是用户程序在这一点挂起。当前一个 I/O 操作完成之后，才可能处理新的 WRITE 调用，启动新的 I/O 操作。图 3.11 显示了这种情况下使用中断和未使用中断的时序。无论从哪种情况都可以看出，效率得到了提高，因为部分 I/O 操作的时间与用户指令执行的时间相重叠。

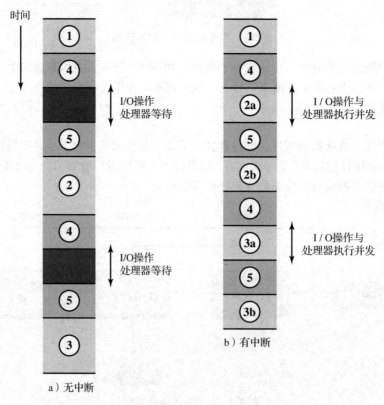

图 3.10　程序时序：短 I/O 等待

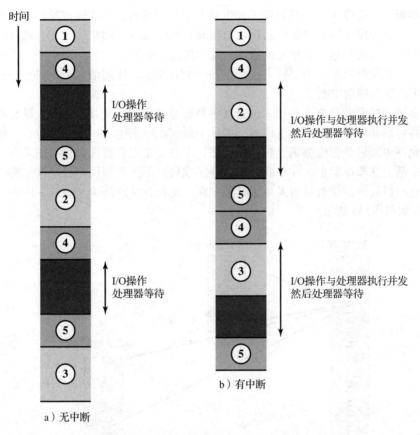

图 3.11 程序时序：长 I/O 等待

图 3.12 显示了修改后包含中断周期处理的指令周期状态图。

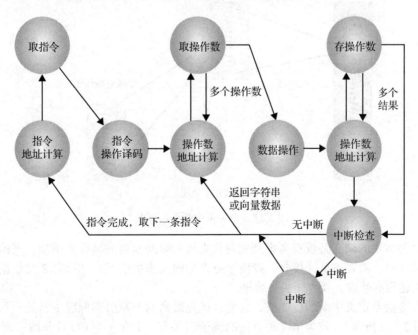

图 3.12 有中断的指令周期状态图

多重中断   迄今为止，只讨论了发生单个中断的情形。但实际情况是可能产生多个中断。例如，一个程序可以从通信线路接收数据和打印结果。打印机每完成一次打印操作便会产生一次中断。每次到达一个单元的数据，通信线路控制器将产生一次中断。根据通信规程的性质，一个单元可以是一个字符，也可以是一个数据块。任何情况下，在处理打印机中断时都可能再次发生通信中断。

处理多重中断有两种方法。第1种是在中断处理过程中禁止其他中断。**禁止中断**仅仅意味着处理器可以并将忽略中断请求信号。如果中断在此时发生，一般会保持在"挂起状态"，在处理器允许中断后就会检测到这种挂起状态。于是，当用户程序执行时如果有一个中断发生，则该中断会立即被禁止。在中断处理程序完成后，不用等到用户程序恢复就可以再次允许中断，这时候处理器检查是否发生了其他中断。这种方法既简单又有效，因为中断严格按顺序处理（如图 3.13a 所示）。

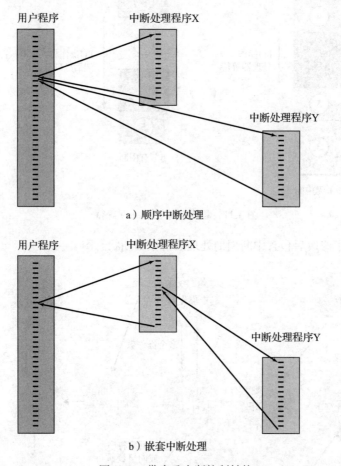

a）顺序中断处理

b）嵌套中断处理

图 3.13   带多重中断控制转换

上面这种方法的缺点是没有考虑到相对优先级和时间紧迫的需要。例如，当输入数据从通信线路到达时，需要被迅速接收，以便给更多的输入腾出空间。如果第 2 批数据到达之前第 1 批数据还没有处理，就可能丢失数据。

第 2 种方法是定义中断的优先级，且允许优先级高的中断引起低级中断处理程序本身被中断（如图 3.13b 所示）。作为第 2 种方法的例子，考虑一个有 3 个 I/O 设备的系统：打印机、硬盘和通信线路，它们的优先级逐个递增，分别是 2、4、5。图 3.14 举出了一个可能的序列。用户程序开始于 $t = 0$ 时刻。当 $t = 10$ 时，发生了打印机中断，用户信息被放入系统栈，并继续从打印机的**中断服务程序**（ISR）开始执行。当程序仍在执行时，在 $t = 15$ 时，通信中断发生。由于通信线路的优先级比打印机高，这个中断得到响应。打印机 ISR 被中断，它的状态被压入栈，继续从通信 ISR 执行。当这个通信 ISR 正在执行时，发生了磁盘中断（$t = 20$）。由于它的优先级相对较低，只好挂起，而通信 ISR 运行到结束。

当通信 ISR 完成时（$t = 25$），处理器原来的状态恢复，即执行原来的打印机 ISR。但是在这一例程中的一条指令都没有来得及执行以前，处理器响应优先级更高的磁盘中断，将控制权传送给磁盘 ISR。仅当这一例程结束后（$t = 35$），打印机的 ISR 才恢复。在它完成后（$t = 40$），控制权才最终交还给用户程序。

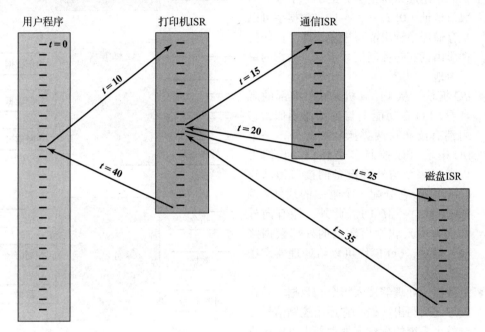

图 3.14　多重中断的时序示例

3.2.3　I/O 功能

至此，我们已经讨论了由处理器控制的计算机操作，而且主要考察了处理器和存储器的交互操作。前面的讨论只提到了 I/O 部件的作用，这一作用将在第 8 章中详细讨论，但这里有必要给出一个简单的介绍。

I/O 模块（例如磁盘控制器）能直接与处理器交换数据。如同处理器通过指定某个单元地址就可以启动一次对存储器的读 / 写一样，处理器同样也能把数据写到 I/O 模块或从 I/O 模块中读出。在后一种情况中，处理器识别由特定 I/O 模块控制的特定设备。因此，会发生与图 3.5 中形式相似的指令序列，只不过它们是 I/O 指令，而不是存储器访问指令。

在某些情况下，需要允许 I/O 直接与存储器交换数据。在这种情况下，处理器授予 I/O 模块读或写存储器的权利，以便 I/O 和存储器的传输不需要 CPU 的介入。在这种传输中，I/O 模块向存储器发出读或写的命令，摆脱了处理器负责数据交换的责任。这种操作称为直接存储器访问（DMA），将在第 7 章中详细论述。

3.3 互连结构

计算机包含一组部件或 3 种基本类型的模块（处理器、存储器和 I/O），模块之间相互通信。实际上，计算机是一个基本模块的网络，因此必须有连接这些模块的通路。

连接各种模块的通路的集合称为**互连结构**（interconnection structure）。这种结构的设计取决于模块之间所必须进行的交换。

图 3.15 通过指出每种模块类型的主要输入、输出形式给出了所需的信息交换的种类$^\ominus$：

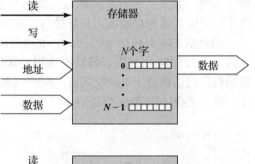

- **存储器**：通常，存储器模块由 N 个等长的字组成，每个字分配了一个唯一的数值地址（0, 1, ···, N–1），数据字可以从存储器中读出或写进存储器。操作的性质由读和写控制信号指示。操作的单元由地址指定。

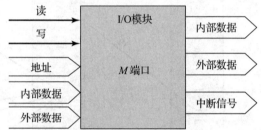

- **I/O 模块**：从（计算机系统）内部的观点看，I/O 在功能上与存储器相似，它们都有读和写两类操作。此外，一个 I/O 模块可以控制多个外设。我们可以定义每个与外部设备的接口为**端口**（port），给它分配一个唯一的地址（例如，0, 1, ···, M–1）。此外，还有向外部设备输入和输出数据的外部数据路径。最后，I/O 模块可以给处理器发送中断信号。

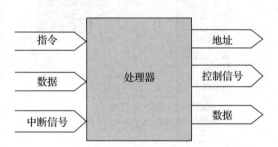

图 3.15 计算机模型

- **处理器**：处理器读入指令和数据，并在处理之后写出数据，它还用控制信号控制整个系统的操作。处理器也可以接收中断信号。

前面所列定义了要交换的数据。互连结构必须支持下列类型的传送：

- **存储器到处理器**：处理器从存储器中读一条指令或一个单元的数据。
- **处理器到存储器**：处理器向存储器写一个单元的数据。
- **I/O 到处理器**：处理器通过 I/O 模块从 I/O 设备中读数据。
- **处理器到 I/O**：处理器向 I/O 设备发送数据。
- **I/O 与存储器之间**：对于这两种情况，I/O 模块允许与存储器直接交换数据，使用直接存储器存储（DMA），而不通过处理器。

多年来，人们尝试过各种各样的互连结构，迄今为止最普遍的是**总线**和各种多总线结构，以及具有分组数据传输的点对点互连结构。本章后续部分将专门讨论总线结构。

3.4 总线互连

几十年来，总线一直是计算机系统部件互连的主要方式。对于通用计算机来说，它逐渐

$\ominus$ 图中，宽箭头代表多根信号线，它们并行地携带信息的多位。每个窄箭头代表单个信号线。

被各种点对点的互连结构所取代，这些结构现在支配着计算机系统设计。然而，总线结构仍然普遍用于嵌入式系统，特别是微控制器。在本节中，我们将简要概述总线结构。附录 A 提供了更详细的内容。

总线（bus）是连接两个或多个设备的通信通路。总线的关键特征是共享传输介质。多个设备连接到总线上，并且任何一个设备发出的信号都可以被其他所有连接到总线上的设备所接收。如果两个设备同时发送，它们的信号将会重叠，这样会引起混淆。因此，每次只有一个设备能够成功地利用总线发送数据。

通常，总线由多条通信路径或线路组成，每条线能够传送代表二进制 1 和 0 的信号。一段时间里，一条线能传送一串二进制数字。总线的几条线放在一起，就能够用来同时（并行地）传送二进制数字。例如，一个 8 位的数据能通过总线中的 8 条线传送。

计算机系统含有多种总线，它们在计算机系统的各个层级提供部件之间的通路。连接计算机的主要部件（处理器、存储器、I/O）的总线称为**系统总线**。最常见的计算机互连结构以使用一条或多条系统总线为基础。

系统总线通常包含 50 到上百条分离导线，每条导线被赋予一个特定的含义或功能。虽然总线的设计有多种，但任何总线的线路都可以分成如下 3 个功能组（如图 3.16 所示）：数据线、地址线和控制线。此外，还有为连接的模块提供电源的电源线。

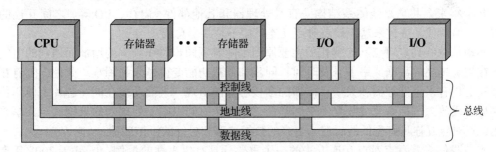

图 3.16　总线互连策略

数据线提供系统模块间传送数据的路径，这些线组合在一起称为**数据总线**。典型的数据总线包含 32、64、128 或更多的分离导线，这些线的数目称为数据总线的宽度。因为每条线每次能传送 1 位，所以线的数目决定了每次能同时传送多少位，数据总线宽度是决定系统总体性能的关键因素。例如，如果数据总线为 32 位宽，而每条指令 64 位长，那么处理器在每个指令周期必须访问存储器模块两次。

地址线用于指定数据总线上数据的来源或去向。例如，如果处理器希望从存储器中读取一个字（8 位、16 位或 32 位），它将所需要的字的地址放在地址线上。显然，**地址总线**的宽度决定了系统能够使用的最大的存储器容量。而且，地址线通常也用于 I/O 端口的寻址。通常，地址线的高位用于选择总线上指定的模块，低位用于选择模块内具体的存储器单元或 I/O 端口。例如，在一个 8 位地址总线上，小于等于 01111111 的地址可以用来访问有 128 个字的存储器模块（模块 0），而大于等于 10000000 的地址可用来访问接在 I/O 模块上的设备（模块 1）。

控制线用来控制对数据线和地址线的存取及使用。由于数据线和地址线被所有模块共享，因此必须用一种方法来控制它们的使用。控制信号在系统模块之间发送命令和时序信号。时序信号指定了数据和地址信号的有效性，命令信号指定了要执行的操作。典型的控制信号如下所列：

- **存储器写**（Memory Write）：使总线上的数据写入被寻址的单元。

- **存储器读**（Memory Read）：将所寻址单元的数据放到总线上。
- **I/O 写**（I/O Write）：使总线上的数据输出到被寻址的 I/O 端口。
- **I/O 读**（I/O Read）：将被寻址的 I/O 端口的数据放到总线上。
- **传输响应**（Transfer ACK）：表示数据已经从总线上接收，或已经将数据放到总线上。
- **总线请求**（Bus Request）：表示模块需要获得对总线的控制。
- **总线允许**（Bus Grant）：表示发出请求的模块已经被允许控制总线。
- **中断请求**（Interrupt Request）：表示某个中断正在挂起。
- **中断响应**（Interrupt ACK）：挂起的中断请求被响应。
- **时钟**（Clock）：用于同步操作。
- **复位**（Reset）：初始化所有模块。

总线的操作如下，如果一个模块希望向另一个模块发送数据，它必须做两件事情：
（1）获得总线的使用权；（2）通过总线传送数据。如果一个模块希望向另一个模块请求数据，
它也必须做两件事情：（1）获得总线的使用权；（2）通过适当的地址线和控制线向另一个模
块发送请求，然后它必须等待另一个模块发送数据。

3.5 点对点互连

几十年来，共享总线体系结构一直是处理器和其他部件（内存、I/O 等）之间互连的标
准方法。但现代系统越来越依赖点对点互连，而不是共享总线。

驱动从总线到点对点互连变化的主要原因是随着宽同步总线频率的增加而遇到的电气限
制。在越来越高的数据速率下，及时执行同步和仲裁功能变得越来越困难。此外，随着在单
个芯片上具有多个处理器和大量存储器的多核芯片的出现，人们发现在同一芯片上使用传统
的共享总线放大了提高总线数据速率和降低总线等待时间以跟上处理器的难度。与共享总线
相比，点对点互连具有更低的延迟、更高的数据速率和更好的可扩展性。

本节我们来看看点对点互连方法的一个重要且具有代表性的示例：Intel 于 2008 年推出
的**快速通道互连**（QPI）。

以下是 QPI 和其他点对点互连方案的显著特点：

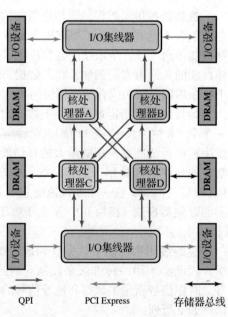

- **多直连**：系统内的多个部件可以直接成对连
  接到其他部件。使用多直连就不需要在共享
  传输系统中寻找仲裁。
- **分层协议体系结构**：在诸如基于 TCP/IP 的
  数据网络等网络环境中，这些处理器级互连
  使用分层协议体系结构，而不是简单地使用
  共享总线布置中的控制信号。
- **分组化数据传输**：数据不作为原始位流发送。
  相反，数据以分组序列的形式发送，每个分
  组都包括控制报头和差错控制码。

图 3.17 说明了 QPI 在多核计算机上的典型用
法。QPI 连接形成一个交换结构，使数据能够在整个
网络中移动。可以在每对核处理器之间建立直接 QPI
连接。如果图 3.17 中的核处理器 A 需要访问核处
理器 D 中的内存控制器，则它通过核处理器 B 或 C
发送请求，后者必须将该请求转发到处理器 D 中的

图 3.17   使用 QPI 的多核配置

内存控制器。类似地，可以使用具有三个链路的处理器并通过中间处理器路由流量来构建具有八个或更多处理器的较大系统。

此外，QPI 还用于连接 I/O 模块，称为 I/O 集线器（IOH）。IOH 充当将流量定向到 I/O 设备和从 I/O 设备接收流量的交换机。通常，在较新的系统中，从 IOH 到 I/O 设备控制器的链路使用称为 PCI Express（PCIe）的互连技术，本章稍后将对此进行介绍。IOH 在 QPI 协议和格式与 PCIe 协议和格式之间进行转换。处理器还使用专用存储器总线连接到主存储器模块［通常存储器使用动态存取随机存储器（DRAM）技术］。

QPI 定义为四层协议体系结构，包括以下各层（见图 3.18）：

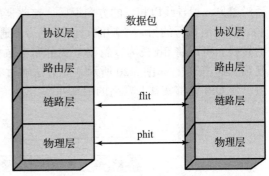

- **物理层**：由承载信号的实际导线以及电路和逻辑组成，以支持发送、接收 1 和 0 所需的辅助功能。物理层的传输单位是 20 位，称为 phit（物理单位）。
- **链路层**：负责可靠传输和流量控制。链路层的传输单元为 80 位 flit（流控制单元）。
- **路由层**：提供通过交换矩阵定向数据包的框架。

图 3.18　QPI 层

- **协议层**：用于在设备之间交换**数据包**的高级规则集。一个数据包由整数个 flit 组成。

3.5.1　QPI 物理层

图 3.19 显示了 QPI 端口的物理架构。QPI 端口由 84 条单独的链路组成，分组如下。每条数据路径由一对线组成，一次传输一位数据；这对线称为**通道**（lane）。每个方向（发送和接收）有 20 个数据通道，每个方向加上一个时钟通道。因此，QPI 能够在每个方向上并行传输 20 位。20 位单位称为 phit。当前产品中链路的典型信令速度要求以 6.4GT/s（每秒传输数）运行。每次传输 20 位时，总计为 16GB/s，由于 QPI 链路涉及专用双向对，因此总容量为 32GB/s。

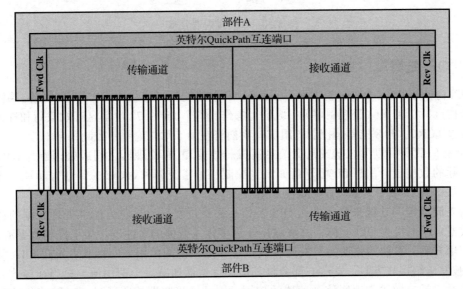

图 3.19　Intel QPI 互连的物理接口

　　每个方向上的通道被分为四个象限，每个象限有 5 条通道。在某些应用程序中，通道还可以以 1/2 或 1/4 宽度运行，以减少功耗或解决故障。

　　每个通道上的传输形式称为**差分信令**或**平衡传输**。在平衡传输的情况下，信号作为电流传输，沿一个导体向下传播，而在另一导体上返回。二进制值取决于电压差。通常，一条线的电压值为正，另一条线的电压为零，一条线与二进制 1 相关联，一条线与二进制 0 相关联。具体来说，QPI 使用的技术称为低压差分信令传输（LVDS）。在典型的实现中，发送器将小电流注入一根或多根导线，具体取决于要发送的逻辑电平。电流通过接收端的电阻，然后沿着另一根导线以相反的方向返回。接收器感应电阻两端的电压极性以确定逻辑电平。

　　物理层执行的另一个功能是使用称为**多通道分布**的技术管理 80 位 flit 和 20 位 phit 之间的转换。可以将 flit 视为以轮询方式分布在数据通道上的位流（第一位到第一通道，第二位到第二通道等），如图 3.20 所示。此方法通过将两个端口之间的物理链路实现为多个并行通道，使 QPI 能够实现非常高的数据速率。

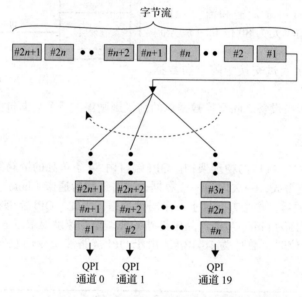

图 3.20　QPI 多通道分布

3.5.2　QPI 链路层

　　QPI 链路层执行两个关键功能：流量控制和差错控制。这些功能作为 QPI 链路层协议的一部分执行，并在 flit（流控制单元）级别上操作。每个 flit 由 72 位消息有效载荷和称为循环冗余校验（CRC）的 8 位差错控制码组成。我们将在第 5 章讨论差错控制码。

　　flit 有效载荷可以由数据或消息信息组成。数据 flit 在处理器之间或处理器与 IOH 之间传输实际的数据位。消息 flit 用于诸如流量控制、差错控制和 cache 一致性等功能。我们将在第 5 章和第 17 章中讨论缓存一致性。

　　需要**流量控制功能**来确保发送 QPI 实体不会通过发送比接收方能够处理数据的速度更快的数据来压倒接收 QPI 实体，并清除用于更多传入数据的缓冲器。为了控制数据流，QPI 使用信用方案。在初始化期间，发送者被给予一定数量的信用来向接收者发送 flit。每当一个 flit 被发送给接收方时，发送方都会将其信用计数器递减一个信用值。每当在接收方释放缓冲器时，就向发送方返回该缓冲器的信用。因此，接收器控制通过 QPI 链路传输数据的速度。

有时，由于噪声或其他某种现象，在物理层上传输的位会在传输过程中发生变化。链路层的**差错控制功能**可以检测到此类误码并从中恢复，因此可以使更高层免受误码的影响。对于从系统 A 到系统 B 的数据流，该过程的工作方式如下：

1. 如上所述，每个 80 位 flit 包括 8 位 CRC 字段。CRC 是剩余 72 位的值的函数。在传输时，a 计算每个 Flit 的 CRC 值，并将该值插入 flit。

2. 当接收到 flit 时，B 计算 72 位有效载荷的 CRC 值，并将该值与 flit 中传入的 CRC 值进行比较。如果两个 CRC 值不匹配，则检测到错误。

3. 当 B 检测到错误时，它向 A 发送请求以重发出错的 flit。然而，因为 A 可能已经有足够的信用来发送 flit 流，所以在出错的 flit 之后并且在 A 接收到重发请求之前已经发送了额外的 flit。因此，请求 A 备份并重新传输损坏的 flit 以及所有后续 flit。

3.5.3 QPI 路由层

路由层用于确定数据包穿过可用系统互连的路线。路由表由固件定义，描述数据包可能遵循的路径。在小型配置（如双插槽平台）中，路由选择有限，路由表非常简单。对于较大的系统，路由表选项更为复杂，根据设备在平台中的填充方式、系统资源的分区方式以及可靠性事件导致周围故障资源的映射方式，可以灵活地路由和重新路由流量。

3.5.4 QPI 协议层

在这一层中，数据包被定义为传输单位。数据包内容定义是标准化的，具有一定的灵活性，以满足不同的细分市场要求。在这一级别执行的一个关键功能是 cache 一致性协议，该协议负责确保保存在多个 cache 中的主存储值是一致的。典型的数据包有效载荷是发送到 cache 或从 cache 发送来的数据块。

3.6 PCIe

外设部件互连（PCI）总线是一种高带宽、独立于处理器的总线，它能够作为中间层或外围设备总线。与其他普通的总线规范相比，PCI 为高速的 I/O 子系统（例如，图形显示适配器、网络接口控制器、磁盘控制器等）提供了更好的性能。

Intel 在 1990 年开始为其 Pentium 系统开发 PCI。很快，Intel 将所有的专利向外界公开，并促进了工业协会 PCI SIG（PCI 特别兴趣组）的创建，它的任务是进一步开发并维护 PCI 规范的兼容性。结果是 PCI 被广泛采纳，越来越多地应用到个人计算机、工作站以及服务器系统中。由于这个规范是公开的，而且得到了许多微处理器和外围设备生产商的支持，因此不同生产商的 PCI 产品是相互兼容的。

与前面讨论的系统总线一样，基于总线的 PCI 方案无法跟上所连接设备的数据速率要求。因此，一种称为 **PCIe**（PCI Express）的新版本被开发出来。与 QPI 一样，PCIe 是一种点对点互连方案，旨在取代基于总线的方案，如 PCI。

PCIe 的一个关键要求是高容量，以满足更高数据速率的 I/O 设备（如千兆以太网）的需求。另一个要求涉及支持依赖时间的数据流的需要。视频点播和音频重新分发等应用也给服务器带来了实时限制。许多通信应用和嵌入式 PC 控制系统也在实时处理数据。今天的平台还必须以不断增加的数据速率处理多个并发传输。将所有数据一视同仁不再是可接受的，例如，更重要的是首先处理流数据，因为延迟的实时数据就像没有数据一样毫无用处。需要对数据进行标记，以便 I/O 系统可以确定其在整个平台中的流的优先级。

3.6.1 PCI 物理和逻辑体系结构

图 3.21 显示了支持使用 PCIe 的典型配置。**根复合体**（root complex）设备（也称为芯片组或主机桥）将处理器和内存子系统连接到由一个或多个交换设备组成的 PCI Express 交换结构。根复合体充当缓冲设备，以处理 I/O 控制器与内存和处理器组件之间的数据速率差异。根复合体还在 PCIe 事务格式与处理器、内存信号和控制要求之间进行转换。根复合体通常支持多个 PCIe 端口，其中一些直接连接到 PCIe 设备，以及一个或多个连接到管理多个 PCIe 流的交换机。来自根复合体的 PCIe 链路可以连接到以下类型的实现 PCIe 的设备：

- **交换机**：交换机管理多个 PCIe 流。
- **PCIe 端点**：实现 PCIe 的 I/O 设备或控制器，例如千兆位以太网交换机、图形或视频控制器、磁盘接口或通信控制器。
- **遗留端点**：遗留端点类别用于已迁移到 PCI Express 的现有设计，它允许遗留行为，如使用 I/O 空间和锁定事务。PCI Express 端点不允许在运行时要求使用 I/O 空间，也不允许使用锁定的事务。通过区分这些类别，系统设计师可以限制或消除对系统性能和健壮性有负面影响的遗留行为。
- **PCIe/PCI 网桥**：允许将较旧的 PCI 设备连接到基于 PCIe 的系统。

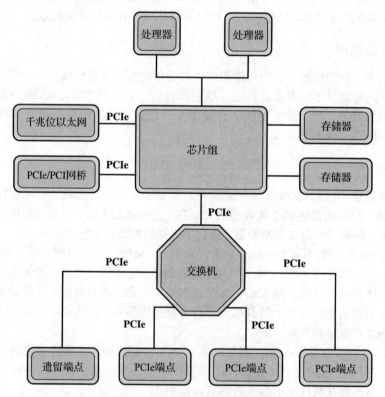

图 3.21　使用 PCIe 的典型配置

与 QPI 一样，PCIe 交互是使用协议体系结构定义的。PCIe 协议体系结构包括以下几层（见图 3.22）：

- **物理层**：由承载信号的实际导线以及电路和逻辑组成，以支持发送、接收 1 和 0 所需的辅助功能。

- **数据链路层**：负责可靠传输和流量控制。由 DLL 生成和使用的数据包称为数据链路层数据包（DLLP）。
- **事务处理层**：生成和使用用于实现加载 / 存储数据传输机制的数据包，并管理链路上两个部件之间的数据包的流控制。TL 生成和使用的数据包称为事务处理层数据包（TLP）。

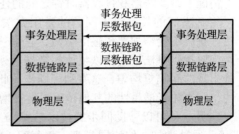

图 3.22　PCIe 协议层

TL 之上是生成读写请求的软件层，这些读写请求由事务处理层使用基于数据包的事务协议传输到 I/O 设备。

3.6.2　PCIe 物理层

与 QPI 类似，PCIe 是点对点体系结构。每个 PCIe 端口由多个双向通道组成（请注意，在 QPI 中，通道仅指单向传输）。通道中每个方向的传输是通过一对导线上的差分信令来实现的。一个 PCI 端口可以提供 1、4、6、16 或 32 条通道。在下面的内容中，我们指的是 2010 年年底引入的 PCIe 3.0 规范。

与 QPI 一样，PCIe 使用多通道分布技术。图 3.23 显示了由四条通道组成的 PCIe 端口的示例。数据使用简单的循环方案一次一个字节地分配到四个通道。在每个物理通道，数据一次缓冲和处理 16 字节（128 位）。每个 128 位的块被编码成用于传输的唯一的 130 位码字；这被称为 128b/130b 编码。因此，单个通道的有效数据速率降低为原来的 128/130。

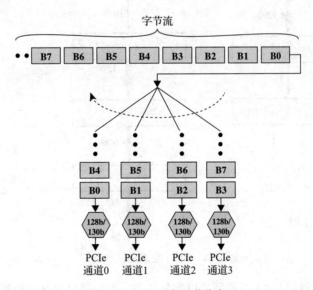

图 3.23　PCIe 多通道分布

要了解 128b/130b 编码的基本原理，请注意，与 QPI 不同，PCIe 不使用其时钟线来同步位流。也就是说，时钟线不用于确定每个传入位的起始点和结束点；它仅用于其他信令目的。但是，接收器必须与发送器同步，以便接收器知道每位的开始和结束时间。如果发送器和接收器用于位发送和接收的时钟之间存在任何漂移，则可能会发生错误。为了补偿漂移的可能性，PCIe 依赖于接收器根据传输的信号与发送器同步。与 QPI 一样，PCIe 在一对导线上使用差分信令。同步可以通过接收器查找数据中的转换并使其时钟与转换同步来实现。但是，考虑到使用差分信号的 1 或 0 长字符串，输出电压在很长一段时间内都是恒定的。在这种情况下，发送器和接收器时钟之间的任何漂移都会导致两者之间失去同步。

解决值的长字符串问题的常用方法是扰码（scrambling），这也是 PCIe 3.0 中使用的方法。扰码不会增加要传输的位数，它是一种往往会使数据看起来更随机的映射技术。在接收端，解扰码算法被用来恢复原始数据序列。扰码倾向于展开转换的数量，使得它们在接收器处出现的间隔更均匀，这有利于同步。此外，如果数据更接近随机性质，而不是恒定或重复的，则诸如光谱属性的其他传输属性被增强。

另一种可以帮助同步的技术是编码，即在位流中插入额外的位以强制转换。对于 PCIe 3.0，通过添加 2 位块同步头，将每组 128 位输入映射为 130 位块。报头的值对于数据块是 10，对于所谓的有序集合块是 01，其指的是链路级信息块。

图 3.24 说明了扰码和编码的使用。要传输的数据被送到扰码器中。然后，扰码输出被送到 128b/130b 编码器，该编码器缓冲 128 位，然后将 128 位块映射成 130 位块。然后，该数据块通过并串转换器，并使用差分信令一次传输一位。

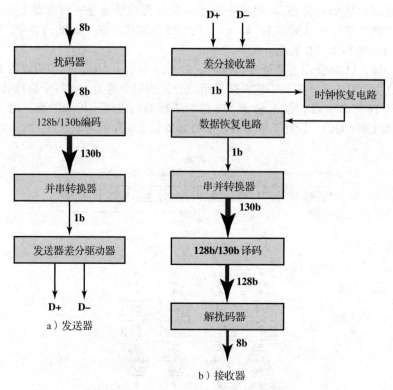

图 3.24   PCIe 发送和接收框图

在接收器处，时钟与输入数据同步以恢复位流。然后通过串并转换器产生 130 位块。每个块通过 128b/130b 解码器以恢复原始扰码位模式，然后对其进行解扰码以产生原始位流。

使用这些技术，可以实现 16GB/s 的数据速率。值得一提的是最后一个细节：PCI 链路上的数据块的每次传输都以 8 位成帧序列开始和结束，该 8 位成帧序列旨在使接收器有时间与传入的物理层位流同步。

3.6.3 PCIe 事务处理层

事务处理层（TL）接收来自 TL 之上的软件的读和写请求，并创建请求数据包以通过链路层传输到目的地。大多数事务使用拆分事务技术，其工作方式如下。源 PCIe 设备发出请求数据包，然后等待响应，称为完成数据包。只有当完成器已准备好数据或状态可供交付时，才由完成器启动请求之后的完成。每个数据包都具有唯一的标识符，该标识符使得完成数据包能够被定向到正确的始发者。利用拆分事务技术，完成在时间上与请求分离，这与典型的总线操作形成对比，在典型的总线操作中，事务的两端都必须可用来占用和使用总线。在请求和完成之间，其他 PCIe 流量可能会使用该链路。

TL 消息和一些 WRITE 事务是 POST 事务，这意味着不需要响应。

TL 数据包格式支持 32 位内存寻址和扩展 64 位内存寻址。数据包还具有"无窥探""松弛排序"和"优先级"等属性，这些属性可用于通过 I/O 子系统对这些数据包进行最佳路由选择。

地址空间和事务类型　　TL 支持四种地址空间：

- **内存**：内存空间包括系统主内存，还包括 PCIe I/O 设备。某些内存地址范围会映射到 I/O 设备。
- **I/O**：此地址空间用于遗留 PCI 设备，保留的内存地址范围用于寻址遗留 I/O 设备。
- **配置**：此地址空间使 TL 能够读 / 写与 I/O 设备相关的配置寄存器。
- **消息**：此地址空间用于与中断、错误处理和电源管理相关的控制信号。

表 3.2 显示了 TL 提供的事务类型。对于内存、I/O 和配置地址空间，有读写事务。在内存事务的情况下，还具有读锁定请求功能。锁定操作是设备驱动程序请求对 PCIe 设备上的寄存器进行原子访问的结果。例如，设备驱动程序可以自动读取、修改设备寄存器，然后写入设备寄存器。为此，设备驱动程序使处理器执行一条或一组指令。根复合体将这些处理器指令转换成一系列 PCIe 事务，这些事务对设备驱动程序执行单独的读写请求。如果这些事务必须自动执行，根复合体将在执行事务时锁定 PCIe 链接。此锁定可防止不属于序列一部分的事务发生。此事务序列称为锁定操作。可能导致锁定操作发生的特定处理器指令集取决于系统芯片集和处理器体系结构。

表 3.2　PCIe TLP 事务类型

地址空间	TLP 类型	用途
内存	内存读取请求	传输数据到系统内存映射中的某个位置，或从该位置传出数据
	内存读锁请求	
	内存写请求	
I/O	I/O 读取请求	向遗留设备的系统内存映射中的某个位置传输数据或从该位置传出数据
	I/O 写请求	
配置	配置类型 0 读请求	传输数据到 PCIe 设备配置空间中的某个位置或从该位置传出数据
	配置类型 0 写请求	
	配置类型 1 读请求	
	配置类型 1 写请求	
消息	消息请求	提供带内消息传递和事件报告
	带数据的消息请求	
内存、I/O、配置	完成	为某些请求返回
	完成的数据	
	完成锁	
	数据锁定完成	

为了保持与 PCI 的兼容性，PCIe 同时支持类型 0 和类型 1 配置周期。类型 1 循环向下游传播，直到到达托管目标设备所在总线（链路）的网桥接口。网桥将目的链路上的配置事务从类型 1 转换为类型 0。

最后，完成消息用于内存、I/O 和配置事务的拆分事务。

TLP 数据包组件 PCIe 事务使用事务层数据包进行传输，如图 3.25a 所示。TLP 起源于发送设备的事务层，并终止于接收设备的事务层。

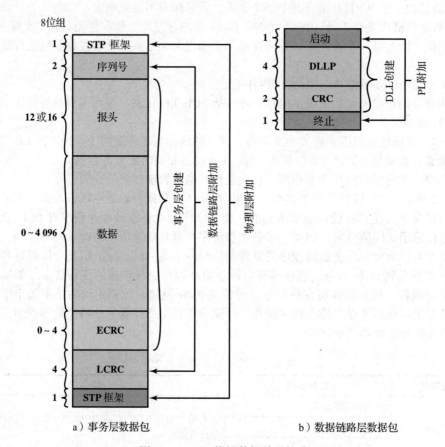

a）事务层数据包   b）数据链路层数据包

图 3.25 PCIe 协议数据单元格式

上层软件向 TL 发送 TL 创建 TLP 核心所需的信息，该信息包括以下字段：

- **报头**：报头描述数据包的类型，包括接收器处理数据包所需的信息，以及任何所需的路由信息。随后将讨论内部报头格式。
- **数据**：TLP 中可以包括高达 4 096 字节的数据字段。某些 TLP 不包含数据字段。
- **ECRC**：可选的端到端 CRC 字段使目标 TL 层能够检查 TLP 的报头和数据部分中的错误。

3.6.4 PCIe 数据链路层

PCIe 数据链路层的目的是确保通过 PCIe 链路可靠地传输数据包。DLL 参与 TLP 的形成，也传输 DLLP。

数据链路层数据包 数据链路层数据包始发于传输设备的数据链路层，并终止于链路另一端的设备的 DLL。图 3.25b 显示了 DLLP 的格式。有三组重要的 DLLP 用于管理链路：

流量控制数据包、电源管理数据包以及 TLP ACK 和 NAK 数据包。电源管理数据包用于管理电源平台预算。流量控制数据包控制 TLP 和 DLLP 在链路上的传输速率。ACK 和 NAK 数据包用于 TLP 处理，将在下面讨论。

事务层数据包处理 DLL 向 TL 创建的 TLP 核心添加两个字段（图 3.25a）：16 位序列号和 32 位链路层 CRC（LCRC）。虽然在 TL 处创建的核心字段仅在目的地 TL 处使用，但是由 DLL 添加的两个字段在从源到目的地的途中的每个中间节点处会被处理。

当 TLP 到达设备时，DLL 会去除序列号和 LCRC 字段，并检查 LCRC。有两种可能性：

1. 如果没有检测到错误，则将 TLP 的核心部分上交到本地事务层。如果该接收设备是预定目的地，则 TL 处理 TLP。否则，TL 确定 TLP 的路由，并将其向下传递回 DLL，以便在到达目的地的途中通过下一条链路进行传输。

2. 如果检测到错误，则 DLL 调度 NAK DLL 数据包以返回到远程发送器。TLP 被淘汰。

当 DLL 传输 TLP 时，它会保留 TLP 的副本。如果它接收到具有该序列号的 TLP 的 NAK，则重传该 TLP。当收到 ACK 时，它会丢弃缓冲的 TLP。

3.7 关键词、思考题和习题

关键词

address bus：地址总线

address lines：地址线

arbitration：仲裁

balanced transmission：平衡传输

bus：总线

control lines：控制线

data bus：数据总线

data lines：数据线

differential signaling：差分信令

disabled interrupt：禁用中断

distributed arbitration：分布式仲裁

error control function：差错控制功能

execute cycle：执行周期

fetch cycle：取指周期

flit：QPI 链路层的传输单元

flow control function：流量控制功能

instruction cycle：指令周期

interrupt：中断

interrupt handler：中断处理程序

interrupt service routine（ISR）：中断服务程序

lane：通道

memory address register（MAR）：存储器地址寄存器

memory buffer register（MBR）：存储器缓冲寄存器

multilane distribution：多通道分布

packet：数据包

PCI Express（PCIe）

peripheral component interconnect（PCI）：外设部件互连

phit：QPI 物理层的传输单位

QuickPath Interconnect（QPI）：快速通道互连

root complex：根复合体

system bus：系统总线

思考题

3.1 计算机指令指定的功能通常分为哪几类？

3.2 列出并简要定义指令执行的可能状态。

3.3 列出并简要说明多重中断的两种处理方法。

3.4 计算机互连结构（如总线）必须支持何种类型的传送？

3.5 列出并简要定义 QPI 协议层。

3.6 列出并简要定义 PCIe 协议层。

习题

3.1 图 3.4 所示的假想机器同样有两个 I/O 指令：

0011= 从 I/O 装入 AC

0111= 将 AC 内容存入 I/O

在上述约定下，使用 12 位的地址来标识一个特定的 I/O 设备。给出下列程序的执行过程（用图 3.5 的格式）：

（1）从设备 5 装入 AC。

（2）与内存单元 940 的内容相加。

（3）将 AC 存入设备 6。

假设从设备 5 提取的下一个值为 3，而内存单元 940 的内容为 2。

3.2 本书中使用 6 步来描述图 3.5 的程序执行，请解释这些步骤以说明 MAR 和 MBR 的作用。

3.3 考虑一个假想的 32 位微处理器采用 32 位的指令格式，这种指令有两个部分：第 1 个字节包含操作码，其余部分是立即操作数或操作数的地址。

a. 最大可能直接寻址的存储器容量是多少（以字节为单位）？

b. 讨论下面的微处理器总线对系统的影响：

（1）32 位局部地址总线和 16 位局部数据总线。

（2）16 位局部地址总线和 16 位局部数据总线。

c. 程序计数器和指令寄存器需要多少位？

3.4 考虑一个假想的微处理器，它产生 16 位地址（例如，假设程序计数器和地址寄存器都是 16 位），并且有 16 位数据总线。

a. 如果处理器连接到 "16 位存储器"，那么它能直接访问的最大存储器地址空间是多少？

b. 如果处理器连到 "8 位存储器"，那么它能直接访问的最大存储器地址空间是多少？

c. 结构上的什么特点允许微处理器访问独立的 "I/O 空间"？

d. 如果输入和输出指令能够指定一个 8 位的 I/O 端口号，那么微处理器能支持多少个 8 位的 I/O 端口？它能支持多少个 16 位的 I/O 端口？请解释。

3.5 考虑一个 32 位微处理器，它有 16 位外部数据总线，由 8MHz 的输入时钟驱动。假设该微处理器的总线周期的最小持续时间等于 4 个输入时钟周期，这个微处理器利用总线能够维持的最大数据传输率是多少（字节 / 秒）？如果将其外部数据总线扩展为 32 位，或使提供给微处理器的外部时钟频率加倍，能否提高它的性能？请陈述所做其他假设的理由，并加以解释。提示：确定每个总线周期所能传送的字节数。

3.6 考虑一个计算机系统，它包括控制简单的键盘 / 电传打印机的 I/O 模块。下列寄存器包含在 CPU 中，并且直接连接到系统总线上。

INPR：输入寄存器（8 位）

OUTR：输出寄存器（8 位）

FGI：输入标志（1 位）

FGO：输出标志（1 位）

IEN：中断允许（1 位）

从电传的按键输入到电传的打印机输出，均由 I/O 模块控制。电传能够将字母符号编码成 8 位的字，并将 8 位的字解码为字母符号。

a. 描述该处理器如何能通过使用本题中给出的前 4 个寄存器来完成与电传的输入、输出。

b. 描述这一功能如何通过使用 IEN 更有效地完成。

3.7　考虑两个微处理器，除了一个使用 8 位宽的外部数据总线而另一个使用 16 位宽的外部数据总线之外，两者没有其他不同，它们的总线周期也是等长的。

　　　a. 假设所有指令和数据都是 2 字节长，则它们的最大数据传输率差几倍？

　　　b. 假设指令是 1 字节长，数据是 2 字节长，重复上述问题。

3.8　图 3.26 表示一种分布式的仲裁方法，它可用于 Multibus I 的陈旧总线方式中。各单元按优先级次序在物理上以菊花链的方式连接。图上最左边的单元持续接收总线优先权输入（BPRN）信号，表示没有更高优先级的单元需要使用总线。如果这个单元不需要使用总线，则它声明自己的总线优先级输出（BPRO）线。在时钟周期的开始，任何单元都可以使其 BPRO 信号线为低来请求总线的控制。这使菊花链中下一单元的 BPRN 线为低，而这个单元也相应地降低自己的 BPRO 线。因此，信号就沿着菊花链传播。在链式反应的末尾，应只有一个单元，它的 BPRN 有效，而 BPRO 无效，于是这个单元获得了优先权。如果在总线周期的开始，总线处于空闲状态（BUSY 线无效），则获得优先权的单元可以通过声明 BUSY 线来夺取总线的控制权。

　　　BPR 信号从具有最高优先级的单元传播到具有最低优先级的单元需要一定的时间。这段时间必须比时钟周期短吗？请解释原因。

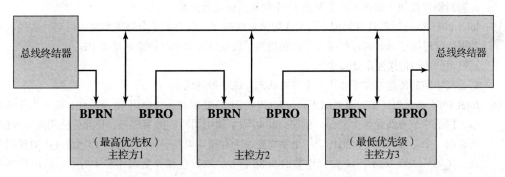

图 3.26　Multibus I 分布式仲裁

3.9　VAX SBI 总线使用分布式同步仲裁方案。每个 SBI 设备（例如处理器、存储器、I/O 模块）有唯一的优先级，而且被分配一根独立的传输请求（TR）线。SBI 有 16 根这样的线（TR0，TR1，…，TR15），其中 TR0 的优先级最高。当一个设备想要使用总线时，它通过在当前时间片中声明 TR 线来预约未来的时间片。在当前时间片结束时，每个具有预约请求的设备检查 TR 线，其中具有最高优先级的设备使用下一个时间片。

　　　最多可有 17 个设备连接到总线上，优先级为 16 的设备没有 TR 线，请说明原因。

3.10　在 VAX SBI 机上，具有最低优先级的设备通常有最低的平均等待时间。因此，CPU 在 SBI 中通常被赋予最低的优先级。为什么优先级为 16 的设备有最低的平均等待时间？这在什么条件下不成立？

3.11　对于同步读操作（参见附录 C 中的图 C.3），存储器模块必须在 Read 信号下降沿前有充分的时间将数据放到总线上，以允许信号稳定下来。现假定微处理器总线时钟频率是 10MHz，而 Read 信号在 T_3 后一半的中间开始下降。

　　　a. 确定存储器读指令周期的长度。

　　　b. 存储器至少应何时将数据放到总线上？假定数据线稳定需要 20ns。

3.12　考虑一个具有存储器读时序的微处理器（参见附录 C 中的图 C.3）。进行一些分析后，设计者确认存储器提供的读数据大约落后了 180ns。

　　　a. 若总线时钟频率为 8MHz，要进行恰当的系统操作，需要插入多少等待状态（时钟周期）？

b. 为了实施等待状态，使用了 Ready（就绪）状态线。一旦处理器发出一个 Read 命令，它必须等待直到 Ready 线有效后才能试图读数据。要强迫处理器插入所要求的等待状态数，Ready 线必须在什么时间间隔内保持为低（无效）？

3.13 某微处理器具有附录 A 中图 A.3 所示的存储器写时序。厂家指出，Write 信号的宽度能用 *T*-50 来确定，*T* 是以 ns 为单位的时钟周期。

a. 若总线时钟频率是 5MHz，则我们预期的 Write 信号的宽度是多少？

b. 该微处理器的数据资料指出，在 Write 信号下降沿之后，数据要继续保持 20ns 的时间有效。提供给存储器的有效数据总的持续时间是多少？

c. 如果存储器需要提交的数据至少在 190ns 时间内有效，则应插入几个等待状态？

3.14 某微处理器具有对存储器单元内容（单元的值）增 1 的直接指令。此指令有 5 个步骤：取操作码（4 个总线时钟周期），取操作数地址（3 个周期），取操作数（3 个周期），对操作数加 1 (3 个周期）和存操作数（3 个周期）。

a. 如果每次存储器读或写操作都要插入两个总线等待状态，则此指令的周期将增加多少（以百分数计）？

b. 若对操作数加 1 操作不是 3 而是 13 个周期，试重做问题 a。

3.15 Intel 8088 微处理器具有类似于图 C.3 的读总线时序，但要求 4 个处理器时钟周期。总线上有效数据持续时间已延长到包括第 4 个时钟周期。假设处理器的时钟速率是 8MHz。

a. 最大的数据传送速率是多少？

b. 若每字节的传送都需要插入一个等待状态，试重做问题 a。

3.16 Intel 8086 是一个许多方面类似于 8 位 8088 的 16 位处理器，它使用 16 位总线，能一次传送 2 字节，以低字节有偶地址为前提。然而，8086 除了使用偶对齐的字之外，也允许使用奇对齐的字。若存取一个奇对齐的字，则传送一个字需要两个存储器周期，每个存储器周期由 4 个时钟周期组成。考虑一条涉及两个 16 位操作数的 8086 指令，取这些操作数用多少时间？给出可能答案的范围。假定时钟速率是 4MHz 且无等待状态。

3.17 考虑一个 32 位的微处理器，其总线周期与一个 16 位微处理器的总线周期相同。假定，平均而言，20% 的操作数和指令是 32 位长，40% 的为 16 位长，其余 40% 的为 8 位长。请计算，此 32 位微处理器取指令或操作数时所实现的性能改进。

3.18 如习题 3.14 的微处理器，它正在执行一条增量存储器直接指令。若在取操作数步骤开始的同时，键盘激活了一条中断请求线，假定总线时钟速率是 10MHz，则该处理器多长时间之后才进入中断处理周期？

存储器层次结构：局部性和性能

学习目标

学习完本章后，你应该能够：

● 概述局部性原理。

● 描述存储器系统的主要特性。

● 讨论局部性如何影响存储器层次结构的发展。

● 了解多级存储器的性能影响。

计算机的存储器虽然从概念上来看比较简单，但是从计算机系统的类型、技术、组织、性能和价格几方面的特点来看，存储器的范围或许是最广的。目前没有一种最佳的能满足计算机系统对存储器需求的技术。所以，计算机系统通常配备分层结构的存储子系统，一些在系统内部（由处理器直接存取），一些在系统外部（处理器通过 I/O 模块存取）。

本章重点介绍使用不同技术开发多级计算机存储器系统的性能因素。4.1 节介绍了访问局部性的关键概念，它对存储器的组织和操作系统存储器管理软件都有深远的影响。在简要讨论了存储器系统的关键特性之后，本章转向介绍存储器层次结构的概念，并指出当代系统中的典型部件。最后，4.4 节开发了一个简单但具有启发性的存储器访问性能模型。

接下来的三章将使用本章的内容来研究存储系统的具体方面。第 5 章研究所有现代计算机系统的一个基本元素：cache 存储器。第 6 章接着介绍内部存储器的技术选择，包括 cache 和主存储器。第 7 章是关于外部存储器的。

4.1 局部性原理

与计算机系统相关的最重要的概念之一是**局部性原理** [DENN05]，也称为**访问局部性**。该原理反映了这样的现象：在程序执行的过程中，处理器倾向于成簇地访问存储器中的指令和数据。程序通常包含许多迭代循环和子程序。一旦进入一个循环或子程序，则会重复访问一簇指令。同样，对于表和数组的操作包含存取一簇的数据。在一段较长的时间中，使用的簇是变动的，但在一小段时间内，处理器主要访问存储器中的固定簇。

我们可以把这些观察结果说得更具体一些。正如我们在 4.3 节中所讨论的，对于不同类型的存储器，以不同大小的单元访问和检索存储器，范围从单个字到大块 cache 存储器再到大得多的磁盘存储器段。Denning 观察到局部性基于三个断言 [DENN72]：

1. 在任何时间间隔内，程序访问存储位置是随机的。也就是说，某些存储单元比其他单元更有可能被访问。

2. 作为时间的函数，引用给定存储单元的概率趋于缓慢变化。换句话说，整个存储空间中存储访问的概率分布往往随着时间的推移而缓慢变化。

3. 直接过去和直接将来的存储访问模式之间的相关性很高，并且随着时间间隔的增加而逐渐减弱。

显然，局部性原理是有意义的。考虑以下理由：

1. 除了分支和调用指令（它们只占所有程序指令的一小部分）以外，程序的执行是顺序的。因此，在大多数情况下，下一次要取的指令紧跟着上一次取得的指令。

2. 较长的无中断的子程序调用序列后跟着相应数量的返回序列的情况是很少的。程序通常限制在一个较窄的子程序调用深度的窗口内，因此，在短时间内，指令的访问趋向于局限在几个子程序中。

3. 所有迭代结构由相对较少的指令组成，它们重复运行多次。在迭代期间，计算限制于一小段程序中。

4. 在许多程序中，很多计算涉及数据结构的处理，例如数组或记录序列。许多情况下，对这些数据结构中连续访问的数据也是连续存放的。

20 世纪 70 年代初的众多研究证实了这些观察结果。[FEIT15] 提供了许多此类研究的总结。

文献中对两种形式的局部性进行了区分：

1. **时间局部性**：指程序在不久的将来访问最近访问的存储单位的倾向性。例如，当执行迭代循环时，处理器重复执行同一组指令。常量、临时变量和工作堆栈也是导致这一原因的构造。

2. **空间局部性**：指程序访问地址彼此接近的存储单元的倾向性。也就是说，如果在时间 t 访问存储器的 x 单元，则很可能在不久的将来访问 $x-k$ 到 $x+k$ 范围内的单元，以获得相对较小的 k 值。这反映了处理器顺序访问指令的倾向性，也反映了程序按顺序访问数据单元的倾向性，例如在处理数据表时。

一个粗略的类比可能有助于阐明这两个概念之间的区别（见图 4.1）。假设 Bob 在办公室工作，他花了很多时间处理文件夹中的文档。隔壁房间的文件柜里存放着数千个文件夹，为方便起见，Bob 的办公桌上有一个文件管理器，可以容纳几十个文件。当 Bob 正在处理某个文件并暂时完成时，他可能在不久的将来需要读写该文件中的某个文档，因此他将其保存在桌面管理器中。这是一个利用时间局部性的例子。Bob 还观察到，当他从文件柜中检索文件夹时，很可能在不久的将来他还需要访问附近的一些文件夹，因此他同时检索所需的文件夹以及两边的几个文件夹。这是一个利用空间局部性的例子。当然，Bob 的桌面文件管理器很快就会填满，所以当他从文件柜中取回文件夹时，他需要从办公桌上放回文件夹。Bob 需要一些替换文件夹的策略。如果他专注于时间局部性，Bob 可以选择一次只替换一个文件夹，理由是他可能在不久的将来需要办公桌上当前的任何文件夹。这样 Bob 就可以把桌子上放得最久或最近用得最少的文件夹换掉。如果 Bob 关注的是空间局部性，当他需要一个不在办公桌上的文件夹时，他可以返回并重新归档他办公桌上的所有文件夹，且检索一批连续的文件夹，其中包括他需要的文件夹加上附近的其他文件夹，这些文件夹足以填满他的桌面管理器。很可能这两种方法都不是最优的。在第一种情况下，他可能不得不频繁地跑到隔壁房间去拿一个他没有但离他有的文件夹很近的文件夹。在第二种情况下，他可能不得不频繁地跑到隔壁房间去取一个他最近才收好的文件夹。因此，如果批量退还和检索的数量相当于其桌面容量的 10% 或 20%，或许会更接近最优。

对于 cache 来说，通过将最近刚使用的指令和数据保存在 cache 中并利用 cache 层次结构来开拓时间局部性，而通过使用较大的 cache 块并将预取机制（预取期望用到的项）纳入 cache 控制逻辑来开拓空间局部性。近年来，出现了相当多的关于精炼这些技术以便更多地提高性能的研究，但基本策略还是一样的。

Bob桌子上的文件管理器

隔壁房间的文件柜

图 4.1　在访问速度较快的较小存储器和访问速度较慢的较大存储器之间移动文件夹

图 4.2 粗略地描述了表现出时间局部性的程序的行为。对于在时间 t 被访问的存储单元，该图显示了下一次访问相同存储单元的时间的概率分布。类似地，图 4.3 粗略地描述了表现空间局部性的程序的行为。对于空间局部性，概率分布曲线围绕最近存储器访问地址的位置对称。

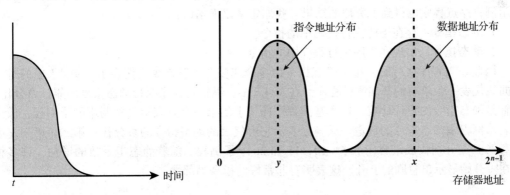

图 4.2　理想化的时间局部性行为：在
　　　　时间 t 访问存储单元的下一次
　　　　存储器访问时间的概率分布

图 4.3　理想化的空间局部性行为：下一次存储器访问
　　　　的概率分布（位置 x 为最新数据存储器访问；位
　　　　置 y 为最新指令提取）

对于指令和数据访问，许多程序都表现出时间和空间的局部性。已经发现，数据访问模式通常表现出比指令访问模式更大的变化 [AHO07]。图 4.3 显示了数据位置访问（读或写）和指令提取地址的分布之间的区别。通常，每个指令执行涉及从存储器获取指令，并且在执行期间，从存储器的一个或多个区域访问一个或多个数据操作数。因此，存在**数据空间局部性**和**指令空间局部性**的双重局部性。当然，时间局部性也表现出同样的双重行为：**数据时间局部性**和**指令时间局部性**。也就是说，当从存储单元取回指令时，很可能在不久的将来，将从同一存储单元取回额外的指令；当一个数据位置被访问时，很可能在不久的将来，将从该相同的存储单元取回额外的指令。

图 4.4[BAEN97] 给出了数据局部性的一个例子。这显示了对基于 Web 的文档访问模式的研究结果，在这种模式下，文档分布在多个服务器中。此时，访问单元是单个文档，并测量时间局部性。该访问方案利用浏览器上的文档缓存，该缓存可以临时保留少量文档，以方便重用。这项研究涵盖了 220 000 份文件，分布在 11 000 个服务器上。如图 4.4 所示，只有非常小的页面子集包含大量的访问，而大多数文档的访问频率相对较低。

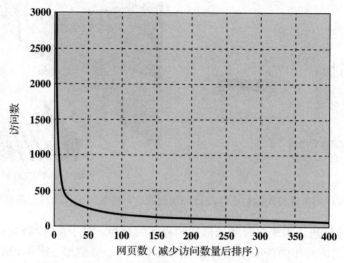

图 4.4　基于 Web 的文档访问应用的访问数据局部性

图 4.5 显示了一个基于在 SPEC CPU2006 基准程序套件中执行整数基准程序的指令局部性示例；浮点程序也得到了类似的结果。我们定义以下术语：

1. **静态指令**：存在于待执行代码中的指令。

2. **动态指令**：出现在程序执行跟踪中的指令。

因此，当程序执行时，每个静态指令由零个或多个动态指令实例表示。图 4.5 中的每一条曲线代表一个单独的基准测试程序。在图 4.5 中，纵轴是程序执行动态指令的累计百分比，横轴是静态指令的累计计数。每个基准程序曲线上的第一个点表示最常调用的子例程，横坐标表示例程中静态指令的数量，纵坐标表示它所代表的动态指令的百分比；第二、第三、第四和第五点分别代表最常用的 5、10、15 和 20 个子例程。随着静态指令数的增加，许多程序在一开始显示出急剧的上升，这表明有非常好的指令局部性。

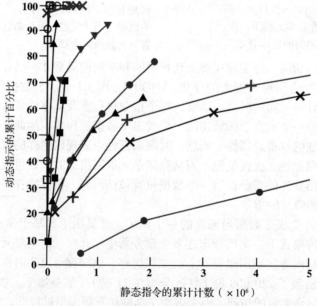

图 4.5　基于代码重用的 11 个基准程序指令局部性

4.2 存储系统的特性

如果按照关键特性对存储系统进行分类，那么计算机存储器的复杂问题就会变得更易于管理。表 4.1 列出了存储系统最重要的一些特性。

表 4.1 计算机存储系统的关键特性

存储位置	内部（如寄存器、主存、cache），外部（如光盘、磁盘、磁带）
存储容量	字数，字节数
传输单元	字，块
存取方法	顺序存取，直接存取，随机存取，关联存取
性能	存取时间，周期时间，传输率
物理类型	半导体，磁介质，光介质，磁 - 光介质
物理特性	易失性 / 非易失性，可擦除 / 不可擦除
组织	存储模块

存储位置是指存储器处于计算机的内部或外部。内部存储器通常指主存，但还有其他形式。处理器需要有自己的本地存储器，它们以寄存器的形式存在（如图 3.2 所示）。之后，我们就会明白处理器的控制器部分也需要有自己的内部存储器。我们将在后面分别讨论这两类存储器。cache 是内部存储器的另一种形式。外部存储器由外围存储设备（如磁盘、磁等）组成，处理器可以通过 I/O 控制器访问它们。

存储器的一个明显特性是**存储容量**（capacity）。对于内部存储器，存储容量通常用字节（1 字节 =8 位）或字来表示，普通的字长为 8 位、16 位或 32 位。外部存储器的存储容量通常也用字节来表示。

一个与之相关的概念是**传输单元**（unit of transfer）。对于内部存储器，传输单元等同于输入到存储器模块和从存储器模块输出的数据线数，它等于字长，但通常更大，如 64 位、128 位或 256 位。为了说明这一点，我们引入三个与内部存储器相关的概念。

- **字**：存储器组织的"自然"单元。字长通常与一个整数的数据位数和指令长度相等，但也有很多例外。例如，CRAY C90（一种较老的模型 CRAY 超级计算机）有 64 位的字长，但它用 46 位表示整数。而 Intel x86 体系结构有各种指令长度，用多个字节表示，但其机器的字长为 32 位。
- **可寻址单元**：在某些系统中，可寻址单元是字，但许多系统允许在字节级上寻址。在任何情况下，地址位长度 A 和可寻址的单元数 N 之间的关系为：$2^A = N$。
- **传输单元**：对于主存储器，这是指每次读出或写入存储器的位数。传输单元不必等于一个字或一个可寻址单元。对于外部存储器，数据经常以比一个字大得多的单元来传输，这就是所谓的块。

不同种类的存储器之间的另一个区别是数据单元的**存取方法**（method of accessing）不同，存取方法包括如下四类：

- **顺序存取**：存储器被组织成许多称为记录的数据单元，它们以特定的线性序列方式存取。存储的地址信息用于分隔记录和帮助索引。采用共享读 – 写机制，经过一个个中间记录，从当前的存储位置移动到所要求的位置，因此，存取不同记录的时间相差很大。第 7 章中讨论的磁带机采用的是顺序存取方式。
- **直接存取**：同顺序存取一样，直接存取也采用了共享读 – 写结构。但是，单个块或记录有基于物理存储位置的唯一地址。通过采用直接存取到达所需的块处，然后在块中顺序搜索、计数或等待，最终到达所要求的位置。同样，存取不同记录的时间相差很大。第 7 章中讨论的磁盘机系统采用的是直接存取方式。

- **随机存取**：存储器中每一个可寻址的存储位置有唯一的物理编排的寻址机制。存取给定存储位置的时间是固定的，不依赖于前面存取的序列。因此，任何存储位置都可以随机选取、直接寻址和存取。主存和某些 cache 系统采用随机存取方式。

- **关联存取**：这是一个随机存取类的存储器，它允许对一个字中的某些指定位进行检查比较，看是否与特定的样式相匹配，而且能同时在所有字中进行。因此，字是通过它的内容而不是它的地址进行检索的。与普通的随机存取的存取器相同，每个存储位置有自己的寻址机制，并且检索时间是固定的，不依赖于存储位置或前面的存取方式。cache 可以采用关联存取。

从用户的观点来看，存储器两种最重要的特性是容量和**性能**（performance），通常需要考虑 3 种性能参数：

- **存取时间（延迟）**：对于随机存取存储器，这是执行一次读或写操作的时间，即从地址传送给存储器的时刻到数据已经被存储或使用为止所花的时间。而对于非随机存取存储器，存取时间是把读 – 写结构定位到所需要的存储位置所花费的时间。

- **存储周期时间**：这个概念主要用于随机存取存储器，它是存取时间加上下一次存取开始之前所需要的附加时间。这里附加时间用于瞬变的信号消失或数据破坏性读取后的再生。需要注意，存储周期时间与系统总线有关，而不是与处理器相关。

- **传输率**：这是数据传入存储单元或从存储单元传出的速率。对于随机存取存储器，它等于 "1/ 周期时间"。而对于非随机存取存储器，有下列关系：

$$T_n = T_A + \frac{n}{R} \tag{4.1}$$

式中　T_n——读或写 n 位的平均时间（s）；

　　　T_A——平均存取时间（s）；

　　　n——位数（bit）；

　　　R——传输率（bit/s）[⊖]。

存储器有许多种物理**类型**，目前最常用的有半导体存储器、用于磁盘和磁带的磁表面存储器以及光学和磁 – 光存储器。

数据存储的几个**物理特性**很重要。在易失性存储器中，当电源开关断开时，信息自动衰减或丢失。而在非易失性存储器中，信息一旦记录，就会保留到下一次有意改变它时为止，不需要电源来维持信息。磁表面存储器是非易失性的。半导体存储器可以是易失性的，也可以是非易失性的。不可擦除存储器不能修改，除非破坏存储单元，这种类型的半导体存储器被称为只读存储器（ROM）。当然，不可擦除存储器也必定是非易失性的。

对于随机存取存储器，存储单元的**组织**是一个关键的设计问题。组织的意思指通过物理排列位来形成字。如第 6 章将介绍的那样，并不总是使用简单的排列。

4.3　存储器层次结构

计算机中存储器的设计限制可以归纳为 3 个问题：容量有多大？速度有多快？价格有多贵？

⊖ bit/s，也写为 bps。——编辑注

容量大小似乎并没有限制，不管容量多大，总要开发应用程序去使用它。速度多快的问题从某种意义上来说更容易回答。为了获得最佳性能，存储器的速度必须能够跟上处理器的速度。也就是说，当处理器在执行指令时，我们并不期望它因为等待指令或操作数而暂停执行。最后一个问题也必须考虑。对于实用系统，存储器的价格相对于其他组件来说必须是合理的。

正如我们所预料的，在存储器的 3 个关键特性即容量、存取时间和价格之间需要进行权衡。用来实现存储系统的技术有多种，在这一系列的技术中都存在如下关系：

- 存取时间越短，平均每位的花费就越大。
- 存储容量越大，平均每位的花费就越小。
- 存储容量越大，存取时间就越长。

设计者面临进退两难的局面是明显的。设计者想要使用存储器技术提供大容量的存储器，因为这既满足容量的要求，也使每位的价格较低。然而，为了满足性能的要求，设计者又不得不使用昂贵的、相对来说容量较小而存取速度较快的存储器。

4.3.1　成本与性能特点

解决这个难题的办法不是只依赖单一的存储部件或技术，而是采用存储器层次结构（memory hierarchy）。图 4.6 给出了一种典型的层次结构，随着层次的下降，我们会发现：

a. 每位的价格下降；

b. 容量增大；

c. 存取时间变长；

d. 处理器访问存储器的频率降低。

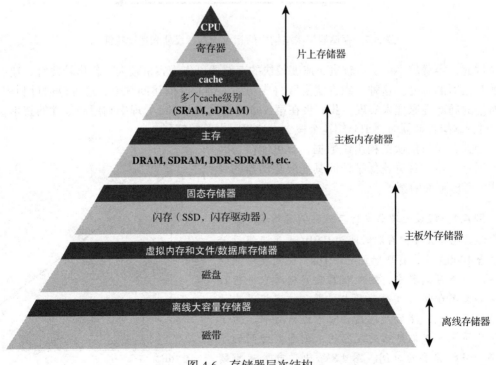

图 4.6　存储器层次结构

让我们将存储器层次结构 M_i 的第 i 级存储器标记为 i，使得 M_i 比 M_{i+1} 更接近处理器。如

果 C_i、T_i、R_i 和 S_i 分别是第 i 级的每字节成本、平均存取时间、平均数据传输率和总存储器大小，则在第 i 级和第 $i+1$ 级之间通常存在以下关系：

$$C_i > C_{i+1}$$
$$T_i < T_{i+1}$$
$$R_i > R_{i+1}$$
$$S_i < S_{i+1}$$

图 4.7 以一般方式且不按比例扩展地说明了跨存储器层次结构的这些关系。

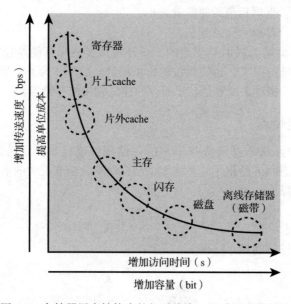

图 4.7 存储器层次结构中的相对成本、尺寸和速度特性

因此，容量较小、价格较贵、速度较快的存储器可作为容量较大、价格较便宜、速度较慢的存储器的补充。这种组织方法要取得成功的关键是降低访问频率，这可以通过利用 4.1 节所述的局部性原理来实现。我们将在第 5 章中讨论在 cache 处理中利用局部性的技术，第 9 章讨论虚拟存储器时详细介绍这个概念，这里只做简单解释。

因此，通过层次结构组织数据，有可能使访问较低层存储器的百分比低于访问其上层存储器的百分比。考虑下面的例子：

例 4.1 假设处理器支持二级存储器结构。第一级存储器包含 X 字，存取时间为 0.01μs；第二级存储器包含 $1000X$ 字，存取时间为 0.1μs。假定要访问的字在第一级存储器中，则处理器能直接对它进行存取。如果字在第二级存储器中，那么该字将首先被传送到第一级，然后处理器再对它进行存取。为了使问题简化，我们忽略处理器用来判断要访问的字在哪一级所需要的时间。图 4.8 给出了包含此问题的曲线的基本形状，该图显示了二级存储器结构下平均存取时间和命中率 H 之间的函数关系，其中 H

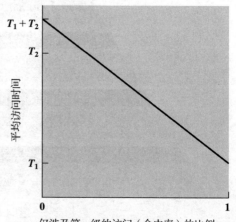

图 4.8 仅涉及第一级的访问性能（命中率）

被定义为在较快存储器（如 cache）中完成的存取占所有存储器存取的百分比，T_1 是访问第一级存储器所需要的时间，而 T_2 为访问第二级存储器所需要的时间⊖。可以看出，在第一级存储器中的访问百分比越高，总的平均访问时间就越接近访问第一级存储器所需要的时间，而不是第二级的时间。

在此例中，假设 95% 的存储器访问都可以在 cache 中找到，那么平均访问一个字的时间可以表示为：

$$(0.95)(0.01\mu s) + (0.05)(0.01\mu s + 0.1\mu s) = 0.009\,5\mu s + 0.005\,5\mu s = 0.015\mu s$$

正如我们所期望的，平均访问时间更接近于 0.01μs，而不是 0.1μs。

让二级存储器包含所有程序指令和数据。当前使用的簇可以临时放置在第一级存储器中。有时，第一级存储器中的一个簇必须切换回第二级存储器，以便为进入第一级存储器的新簇腾出空间。但是，平均而言，大多数访问将是对第一级存储器中包含的指令和数据的访问。

从原理上讲，使用二级存储器可以减少平均存取时间，但此时要求条件 a 到条件 d 都满足。通过采用各种技术，出现了一系列满足条件 a 到条件 c 的存储系统，幸运的是，由于局部性原理，条件 d 通常也能满足。

这一原理可以应用于多级存储系统，如图 4.6 的层次结构所示。实际上，在程序执行期间，数据块在层之间的动态移动涉及存储在磁盘上的寄存器、一级或多级高速缓存、主存和虚拟存储器，如图 4.9 所示，图中还指示了层次之间交换的数据块的大小。

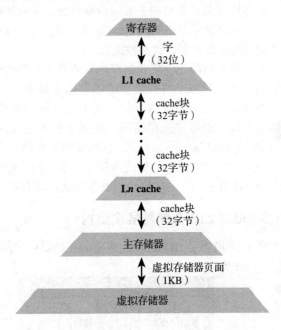

图 4.9　利用存储器层次结构中的局部性（典型传输大小）

4.3.2　存储器层次结构的典型构件

表 4.2 列出了存储器层次结构的关键元素的一些特征。最快、最小和最昂贵的存储器由处理器内部的寄存器组成。通常，一个处理器包含几十个这样的寄存器，尽管有些机器包含数百个寄存器。下一步通常是多层高速缓存。最接近处理器寄存器的一级高速缓存（L1 高速缓存）几乎总是分为指令高速缓存和数据高速缓存。这种拆分对于二级缓存也很常见。大多数现代机器也有一个 L3 高速缓存，有些还有一个 L4 高速缓存；L3 和 L4 高速缓存通常不会区分指令和数据，可以由多个处理器共享。传统上，高速缓存是使用一种称为静态随机存取存储器（SRAM）的技术来构建的。最近，许多系统上的更高级别的高速缓存是使用嵌入式动态 RAM（eDRAM）实现的，它比 SRAM 慢，但比用来实现计算机主存储器的 DRAM 快。

⊖　如果被访问的字在较快速的存储器中找到，则被定义为**命中**（hit）。如果被访问的字在较快速的存储器中找不到，则发生**缺失**（miss，也称未命中）。

表 4.2　存储器体系结构中存储器设备的特性

存储器级别	典型技术	下一个更大级别的传输单位（典型大小）	管理者
寄存器	CMOS	字（32 位）	编译器
cache	静态 RAM（SRAM）；嵌入式动态 RAM（eDRAM）	cache 块（32 字节）	处理器硬件
主存储器	DRAM	虚拟存储页（1 KB）	操作系统（OS）
辅助存储器	磁盘	磁盘扇区（512 字节）	OS/ 用户
脱机大容量存储器	磁带		OS/ 用户

　　主存储器是计算机中主要的内存系统，主存中的每个存储位置都有唯一的地址。对程序员来说，主存通常是透明的，cache 则不是。cache 的多个层级由硬件控制，它在主存和寄存器之间分段传送数据以提高性能。

　　上面所介绍的三种形式的存储器通常都是易失性存储器，普遍采用半导体技术。这 3 层存储器的使用导致了各种类型的半导体存储器的开发，它们的速度和价格各不相同。数据在各种外部的、大容量的存储设备上能存储得更持久，最常用的是硬盘和可移动媒体，如可移动磁盘、磁带和光存储器。外部非易失性存储器也称为**辅助存储器**或**辅存**（secondary memory 或 auxiliary memory），它们常用于存储程序和数据文件，以文件或记录的形式而不是以一个一个字节或字的形式为程序员所使用。磁盘也可以用于主存储器的扩展，称为虚拟存储器，这将在第 9 章中讨论。其他形式的辅助存储器包括光盘和闪存。

4.3.3　IBM z13 存储器层次结构

　　图 4.10 说明了 IBM z13 大型机的存储器层次结构 [LASC16]。它由以下几个级别组成：

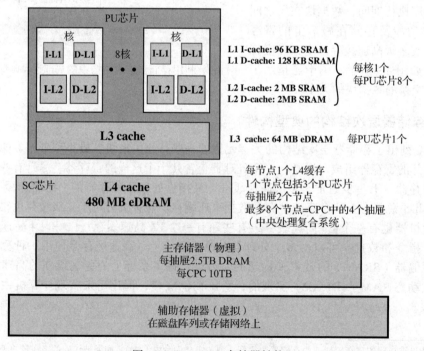

图 4.10　IBM z13 存储器结构

- L1 和 L2 缓存使用 SRAM，每个核都是专用的（见图 1.5）。
- L3 缓存使用 eDRAM，并由 PU 芯片内的所有 8 个核共享（图 1.4）。每个 CPC 抽屉有 6 个 L3 缓存。因此，一个四 CPC 抽屉系统有 24 个这样的抽屉，从而产生 1536 MB（24×64 MB）的共享 PU 芯片级缓存。
- L4 缓存也使用 eDRAM，并由 CPC 抽屉节点上的所有 PU 芯片共享。每个 L4 高速缓存具有 480 MB 用于先前拥有的和一些最近最少使用（LRU）的 L3 拥有的行，以及 224 MB 用于指向未包括在 L4 高速缓存中的 L3 拥有的行的非数据包含式一致（NIC）目录。四 CPC 抽屉系统具有 3840 MB（4×2×480 MB）共享 L4 缓存和 1792 MB（4×2×224 MB）NIC 目录。
- 主存储器使用 DRAM，每个 CPC 抽屉拥有高达 2.5 TB 的可寻址存储器。一个四 CPC 抽屉系统最多可以有 10 TB 的主存储。
- 辅助存储器保存虚拟存储器，并存储在通过各种 I/O 技术访问的磁盘中。

4.3.4　存储器层次结构的设计原则

三个原则指导着存储器层次结构的设计并支持存储器管理硬件和软件：

1. **局部性**：局部性使有效利用存储器层次结构成为可能的原则。

2. **包含**：这一原则规定所有信息项最初存储在级别 M_n 中，其中 n 是距离处理器最远的级别。在处理期间，M_n 的子集被复制到 M_{n-1} 中。同理，将 M_{n-1} 的子集复制到 M_{n-2} 中，以此类推。这被简明地表示为 $M_i \subseteq M_{i+1}$。因此，这与图 4.1 中的简单示例形成了对比，在图 4.1 中，Bob 将一个文件夹从文件柜移到了他的办公桌上。利用存储器层次结构，数据单元被复制而不是移动，因此移动到 M_i 的数据单元保留在 M_{i+1} 中。因此，如果在 M_i 中找到字，则相同字的副本也存在于所有后续层 $M_{i+1}, M_{i+2}, \cdots, M_n$ 中。

3. **一致性**：同一数据单元在相邻存储器级别的副本必须一致。如果在缓存中修改了某个字，则必须立即或最终在所有更高级别更新该字的副本。

一致性既有垂直的含义，也有水平的含义，这是必需的，因为一个级别的多个存储器可能在下一个更高的级别（i 值更大）共享相同的存储器。例如，对于 IBM z13，八个 L2 cache 共享同一个 L3 cache，三个 L3 cache 共享同一个 L4 cache。这导致了两个要求：

- **垂直一致性**：如果一个处理器对 L2 上的数据 cache 块进行了更改，则在另一个 L2 检索该块之前，该更新必须返回到 L3。
- **水平一致性**：如果共享同一个 L3 cache 的两个 L2 cache 具有相同数据块的副本，则当一个 L2 cache 中的块被更新时，必须提醒另一个 L2 cache 的副本已过时。一致性将在以后的章节中讨论。

4.4　多级存储器层次结构的性能建模

本节概述了多级存储器层次结构中存储器访问的性能特征。为了帮助理解，我们从两个级别中最简单的情况开始，然后开发多个级别的模型。

4.4.1　两级存储器存取

本章介绍了作为处理器与主存之间缓冲器的高速缓存，创建了两级内部存储器。这种两级存储结构探讨了被称为局部性的特性，与单级存储器相比，它提高了性能。

主存储器高速缓存机制是计算机体系结构的一部分，它由硬件实现，而且通常对操作系统是透明的。还有另外两种二级存储器的方法也利用了局部性特征，并且它们是（至少是部分）由某些操作系统实现的：虚拟存储器和磁盘高速缓存。虚拟存储器将在第9章中讨论，磁盘高速缓存则超出了本书的讨论范围，但参考文献 [STAL18] 对它进行了考察。在这一小节中，我们来看看这三种方法所共有的两级存储器的一些性能特征。

两级存储器的操作   可以按两级存储器的形式来利用局部性特征。与低一级存储器（M2）相比，高一级存储器（M1）更小、更快、更贵（每一位）。M1 用作临时存储器，用来存放 M2 的部分内容。当访问存储器时，先试图访问 M1 中相应的项，如果成功，则实现了一次快速访问；否则，块得从 M2 复制到 M1，然后再通过 MI 访问。根据局部性原理，一旦某个块放入 M1，将会对这个块的单元访问多次，这将使总体服务速度变快。

为了表示访问一个项的平均时间，不但必须考虑两级存储器的速度，而且要考虑某次访问能在 M1 中找到的概率。我们有：

$$T_s = H \times T_1 + (1-H) \times (T_1 + T_2) = T_1 + (1-H) \times T_2 \tag{4.2}$$

式中 T_s——（系统）平均存取时间；

T_1——M1（如高速缓存）的存取时间；

T_2——M2（如主存储器）的存储时间；

H——命中率（在 M1 中找到所需信息的概率）。

图 4.8 显示了平均存取时间随命中率的变化函数。可见，对于较高的命中率，平均存取时间更接近于 M1，而不是 M2。

性能   下面考虑与两级存储器机制相关的一些参数。首先考虑价格，有如下计算公式：

$$C_s = \frac{C_1 S_1 + C_2 S_2}{S_1 + S_2} \tag{4.3}$$

式中 C_s——两级存储器每位的平均价格；

C_1——高一级存储器 M1 每位的平均价格；

C_2——低一级存储器 M2 每位的平均价格；

S_1——M1 的容量；

S_2——M2 的容量。

我们希望 $C_s \approx C_2$，由于 $C_1 \gg C_2$，这要求 $S_1 < S_2$。图 4.11 显示了这种关系。

下面考虑访问时间。由于两级存储器显著地改进了性能，我们需要让 T_s 约等于 T_1（$T_s \approx T_1$）。因为 T_1 远小于 T_2（$T_1 \ll T_2$），所以需要命中率接近于 1。

因此，我们希望 M1 小，以降低价格；又希望它大，因为这样才能提高命中率，从而改进性能。是否存在一个在合理的范围内满足这两种要求的容量呢？回答这个问题需解决以下几个子问题。

- 为使 $T_s \approx T_1$ 需要什么样的命中率？
- M1 的容量为多少才能确保需要的命中率？
- 这一容量是否满足了价格要求？

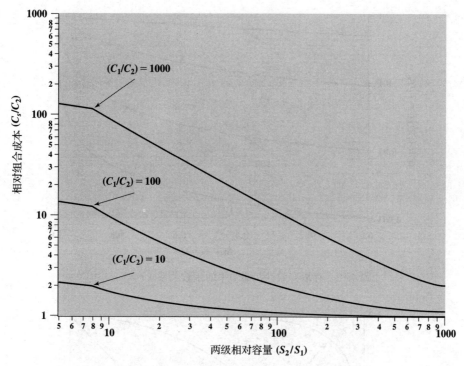

图 4.11　两级存储器中存储器平均成本和相对存储容量之间的关系

为达到这个目的，考虑数量 T_1/T_s，称为存取有效性。它表示平均访问时间（T_s）与 M1 访问时间（T_1）的近似程度。从式（4.2）可得：

$$\frac{T_1}{T_s} = \frac{1}{1+(1-H)\dfrac{T_2}{T_1}} \tag{4.4}$$

图 4.12 给出了 T_1/T_s 与命中率 H 的关系函数，数量 T_2/T_1 作为参数。通常，片上 cache 的存取时间比主存的存取时间快 25～50 倍（即 T_2/T_1 为 25～50），片外 cache 的存取时间比主存的存取时间快 5～15 倍（即 T_2/T_1 为 5～15），而主存储器的存取时间比磁盘快大约 1000 倍（T_2/T_1= 1000）。因此，命中率在 0.9 左右的范围即能满足性能要求。

现在我们能够更确切地表述相对存储器容量的问题。命中率为 0.8 以上是否就可以使 $S_1 \ll S_2$？这依赖于许多因素，它们包括所执行软件的特性和两级存储器的设计细节。具有决定性的因素是局部性的程度。图 4.13 为局部性与命中率的关系。显然，如果 M1 与 M2 的容量相同，那么命中率为 1.0。因为所有 M2 的内容都存储在 M1 中。现在假设没有局部性，也就是说，访问完全是随机的。在这种情况下，命中率是相对存储器容量的严格线性函数。例如，如果 M1 容量是 M2 容量的一半，那么任何时刻 M2 的一半内容在 M1 中，命中率为 0.5。实际上，访问总是存在一定程度的局部性。中等局部性和强局部性的影响都描述在图中。注意，图 4.13 不是从任何特殊的数据或模型中推导得出的，该图揭示了随局部性程度的不同性能也会不同。

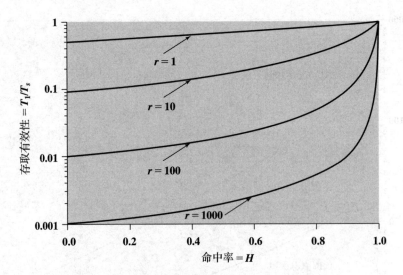

图 4.12　存取有效性与命中率的函数关系（$r = T_2 / T_1$）

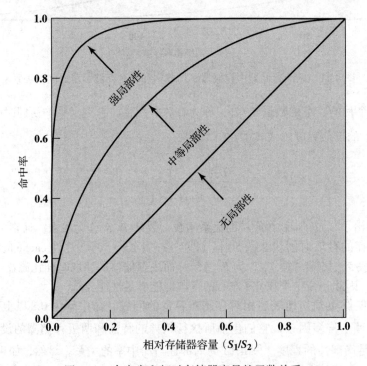

图 4.13　命中率和相对存储器容量的函数关系

因此，如果存在较强的局部性，即使上层存储器的容量较小，也能达到高的命中率。例如，很多研究表明，即使很小的高速缓存也能产生高于 0.75 的命中率，不管主存的容量是多少（参见 [AGAR89][PRZY88][STRE78] 和 [SMIT82]）。通常高速缓存的容量在 1KB 到 128KB 的范围内就足够了，而现在的主存容量通常是以吉字节（GB）衡量的。在考虑虚拟存储器和磁盘高速缓存时，我们引用的其他研究结果证实了同一现象，即由于局部性，相对小的 M1 产生了高的命中率。

现在来回答前面所列的最后一个问题：这两种存储器的相对容量是否满足价格要求？答

案是肯定的。如果为了达到高性能只需要一个相对较小的高一级存储器，那么该两级存储器每位的平均价格将接近于较便宜的低一级存储器。

4.4.2　多级存储器存取[⊖]

本小节为具有两个以上级别的存储器分层结构中的存储器访问性能开发了一个模型。使用以下术语：

- M_i 为存储器级别 (i)，其中 $1 \leqslant i \leqslant n$，具有 n 级存储器。
- S_i 为 M_i 级的大小或容量（字节）。
- t_i 为访问 M_i 级中的数据所需的总时间：

    ——是路径中到 M_i 级中的命中的所有时间的总和；

    ——如果路径 i 中的任何时间可能变化，则可以是平均值 (t_i)。
- h_i 为 M_i 级的命中率。假设用于存储器访问的数据没有驻留在 M_{i-1} 中，则 h_i 为该数据驻留在级别 M_i 中的条件概率。
- T_s 为访问数据所需的平均时间。

T_s 是最受关注的性能指标。它测量访问数据的平均时间，而不管在存取请求时需要访问层次结构的哪个级别。每个级别的命中率越高，T_s 的值就越低。理想情况下，我们希望 h_1 非常接近 1.0，在这种情况下，T_s 将非常接近 t_1。

图 4.14 是为存储器层次结构提供简化的存储器访问模型的流程图，我们可以使用该模型来开发平均访问时间的公式。可以这样描述：

1. 处理器产生存储器地址请求。第一步是确定包含该地址的高速缓存块是否驻留在 L1 高速缓存（存储器 M_1 级）中。出现这种情况的概率是 h_1。如果高速缓存中存在所需的字，则将该字传送到处理器。此操作所需的平均时间为 t_1。

2. 对于后续级别 i，$2 \leqslant i \leqslant n$，如果在 M_{i-1} 中没有找到被寻址的字，则存储器管理硬件检查以确定它是否在 M_i 中，存在的概率是 h_i。如果在 M_i 中存在所需的字，则将该字从 M_i 传送到处理器，并将包含该字的适当大小的块复制到 M_{i-1}。此操作的平均时间为 t_{i-1}。

3. 在典型的存储器分层结构中，一般使用 M_n 作为虚拟内存。在这种情况下，如果在前面的任何级别中都没有找到该字，而在 M_n 中找到了该字，则必须首先将该字作为页的一部分移动到主存储器 (M_{n-1}) 中，在那里可以将其传送到处理器。我们将此操作的总时间指定为 t_n。

每个 t_i 由多个组件组成，包括检查第 i 级中所需字的存在，如果数据在第 i 级中则访问数据，以及将数据传输到处理器。t_i 的总值还必须包括检查所有先前级别的命中和未命中的时间量。如果我们将在级别 i 确定未命中所花费的时间指定为 $t_{\text{mis}i}$，则 t_i 必须包括 $t_{\text{mis}1} + t_{\text{mis}2} + \cdots + t_{\text{mis}i-1}$。此外，图 4.14 表明，访问存储器并将字传送到处理器的过程与将适当的数据块复制到层次结构中的前一级的过程是并行执行的。如果这两个操作是顺序执行的，则涉及的额外时间会加到 t_i 上。

请看图 4.14，从开始到结束有许多不同的路径。平均时间 T_s 可以表示为每条路径的时间的加权平均值：

⊖　感谢密歇根科技大学的 Roger Kieckhafer 教授允许作者使用他的讲稿来介绍这一部分。

$$T_s = \sum_{\text{所有路径}} [\text{走某条路径的可能性} \times \text{该路径的持续时间}]$$

$$= \sum_{\text{所有路径}} \left[\prod (\text{路径中的总概率}) \times \sum (\text{该路径上的总时间}) \right] \qquad (4.5)$$

$$= \sum_{i=1}^{n} \left[\prod_{j=0}^{i-1} (1-h_j) h_i \times t_i \right]$$

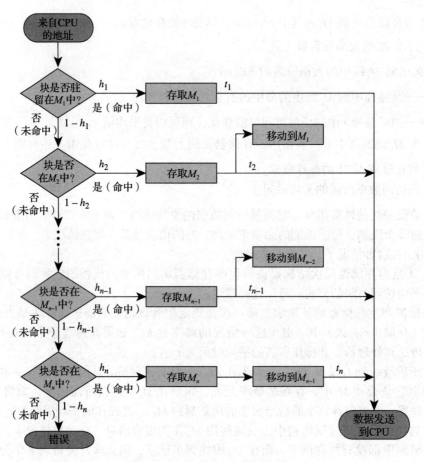

图 4.14   多级存储器访问性能模型

其中 h_0 指定为 0。

例如，考虑一个由一级高速缓存（M_1）、主内存（M_2）和辅助存储器（M_3）组成的简单系统。然后，

$$T_s = h_1 \times t_1 + (1-h_1) h_2 \times t_2 + (1-h_1)(1-h_2) h_3 \times t_3$$

注意，无论给定路径的时间延迟是常数还是变量，式（4.5）都适用。如果时间延迟是恒定的，则 t_i 是等于所有时间延迟（例如，检查是否存在数据访问和传送到 CPU）总和的常数。如果总时延中的一个或多个元素是可变的，则 t_i 是作为分量延迟的平均时延之和计算的平均时延。

为了在设计存储器层次结构时使用该模型，需要对 h_i 和 t_i 进行估计。这些可以通过模拟或通过设置实际系统并改变各种 M_i 的大小来开发。

4.5 关键词、思考题和习题

关键词

access time：存取时间、访问时间

addressable unit：可寻址单元

associative memory：关联存储器

auxiliary memory：辅助存储器

cache memory：cache 存储器

coherence：一致性

data spatial locality：数据空间局部性

data temporal locality：数据时间局部性

direct access：直接存取

dynamic instruction：动态存取

hit ratio：命中率

instruction cache：指令 cache

instruction spatial locality：指令空间局部性

instruction temporal locality：指令时间局部性

L1 cache：一级 cache

L2 cache：二级 cache

L3 cache：三级 cache

L4 cache：四级 cache

locality：局部性

locality of reference：访问局部性

memory hierarchy：存储器层次结构

memory cycle time：存储器周期时间

multilevel cache：多级 cache

multilevel memory：多级存储器

random access：随机存取

secondary memory：辅助存储器

sequential access：顺序存取

spatial locality：空间局部性

static instruction：静态指令

temporal locality：时间局部性

transfer rate：传输速率

unit of transfer：传输单位

vertical coherence：垂直一致性

word：字

思考题

4.1 顺序存取、直接存取和随机存取三者有何不同？

4.2 存取时间、存储器成本和容量之间的一般关系是什么？

4.3 局部性原理如何与多级存储器的使用相联系？

4.4 空间局部性和时间局部性的区别是什么？

4.5 一般说来，利用空间局部性和时间局部性的策略是什么？

4.6 数据局部性和指令局部性与空间局部性和时间局部性有什么关系？

习题

4.1 考虑这些术语：指令空间局部性、指令时间局部性、数据空间局部性、数据时间局部性。将这些术语中的每一个与以下定义之一配对：

    a. 对于程序中的每个唯一地址，通过计算对同一地址的两次连续访问之间的平均距离（根据操作数存储器访问次数）来量化局部性。评估以四个不同的窗口大小来完成，类似于高速缓存块大小。

    b. 对于程序中至少执行两次的每个唯一静态指令，通过计算对同一静态指令的两次连续访问之间的平均距离（根据指令数量）来量化局部性度量。

    c. 操作数存储器访问的局部性由 (a) 中提到的窗口大小的局部性度量的比率来表征。

    d. 局部性由 b 中提到的窗口大小的局部性度量的比率来表征。

4.2 请考虑以下两个程序：

| ```
for ( i = 1; i < n; i++) {
    Z[i] = X[i] - Y[i]
    Z[i] = Z[i] * Z[i]
}
``` | ```
for ( i = 1; i < n; i++) {
    Z[i] = X[i] - Y[i]
}
for ( i = 1; i < n; i++) {
    Z[i] = Z[i] * Z[i]
}
``` |
| 程序A | 程序B |

a. 这两个程序执行相同的功能。描述一下。

b. 哪个版本的性能更好? 为什么?

4.3　请考虑以下代码:

```
for (i = 0; i < 20; i++)
    for (j = 0; j < 10; j++)
        a[i] = a[i] * j
```

a. 举例说明代码中的空间局部性。

b. 举例说明代码中的时间局部性。

4.4　考虑具有以下参数的存储系统:

$$T_c = 100\text{ns} \quad C_c = 10^{-4}\text{美元}/\text{位}$$

$$T_m = 1200\text{ns} \quad C_m = 10^{-5}\text{美元}/\text{位}$$

a. 1MB 主存的价格是多少?

b. 使用 cache 技术的 1MB 主存的价格是多少?

c. 如果该存储系统的有效存取时间比 cache 存取时间大 10%,则其命中率是多少?

4.5　a. 考虑一个存取时间为 1ns、命中率为 $H=0.95$ 的 L1 cache。假设我们能修改此 cache 的设计 (cache 容量、cache 组织),从而使命中率 H 提升到 0.97,但也使存取时间增大到 1.5ns。若要改善此设计性能,则这个改变必须满足什么条件?

b. 解释这个结果为什么有直观意义。

4.6　考虑一个单级 cache,其存取时间是 2.5ns,块大小是 64 字节,命中率 $H=0.95$。主存使用块传送,第一个字 (4 字节) 的存取时间是 50ns,其后的每个字的存取时间是 5ns。

a. 出现一次 cache 缺失的存取时间是多少? 假设此时 cache 等待,直到此行从主存取来,然后才作为命中而重复执行。

b. 假定块大小增大到 128 字节,命中率 H 提升到 0.97,这是否降低了平均存储器的存取时间?

4.7　计算机有 cache、主存和用于虚拟存储器的磁盘。若所访问的字在 cache 中,则存取它只需要 20ns。若该字在主存而不在 cache 中,则需要 60ns 将它装入 cache,然后再从 cache 中存取。若该字不在主存中,则需要 12ns 将它由磁盘取来装入主存,再用 60ns 将它复制到 cache,最后从 cache 存取。cache 命中率是 0.9,主存命中率是 0.6,那么此系统访问一个字的平均存取时间是多少 (以 ns 为单位)?

4.8　在 Motorola 68020 微处理器上,一次 cache 存取占用两个时钟周期。而在无等待状态插入的情况下,由主存经总线到处理器的数据存取占用 3 个时钟周期,且数据并行地交给处理器和 cache。

a. 给定命中率为 0.9 和时钟速率为 16.67MHz,请计算存储器周期的实际长度。

b. 假定每个存储器周期插入两个等待状态 (1 个等待状态为 1 个时钟周期),重复上问的计算。由这些结果你能得出什么结论?

4.9　假定一个处理器具有 300ns 的存储周期时间和 1MIPS 的指令处理速率。平均而言,每条指令要求一个总线存储器周期用于取指令,另要求一个周期用于指令所涉及的操作数。

    a. 试计算处理器的总线利用率。

    b. 假设此处理器配备了一个指令 cache，其相应的命中率为 0.5。试确定这对总线利用率的影响。

4.10   一个单级 cache 系统的读操作性能可用下式来表征：

$$T_a = T_c + (1-H)T_m$$

    其中，T_a 是平均存取时间，T_c 是 cache 存取时间，T_m 是存储器存取时间（主存到处理器寄存器），H 是命中率。为简单起见，假定字是并行装入到 cache 和处理器寄存器的。上式具有与式（4.2）相同的格式。

    a. 定义：T_b 为在 cache 和主存之间传送一块的时间，W 为在所有访问中，写访问占的比率。试使用写直达策略，改写上式使之既考虑到读也考虑到写。

    b. 定义 W_b 为 cache 中的一块已被修改的概率，试为写回策略提供一个 T_a 等式。

4.11   对一个有两级 cache 的系统，定义：T_{c1} 为第一级 cache 存取时间；T_{c2} 为第二级 cache 存取时间；T_m 为存储器存取时间；H_1 为第一级 cache 命中率；H_2 为组合的第一 / 二级 cache 命中率。请给出读操作的 T_a 等式。

4.12   假定 cache 读缺失有如下性能特征：用 1 个时钟周期发送地址到主存和用 4 个时钟周期由主存读取一个 32 位字传送给处理器和 cache。

    a. 若 cache 块大小是 1 个字，缺失开销（即为读所要求的附加时间）是多少？

    b. 若 cache 块大小是 4 个字，并执行多字的非突发式块传送，cache 的缺失开销是多少？

    c. 若 cache 块大小是 4 个字，并执行传送，传送每个字用 1 个时钟周期，缺失开销是多少？

4.13   上题的 cache 设计中，若行大小由 1 个字增加到 4 个字，则导致读缺失率由 3.2% 下降到 1.1%。对于这两种行大小，计算突发式和非突发式两种传送的平均读缺失代价。

4.14   考虑具有 L1 指令和数据高速缓存的两级系统。对于给定的应用程序，假设如下：指令高速缓存未命中率为 0.02，数据高速缓存未命中率为 0.04，加载 / 存储指令的比例为 0.36。没有高速缓存未命中的 CPI（每指令周期数）的理想值是 2.0。缓存未命中的惩罚是 40 个周期。计算 CPI，考虑未命中情况。

4.15   定义 H_i 为用于存储器访问的数据驻留在级别 M_i 中的概率。

    a. 式（4.5）使用条件概率 h_i。解释为什么在这种形式下，方程使用条件概率而不是无条件概率 H_i 是正确的。也就是说，表明下面的表达式不等于 T_s。

$$\sum_{i=1}^{n}\left[\prod_{j=1}^{i-1}\left(1-h_j\right)h_i \times t_i\right]$$

    b. 使用 H_i 而不是 h_i 重写式（4.5）。

4.16   将访问频率 f_i 定义为当在前 $i-1$ 级存在未命中时成功访问（命中）M_i 的概率。

    a. 推导出 f_i 的表达式。

    b. 使用 f_i 而不是 h_i 重写式（4.5）。

Computer Organization and Architecture: Designing for Performance, Eleventh Edition

cache 存储器

学习目标

学习完本章后，你应该能够：

- 讨论 cache 设计的关键要素。
- 区分直接映射、全相联映射和组相联映射。
- 了解内容可寻址存储器的原理。
- 解释使用多级 cache 的原因。
- 了解 cache 设计决策的性能影响。

除了较小的嵌入式系统之外，所有现代计算机系统都采用一层或多层 cache 存储器。cache 对于实现高性能至关重要。本章首先概述 cache 的基本原理，然后详细介绍 cache 设计的关键要素。接着讨论 Intel x86 系列和 IBM z13 大型机系统中使用的 cache 结构。最后，介绍一些直观的性能模型，这些模型有助于深入了解 cache 设计。

5.1 cache 存储器的原理

cache 存储器的目的是使存储器的速度逼近可用的最快存储器的速度，同时以较便宜的半导体存储器的价格提供一个大的存储器容量。图 5.1a 说明了这一概念，图中的主存相对较大且速度较慢，而 cache 存储器较小且速度较快。cache 中存放了主存储器的部分副本。当处理器试图访问主存中的一个字时，首先检查该字是否在 cache 中，如果是，则将该字传递给处理器；如果不是，则将主存中包含这个字固定大小的块读入 cache 中，然后再传送该字给处理器。由于访问的局部性，当将某一块数据块存入 cache 中以满足某次存储器的访问时，处理器将来还很有可能访问同一存储位置或该数据块中的其他字。

图 5.1b 描述了多级 cache 的使用，其中，第二级 cache 比第一级 cache 慢，但通常存储容量较大；而第三级 cache 比第二级 cache 慢，但通常存储容量要大。

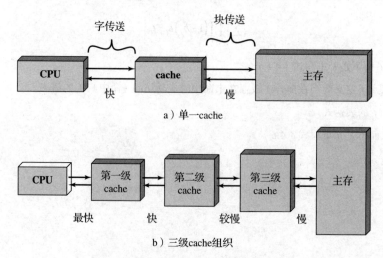

a）单一 cache

b）三级 cache 组织

图 5.1　cache 和主存

图 5.2 描述了 cache/ 主存系统的结构。下面介绍几个术语：

- **块**（block）：cache 和主存之间传输的最小单位。在大多数文献中，块既指传输的数据单元，也指主存储器或 cache 中的物理位置。
- **帧**（frame）：为了区分传输的数据和物理存储块，帧或块帧有时用于指代 cache。一些教材和文献使用该术语指 cache，而另一些则指主存储器。本书不使用这个词。
- **行**（line）：能够容纳一块的 cache 存储器的一部分，之所以称为行，是因为它通常被绘制为水平对象（即，行的所有字节通常被绘制在一行中）。行还包括控制信息。
- **标记**（tag）：如下所述，cache 行的一部分，用于寻址。cache 行还可以包括其他控制位。

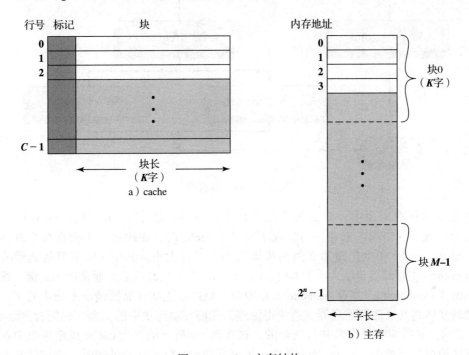

图 5.2　cache/ 主存结构

主存储器由多达 2^n 个可寻址的字组成，每个字有唯一的 n 位地址。为了实现映射，我们将主存储器看成是由许多定长的块组成，每块有 K 个字。即有 $M = 2^n / K$ 个块。而 cache 包含 m 行，每行包括 K 个字和几位标记。每行还包括控制位（图中没有给出），如用作判断装入 cache 中的行是否被修改的控制位。行的长度，不包含标记和控制位，称为**行大小**（line size）。也就是说，行大小指的是一行中包含的数据字节数或块大小。行大小可以小到 32 位，其每个"字"就是单个字节，此时，行大小是 4 个字节。行的数量远远小于主存储器块的数目（$m \ll M$）。任何时候，只有主存储器块的子集驻留在 cache 行中。如果要读取主存储器块中的某个字，则包含该字的块将被传送到 cache 的一个行中。由于块数多于行数，所以单个行不可能永久地被某块专用。因此，每行都有一个标记，用来识别当前存储的是哪一块。这个标记通常是主存储器地址的一部分，这些将在本节后面讨论。

图 5.3 说明了一个读操作。处理器产生一个要读取字的地址 RA，如果这个字在 cache 中，则把它直接传送给处理器。

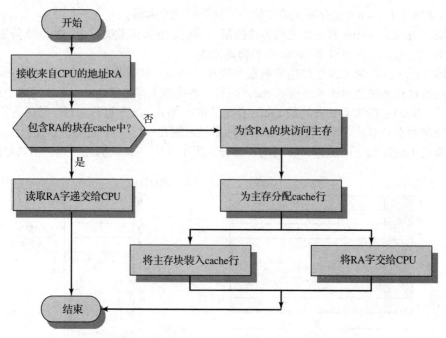

图 5.3   cache 读操作

如果发生缓存未命中，则必须完成两件事：将包含这个字的块装入 cache 中，然后再传送给处理器。当块在未命中的情况下被带入 cache 时，该块通常不会在单个事件中被传输。通常，cache 和主存储器之间的传输大小小于行大小，其中 128 字节是典型的行大小，而 cache-主存储器传输大小为 64 位（2 字节）。为了提高性能，通常使用**关键字优先技术**（critical word first）。当存在 cache 未命中时，硬件首先从存储器请求未命中的字，并在其到达时立即将其发送到处理器。这使得处理器能够在填充块中的其余字的同时继续执行。图 5.3 表示，最后两步操作是并行进行的，这在图 5.4 所示的当代 cache 典型组织中有所反映。在这种组织结构中，cache 经数据线、控制线和地址线连接到处理器，数据线和地址线也分别与数据缓冲器和地址缓冲器相连，这些缓冲器都接到系统总线上，从而与主存连接。当 cache 命中时，数据和地址缓冲器都不启用，通信只在处理器和 cache 之间进行，此时系统总线上没有信号传输。当 cache 未命中时，所需求的地址被加载到系统总线上，数据通过数据缓冲器提交给 cache 和处理器。

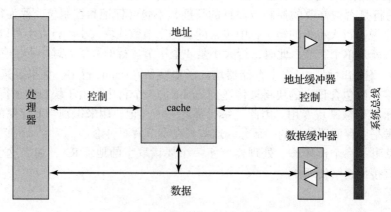

图 5.4   典型的 cache 组织

5.2 cache 的设计要素

本节给出了 cache 设计参数的概述并报告了某些典型结论。我们偶尔会谈及 cache 在**高性能计算**（high-performance computing, HPC）中的使用。HPC 涉及超级计算机（supercomputer）和超级计算机软件，主要应用于科学计算，因为这类应用中包含了大量的数据、向量和矩阵的计算，以及并行算法的使用。为 HPC 设计的 cache 与为其他硬件平台和应用所设计的 cache 是非常不同的。的确，许多研究人员已经发现 HPC 应用在使用了 cache 的计算机体系结构上性能会变差 [BAIL93]。而另一些研究人员也已指出，如果应用软件适合使用 cache，那么 cache 层次将对改善性能很有帮助 [WANG99，PRES01][⊖]。

尽管已有大量的 cache 实现方案，但只有几个基本要素用于区别和分类 cache 的体系结构，表 5.1 列出了关键的要素。

表 5.1 cache 的设计要素

cache 地址	写策略
逻辑地址	写直达法
物理地址	写回法
cache 容量	**行大小**
映射功能	**cache 数目**
直接	一级或两级
全相联	统一或分离
组相联	
替换算法	
最近最少使用（LRU）	
先进先出（FIFO）	
最不经常使用（LFU）	
随机	

5.2.1 cache 地址

几乎所有的非嵌入式处理器以及很多嵌入式处理器都支持虚拟内存。虚拟内存的概念将在第 9 章中讨论。本质上讲，虚拟内存是一种内存扩充技术，这种技术不会使主存物理地址空间大小发生改变，但允许程序在逻辑上访问更多的地址。当使用虚拟内存时，机器指令的地址域包含虚拟地址。为了从主存中进行读写操作，硬件存储器管理单元（MMU）将每个虚拟地址翻译成主存中的物理地址。

当使用虚拟地址时，系统设计人员可能选择将 cache 置于处理器和 MMU 之间，或者置于 MMU 和主存之间，如图 5.5 所示。**逻辑 cache**，也称**虚拟 cache**，使用**虚拟地址**存储数据。处理器可以直接访问逻辑 cache，而不需要通过 MMU。而**物理 cache** 使用主存的**物理地址**来存储数据。

逻辑 cache 的一个明显优势是其访问速度比物理 cache 快，因为该 cache 能够在 MMU 完成地址翻译之前做出反应。其不足之处在于大多数虚拟存储系统为每一个应用程序提供相同的虚拟内存空间。也就是说，每个应用程序都可以从地址为 0 的虚拟内存开始。因此，相同的虚拟地址在两个不同的应用程序中指向不同的物理地址。所以，cache 存储器必须用每一个应用程序的上下文开关对其进行完全刷新，或者为 cache 的每一行增加额外的几位来标记与该地址相关的虚拟地址。

⊖　有关 HPC 的一般讨论，请参见 [DOWD98]。

逻辑 cache 和物理 cache 的比较是一个很复杂的问题，在本书中不进行过多的讨论。想了解更多，可参考 [CEKL97] 和 [JACO08]。

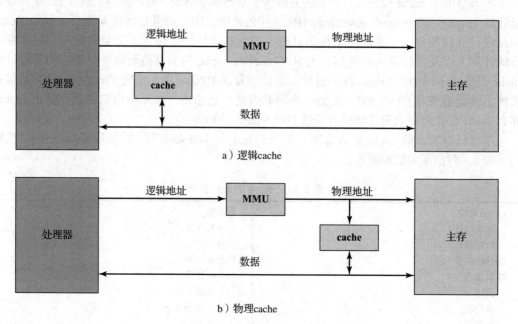

图 5.5 逻辑和物理 cache

5.2.2 cache 容量

我们前面已经对 cache 容量进行过讨论，表 5.1 中也有提到。我们希望 cache 的容量足够小，以至于整个存储系统平均每位的价格接近于单个主存储器的价格，同时我们也希望 cache 足够大，从而使得整个存储系统的平均存取时间接近于单个 cache 的存取时间。还有几个减小 cache 容量的动机。cache 越大，寻址所需要的电路门就会越多，结果是大的 cache 比小的稍慢，即使是采用相同的集成电路技术制造并放在芯片和电路板的同一位置。cache 容量也受芯片和电路板面积的限制，因为 cache 的性能对工作负载的性能十分敏感，所以不可能有"最优"的 cache 容量。表 5.2 列出了过去和当前的某些处理器的 cache 容量。

表 5.2 一些处理器的 cache 容量

处理器	类型	推出年份	L1 cache[①]	L2 cache	L cache
IBM 360/85	大型机	1968	16~32KB	—	—
PDP-11/70	迷你计算机	1975	1KB	—	—
IBM 3033	大型机	1978	64KB	—	—
IBM 3090	大型机	1985	128~256KB	—	—
Intel 80486	个人计算机	1989	8KB	—	—
Pentium	个人计算机	1993	8KB/8KB	256~512KB	—
PowerPC 620	个人计算机	1996	32KB/32KB	—	—
IBM S/390 G6	大型机	1999	256KB	8 MB	—
Pentium 4	个人计算机 / 服务器	2000	8KB/8KB	256 KB	—

（续）

处理器	类型	推出年份	L1 cache[1]	L2 cache	L cache
Itanium	个人计算机 / 服务器	2001	16KB/16KB	96KB	4MB
Itanium 2	个人计算机 / 服务器	2002	32KB	256KB	6MB
IBM POWER5	高端服务器	2003	64KB	1.9MB	36MB
CRAY XD-1	超级计算机	2004	64KB/64KB	1MB	—
IBM POWER6	个人计算机 / 服务器	2007	64KB/64KB	4MB	32MB
IBM z10	大型机	2008	64KB/128KB	3MB	24~48MB
Intel Core i7 EE 990	工作站 / 服务器	2011	6×32KB/32KB	6×1.5MB	12MB
IBM zEnterprise 196	大型机 / 服务器	2011	24×64KB/128KB	24×1.5MB	24MB L3 192MB L4
IBM z13	大型机 / 服务器	2015	24×96KB/128KB	24×2MB/2MB	64MB L3 480MB L4
Intel Core i0-7900X	工作站 / 服务器	2017	8×32KB/32KB	8×1MB	14MB

[1]被斜杠符号分开的两个值分别表示指令 cache 和数据 cache 的容量。

5.2.3 逻辑 cache 的组织结构

由于 cache 的行比主存储器的块要少，因此需要一种算法来实现主存块到 cache 行的映射。而且，还需要一种方法来确定当前哪一块占用了 cache 行。映射方法的选择决定了 cache 的组织结构，通常采用三种映射方法：直接映射、全相联映射和组相联映射。下面我们依次讨论这三种方法，分析每种方法的通用结构及具体例子。表 5.3 总结了这三种方法的主要特征。

表 5.3 cache 访问方法

方法	组织结构	主存块到 cache 的映射	使用主存地址进行访问
直接映射	m 行序列	主存的每个块映射到一个唯一的 cache 行	地址的行部分用于访问 cache 行，标记部分用于检查该行是否命中
全相联映射	m 行序列	主存的每个块都可以映射到任何 cache 行	地址的标记部分用于检查每行是否命中
组相联映射	m 行序列，分为 v 组，每组 k 行（$m=v \times k$）	主存的每个块映射到一个唯一的 cache 组	行部分用于访问 cache 组的地址，标记部分用于检查该组中的每行是否命中

例 5.1 对于所有这三种映射方法，该例子中都包含下列条件：

- cache 能存储 64KB。
- 数据在主存和 cache 之间以每块 4 字节大小传输。这意味着 cache 被组织成 $16K = 2^{14}$ 行，每行 4 字节。
- 主存容量为 16MB，每个字节直接由 24 位的地址（$2^{24} = 16M$）寻址。因此，为了实现映射，我们把主存看成是由 4M 个块组成，每块 4 字节。

直接映射   直接映射是最简单的映射技术，将主存中的每个块映射到一个固定可用的 cache 行中。直接映射可表示为：

$$i = j \bmod m$$

式中 i ——cache 行号；

j ——主存储器的块号；

m ——cache 的行数。

图 5.6a 给出了主存中前 m 块的映射情况。如图所示，主存中的每一块映射到 cache 中的唯一一行，然后接下来的 m 块依次映射到 cache 中的相应位置。也就是说，主存中的 B_m 块映射到 cache 中对应的 L_0 行，B_{m+1} 块映射到 L_1 行，等等。

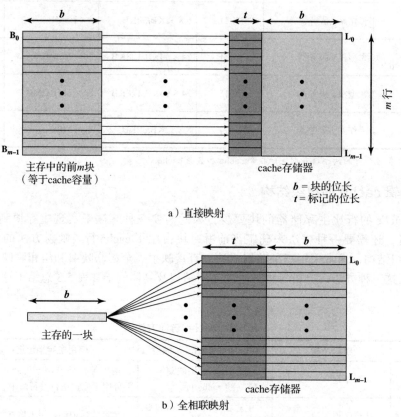

a）直接映射

b）全相联映射

图 5.6 主存到 cache 的映射：直接映射和全相联映射

映射功能通过主存地址很容易实现。图 5.7 描述了基本的映射机制。为了访问 cache，每一个主存地址可以看成由三个字段组成。最低的 w 位标识某个块中唯一的一个字或字节；在当代大多数机器中，地址是字节级的。剩余的 s 位指定了主存 2^s 个块中的一个。cache 逻辑将这 s 位转换为 $s-r$ 位（最高位部分）的标记字段和一个 r 位的行字段，后者标识了 $m = 2^r$ 个 cache 行中的一个。小结如下：

- 地址长度 = $(s + w)$ 位；

- 可寻址的单元数 = 2^{s+w} 字或字节；

- 块大小 = 行大小 = 2^w 字或字节；

- 主存的块数 = $\dfrac{2^{s+w}}{2^w} = 2^s$ ；

- cache 的行数 = $m = 2^r$；
- cache 的容量 = 2^{r+w} 字或字节；
- 标记长度 = $(s-r)$ 位。

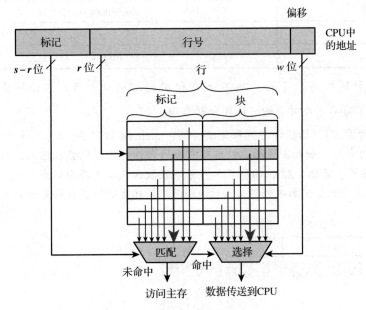

图 5.7　直接映射 cache 的组织结构

这种映射的结果是把主存中的块分配给如下所示的 cache 行中。

cache 行	被分配的主存块
0	$0, m, 2m, \cdots, 2^s - m$
1	$1, m+1, 2m+1, \cdots, 2^s - m + 1$
$\vdots$	$\vdots$
$m-1$	$m-1, 2m-1, 3m-1, \cdots, 2^s - 1$

因此，采用部分地址作为行号提供了主存中的每一块到 cache 的唯一映射。当一块读入到分配给它的行时，必须给数据做标记，从而将它与其他能装入这一行的块区别开来。最高的 $s-r$ 位用来做标记。

图 5.7 表示 cache 硬件访问机制的逻辑结构。当向 cache 硬件呈现来自处理器的地址时，该地址的行号部分被用于索引到 cache 中。比较功能将该行的标记与地址的标记字段进行比较。如果匹配（命中），则向选择函数发送启用信号，该函数使用地址的偏移量字段和地址的行号字段从 cache 中读取所需的字或字节。如果没有匹配（未命中），则不启用选择功能，并且从主存储器或下一级 cache 访问数据。图 5.7 中的行号是指 cache 中的第三行，用较粗的箭头线表示存在匹配的情况。

例 5.1a　图 5.8 表示了一个使用直接映射的示例系统[⊖]。在这个例子中，$m = 16K = 2^{14}$，

⊖　在本图和后续图中，存储器的值使用十六进制表示，参见第 10 章中关于数字系统的内容。

$i = j \bmod 2^{14}$，映射变为：

cache 行	被分配的主存块
0	000000, 010000, …, FF0000
1	000004, 010004, …, FF0004
⋮	⋮
$2^{14}-1$	00FFFC, 01FFFC, …, FFFFFC

注意，映射到相同行号的两块不会有相同的标记数。因此，开始地址为 000000，010000，…，FF0000 的块对应的标记数分别为 00，01，…，FF。

回头来再看图 5.3，读操作的流程是这样的：cache 系统用 24 位地址表示，14 位的行号用来做特定行的索引。如果 8 位标记数与当前存储在该行的标记数相匹配，则用 2 位字号来选取行中的 4 字节。否则，22 位的标记加行号字段被用来从主存中取出一块。取主存块所用的实际地址是 22 位的标记加行号再接两位 0，因此，在块的边界起始处读取 4 字节。

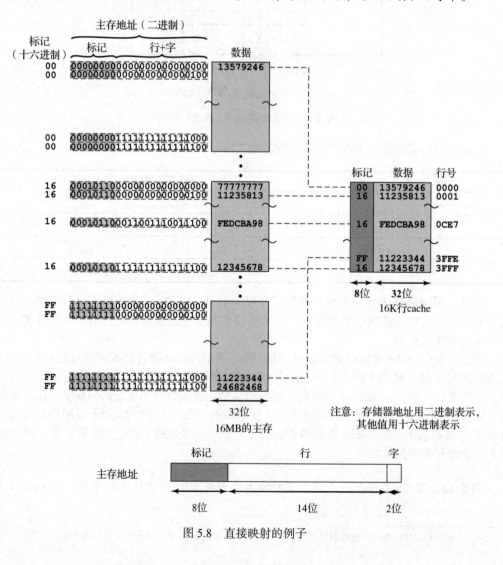

图 5.8　直接映射的例子

直接映射技术简单，实现起来花费也少。其主要缺点是：对于任意给定的块，它所对应的 cache 位置是固定的。因此，如果一个程序恰巧重复访问两个需要映射到同一行中且来自不同块的字，则这两个块将不断地被交换到 cache 中，cache 的命中率将会降低（一种所谓的抖动现象）。

一种降低缺失开销的办法是保存被丢弃的数据以备再次需要用到它。因为被丢弃的数据已经被取进 cache 中过，因此再次使用的开销比较小。使用 victim cache 可以实现这种资源重复利用机制。最初提出 victim cache 这一概念是为了减少直接映射 cache 中冲突缺失的次数，并且不影响其快速存取的时间。victim cache 是一种全相联 cache，其存储容量一般为 4～16 个 cache 行，置于使用直接映射的第一级 cache 和下一级存储器之间。这一概念将在附录 B 中进行探究。

内容可寻址存储器　　在讨论 cache 全相联映射组织结构之前，我们需要介绍内容寻址存储器（CAM）的概念，也称为全相联存储 [PAGI06]。内容可寻址存储器由静态 RAM（SRAM）单元构成（参见静态 RAM），但比普通 SRAM 芯片昂贵得多，容纳的数据也少得多。换句话说，与常规 SRAM 具有相同数据容量的 CAM 大约要大 60%[SHAR03]。

CAM 的设计使得当提供位串时，CAM 并行搜索整个存储器以寻找匹配内容。如果找到内容，则 CAM 返回找到匹配的地址，并且在某些体系结构中，还返回相关的数据字。这个过程只需要一个时钟周期。

图 5.9a 是具有四行字（每个字包含五个位或单元）的小型 CAM 搜索功能的简化图示。CAM 单元包含存储电路和比较电路。将每个字的匹配行输入到匹配行读出放大器，存在对应于搜索字的每个位的差分搜索行对。编码器会将匹配位置的匹配行映射到其编码地址。

图 5.9b 显示了 CAM 单元阵列的逻辑框图，由 m 个字组成，每个字为 n 位。搜索、读取和写入使能引脚用于启用 CAM 的三种操作模式之一。对于搜索操作，要搜索的数据被加载到设置 / 复位搜索行的逻辑状态的 n 位搜索寄存器中。行的单元内和单元之间的逻辑使得当且仅当行中的所有单元与搜索行值匹配时才断言匹配行。与搜索相反，执行简单的读取操作，以使用读取使能控制信号读取存储在 CAM 单元的存储节点中的数据。在写入操作期间，通过数据输入端口提供要存储在 CAM 单元阵列中的数据字。

全相联映射　　全相联映射克服了直接映射的缺点，它允许每一个主存块装入 cache 中的任意行，如图 5.6b 所示。在这种情况下，cache 控制逻辑将存储地址简单地表示为一个标记字段加一个字字段。标记字段用来唯一标识一个主存块。为了确定某块是否在 cache 中，cache 控制逻辑必须同时对每一行中的标记进行检查，看其是否匹配。图 5.10 说明了这一逻辑。

注意，地址中无对应行号的字段，所以 cache 中的行号不由地址格式决定。相反，如果命中，则命中的行号由 cache 硬件发送到 SELECT 函数，如图 5.9 所示。总结如下：

- 地址长度 = $(s+w)$ 位；
- 可寻址的单元数 = 2^{s+w} 字或字节；
- 块大小 = 行大小 = 2^w 字或字节；
- 主存的块数 = $\dfrac{2^{s+w}}{2^w} = 2^s$；
- cache 的行数 = 不由地址格式决定；
- 标记长度 = s 位。

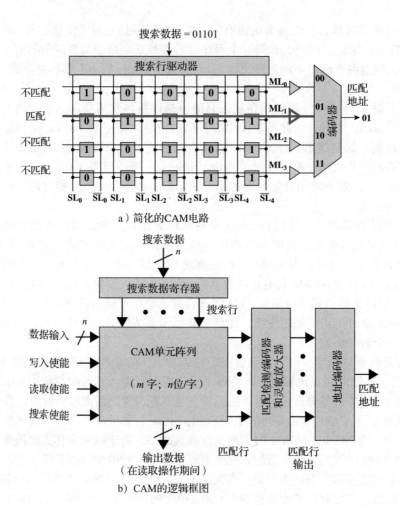

a）简化的CAM电路

b）CAM的逻辑框图

图 5.9 内容可寻址存储器

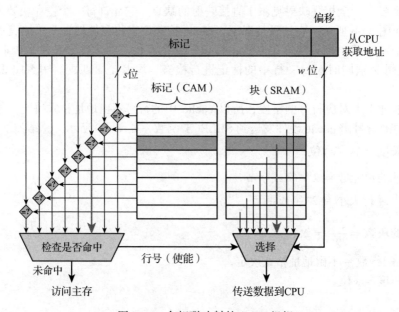

图 5.10 全相联映射的 cache 组织

例 5.1b　图 5.11 给出了使用全相联映射的例子。主存地址由 22 位标记和 2 位字节号组成。22 位标记必须与 32 位数据块一起存储在 cache 行中。注意，地址的最左（最高）22 位形成标记。因此，24 位十六进制地址 16339C 有 22 位标记 058CE7。这由二进制表示法很容易看出：

存储地址	0001	0110	0011	0011	1001	1100	（二进制）
	1	6	3	3	9	C	（十六进制）
标记（最左 22 位）	00	0101	1000	1100	1110	0111	（二进制）
	0	5	8	C	E	7	（十六进制）

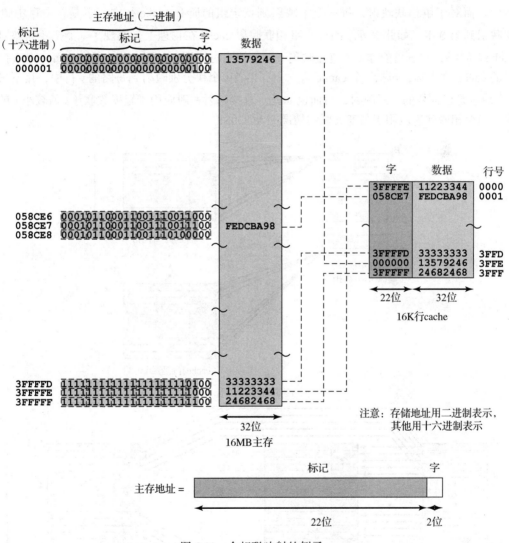

图 5.11　全相联映射的例子

对于全相联映射，当新的块读入 cache 中时，替换旧块很灵活。替换算法本节后面将要讨论，它用来使命中率最大。全相联映射的主要缺点是需要复杂的电路来并行检查所有的 cache 行标记。

组相联映射　　组相联映射是一种折中方法，它既体现了直接映射和全相联映射的优点，又避免了两者的缺点。

在组相联映射中，cache 分为 v 组，每组包含 k 行，它们的关系为：

$$m = v \times k$$
$$i = j \bmod v$$

式中：i——cache 组号；j——主存块号；m——cache 的行数；v——组数；k——每组中的行数。

这称为 k 路组相联映射。采用组相联映射，块 B_j 能够映射到组 j 的任意行中。图 5.12a 给出了主存中前 v 块与 cache 行的映射关系。在全相联映射中，每一个字映射到多个 cache 行中。而对于组相联映射，每一个字映射到特定组的所有 cache 行中，于是，主存中的 B_0 块映射到第 0 组，如此等等。因此，组相联映射 cache 在物理上是实现了 v 个全相联映射的 cache。同时，它也可看作 k 个直接映射 cache 的同时使用，如图 5.12b 所示。每一个直接映射的 cache 称为路，包括 v 个 cache 行。主存中首 v 个块分别映射到每路的 v 行中，接下来的 v 个块也是以同样的方式映射，后面也如此。直接映射一般应用于轻度关联（k 值较小）的情况，而全相联映射应用于高度关联的情况 [JACO08]。

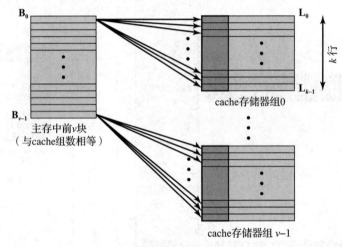

a）v 组相联映射 cache

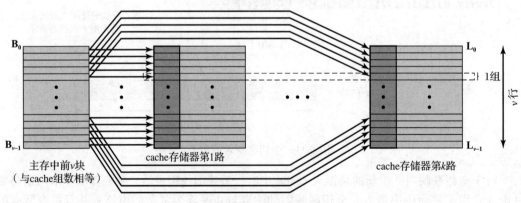

b）k 个直接映射的 cache 块

图 5.12 从主存到 cache 的映射：k 路组相联

在组相联映射中，cache 控制逻辑将存储地址表示为三个字段：标记、组和字。长度为

d 位的组字段指定了 $v=2^d$ 个组中的唯一一个组，标记字段和组字段共长 s 位，用以标明主存的 2^s 个块中的具体某一块。图 5.13 描述了 cache 控制逻辑。在全相联映射中，主存地址中的标记字段很长，而且还必须与 cache 中每一行标记匹配。而在 k 路组相联映射中，主存地址中的标记字段要短很多，而且只需与某一组中的 k 行的标记匹配。如图 5.12 所示，如果组中任何一行上的标记都匹配，则会启用相应的选择功能，并检索所需的工作。如果所有比较都报告未命中，则从主存储器检索所需的字。

总结如下：

- 地址长度 = $s+w$ 位；
- 可寻址的单元数 = 2^{s+w} 个字或字节；
- 块大小 = 行大小 = 2^w 个字或字节；
- 主存的块数 = $\dfrac{2^{s+w}}{2^w}$ = 2^s；
- 每组的行数 = k；
- 组数 = $v=2^d$；
- cache 中的行数 = $m = kv = k \times 2^d$；
- cache 的存储容量 = $k \times 2^{d+w}$ 字或字节；
- 标记长度 = $s-d$ 位。

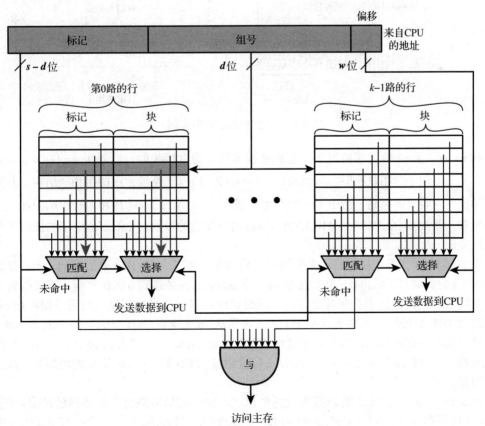

图 5.13　k 路组相联映射的 cache 组织

例 5.1c　图 5.14 给出了一个用组相联映射的例子，其中每一组有两行，也就是二路组相联。13 位长的组号标识了 cache 中唯一的两行组，也给出了用 2^{13} 取模后的主存块号。这确定了块到行的映射。因此，主存中的块 000000，008000，…，FF8000 映射到 cache 中的第 0 组，其中每一块都能装入该组两行中的任意一行。注意，两个映射到同一 cache 组的块不可能具有相同的标记数。对于读操作，用 13 位组号检查确定组地址，组中的两行与被存取地址的标记数进行匹配检查。

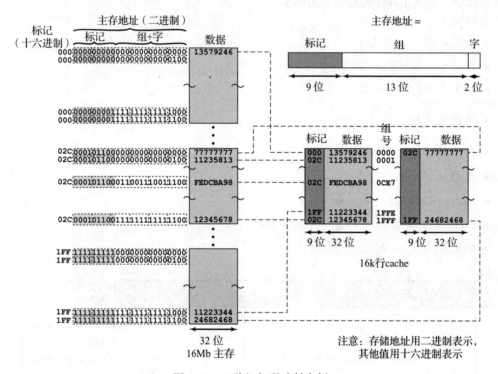

图 5.14　二路组相联映射实例

在 $v = m$，$k = 1$ 的极端情况下，组相联技术简化为直接映射。而对于 $v = 1$，$k = m$ 的情况，它又会等同于全相联映射。每组两行（$v = m/2$，$k = 2$）是最常用的组相联结构。与直接映射相比，它明显地提高了命中率。四路组相联（$v = m/4$，$k = 4$）用相对较少的附加成本使命中率有一些提高 [MAYB84，HILL89]。继续增强每组的行数对 cache 命中率的提高几乎没什么效果。

图 5.15 给出了组相联 cache 性能的一个模拟研究结果，图中显示了不同 cache 容量对 cache 性能的影响 [GENU04]。我们注意到，当 cache 的容量达到 64KB 之前，直接映射和二路组相联映射的性能区别是非常显著的。同时也注意到，二路组相联和四路组相联在 cache 容量均为 4KB 时的性能差别要远小于 cache 容量从 4KB 变到 8KB 时的差别。由于 cache 的复杂性与相联性成正比例，因此，在这种情况下，将 cache 容量增大到 8KB 甚至 16KB 都是没有道理的。最后需要注意的是，当 cache 容量超过 32KB 时，cache 容量的增加对提高性能的作用并不明显。

图 5.15 是基于对 GCC 编译器执行的模拟。不同的应用可能会产生不同的结果。例如，[CANT01] 报告了使用很多 CPU2000 SPEC 基准程序时的 cache 性能结果。[CANT01] 中比较命中率与 cache 容量的结果与图 5.15 中的基本相同，但是指定的值有些不同。

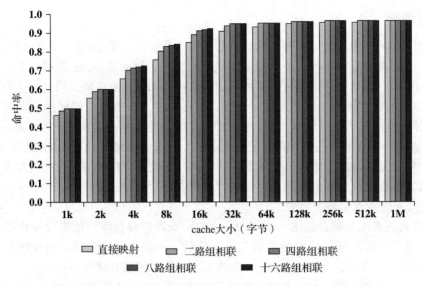

图 5.15　不同相联度在不同 cache 大小下的命中率

对于全相联和组相联 cache，还有一个额外的时间元素用于比较标记字段。在组相联 cache 中减少该时间损失的一种方式是使用路预测。路预测允许并行访问数据组和标记组。如果预测的方式是正确的（由标记匹配确定），则不会发生惩罚。如果预测不正确，则需要额外的周期来查找数据。路预测器是一个表，它根据最近的历史记录猜测给定地址应该访问的"方式"。在 [POWE01] 中报告的一个实现，使用了一些 SPEC CPU 基准测试程序，发现对于四路组相联 cache 的预测率从 50% 到 90% 以上。另一项研究 [TSEN09] 对使用 SPEC CPU 程序的四路组相联 cache 进行了研究，结果显示预测率在 85% 到 95% 之间。

5.2.4　替换算法

一旦 cache 行被占用，当新的数据块装入 cache 中时，原存在的块必须被替换掉。对于直接映射，任意特殊块都只有唯一的一行可以使用，没有选择的可能。对于全相联映射技术和组相联映射技术，则需要一种替换算法。为了获得高速度，这种算法必须由硬件来实现。人们尝试过许多算法，下面介绍最常用的 4 种算法。可能最有效的算法是**最近最少使用算法**（LRU）：替换掉那些在 cache 中最长时间未被访问过的块。对于二路组相联，这种方法很容易实现，每行包含一个 USE 位。当某行被访问时，其 USE 位被置为 1，而这一组中另一行的 USE 位被置为 0。当把一块读入到这一组中时，就会替换掉 USE 位为 0 的行。我们假定越是最近使用的存储单元越有可能被访问，因此，LRU 会给出最佳的命中率。对于全相联 cache，LRU 也相对容易实现。高速缓存机制会为 cache 中的每行保留一个单独的索引表。当某一行被访问时，它就会移动到表头，而在表尾的行将被替换掉。因为其实现简单，LRU 是目前使用最广泛的替换算法。

另一种可能的算法是先进先出（FIFO）：替换掉那些在 cache 中停留时间最长的块。FIFO 采用时间片轮转法或环形缓冲技术很容易实现。还有另一个可能的算法是最不经常使用算法（LFU）：替换掉 cache 中被访问次数最少的块。LFU 可以用与每行相关的计数器来实现。第四种算法是一种不基于使用情况的技术（即不是 LRU、LFU、FIFO，或其他变体），它是在候选行中任意选取，然后进行替换。模拟实验结果表明，随机替换算法在性能上只稍逊于基于使用情况的算法 [SMIT82]。

5.2.5　写策略

当驻留在 cache 中的某块要被替换时，必须考虑两点。如果 cache 中的原块没有被修改过，那么它可以被直接替换掉，而不需要事先写回主存。如果在 cache 某行中至少在一个字上进行过写操作，那么在替换掉该块之前必须将该行写回主存对应块，以进行主存更新。各种可行的写策略都对性能和价格进行了权衡，但还存在两个有争议的问题。首先，有一个以上的设备已经访问了主存储器。例如，I/O 模块可能直接读 / 写存储器。如果一个字只在 cache 中修改过，那么相应的存储器字就是无效的。其次，如果某 I/O 设备修改了主存储器，则 cache 中的字是无效的。当多个处理器连接到同一总线上，并且每个处理器都有自己局部的 cache 时，则会出现更复杂的问题。因此，如果在一个 cache 中修改了一个字，那么可以设想在其他 cache 中该字是无效的。

最简单的技术称为**写直达法**（write through）。采用这种技术，所有写操作都同时对主存和 cache 进行，以保证主存中的数据总是有效的。任何其他处理器 – 高速缓存模块监视对主存的访问，以维护它自己 cache 的一致性。这一技术的主要缺点是产生了大量的存储通信量，可能引起瓶颈问题。另一种技术称为**写回法**（write back），它减少了主存的写入。使用写回技术时，只更新 cache 中的数据。当更新操作发生时，需要设置与该行相关的**脏位**（dirty bit）或**使用位**（use bit）。然后，当一个块被替换掉时，当且仅当脏位被置位时才将它写回主存。写回的缺点是，部分主存数据是无效的，因此 I/O 模块的存取只允许通过 cache 进行，这就使得电路设计更加复杂而且存在潜在的瓶颈问题。经验表明，写操作占存储器操作的 15% [SMIT82]。然而，对于 HPC 应用，这个值可接近 33%（向量 – 向量乘法），甚至可高达 50%（矩阵转置）。

例 5.2　考虑一个行大小为 32 字节的 cache 和一个传送 4 字节字用时 30ns 的主存。cache 的任意行被替换之前至少已被写过一次，如果要使写回法比写直达法更高效，在被替换之前平均每行被写的次数是多少？

采用写回法时，每一个脏行只在交换时写回主存一次，需 $8 \times 30 = 240$ns。而采用写直达法时，每一次更新 cache 中的某行都要求有一个字写到主存，耗时 30ns。因此，如果行换出之前写入平均超过 8 次的话，则写回法更有效。

当某一 cache 级别发生未命中时，写策略还有另一个维度。在写未命中的情况下有两种选择：

- **写分配**：包含要写的字的块从主存（或下一级 cache）中取到 cache 中，然后处理器继续写循环。
- **不使用写分配**：包含要写的字的块在主存中被修改，而不是加载到 cache 中。

这两种策略都可以用于写直达法或写回法。最常见的是，写直达法不使用写分配。其原因是，即使局部性保持不变，并且在不久的将来会对同一块进行写操作，但写直达策略无论如何都会生成对主存的写操作，因此将块放入 cache 似乎并不高效。例如，ARM Cortex 处理器可以配置为在使用写回法的情况下使用写分配或不使用写分配，但在使用写直达法的情况下只能不使用写分配。

使用写回法时，最常用的是写分配，但有些系统（如 ARM Cortex）也不允许使用写分配。使用写分配的理由是，如果同一块最初导致未命中，则对该块的后续写入将在下次命中 cache，从而设置该块的脏位。这将消除额外的内存访问，并导致高效执行。写回法，无写分配选项消除了将数据块放入 cache 所花费的时间。根据读取和写入的位置模式，此技术可能有一些优势。

在不止一个设备（通常是处理器）有 cache 且共享主存的总线结构中出现了一个新的问题。如果某个 cache 中的数据被修改，则它不但会使主存中的相应字无效，而且也会使其他 cache 中的对应字无效（如果其他 cache 中恰巧也有这个字。即使采用"写直达"策略，其他 cache 也可能包含无效的数据。阻止这个问题发生的系统被认为是维护 cache 一致性的。保证 cache 一致性的方法如下。

- **写直达法的总线监测**：每个 cache 控制器监视地址线，以检测总线的其他主控者对主存的写操作。如果有另一个总线主控者向共享存储单元写入数据，而这个单元内容同时驻留在 cache 中，则该 cache 控制器使 cache 中的这一项无效。这一策略要求所有 cache 控制器都使用写直达策略。
- **硬件透明**：使用附加的硬件来保证所有通过 cache 对主存的修改反映到所有 cache 中。因此，如果某个处理器修改了自己 cache 中的一个字，则同时会修改主存的对应单元，任何其他 cache 中相同的字也同时会被修改。
- **非 cache 存储器**：只有一部分主存为多个处理器共享，这称为非 cache。在这样的系统中，所有对共享存储器的访问都导致 cache 缺失，因为共享存储器中的数据不会复制到 cache 中。非 cache 存储器可采用片选逻辑或高地址位来标识。

cache 一致性是一个活跃的研究领域，我们将在第六部分对其进行深入探讨。

5.2.6　行大小

另一个设计要素是行大小。当一个数据块被检索并放入 cache 中时，所需的字和一些相邻的字都会被取出。当数据块由很小变得较大时，命中率刚开始会因为局部性原理而增加。局部性原理是指，被访问字附近的数据很可能会在不久的将来被访问到。随着块大小的增加，更多有用数据被装入 cache。但是，当块变得相当大，并且使用新取信息的概率变得小于重用已被替换掉的信息的概率时，命中率开始下降。块的两个特殊作用如下：

- 较大的块减少了装入 cache 中的块数。因为每个新块都会覆盖掉原来 cache 块中的内容，少量的块导致装入的数据很快被改写。
- 当块变大时，每个附加字就会离所需字更远，因此被使用的可能性也就更小。

块大小与命中率之间关系复杂，这取决于特定程序的局部性特征，目前还没有找到确定的最优值。块大小为 8～64B 比较接近最优值 [SMIT87，PRZY88，PRZY90，HAND98]。对于 HPC 系统来说，最常用的行大小是 64B 和 128B。

5.2.7　cache 的数目

最初引入 cache 时，系统通常只有一个 cache。近年来，使用多个 cache 已经变得相当普遍。我们所考虑设计问题的两个方面是：cache 的级数以及采用统一或分立的 cache。

多级 cache　　由于集成度的提高，将 cache 与处理器置于同一芯片（片内 cache）成为可能。与通过外部总线连接的 cache 相比，片内 cache 减少了处理器在外部总线上的活动，从而减少了执行时间，全面提高了系统性能。当所需的指令或数据在片内 cache 中时，消除了对总线的访问。因为与总线长度相比，处理器内部的数据路径较短，访问片内 cache 甚至比零等待状态的总线周期还要快。而且，在这段时间内，总线是空闲的，可用于其他数据的传送。

片内 cache 导致了另一个问题：是否仍需要使用一个片外的或外部的 cache。通常，答案是肯定的，多数当代的设计既包含片内 cache，又包含外部 cache。这种组织方式中最简单的是两级 cache，其中，片内 cache 为第一级（L1），外部 cache 为第二级（L2）。包含 L2 cache 的理由如下：如果没有 L2 cache 并且处理器要求访问的地址不在 L1 cache 中，则处理器必须通过总线访问 DRAM 或 ROM 存储器。因为通常总线速度较慢且存储器存取时间较长，这就导致了较低的性能。另外，如果使用了 L2 SRAM（静态 RAM）cache，则经常缺失的信息能够很快被取出来。如果 SRAM 的速度快到能与总线速度相匹配，则数据能够用零等待状态来存取，这是总线传输最快的一种类型。

当代多级 cache 设计的两个特点值得注意：第一，对于片外 L2 cache，许多设计都不是用系统总线作为 L2 cache 和处理器之间的传送路径，而是使用单独的数据路径，以便减轻系统总线的负担。第二，随着处理器部件持续缩小，现在已有许多处理器将 L2 cache 结合到处理器芯片上，以改善性能。

若想使用 L2 cache，则取决于 L1 和 L2 中的命中率。一些研究表明，使用两级 cache 通常确实可以提高性能（参见 [AZIM92][NOVI93] 和 [HAND98]）。然而，多级 cache 的使用也使关于 cache 设计的所有问题都变得复杂，包括 cache 容量、替换算法和写策略等，详见 [HAND98] 和 [PEIR99]。

图 5.16 给出了在不同 cache 大小情况下两级 cache 性能的模拟研究结果 [GENU04]。图中假定两级 cache 都有相同的 cache 行大小，并给出了不同情况下的总命中率。也就是说，如果所需的数据在 L1 cache 中或 L2 cache 中出现，则算一次命中。图中显示了不同 L1 cache 大小下 L2 cache 大小对总命中率的影响。直到 L2 cache 大小至少为 L1 cache 大小的两倍时，才对提高总命中率有明显的作用。注意：当 L1 cache 为 8KB 时，曲线最陡的点出现在 L2 cache 为 16KB 时。同样，当 L1 cache 为 16KB 时，曲线最陡的点出现在 L2 cache 为 32KB 时。在最陡的点出现之前，L2 cache 对总 cache 性能几乎没多少影响。需要 L2 cache 比 L1 cache 大时，才使提高性能成为可能。如果 L2 cache 与 L1 cache 有相同的行大小和容量，则其内容将或多或少与 L1 cache 中相同。

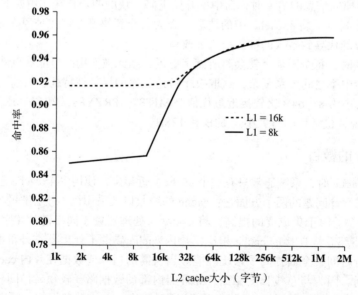

图 5.16　L1 为 8KB 和 16KB 时的总命中率（L1 和 L2）

随着适用于 cache 的芯片面积的可用性的提高，大多数当代处理器已将 L2 cache 移到处理器芯片上，并添加了一个 L3 cache。最初，L3 cache 是越过外部总线来存取的。而最近，大多数处理器已集成到 L3 cache 上。无论哪种情况，加入 L3 cache 使性能明显得到提升（参见 [CHAI82]）。此外，大型系统，如 IBM 大型机 zEnterprise 系统，包含 L3 cache 和跨多个芯片共享的 L4 cache [BART15]。

统一与分立 cache　　当片内 cache 首次出现时，许多设计都采用单个 cache，既存放数据，又存放指令。近年来，通常把 cache 分为两部分：一个专门用于指令，另一个专门用于数据。这两种 cache 被置于同一级，通常作为两个 L1 cache。当处理器试图从主存中取指令时，它首先查阅指令 L1 cache；而当处理器试图从主存中取数据时，它会先查阅数据 L1 cache。

统一 cache 有两个潜在的优点：

- 对于给定的 cache 容量，统一 cache 较独立 cache 有更高的命中率，因为它在获取指令和数据的负载之间自动进行平衡。也就是说，如果执行方式中取指令比取数据要多得多，则 cache 会倾向于被指令填满。如果执行方式中要读取的数据相对较多，则会出现相反的情况。
- 只需设计和实现一个 cache。

分立 L1 cache 和更高级别的统一 cache 是一种发展趋势，特别是对于超标量机器，它们强调并行指令执行和带预测的指令预取。分立 cache 设计的主要优点是消除了 cache 在指令的取指 / 译码单元和执行单元之间的竞争，这在任何基于指令流水线的设计中都是很重要的。通常处理器会提前获取指令，并把将要执行的指令装入缓冲区或流水线。假设，现在有统一指令 / 数据 cache，当执行单元执行存储器访问来存取数据时，这一请求被提交给统一 cache。如果指令预取器为取指令同时向 cache 发出读请求，则后一请求会暂时阻塞，以便 cache 能够先为执行单元提供服务，使它能完成当前的指令执行。这种对 cache 的竞争会降低性能，因为它干扰了指令流水线的有效使用。分立 cache 结构解决了这一问题。

5.2.8　包含策略

回想第 4 章，我们定义了存储器层次结构的包含原则如下：所有信息项最初存储在级别 M_n 中，其中 n 是距离处理器最远的级别（最低级别）。在处理期间，M_n 的子集被复制到 M_{n-1} 中。同理，将 M_{n-1} 的子集复制到 M_{n-2} 中，以此类推。这被简明地表示为 $M_i \subseteq M_{i+1}$。因此，如果在 M_i 中找到字，则相同字的副本也存在于所有后续层 $M_{i+1}, M_{i+2}, \cdots, M_n$ 中。在多级 cache 环境中，一个级别可能有多个 cache，这些 cache 共享下一个较低级别的相同 cache，这两个级别之间的包含可能并不总是我们所希望的。在现代 cache 系统中有三种包含策略。

包含性策略规定，一个 cache 中的一段数据肯定也可以在所有较低级别的 cache 中找到。包含性策略的优点在于，当计算系统中有多个处理器时，它简化了数据搜索。例如，如果一个处理器想知道另一个处理器是否有它需要的数据，它不需要搜索另一个处理器的所有级别的 cache，而只需要搜索最低级别的 cache。此属性在实施 cache 一致性时非常有用，这将在第 20 章中进一步讨论。

独占策略规定一个 cache 中的数据片段肯定不会在所有较低级别的 cache 中找到。独占策略的优势在于它不会浪费 cache 容量，因为它不会在所有 cache 中存储相同数据的多个副本。缺点是在使块无效或更新块时需要搜索多个级别的 cache。为了最小化搜索时间，通常在最低 cache 级别复制较高级别的标记集以集中搜索。

使用**非包含策略**，一个 cache 中的数据片段可能会在较低级别的 cache 中找到，也可能不会在较低级别的 cache 中找到。这可以通过以下示例与其他两种策略进行对比。假设 L2 行大小是 L1 行大小的倍数。对于包含策略，如果从 L2 cache 中删除一个块，则相应的多个块将从 L1 cache 中删除。相比之下，使用非包含性策略时，L1 cache 可以保留最近从 L2 cache 中删除的块的部分。对于相同的块大小差异，如果将块的一部分从 L2 cache 提升到 L1 cache，则独占策略要求删除整个 L2 块。相比之下，非包含性政策不要求这种删除。与独占策略一样，非包含性策略通常会在最低级别的 cache 维护所有较高级别的 cache 集。

5.3　Intel x86 的 cache 组织

可以从 Intel 微处理器的发展中清晰地看到 cache 组织的演变（如表 5.4 所示）。80386 不包含片内 cache；80486 包含一个 8KB 的片内 cache，它采用四路组相联结构，每行 16B。所有的 Pentium 处理器都包含两个片内 L1 cache，一个用于数据，另一个用于指令。对于 Pentium 4，其 L1 数据 cache 的容量是 16KB，每行 64B，采用四路组相联结构。Pentium 4 的指令 cache 将在后面进行介绍。Pentium Ⅱ 还包括一个 L2 cache，它为 L1 数据 cache 和指令 cache 提供信息。该 L2 cache 采用八路组相联结构，容量为 512KB，每行 128B。Pentium Ⅲ 添加了一个 L3 cache，而到 Pentium 4 的高端版本，L3 cache 已经移到了处理器芯片内。

表 5.4　Intel 的 cache 组织的演变

问　题	解决方案	首次采用该特征的处理器
外部存储器比系统总线慢	使用更快的存储器技术增加外部 cache	386
增加的处理器速度导致外部总线成为 cache 访问的瓶颈	将外部 cache 移到片内，以与处理器相同的速度进行操作	486
由于片内空间的限制，片内 cache 太小	使用比主存更快的技术，增加外部 L2 cache	486
当指令预取器和执行单元同时需要访问 cache 时出现了竞争。在此种情况下，指令预取器在执行单元访问数据时只能暂停	形成分离的数据 cache 和指令 cache	Pentium
增加的处理器速度导致外部总线成为 L2 cache 访问的瓶颈	形成分离的后端总线，它比主（前端总线）外部总线运行速度快。BSB 总线服务于 L2 cache	Pentium Pro
	将 L2 cache 移到处理器芯片内	Pentium Ⅱ
某些应用需要处理庞大的数据库，并且必须对大量数据进行快速访问。片上 cache 太小	增加外部 L3 cache	Pentium Ⅲ
	将 L3 cache 移到片内	Pentium 4

图 5.17 给出了一个 Pentium 4 组织的简化图，着重强调了 3 个 cache 的布局。这个 cache 的体系结构类似于更现代的 x86 系统。处理器核心由 4 个主要部件组成：

- **取指 / 译码单元**（fetch/decode unit）：按顺序从 L2 cache 中读取程序的指令，将它们译成一系列微操作，并存入 L1 指令 cache 中。
- **乱序执行逻辑**（out-of-order execution logic）：依据数据相关性和资源可用性调度微操作的执行，于是，微操作可按不同于所取指令流的顺序被调度执行。只要时间许可，此单元调度将来可能需要微操作的推测执行。
- **执行单元**（execution unit）：这些单元用来执行微操作，它们从 L1 数据 cache 中获取所需的数据，并将结果暂存在寄存器中。
- **存储器子系统**（memory subsystem）：这部分包含 L2 和 L3 cache 以及系统总线。当 L1 和 L2 cache 未命中时，使用系统总线访问主存。系统总线还可用于访问 I/O 资源。

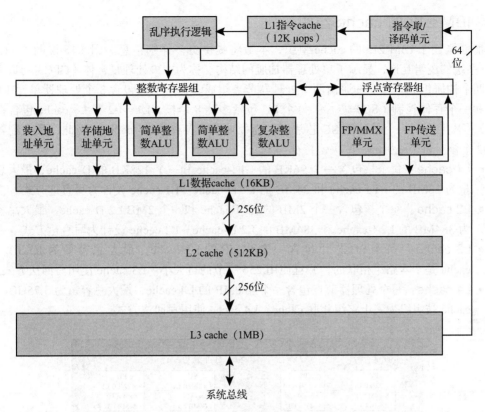

图 5.17 Pentium 4 组织简化图

不同于所有先前的 Pentium 处理器和大多数其他处理器所采用的组织结构，Pentium 4 的指令 cache 位于指令译码逻辑和执行核心之间。使用这种设计的理由如下：正如在第 18 章中将更详细地讨论的那样，Pentium 处理器将机器指令译码或转换成被称为微操作的简单 RISC 类指令，使用简单的定长微操作允许采用超标量流水线和调度技术，从而提高了性能。然而，Pentium 机器指令译码不方便，它们长度可变并且有许多不同的选项。研究结果表明，若独立于调度和流水线逻辑来译码的话，性能会增强。在第 18 章我们再进行更全面的讨论。

数据 cache 采用写回策略：仅当修改过的数据被替换出 cache 时，才写回主存。Pentium 4 处理器也能动态配置以支持写直达高速缓存。

L1 数据 cache 由控制寄存器中的两位控制，它们标记为 CD（cache disable，cache 禁用）和 NW（非写直达）位（如表 5.5 所示）。Pentium 4 还有两条控制数据 cache 的指令：INVD 用于清除内部 cache 存储器，并向外部 cache（如果有）发送清除信号；WBINVD 先执行写回操作并使内部 cache 无效，然后再执行写回操作并使外部 cache 无效。

L2 和 L3 cache 都采用八路组相联结构，每行 128B。

表 5.5 Pentium 4 cache 操作模式

控制位		操作模式		
CD	NW	cache 写入	写直达	使无效
0	0	允许	允许	允许
1	0	禁用	允许	允许
1	1	禁用	禁用	禁用

注：CD=0，NW=1 是一种无效组合。

5.4　IBM z13 的 cache 组织

前面概述了 IBM z13 的 cache 组织，本节将提供更多详细信息。图 5.18 说明了 z13 的 cache 系统的逻辑互连，显示了单处理器抽屉的结构。称为中央处理复合体（CPC）的最大系统由四个抽屉组成。每个抽屉由两个处理器节点组成，每个节点包含 3 个处理器单元（PU）芯片和一个存储控制（SC）芯片。每个 PU 包括多达 8 个核。L1、L2 和 L3 cache 包含在每个 PU 芯片上，有一个单独的 SC 芯片用于为处理器节点存放 L4 cache。因此，最大配置包含 192 个核。每个级别的一些关键特征如下：

- L1 cache：每个核包含一个 96KB 的 L1 I-cache 和一个 128KB 的 D-cache，最大总容量为 18MB 的 L1 I-cache 和 24MB 的 L1 D-cache。L1 cache 设计为写直达方式。
- L2 cache：每个核包含一个 2MB 的 L2 I-cache 和一个 2MB L2 D-cache，最大总容量为 384MB 的 L2 I-cache 和 384MB 的 L2 D-cache。L2 cache 设计为写直达方式。
- L3 cache：每个 PU 芯片包含一个 64MB 的 L3 cache，最大总容量为 1.5GB。L3 cache 是十六路组相联的，并且使用 256 字节的行大小。L3 cache 使用写回法方式。
- L4 cache：每个处理器节点包含一个 480MB 的 L4 cache，最大总容量为 3.75GB。L4 cache 被组织为三十路组相联 cache。L4 cache 使用写回法方式。

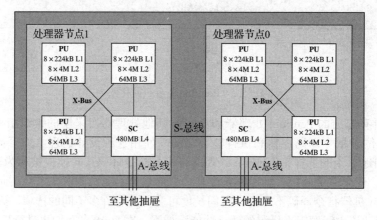

图 5.18　IBM z13 CPC 抽屉逻辑结构

使用由芯片上的 8 个核共享的 L3 cache，有助于降低跨处理器 cache 行共享的延迟，并通过消除冗余线（单个副本、多个用户）来提高 cache 的效率，这在专用 cache 中是不可能的。因此，通过将每个 PU 芯片的大部分用于共享的 L3 cache，而不是增加 L2 cache 的大小或为每个核提供专用的 L3 cache，可以提高效率。

在与 PU 芯片相同的处理器节点或主板上提供 L4 cache 芯片还可以提高效率。L4 cache 通过在主存之前提供一个重要的缓冲区，实现了从单处理器芯片到最大系统配置的平滑扩展。

互连设计有助于提高这种安排的整体效率。在每个 PU 芯片中，在 L1/L2 和 L2/L3 cache 边界之间使用 160GB/s 的总线带宽。80GB/s 的 XBus 在 L3/L4 cache 边界的节点内提供紧密耦合的互连。高速 S-Bus 通过 L4 连接抽屉的节点，A-Bus 连接提供给其他抽屉。

cache 写入策略根据配置而不同。L1 和 L2 cache 使用写直达，利用高速片上连接到下一级 cache。此外，如果 L3 cache 总是更新到任意 L2 cache 行的最新版本，那么 L3 cache 的使用效率最高。从 L3 到 L4 是较低速度、芯片外的传输，选择使用写回法策略以最大限度地减少通信量。从 L4 到主存也使用写回法。

5.5　cache 的性能模型[⊖]

本节首先介绍不同 cache 访问组织的 cache 时序，然后介绍提高性能的设计选项模型。

5.5.1　cache 的时序模型

通过建立表示不同时间延迟的方程，我们可以深入了解不同 cache 访问模型之间的时序差异。需要以下参数：

- t_{ct} 为将地址的标记字段与 cache 行中的标记值进行比较所需的时间。
- t_{rl} 为从 cache 中读取行以检索 cache 中的数据块所需的时间。
- t_{xb} 为将字节或字传输到处理器所需的时间；这包括从获取的行中提取所需的字节，并将这些字节选通到处理器的总线上。
- t_{hit} 为命中时在此 cache 级别花费的时间。
- t_{miss} 为在发生未命中的情况下在此 cache 级别花费的时间。

首先考虑直接映射的 cache 访问。第一个操作是对照 Line 字段指定的行中的标记值检查地址的 Tag 字段。如果没有匹配（未命中），则操作完成。如果匹配（命中），则 cache 硬件从 cache 行中读取数据块，然后取出由地址的偏移量字段指示的字节或字。因此，时间延迟的公式为：

$$t_{hit} = t_{rl} + t_{xb} + t_{ct} \qquad t_{miss} = t_{rl} + t_{ct} \qquad (5.1)$$

直接映射的 cache 的优势之一是它允许简单而快速的推测。一旦计算出地址，就知道在存储器中可能具有该位置的副本的 cache 行。该 cache 条目可以被读取，并且处理器可以在其完成检查标记是否与所请求的地址实际匹配之前继续处理该数据。因此，检查和取回是并行执行的。假设提取时间较长，则时间延迟的公式为：

$$t_{hit} = t_{rl} + t_{xb} \qquad t_{miss} = t_{rl} + t_{ct} \qquad (5.2)$$

接下来，考虑全相联映射的 cache。在这种情况下，直到完成标记比较才知道行号。因此，命中时间与直接映射相同。因为这是内容可寻址存储器，所以未命中时间就是标记比较时间。也就是说，标记比较不需要从 cache 中读取一行数据，而是与 cache 内部的所有行并行进行。本例中的时间延迟公式为：

$$t_{hit} = t_{rl} + t_{xb} + t_{ct} \qquad t_{miss} = t_{ct} \qquad (5.3)$$

使用组相联映射时，不可能像直接映射那样并行地传输字节和比较标记。该电路可以被设计成，一旦进行了标记检查，就可以加载来自组中每条线路的数据块，然后传输该数据块。这就得到了式（5.1）。

如果组相联映射增加了路预测（way prediction），则式（5.4）成立：

$$t_{hit} = t_{rl} + t_{xb} + (1 - F_p)t_{ct} \qquad t_{miss} = t_{rl} + t_{ct} \qquad (5.4)$$

其中 F_p 是路预测成功的时间。注意，对于 $F_p = 1$ 的情况，具有路预测的组相联映射与

⊖　经密歇根理工大学罗杰·基克哈弗教授许可使用。

具有推测访问的直接映射的等式相同，这是最好的情况。当 $F_p = 0$ 时，结果与无路预测相同，这是最坏的情况。通常使用的预测方案是预测所请求的数据包含在该组使用的最后一个块中。如果存在高度的空间局部性，则 F_p 将接近 1。

表 5.6 总结了 cache 的时序方程。

表 5.6　cache 的时序方程

	命中时间	未命中时间
直接映射	$t_{hit} = t_{rl} + t_{xb} + t_{ct}$	$t_{miss} = t_{rl} + t_{ct}$
带推测的直接映射	$t_{hit} = t_{rl} + t_{xb}$	$t_{miss} = t_{rl} + t_{ct}$
全相联映射	$t_{hit} = t_{rl} + t_{xb} + t_{ct}$	$t_{miss} = t_{ct}$
组相联映射	$t_{hit} = t_{rl} + t_{xb} + t_{ct}$	$t_{miss} = t_{rl} + t_{ct}$
有路预测的组相联映射	$t_{hit} = t_{rl} + t_{xb} + (1 - F_p)t_{ct}$	$t_{miss} = t_{rl} + t_{ct}$

5.5.2　用于提高性能的设计选项

式（4.5）展示了访问存储器层次结构中的数据的平均时间如下：

$$T_s = \sum_{\text{所有路径}} \left[\text{走某条路径的可能性} \times \text{该路径的持续时间} \right]$$
$$= \sum_{\text{所有路径}} \left[\prod (\text{路径中的总概率}) \times \sum (\text{该路径上的总时间}) \right]$$
$$= \sum_{i=1}^{n} \left[\prod_{j=0}^{i-1} (1 - h_j) h_i \times t_i \right]$$

式中　　n——存储器的级数；

t_i——访问级别 M_i 数据所需的总时间 = 通向命中级别 M_i 的路径中所有时间的总和；

h_i——级别 M_i 的命中率 = 假设存储器访问的数据不在 M_{i-1} 中，则存储器访问的数据在级别 M_i 中的条件概率；

T_s——访问数据所需的平均时间。

可以重新排列以明确显示级别 M_1 的贡献：

$$T_s = h_1 \times t_1 + (1 - h_1) \sum_{i=2}^{n} \left[\prod_{j=2}^{i-1} (1 - h_j) h_1 \times t_i \right] \tag{5.5}$$
$$= h_1 \times t_1 + (1 - h_1) t_{\text{penalty}}$$

其中，如果在级别 M_1 处存在未命中，则 t_{penalty} 是访问数据的平均时间。请注意，t_1 与本节开头定义的 t_{hit} 是相同的量，因为我们指的是级别 M_1。

式（5.5）显示了可以更改的三个不同参数，可以帮助我们更加深入地了解可以采取哪些方法来提高性能。T_s 的值可以通过以下方法之一来减小：降低命中时间 t_1，降低未命中率 $(1 - h_1)$，以及降低未命中惩罚 t_{penalty}。以下是广泛使用的可用于减少其中一个参数的技术列表（见表 5.7）：

表 5.7 cache 性能提升技术

技术	降低 t_1	降低 $(1-h_1)$	降低 $t_{penalty}$
路预测	$\checkmark$		
cache 容量	小	大	
行大小	小	大	
相联度	降低	升高	
更灵活的替换策略		$\checkmark$	
cache 单位	拆分 I-cache 和 D-cache	统一 cache	
预取		$\checkmark$	
写直达		写分配	未分配写操作
关键字优先			$\checkmark$
victim cache			$\checkmark$
更宽的总线			$\checkmark$

- 对于组相联 cache，路预测的使用降低了 t_{hit}（见表 5.6）。

- 更小、更紧凑的 cache 访问时间比更大的 cache 更短，从而减少了 t_{hit}。另外，一般来说，cache 越大，未命中率就越小。

- 由于空间局部性的原因，增加行的大小可以降低未命中率。然而，较大的行意味着在未命中时将花费更多的时间来引入一行。但是，使用由较大行引入 cache 的附加数据的可能性随着行中地址之间距离的增加而降低。在某一时刻，提取未使用的 cache 中的数据所花费的时间会大于通过提高命中率节省的时间。

- 具有预测功能的直接映射 cache 的 t_{hit} 值最小，而全相联映射 cache 的 t_{hit} 值最大（见表 5.6）。另外，增加 cache 的关联性可以通过减少冲突未命中的数量来降低其未命中率，冲突未命中的发生是因为在 cache 中竞争组的行比该组能够容纳的行多。

- 如果 cache 在 I-cache 和 D-cache 之间拆分，则每个 cache 都较小，因此 t_{hit} 降低。但是对于包括指令和数据的总体未命中率而言，统一 cache 更可能降低未命中率。

- 对预测为不久将访问的块进行预取可以降低 t_{hit}。

- 如果将写直达与写分配一起使用，则未命中率应低于写直达且不进行写分配。这是因为导致 cache 未命中的块现在位于 cache 中，并且很可能将来的写入或读取是对同一块的写入或读取。但是，如果没有使用写分配，则完成该操作的时间更短，从而 $t_{penalty}$ 降低。

- 关键字优先策略通过尽快将请求字发送给处理器，而不是等待 cache 行被填满，从而减少了未命中的惩罚。

- 如 5.2 节所述，victim cache 可以用来减少未命中的惩罚。

更宽的存储器总线可以在主存和 cache 之间并行传输更多的字，减少加载整个 cache 块所需的传输次数。这减少了未命中的惩罚时间。

5.6 关键词、思考题和习题

关键词

associative mapping：全相联映射 cache block：cache 块

cache hit：cache 命中

cache line：cache 行

cache memory：cache 存储器，高速缓存

cache miss：cache 缺失，cache 未命中

cache set：cache 组

content-addressable memory：内容可寻址存储器

critical word first：关键字优先

data cache：数据 cache

direct mapping：直接映射

dirty bit：脏位

frame：帧

instruction cache：指令 cache：

line：行

line size：行大小，行容量

logical cache：逻辑 cache

multilevel cache：多级 cache

no write allocate：没有使用写分配

physical cache：物理 cache

replacement algorithm：替换算法

set- associative mapping：组相联映射

split cache：分立 cache

tag：标记

unified cache：统一 cache

use bit：使用位

victim cache

virtual cache：虚拟 cache

write allocate：写分配

write back：写回

write through：写直达

思考题

5.1　直接映射、全相联映射、组相联映射间的区别是什么？

5.2　关联 cache 存储器和内容可寻址存储器之间的区别是什么？

5.3　对于一个直接映射 cache，主存地址可看成由 3 个字段组成。请列出并定义它们。

5.4　对于一个全相联映射 cache，主存地址可以看成由 2 个字段组成。请列出并定义它们。

5.5　对于一个组相联映射 cache，主存地址可看成由 3 个字段组成。请列出并定义它们。

5.6　空间局部性和时间局部性的区别是什么？

5.7　通常，利用时间局部性和空间局部性的策略是什么？

习题

5.1　cache 行大小为 64 字节。要确定一个地址指向 cache 行中的哪个字节，Offset 字段中有多少位？

5.2　一个组相联 cache 由 64 行组成，每组 4 行。主存储器包含 4K 个块，每块 128 字，请表示主存地址的格式。

5.3　一个二路组相联 cache 具有 8KB 容量，每行 16 字节。64MB 的主存是字节可寻址的。请给出主存地址的格式。

5.4　对于十六进制主存地址 111111、666666、BBBBBB，请用十六进制格式表示如下信息：

　　a. 使用图 5.7 的格式的直接映射 cache 的标记、行和字的值。

　　b. 使用图 5.10 的格式的全相联映射 cache 的标记和字的值。

　　c. 使用图 5.13 的格式的二路组相联 cache 的标记、组和字的值。

5.5　请给出下列值：

　　a. 对于图 5.7 给出的直接映射 cache 的例子：地址长度、可寻址单元数、块大小、主存的块数、cache 的行数、标记的位数。

　　b. 对于图 5.10 给出的全相联映射 cache 的例子：地址长度，可寻址单元数、块大小、主存的块数、cache 的行数、标记的位数。

　　c. 对于图 5.13 给出的二路组相联映射 cache 的例子：地址长度、可寻址单元数、块大小、主存的块数、每组的行数、组数、cache 的行数、标记的位数。

5.6 考虑一个 32 位的微处理器，它采用 16KB 片内四路组相联 cache。假设 cache 每行包含 4 个 32 位字。画出此 cache 的框图，并在图中表示其结构和如何使用不同的地址字段来确定 cache 是否命中。存储单元地址 ABCDE8F8 会映射到 cache 的什么地方？

5.7 给出下列外部 cache 存储器的规范：四路组相联，每行包含 2 个 16 位字，总共能容纳主存储器的 4K 个 32 位字；使用可发出 24 位地址的 16 位处理器。利用上述相关信息设计 cache 的结构，并说明它如何转换处理器地址。

5.8 Intel 80486 有一个统一的片内 cache，其容量为 8KB，采用四路组相联结构，每块包含 4 个 32 位字。cache 组织成 128 组，每行有一个 "行有效位" 与另外 3 个位 B0、B1、B2 (LRU 位)。在 cache 未命中时，80486 在一个总线存储器读周期内从主存读取一个 16 字节的行。画出简化的 cache 框图，并说明地址的不同字段是如何转换的。

5.9 考虑一台机器，其主存可以按字节寻址，容量是 2^{16} 字节，块大小为 8 字节。假设该机器使用一个包含 32 行的直接映射 cache。

a. 16 位存储器地址如何划分成标记、行号和字节号？

b. 如下地址的内容将存入 cache 的哪些行？

0001	0001	0001	1011
1100	0011	0011	0100
1101	0000	0001	1101
1010	1010	1010	1010

c. 假设地址 0001 1010 0001 1010 的字节内容存入 cache，那么与它同存一行的其他字节的地址各是什么？

d. 存储器总共有多少字节能保存于 cache 中？

e. 为何标记也保存在 cache 中？

5.10 Intel 80486 采用的替换算法被称为**伪最近最少使用算法**。与 128 个 4 行组（标记为 L0、L1、L2 和 L3）相关的是 3 个位是 B0、B1 和 B2。替换算法工作原理如下：当某一行必须被替换掉时，cache 首先判断最近使用的是来自 L0 和 L1，还是 L2 和 L3，然后判断哪一对块是最近最少使用的，将它标记为替换。图 5.19 说明了此逻辑。

a. 试说明如何设置 B0、B1 和 B2 位，并使用语言描述如何在图 5.19 表示的替换算法中使用它们。

b. 试说明 80486 采用的算法接近于真正的 LRU 算法。提示：考虑最近使用的顺序是 L0、L2、L3 和 L1 的情况。

c. 证明真正的 LRU 算法要求每组 6 位。

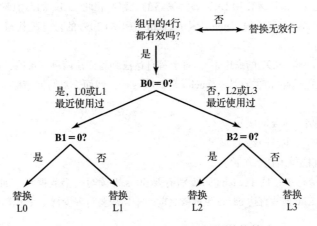

图 5.19 Intel 80486 片上 cache 的替换算法

5.11 一个组相联 cache，每块大小为 4 个 16 位字，组大小为 2，cache 总共能容纳 4096 个字。可缓存的主存容量为 64K × 32 位。设计这种 cache 结构，并说明如何转换处理器的地址。

5.12 考虑一个由 32 位地址字节级寻址的主存和行大小为 64B 的 cache 所组成的存储子系统。

   a. 假定 cache 采用直接映射技术，并且地址中的标记字段为 20 位。请给出地址格式并确定下列参数：可寻址单元数、主存的块数、cache 的行数和标记的长度。

   b. 假定 cache 采用全相联映射技术，请给出地址格式并确定下列参数：可寻址单元数、主存的块数、cache 的行数和标记的长度。

   c. 假定 cache 采用四路组相联映射技术，并且地址中的标记字段为 9 位。请给出地址格式并确定下列参数：可寻址单元数、主存的块数、组中的行数、cache 的组数、cache 的行数和标记的长度。

5.13 考虑一个具有下述特征的计算机：主存 1MB，字长 1B，块大小为 16B，cache 容量为 64KB。

   a. 若为直接映射 cache，请给出主存地址 F0010、01234 和 CABBE 相应的标记、cache 行地址和字偏移。

   b. 若为直接映射 cache，试给出映射到同一 cache 行而有不同标记的两个主存地址。

   c. 若为全相联映射 cache，请给出主存地址 F0010 和 CABBE 相应的标记与字偏移。

   d. 若为二路组相联 cache，请给出主存地址 F0010 和 CABBE 相应的标记、组号与字偏移。

5.14 描述在四路组相联 cache 中实现 LRU 替换算法的简单技术。

5.15 再次考虑例 5.2。若主存使用块传送方式，第一个字的存取时间是 30ns，后续相邻地址的每个字的存取时间是 5ns，答案将发生怎样的变化？

   计算机系统包含容量为 32K × 16 位的主存，且有 4KB 的 cache，每组 4 行，每行 64 个字。假设 cache 初始时是空的，处理器顺序地从存储单元 0，1，2，…，4351 中取数，然后重复这一顺序 9 次，并且 cache 比主存快 10 倍，同时假设块替换使用 LRU 算法。请估算一下使用 cache 后系统性能的改进。

5.16 考虑一个 4 行且每行 16 字节的 cache，主存按每块 16 字节划分，即块 0 有地址 0 到 15 的 16 个字节，等等。现在考虑一个程序，它以如下地址顺序访问主存：

   一次：63～70

   循环 10 次：15～32，80～95

   a. 假设 cache 采用直接映射技术。主存块 0，4，…指派到行 0；块 1，5，…指派到行 1；以此类推。请计算命中率。

   b. 假设 cache 采用二路组相联映射技术，共有两组，每组两行。偶序号块被指派到组 0，奇序号块被指派到组 1。请计算使用 LRU 替换策略的二路组相联 cache 的命中率。

5.17 考虑一个行大小为 64 字节的 cache。假定 cache 中平均 30% 的行是脏数据。一个字由 8 个字节组成。

   a. 假定缺失率为 3%（0.97 的命中率），对于写直达法和写回法两种写策略，通过每指令字节数来计算主存的通信量。由主存读入 cache 是一次一行；然而，对写回策略，一个单字能由 cache 写到主存。

   b. 若缺失率为 5%，重复问题 a。

   c. 若缺失率为 7%，重复问题 a。

   d. 由这些结果你能得出什么结论？

5.18 在存储器层次结构中，低于 cache 的级别需要 60ns 来读写一个数据字。如果 cache 行大小是 8 个字，在写回 cache 比写直达 cache 更高效之前，平均需要写多少行（只计算至少写过一次的行）？

内部存储器

学习目标

学习完本章后，你应该能够：

● 概述半导体主存储器的原理和类型。
● 了解可以检测和纠正 8 位字中的位错误的基本代码操作。
● 概述当代 DDR DRAM 组织的特性。
● 了解 NOR 和 NAND 闪存的区别。
● 概述最新的非易失性固态存储技术。

本章首先概要讨论半导体主存储器子系统，包括 ROM、DRAM 和 SRAM 存储器；然后分析提高存储器可靠性的错误控制技术；最后介绍更先进的 DRAM 体系结构。

6.1 半导体主存储器

在早期的计算机中，主存储器中的随机存取存储器最通用的形式是使用一组环形的铁磁体圈，称为磁心。因此，主存储器通常称为**核心**，这一术语沿用至今。在磁心存储器消失以前，微电子技术已经出现了很久，优势已很明显。目前，几乎所有的主存储器都采用半导体芯片。本节将讨论这一技术的关键方面。

6.1.1 组织

半导体存储器的基本元件是存储位元。虽然有各种电子技术可采用，但所有的半导体存储位元都具有某些相似的性质：

● 呈现两种稳态（或半稳态），分别代表二进制的 1 和 0；
● 能够写入信息（至少一次）来设置状态；
● 能够读出状态信息。

图 6.1 是一个存储位元的操作示意图。最普遍的情况是，每个位元有 3 个能传输电信号的功能端。顾名思义，选择（select）端口用于为读或写操作选择一个存储位元。控制（control）端口指明是读还是写操作。对于写操作，另一端口数据输入（data-in）提供设置位元状态为 1 或 0 的电信号；对于读操作，读出（sense）端口用于输出位元的状态。存储位元的内部结构、功能、时序的细节依赖于所采用的特定的集成电路技术，这超出了本书所要介绍的范围，我们只做简要的总结，目的是简单介绍单个存储位元，它能被选择用于读或写操作。

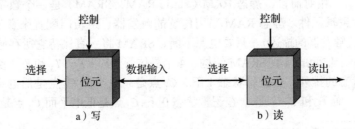

图 6.1　存储器位元操作

6.1.2 DRAM 和 SRAM

本章将讨论的所有存储器类型都是随机存取的，即通过编排的寻址逻辑，直接存取存储器的单个字。

表 6.1 列出了半导体存储器的主要类型。最常用的是**随机存取存储器**（random-access memory, RAM）。当然，这是术语误用，因为表中列出的所有类型的存储器都是随机存取的。RAM 的明显特征是，可以方便快捷地从存储器读取数据和向存储器写入新数据，且读写操作都是通过使用电信号来完成的。

表 6.1　半导体存储器类型

存储器类型	种类	可擦除性	写机制	易失性
随机存取存储器（RAM）	读 – 写存储器	电可擦除，字节级	电	易失
只读存储器（ROM）	只读存储器	不可擦除	掩膜	非易失
可编程 ROM（PROM）				
可擦除 PROM（EPROM）	主要进行读操作的存储器	紫外线可擦除，芯片级	电	
电可擦除 PROM（EEPROM）		电可擦除，字节级		
快闪存储器		电可擦除，块级		

传统 RAM 的另一个明显特征是易失性。RAM 必须持续供电，一旦断电，数据就会丢失。因此，RAM 仅能用于暂时存储。计算机中使用的两种传统的 RAM 形式是 DRAM 和 SRAM。6.6 节讨论的新形式的 RAM 是非易失性的。

动态 RAM　　RAM 技术分为动态和静态两类。**动态 RAM**（dynamic RAM，DRAM）利用电容充电来存储数据，位元中的电容有、无电荷分别代表二进制的 1 或 0。因为电容有漏电的自然趋势，因此动态 RAM 需要周期地充电刷新来维持数据的存储。动态一词就是指这种存储电荷丢失的趋势，即使电源一直在供电。

图 6.2a 是存储 1 位信息的单个位元的典型 DRAM 结构。当要读出或写入该位元的位值时，激励地址线。晶体管像开关一样工作，如果有电压施加到地址线上，晶体管导通；如果无电压施加到地址线上，则晶体管断开（无电流通过）。

对于写操作，一个电压信号施加到位线上：高电压代表 1，低电压代表 0。然后一个信号施加到地址线，允许电荷传输到电容。

对于读操作，当地址线被选中时，晶体管导通，存储在电容上的电荷被送出到位线和读出放大器。读出放大器将此电容电压与参考值进行比较，并确定位元保存的是逻辑 1 还是逻辑 0。位元的读出放掉了电容上的电荷，必须重新存储才算完成本次操作。

虽然 DRAM 位元能用来存储单一位值（0 或 1），但它本质上是一个模拟设备。因为电容能存储一定范围内的任何电荷值，因此必须使用一个阈值来确定该电荷值代表的是 1 还是 0。

静态 RAM　　相对而言，**静态 RAM**（static RAM，SRAM）是一个数字设备，它使用与处理器相同的逻辑元件。静态 RAM 采用传统的触发器、逻辑门配置来存储二进制值（参见第 12 章中有关触发器的描述）。只要电源不断，SRAM 将一直保持它所存储的数据。

图 6.2b 是单个位元的典型 SRAM 结构。4 个晶体管（T_1、T_2、T_3 和 T_4）交叉连接组成一个有稳定逻辑状态的排列。在逻辑状态 1 下，C_1 点是高电平而 C_2 点是低电平，此时，晶体管 T_1 和 T_4 截止，而 T_2 和 T_3 导通$\ominus$。在逻辑状态 0 下，C_1 点是低电平而 C_2 点是高电平，此时，

$\ominus$　T_3 和 T_4 前面的圆圈表示信号反向。

晶体管 T_1 和 T_4 导通,而 T_2 和 T_3 截止。只要直流电源一直供电,这两个状态就都是稳定的。不同于 DRAM,这里不需要刷新来维持数据。

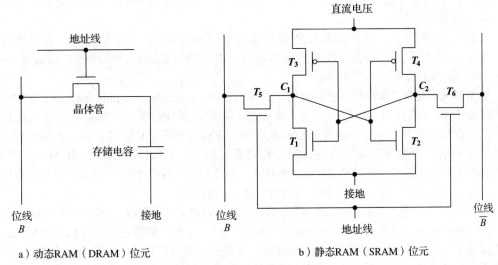

a)动态RAM(DRAM)位元   b)静态RAM(SRAM)位元

图 6.2 典型存储器位元结构

同在 DRAM 中一样,SRAM 地址线用来控制开关是否开通。这里,地址线控制两个晶体管(T_5 和 T_6),当信号施加到地址线上时,两个晶体管导通,允许读/写操作。对于写操作,位值施加到 B 线,位值的补值施加到 $\overline{B}$ 线,这强迫 4 个晶体管(T_1、T_2、T_3 和 T_4)进入一个相应的稳态。对于读操作,位值由 B 线读出。

SRAM 与 DRAM 对比   静态与动态 RAM 都是易失的,即二者都要求电源持续供电才能保存位值。与静态存储器位元相比,动态存储器位元要小,而且电路更简单。因此,与 SRAM 相比,DRAM 的密度要高(较小的位元 = 每单位面积上更多的位元),且价格更便宜。另外,DRAM 要求有支持刷新的电路。但是,对于较大容量的存储器,DRAM 位元较低的可变成本足以补偿刷新电路的固定成本。因此,DRAM 更趋向于满足大容量存储器的需求。最后还需指出,通常 SRAM 要比 DRAM 快。由于这些相对特征,SRAM 一般用于 cache 存储器(片上的或片外的),而 DRAM 则用于主存储器。

6.1.3 ROM 类型

顾名思义,**只读存储器**(read-only memory,ROM)含有不能改变的永久性数据。ROM 是非易失性存储器,即存储器中的数据并不要求供电来维持。ROM 可读,但不能写入新数据。ROM 的一个重要应用是微程序设计,这将在第四部分讨论。其他可能的应用包括:常用功能的子程序库、系统程序、函数表。

对于中等规模的要求,ROM 的优点是数据或程序可永久地保存在主存中,绝不需要从辅存中调入。

制造 ROM 与制造其他集成电路芯片一样,在制造过程中会把数据固化到芯片上。这存在两个问题:

- 固化数据需要较大的固定成本,不论是制造一片还是复制上千片特殊的 ROM。
- 无出错处理机会,如果一位出错,则整批的 ROM 芯片只能报废。

当只需要少量的存储特定内容的 ROM 芯片时,可选择较廉价的**可编程 ROM**(programmable ROM，PROM)。和 ROM 一样，PROM 是**非易失性的**，但它能写入一次，且只能一次。对于 PROM，写过程是用电信号执行，由供应商或用户在芯片出厂后写入一次。需要特殊设备来完成写或"编程"过程。PROM 提供了灵活性和方便性，而 ROM 在大批量生产领域仍具有吸引力。

只读存储器的另一种变体是**主要进行读操作**（read-mostly）的存储器，常用于读操作远多于写操作且要求非易失数据的应用场合。常见的主要进行读操作的存储器有 3 种：EPROM、EEPROM 和快闪存储器。

典型的光可擦除 / 可编程只读存储器（erasable programmable read-only memory，EPROM）与 PROM 一样可读可写。然而，在写入操作前，必须通过让封装芯片暴露在紫外线辐射下使所有的存储位元都被擦除，以还原成初始状态。擦除需要通过让设计在芯片上的窗口在强紫外线下长时间照射来完成。这种擦除过程可重复进行，每次擦除需要约 20 分钟。因此，EPROM 可以修改多次，并且和 ROM、PROM 一样能够长久保存数据。对于等容量的存储器来说，EPROM 比 PROM 更贵，但它具有可多次改写的优点。

更具吸引力的主要进行读操作的存储器形式是**电可擦除 / 可编程只读存储器**（electrically erasable programmable read-only memory，EEPROM）。这种存储器在任何时候都可写入，而无须擦除原先的内容，且只更新寻址到的一个或多个字节。写操作比读操作时间要长得多，每字节需要几百微秒的时间。EEPROM 把非易失性和数据修改灵活的优点结合起来，修改数据时只需要使用常规的控制、地址和数据总线。EEPROM 比 EPROM 贵，且密度低，支持小容量芯片。

另一种半导体存储器是**快闪存储器**（flash memory），由于重编程速度快而得名。快闪存储器在 20 世纪 80 年代中期首次推出，其价格和功能介于 EPROM 和 EEPROM 之间。与 EEPROM 相似，快闪存储器使用电擦除技术，整个快闪存储器可以在一秒或几秒钟内被擦除，速度比 EPROM 快得多。另外，它能擦除存储器中的某些块，而不是整块芯片。快闪存储器用于微芯片中，一次或"一瞬间"可以只擦除一部分存储器位元，因此而得名。然而快闪存储器不提供字节级的擦除。像 EPROM 一样，快闪存储器每位只使用一个晶体管，因此，与 EEPROM 相比较，能获得与 EPROM 一样的高存储密度。

6.1.4　芯片逻辑

与其他集成电路产品一样，半导体存储器也是封装的芯片（如图 1.10 所示）。每块芯片包含一组存储位元阵列。

在整个存储器层次结构中，需要在速度、容量和价格之间进行权衡。当我们考虑芯片的存储位元组织和功能逻辑时，也要做这些权衡。对于半导体存储器，一个关键的设计问题是每次可以读 / 写数据的位数。一种极端的情况是阵列中位元的物理排列与存储器中字的逻辑排列（从处理器的角度看）相同，阵列组织成 W 个字，每个字 B 位。例如，16Mb 的芯片能够组织成 1M 的 16 位字。另一种极端的情况是所谓的每芯片一位的结构，此时数据每次只能读 / 写 1 位。可以用一个 DRAM 来说明存储器芯片的结构，ROM 的结构与之类似，且更简单。

图 6.3 表示了 16Mb DRAM 的一种典型结构。这种情况下，一次读或写 4 位。逻辑上，存储器组织成 4 个 2048 × 2048 的方阵。可以采用各种物理排列。在任一种情况下，阵列元素由行（row）控制线和列（column）控制线连接，每根行控制线连接到它所在行中每个位元的 Select 端口，而每根列控制线连接到相应列中每个位元的 Data-In/Sense 端口。

地址线提供了被选择字的地址，总共需要 $\log_2 W$ 条线。在这个例子中，需要 11 根地址线来选择 2048 行中的一行，这 11 根地址线连接到行译码器的输入线。行译码器有 11 根输入线和 2048 根输出线，其逻辑依据 11 根输入线的位模式激活 2048 根输出线中的一根（$2^{11} = 2048$）。

另外的 11 根地址线可选择 2048 列中的一列，每列由 4 位组成。4 根数据线用于与数据缓冲器交换 4 位数据。输入（写）时，每根位线的位驱动器根据相应数据线的值被激活为 1 或 0；输出（读）时，每根位线的值经过读出放大器，传递到数据线上。行线选择哪一行的位元参与读或写操作。

因为此 DRAM 每次只有 4 位位元参与读 / 写，因此，必须将多片 DRAM 连接到 DRAM 控制器上才能读 / 写一个字到总线上。

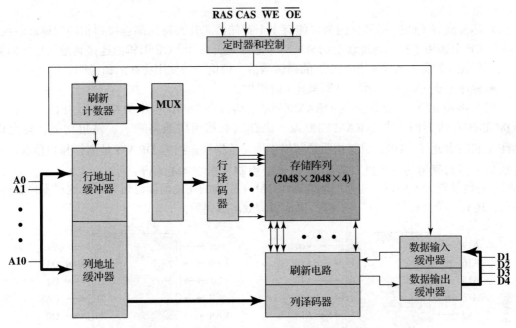

图 6.3 典型的 16Mbit DRAM（4M × 4）

注意，11 根地址线（A0～A10）只是选中 2048×2048 阵列所需地址位数的一半，这样做是为了节省引脚数。22 根需要的地址线通过外部的选择逻辑连接到芯片，并且被复用为 11 根地址线。首先，11 位地址信号传递给芯片去定义阵列的行地址，然后，另 11 位地址信号去定义列地址。伴随着这些信号有行地址选通（$\overline{RAS}$）信号和列地址选通（$\overline{CAS}$）信号，为芯片提供时序控制信号。

写允许（$\overline{WE}$）和输出允许（$\overline{OE}$）引脚确定完成的是写或是读操作。图 6.3 中未示出的另外两个引脚是地（V_{ss}）和电源（V_{cc}）。

此外，地址线的复用和方阵型行列结构的使用，导致每出现新一代存储器芯片，其容量就以 4 倍的方式增长。每增加一个专用的地址引脚，便使行地址和列地址的指示范围加倍，因此存储器芯片的容量以 4 的倍数增长。

图 6.3 中还包含了刷新电路，所有的 DRAM 都需要刷新操作。实际上，简单的刷新技术是使 DRAM 芯片丧失读写能力而刷新所有数据位元。刷新计数器遍历通过所有的行值。对每一行，刷新计数器的值被当作行地址输出到行译码器，并且激活 *RAS* 线，数据被读出后又写回原地址，从而使得相应行的所有位元被刷新。

6.1.5 芯片封装

如同第 2 章所述，集成电路封装成组件，并包含与外界相连接的引脚。

图 6.4a 是一个 EPROM 组件的例子，它是一个 $1M \times 8$ 的 8Mb 芯片组织。此时，这种组织被看成由单个芯片提供整个字（one-word-per-chip）的形式。芯片组件包括 32 个引脚，属于标准的芯片组件尺寸，其引脚包含下列信号线：

- 被访问字的地址。对于 1M 字，总共需要 20（$2^{20} = 1M$）根引脚（A0～A19）。
- 读出的数据，包含 8 根线（D0～D7）。
- 电源（V_{ss}）。
- 地线（V_{cc}）。
- 芯片允许（CE）引脚。因为可能有多个存储器芯片，每片都连接到相同的地址总线，CE 引脚用于指示地址线上的地址对本芯片是否有效。CE 引脚由连接到地址总线的高序位（如高于 A19 的地址位）的逻辑激活。该信号的使用将在后面说明。
- 程序电压（V_{pp}），在编程（写操作）时提供。

图 6.4b 给出了一个典型的 DRAM 引脚结构，此 16Mb 芯片的结构为 $4M \times 4$。它与 ROM 芯片有所不同。由于 RAM 能修改，因此其数据引脚兼备输入、输出功能。写允许（WE）和输出允许（OE）引脚指明是写操作或是读操作。因为 DRAM 是由行和列存取，并且地址是多路复用的，所以只需要 11 根地址引脚来指定 4M 的行/列组合（$2^{11} \times 2^{11} = 2^{22} = 4M$）。行地址选通（RAS）和列地址选通（CAS）引脚的功能前面已讨论过，这里不再赘述。最后，还有一个无连接（NC）引脚，以使引脚数凑成偶数。

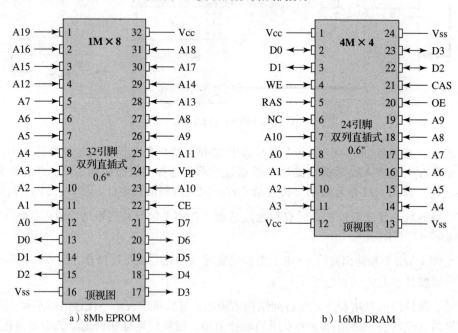

a）8Mb EPROM   b）16Mb DRAM

图 6.4 典型存储器组件的引脚和信号

6.1.6 模块组织

如果一个 RAM 芯片仅仅包含每个字数据的一位，那么，所需的芯片数很显然至少等于每字的位数。例如，图 6.5 表示了一个包含 256K 个 8 位字的存储模块的组织形式。对于

256K 字，需要 18 根地址线，它们从外部提供给存储模块（例如，总线上的地址线连到存储模块）。地址输入到 8 个 256K×1 位的芯片，每片提供 1 位的输入 / 输出数据。

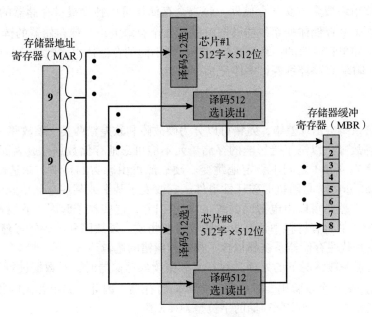

图 6.5　256KB 存储器组织

只要存储器容量等于每个芯片的位数就可以采用这种结构。当要求更大容量的存储器时，则需要芯片的阵列。图 6.6 表示 1M 字的存储器的一种每字 8 位的结构。在此种情况时，有 4 列芯片，每一列都包含如图 6.5 所示的 256K 字。对于 1M 字，需要 20 根地址线，其中低 18 位连接到所有的 32 个模块。高 2 位输入到组选择逻辑模块，由它向 4 列模块的某一列发送芯片允许信号。

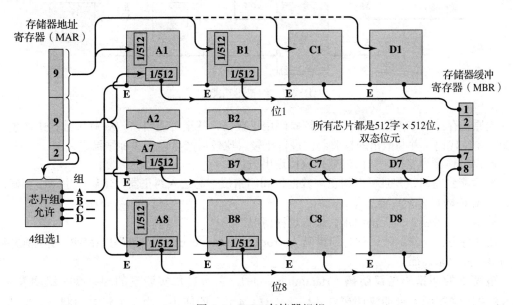

图 6.6　1MB 存储器组织

6.1.7 多体交叉存储器

主存储器由多块 DRAM 芯片组成，大量的芯片能组合形成存储体（memory bank），可以将多个存储体组织成多体交叉存储器。每一个存储体可以独立提供存储器的读或写服务，因此，一个包含 K 个存储体的系统能够同时满足 K 个存取需求，使存储器的读 / 写速度增加到原来的 K 倍。如果存储器的一系列连续字存放在不同的存储体中，则传输一个内存块的速度会明显加快。附录 C 将详细探讨多体交叉存储器。

6.2 纠错

半导体存储系统会出现差错，差错可以分为硬故障和软差错两类。**硬故障**（hard failure）是永久性的物理故障，以至于受影响的存储单元不能可靠地存储数据，成为固定的"1"或"0"故障，或者在 0 和 1 之间不稳定地跳变。硬故障可由恶劣的环境、制造缺陷和旧损引起。**软差错**（soft error）是随机非破坏性事件，它改变了某个或某些存储单元的内容，但没有损坏存储器。软差错可以由电源问题或 α 粒子引起，这些粒子起因于放射性衰减，它们非常普遍，因为几乎所有材料中都有少量的放射性物质。硬故障和软差错显然都不受欢迎，因此，大多数的现代主存储器系统都包含了查错和纠错的逻辑。

图 6.7 给出了一般情况下的处理过程。当数据读入存储器时，对数据进行某种计算（用函数 f 表示）以产生一个校验码，校验码和数据同时存储。因此，如果存储的数据字长是 M 位，而校验码长是 K 位，则实际存储的字长是 $M + K$ 位。

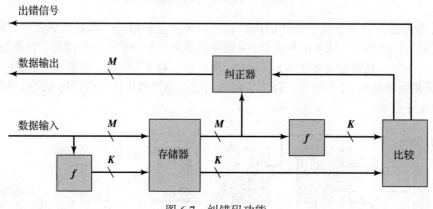

图 6.7 纠错码功能

当原先存储的字被读出时，这个校验码用于查错，甚至可能纠错。从 M 位数据中产生一组新的 K 位代码，并与取出的校验码位进行比较，比较后产生以下 3 种结果之一：
- 没有检测到差错，取出的数据位传送出去。
- 检测到差错，并且可以纠正。数据位和纠错位一起送入纠正器，然后产生一组正确的 M 位数据发送出去。
- 检测到差错，但无法纠正，报告这种情况。

用这种方式操作的代码称为**纠错码**（error correcting code）。纠错码以在字中能检测并纠正的出错位数来表征。

最简单的纠错码是**汉明码**（Hamming code），它由贝尔实验室的理查德·汉明发明。图 6.8 采用维恩图来说明汉明码在 4 位字（$M = 4$）上的使用。由 3 个相交的圆，分割成 7 部分，将数据的 4 位分配给内部的 4 部分（如图 6.8a 所示），其余的部分填入奇偶校验位

（parity bit）。选择适当的校验位，使得每个圆圈中 1 的总数是偶数（如图 6.8b 所示）。由于圆 A 包括 3 个 "1"，因此，这个圆中奇偶位被设置成 "1"。现在，如果数据中有一位出错（如图 6.8c 所示），则很容易发现。通过检查奇偶校验位，发现圆 A 和圆 C 不符合上述规则，所以确定出错位在圆 A 和圆 C 中，而不在圆 B 中（如图 6.8d 所示）。7 部分只有 1 部分是在圆 A 和圆 C 中而不在圆 B 中，因此，改变此位就纠正了错误。

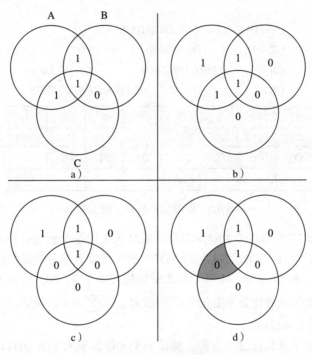

图 6.8　汉明纠错码

为了说明所涉及的概念，我们将设计一种检测和纠正 8 位字中单个位出错的代码。

首先，确定码长，参照图 6.7，比较逻辑接受两个 K 位值作为输入。通过两个输入的 "异或" 运算来进行逐位比较，结果被称为故障字（syndrome word）。根据两个输入的位是否匹配，确定**故障字**的每位是 0 还是 1。

因此，故障字有 K 位宽，其值范围为 $0 \sim 2^K - 1$。0 值表示没有检测到差错，而剩余 $2^K - 1$ 个值则指明当只有一位出错时，出错位是第几位。现在，由于差错可能发生在 M 个数据位或 K 个校验位中的任意一个，因此必须有：

$$2^K - 1 \geqslant M + K$$

这个公式给出了纠正 M 位的数据字中单个位出错所需的位数。例如，对于一个 8 位（$M = 8$）的数据字，我们有

- $K = 3 : 2^3 - 1 < 8 + 3$；
- $K = 4 : 2^4 - 1 > 8 + 4$。

因此，8 个数据位要求 4 个校验位。表 6.2 的前三列给出了各种数据字长所需的校验位数。

为方便起见，我们希望 8 位数据字产生的 4 位故障字具有如下特征：

- 如果故障字全部是 0，则表示没有检测到差错。

- 如果故障字有且仅有 1 位为 1，则错误发生在 4 个校验位中的一位，不需要纠正。
- 如果故障字有多位为 1，则故障位的数据值指明出错的数据位的位置。将这个数据位取反即可纠正。

为获得这些特征，数据位和校验位排列成 12 位的字，如图 6.9 所示。各位的位置编号为 1～12，位置号为 2 的幂次方的位置被定为校验位。校验位可用异或操作（符号为⊕）计算如下：

$$
\begin{aligned}
C1 &= D1 \oplus D2 \oplus D4 \oplus D5 \oplus D7 \\
C2 &= D1 \oplus D3 \oplus D4 \oplus D6 \oplus D7 \\
C4 &= D2 \oplus D3 \oplus D4 \oplus D8 \\
C8 &= \oplus D5 \oplus D6 \oplus D7 \oplus D8
\end{aligned}
$$

位的位置	12	11	10	9	8	7	6	5	4	3	2	1
位置编号	1100	1011	1010	1001	1000	0111	0110	0101	0100	0011	0010	0001
数据位	D8	D7	D6	D5		D4	D3	D2		D1		
校验位					C8				C4		C2	C1

图 6.9　数据位和校验位的安排

每个校验位对那些在相应二进制序列位置编号为 1 的每个数据位位置进行操作。因此，位置 3、5、7、9、11（D1、D2、D4、D5、D7）都在其位置编号的最低位包含一个 1，用来计算 C2；而位置 3、6、7、10、11 都在其次低位包含一个 1，用来计算 C2；如此类推。用另一种方式来看，如果位的位置 n 由几个 C_i 位校验，则 $\sum_i = n$。例如，位置 7 由处于 4、2、1 位置的位校验，且 7=4+2+1。

让我们用一个例子来验证这个方案。假设一个 8 位的输入字为 00111001，数据位 D1 在最右边，计算如下：

$$
\begin{aligned}
C1 &= 1 \oplus 0 \oplus 1 \oplus 1 \oplus 0 = 1 \\
C2 &= 1 \oplus 0 \oplus 1 \oplus 1 \oplus 0 = 1 \\
C4 &= 0 \oplus 0 \oplus 1 \oplus 0 = 1 \\
C8 &= 1 \oplus 1 \oplus 0 \oplus 0 = 0
\end{aligned}
$$

现在，假设数据位 3 遇到一个错误，它由 0 变成为 1。重新计算校验位，有：

$$
\begin{aligned}
C1 &= 1 \oplus 0 \oplus 1 \oplus 1 \oplus 0 = 1 \\
C2 &= 1 \oplus 1 \oplus 1 \oplus 1 \oplus 0 = 0 \\
C4 &= 0 \oplus 1 \oplus 1 \oplus 0 = 0 \\
C8 &= 1 \oplus 1 \oplus 0 \oplus 0 = 0
\end{aligned}
$$

当新的校验位与老的校验位进行比较时，形成故障字：

$$
\begin{array}{ccccc}
 & C8 & C4 & C2 & C1 \\
 & 0 & 1 & 1 & 1 \\
\oplus & 0 & 0 & 0 & 1 \\
\hline
 & 0 & 1 & 1 & 0
\end{array}
$$

结果是 0110，表示出错位是位置 6，即第 3 个数据位。

图 6.10 说明了上述计算过程。8 数据位和 4 校验位被恰当地安排成 12 位字，其中只有 4 个数据位的值是 1（图中用阴影表示）。将 00111001 数据字按上述规则进行异或运算，产

生的汉明码是 0111，它形成 4 个检测数据。存储的整个 12 位字是 001101001111。现在，假设数据的第 3 位，也就是整个 12 位字的第 6 位出错，它由 0 变为 1，则取出的 12 位字是 001101101111，其中的汉明码是 0111。对其中的数据位按上述规则进行异或产生的新汉明码是 0001。将新汉明码与取出的汉明码按位异或产生故障字 0110，该非零结果检测出 1 位错并指出第 6 位出错。

位的位置	12	11	10	9	8	7	6	5	4	3	2	1
位置编号	1100	1011	1010	1001	1000	0111	0110	0101	0100	0011	0010	0001
数据位	D8	D7	D6	D5		D4	D3	D2		D1		
校验位					C8				C4		C2	C1
存入字	0	0	1	1	0	0	0	0	1	1	1	1
取出字	0	0	1	1	0	1	1	0	1	1	1	1
位置编号	1100	1011	1010	1001	1000	0111	0110	0101	0100	0011	0010	0001
校验位					0				0		0	1

图 6.10 校验位计算

刚才描述的代码被称为**单纠错**（single-error-correcting，SEC）码。而半导体存储器更常用的是**单纠错双检错**（single-error-correcting, double-error-detecting, SEC-DED）码。如表 6.2 所示，SEC-DED 码与 SEC 码相比，多一个附加位。

表 6.2 带纠错码的字长增加情况

	单纠错		单纠错 / 双检错	
数据位	校验位	增加的百分率（%）	校验位	增加的百分率（%）
8	4	50.0	5	62.5
16	5	31.25	6	37.5
32	6	18.75	7	21.875
64	7	10.94	8	12.5
128	8	6.25	9	7.03
256	9	3.52	10	3.91

图 6.11 说明了这种代码如何对 4 位数据字进行工作。序列显示，如果有两个错误发生（如图 6.11c 所示），则校验过程误入歧途（如图 6.11d 所示），并产生第 3 个差错（如图 6.11e 所示），使问题变得糟糕。为了避免这种情况，增加一个第 8 位，使图中"1"的总数为偶数。于是，这个附加的奇偶校验位捕捉到差错（如图 6.11f 所示）。

纠错码以增加复杂性为代价来提高存储器的可靠性。对于每片一位的组织，通常采用 SEC-DED 码。例如，在 IBM 30xx 的实现中，主存中每 64 位数据采用了 8 位的 SEC-DED 码。因此，主存的实际容量比用户见到的容量要大 12%。VAX 计算机的存储器中每 32 位采用 7 位 SEC-DED 码，从而有 22% 的额外开销。现代 DRAM 系统的开销可能在 7%～20% 之间 [SHAR03]。

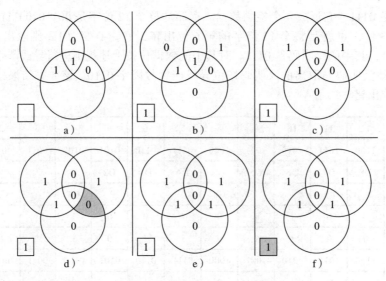

图 6.11　汉明 SEC-DED 码

6.3 DDR DRAM

正如第 1 章所述，在使用高性能处理器时，最严重的系统瓶颈之一是处理器与内部主存储器的接口，该接口是整个计算机系统最重要的路径。从几十年前到现在，主存储器的基本构件仍然是 DRAM 芯片。从 20 世纪 70 年代早期起，DRAM 结构一直没有发生任何显著的变化。传统的 DRAM 芯片受限于其内部结构及其与处理器的存储总线的连接。

我们看到，解决 DRAM 主存储器性能问题的一种方法是，在 DRAM 主存储器和处理器之间插入一级或多级高速 SRAM cache。但是 SRAM 比 DRAM 贵得多，扩展 cache 容量超过一定限度时，将得不偿失。

在过去的几年中，人们开发了许多对基本 DRAM 结构的增强功能。现在占据市场的几种方案是 SDRAM 和 DDR-DRAM。本节将一一分析这些方案。

6.3.1 SDRAM

DRAM 最广泛使用的一种形式是 **SDRAM**（synchronous DRAM，同步 DRAM）。SDRAM 与传统的 DRAM（异步的）不同，它与处理器的数据交换同步于外部的时钟信号，并且以处理器 / 存储器总线的最高速度运行，而不需要插入等待状态。

在典型的 DRAM 中，处理器将地址和控制信号提供给存储器，表示存储器中特定单元的一组数据应该被读出或写入 DRAM。经过一段延时（即存取时间），DRAM 写入或者读出数据。在存取时间延迟中，DRAM 执行各种内部功能，如激活行地址线或列地址线的高电容，读取数据，以及通过输出缓冲将数据输出。在这段时延中，处理器只能处于等待状态，这降低了系统的性能。

有了同步存取机制，DRAM 就能在系统时钟的控制下输入输出数据。处理器或其他主控器发出指令和地址信息，它们被 DRAM 锁存。然后，DRAM 在几个时钟周期后响应。与此同时，在 SDRAM 处理请求时，主控器能安全地做其他事情。

图 6.12 显示了典型的 256Mb SDRAM 的内部逻辑，这是一个典型的 SDRAM 组织结构。表 6.3 给出了芯片引脚分配。SDRAM 采用爆发方式来消除地址建立时间和第一次存取之后

行线和列线的预充电时间。在爆发方式中，访问第 1 位以后，一系列的数据位能够快速地随着时钟输出。当要访问的所有位是顺序的并且与访问的第 1 位处于阵列中的同一行时，这种方式非常有用。此外，SDRAM 的多存储体内部结构改进了片内的并行性。

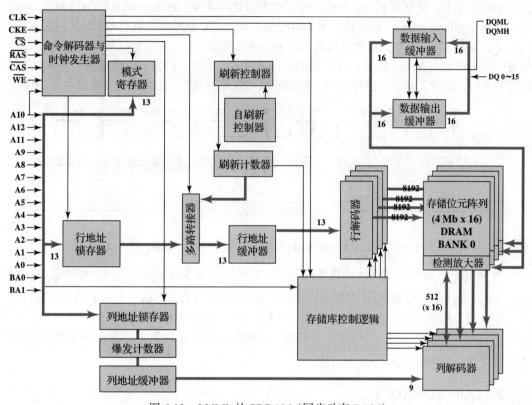

图 6.12　256Mb 的 SDRAM（同步动态 RAM）

表 6.3　SDRAM 芯片引脚分配

A0～A13	地址输入
BA0, BA1	存储库地址线
CLK	时钟输入
CKE	时钟允许
$\overline{CS}$	芯片选择
$\overline{RAS}$	行地址选通
$\overline{CAS}$	列地址选通
$\overline{WE}$	写允许
DQ0～DQ7	数据输入 / 输出
DQM	数据屏蔽

　　模式寄存器和相关的控制逻辑是 SDRAM 不同于传统的 DRAM 的另一个关键特点，它提供了定制 SDRAM 以满足特定系统需求的机制。模式寄存器指定了爆发存取长度，该长度是同步地向总线发送数据的单元个数。该寄存器也允许程序员调整从接受读请求到开始数据传输的延迟时间。

　　SDRAM 在连续传输大数据块时性能最佳，例如字处理、电子表格和多媒体等应用。

图 6.13 给出了 SDRAM 操作的**时序图**例子。时序图在一条线路上显示信号电平与时间的函数关系。按照惯例,二进制 1 信号电平被描述为比二进制 0 信号电平更高的电平。通常,二进制 0 是默认值。也就是说,如果没有数据或其他信号正在传输,那么线路上的电平就是表示二进制 0 的电平。从 0 到 1 的信号转换通常称为信号的前沿(leading edge);从 1 到 0 的转换称为后沿(trailing edge)。这种转变不是瞬时的,但与信号电平的持续时间相比,这种转变时间通常较少。为清楚起见,通常将过渡描述为一条角度线,它夸大了过渡所需的相对时间。信号有时以组的形式表示,如图 6.13 中的阴影区域所示。例如,如果一次传输一个字节的数据,则需要 8 行。通常,知道在这样的组上传输的确切值并不重要,重要的是知道信号是否存在。

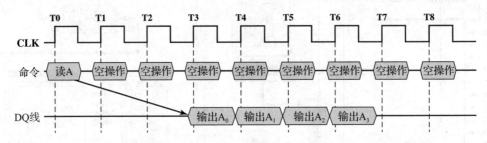

图 6.13 SDRAM 读操作时序(爆发存取长度 =4,$\overline{CAS}$ 延时 =2)

对于图 6.13 给出的 SDRAM 操作的例子,此情况下爆发存取长度是 4,延时是 2。在时钟上升沿,通过使 $\overline{CS}$ 和 $\overline{CAS}$ 为低电平而同时保持 $\overline{RAS}$ 和 $\overline{WE}$ 为高电平来启动爆发读命令。地址输入确定爆发存取的起始行地址,模式寄存器设置爆发的类型(顺序的或交错的)和爆发存取长度(1,2,4,8,全页)。从命令开始到第 1 个位元的数据出现在输出线上的延时等于模式寄存器中设置的 $\overline{CAS}$ 延时值。

6.3.2 DDR SDRAM

虽然 SDRAM 是对异步 RAM 的重大改进,但它仍然存在不必要地限制可实现的 I/O 数据速率的缺点。为了解决这些缺点,较新版本的 SDRAM(称为双倍数据速率 DRAM,DDR DRAM)提供了几个显著提高数据速率的功能。DDR DRAM 是由 JEDEC(电子设备工程联合委员会)固态技术协会开发的,JEDEC 固态技术协会是电子工业联盟的半导体工程标准协会。许多公司都在制造 DDR 芯片,它们被广泛地用于桌面计算机和服务器。

DDR 通过三种方式实现更高的数据速率。第一,数据传输同步到时钟的上升沿和下降沿,而不仅仅是上升沿。这使数据速率加倍;因此有了术语**双倍数据速率**。第二,DDR 在总线上使用更高的时钟速率来提高传输速率。第三,使用缓冲方案,如后面解释的那样。

JEDEC 迄今已定义了四代 DDR 技术(见表 6.4)。初始的 DDR 版本使用 2 位的预取缓冲器。预取缓冲器是一个置于 SDRAM 芯片上的 cache 存储器。它使 SDRAM 芯片能够尽可能快地将位放置在数据总线上。DDR 的 I/O 总线使用与存储器芯片相同的时钟速率,但是因为它可以每周期处理两位,所以它实现的数据速率是时钟速率的两倍。两位预取缓冲器使 SDRAM 芯片能跟上 I/O 总线的速率。

表 6.4 DDR 特性

	DDR1	DDR2	DDR3	DDR4
预取缓冲器(位)	2	4	8	8
电压电平(V)	2.5	1.8	1.5	1.2
前端总线数据速率(Mbit/s)	200~400	400~1 066	800~2 133	2 133~4 266

要理解预取缓冲器的操作，我们需要从字传输的角度来看它。预取缓冲器的大小决定每次使用 DDR 存储器执行列命令时（跨多个 SDRAM 芯片）提取的数据字数。因为 DRAM 的内核比接口慢得多，所以通过并行访问信息，然后通过多路复用器（MUX）将信息串行化出接口来弥合差异。因此，DDR 预取两个字，这意味着每次执行读取或写入操作时，都会对两个数据字执行读取或写入操作，并在两个时钟沿上的一个时钟周期内爆发出或写入 SDRAM，总共进行两次连续操作。因此，DDR 的 I/O 接口的速度是 SDRAM 内核的两倍。

虽然每一代新的 SDRAM 的容量都更大，但 SDRAM 的核心速度并没有在一代又一代之间发生明显的变化。为了获得比 SDRAM 时钟速率适度提高所提供的数据速率更高的数据速率，JEDEC 增加了缓冲器大小。对于 DDR2，使用 4 位缓冲器，允许并行传输字，将有效数据速率提高 4 倍。对于 DDR3，使用 8 位缓冲器，实现 8 倍的加速比（见图 6.14）。

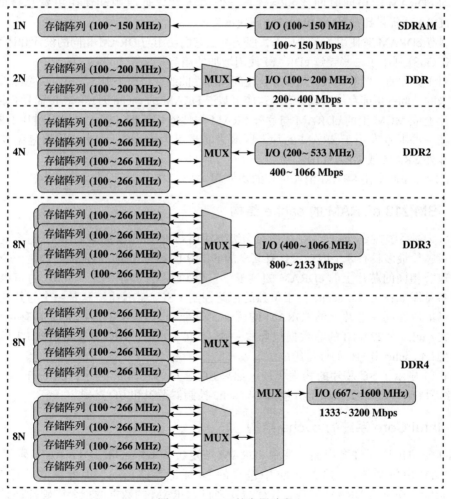

图 6.14　DDR 的发展阶段

预取的缺点是它固定了 SDRAM 的最小爆发长度。例如，在 DDR3 的预取为 8 个字的情况下，要获得 4 个字的有效爆发长度是非常困难的。因此，JEDEC 设计者选择不将 DDR4 的缓冲区大小增加到 16 位，而是引入**存储库组**（bank group）的概念 [ALLA13]。存储库组是单独的实体，使得它们允许列周期在一个存储库组内完成，但是该列周期不影响在另一个存储库组中正在发生的事情。因此，两个 8 位的预取可以在两个存储库组中并行操作。这种安排使预取缓冲器大小与 DDR3 相同的同时提高了性能，就好像预取更大一样。

图 6.14 显示了具有两个存储库组的配置。使用 DDR4 的话，最多可使用 4 个存储库组。

6.4 eDRAM

在存储器层次结构中使用的一种常用的技术是嵌入式 DRAM（eDRAM）。eDRAM 是集成在专用集成电路（ASIC）或微处理器的同一芯片或 MCM 上的 DRAM。对于许多指标，eDRAM 介于片内 SRAM 和片外 DRAM 之间：

- 对于相同的表面积，eDRAM 提供了比 SRAM 更大但比片外 DRAM 更小的存储器。
- 与作为外部存储器的同等独立 DRAM 芯片相比，eDRAM 的每位成本更高，但它的每位成本低于 SRAM。
- 对 eDRAM 的访问时间比 SRAM 长，但由于其邻近原则和使用更宽总线的能力，eDRAM 提供比 DRAM 更快的访问速度。

在制造 eDRAM 时使用了多种技术，但基本上它们使用与 DRAM 相同的设计和体系结构。[JACO08] 列出了一些导致 eDRAM 使用增加的趋势：

- 对于更大的系统和高端应用程序，空间局部性曲线变得更平坦、更宽，这意味着即将到来的访问的可能存储区域更大。这使得基于 DRAM 的 cache 因其位密度而具有吸引力。
- 片上或 MCM 上的 eDRAM 与片外 SRAM 的性能相匹配，因此可以通过用 DRAM 替换一些原本专用于 SRAM 的片上区域来实现更大的 cache 大小，从而避免或减少对片外 SRAM 或 DRAM 的需要。
- eDRAM 通常比 SRAM 消耗更少的功率。

6.4.1 IBM z13 eDRAM 的 cache 结构

IBM z13 系统在 cache 层次结构的两个级别使用 eDRAM（参见图 4.10）。每个处理器单元（PU）芯片最多具有 8 个内核，具有共享的 64MB 的 eDRAM L3 cache。这是一个集成在与微处理器相同的芯片上的 eDRAM 的例子。三个 PU 芯片共享一个 480MB 的 eDRAM L4 cache（参见图 6.18），L4 cache 位于单独的存储控制（SC）芯片上。这是一个与其他存储器相关逻辑集成在同一芯片上的 eDRAM 的例子。每个 SC 芯片上的 L4 cache 具有 480MB 的非包含式 cache 和 224MB 的非数据包含式一致（NIC）目录。NIC 目录由指向 L3 拥有的但未包含在 L4 cache 中的行的标记组成。

图 6.15 显示了 SC 芯片的物理布局。如果 SC 芯片的表面积专用于 L4 cache 和 NIC 目录，则约为 60%。芯片的其余部分包括 L4 cache 控制器逻辑和 I/O 逻辑。

6.4.2 Intel Core 系统的 cache 结构

Intel 公司出厂了许多产品，其中 eDRAM 被定位为 L4 cache。图 6.16a 显示了这种安排。eDRAM 由每个核心的 L3 cache 中包含的 L4 标记存储访问，因此更多地像是 L3 的 victim cache，而不是 DRAM 实现。任何需要来自 eDRAM 的数据的指令或硬件都必须通过 L3 并进行 L4 标记转换，从而限制了其潜力。

在较新的产品中，Intel 将 eDRAM 从 L4 cache 的位置移除，如图 6.16b 所示。这消除了 eDRAM 的容量和内核数量之间的不需要的依赖关系。在这种新的安排中，eDRAM 实际上不再是真正的 L4 cache，而是存储器侧 cache。这具有许多好处，例如，通过存储器控制器的每个存储器访问都可以在 eDRAM 中查找。如果命中结果令人满意，则从那里获取该值。在未命中时，将分配一个值并将其存储在 eDRAM 中。因此，eDRAM 不再充当伪 L4 cache，而是成为 DRAM 缓冲器，并自动对需要访问 DRAM 的任何软件（CPU 或 IGP）透明。因此，通过系统代理通信的其他硬件（例如 PCIe 设备或芯片组中的数据）需要 DRAM 中的信息，不需要在处理器的 L3 cache 中查找。

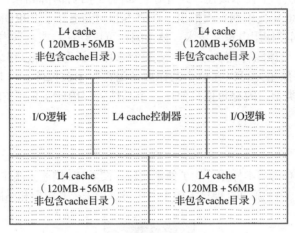

图 6.15　IBM z13 存储控制（SC）芯片布局

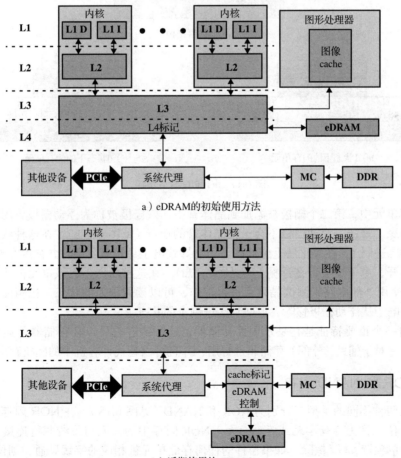

a）eDRAM的初始使用方法

b）近期使用的eDRAM

MC=存储器控制器

图 6.16　eDRAM 在 Intel Core 系统中的使用

6.5 闪存

半导体存储器的另一种形式是闪存。闪存既可用于内部存储器，也可用于外部存储器应用。在这里，我们提供一个技术概述，并看看它如何用于内部存储器。

闪存在 20 世纪 80 年代中期首次推出，在成本和功能上介于 EPROM 和 EEPROM 之间。与 EEPROM 类似，闪存使用电擦除技术。整个闪存可以在一秒或几秒内擦除，这比 EPROM 快得多。此外，可以只擦除存储块，而不是整个芯片。闪存之所以得名，是因为微芯片的组织方式使得一段存储单元可以在单个动作或"闪存"中被擦除。但是，闪存不提供字节级擦除。与 EPROM 类似，闪存每位只使用一个晶体管，因此实现了 EPROM 的高密度（与 EEPROM 相比）。

6.5.1 操作

图 6.17 说明了闪存的基本操作。为了便于比较，图 6.17a 描述了晶体管的运行情况。晶体管利用半导体的特性，因此施加在栅极上的小电压可以用来控制源极和漏极之间大电流的流动。

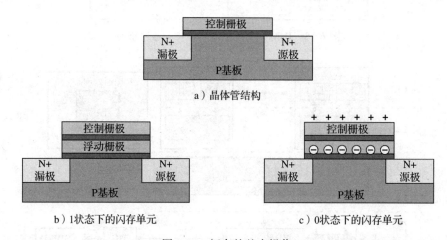

图 6.17　闪存的基本操作

在闪存单元中，第二个栅极被添加到晶体管中，该栅极被称为浮动栅极，因为它由薄薄的氧化层绝缘。最初，浮动栅极不会干扰晶体管的运行（见图 6.17b）。在这种状态下，单元被认为代表二进制 1。在氧化层上施加高电压会导致电子穿过氧化层，并被困在浮动栅极上，即使电源断开，电子也会留在浮栅上（见图 6.17c）。在这种状态下，该单元被认为代表二进制 0。通过使用外部电路来测试晶体管是否工作，可以读取单元的状态。在相反方向上施加大电压会将电子从浮动栅极移除，返回到二进制 1 的状态。

闪存的一个重要特征是它是永久性存储器，这意味着它可以在存储器不通电时保留数据。因此，它对于辅助（外部）存储非常有用，并且可以替代计算机中的随机存取存储器。

6.5.2 NOR 和 NAND 闪存

闪存有两种不同的类型，分别为 NOR 和 NAND（见图 6.18）。在 NOR 闪存中，存取的基本单位是位，称为存储单元或存储位元。NOR 闪存中的单元与位线并行连接，从而每个单元可以被单独读 / 写 / 擦除。如果器件的任何存储单元被相应的字线导通，则位线变为低。这在功能上类似于 NOR 逻辑门⊖。

⊖ 有关 NOR 和 NAND 门的讨论，请参阅第 12 章。

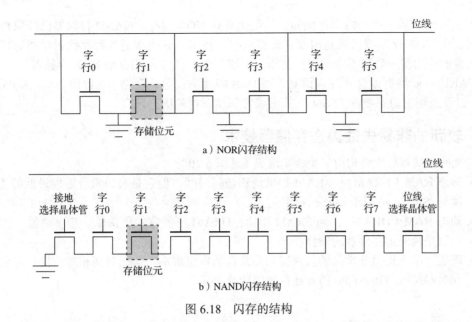

图 6.18 闪存的结构

NAND 闪存由 16 或 32 个晶体管串联组成晶体管阵列。仅当对应字的线路中的所有晶体管都导通时，位线才变低。这在功能上类似于 NAND 逻辑门。

尽管 NOR 和 NAND 各特征的具体量化值在逐年变化，但两种类型之间的相对差异保持稳定。图 6.19 的 Kiviat 图⊖很好地说明了这些差异。

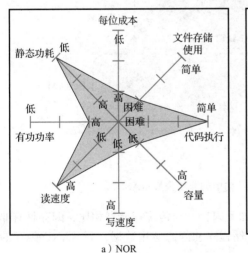

a）NOR

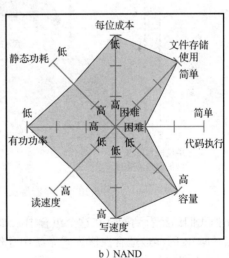

b）NAND

图 6.19 闪存的 Kiviat 图

NOR 闪存提供高速随机存取。它可以对特定位置读取和写入数据，并且可以访问和检索单个字节。NAND 以小块为单位进行读写。NAND 提供比 NOR 更高的位密度和更快的写入速度。NAND 闪存不提供随机访问外部地址总线，因此必须按块读取数据（也称为页面访问），其中每个块保存数百到数千位。

⊖ Kiviat 图提供了一种沿着多变量比较系统的图形化方法 [MORR74]。变量被布置成圆内等角距的线，每条线从圆的中心伸到圆周。给定的系统由每条线上的一个点定义；越接近圆周，数值越好。这些点被连接以产生该系统特有的形状。形状中包含的面积越大，系统就越"好"。

对于嵌入式系统中的内部存储器，传统上首选 NOR 闪存。NAND 存储器已经取得了一些进展，但 NOR 存储器仍然是内部存储器的主导技术。它非常适合程序代码量相对较小且一定数量的应用程序数据不变的微控制器。例如，图 1.16 中的闪存是 NOR 存储器。

NAND 存储器更适合外部存储器，如 USB 闪存驱动器、存储卡（数码相机、MP3 播放器等）以及所谓的固态磁盘（SSD）。我们将在第 7 章讨论固态硬盘。

6.6 较新的非易失性固态存储器技术

传统的存储器层次结构由三个级别组成（见图 6.20）：

- **静态 RAM（SRAM）**：SRAM 提供快速访问时间，但它是最昂贵且密度最低的（位密度）。SRAM 适用于 cache 存储器。
- **动态 RAM（DRAM）**：与 SRAM 相比，DRAM 更便宜、更密集、速度更慢，传统上一直是片外主存储器的选择。
- **硬盘**：磁盘提供非常高的位密度和非常低的每位成本，访问时间相对较慢。它是作为存储器层次结构一部分的外部存储的传统选择。

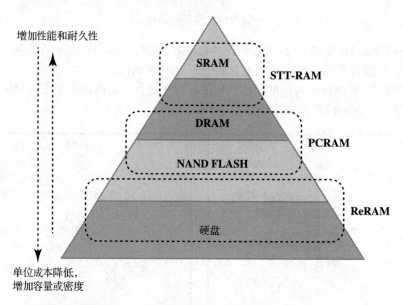

图 6.20 存储器层次结构中的非易失性 RAM

正如我们已经看到的，在这个组合中添加了闪存。与传统存储器相比，闪存具有非易失的优点。NOR 闪存最适合在嵌入式系统中存储程序和静态应用数据，而 NAND 闪存的特性介于 DRAM 和硬盘之间。

随着时间的推移，这些技术中的每一种都在扩展方面有所改进：更高的位密度、更高的速度、更低的功耗和更低的成本。然而，对于半导体存储器来说，继续保持改进的速度变得越来越困难 [ITRS14]。

最近，在开发新形式的非易失性半导体存储器方面取得了突破性进展，这些存储器继续扩展到闪存之外。最有前途的技术是自旋转移扭矩 RAM（STT-RAM）、相变 RAM（PCRAM）和电阻 RAM（ReRAM）（[ITRS14][GOER12]），所有这些都在批量生产。然而，由于 NAND 闪存和一定程度上的 NOR 闪存仍在主导应用，这些新兴的存储器已被用于特殊应用，尚未兑现其最初的承诺，即成为占主导地位的高密度非易失性存储器。未来几年，这种情况可能会改变。

图 6.20 显示了这三种适应存储器层次结构的技术。

6.6.1 STT-RAM

STT-RAM 是一种新型的**磁性 RAM**，具有非易失性、读 / 写速度快（<10ns）、高编程耐久性（>10^{15} 周期）和零待机功率 [KULT13] 等特点。MRAM 的存储容量或可编程性来源于磁性隧道结（MTJ），其中在两个铁磁层之间夹有薄的隧道介质。一个铁磁层（参考层）被设计为使其磁化被钉扎，而另一层（自由层）的磁化可以通过写入事件反转。如果自由层和参考层的磁化平行（反平行），则 MTJ 具有低（高）电阻。在第一代 MRAM 设计中，自由层的磁化强度是由电流感应磁场改变的。在 STT-RAM 中，引入了一种新的写入机制，称为极化电流诱导磁化切换。对于 STT-RAM，自由层的磁化强度直接由电流反转。由于切换 MTJ 电阻状态所需的电流与 MTJ 单元面积成正比，因此 STT-RAM 被认为比第一代 MRAM 具有更好的缩放特性。图 6.21a 显示了一般配置。

STT-RAM 是 cache 或主存的好选择之一。

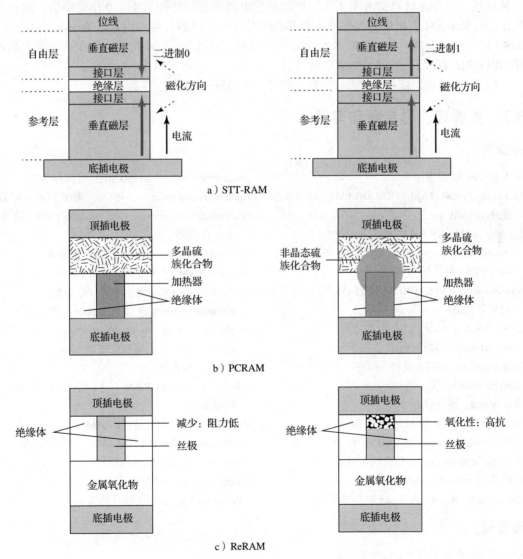

a）STT-RAM

b）PCRAM

c）ReRAM

图 6.21　非易失性 RAM 技术

6.6.2 PCRAM

相变随机存储器（PCRAM）是目前最成熟的新技术，拥有大量的技术文献（[RAOU09] [ZHOU09] 和 [LEE10]）。

PCRAM 技术基于硫化物合金材料，类似于光存储介质（光盘和数字多功能光盘）中常用的材料。数据存储能力是通过硫化物材料的非晶相（高阻）和晶相（低阻）之间的电阻差来实现的。在 SET 操作中，相变材料通过施加电脉冲来结晶，该电脉冲将电池的很大一部分加热到其结晶温度以上。在复位操作中，施加更大的电流，然后突然切断，以便熔化然后淬火，使其处于非晶态。图 6.21b 显示了一般配置。

PCRAM 是替代或补充 DRAM 作为主存的一个很好的选择。

6.6.3 ReRAM

ReRAM（也称为 RRAM）的工作原理是产生电阻，而不是直接存储电荷。电流作用于一种材料，改变该材料的电阻。然后可以测量电阻状态，并读取 1 或 0 作为结果。到目前为止，在 ReRAM 上所做的大部分工作都集中在寻找合适的材料和测量电池的电阻状态上。ReRAM 的设计是低电压的，耐久性远远优于闪存，而且单元要小得多，至少在理论上是这样。图 6.21c 显示了一个 ReRAM 的配置。

ReRAM 是替代或补充辅助存储和主存的一个很好的选择。

6.7 关键词、思考题和习题

关键词

bank group：存储库组

double data rate DRAM（DDR DRAM）：双倍数据速率 DRAM

dynamic RAM（DRAM）：动态 RAM

electrically erasable programmable ROM（EEPROM）：电可擦除 / 可编程 ROM

erasable programmable ROM（EPROM）：可擦除 / 可编程 ROM

error correcting code（ECC）：纠错码

error correction：错误纠正

flash memory：快闪存储器，闪存

Hamming code：汉明码

hard failure：硬故障

magnetic RAM（MRAM）：磁性 RAM

NAND flash memory：NAND 闪存

nonvolatile memory：非易失性存储器

NOR flash memory：NOR 闪存

phase-change RAM（PCRAM）：相变 RAM

programmable ROM（PROM）：可编程 ROM

random access memory（RAM）：随机存取存储器

read-mostly memory：主要进行读操作的存储器，主读存储器

read-only memory（ROM）：只读存储器

resistive RAM（ReRAM）：电阻 RAM

semiconductor memory：半导体存储器

single-error-correcting（SEC）code：单纠错码

single-error-correcting, double-error-detecting（SEC-DED）code：单纠错双检错码

soft error：软差错

spin-transfer torque RAM（STT-RAM）：自旋转移扭矩 RAM

static RAM(SRAM)：静态 RAM

synchronous DRAM（SDRAM）：同步 DRAM

syndrome：故障，综合故障

timing diagram：时序图

volatile memory：易失性存储器

思考题

6.1 半导体存储器的主要性质是什么？

6.2 术语"随机存取存储器"在使用上有哪两种含义？

6.3　DRAM 和 SRAM 在应用上有何不同？

6.4　在速度、容量、成本等特性方面，DRAM 和 SRAM 有何区别？

6.5　说明为什么一种类型的 RAM 被认为是模拟设备，而另一种类型的 RAM 被认为是数字设备。

6.6　试给出 ROM 的一些应用。

6.7　EPROM、EEPROM 和快闪存储器三者之间有何不同？

6.8　解释图 6.4b 中每个引脚的功能。

6.9　什么是奇偶校验位？

6.10　如何解释汉明码的故障字？

6.11　SDRAM 如何不同于普通的 DRAM？

6.12　什么是 DDR RAM？

6.13　NAND 和 NOR 闪存有什么不同？

6.14　列出并简要定义三种较新的非易失性固态存储器技术。

习题

6.1　传统的 RAM 被组织成每芯片只有一位，而 ROM 通常被组织成每芯片多位，请说明原因。

6.2　考虑动态 RAM 每毫秒必须刷新 64 次，每次刷新操作需要 150ns，而一个存储周期需要 250ns。试问：必须将存储器总操作时间的百分之几用于刷新？

6.3　图 6.22 给出了一个 DRAM 经由总线进行读操作的简化时序。存取时间被认为是由 t_1 到 t_2，然后是再充电时间，从 t_2 延续到 t_3，在此期间 DRAM 芯片必须再充电，然后处理器才能再次访问它们。

　　a. 假定存取时间是 60ns，再充电时间是 40ns。试问：存储周期时间是多少？假定 1 位输出，这个 DRAM 所支持的最大数据传输率是多少？

　　b. 使用这些芯片构成一个 32 位宽的存储系统，其产生的数据传输率是多少？

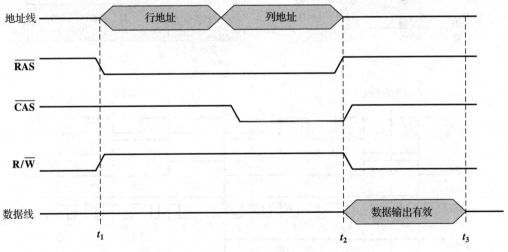

图 6.22　简化的 DRAM 读时序

6.4　图 6.6 指出如何利用 4 个 256KB 的芯片组来构成一个能存储 1MB 的芯片模块。假定该芯片模块已包裹成为一个独立的 1MB 芯片，其字长是 1 字节。请画出使用 8 个 1MB 的芯片来构成一个 8MB 存储器的连接图。请确定在你的图中画有地址线，并说明它们的用途。

6.5　在一个经系统总线连接 DRAM 存储器的典型 Intel 8086 系统上，由地址允许信号的下降沿启动 $\overline{\text{RAS}}$ 有效，从而开始 DRAM 芯片的读操作（见附录 A 中的图 A.1）。然而，由于线路传播延迟和其他延迟，使地址允许信号变低后再经历50ns才使 $\overline{RAS}$ 有效。假定 $\overline{RAS}$ 开始有效出现在 T_1 状态的后一半的中间（比图 A.1 中所示的快一点），在 T_3 的终端处理器读入数据。然而，为了使数据适时提交给处理器，存储器必须先于60ns提供数据。这个时间间隔考虑到沿数据路径（由存储器到处理器）的传播延迟和处理器数据保持时间的要求。假定时钟速率是10MHz。

a. 如果没有插入等待状态，则DRAM应多快（存取时间）？

b. 如果DRAM的存取时间是150ns，则每次存储器的读操作应插入多少个等待状态？

6.6　一个特定的微计算机的存储器由 $64K \times 1$ 的DRAM芯片构成。依据数据资料可知，DRAM芯片的位元阵列组织成256行，每行每4ms必须至少刷新一次。假定系统严格按照此要求周期性地刷新该存储器。

a. 连续刷新请求之间的时间周期是多少？

b. 所需的刷新地址计数器是多少位？

6.7　图 6.23 显示了一种早期的SRAM，它是一个 16×4 的 Signetics 7489 芯片。

a. 列出图 6.23c 中给出的每个 $\overline{CS}$ 输入脉冲下的芯片操作模式。

b. 列出在脉冲 n 后，字位置 0～6 的存储器内容。

c. 对输入脉冲 h～m，数据输出线的状态是什么？

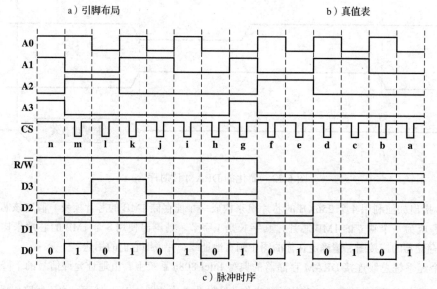

a）引脚布局

操作模式	输入			输出
	$\overline{CS}$	R/$\overline{W}$	Dn	On
写	L	L	L	L
	L	L	H	H
读	L	H	X	数据
禁止写	H	L	L	H
	H	L	H	L
存储–禁止输出	H	H	X	H

H=高电平
L=低电平
X=无关紧要

b）真值表

c）脉冲时序

图 6.23　Signetics 7489 SRAM

6.8 使用容量为 64×1 位的 SRAM 芯片设计一个总容量为 8192 位的 16 位存储器。要求给出芯片在存储器板上的阵列配置，画出为存储器分配最低地址空间所要求的输入和输出信号，并且该设计应既能满足以字节存取，又能满足以 16 位字存取。

6.9 测量电子元件故障率的常用单位是**非特**（Failure unIT，FTT），表示每十亿（10^9）设备小时的故障率。另一个著名但不太常用的测量单位是**平均故障间隔时间**（mean time between failures，MTBF），它是一特定元件正常（无故障）运行的平均时间。考虑在一个 16 位微处理器中使用 256K×1 的 DRAM 芯片所构成的一个 1MB 存储器，假定每个 DRAM 芯片是 2000FTT，请计算此存储器的 MTBF。

6.10 对于图 6.10 所示的汉明码，试说明当一个校验位而不是一个数据位出错时，会发生什么？

6.11 假设存放在存储器中的一个 8 位数据字是 11000010，请使用汉明算法确定需要哪些校验位与此数据字一起存放在存储器中，并说明解题步骤。

6.12 有一个 8 位字 00111001，与它一起存储的校验位应该是 0111。假定从存储器读出时，计算出的校验位是 1101，那么由存储器读出的数据字是什么？

6.13 若使用汉明纠错码来确定 1024 位数据字中的单个错误，则需要多少校验位？

6.14 试设计一个 16 位数据字的 SEC 码。假定数据字为 0101000000111001，说明 SEC 码如何正确识别数据位 5 的错误。

外部存储器

学习目标

学习完本章后，你应该能够：

- 理解磁盘的主要特性。
- 理解磁盘访问中涉及的性能问题。
- 解释 RAID 的概念，并描述各种级别。
- 比较和对比硬盘驱动器与固体磁盘驱动器。
- 笼统描述闪存的操作。
- 理解不同光盘存储介质的差异。
- 概述磁带存储技术。

本章考察外部存储器设备和系统。首先从最重要的设备——磁盘开始，磁盘几乎是所有计算机系统外部存储器的基础；然后介绍使用磁盘阵列以获得更好的性能，会特别考察被称为 RAID（redundant array of independent disk）的磁盘冗余阵列技术；接着介绍对许多计算机系统来说日益重要的部件——固态硬盘；然后，研究外部**光存储器**；最后讨论磁带存储器。

7.1 磁盘

磁盘是一种由非磁性材料制成的称为**衬底**的**圆盘**，其上涂有一层磁性材料。传统上，衬底一直使用铝或铝合金材料，现已推出玻璃衬底。玻璃衬底具有很多优点，主要包含如下几点：

- 改善了磁层表面的均匀性，从而增强了磁盘的可靠性。
- 显著地减少了整个表面的缺陷，从而有助于读写错误的减少。
- 能支持更低的磁头飞行高度（后面将介绍）。
- 更好的刚度，从而降低了磁盘动力需求。
- 更好的耐冲击和耐磨损能力。

7.1.1 磁读写机制

数据的记录和其后的读出都是通过一个叫作**磁头**（head）的导电线圈进行的。多数系统使用两个磁头：一个读磁头，一个写磁头。在读或写操作期间，磁头静止不动，而盘片在非常靠近磁头的下方高速旋转。

写机制使用了电流通过线圈时产生磁场这个效应。脉冲电流送入写磁头，形成的磁化模式被记录在其下的磁盘表面上，正、负电流分别产生不同的磁化模式。写磁头本身是一个由易磁化的材料所组成的矩形环，其一侧开有缝隙，而相对的一侧绕有数圈导线（如图 7.1 所示）。线圈中的电流在缝隙间感应出一个磁场，此磁场在记录介质上磁化出一个小域。改变电流的方向，磁域的磁化方向也随之改变。

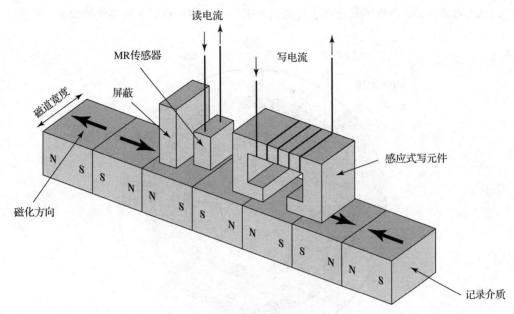

图 7.1 感应式写 / 磁阻式读的磁头

传统的读机制利用了磁盘相对线圈运动时在线圈中产生电流这个效应。当磁盘表面在磁头下通过时，产生一个与数据记录电流极性相同的电流。这种方式的读磁头结构本质上与写磁头结构相同，因此，同一磁头既可用于读也可用于写。这种单磁头结构主要用于软盘系统和老式硬盘系统。

当代硬盘系统采用一种不同的读机制，它要求使用一个单独的读磁头，通常紧靠写磁头安装。读磁头由一个部分被屏蔽的**磁阻**（magnetoresistive，MR）传感器组成。MR 材料的电阻大小取决于在它下面运动的介质的磁化方向。让电流通过 MR 传感器，电阻的变化作为电压信号被检测出来。MR 设计允许更高频率的操作，这等同于更高的存储密度和更快的操作速度。

7.1.2 数据组织和格式化

磁头是一种相对较小的装置，它能从处于其下方的、正在旋转的盘片上读取数据或向盘片写入数据。由此，盘上的数据组织呈现为一组同心圆环，圆环被称为**磁道**（track）。每个磁道与磁头同宽。每个盘面上有数千个磁道。

图 7.2 描述了磁盘的数据分布。相邻磁道被**磁道间的空隙**（intertrack gap）所隔开，它可以防止或至少可以减少由于磁头未对准或磁域干扰所引起的错误。数据以**扇区**（sector）为单位传入或传出磁盘。每个磁道通常有数百个扇区，其长度可固定也可变化。当前，大多数系统使用固定长度的扇区。为避免对系统提出不合理的定位精度要求，相邻的扇区被扇区间的间隙所分隔。

靠近旋转盘中心的位经过固定点（如读 – 写磁头）的传输要比盘外沿的位慢。因此，必须寻找一种方式来补偿速率的变动，使磁头能以同样的速度读取所有的位。这可以通过增大记录在盘片区域上的信息位之间的间隔来实现。于是，以固定速度旋转的磁盘能够以相同的速率来扫描所有的信息，该速度称为**恒定角速度**（constant angular velocity，CAV）。图 7.3a 显示了使用 CAV 的磁盘布局，盘面被划分成一串同心圆磁道和多个饼形扇区。使用 CAV 的好处是，能以磁道号和扇区号来直接寻址各个数据块。为了将磁头从当前位置移动到指定位置，只需将磁头径向移动到指定磁道，然后等待指定扇区转到磁头下，整个过程耗时很少。

使用 CAV 的缺点是，外围的长磁道上存储的数据与内圈的短磁道上所存储的数据一样多。

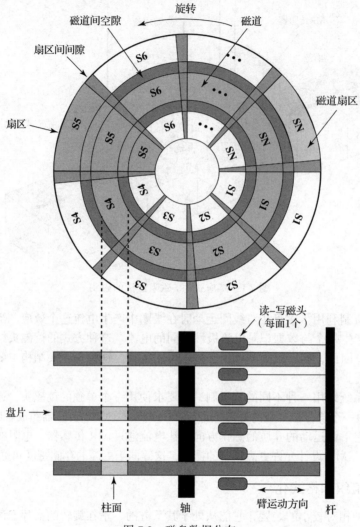

图 7.2　磁盘数据分布

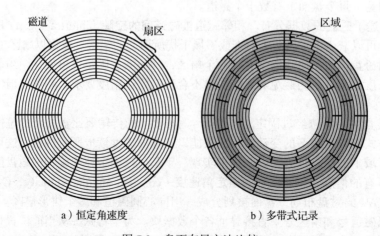

a）恒定角速度　　　　　b）多带式记录

图 7.3　盘面布局方法比较

因为**线性密度**（density），即每英寸[⊖]的位数，由外圈磁道到内圈磁道是逐渐增大的，所以在简单的 CAV 系统中，存储容量受到了内圈所能实现的最大记录密度的限制。为了最大限度地提高存储容量，最好是在每个轨道上有相同的线性密度。这将需要令人难以接受的复杂电路。当今的硬盘系统使用了一种更简单的技术，每条磁道的线性密度接近相同，被称为多带记录（MZR），它将盘面划分成多个区域（典型的是 16 区）。每个区域都包含一些连续的磁道，通常是数以千计的。在一个区域中，各磁道的位数是恒定的，远离中心的区域要比靠近中心的区域容纳更多的位（更多的扇区）。区域的定义是这样的：在磁盘的所有磁道上，线性密度大致是相同的。MZR 允许以稍微复杂一些的电路为代价全面提升磁盘存储容量。当磁头由一个区域移动到另一个区域时（沿磁道），位长度的改变会引起读写时序做相应变动。

图 7.3b 是一个简化的 MZR 布局，15 条磁道被组织成 5 个区域。最里面的两个区域各有 2 个磁道，每个磁道有 9 个扇区；下一个区域有 3 个磁道，每个磁道有 12 个扇区；最外面的 2 个区域各有 4 个磁道，每个磁道有 16 个扇区。

需要某种方式来确定一个磁道内的扇区位置。显然，磁道必须有一些起始点和辨识每个扇区的起点及终点的方法。这些需求由记录在磁盘上的控制数据来处理。因此，磁盘格式化时，会附有一些仅被磁盘驱动器使用而不被用户存取的额外数据。

图 7.4 显示了当代硬盘驱动器中使用的两种常见扇区格式。多年来使用的标准格式将磁道分为扇区，每个扇区包含 512 字节的数据。每个扇区还包括对磁盘控制器有用的控制信息。这种格式的扇区布局结构包括以下内容：

- **间隙**：分割扇区。
- **同步**：表示扇区的开始，并提供时序对齐。
- **地址标记**：包含识别扇区编号和位置的数据。它还提供关于扇区本身的状态。
- **数据**：512 字节的用户数据。
- **纠错码**（ECC）：用于纠正在读写过程中可能被损坏的数据。

尽管这种形式多年来一直为该行业提供良好的服务，但它已经变得越来越不合适，原因有二：

1. 现代计算系统中常见的应用程序使用的数据量要大得多，并以大块形式管理数据。与这些要求相比，传统扇区格式的小块数据在每个扇区中都有相当一部分用于控制信息。这个开销包括 65 字节，产生的格式效率为 512/（512+65）≈ 0.89。

2. 磁盘上的位密度大大增加，每个扇区消耗的物理空间更少。因此，介质缺陷或其他错误源可以损坏总有效载荷的更高百分比，需要更多的纠错强度。

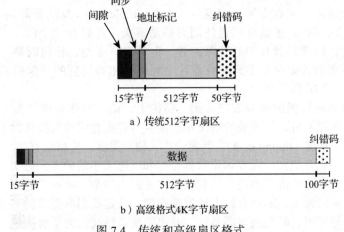

图 7.4　传统和高级扇区格式

⊖　in，1in 约为 0.0254m。——编辑注

因此，工业界已经对 4096 字节块的新高级格式进行了标准化。图 7.4b 所示为 4096 字节块的新高级格式。前导开销仍然是 15 字节，ECC 被扩展到 100 字节，产生的格式效率为 4096/（4096+115）≈ 0.97，几乎提高了 10%。更重要的是，将 ECC 扩展到 100 字节，可以纠正更长的的错误位序列。

7.1.3 物理特性

表 7.1 列出了区分各类磁盘的主要特性。首先，磁头在磁盘的径向上既可以是固定的也可以是移动的。在**固定头磁盘**（fixed-head disk）中，每个磁道有一个读 – 写磁头，所有磁头安装在跨越所有磁道的固定支架上，这种系统目前已很少见。而在**可移动头磁盘**（movable-head disk）中，只有一个读 – 写磁头，与前者相似，磁头固定在支架上，但支架能伸缩，以使磁头能定位到任何磁道上。

表 7.1 磁盘系统的物理特性

磁头运动	**盘片**
固定磁头（每磁道一个）	单盘片
可移动磁头（每面一个）	多盘片
磁盘可更换性	**磁头机制**
不可更换磁盘	接触（软盘）
可更换磁盘	固定间隙
面	空气动压气隙（温氏磁盘）
单面	
双面	

磁盘本身安装在磁盘驱动器内，而驱动器由支架、带动盘片旋转的主轴和二进制数据输入 / 输出所需的电路组成。**不可更换磁盘**（nonremovable disk）永久安装在磁盘驱动器内，个人计算机上的硬盘就是这种类型；而**可更换磁盘**（removable disk）可从磁盘驱动器内取出，并且用另一张盘替换。可更换磁盘的优点是，在容量有限的磁盘系统中，可以得到无限量的数据，而且，磁盘可以从一台计算机系统移动到另一台计算机系统。软盘和 ZIP 盒式磁盘就是可更换磁盘的例子。

大多数磁盘两面都有可磁化的涂层，这称为**双面**（double-sided）磁盘，而一些低价位的磁盘系统使用**单面**（single-sided）磁盘。

某些磁盘驱动器内垂直安装**多个盘片**（multiple platter），盘间相隔约 1in，同时安装多个支架（如图 7.2 所示）。多盘片磁盘使用可移动磁头，每面有一个读 – 写磁头，所有这些磁头被机械固定，以便与盘片中心等距离并一起移动。于是，任何时刻，所有磁头都位于与盘片中心等距离的各面磁道上，所有盘片上相同的相对位置的一组磁道被称为一个**柱面**（cylinder），如图 7.2 所示。

依据磁头机制可以把磁盘分成三大类。传统上，读 – 写磁头放置在盘片上方的固定距离，允许有一个气隙。另一种极端的情况是，读 – 写磁头在读或写操作时实际物理接触磁表面，这种机制用于**软盘**（floppy disk），其容量小、使用灵活、价格便宜。

要理解第三类磁盘类型，需要讨论数据密度和气隙大小的关系。磁头只有能产生或感应有足够强度的电磁场才能恰当地进行写和读操作。磁头越窄，离盘面越近才能起作用。较窄的磁头意味着较窄的磁道，因而有较大的数据密度，这是我们所需要的。然而，由于磁盘介质不纯和有缺陷等原因，磁头离盘面越近，其出错率就越高。为了解决这一问题，人们开发了温彻斯特（Winchester，简称温氏）磁盘。温氏磁盘磁头封装在几乎无污染的密封装置中，这种磁头与常规刚性磁头相比，其读写操作更加贴近磁盘表面，因此数据密度更大。当磁盘不动时，磁头实际上以气垫的形态轻停在磁盘表面。而磁盘旋转时，由盘片旋转产生的气压使气垫升高而将磁头与磁盘分离。结果是这种非接触系统可以比常规刚性磁头使用更窄的磁头，以更贴近的距离来读写磁盘表面数据。

7.1.4　磁盘性能参数

磁盘 I/O 操作的实际细节取决于计算机系统、操作系统、I/O 通道特性和磁盘控制器硬件。图 7.5 给出了一个常规的磁盘 I/O 传送时序图。

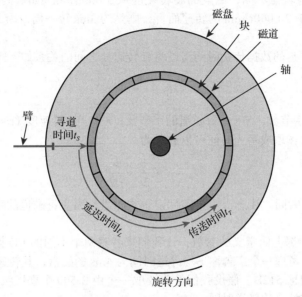

图 7.5　磁盘 I/O 传送的时序

当磁盘驱动器运行时，磁盘以恒定的速度旋转。为了读或写操作，磁头必须精确定位到想要的磁道和该磁道上想要的扇区的起始处。磁道的选择包括在可移动磁头系统中移动磁头或在固定磁头系统中选择某个磁头。在可移动磁头系统中，磁头定位到该磁道所花的时间称为**寻道时间** t_S（seek time）。无论哪一种磁头系统，一旦磁道被选定，磁盘控制器将处于等待状态，直到相应的扇区旋转到磁头可以进行读 / 写的位置。等待相应扇区的起始处到达磁头的这段时间称为**旋转延迟时间** t_L（rotational delay 或 rotational latency）。一旦磁头定位后，扇区旋转到磁头下方时，就可完成读或写操作；这是整个操作的数据传送部分，传送所需的时间称为**传送时间** t_T（transfer time）。寻道时间（如果有的话）、延迟时间和传送时间之和等于**块访问时间** t_B，或简称为**访问时间**：

$$t_B = t_S + t_L + t_T$$

除访问时间和传送时间以外，常有几个与磁盘 I/O 操作有关的队列延迟。当进程发出一个 I/O 请求后，它首先要在一个队列中等待所需设备变为可用，直到此设备被分配给该进程。如果该设备与其他磁盘驱动器共享一个或一组 I/O 通道，则还可能有一个附加的等待时间，等待相关通道变为有效。此时，寻道工作完成，开始磁盘存取。

在某些高端的服务器系统中，使用了一种称为旋转定位监测（RPS）的技术。其工作过程如下：当寻道命令已发出时，释放它所占据的 I/O 通道去处理其他 I/O 操作；当寻道操作完成时，设备确定所需数据何时将转到磁头下；当所需扇区接近磁头时，设备设法重新建立与主机通信的路径。如果控制器或通道正在忙于处理其他 I/O，则重连接失败，并且设备必须旋转一整周后，才能再次试图重连接，这称为一次 RPS 失效。这个额外的延迟单元必须加入到访问时间中。

寻道时间　　寻道时间是指移动磁盘臂到所要求的磁道处所花费的时间。这是一个难于精确定量的时间，它由两个主要部分组成：初始启动时间和一旦访问臂加速到指定速度后还必须跨越若干磁道所用的时间。遗憾的是，跨越时间不是磁道数的线性函数，它还包括一个校正时间（即从磁头定位到目标磁道至磁道标识被证实的一段时间）。t_S 的平均值通常由制造商提供。

许多改进来自使用更小、更轻的磁盘元件。几年前，典型的磁盘直径是 14in（36cm），而现在的普遍尺寸是 3.5in（8.9cm），减少了磁盘臂必须跨越的距离。当代硬盘的典型平均寻道时间小于 10ms。

延迟时间　　与软盘不同，磁盘的旋转速度从 3 600r/min（如数码相机这类手持设备）到 20 000r/min。对于 20 000r/min 的转速而言，则是约 3ms 转一周，因此，平均而言，等待时间 t_L 将为 1.5ms。

传送时间　　硬盘的数据传送时间与磁盘旋转速度之间的关系如下式所示：

$$t_T = \frac{b}{rN}$$

式中　b——传送的字节数；N——每磁道的字节数；r——旋转速度（r/s）。

因此，总平均块读取或写入时间可以表示为：

$$t_B = t_S + \frac{1}{2r} + \frac{b}{rN} \tag{7.1}$$

其中，t_S 是平均寻道时间。注意，对于多带记录式磁盘，因为每磁道的字节数是变化的，所以计算会更复杂[⊖]。

定时比较　　根据上面定义的参数，让我们来考察两个不同的 I/O 操作，以说明过分依靠平均值的危险性。考虑一个广告称平均寻道时间为 4ms 的磁盘，其转速为 15 000r/min，每磁道 500 扇区，每扇区 512B。假设我们希望读取一个由 2 500 个扇区组成的总长为 1.28MB 的文件，让我们来估计总的传送时间。

首先，假定该文件尽可能紧凑地存储于磁盘上，即该文件占据相邻 5 个磁道的全部扇区（5 道 ×500 扇区 / 道 =2 500 扇区）。这也就是所谓的顺序组织（sequential organization）。现在，可求出读取第 1 个磁道所用的时间：

平均寻道时间	4ms
平均旋转延迟时间	2ms
读 500 个扇区	$\dfrac{4ms}{10ms}$

假设其余磁道基本上不再需要寻道时间，即 I/O 操作能够跟得上磁盘数据流的速度，则读取后续磁道最多只需要考虑旋转延迟。于是，读每一个后续磁道的用时为 2ms+4ms=6ms。读整个文件用时，

$$总时间 = 10ms+（4×6ms）= 34ms=0.034s$$

现在让我们来重新计算使用随机存取而不是顺序存取方式读取同一数据所需的时间，即假设该文件的各扇区随机散布在磁盘上。对每一扇区，有：

平均寻道时间	4ms
旋转延迟时间	2ms
读 1 个扇区	$\dfrac{0.008ms}{6.008ms}$

于是，读整个文件的总时间 =2 500 ×6.008ms=15 020ms = 15.02s。

很明显，扇区的读取次序对 I/O 性能有巨大的影响。当文件由多个扇区组成时，我们有

⊖　将前面两个方程与式（4.1）进行比较。

某种控制扇区分布的方法。虽然如此，即使是多道程序下的文件访问，也会存在 I/O 请求竞争同一磁盘的问题。因此，考虑一种改善磁盘 I/O 性能的办法，使之能超出纯随机磁盘存取的性能，是很有价值的。这使我们开始考虑磁盘调度算法，这属于操作系统的范畴，超出了本书的讨论范围（详细讨论参见 [STAL18]）。

表 7.2 给出了当代典型的内部高性能磁盘的磁盘参数。HGST Ultrastar HE 是为企业应用而设计的，例如在服务器和工作站中使用。HGST Ultrastar C15K600 专为高性能计算和任务关键型数据中心安装而设计。Toshiba L200 是内置笔记本计算机硬盘驱动器。

表 7.2　典型硬盘驱动器参数

特性	HGST Ultrastar HE	HGST Ultrastar C15K600	Toshiba L200
应用	企业	数据中心	笔记本计算机
容量	12 TB	600 GB	500 GB
平均寻道时间	8.0 ms 读 8.6 ms 写	2.9 ms 读 3.1 ms 写	11 ms
轴转速	7 200 r/min	15 030 r/min	5 400 r/min
平均延迟	4.16 ms	< 2 ms	5.6 ms
最大持续传输速率	255 MB/s	1.2 GB/s	3 GB/s
每扇区字节数	512/4 096	512/4 096	4 096
每个柱面的磁道数（盘片表面的数量）	8	6	4
cache	256 MB	128 MB	16 MB
直径	3.5 in（8.89 cm）	2.5 in（6.35 cm）	2.5 in（6.35 cm）
最大面密度（Gbit/cm²）	1.34	82	66

我们可以对这个表进行一些有用的观察。寻道时间在一定程度上取决于磁头驱动器的功率和质量。另外，笔记本计算机磁盘需要小、便宜、低功率，这样寻道时间会更长。寻道时间也取决于物理特性。Ultrastar C15K600 的直径比 Ultrastar HE 小。由于要走的平均距离较少，C15K600 实现了较低的寻道时间。此外，C15K600 在磁盘表面的位密度较低，因此在定位读/写头时需要的精度较低，这也有助于降低寻道时间。当然，实现这些较低寻道时间的代价是磁盘容量大大降低。但是 Ultrastar C15K600 可能会被用于需要高访问率的应用中，所以投资于最小化寻道时间是合理的。

请注意，对于 HGST 的两块磁盘来说，读取的平均寻道时间比写入的平均寻道时间短。对于写入，需要更多的精度来把写磁头放在轨道的正中央。仅仅为了感知已经存在的数据，所需要的精度就比较低。

对于区块大小，或每个物理扇区的字节数，HGST 的两块磁盘可以配置为 512 字节或 4096 字节，而笔记本计算机的磁盘仅提供 4 096 字节。如前所述，块大小越大，空间效率越高，纠错效果也越好。

7.2　RAID

如前所述，辅存性能的改进速度比处理器和主存的性能改进速度要慢得多。这种不匹配使磁盘存储系统成为改进整个计算机系统性能的焦点所在。

和计算机的其他性能一样，磁盘存储器设计者认识到：如果一种元件只能推进到这个程度，那么通过并行使用多个元件会获得意外的性能。在磁盘存储器的研究上，这种思想导致了独立操作和并行处理的磁盘阵列的开发。由于是多盘，因此，只要请求的数据驻留在分离的盘上，则分离的 I/O 请求可并行处理。此外，如果将要存取的数据块分布在多个盘上，则单个 I/O 请求也能够并行处理。

随着多盘的使用，出现了很多种使用多盘组织数据和增加数据冗余来提高其可靠性的方法。但这却很难开发出可用于多操作平台和操作系统的数据库方案。幸运的是，针对多盘数据库的设计，工业上通过了一个称为 RAID（独立磁盘冗余阵列）的标准方案。RAID 方案分为 7 级⊖（0～6 级），但这些级别并不是简单地表示层次关系，而是表示具有下列 3 个共同特性的不同设计结构。

1. RAID 是一组物理磁盘驱动器，在操作系统下被视为一个单一的逻辑驱动器。

2. 数据以条带化的方式分布在一组物理磁盘上，这在后面会讨论。

3. 冗余磁盘容量用于存储奇偶校验信息，保证磁盘万一损坏时能恢复数据。

第 2 条和第 3 条特性的详细内容在不同的 RAID 级中是不同的，RAID 0 和 RAID 1 不支持第 3 条特性。

术语 RAID 最早出现在一篇由加州大学伯克利分校的研究小组撰写的论文 [PATT88]⊖中，该论文概括了各种 RAID 的配置和应用，并介绍了现在仍在使用的 RAID 级定义。RAID 策略是使用多个磁盘驱动器，它以这样一种方法来分布数据，以便能同时从多个磁盘中存取数据，因而改善了 I/O 性能，并且更方便增加磁盘容量。

RAID 方案的独特贡献是有效解决了对冗余的需求。尽管允许多个磁头和驱动器同时操作，以达到更高的 I/O 和传输速度，但多个设备的使用增加了出错概率。为了对这种可靠性的降低进行补偿，RAID 使用存储的奇偶校验信息来恢复因磁盘损坏而丢失的数据。

下面我们讨论 RAID 中的每一级，表 7.3 对这 7 级进行了粗略的介绍。表中用数据传输能力（移动数据的能力）和 I/O 请求速率（满足 I/O 请求的能力）两项展示了 I/O 性能。因为相对这两个度量标准，RAID 各级表现出本质的不同。RAID 各级的支撑点是用阴影突出的部分。图 7.6 表示一个支持 4 个无冗余磁盘数据容量的 7 级 RAID 方案。图中突出显示了用户数据和冗余数据的分布，并指出不同级相应的存储容量需求。这张图将贯穿下面讨论的整个过程。在描述的 7 个 RAID 级别中，只有 4 个是常用的：RAID 级别 0、1、5 和 6。

表 7.3 RAID 级别

种类	级别	描述	磁盘要求	数据可用性	大 I/O 数据传输能力	小 I/O 请求速率
条带化	0	非冗余	N	比单盘低	很高	读和写都很高
镜像	1	镜像	$2N$	比 RAID 2、3、4、5 高，比 RAID 6 低	读比单盘高；写与单盘类似	读高达单盘的两倍；写与单盘类似
并行存取	2	汉明码冗余	$N+m$	比单盘高很多，与 RAID 3、4、5 差不多	最高	接近于单盘的两倍
	3	位交错奇偶校验	$N+1$	比单盘高很多，与 RAID 2、4、5 差不多	最高	接近于单盘的两倍
独立存取	4	块交错奇偶校验	$N+1$	比单盘高很多，与 RAID 2、3、5 差不多	读与 RAID 0 类似；写低于单盘	读与 RAID 0 类似；写显著低于单盘
	5	块交错分布式奇偶校验	$N+1$	比单盘高很多，与 RAID 2、3、4 差不多	读与 RAID 0 类似；写低于单盘	读与 RAID 0 类似；写显著低于单盘
	6	块交错双向分布式奇偶校验	$N+2$	最高	读与 RAID 0 类似；写比 RAID 5 低	读与 RAID 0 类似；写显著低于 RAID 5

⊖ 一些研究人员和一些公司还定义了其他级，但本节描述的这 7 级是世界公认的。

⊖ 在这篇论文中，首字母缩写词"RAID"代表廉价的磁盘冗余阵列。术语"廉价的"是将 RAID 阵列中小且相对便宜的磁盘与可供选择的、单个大磁盘（SLED）进行比较而来的。SLED 采用与 RAID 和非 RAID 配置相似的磁盘技术，但已是过时设备。因此，业界采用术语"independent"（独立的）来强调 RAID 阵列带来了显著的性能和可靠性收益。

7.2.1 RAID 0 级

RAID 0 级不是 RAID 家族中的真正成员，因为它不采用冗余来改善性能。但是，它有一些应用，例如应用于仅考虑性能和容量且低成本比改善可靠性更重要的超级计算机上。

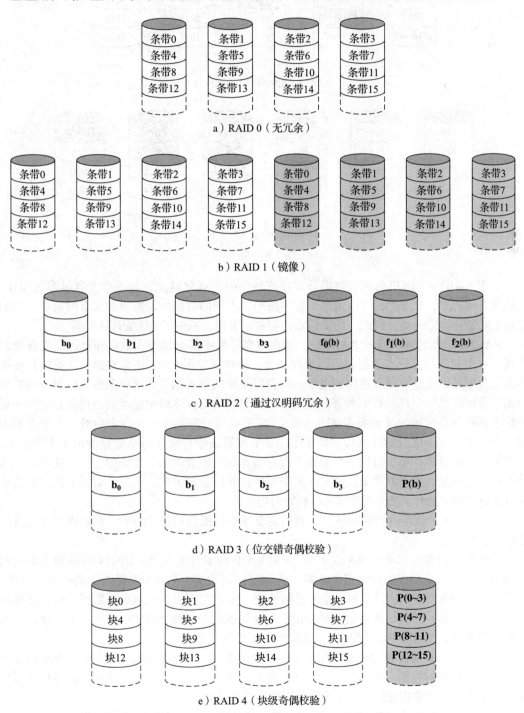

a）RAID 0（无冗余）

b）RAID 1（镜像）

c）RAID 2（通过汉明码冗余）

d）RAID 3（位交错奇偶校验）

e）RAID 4（块级奇偶校验）

图 7.6 RAID 级别

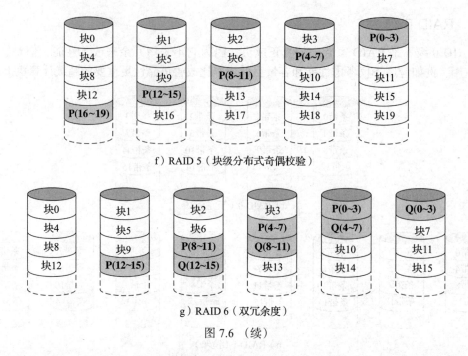

f）RAID 5（块级分布式奇偶校验）

g）RAID 6（双冗余度）

图 7.6 （续）

对于 RAID 0，用户和系统数据分布在阵列中的所有磁盘上，与单个大容量磁盘相比，它的显著优点是：如果两个 I/O 请求正在等待两个不同的数据块，则当被请求的块在不同的磁盘上时是一个好时机。因此，两个请求能够并行发出，减少了 I/O 的排队时间。

RAID 0 以及其他所有的 RAID 级，与在磁盘阵列中简单地分布数据相比，能以条带的形式在可用的磁盘上分布数据，因而更加完善。仔细研究图 7.7 可加深理解。所有用户数据和系统数据被看成是存储在逻辑磁盘上，磁盘以条带的形式划分，这些条带可以是一些物理的块、扇区或其他单位。数据条带以轮转方式映射到 RAID 阵列中连续的物理磁盘上。一组逻辑上连续的条带被定义为**条带集**（stripe），它准确地与阵列中每个磁盘中的一个条带相映射。在一个有 n 个磁盘的阵列中，第 1 组的 n 个逻辑条带存储在每个磁盘的第 1 个条带上，构成第 1 个条带集；第 2 组的 n 个逻辑条带存储在每个磁盘的第 2 个条带上；以此类推。这种布局的优点是，如果单个 I/O 请求由多个逻辑相邻的条带组成，则多达对 n 个条带的请求可以并行处理，这样大大地减少了 I/O 传输时间。

图 7.7 展示了使用阵列管理软件在逻辑磁盘和物理磁盘间进行映射，此软件可在磁盘子系统或主机上运行。

用于高数据传输容量的 RAID 0   任何 RAID 级的性能关键取决于主机的请求方式和数据分布。由于 RAID 0 中无冗余影响，所以这些问题在 RAID 0 中得以明确解决。首先，我们考虑使用 RAID 0 达到高速数据传输的情况。为了在应用中达到高速数据传输，必须满足两个要求。第一，高传输容量必须存在于主存和各独立磁盘之间的整个路径上。这包括内部控制器总线、主系统 I/O 总线、I/O 适配器和主机存储器总线。

第二，应用必须使驱动磁盘阵列的 I/O 请求有效。与一个条带的大小相比，如果请求的是大量逻辑相邻的数据，则满足这个要求。此时，单一 I/O 请求包含多个磁盘的并行数据传输，与单个磁盘传输相比较，显然增大了有效的传输率。

用于高速 I/O 请求的 RAID 0   在面向事务处理的环境中，用户普遍关心的是响应时间，而不是传输速率。对于一个针对少量数据的单个 I/O 请求，其 I/O 时间由磁头的运动（寻道时间）和磁盘的运动（旋转延迟）决定。

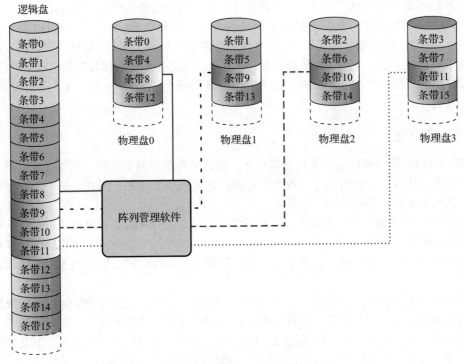

图 7.7   RAID 0 级阵列的数据映射

在事务环境中，每秒可能有上百个 I/O 请求。通过平衡多磁盘中的 I/O 负载，磁盘阵列能提供较高的 I/O 执行速度。只有当多个 I/O 请求发出时，才能实现有效的负载平衡。这意味着存在多个独立的应用或能进行多个 I/O 异步请求的面向事务的单个应用。性能也将受到条带大小的影响。如果条带容量相对大，则单个 I/O 请求只涉及一个磁盘存取，因此多个等待 I/O 的请求能并行处理，这样就减少了每个请求的排队时间。

7.2.2 RAID 1 级

RAID 1 与 RAID 2～6 的区别在于实现冗余的方法。在 RAID 2～6 中，采用了奇偶校验计算的某种形式来引入冗余。而在 RAID 1 中，只是采用简单地备份所有数据的方法来实现冗余。同 RAID 0 一样，RAID1 采用了数据条带集，如图 7.6b 所示，但在此情况中，它的每个逻辑条带映射到两个不同的物理磁盘组中，因此，阵列中的每个磁盘都有一个包含相同数据的镜像盘。RAID 1 也可以不用条带实现，但比较少见。

RAID 1 组织的优点如下：

1. 一个读请求可以由包含请求数据的两个磁盘中的某一个提供服务，是寻道时间加旋转延迟较小的那个。

2. 一个写请求需要更新两个对应的条带，但这可以并行完成。因此，写性能由两者中较慢的一个写来决定（即包含较大的寻道时间和旋转延迟的那一个写）。然而，RAID 1 无"写损失"。RAID 2～6 使用奇偶校验位，因此当修改单个条带时，阵列管理软件必须先计算，然后在修改实际条带时也修改奇偶校验位。

3. 恢复一个损坏的磁盘很简单。当一个磁盘损坏时，数据仍能从第 2 个磁盘中读取。

RAID 1 的主要缺点是价格昂贵，它需要支持两倍于逻辑磁盘的磁盘空间。因此，RAID 1 的配置只限于用在存储系统软件、数据和其他关键文件的驱动器中。在这种情况下，RAID 1

对所有的数据提供实时备份，即使一个磁盘损坏，所有的关键数据仍能立即可用。

在面向事务的环境中，如果大批请求都是读请求，则 RADI 1 能实现高速的 I/O 请求速率，此时，RAID 1 的性能可以达到 RAID 0 性能的两倍。然而，如果 I/O 请求有相当大的部分是写请求，则它不比 RAID 0 的性能好多少。对读请求的百分比高和数据传送密集的应用，使得 RAID 1 的性能比 RAID 0 的高。如果应用分割了每个读请求，使得两个磁盘都参与，性能也会改善。

7.2.3 RAID 2 级

RAID 2 和 RAID 3 都使用了并行存取技术。在并行存取阵列中，所有的磁盘成员都参与每个 I/O 请求的执行。一般情况下，各个驱动器的轴是同步旋转的，因此，每个磁盘上的每个磁头在任何给定时刻都位于同一位置。

和其他 RAID 方案一样，RAID 2 也采用数据条带。在 RAID 2 和 RAID 3 中，条带非常小，经常小到为一个字节或一个字。在 RAID 2 中，通过各个数据盘上的相应位计算纠错码，编码的位存储在多个奇偶校验盘的对应位。通常，采用汉明码，它能纠正一位错误，检测两位错误。

尽管 RAID 2 比 RAID 1 需要的磁盘少，但价格仍相当昂贵，冗余磁盘的数目与数据磁盘数目的对数成正比。对于单个读操作，所有磁盘同时读取，请求的数据和相关的纠错码被传送到阵列控制器。如果有一位错误出现，则控制器能够马上识别并纠正错误，因此读取时间不会减慢。对于单个写操作，所有数据盘和奇偶校验盘都必须被访问。

RAID 2 只是一种在多磁盘易出错环境中的有效选择。对于单个磁盘和磁盘驱动器已给出高可靠性的情况，RAID 2 没有什么意义。

7.2.4 RAID 3 级

RAID 3 的组织方式与 RAID 2 相似，所不同的是，不管磁盘阵列大小如何，RAID 3 只需要一个冗余盘。RAID 3 采用并行存取，数据分布在较小的条带上。它不采用纠错码，而采用对所有数据盘上同一位置的一组独立位进行简单计算的奇偶校验位。

冗余   当某一驱动器损坏时，访问奇偶校验盘，并由其余的设备重构数据。一旦损坏的驱动器被替换，则可以在新盘上重新保存丢失的数据，并且恢复操作。

数据的重构很简单。现在考虑一个 5 磁盘的阵列，$X0 \sim X3$ 保存数据，$X4$ 是奇偶校验盘，奇偶校验的第 i 位的计算公式如下：

$$X4(i) = X3(i) \oplus X2(i) \oplus X1(i) \oplus X0(i)$$

其中 $\oplus$ 是异或运算。

假设，磁盘 $X1$ 损坏，在上述等式两边同时加上 $X4(i) \oplus X1(i)$，则得到以下等式：

$$X1(i) = X4(i) \oplus X3(i) \oplus X2(i) \oplus X0(i)$$

因此，$X1$ 磁盘上的每个数据条带的内容都可以从阵列中剩余磁盘的相应条带中重新生成。这条原则适用于 RAID 第 3~6 级。

当磁盘损坏时，所有的数据仍有效的情况，我们称为简化模式。在这个模式下的读操作，利用异或运算可以立即重新生成丢失的数据。当数据写入简化模式的 RAID 3 阵列中时，要保持重新生成数据的奇偶校验的一致性。返回到全模式操作需要更换损坏的磁盘，并在新磁盘上重新生成损坏磁盘上的全部内容。

性能   因为数据被分成非常小的条带，所以 RAID 3 能够获得非常高的数据传输速率。任何 I/O 请求将包含所有数据盘的并行数据传送。对于大量传送，性能改善特别明显。另外，一次只能执行一个 I/O 请求，因此，在面向事务的环境中，性能将受损。

7.2.5 RAID 4 级

RAID 4～6 都采用独立的存取技术。在独立存取阵列中，每个磁盘成员的操作是独立的，因此各个 I/O 请求能够并行处理。基于此，独立存取阵列更适合需要高速 I/O 请求的应用，而相对较少用于需要高数据传输速率的场合。

与其他 RAID 方案一样，它采用数据条带。在 RAID 4～6 中，数据条带相对大些。在 RAID 4 中，通过每个数据盘上的相应条带来逐位计算奇偶校验条带，奇偶校验位存储在奇偶校验盘的对应条带上。

当执行较小规模的 I/O 写请求时，RAID 4 会有写损失。对于每一次写操作，阵列管理软件不仅要修改用户数据，而且要修改相应的校验位。现在来考虑一个 5 磁盘的阵列，其中 $X0$～$X3$ 包含数据，而 $X4$ 是奇偶校验盘。假设写操作只在 $X1$ 盘的一个条带上执行。初始时，对于每个第 i 位，有下列关系：

$$X4(i) = X3(i) \oplus X2(i) \oplus X1(i) \oplus X0(i) \tag{7.2}$$

修改后，可能改变的位以撇号（'）表示：

$$X4'(i) = X3(i) \oplus X2(i) \oplus X1'(i)X0(i)$$
$$= X3(i) \oplus X2(i) \oplus X1'(i) \oplus X0(i) \oplus X1(i) \oplus X1(i)$$
$$= X3(i) \oplus X2(i) \oplus X1(i) \oplus X0(i) \oplus X1(i) \oplus X1'(i)$$
$$= X4(i) \oplus X1(i) \oplus X1'(i)$$

由上面的一组公式可推导出下列规则。第一行表明 $X1$ 发生改变将影响奇偶校验盘 $X4$。在第二行中，加入了 $\oplus X1(i) \oplus X1(i)$。因为任意位与自身相异或结果为 0，而 0 对等式不产生影响，但它能方便地通过重新排序来形成第三行。最后，根据式（7.2）用 $X4(i)$ 来替换前面 4 项。

为了计算新的奇偶校验位，阵列管理软件必须读取旧的数据条带和奇偶校验条带，然后用新的数据和新计算出的奇偶校验位更新上述两个条带。因此，每个条带的写操作包括两次读操作和两次写操作。

当涉及所有磁盘的数据条带的较大 I/O 写操作时，只要用新的数据位来进行简单的计算即可得奇偶校验位。因此，奇偶校验盘和数据磁盘并行更新，不再需要另外的读或写操作。

在任何情况下，每一次写操作必须涉及奇偶校验盘，因此它成为一个瓶颈。

7.2.6 RAID 5 级

RAID 5 和 RAID 4 的组织方式相似，不同的是，RAID 5 在所有磁盘上都分布了奇偶校验条带。常用轮转分配方案如图 7.6 所示。对于一个 n 磁盘阵列，最初的 n 条带的奇偶校验条带位于不同的磁盘，然后以此样式重复。

在所有磁盘上分布奇偶校验条带避免了 RAID 4 中潜在的 I/O 瓶颈问题。

7.2.7 RAID 6 级

伯克利研究小组在后来的论文中提出了 RAID 6 [KATZ89]。RAID 6 方案可进行两种不同的奇偶校验计算，并将校验码以分开的块存于不同的磁盘中。因此，用户数据需要 N 个磁盘的 RAID 6 阵列，由 $N+2$ 个磁盘组成。

图 7.6g 说明了这种策略。P 和 Q 是两个不同的数据校验算法，其中一个是用于 RAID 4 和 RAID 5 中的异或计算，另一个是一种独立的数据校验算法。这样，即使是包含用户数据的两个盘出现故障了，数据照样能重新生成。

RAID 6 的优点是提供了极高的数据可用性，只有在平均修复时间（mean time to repair, MTTR）间隔内 3 个磁盘都出了故障，才会使数据丢失。另外，RAID 6 存在实质性的写损失，因为每次写都要影响两个奇偶块。性能基准 [EISC07] 显示，与 RAID 5 的实现相比，RAID 6 控制器可以承受超过 30% 的写性能下降。RAID 5 和 RAID 6 的读性能相当。

表 7.4 是 7 个级别的比较小结。

表 7.4　RAID 比较

级	优点	缺点	应用
0	通过将 I/O 负载分散到多个通道和驱动器，极大地改善了 I/O 性能 无奇偶计算开销 很简单的设计 易实现	只要有某一个驱动器失效，就会导致阵列全部数据丢失	视频制作和编辑 图像编辑 预压缩应用 任何要求高带宽的应用
1	数据 100% 的冗余，意味着磁盘失效时无须重构，只需对替代盘进行拷贝即可 某些环境下，RAID 1 能承受多个驱动器同时失效 最简单的 RAID 存储子系统设计	在所有 RAID 类型中，磁盘数开销最大（100%）——低效	统计、工资单、财务和任何要求很高可用性的应用
2	可能有极高的数据传输率 数据传输率要求得越高，数据盘相对 ECC 盘的比值越好 与 RAID 3、4 和 5 级相比，控制器设计相对简单	短字长时，ECC 盘对数据盘的比值非常高——低效 入门级成本很高——要求证实很高数据传输率的需求是恰当的	无商品实现的存在 / 无商业化应用
3	很高的读数据传输率 很高的写数据传输率 磁盘失效时对吞吐率无显著影响 ECC（奇偶）盘对数据盘的低比率意味着高效率	最好情况（如果主轴同步旋转）下的事务率等同于单盘的事务率 控制器设计相当复杂	视频制作和直播 图像编辑 视频编辑 预压缩应用 任何要求高吞吐率的应用
4	很高的读数据事务率 ECC（奇偶）盘对数据盘的低比率意味着高效率	十分复杂的控制器设计 最差的写事务率和写聚集传输率 磁盘失效事件中，数据重构困难并低效	无商品实现的存在 / 无商业化应用
5	最高的读数据事务率 ECC（奇偶）盘对数据盘的低比率意味着高效率 好的聚集传输速率	最复杂的控制器设计 磁盘失效事件中，数据重构困难（与 RAID 1 级相比）	数据和应用服务器 数据库服务器 Web、E-mail 和新闻组服务器 Intranet 服务器 用途最多的 RAID 级
6	提供极高的数据故障容忍能力并能承受多个驱动器同时失效	较复杂的控制器设计 计算奇偶校验地址的控制器开销非常高	对丢失数据严重的应用是理想的解决方案

7.3 固态硬盘

近年来计算机体系结构中最重要的发展之一是越来越多地使用固态硬盘（SSD）来补充甚至取代**硬盘驱动器**（HDD），作为内部和外部辅助存储器。固态这个术语指的是用半导体制造的电子电路。固态硬盘是一种用固态元件制成的存储设备，可作为硬盘驱动器的替代品。现在市场上和即将上市的固态硬盘使用 NAND 闪存，如第 6 章所述。

7.3.1 固态硬盘与硬盘驱动器的比较

基于闪存的固态硬盘的成本下降，性能和位密度提高，固态硬盘与硬盘驱动器的竞争日益激烈。表 7.5 显示了撰写本书时的典型比较指标。

表 7.5 固态硬盘和磁盘驱动器的比较

	NAND 闪存驱动器	希捷笔记本计算机内置硬盘驱动器
文件复制 / 写入速度	200～550 Mbps	50～120 Mbps
功耗 / 电池续航时间	功耗更低，平均功率为 2～3W，电池续航时间超过 30min	功耗更高，平均功率为 6～7W，因此使用更多的电池
存储容量	笔记本大小的驱动器通常不超过 1 TB；台式机最多为 4 TB	笔记本大小的驱动器通常为 500 GB，最多 2 TB；台式机最多为 10 TB
成本	1 TB 的驱动器，大约 0.20 美元 /GB	4 TB 的驱动器，大约 0.03 美元 /GB

与硬盘驱动器相比，固态硬盘具有以下优势：

- **高性能每秒输入 / 输出操作数**（IOPS）：显著提高 I/O 子系统的性能。
- **耐用性**：不易受到物理冲击和振动的影响。
- **更长的使用寿命**：固态硬盘不受机械磨损的影响。
- **功耗更低**：与同等大小的硬盘驱动器相比，固态硬盘的功耗要低得多。
- **更安静、更凉爽的运行能力**：所需空间更少、能源成本更低、企业更环保。
- **更低的访问时间和延迟率**：比硬盘驱动器中的旋转磁盘快 10 倍以上。

目前，硬盘驱动器享有单位成本优势和容量优势，但这些差异正在缩小。

7.3.2 固态硬盘组织结构

图 7.8 显示了与固态硬盘系统关联的通用架构系统组件的总体视图。在主机系统上，操作系统调用文件系统软件来访问磁盘上的数据。文件系统反过来又调用 I/O 驱动程序软件。I/O 驱动程序软件为主机提供对特定固态硬盘产品的访问权限。图 7.8 中的接口组件是指主机处理器和固态硬盘外围设备之间的物理和电气接口。如果外围设备是内置硬盘驱动器，则通用接口为 PCIe。对于外部设备，一个常见的接口是 USB。

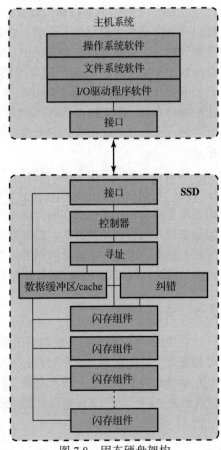

图 7.8 固态硬盘架构

除了与主机系统的接口外，固态硬盘还包含以下组件：

- **控制器**：提供固态硬盘设备级接口和固件执行。
- **寻址**：跨闪存组件执行选择功能的逻辑。
- **数据缓冲区/高速缓存**：用于速度匹配和提高数据吞吐量的高速 RAM 内存组件。
- **纠错**：用于错误检测和纠正的逻辑。
- **闪存组件**：独立的 NAND 闪存芯片。

7.3.3 实际问题

固态硬盘有两个特殊的实际问题，而硬盘驱动器并不需要面对。首先，随着设备的使用，固态硬盘性能有降低的趋势。为了理解其中的原因，你需要知道文件作为一组页面存储在磁盘上，通常长度为 4KB。这些页面不一定（实际上也不一定是）作为一组连续的页面存储在磁盘上。我们在第 9 章对虚拟内存进行讨论时将解释这种安排的原因。然而，闪存是以块为单位进行访问的，典型的块大小为 512KB，因此，每个块通常有 128 个页面。现在考虑必须执行哪些操作才能将页面写入闪存。

1. 必须从闪存读取整个块，并将其放入 RAM 缓冲区，然后更新 RAM 缓冲区中的相应页面。
2. 在将数据块写回闪存之前，整个闪存块必须被擦除——不可能只擦除闪存中的一页。
3. 来自缓冲器的整个块现在被写回闪存。

现在，当闪存驱动器相对较空并创建新文件时，该文件的页面会连续写入驱动器，因此只有一个或几个块会受到影响。然而，随着时间的推移，由于虚拟内存的工作方式，文件变得碎片化，页面分散在多个块中。驱动器占用率越高，碎片就越多，因此写入新文件可能会影响多个数据块。因此，磁盘占用越满，从一个块写入多个页面的速度就越慢。制造商已经开发了各种技术来补偿闪存的这一特性，例如将固态硬盘的很大一部分留出作为写操作的额外空间（称为过度供应），然后在用于对磁盘进行碎片整理的空闲期间擦除非活动页。另一种技术是 TRIM 命令，它允许操作系统通知固态硬盘哪些数据块不再使用，可以在内部擦除⊖。

固态硬盘的第二个实际问题是，闪存在写入一定次数后会变得不可用。当闪存电池承受压力时，它们会失去记录和保持价值的能力。典型限制为 100 000 次写入 [GSOE08]。延长固态硬盘寿命的技术包括在闪存前端使用高速缓存来延迟和分组写入操作，使用跨单元块均匀分布写入的损耗均衡算法，以及复杂的坏块管理技术。此外，供应商正在 RAID 配置中部署固态硬盘，以进一步降低数据丢失的可能性。大多数闪存设备还能够估计自己的剩余使用寿命，因此系统可以预测故障并预先采取行动。

7.4 光存储器

在 1983 年，推出的最成功的消费产品之一是光盘（CD）数字音频系统。光盘是一种不可擦除盘，它能在单面上存储超过 60min 的音频信息。CD 的巨大商业成功促进了低成本光盘存储技术的发展，这一技术带来了计算机数据存储技术的一次革命。现已推出多种光盘系统（如表 7.6 所示），下面进行简要介绍。

⊖ 虽然 TRIM 经常用大写字母拼写，但它不是一个缩写，它只是一个命令名称。

表 7.6 光盘产品

名 称	描 述
CD（Compact Disk，光盘）	存储数字音频信息的不可擦除盘。标准系统使用直径为 12cm 的盘，能够记录可连续播放 60min 以上的信息
CD-ROM（Compact Disk Read-Only Memory，光盘只读存储器）	用于存储计算机数据的不可擦除盘。标准系统使用直径为 12cm 的盘，能够存储 650MB 以上的信息
CD-R（CD Recordable，可刻录光盘）	类似于 CD-ROM。用户只能向盘写入一次
CD-RW（CD Rewritable，可重写光盘）	类似于 CD-ROM。用户能多次擦除和重写盘
DVD（Digital Versatile Disk，数字多功能光盘）	一种制作数字化的压缩的视频信息以及其他大容量数字数据的技术。使用直径为 8cm 或 12cm 的盘，双面容量高达 17GB。基本的 DVD 是只读的（DVD-ROM）
DVD-R（DVD Recordable，可刻录 DVD）	类似于 DVD-ROM。用户只能向盘写入一次，只有一面盘能使用
DVD-RW（DVD Rewritable，可重写 DVD）	类似于 DVD-ROM。用户能多次擦除和重写盘，只有一面盘能使用
Blu-ray DVD（High-definition video disk，高清视频光盘）	使用 405nm（蓝 - 紫色）的激光，提供比 DVD 大得多的数据存储密度，单面单层能存储 25GB 的信息

7.4.1 光盘

CD-ROM 音频 CD 和 CD-ROM 二者采用类似的技术，主要区别是 CD-ROM 播放器更耐用，并且有纠错设备来保证数据正确地从光盘传输到计算机。这两类盘均采用相同的方法制造，盘本体由树脂（如聚碳酸酯）制成。数字形式记录的信息（音乐或计算机数据）以一系列微凹坑的样式刻录在表面上。首先，用精密聚焦的高强度激光束制造成一个母盘，然后以母盘作为模板压印出聚碳酸酯的复制品，再在凹坑表面镀上一层高反射材料（铝或金），并在这一薄层上涂一层丙烯酸树脂以防灰尘或划伤。最后，在丙烯酸树脂层上面用丝网印刷术印制标签。

通过安装在光盘播放器或驱动装置内的低强度激光束从 CD 或 CD-ROM 处读取信息。当电动机转动盘片使之经过激光束时，激光束能穿过透明的聚碳酸酯层；当遇到一个**凹坑**时，激光的反射光强度发生变化（如图 7.9 所示）。具体来说，激光束照在凹坑上，由于凹坑表面有些不平，因此光被散射，反射回的光强度变弱。凹坑之间的区域称为**台**（land），台的表面光滑平坦，反射回的光强度更高。光传感器检测凹坑与台之间的反射光强弱变化，并将其转换成数字信号。传感器以规整的间隔检测表面。一个凹坑的开始或结束表示一个 1；间隔之间无标高变动出现时，记录为一个 0。

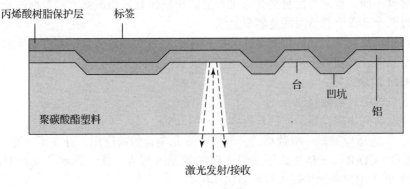

图 7.9 CD 操作

回想一下，磁盘的信息记录在同心圆的各磁道上。对简单的恒定角速度（CAV）系统而言，每个磁道的位数是固定的。为增加存储密度，可使用**多带记录方式**，盘表面被划分成几个带，远离中心的带比靠近中心的带能容纳更多的位。虽然这一技术增大了容量，但它仍然不是最优的。

为了实现更大的存储容量，CD 和 CD-ROM 不使用同心圆的道来组织信息，而是整盘有一条螺旋式轨道，从靠近中心处开始，逐圈向外旋转直到盘的外沿。靠近外沿的扇区与靠近中心的扇区具有相同的长度。于是，信息以相同大小的段均匀分布在整个盘上，并以相同的速度进行扫描，而盘片以变速进行旋转。因此，凹坑被激光以**恒定线速度**（constant linear velocity，CLV）读出。盘片在存取外沿时要比存取内沿时的旋转速度慢。于是，光道的容量和旋转延迟都使定位光道外沿的时间变长。CD-ROM 的数据容量大约是 680MB。

CD-ROM 上的数据被组织成一系列的块，典型的块格式如图 7.10 所示，它包含如下的一些域：

- Sync：此同步域标志一个块的开始，由 12 个字节组成，第 1 个字节为全 0，第 2~11 个字节为全 1，第 12 个字节为全 0。
- Header：此头部域包含块地址和模式字节。模式 0 表示一个空的数据域，模式 1 表示使用纠错码和 2 048 字节的数据，模式 2 表示不带纠错码的 2 336 个字节的用户数据。
- Data：用户数据域。
- Auxiliary：此辅助域在模式 2 下是附加用户数据，在模式 1 下是 288 字节的纠错码。

采用 CLV，随机存取变得更加困难。定位到一个指定地址，涉及移动头到某个区域、调整转速和读地址，然后再微调以找到并读取指定扇区。

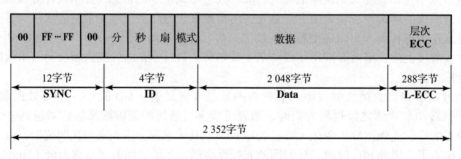

图 7.10   CD-ROM 块格式

CD-ROM 适合将大量数据发布给众多用户。由于初始的写过程开销较大，因此不适合单个应用。与传统的磁盘相比，CD-ROM 有两个优点：

- 与磁盘不同，存储有信息的光盘批量复制价格便宜，而磁盘上的数据库复制每次都要通过两个磁盘驱动器间的复制来完成。
- 光盘是可更换的，允许将光盘作为归档存储，而大多数硬盘是不可更换的，硬盘存储新信息前，必须将原来的有用信息转存到其他存储介质上。

CD-ROM 的缺点是：

- 它是只读的，不能修改。
- 其存取时间比磁盘驱动器的长得多，大约 0.5 s。

CD-R   为适应只需一组数据的一个或少数几个备份的应用，开发了一写多读 CD，称为**可刻录 CD**（CD-R）。CD-R 盘用适当强度的激光可写入一次。因此，其盘控制器比 CD-ROM 的要贵些，用户一次性写入后可多次读出。

CD-R 的介质类似于但不完全等同于 CD 或 CD-ROM 的介质。对于 CD 和 CD-ROM，信息通过介质表面的凹坑来记录，这些凹坑改变了激光的反射率。而对于 CD-R，其介质还包括一个染色层。该染色层被用来改变反射率，并且由高强度激光激活。生成的盘既能在 CD-R 驱动器上读出，也能在 CD-ROM 驱动器上读出。

CD-R 光盘适用于文档和文件的归档存储，可提供大量用户数据的永久性记录。

CD-RW   这种**可重写光盘**（CD-RW）和磁盘一样可重复地写和改写。虽然人们尝试了几种办法，但真正可行的纯光学办法是**相变**（phase change）盘。相变盘使用了一种在两种不同相位状态下有两种显著不同的反射率的材料。一种是无定形状态，分子展示出一种随机取向，从而反射率低；另一种是结晶状态，表面光滑，反射率高。激光束能改变材料的相位状态，用于记录信息。相变盘的主要缺点是材料老化最终会失掉相位可变的特性，当前的材料可用于 50 万次到 100 万次的擦除。

与 CD-ROM 和 CD-R 相比，CD-RW 的明显优势在于能够重写，因此可作为真正的辅助存储器。正因如此，它能与磁盘竞争。这种光盘的关键优点是，光盘的工程容错比大容量磁盘小得多，因此它具有较高的可靠性和较长的使用寿命。

7.4.2 数字多功能光盘

由于大容量**数字多功能光盘**（DVD）的出现，电子业界最终找到了模拟 VHS 视频带的一种可以接受的替代物，DVD 已经替代用于视频卡盒记录器（VCR）中的视频带。最重要的是它还将取代个人计算机和服务器中的 CD-ROM。DVD 使影视节目进入数字时代，它演播的影片有极好的画面质量，并且也能像音频 CD 盘（DVD 机器也可以播放）那样随意访问。DVD 的容量非常大，当前是 CD-ROM 容量的 7 倍。由于 DVD 的大容量和高质量，PC 游戏已经变得更逼真，教育软件也会包括更多画面。紧接着这些而来的是，当这些内容进入 Web 站点之后，互联网和企业内联网上的信息流量将达到一个新高峰。

DVD 的更大容量是由于它与 CD 有 3 个不同点（参见图 7.11）：

1. DVD 上的位组装更紧密。CD 上的螺旋式光道的圈间间隙是 1.6μm，光道上凹坑之间的最小距离是 0.834μm。

DVD 的激光波长更短，并实现圈间间隙是 0.74μm 和凹坑间最小间距是 0.4μm。这两方面的改进，导致 DVD 的容量大约是 CD-ROM 的 7 倍，大约 4.7GB。

2. DVD 采用双层结构（在第一层的顶部设置凹坑和台的第二层）。双层 DVD 在反射层上有一个半反射层，DVD 驱动器中的激光通过调整焦距能分别读取每一层。这一技术使盘的容量几乎翻一番，达到大约 8.5GB。由于第二层的反射率较低，限制了此层的容量，故容量的完全翻倍未能实现。

3. DVD 能用两面记录数据，而 CD 只能用一面，这使 DVD 总的容量高达 17GB。

与 CD 一样，DVD 也有只读的和可写的版本（参见表 7.6）。

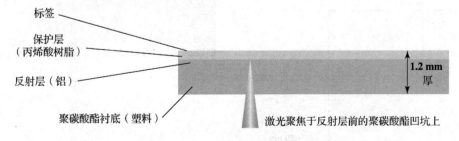

标签
保护层（丙烯酸树脂）
反射层（铝）
聚碳酸酯衬底（塑料）

1.2 mm 厚

激光聚焦于反射层前的聚碳酸酯凹坑上

a）容量为682 MB的CD-ROM

图 7.11   CD-ROM 和 DVD-ROM

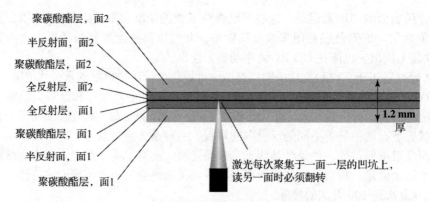

b）双面双层容量为17GB的DVD-ROM

图 7.11 （续）

7.4.3 高清晰光盘

高清晰光盘是为了存储高清晰度的视频，并提供比 DVD 容量大得多的存储空间而设计的。通过使用更短波长的激光，在蓝 - 紫光范围内可实现更高的位密度。与 DVD 相比，高清晰光盘由于使用的激光波长较短，因此其盘面上组成数字 0 和 1 的数据凹坑较小。

最初竞争市场的两种光盘格式和技术是 HD DVD 和**蓝光** DVD，但蓝光光盘方案最终占据了市场的统治地位。HD DVD 方案能够在光盘单面的单层上存储 15GB 的数据。蓝光光盘上的数据层更靠近激光（如图 7.12 所示），这就使焦距变短、失真变小，因此凹坑和光道都变小。蓝光光盘能单面存储 25GB 的数据。目前有 3 个可用版本：只读（BD-ROM）、写入一次（BD-R）和可重复写（BD-RE）。

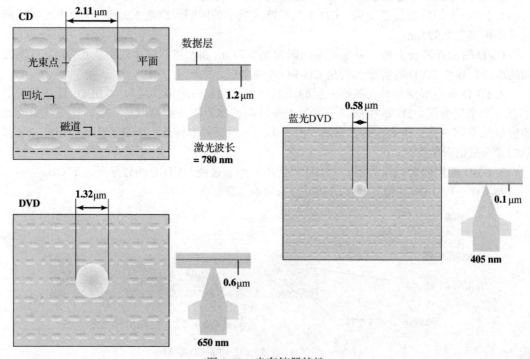

图 7.12　光存储器特性

7.5　磁带

　　磁带系统使用与磁盘系统相同的读取和记录技术。介质是柔韧的聚酯（与某些衣物的材料相似）薄膜带，外涂磁性材料，它可以是用专用胶黏合的纯金属材料，也可以是气相扩散渗镀的金属薄膜。磁带和磁带机与家用的磁带录音机相似。磁带宽度从 0.38 cm（0.15 in）到 1.27 cm（0.5 in）之间变化。磁带组装成一个有开口的卷筒，使用时要将它穿到第二个转轴上。实际上，今天所有的磁带都是盒式的。

　　磁带上的数据被构造成几个并行的磁道。早期的磁带系统一般使用 9 个磁道，这使得每次可以存取一个字节，而第 9 磁道上有附加的奇偶校验位。后来的磁带系统使用 18 或 36 个磁道，对应于一个数据字或双字。此种格式的数据记录被称为**并行记录**（parallel recording）。而大多数现代的系统使用**串行记录**（serial recording），数据作为一系列的位沿磁道顺序排放，与磁盘一样。与磁盘相同，磁带数据以连续的块来进行读和写操作，这些块被称为**物理记录**（physical record）。磁带上的块由记录间隙（interrecord gap）来分隔。与磁盘一样，磁带格式化有助于定位物理记录。

　　用于串行磁带的典型记录技术称为**蛇形记录**（serpentine recording）。在此技术中，当记录数据时，首先沿整个磁带长记录下第一组数据位；到达带的尾端时，磁头再重新定位到新磁道上，又一次沿整个带长记录，只不过这次是在相反方向上。这个过程继续进行下去，直到磁带各磁道写满（如图 7.13a 所示）。为了提高速度，读–写磁头能同时对几个相邻磁道（通常是 2～8 磁道）进行读写操作。数据仍是沿各磁道串行记录，但各块依序存储在相邻的磁道上，如图 7.13b 所示。

　　磁带驱动器是一种顺序存取（sequential-access）设备。如果磁头当前定位于记录 1，则为了读记录 N，它必须依次读物理记录 1～N-1，每次一个。如果磁头当前定位已超越所需记录，则它必须倒带一定距离，再开始向前读。与磁盘不同，磁带只是在读／写操作期间才运动。

　　与磁带相比，磁盘驱动器是一种直接存取（direct-access）设备。磁盘驱动器不需要顺序读取磁盘上的所有扇区来得到要求的某个扇区。它只需要在一个磁道上等待相关扇区并能连续存取任一磁道。

　　磁带是最早的辅助存储器，作为存储器层次体系结构中最低成本、最慢速度的成员，至今仍广泛使用。

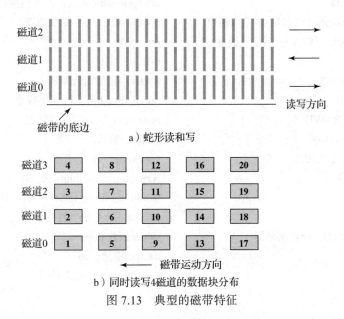

a）蛇形读和写

b）同时读写4磁道的数据块分布

图 7.13　典型的磁带特征

现在市场上占统治地位的磁带技术是一种称为线性磁带开放协议（LTO）的盒式系统。LTO 是 20 世纪 90 年代后期开发的，它是市场上可供各种专利系统选择的开放资源。表 7.7 给出了各代 LTO 产品的参数。

表 7.7 LTO 磁带驱动器

	LTO-1	LTO-2	LTO-3	LTO-4	LTO-5	LTO-6	LTO-7	LTO-8
发布时间（年）	2000	2003	2005	2007	2010	2012	待定	待定
压缩容量	200GB	400GB	800GB	1600GB	3.2TB	8TB	16TB	32TB
压缩传输率	40 MB/s	80 MB/s	160 MB/s	240 MB/s	280 MB/s	400 MB/s	788 MB/s	1.18 MB/s
线密度（bit/mm）	4880	7398	9638	13250	15142	15143	19094	
磁带磁道	384	512	704	896	1280	2176	3584	
磁带长度（m）	609	609	680	820	846	846	960	
磁带宽度（cm）	1.27	1.27	1.27	1.27	1.27	1.27	1.27	
写元素	8	8	16	16	16	16	32	
是否支持一次写多次读	否	否	是	是	是	是	是	是
是否支持加密	否	否	否	是	是	是	是	是
是否可分割	否	否	否	否	是	是	是	是

7.6 关键词、思考题和习题

关键词

access time：存取时间

Blu-ray：蓝光

CD：光盘

CD-R：只读 CD

CD-ROM：可刻录 CD

CD-RW：可重写 CD

constant angular velocity（CAV）：恒定角速度

constant linear velocity（CLV）：恒定线速度

cylinder：柱面

DVD：数字多功能光盘

DVD-R：只读 DVD

DVD-ROM：可刻录 DVD

DVD-RW：可重写 DVD

fixed-head disk：固定头磁盘

flash memory：闪存

floppy disk：软磁盘

gap：间隙

hard disk drive（HDD）：硬盘驱动器

head：头

land：台

magnetic disk：磁盘

magnetic tape：磁带

magnetoresistive：磁阻

movable-head disk：可移头磁盘

multiple zone recording：多带记录

nonremovable disk：不可更换磁盘

optical memory：光存储器

pit：凹坑

platter：盘片

RAID：磁盘冗余阵列

removable disk：可更换磁盘

rotational delay：旋转延迟

sector：扇区

seek time：寻道时间

serpentine recording：蛇形记录

solid state drive（SSD）：固态硬盘

striped data：条带数据

substrate：衬底

track：磁道，道

transfer time：传送时间

思考题

7.1 磁盘使用玻璃衬底有什么好处？

7.2 数据如何写到磁盘中？

7.3 数据如何从磁盘读出？

7.4 说明简单的 CAV 系统与多带记录系统的区别。

7.5 定义磁道、柱面和扇区三个术语。

7.6 扇区的大小通常是多少？

7.7 定义寻道时间、旋转延迟、存取时间和传送时间四个术语。

7.8 所有 RAID 级别的公共特征是什么？

7.9 简要定义 RAID 的 7 个级别。

7.10 解释术语"条带化数据"。

7.11 RAID 系统中如何实现冗余？

7.12 在 RAID 环境中，并行存取和独立存取有何不同？

7.13 CAV 和 CLV 有何不同？

7.14 什么原因造成 DVD 比 CD 有更大的盘容量？

7.15 解释何为蛇形记录。

习题

7.1 证明式（7.1）。也就是说，解释等式右侧的三项中的每一项如何影响左侧的值。

7.2 考虑一个有 N 个磁道的磁盘，磁道编号为 $0 \sim (N-1)$，并假定所要求的扇区随机分布在磁盘上。请计算寻道平均越过的磁道数。

a. 计算磁头当前位于磁道 t 之上时长度为 j 的寻找概率。提示：此时需要确定不需要越道的各种组合的总数。

b. 计算长度为 K 的寻道概率。提示：这涉及对超过 K 个磁道的所有可能组合求和。

c. 计算寻道越过的平均磁道数，对期望值使用如下公式：

$$E[x] = \sum_{i=0}^{N-1} i \times \Pr[x=i]$$

提示：可使用如下等式

$$\sum_{i=1}^{n} i = \frac{n(n+1)}{2}; \quad \sum_{i=1}^{n} i^2 = \frac{n(n+1)(2n+1)}{6}$$

d. 说明：对于一个大的 N 值，寻道平均越过的磁道数约为 $N/3$。

7.3 为一个磁盘系统定义如下参数：

t_s ——寻道时间，即磁头定位在磁道上的平均时间；

r ——磁盘的旋转速度（r/s）；

n ——每个扇区的位数；

N ——一个磁道的容量（位）；

t_{sector} ——存取一个扇区的时间。

请推导 t_{sector} 关于其他参数的函数关系式。

7.4 考虑一个有 8 个面的磁盘驱动器，每面有 512 个磁道，每道上有 64 个扇区，扇区大小为 1KB。平均寻道时间是 8ms，道间移动时间是 1.5ms，磁盘转速为 3 600r/min。可以读取同一柱面上的连续磁道而磁头不需要移动。

a. 磁盘容量是多少？

b. 平均存取时间是多少？假设某文件存储在连续柱面的连续扇区和连续磁道上，起始位置为柱面 i 上第 0 道的第 0 号扇区。

c. 估计传送 5MB 大小的文件所需要的时间。

d. 突发传送率是多少？

7.5 考虑一个单片磁盘，它有如下参数：旋转速度是 7 200r/min，一面上的磁道数是 30 000，每道扇区数是 600，寻道时间是每横越 100 个磁道用时 1ms。假定开始时磁头位于磁道 0，磁盘收到一个存取随机磁道上随机扇区的请求。

a. 平均寻道时间是多少？

b. 平均旋转延迟是多少？

c. 一个扇区的传送时间是多少？

d. 满足此请求的总的平均时间是多少？

7.6 物理记录和逻辑记录有区别。**逻辑记录**（logical record）是相关数据元素的集合，它作为概念性的单位，与信息如何存储和在何处存储无关。**物理记录**（physical record）是存储空间的一个连续区域，它由存储设备的特性和操作系统定义。假定在一个磁盘系统中，每个物理记录包含 30 个 120B 长的逻辑记录。若此磁盘系统有 8 面，每面有 110 磁道，每道有 6 扇区，每扇区固定长 512B。请计算存储 300 000 逻辑记录将需要多大的磁盘空间（以扇区、磁道、面数来表示）。忽略任何文件头部记录和磁道索引，并假设记录不能跨两个扇区。

7.7 考虑一个转速为 3 600r/min 的磁盘，磁头在相邻磁道间的移动时间为 2ms，每个磁道上有 32 个扇区，它们以线性次序存储，编号从 0 到 31。磁头以升序访问这些扇区。假设开始时读 / 写磁头停留在第 8 道第 1 号扇区的位置，而主存储器缓冲器足够容纳整个磁道。数据传送在磁盘区域之间进行，通过先从源磁道读入主存储器缓冲器中，然后再由主存储器缓冲器写入目标磁道来完成。

a. 将第 8 磁道第 1 号扇区的数据传送到第 9 磁道第 1 号扇区需要多长时间？

b. 若将第 8 磁道上所有扇区的数据传送到第 9 磁道的相应扇区上，那么耗时又是多少？

7.8 当条带的大小小于 I/O 请求时，很显然，以条带划分磁盘能提高数据的传送速度。由于多个 I/O 请求能并行处理，RAID 0 相对于单个大磁盘提供了改进的性能，这一点也是很明显的。然而，后一种情况磁盘需要用条带划分吗？即与不用条带划分的磁盘阵列相比，它是否改进了 I/O 请求速度的性能？

7.9 考虑一个有 4 个磁盘、每个磁盘 200GB 的 RAID 阵列。对于 RAID0、1、3、4、5 和 6 级中的各级，可用数据的存储容量是多大？

7.10 对于某一光盘，声音通过 16 位采样来转换成数字信号，并且被处理成 8 位的字节流进行存储。存储这种数据的一种简单方案称为直接记录，使用台表示 1，凹坑表示 0。而在另一种方案中，每个字节扩展为 14 位二进制数。结果表明在 16 134（2^{14}）个 14 位数据中正好有 256（2^8）个数据，其二进制在每两个 1 之间至少有两个 0，这些数据用来将 8 位扩展为 14 位。光学系统检测到从台到凹坑或从凹坑到台的跳变记为 1，同时通过计量强烈变换之间的距离来记录 0。这种方案要求不存在连续的 1，因此采用 8～14 位编码。

这种方案的优点如下：对于给定的激光束直径，无论每一位用什么表示，都存在一个最小凹坑尺寸。采用这一方案，该最小凹坑存储 3 位，因为每个 1 后面都有两个 0。而采用直接记录时，同样的凹坑仅仅只能存储 1 位。考虑每一个凹坑存储的位数和 8～14 位扩展，哪种方案能存储更多的位？请说明原因。

7.11 为计算机系统设计一种备份策略。一种方法是使用外部可插入磁盘，其成本是每 500GB 的磁盘驱动器花费 150 美元。另一种方法是花 2 500 美元购买一个磁带驱动器，并用 50 美元购买一个 400GB 的磁带（这是 2008 年的市场价格）。通常的备份方案是使用两组现场备份媒体，此时备份可选择性地写入它们中，因此万一系统备份失败，前面的备份还是完整的。同时还存在场外的另一组媒体，场外的组定时地和现场的某一组进行数据交换。

a. 假设你有 1TB（1 000GB）的数据要进行备份，一个磁盘备份系统的费用是多少？

b. 一个 1TB 的磁带备份系统的费用是多少？

c. 为了使磁带备份方案更省钱，每一个备份需要多大？

d. 哪种备份方法更适用于磁带？

输入／输出

学习目标

学习完本章后，你应该能够：

- 解释作为计算机组成一部分的 I/O 模块的用法。
- 了解**编程式 I/O** 和**中断驱动式 I/O** 之间的区别，并讨论它们各自的优点。
- 概述直接存储器存取的操作。
- 概述直接 cache 存取。
- 说明 I/O 通道的功能和使用。

除了处理器和一组存储器模块外，计算机系统的第三个关键部件是一组输入／输出（I/O）模块。每个模块连接到系统总线或中央交换器，并且控制一个或多个外围设备。一个 I/O 模块不是简单地将设备连接到系统总线的一组机械连接器，而是包含了执行设备与系统总线之间通信功能的逻辑。

读者可能会奇怪为什么不把外设直接连接到系统总线上，原因如下：

- 各种外设的操作方法是不同的，将控制一定范围的外设的必要逻辑合并到某个处理器内是不现实的。
- 外设的数据传送速度一般比存储器或处理器的慢得多，因此，使用高速的系统总线直接与外设通信是不切实际的。
- 另外，某些外设的数据传送速率比存储器或处理器要快，同样，若不适当管理，则速度失配将导致无效。
- 外设使用的数据格式和字长度通常与处理器不同。
- 因此，I/O 模块是必需的，它有两大主要功能（如图 8.1 所示）：
  - 通过系统总线或中央交换器与处理器和存储器连接。
  - 通过专用数据线与一个或多个外设连接。

本章首先简要讨论外部设备，接着介绍 I/O 模块的结构和功能。然后叙述与处理器和存储器协同工作以完成 I/O 功能的各种方式：内部 I/O 接口。接下来，更详细地研

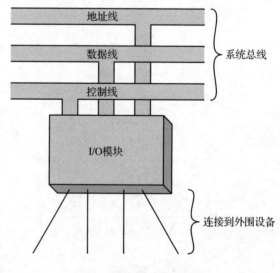

图 8.1　I/O 模块通用模型

究直接存储器存取和最新的直接 cache 存取。最后讨论 I/O 模块与外界之间的外部 I/O 接口。

8.1　外部设备

I/O 操作是通过各种外部设备来完成的，这些外部设备提供了外部环境和计算机之间交

换数据的方式。外部设备通过 I/O 模块的链接而与计算机相连（如图 8.1 所示），这种链接可以实现 I/O 模块与外部设备之间的控制信息、状态信息和数据信息的交换。连接到 I/O 模块的外部设备通常被称为外围设备（peripheral device）或简称为外设（peripheral）。

从广义上可以将外部设备分为 3 类：

- **人可读设备**：适用于与计算机用户通信。
- **机器可读设备**：适用于与设备通信。
- **通信设备**：适用于与远程设备通信。

人可读设备包括视频显示终端（VDT）和打印机。机器可读设备包括磁盘和磁带系统，以及传感器和动臂机构，如机器人中动臂机构的应用。注意，在这一章中，我们将磁盘和磁带系统视为 I/O 设备，而在第 7 章中，我们把它们作为存储设备来看待。从功能上来看，它们是存储器分层结构的一部分，其用途已在第 7 章中讨论过；而从结构上来看，它们由 I/O 模块控制，详细内容将在本章讨论。

通信设备允许计算机与远程设备交换数据，该远程设备可以是人可读设备，如终端，也可以是机器可读设备，甚至可以是另一台计算机。

图 8.2 使用非常通用的术语表示了外部设备的性质。I/O 模块的接口以控制、数据和状态信号的形式出现。控制信号（control signal）决定设备将要执行的功能。例如，发送数据到 I/O 模块（INPUT 或 READ 信号），接收来自 I/O 模块的数据（OUTPUT 或 WRITE 信号），报告状态或对特定设备进行控制（如定位磁头）。数据（data）信息是以一组位的形式发送到 I/O 模块或从 I/O 模块接收。状态信号（status signal）表示设备的状态，如 READY/NOT-READY 表示进行数据传送的设备是否就绪。

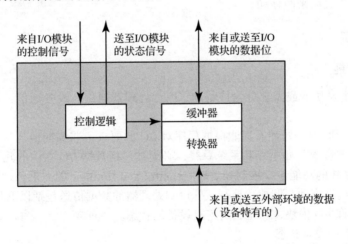

图 8.2　外部设备框图

与设备相关的控制逻辑（control logic）控制设备的操作，以响应来自 I/O 模块的命令。输出时，转换器（transducer）把数据从电信号转换成其他信号形式；输入时，转换器把其他信号形式转换成电信号。通常，缓冲器与转换器有关，它缓冲 I/O 模块和外部环境之间传送的数据。对于串行设备来说，缓冲器的大小一般为 8 位或 16 位，而面向块的设备（如磁盘驱动器控制器）可能具有更大的缓冲器。

I/O 模块与外部设备之间的接口将在 8.7 节中讨论。外部设备和外部环境的接口超出了本书讨论的范围，这里只给出几个简单的例子。

8.1.1 键盘 / 监视器

计算机与用户交互最常用的方式是键盘 / 监视器装置。用户通过键盘提供输入，此输入传送到计算机内或在监视器上显示。另外，监视器也显示由计算机提供的数据。

信息交换的基本单位是字符。与每个字符相关的是代码，长度一般为 7 位或 8 位。最常用的文本代码是 IRA 码（International Reference Alphabet，国际参考字母表）⊖。在 IRA 码中，每个字符用一个唯一的 7 位二进制代码表示，一共可以表示 128 个不同的字符。字符分为可打印字符和控制字符两种类型。可打印字符包括字母、数字和能打印在纸上或显示在屏幕上的一些特殊字符。一些控制字符能控制字符的打印或显示，如回车符（CR）；另外一些控制字符与通信过程相关。具体内容可参看附录 D。

对于键盘输入，当用户按下某个键时，键盘首先产生电信号，再由键盘中的转换器解释并转换成与 IRA 码对应的位模式，然后将该位模式传送到计算机的 I/O 模块。同样，在计算机中，文本也能以 IRA 代码来存储。输出时，IRA 代码字符从 I/O 模块传送到外部设备。设备中的转换器解释这种代码并发送所需要的电信号到输出设备，再由输出设备来显示字符或执行相应的控制功能。

8.1.2 磁盘驱动器

磁盘驱动器包含两部分电子部件：一种用于与 I/O 模块交换数据、控制和状态信号，另一种用于控制磁盘的读 / 写机制。在磁头固定的磁盘中，转换器能够在运动的磁盘表面的磁化模式和设备缓冲器中的位之间进行转换（参见图 8.2）。而在可移动磁头的磁盘中，磁臂也必须能迅速在磁盘表面来回移动。

8.2 I/O 模块

8.2.1 模块功能

I/O 模块的主要功能或需求分为控制和定时、处理器通信、设备通信、数据缓冲、检错几种。

在任何一段时间内，处理器都能根据程序对 I/O 的要求，非预期地与一个或几个外设进行通信。一些内部资源，如主存和系统总线，必须被包括数据 I/O 在内的几个功能操作所共享。因此，I/O 模块的功能包含**控制和定时**（control and timing）的需求，以协调内部资源和外部设备之间的信息流动。例如，控制从外设到处理器的数据传送包括以下几个步骤：

1. 处理器查询 I/O 模块，以检验所连接设备的状态。

2. I/O 模块返回设备状态。

3. 如果设备运转正常，并准备就绪，则处理器通过向 I/O 模块发出一条命令，请求数据传送。

4. I/O 模块获得来自外设的一个数据单元（如 8 位或 16 位）。

5. 数据从 I/O 模块传送到处理器。

如果系统采用总线，则每次处理器和 I/O 模块之间的交互都涉及一次或几次总线仲裁。

前面所述的简化方案也表明，I/O 模块必须与处理器以及外设进行通信，**处理器通信**（processor communication）包括：

- **命令译码**：I/O 模块接受来自处理器的命令，这些命令一般作为信号发送到控制总

⊖ IRA 是国际电信联盟（ITU-T）T.50 建议书中定义的，曾被称为国际 5 号字母表（IA5）。IRA 的美国版被称为美国标准信息交换码（ASCII）。

线。例如，一个用于磁盘驱动器的 I/O 模块，可能接受 READ SECTOR（读扇区）、WRITE SECTOR（写扇区）、SEEK（寻道）磁道号和 SCAN（扫描）记录标识等命令。后两条命令中的每条都包含一个发送到数据总线上的参数。

- **数据**：数据是在处理器和 I/O 模块间经由数据总线来交换的。
- **状态报告**：由于外设速度很慢，所以知道 I/O 模块的状态很重要。例如，如果要求一个 I/O 模块发送数据到处理器（读操作），而该 I/O 模块仍在处理先前的 I/O 命令而对此请求未能就绪，则可以用状态信号来报告这个事实。常用的状态信号有忙（BUSY）和就绪（READY），还有报告各种出错情况的信号。
- **地址识别**：正如存储器中每个字对应一个地址一样，每个 I/O 设备也有地址。因此，I/O 模块必须能识别它所控制的每个外设的唯一地址。

另外，I/O 模块必须能进行**设备通信**（device communication），通信内容包括命令、状态信息和数据（如图 8.2 所示）。

I/O 模块的一个基本功能是**数据缓冲**（data buffering）。由图 2.1 可以看出实现这一功能的条件。由于主存和处理器传入、传出数据的速度很快，而许多外设速度要低几个数量级并且范围很宽，所以来自主存的数据通常以高速发送到 I/O 模块，数据保存在 I/O 模块的缓冲器中，然后以外设的数据传送速度发送到该外设。而反向传送时，由于数据被缓冲，内存不会被束缚在低速的传送操作中。因此，I/O 模块必须既能以设备速度又能以存储器速度传送。类似地，如果外设以高于存储器存取速度的速度操作，则 I/O 模块也要完成所需的缓冲操作。

最后，I/O 模块通常还要负责**检错**（error detection），并将差错信息报告给处理器。一类差错是设备报告的机械和电路故障（如塞纸、磁道坏）；另一类差错是在信息从设备传送到 I/O 模块时，数据位发生了变化。对于传输中的差错，经常用一些校验码进行检测。一个简单的例子是在每个数据字符上使用一个奇偶校验位。例如，IRA 字符代码占据了一个字节中的 7 位，而第 8 位被设置为奇偶校验位，以便该字节中"1"的个数为偶数（称为偶校验）或为奇数（称为奇校验）。当 I/O 模块接收一个字节时，它检查奇偶校验位来确定是否有差错发生。

8.2.2　I/O 模块结构

I/O 模块在复杂性和控制外设的数目上差别很大，这里只给出大概的描述（将在 8.4 节讨论一种专门设备，Intel 8255A），图 8.3 给出了 I/O 模块常用的框图。I/O 模块通过一组信号线（如系统总线）连接到计算机的其他部分。传送到 I/O 模块或从 I/O 模块传出的数据缓冲在一个或几个数据寄存器中，同时也有一个或几个状态寄存器提供当前的状态信息。状态寄存器也能用做控制寄存器，接收来自处理器的具体的控制信息。模块内的逻辑通过一组控制线与处理器交互，处理器使用这些控制线给 I/O 模块发送命令。控制线中的一部分也可以被 I/O 模块使用（例如，用于仲裁和传递状态信号）。模块还必须能够识别和产生与其控制的设备相关的地址，每个 I/O 模块有一个唯一的地址，或者，如果它控制一个以上的外部设备，那么就对应唯一的一组地址。最后，I/O 模块还包含与其控制的每个设备进行连接的特定逻辑。

I/O 模块提供的多种功能使处理器能以简便的方式管理多种设备。它能隐藏外设的定时、格式、机电结构等细节，使处理器能借助于简单的读和写命令、可能的打开和关闭文件命令对外设进行操作。在最简单的形式中，I/O 模块仍可以将许多控制设备的任务（如反绕磁带）留给处理器处理。

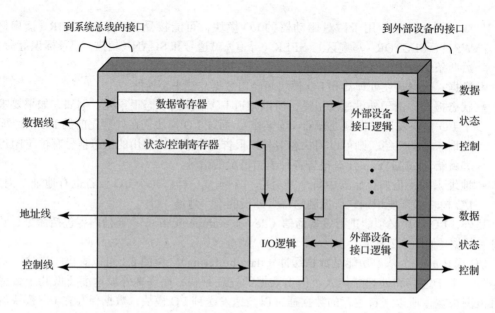

图 8.3　I/O 模块框图

担负大量详细的处理任务并为处理器提供高级接口的 I/O 模块，称为 I/O 通道（I/O channel）或 I/O 处理器。一种相当基础并需要详细控制的 I/O 模块通常称为 I/O 控制器或设备控制器。I/O 控制器常用于微型计算机，而 I/O 通道常用于大型计算机。

下文中，当不致引起混淆时，将使用通用术语：I/O 模块。如果需要，则采用更具体的术语。

8.3　编程式 I/O

I/O 操作可采用三种技术。对于编程式 I/O（programmed I/O），数据在处理器和 I/O 模块之间交换，处理器通过执行程序来直接控制 I/O 操作，包括检测设备状态、发送读或写命令以及传送数据。当处理器发送一条命令到 I/O 模块时，它必须等待，直到 I/O 操作完成。如果处理器速度快于 I/O 模块，那么处理器的时间就白白浪费了。对于**中断驱动式 I/O**（interrupt-driven I/O），处理器发送一条 I/O 命令后，继续执行其他指令，当 I/O 模块完成其工作时，才去中断处理器工作。对于编程式 I/O 和中断式 I/O，都是由处理器来负责在输出时从主存提取数据，在输入时把数据存入主存。另外一种技术被称为**直接存储器存取**（direct memory access，DMA），在这种模式下，I/O 模块与主存直接交换数据，而不需要处理器参与。

表 8.1 列出了这三种技术之间的关系。本节将探讨编程式 I/O，而中断式 I/O 和 DMA 将在接下来的两节中分别阐述。

表 8.1　I/O 技术

传递方式	无中断	使用中断
I/O 与存储器之间的传递通过处理器实现	编程式 I/O	中断驱动式 I/O
I/O 与存储器直接传送		直接存储器存取（DMA）

8.3.1　编程式 I/O 概述

当处理器在执行程序的过程中遇到了一条与 I/O 操作有关的指令时，它通过发送命令到适当的 I/O 模块来执行这条指令。对于编程式 I/O，I/O 模块将执行所要求的动作，然后在 I/O 状态寄存器中设置适当的一些位（如图 8.3 所示）。I/O 模块不采用进一步的动作来通知处理器，特别是它不去中断处理器。因此，处理器就需要周期性地检查 I/O 模块的状态，直到发现该操作完成。

为了解释编程式 I/O 技术，我们首先从处理器发送给 I/O 模块的 I/O 命令开始讨论，然后再讨论处理器执行的 I/O 指令。

8.3.2　I/O 命令

为了执行与 I/O 相关的指令，处理器发送一个指定具体 I/O 模块和外设的地址，并发送一条 I/O 命令。当 I/O 模块被处理器寻址时，它可能会接收如下四种类型的 I/O 命令：

- **控制命令**：用于激活外设并告诉它要做什么。例如，可以指示磁带机快退或快进一个记录。这些命令为具体外设类型而定制。
- **测试命令**：用于测试与 I/O 模块及其外设相关的各种状态条件。处理器想要知道，感兴趣的外设电源是否接通和该外设是否可用。它还想知道，最近的 I/O 操作是否完成，是否发生差错。
- **读命令**：使 I/O 模块从外设获得一个数据项，并把它存入内部缓冲器（如图 8.3 描述的数据寄存器）。然后，处理器可以通过请求 I/O 模块把数据传送到数据总线以获得该数据项。
- **写命令**：使 I/O 模块从数据总线获得一个数据项（字节或字），然后把它传送到外设。

图 8.4a 给出了一个使用编程式 I/O 从外设读取数据（例如磁带上的一个记录）到内存的例子。每次读一个字（如 16 位）的数据。对于每个读入的字，处理器必须停留在状态监测周期，直到确定这个字在 I/O 模块的数据寄存器中有效为止。这个流程图突出了这种技术的主要缺点，它是一个使处理器一直处于不必要的忙碌状态的耗时过程。

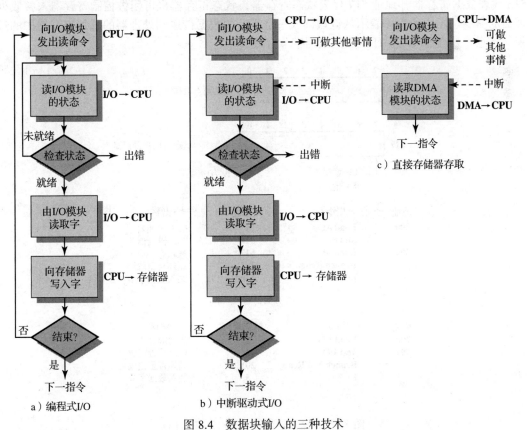

图 8.4　数据块输入的三种技术

8.3.3 I/O 指令

对于编程式 I/O，在处理器从存储器获取的 I/O 指令与为执行此指令处理器发送到 I/O 模块的 I/O 命令之间存在着紧密的对应关系。也就是说，该指令很容易被映射成 I/O 命令，并且二者之间通常是简单的一一对应关系。指令的形式取决于外设寻址的方式。

通常，有多个 I/O 设备通过 I/O 模块连接到系统，每个设备有一个唯一的标识符或地址。当处理器发送 I/O 命令时，该命令就包括所需设备的地址。因此，每个 I/O 模块必须对地址线译码，确定命令是不是发送给自己的。

当处理器、主存和 I/O 共享一条公共总线时，有两种可能的编址方式：**存储器映射式**（memory-mapped）和**分离式**（isolated）。对于**存储器映射式 I/O**，存储单元和 I/O 设备有单一的地址空间。处理器将 I/O 模块的状态和数据寄存器看成存储单元一样对待，使用相同的机器指令来访问存储器和 I/O 设备。例如，使用 10 根地址线，可以组合成总数为 $2^{10}=1024$ 个存储单元和 I/O 地址。

存储器映射式 I/O 在总线上只需要单一的读线和单一的写线。另一种方式是，让总线既有存储器的读线和写线，同时也有输入和输出命令线。此时，命令线指定该地址是说明存储单元还是说明 I/O 设备的。整个地址范围对两者都适用。再来看上述带有 10 根地址线的例子，系统现在不仅支持 1024 个存储单元，也支持 1024 个 I/O 地址。因为 I/O 的地址空间与存储器的地址空间是分离的，因此这被称为**分离式 I/O**。

图 8.5 对比了这两种编程式 I/O 技术。图 8.5a 表示键盘终端之类的简单输入设备怎样采用存储器映射 I/O 方式来编程。假设一个 10 位的地址，有 512 个存储单元（单元 0～511），最多有 512 个 I/O 地址（单元 512～1023），两个地址专用于从特定终端连到键盘输入，地址 516 代表数据寄存器，地址 517 代表状态寄存器，状态寄存器也可用做控制寄存器来接收处理器的命令。图中的程序表示从键盘读入一个字节的数据传送到处理器的累加寄存器中的过程。注意，处理器一直循环检测到数据字节有效为止。

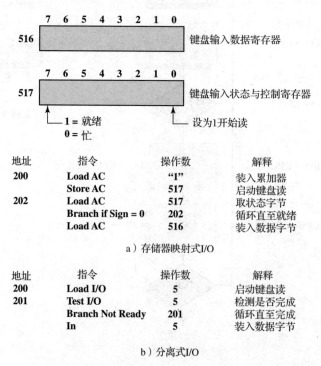

地址	指令	操作数	解释
200	Load AC	"1"	装入累加器
	Store AC	517	启动键盘读
202	Load AC	517	取状态字节
	Branch if Sign = 0	202	循环直至就绪
	Load AC	516	装入数据字节

a）存储器映射式I/O

地址	指令	操作数	解释
200	Load I/O	5	启动键盘读
201	Test I/O	5	检测是否完成
	Branch Not Ready	201	循环直至完成
	In	5	装入数据字节

b）分离式I/O

图 8.5 存储器映射式 I/O 和分离式 I/O

对于分离式 I/O（如图 8.5b 所示），I/O 端口只能被特定的 I/O 命令访问，这种命令能激活总线上的 I/O 命令线。

对于大部分类型的处理器，有一组不同指令用于访问存储器。而如果采用分离式 I/O，则只有少数几种 I/O 指令。因此，存储器映射式 I/O 的优点是能使用大的指令系统，这样可进行更有效的编程；其缺点是占用了宝贵的内存地址空间。存储器映射式 I/O 和分离式 I/O 都很常用。

8.4 中断驱动式 I/O

编程式 I/O 存在的问题是，处理器必须为 I/O 模块准备接收或传送数据等待很长一段时间。在等待的过程中，处理器必须不断地询问 I/O 模块的状态，因此使整个系统性能严重下降。

另外一种方法是，处理器发送一个 I/O 命令到模块，然后去处理其他有用的工作。当 I/O 模块准备和处理器交换数据时，它中断处理器以请求服务。然后，处理器执行数据传送，最后恢复它原先的处理工作。

让我们来考虑这是如何工作的。首先从 I/O 模块的角度来看，对于输入，I/O 模块接收来自处理器的 READ 命令，然后从相关的外设中读入数据。一旦数据进入 I/O 模块的数据寄存器后，该模块通过控制总线给处理器发送中断信号，然后等待，直到处理器请求该数据时为止。当处理器有数据请求时，I/O 模块把数据送到数据总线上，并准备另一个 I/O 操作。

从处理器的角度来看，输入的行为如下。首先，处理器发送一个 READ 命令，然后它离开去处理其他的事情（例如，处理器可以同时处理几个不同的程序）。在每个指令周期结束时，处理器检查中断（如图 3-9 所示）。当来自 I/O 模块的中断出现时，处理器保存当前程序的现场（例如，程序计数器和处理器寄存器），并处理该中断。此时，处理器从 I/O 模块读取数据字并保存到主存中。然后恢复刚才正在运行的程序（或其他程序）的现场，并继续运行原来的程序。

图 8.4b 展示了使用中断式 I/O 读取一个数据块的情形。与图 8.4a 相比，中断式 I/O 比编程式 I/O 效率高，因为它消除了不必要的等待。然而，中断式 I/O 仍然要耗费处理器的很多时间，因为从存储器到 I/O 模块或从 I/O 模块到存储器的每个数据字都必须经过处理器传送。

8.4.1 中断处理

让我们更详细地考虑中断式 I/O 中处理器的作用。中断的出现会触发一系列处理器软硬件中的事件，图 8.6 给出了一个典型的序列。当 I/O 设备完成一次 I/O 操作时，下列硬件事件序列会发生：

1. 设备给处理器发送一个中断信号。

2. 处理器在响应该中断之前完成当前指令的执行，如图 3-9 所示。

3. 处理器检测中断，确定中断源，并发送一个确认信号给发送中断的设备，允许设备取消中断信号。

4. 处理器需要准备传送控制给中断例程。首先，它需要保存将来在中断点恢复当前程序所需要的信息。所需要的最小信息是：（a）处理器状态，它包含在一个被称为**程序状态字**（PSW）的寄存器中；（b）下一条将被执行的指令的位置，它包含在程序计数器中。这些信息都可以压入系统控制栈[⊖]中保存。

5. 处理器将响应该中断的中断处理程序的入口地址装入程序计数器。中断处理程序的个

⊖ 参见附录 E 中关于栈操作的讨论。

数取决于计算机的体系结构和操作系统的设计，可能是单一一个程序，也可能是每个中断类型对应一个程序，或者每个设备和每个中断类型对应一个程序。如果有一个以上的中断处理程序，处理器必须确定调用哪个程序。而这一信息可能已经包含在原先的中断请求信号中，或者处理器发送一个请求到提出中断的设备，以得到包含所需信息的响应。

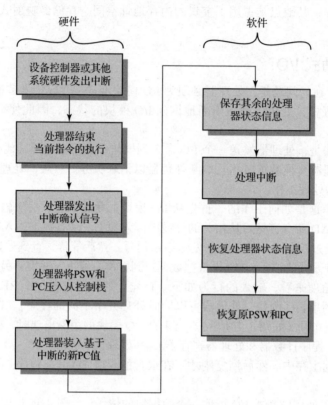

图 8.6　简单中断处理

一旦程序计数器装入后，处理器进入下一个指令周期，开始取指阶段，因为取指指令由程序计数器中的内容决定，结果是控制权转移到了中断处理程序。中断处理程序的执行包含下列几步操作：

6. 此时，被中断程序的程序计数器和 PSW 已存入系统堆栈。然而，还有一些执行程序状态的其他信息要考虑，特别是，处理器寄存器中的内容也需要保存，因为这些寄存器可能被中断处理程序使用。因此，所有这些值，以及任何其他状态信息，都需要保存。通常，中断处理程序将从保存所有寄存器的内容入栈开始。图 8.7a 给出了一个简单的例子。此例中，用户程序在位置 N 的指令后被中断，所有寄存器内容和下一条指令地址（N+1）全部进栈。堆栈指针指向新的栈顶，程序计数器被更新为指向中断服务程序的入口地址。

7. 中断处理程序接下来处理中断，包括检查 I/O 操作或引起中断的其他事件的状态信息，可能还包括发送附加命令或确认信息给 I/O 设备。

8. 当中断处理完成时，被保存的寄存器值出栈并恢复到原寄存器中（如图 8.7b 所示）。

9. 最后的工作是从栈恢复 PSW 和程序计数器的值。于是，将要执行的下一条指令来自被中断的原程序。

注意，保存所有被中断原程序的有关状态信息对后面的恢复工作很重要，这是因为中断不是原程序所调用的例程，中断在用户程序执行的任何时刻和任何位置都可能发生，它的出现无法预期。甚至，如在下一章我们将看到的一样，这两个程序可能完全不同，甚至可能属于两个不同的用户。

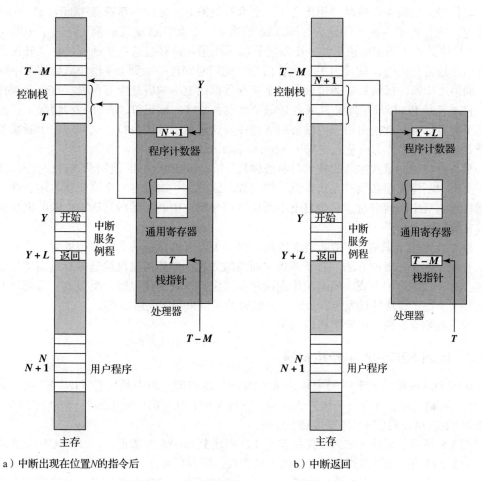

a）中断出现在位置N的指令后　　　　　　　　　　b）中断返回

图 8.7　中断时存储器和寄存器的变化

8.4.2　设计问题

实现中断 I/O 操作会出现两个设计问题。第一，因为几乎总是有多个 I/O 模块，所以处理器如何确定是哪个设备发生了中断？第二，如果有多个中断出现，处理器如何确定优先处理哪个中断？

首先，我们来考虑设备识别，设备识别通常有多条中断线、软件轮询、菊花链（硬件轮询，向量）、总线仲裁（向量）4 种技术。

解决问题最直接的方法是在处理器和 I/O 模块之间提供**多条中断线**（multiple interrupt line）。然而，将较多的总线或处理器引脚作为中断线是不实际的，因此，即使有多条中断线可用，每条线也必须连接多个模块。在每根线上还要采用其他 3 种技术中的一种。

另一种技术是**软件轮询**（software poll），当处理器检测到一个中断时，进入中断服务程序，这个程序的任务是轮询每一个 I/O 模块来确定是哪个模块产生的中断。轮询可以采用单独的命令线形式（如 TEST I/O）。这时，处理器启动 TEST I/O 命令线，并将该 I/O 模块的地址送到地址线上。如果是该 I/O 模块发出的中断，则它肯定会积极响应。另一种方法是每个

I/O 模块包含一个可寻址的状态寄存器，处理器通过从每个 I/O 模块的状态寄存器中读取信息来识别中断模块。一旦识别正确的模块，处理器就转向该设备的设备服务例程。

软件轮询的缺点是费时。相比之下，更为有效的方法是使用**菊花链**（daisy chain）电路，实际上，它提供了一种硬件轮询。图 3.26 给出了一个菊花链配置的例子。对于中断，所有的 I/O 模块共享一条中断请求线，中断应答线采用菊花链穿过这些中断模块。当处理器检测到有中断请求产生时，就发出一个应答信号，此信号穿过一系列 I/O 模块直到请求中断的模块。而请求中断的模块通常通过放置一个字在数据线上来响应此应答信号。这个字被称为向量，它或者是 I/O 模块的地址，或者是识别此设备的唯一标识符。在任一种情况下，处理器用这个向量作为指针指向相应的设备服务程序，这避免了首先执行一个常规的中断服务程序的需要。这种技术称为向量式中断（vectored interrupt）。

另一种使用向量式中断的技术是**总线仲裁**（bus arbitration）。使用总线仲裁技术，I/O 模块在发出中断请求前必须首先获得总线控制权，因此，一次只有一个模块能占用总线。当处理器检测到有中断请求时，它会发出中断应答信号响应中断。然后，请求中断的模块将其向量放在数据线上。

以上技术用于识别 I/O 中断请求模块。当一个以上的设备请求中断服务时，这些技术还提供一种分配优先级的方法。对于多条中断线的方式，处理器仅仅挑选具有最高优先级的中断线。对于软件轮询方式，模块的轮询次序就决定了模块的优先级。类似地，菊花链上的模块次序也决定了模块的优先级。最后，总线仲裁可以采用优先级方案。

现在我们来看两个中断结构的例子。

8.4.3　Intel 82C59A 中断控制器

Intel 80386 提供了单一的中断请求（INTR）线和单一的中断应答（INTA）线。为了使 80386 灵活地处理各种设备和优先级结构，它通常配有外部的中断控制器——82C59A。外设连接到 82C59A，82C59A 再连接到 80386。

图 8.8 展示了采用 82C59A 连接多个 I/O 模块到 80386 的情形。一个 82C59A 最多能处理 8 个 I/O 模块，如果需要控制 8 个以上的模块，则使用级连方式，最多能处理 64 个模块。

82C59A 的唯一职责是管理中断。它从连接的模块中接收中断请求，并确定哪个中断的优先级最高，然后通过 INTR 线发出请求信号给处理器。处理器通过 INTA 线应答。这就提示 82C59A 将对应的向量信息放到数据总线上。然后，处理器可以开始处理中断，并直接与 I/O 模块进行通信，读或写数据。

82C59A 是可编程的，80386 通过设置 82C59A 中的控制字来决定其优先级方式。下面是可用的中断模式：

- **全嵌套：**中断请求按优先级从 0（IR0）到 7（IR7）排序。
- **轮转：**在有些应用中，多个中断设备具有相同的优先级，这时，刚获得服务的设备在本组中具有最低的优先级。
- **特殊屏蔽：**它允许处理器有选择地禁止来自某些设备的中断。

8.4.4　Intel 8255A 可编程外部接口

作为用于编程 I/O 和中断驱动 I/O 的 I/O 模块的示例，我们以 Intel 8255A 可编程外部设备接口为例。8255A 是最初设计用于 Intel 80386 处理器的单芯片通用 I/O 模块。自那以后，它被其他制造商克隆，是一种广泛使用的外围控制器芯片。它的用途包括作为微处理器和嵌入式系统（包括微控制器系统）的简单 I/O 设备的控制器。

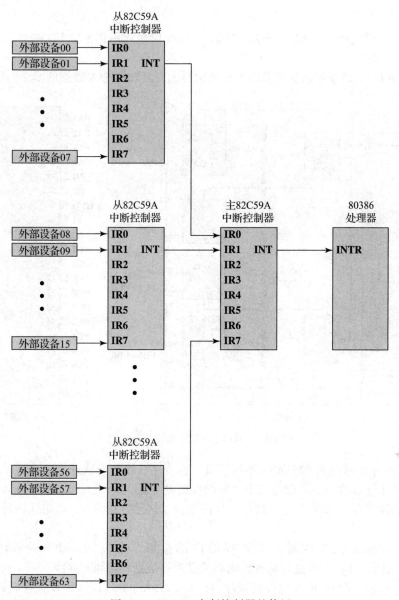

图 8.8 82C59A 中断控制器的使用

组织结构和操作　　图 8.9 显示了一个通用框图，以及它所在的 40 针封装的引脚布局。如引脚布局所示，8255A 包括以下线路：

- **D0～D7**：这些是设备的数据 I/O 线。从 8255A 读取和写入 8255A 的所有信息都通过这 8 条数据线进行。
- **$\overline{CS}$（芯片选择输入）**：如果此线为逻辑 0，则微处理器可以对 8255A 进行读写。
- **$\overline{RD}$（读输入）**：如果此线为逻辑 0，$\overline{CS}$ 输入为逻辑 0，则 8255A 数据输出在系统数据总线上启用。
- **$\overline{WR}$（写入输入）**：如果该输入线是逻辑 0，并且 $\overline{CS}$ 输入是逻辑 0，则数据从系统数据总线写入 8255A。
- **复位**：如果此输入线为逻辑 1，则 8255A 将进入复位状态。所有外设端口均设置为输入模式。

- PA0～PA7, PB0～PB7, PC0～PC7: 这些信号线用作 8 位 I/O 端口。它们可以连接到外部设备。
- A0, A1: 这两条输入线的逻辑组合决定写入或读取 8255A 数据的哪个内部寄存器。

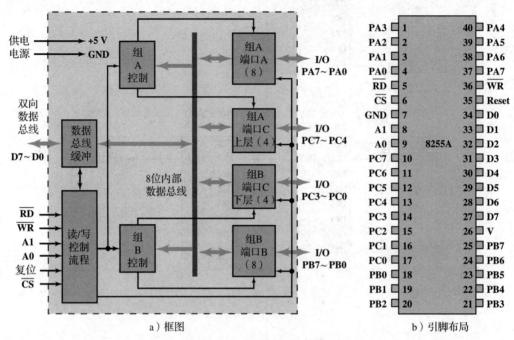

a) 框图   b) 引脚布局

图 8.9　Intel 8255A 可编程外设接口

图 8.9a 的框图右侧是 8255A 的外部接口。24 条 I/O 线被分成三个 8 位组 (A、B、C)。每组可用作 8 位 I/O 端口,从而为三个外部设备提供连接。此外,C 组被细分为 4 位一组 (C_A 和 C_B),它们可以与 A 和 B 的 I/O 端口一起使用。以这种方式配置,C 组线路传送控制和状态信号。

方框图左侧是微处理器系统总线的内部接口。它包括一个 8 位双向数据总线 (D0～D7),用于与 I/O 端口进行数据传输和传送控制信息到控制寄存器。

处理器通过处理器中的 8 位控制寄存器控制 8255A。处理器可以设置控制寄存器的值,以指定各种操作模式和配置。从处理器的角度来看,有一个控制端口,控制寄存器位在处理器中设置,然后通过线路 D0～D7 发送到控制端口。两条地址线指定三个 I/O 端口或控制寄存器之一,如下所示:

A1	A2	选择
0	0	端口 A
0	1	端口 B
1	0	端口 C
1	1	控制寄存器

因此,当处理器将 A1 和 A2 都设置为 1 时,8255A 将数据总线上的 8 位值解释为控制字。当处理器在 D7 线设置为 1 的情况下传输 8 位控制字时 (图 8.10a),该控制字用于配置 24 条 I/O 线的操作模式。这三种模式是:

- **模式 0**：这是基本 I/O 模式。三组 8 条外部线路用作三个 8 位 I/O 端口。可以将每个端口指定为输入或输出。只有将端口定义为输出时，才能将数据发送到该端口，并且只有将端口设置为输入时，才能从该端口读取数据。
- **模式 1**：在该模式下，端口 A 和 B 可以配置为输入或输出，端口 C 的线路用作 A 和 B 的控制线。控制信号有两个主要用途：“握手”和中断请求。握手是一种简单的计时机制。发送器使用一条控制线作为数据就绪线，以指示数据何时出现在 I/O 数据线上。接收器使用另一条线作为确认，指示数据已被读取并且数据线可以被清除。另一条线路可以被指定为 INTERRUPT REQUEST（中断请求）线路，并绑定到系统总线上。
- **模式 2**：这是一种双向模式。在此模式下，端口 A 可以配置为端口 B 上双向通信的输入或输出线路，而端口 B 线路则提供相反的方向。同样，端口 C 线路用于控制信令。

当处理器将 D7 设置为 0 时（图 8.10b），控制字用于单独编程端口 C 的位值。此功能很少使用。

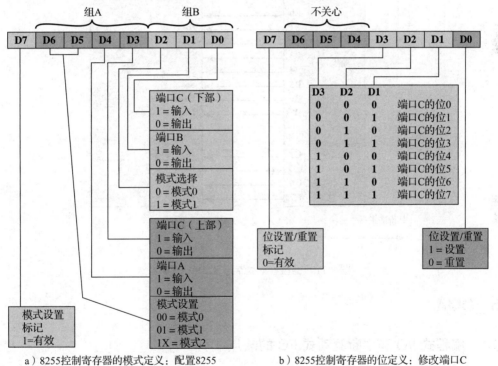

a）8255控制寄存器的模式定义：配置8255　　　　b）8255控制寄存器的位定义：修改端口C
　　　　　　　　　　　　　　　　　　　　　　　　　　　中的单个位

图 8.10　Intel 8255A 的控制字

　　键盘／显示器示例　　由于 8255A 可通过控制寄存器进行编程，因此可用于控制各种简单的外部设备。图 8.11 说明了其用于控制键盘／显示终端的用途。键盘提供 8 位输入。其中的两个位，SHIFT 和 CONTROL，对处理器中执行的键盘处理程序有特殊的含义。然而，这个含义对 8255A 是透明的，8255A 只简单地接受 8 位数据，并将它们送到系统数据总线上。提供两根握手控制线以供键盘使用。

　　显示器也连到 8 位数据端口，且其中两位有特殊含义，它们对 8255A 也是透明的。除两根握手信号线外，另外两根线提供附加的控制功能。

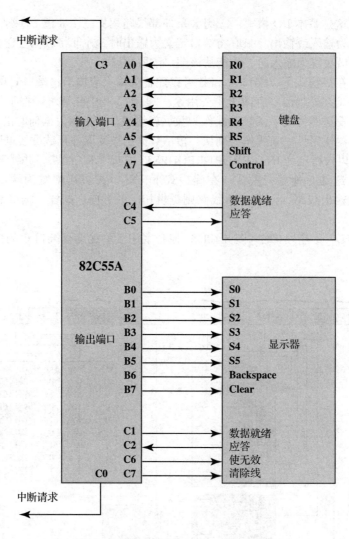

图 8.11   键盘 / 显示器与 8255A 的接口

8.5   DMA

8.5.1   编程式 I/O 和中断驱动式 I/O 的缺点

尽管中断驱动式 I/O 比简单的编程式 I/O 有效，但它仍需要处理器及时干预才能在存储器与 I/O 模块之间进行数据传送，并且任何数据传送都必须通过经处理器的通路。因此，这两种 I/O 方式均存在以下两点不足：

1. I/O 传送速度受处理器测试和服务设备速度的限制。

2. 处理器负责管理 I/O 传送，对于每一次 I/O 传送，处理器必须执行很多指令（如图 8.5 所示）。

在这两点不足之间存在着一些平衡。考虑一个数据块的传送，当采用简单的编程式 I/O 时，处理器专门用来处理 I/O 任务，并以相当快的速度传送数据，其代价是处理器不做其他事情。而采用中断式 I/O 时，处理器在某种程度上减少了干预活动，但 I/O 传输率却降低了。不管怎样，这两种方式给处理器的利用率和 I/O 的传输率都带来了不利的影响。

当需要传送大量的数据时，必须采用一种更加有效的技术：直接存储器存取（DMA）。

8.5.2 DMA 功能

DMA 在系统总线上增加了一个模块，该 DMA 模块（如图 8.12 所示）能够模仿处理器，并且确实从处理器那里接管了系统控制的工作。它需要通过控制系统总线来管理从存储器输出或输入存储器的数据。为此，DMA 模块必须只在处理器不需要总线时占用系统总线，或者必须强制处理器暂时挂起。后一种技术更加通用，并称为周期窃取（cycle-stealing），即 DMA 模块有效地窃取一个总线周期。

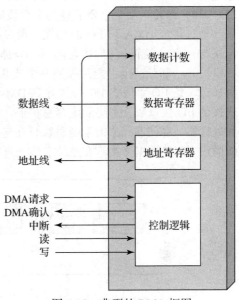

图 8.12　典型的 DMA 框图

当处理器希望读或写数据块时，它发送一个命令给 DMA 模块，向 DMA 模块发送如下信息：

- 通过使用处理器与 DMA 模块之间的读或写控制线，指定需要的是读还是写操作。
- 相应的 I/O 设备地址，经数据线传输。
- 读或写操作的存储器起始单元地址，经数据线传输，并被 DMA 模块存入其地址寄存器中。
- 读或写操作的字数，经数据线传输，并被 DMA 模块存入其数据计数寄存器中。

然后，处理器继续执行其他工作，它已将该 I/O 操作委派给 DMA 模块。DMA 模块负责传送全部的数据块，每次一个字，直接将数据传送到存储器或从存储器中读出，不经过处理器。当该数据传送完成时，DMA 模块给处理器发送一个中断信号。因此，处理器只在数据传送的开始和结束时参与（如图 8.4c 所示）。

图 8.13 显示了在指令周期的哪个位置处理器可以挂起。每次，仅仅在它需要使用总线之前挂起处理器。然后 DMA 模块传送一个字，并把控制权交还给处理器。注意，这不是中断，处理器不保存现场，也不做其他事情，而是等待一个总线周期。总的效果是使处理器的执行速度下降，但是对于多字节 I/O 传送来说，DMA 比中断驱动式 I/O 和编程式 I/O 有效得多。

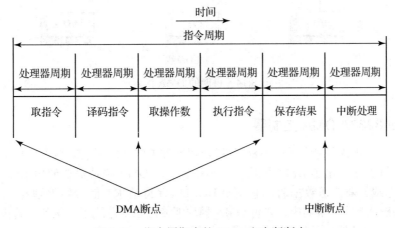

图 8.13　指令周期中的 DMA 和中断断点

DMA 的配置机制有多种，几种可能的配置如图 8.14 所示。在第一个例子中，所有的模块共享系统总线。DMA 模块作为处理器的代理，采用编程式 I/O，在存储器与 I/O 模块之间通过 DMA 模块交换数据。虽然这种配置价格便宜，但其效率很低。与处理器控制的编程式 I/O 一样，每传送一个字要消耗两个总线周期。

通过集成 DMA 和 I/O 的功能，可以减少所需要的总线周期数。如图 8.14b 所示，DMA 模块与一个或多个 I/O 模块之间有一条路径（不包括系统总线）。DMA 逻辑实际上可能是 I/O 模块的一部分，也可能是控制一个或几个 I/O 模块的独立模块。这个概念可以进一步扩充为通过一条 I/O 总线将 I/O 模块连到 DMA 模块，如图 8.14c 所示。这样可以减少 DMA 模块连接的 I/O 接口数，并使系统容易扩展。在后两种情况中（图 8.14b 和图 8.14c），DMA 模块和处理器、存储器共享的系统总线只在与存储器交换数据时才由 DMA 模块使用，DMA 与 I/O 模块之间的数据交换不在系统总线上进行。

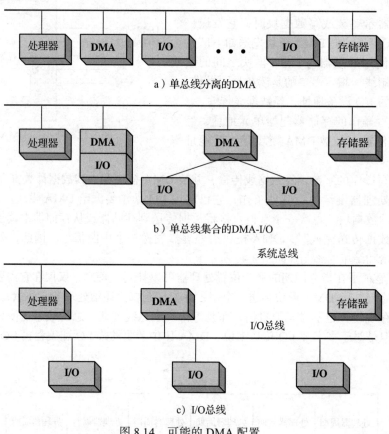

a）单总线分离的 DMA

b）单总线集合的 DMA-I/O

c）I/O 总线

图 8.14 可能的 DMA 配置

8.5.3 Intel 8237A DMA 控制器

Intel 8237A DMA 控制器是 80x86 系列处理器和 DRAM 存储器之间的接口，用以提供 DMA 能力。图 8.15 指出了 DMA 模块所处的位置。当 DMA 模块需要使用系统总线（数据、地址或控制总线）来传送数据时，它发出 HOLD（保持请求）信号给处理器。处理器发出 HLDA（保持确认）信号来响应，告诉 DMA 模块能使用系统总线了。例如，若该 DMA 模块要将一块数据由存储器传送到磁盘，则要做如下工作：

1. 外围设备（如磁盘控制器）通过置 DREQ（DMA 请求）信号为高电平来请求 DMA 服务。

2. DMA 模块置 HRQ（保持请求）为高电平，通过 CPU 的 HOLD 引脚通知 CPU 它需要使用总线。

3. CPU 完成当前的总线周期（不必是当前的指令周期）后，置 HLDA（保持确认）有效响应 DMA 请求，告诉 8237 DMA 现在可以使用总线执行其任务。DMA 在执行其任务期间，HOLD 信号必须保持有效。

4. DMA 模块启动 DACK（DMA 确认信号），告诉外设它将开始传送数据。

5. DMA 模块开始将数据从存储器传送到外围设备。它将数据块的首字节地址放到地址总线上，并启动 MEMR 信号，从而读取存储器的字节数据放到数据总线上。然后，启动 IOW 操作，将数据写入外设。之后，DMA 模块的字节计数器减 1 而地址指针加 1，DMA 重复上述传送过程直到计数器减为 0，任务结束。

6. MA 模块结束它的任务后，HRQ 失效，通知 CPU 可以重新获得对总线的控制。

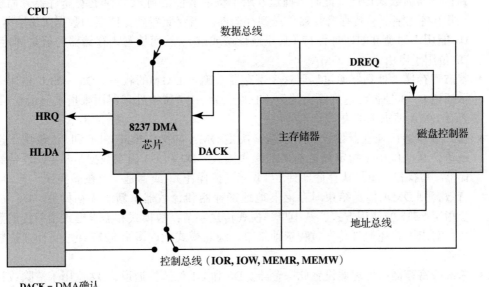

图 8.15　8237 DMA 系统总线的使用

当 DMA 模块占用总线传送数据时，处理器是空闲的。类似地，当 CPU 占用总线时，DMA 模块是空闲的。8237 DMA 被称为飞越式（fly-by）DMA 控制器。这表示数据从一个主存单元传输到另一个主存单元时不需要经由 DMA 芯片，也不需要将数据存储到 DMA 芯片中。因此，DMA 只能在 I/O 端口与存储器之间传送数据，而不能在两个 I/O 端口之间或两个存储器地址之间传送数据。然而，如下所述，DMA 芯片能通过寄存器实现存储器到存储器的数据传送。

8237 包含 4 个可独立编程的 DMA 通道，每个通道可在任何时候启用，这些通道的编号为 0、1、2 和 3。

8327 有四组 5 个控制 / 命令寄存器，每个通道一组，用于编程和控制 DMA 操作（如表 8.2 所示）。

表 8.2 Intel 8237A 寄存器

位	命令	状态	模式	单屏蔽	全屏蔽
D0	存储器到存储器 E/D	通道 0 已达到 TC	通道选择	选择通道屏蔽位	清除 / 设置通道 0 屏蔽位
D1	通道 0 地址保持 E/D	通道 1 已达到 TC			清除 / 设置通道 1 屏蔽位
D2	控制器 E/D	通道 2 已达到 TC	检验 / 写 / 读传送	清除 / 设置屏蔽位	清除 / 设置通道 2 屏蔽位
D3	正常 / 压缩时序	通道 3 已达到 TC			清除 / 设置通道 3 屏蔽位
D4	固定 / 轮转优先权	通道 0 请求	自动初始 E/D		
D5	滞后 / 扩展写选择	通道 0 请求	地址增 / 减选择	未使用	
D6	DREQ 有效电平为高 / 低	通道 0 请求			未使用
D7	DACK 有效电平为高 / 低	通道 0 请求	需求 / 单 一 / 块 / 级联模式选择		

注：E/D = enable/disable（允许 / 禁止）；TC = terminal count（终止计数）。

- **命令寄存器**：处理器将命令字装入这个寄存器以控制 DMA 操作，D0 位允许存储器到存储器的数据传送。此时，通道 0 用于将字节传送到 8237 的暂存寄存器，而通道 1 用于将此字节从暂存寄存器传送到存储器。当存储器到存储器的数据传送有效时，D1 能用于通道 0 的地址保持（禁止地址增或减），从而使写入存储器的值是固定的。D2 位用于启用或禁止 DMA。

- **状态寄存器**：处理器通过读取这个寄存器来确定 DMA 的状态。D0～D3 位被用来指示通道 0～3 是否已达到终止计数（TC）。D4～D7 位被处理器用来指示通道 0～3 是否有 DMA 请求未解决。

- **模式寄存器**：处理器设置此寄存器来决定 DMA 的操作模式。D0 和 D1 位用于选择通道，其他位用于指定被选通道的操作模式。D2 和 D3 确定数据是从 I/O 设备到存储器（写操作）还是从存储器到 I/O 设备（读操作），或者是一个校验操作。若 D4 位有效，则 DMA 传送结束时存储器地址寄存器和计数器重新装入初始值。D6 和 D7 位指定 8237 的使用方式，其中单一模式传送字节，块模式和需求模式用于传送数据块，需求模式还允许传送过程提前结束。级联模式允许多个 8237 级联，使通道数多于 4。

- **单屏蔽寄存器**：处理器设置此寄存器。D0 和 D1 位选择通道，D2 位用于清除或设置该通道的屏蔽位。通过这个寄存器指定某一通道的 DREQ 输入被屏蔽或允许。命令寄存器能使整个 DMA 芯片无效，而单屏蔽寄存器允许程序员对某一通道设置有效或无效。

- **全屏蔽寄存器**：它类似于单屏蔽寄存器，与之不同的是，它可以通过一次写操作屏蔽或启用四个通道。

此外，8237A 还有 8 个数据寄存器：每个通道有一个存储器地址寄存器和一个计数寄存器。处理器设置这些寄存器来表示传送数据的主存地址和存储块大小。

8.6 DCA

事实证明，DMA 是提高外围设备和网络 I/O 流量的 I/O 性能的有效手段。然而，由于网络 I/O 数据速率的急剧增加，DMA 无法进行扩展以满足增加的需求。这种需求主要来自 10Gbps 和 100Gbps 以太网交换机的广泛部署，它们用来处理与数据库服务器和其他高性能系统之间的海量数据传输 [STAL16]。一个次要但越来越重要的流量来源来自千兆范围内的 WiFi。处理 3.2Gbps 和 6.76Gbps 的网络 WiFi 设备正变得广泛可用，并对企业系统产生需求

[STAL16]。

在本节中，我们将展示如何让 I/O 功能直接访问 cache 来提高性能，这种技术称为**直接 cache 存取**（DCA）。在本节中，我们只关注最接近主存储器的 cache，称为**最后一级 cache**。在一些系统中，这将是一个 L2 cache，在其他系统中是一个 L3 cache。

首先，我们描述一下当代多核系统如何使用片上共享 cache 来增强 DMA 性能。这种方法包括使 DMA 功能能够直接访问最后一级 cache。接下来，我们研究在处理高速网络流量时表现出来的与 cache 相关的性能问题。在此基础上，我们探讨几种不同的 DCA 策略，这些策略旨在提高网络协议的处理性能。最后，本节介绍由 Intel 实现的 DCA 方法，即直接数据 I/O。

8.6.1 使用共享的最后一级 cache 的 DMA

正如第 1 章所讨论的（参见图 1.2），当代多核系统既包括每个核专用的 cache，也包括额外的共享 cache（L2 或 L3）。随着可用的最后一级 cache 的规模越来越大，系统设计者加强了 DMA 功能，以便 DMA 控制器能够以类似于内核的方式访问共享 cache。要阐明 DMA 和 cache 的相互作用，首先描述具体的系统结构将是很有用的。为了这个目的，下面是 Intel Xeon 系统的概述。

Xeon 多核处理器　　Intel Xeon 是 Intel 的高端、高性能的处理器系列，用于服务器、高性能工作站和超级计算机。Xeon 系列的许多成员使用环形互连系统，如图 8.16 所示的 Xeon E5-2600/4600。

E5-2600/4600 可以在一个芯片上配置多达 8 个内核。每个内核都有专用的 L1 和 L2 cache。有一个共享的 L3 cache，容量高达 20MB。L3 cache 被划分为多个片，每个片与每个核心相关联，尽管每个核心可以寻址整个 cache。此外，每个片都有自己的 cache 管道，因此请求可以并行发送到片。

双向高速环形互连将内核、最后一级 cache、PCIe 和集成内存控制器（IMC）连接起来。从本质上讲，该环的运作方式如下：

1. 每个连接到双向环的组件（QPI、PCIe、L3 cache、L2 cache）被认为是一个环代理，并实现环代理逻辑。

2. 环代理通过分布式协议协作，以时隙的形式请求和分配对环的访问。

3. 当代理有数据要发送时，它选择使到目的地的路径最短的环方向，并在调度时隙可用时进行传输。

环状结构提供了良好的性能，并且在一定程度上对多个核心有良好的扩展性。对于拥有更多内核的系统，则使用多个环，每个环支持部分内核。

DMA 对 cache 的使用　　在传统的 DMA 操作中，数据是通过系统互连结构，如总线、环形或 QPI 点对点矩阵在主内存和 I/O 设备之间进行交换的。因此，如果 Xeon E5-2600/4600 使用传统的 DMA 技术，则输出将如下所示。在内核上运行的 I/O 驱动程序将向 I/O 控制器（在图 8.16 中标记为 PCIe）发送一个 I/O 命令，其中包含要传输的数据的主内存中的缓冲区的位置和大小。I/O 控制器发出一个读取请求，该请求被路由到内存控制器中心（MCH），该集线器访问 DDR3 内存上的数据，并将其放在系统环上，以便交付给 I/O 控制器。此事务不涉及 L3 cache，需要一个或多个片外存储器的读取。同样，对于输入，数据来自 I/O 控制器，并通过系统环传递给 MCH，然后写出到主内存。MCH 还必须使与更新的内存位置相对应的任何 L3 cache 行失效。在这种情况下，需要进行一次或多次片外存储器的写入。此外，如果一个应用程序想要访问新的数据，就需要读取主内存。

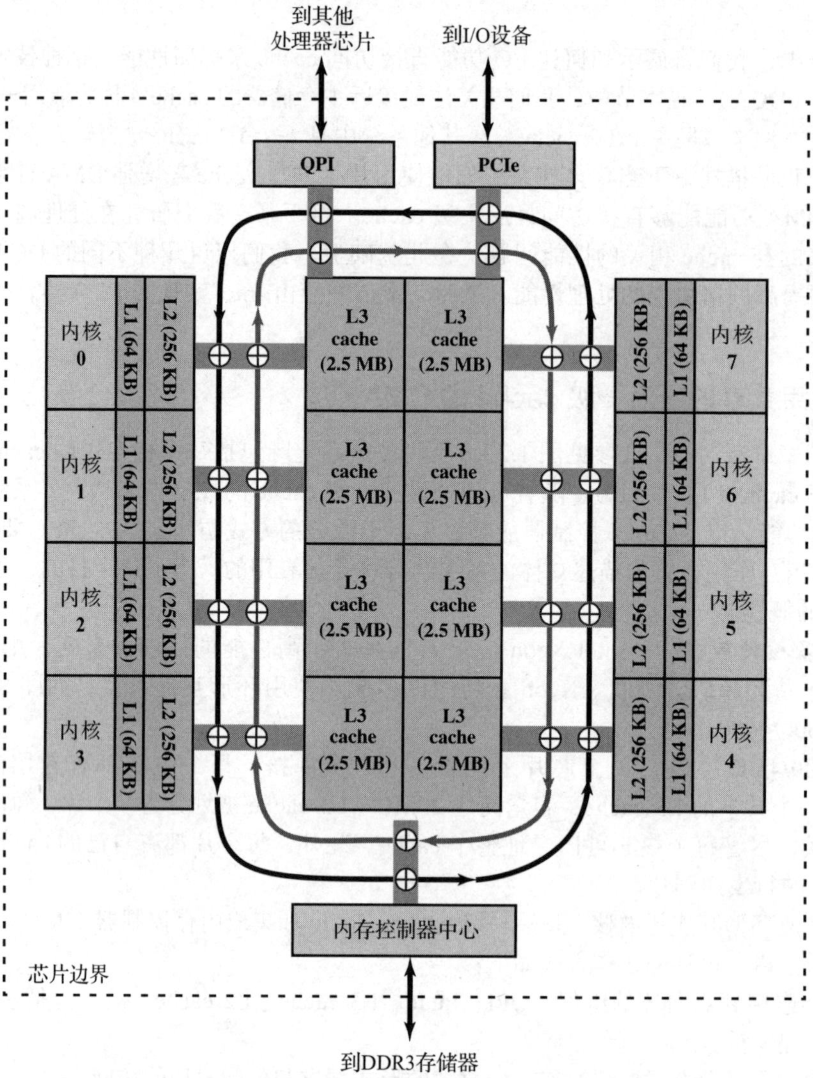

图 8.16   Xeon E5-2600/4600 芯片结构

随着大量最后一级 cache 的出现，一种更有效的技术成为可能，并且被 Xeon E5-2600/4600 所使用。在输出方面，当 I/O 控制器发出读取请求时，MCH 首先检查数据是否在 L3 cache 中。如果一个应用程序最近将数据写入要输出的内存块中，就很可能出现这种情况。在这种情况下，MCH 将数据从 L3 cache 引导到 I/O 控制器；不需要访问主存储器。然而，它也导致数据从 cache 中被驱逐，也就是说，I/O 设备的读取行为导致数据被驱逐。因此，I/O 操作有效进行，因为它不需要主内存访问。但是，如果应用程序将来确实需要该数据，则必须将其从主内存读回 L3 cache。Xeon E5-2600/4600 上的输入操作与上一段描述的一样，不涉及 L3 cache。因此，性能改进只涉及输出操作。

要提醒的最后一点是，尽管输出是直接从 cache 到 I/O 控制器的，但直接 cache 存取这一术语并不用于这一功能。相反，这个术语是保留给 I/O 协议应用的，如本节其余部分所述。

8.6.2   cache 相关的性能问题

网络流量以称为分组或协议数据单元的协议块序列的形式传输。最低级别或链路级别的协议通常是以太网，因此每个到达和离开的数据块由一个以太网分组组成，该以太网分组包含作为有效载荷的高级协议分组。更高层的协议通常是在以太网之上运行的网际协议（IP），以及在 IP 之上运行的传输控制协议（TCP）。因此，以太网有效载荷由具有 TCP 报头和 IP 报头的数据块组成。对于输出数据，在外围组件［例如 I/O 控制器或网络接口控制器（NIC）］中形成以太网分组。同样，对于传入的流量，I/O 控制器剥离以太网信息并将 TCP/IP 数据包传送到主机 CPU。

对于传出和传入流量，都涉及核心、主存和 cache。在 DMA 方案中，当应用程序希望传输数据时，它会将数据放入主存中由应用程序分配的缓冲区中。内核将其传输到主存中的系统缓冲区，并创建必要的 TCP 和 IP 标头，这些标头也缓冲在系统内存中。然后通过 DMA 拾取数据包，以通过 NIC 进行传输。此活动不仅占用主存，还占用 cache。对于传入流量，需要在系统和应用程序缓冲区之间进行类似的传输。

当处理大量协议流量时，有两个因素会降低性能。首先，内核在系统和应用缓冲区之间复制数据时消耗了宝贵的时钟周期。其次，由于内存速度跟不上 CPU 速度，内核在等待内存读写时会浪费时间。在这种处理协议流量的传统方式中，cache 没有帮助，因为数据和协议头不断变化，所以 cache 必须不断更新。

为了阐明性能问题并解释 DCA 作为提高性能的一种方式的好处，让我们更详细地查看传入流量的协议流量处理。一般而言，会出现以下步骤：

1. **数据包到达**：NIC 收到一个传入的以太网数据包。NIC 处理并剥离以太网控制信息。这包括进行错误检测计算。然后，剩余的 TCP/IP 数据包被传输到系统的 DMA 模块，该模块通常是 NIC 的一部分。NIC 还创建一个数据包描述符，其中包含数据包的信息，如其在内存中的缓冲区位置。

2. **DMA**：DMA 模块将数据，包括数据包描述符，传输到主内存。它还必须使相应的 cache 行无效，如果有的话。

3. **NIC 中断主机**：在传输了一些数据包后，NIC 向主机处理器发出一个中断。

4. **检索描述符和报头**：内核处理中断，调用中断处理过程，该过程读取接收到的数据包的描述符和报头。

5. **cache 缺失发生**：这是新的数据正在进来，与包含新数据的系统缓冲区相对应的缓冲区行被废止了，因此，内核必须停顿下来，将数据从主内存读到 cache，然后再读到核心寄存器。

6. **头部被处理**：协议软件在核心上执行，分析 TCP 和 IP 头的内容。这可能包括访问传输控制块（TCB），它包含与 TCP 有关的上下文信息。对 TCB 的访问可能会也可能不会触发 cache 缺失，这就需要对主内存进行访问。

7. **有效载荷传送**：将数据包的数据部分从系统缓冲区传送到适当的应用程序缓冲区。

传出数据包流量也会执行类似的步骤，但有一些差异会影响 cache 的管理方式。对于传出流量，将执行以下步骤：

1. **请求数据包传输**：当应用程序有数据块要传输到远程系统时，它将数据放在应用程序缓冲区中，并通过某种类型的系统调用来警告 OS。

2. **数据包创建**：操作系统调用 TCP/IP 进程来创建 TCP/IP 数据包进行传输。TCP/IP 进程访问 TCB（可能涉及 cache 未命中）并创建相应的报头。它还从应用程序缓冲区读取数据，然后将完成的数据包（报头和数据）放入系统缓冲区。请注意，写入系统缓冲区的数据也存在于 cache 中。TCP/IP 进程还会创建一个数据包描述符，该数据包描述符放置在与 DMA 模块共享的内存中。

3. **调用的输出操作**：它使用设备驱动程序向 DMA 模块发出信号，表明输出已准备好供 NIC 使用。

4. **DMA 传输**：DMA 模块读取数据包描述符，然后执行从主存储器或末级 cache 到 NIC 的 DMA 传输。请注意，即使在读取（由 DMA 模块进行）的情况下，DMA 传输也会使 cache 中的 cache 行无效。如果该行被修改，则会导致回写。内核不执行无效操作。失效发生在 DMA 模块读取数据时。

5. **网卡信号完成**：传输完成后，网卡向发出发送信号的内核上的驱动程序发送信号。

6. **驱动程序释放缓冲区**：驱动程序一旦收到完成通知，就会释放缓冲区空间以供重复使用。内核还必须使包含缓冲区数据的 cache 行无效。

可以看出，网络 I/O 涉及对 cache 和主存储器的多次访问，以及应用程序缓冲区和系统缓冲区之间的数据移动。由于内核和网络性能都超过了内存访问时间的增长，主存储器的大量使用成为一个瓶颈。

8.6.3　直接 cache 存取策略

为了更有效地使用 cache 进行网络 I/O，已经提出了几种策略，其中通用术语直接 cache 存取适用于所有这些策略。

最简单的策略是在 2006 至 2010 年间作为原型在多个 Intel Xeon 处理器上实现的策略 [KUMA07，INTE08]。这种形式的 DCA 仅适用于传入的网络流量。一旦数据在系统内存中可用，内存控制器中的 DCA 功能就向内核发送预取提示。这使得内核能够从系统缓冲区预取数据包，从而避免 cache 未命中和相关内核周期的浪费。

虽然这种形式简单的 DCA 确实提供了一些改进，但通过完全避免主内存中的系统缓冲区，可以实现更大的收益。对于协议处理的特定功能，请注意，内核只访问系统缓冲区中的数据包和数据包描述符信息一次。对于传入的数据包，内核从缓冲区读取数据，并将数据包有效负载传输到应用程序缓冲区。它不需要再次访问系统缓冲区中的数据。同样，对于传出的数据包，一旦内核将将数据放入系统缓冲区，就不需要再次访问该数据。因此，假设 I/O 系统不仅配备有直接访问主存储器的能力，而且还配备有访问 cache 的能力，用于输入和输出操作，则可以使用末级 cache 而不是主存储器来缓冲数据包以及传入和传出数据包的描述符。

最后一种方法是在 [HUGG05] 中提出的，它是一种真正的 DCA。它也被描述为 cache 注入 [LEON06]。这种形式更完整的 DCA 的一个版本在 Intel Xeon 处理器系列中实现，称为**直接数据 I/O**[INTE12]。

8.6.4　直接数据 I/O

Intel 直接数据 I/O（DDIO）在所有 Xeon E5 系列处理器上均已实现。通过对使用和不使用 DDIO 的传输进行比较，可以很好地解释其操作。

数据包输入　　首先，我们来看看数据包从网络到达网卡的情况。图 8.17a 显示了 DMA 操作所涉及的步骤。NIC 启动存储器写入（①）。NIC 使对应于系统缓冲器的 cache 行无效（②）。接下来，执行 DMA 操作，将数据包直接存入主存储器（③）。最后，在相应的内核接收到 DMA 中断信号之后，内核可以通过 cache 从存储器读取数据包数据（④）。

在讨论使用 DDIO 处理传入数据包之前，我们需要总结第 5 章中关于 cache 写策略的讨论，并介绍一种新技术。在接下来的讨论中，有一些与多处理器或多核环境中出现的 cache 一致性相关的问题。这些细节将在第 20 章中讨论，但我们不需要在这里讨论这些细节。回想一下，有两种技术用于处理 cache 行的更新：

- **写直达**（Write through）：所有写操作都同时对主存和 cache 进行，以保证主存中的数据总是有效的。任何其他内核 -cache 模块监视对主存的访问，都是维护它自己 cache 的一致性。
- **写回法**（Write back）：只更新 cache 中的数据，当更新操作发生时，需要设置与该行相关的脏位。然后，当一个块被替换掉时，当且仅当脏位被设置时才将它写回主存。

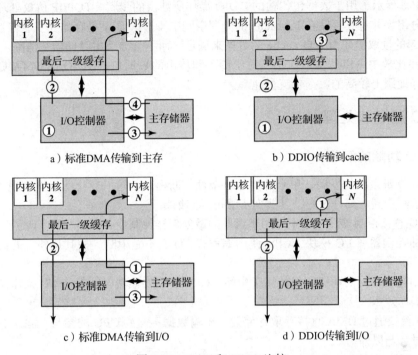

a）标准DMA传输到主存　　　　　　　　b）DDIO传输到cache

c）标准DMA传输到I/O　　　　　　　　d）DDIO传输到I/O

图 8.17　DMA 和 DDIO 比较

DDIO 在 L3 cache 中使用写回法策略。

cache 写操作时可能会遇到 cache 访问失效，这可以通过以下两种策略之一来处理：

- **写分配**：将所需行从主存储器加载到 cache 中。然后，通过写操作更新 cache 中的行。此方案通常与写回法一起使用。
- **非写分配**：直接在主存储器中修改块，不会对 cache 进行任何更改。此方案通常与写直达方法一起使用

考虑到上述情况，我们可以描述由 NIC 发起的入站传输的 DDIO 策略。

1. 如果存在 cache 命中，则更新 cache 行，但不更新主存储器，这是 cache 命中的写回法策略。Intel 文献将此称为**写入更新**。

2. 如果存在 cache 未命中，则对 cache 中不会写回主存储器的行进行写操作。后续写入更新 cache 行，同样不访问主存储器，也不需要将来将该数据写入主存储器的操作。Intel 文档 [INTE12] 将其称为写分配，遗憾的是，这与一般 cache 文献中该术语的含义不同。

DDIO 策略对于网络协议应用是有效的，因为传入的数据不需要保留以供将来使用。协议应用程序将数据写入应用程序缓冲区，不需要将其临时存储在系统缓冲区中。

图 8.17b 显示了 DDIO 输入的操作。NIC 启动存储器写入（①）。NIC 使对应于系统缓冲区的 cache 行无效，并将传入数据存放在 cache 中（②）。最后，在相应的内核接收到 DCA 中断信号之后，内核可以从 cache 中读取数据包数据（③）。

数据包输出　图 8.17c 展示了用于出站数据包传输的 DMA 操作所涉及的步骤。在内核上执行的 TCP/IP 协议处理程序从应用程序缓冲区读取数据，并将其写出到系统缓冲区。这些数据访问操作导致 cache 未命中，并导致数据从存储器读取并进入 L3 cache（①）。当 NIC 接收到开始发送操作的通知时，它从 L3 cache 读取数据并将其发送（②）。NIC 的 cache 访问导致数据从 cache 中被逐出并写回主存储器（③）。

图 8.17d 展示了用于数据包传输的 DDIO 操作所涉及的步骤。TCP/IP 协议处理程序创建要发送的分组，并将其存储在 L3 cache 的分配空间中（①），而不是存储在主存储器中（②）。由 NIC 发起的读取操作由来自 cache 的数据来满足，而不会导致主存储器被清除。

从这些比较中可以清楚地看出，对于传入和传出的数据包，DDIO 比 DMA 更高效，因此能够更好地跟上较高的数据包流量速率。

8.7　I/O 通道和处理器

8.7.1　I/O 功能的演变

随着计算机系统的发展，单个部件的复杂性不断提高，这一变化明显地体现在 I/O 功能上，我们已经看到了部分演变，其演变步骤可以归纳如下：

1. CPU 直接控制外设，这主要用于简单的微处理器控制设备。

2. 增加控制器或 I/O 模块，CPU 使用编程式 I/O 而不是中断，使其从外设的特殊细节中解脱出来。

3. 采用与 2 相同的配置，但使用了中断，CPU 不需要浪费时间等待 I/O 操作完成，提高了自身的工作效率。

4. I/O 模块通过 DMA 直接存取存储器，传输数据不需要 CPU 的参与，除了在传输的开始和结束时参与以外。

5. I/O 模块成为有自主控制权的处理器，有处理 I/O 的专用指令集。CPU 指示 I/O 处理器执行存储器中的 I/O 程序，I/O 处理器不需要 CPU 的干涉就能获取和执行 I/O 指令。这允许 CPU 指派一系列 I/O 活动，并只在整个活动执行完成后才中断 CPU。

6. I/O 模块带有其局部存储器，成为一台自治的计算机。这种结构可以控制大量的 I/O 设备而最小化了 CPU 的干涉，它常用于与交互式终端进行通信。I/O 处理器负责大部分任务，包括控制终端。

从上面的演变过程可以看出，越来越多的 I/O 功能在执行时不需 CPU 参与，CPU 日益从 I/O 相关工作中解放出来，从而改善了系统性能。最后两步第 5 和 6 步的主要改变体现在引入了 I/O 模块能够执行程序的概念。对于第 5 步，该 I/O 模块常称为 I/O 通道（I/O channel），而在第 6 步中常常使用术语 I/O 处理器（I/O processor）。然而，这两个术语偶尔才用于这两种情况。在下面的介绍中，我们将统一使用 I/O 通道这一术语。

8.7.2　I/O 通道的特点

I/O 通道是 DMA 概念的扩充。I/O 通道可以执行 I/O 指令来控制 I/O 操作，此时，CPU 不执行 I/O 指令，这些指令存储在主存中，由 I/O 通道本身的一个专用处理器执行。因此，CPU 通过请求 I/O 通道执行存储器中的程序来启动一次 I/O 数据传送，程序将指定一个或几个设备、一块或几块存储器区域、优先级以及出错时的处理行为，而 I/O 通道执行这些指令来控制数据传送。

I/O 通道通常有两种类型,如图 8.18 所示。第一类是选择通道,它控制多个高速设备,并且每次只与其中的一个设备进行数据传送,即 I/O 通道选择一个设备,并有效地进行数据传送。每个设备或一小组设备由控制器或 I/O 模块管理,因此,I/O 通道代替 CPU 控制这些 I/O 控制器。第二类是多路通道,它能够同时处理多个设备的 I/O 操作。对于低速设备,字节多路选择器可以很快地接收和传送数据到多个设备。例如,来自三个设备的字符流分别是 $A_1A_2A_3A_4\cdots$、$B_1B_2B_3B_4\cdots$ 和 $C_1C_2C_3C_4\cdots$,由于各字符流速度不同,综合的字符流可以是 $A_1B_1C_1A_2C_2A_3B_2C_3A_4$ 等。对于高速设备,一种块多路选择器可以交叉存取来自多个设备的数据块。

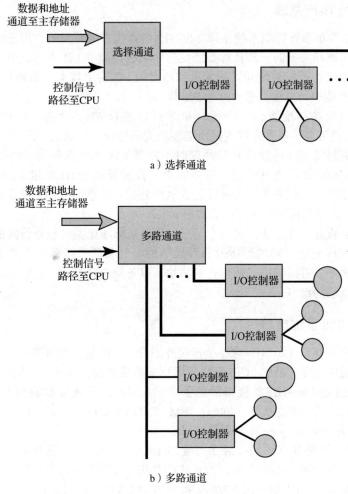

图 8.18   I/O 通道体系结构

8.8　外部互连标准

在本节中,我们将简要概述支持 I/O 的最广泛使用的外部接口标准。

8.8.1　通用串行总线

通用串行总线(USB)被广泛用于外围连接。它是低速设备(如键盘和定点设备)的默认接口,但也通常用于高速 I/O,包括打印机、磁盘驱动器和网络适配器。

USB 已经经历了多代。第一个版本 USB 1.0 定义了 1.5 Mbps 的低速数据速率和 12 Mbps 的全速速率。USB 2.0 提供 480 Mbps 的数据速率。USB 3.0 包括一种新的、速度更快的总线，称为 SuperSpeed，它与 USB 2.0 总线并行。SuperSpeed 的信令速率为 5Gbps，但由于信令开销的原因，可用的数据速率高达 4Gbps。最新的规范是 USB 3.1，它包括一种称为 SuperSpeed+ 的更快的传输模式。该传输模式实现了 10Gbps 的信令速率和 9.7Gbps 的理论可用数据速率。

USB 系统由根主机控制器控制，根主机控制器连接到设备以创建具有分层树形拓扑的本地网络。

8.8.2　FireWire 串行总线

FireWire 是作为小型计算机系统接口（SCSI）的替代方案开发的，用于较小的系统，如个人计算机、工作站和服务器。其目标是满足这些系统对高 I/O 速率日益增长的需求，同时避免为大型机和超级计算机系统开发的笨重和昂贵的 I/O 通道技术。结果是产生了 IEEE 标准 1394，用于高性能串行总线，通常称为 FireWire。

FireWire 采用菊花链配置，一个端口最多可以连接 63 个设备。而且，高达 1022 条 FireWire 总线能用桥互联，以便系统支持所需要的大量外设。

FireWire 提供热插拔，连接或断开外设时不需要关闭计算机系统，也不需要重新配置系统。而且，FireWire 支持自动配置，即不需手工设置设备的 ID 或相关的设备位置配置。FireWire 不需要终结器，系统会自动进行设备地址分配。注意，FireWire 也可以采用树结构配置方式，而不一定总是精确的菊花链方式。

FireWire 标准的重要特点是，它用一组三层协议来标准化主机与外设间的串行交互。物理层定义了 FireWire 允许传输的媒体及每种媒体的电气和信号特性，定义了从 25 Mbps 到 3.2 Gbps 的数据速率。链路层描述数据包的传输。事务层定义请求 - 响应协议，对应用层隐藏了 FireWire 较低层的细节。

8.8.3　小型计算机系统接口

小型计算机系统接口（SCSI）曾经是连接外围设备（磁盘、调制解调器、打印机等）和中小型计算机的通用标准。虽然 SCSI 已经发展到支持更高的数据速率，但在较小的系统中，它已经不再是 USB 和 FireWire 等接口的竞争对手。但是，高速版本的 SCSI 对于企业系统上的大容量内存支持仍然很受欢迎。例如，IBM zEnterprise EC12 和其他 IBM 大型机提供对 SCSI 的支持，还有许多 Seagate 硬盘系统使用 SCSI。

SCSI 的物理组织是共享总线，最多可支持 16 或 32 个设备，具体取决于标准的代次。该总线提供并行传输而不是串行传输，前几代的总线宽度为 16 位，后几代的总线宽度为 32 位。速度范围从原始 SCSI-1 规格的 5 Mbps 到 SCSI-3 U3 的 160 Mbps。

8.8.4　迅雷

最新的、速度最快的通用外设连接技术是迅雷（thunderbolt），它是由 Intel 与 Apple 协作开发的。一根迅雷电缆可以管理以前需要多根电缆的工作。该技术将数据、视频、音频和电源整合到单个高速连接中，用于硬盘驱动器、RAID（独立磁盘冗余阵列）阵列、视频捕捉盒和网络接口等外围设备。它在每个方向上提供高达 10 Gbps 的吞吐量，并为连接的外围设备提供高达 10 瓦的功率。

8.8.5　InfiniBand

InfiniBand 是定位高端服务器市场的一种 I/O 规范，该规范的第一个版本发布于 2001 年早期并吸引了众多厂商。例如，IBM zEnterprise 系列大型机多年来一直严重依赖 InfiniBand。此标准描述了一种体系结构和处理器与智能 I/O 设备之间的数据流传输的规范。InfiniBand 已经成为网络存储器和海量配置存储器的通用接口。实际上，它允许服务器、远程存储器以及其他网络设备连接到由交换器和链路组成的中央网带。这种基于交换机的体系结构最多可以连接 64 000 个服务器、存储系统和网络设备。

8.8.6　PCIe

PCIe 是一种高速总线系统，用于连接各种类型和速度的外围设备。第 3 章详细讨论了 PCIe。

8.8.7　SATA

串行 ATA（串行高级技术附件）是磁盘存储系统的接口。它提供高达 6 Gbps 的数据速率，每台设备的最大速率为 300 Mbps。SATA 广泛应用于台式计算机、工业和嵌入式应用中。

8.8.8　以太网

以太网是主要的有线网络技术，用于家庭、办公室、数据中心、企业和广域网。随着以太网发展到支持高达 100 Gbps 的数据速率和从几米到几十公里的距离，它对于支持大大小小组织中的个人计算机、工作站、服务器和海量数据存储设备变得至关重要。

以太网最初是一个试验性的基于总线的 3 Mbps 系统。通过总线系统，所有连接的设备（如 PC）都连接到一条公共同轴电缆，这与住宅有线电视系统非常相似。第一个商用的以太网和 IEEE 802.3 的第一个版本都是基于总线的系统，运行速度为 10 Mbps。随着技术的进步，以太网已经从基于总线的方式转变为基于交换机的方式，数据速率定期增加一个数量级。在基于交换机的系统中，有一个中央交换机，所有设备都直接连接到该交换机。目前，以太网系统的速度最高可达 100 Gbps。下面是一个简短的年表。

- 1983 年：10Mbps
- 1995 年：100Mbps
- 1998 年：1Gbps
- 2003 年：10Gbps
- 2010 年：40Gbps 和 100Gbps

8.8.9　WiFi

WiFi 是主要的无线互联网接入技术，用于家庭、办公室和公共场所。家庭中的 WiFi 现在可以连接个人计算机、平板计算机、智能手机和一系列电子设备，如摄像机、电视和恒温器。企业中的 WiFi 已成为提高员工工作效率和网络效率的重要手段。公共 WiFi 热点已经大幅扩大，在大多数公共场所提供免费互联网接入。

随着天线技术、无线传输技术和无线协议设计的发展，IEEE 802.11 委员会已经能够以更高的速度为新版本的 WiFi 引入标准。一旦标准发布，工业界就会迅速开发产品。以下是一个简短的年表，从最初的标准（简称 IEEE 802.11）开始，显示了每个版本的最大数据速率。

- 802.11（1997 年）：2 Mbps
- 802.11a（1999 年）：54Mbps
- 802.11b（1999 年）：11Mbps
- 802.11n（1999 年）：600Mbps
- 802.11g（2003 年）：54Mbps
- 802.11ad（2012 年）：6.76Gbps
- 802.11ac（2014 年）：3.2Gbps

8.9 IBM z13 I/O 结构

z13 是 IBM 最新的大型机产品（在撰写本书时）。该系统基于使用具有 8 核的 5GHz 多核芯片。z13 架构最多可以有 168 个处理器芯片或处理器单元（PU），总共有 1344 个内核，支持最多 10TB 的实际内存。在本节中，我们将介绍 z13 的 I/O 结构。

8.9.1 通道结构

z13 有一个专用的 I/O 子系统来管理所有的 I/O 操作，完全减轻了主处理器的处理和内存负担。图 8.19 显示了 I/O 子系统的逻辑结构。在 168 个核心处理器中，多达 24 个可以专用于 I/O，从而创建了 46 个**通道子系统**（CSS）。每个 CSS 由以下元素组成：

- **系统辅助处理器**（SAP）：SAP 是为 I/O 操作配置的核心处理器。它的作用是卸载 I/O 操作并管理通道和 I/O 操作队列。它将其他处理器从所有 I/O 任务中解脱出来，允许它们专用于应用程序逻辑。
- **硬件系统区**（HSA）：HSA 是包含 I/O 配置的系统内存的保留部分。它是由 SAP 使用的。保留 96 GB 的固定容量，不是客户购买的内存的一部分。这通过消除计划内和计划内停机提供了更大的配置灵活性和更高的可用性。
- **逻辑分区**：逻辑分区是一种形式的虚拟机，本质上是在操作系统级别定义的逻辑处理器⊖。每个 CSS 最多支持 16 个逻辑分区。
- **子通道**：子通道在程序中显示为逻辑设备，包含执行 I/O 操作所需的信息。CSS 可寻址的每个 I/O 设备都有一个子通道。子通道由在分区上运行的通道子系统代码用来将 I/O 请求传递给通道子系统。为定义给逻辑分区的每个设备分配子通道。每个 CSS 最多支持 196k 个子通道。
- **子通道集**：这是通道子系统内的子通道集合。子通道集的子通道的最大数量决定了通道子系统可以访问多少个设备。
- **通道路径**：通道路径是通道子系统和一个或多个控制单元之间通过通道的单个接口。命令和数据通过通道路径发送以执行 I/O 请求。每个 CSS 最多可以有 256 条通道路径。
- **通道**：通道是与 I/O 控制单元（CU）通信的小型处理器。它们管理存储器和外部设备之间的数据传输。

这种精心设计的结构使大型机能够管理大量的 I/O 设备和通信链路。所有 I/O 处理都从应用程序和服务器处理器上分流，从而提高了性能。通道子系统处理器在配置上具有一定的通用性，使它们能够管理各种 I/O 任务并满足不断变化的需求。通道处理器是为它们所连接的 I/O 控制单元专门编程的。

⊖ 虚拟机是操作系统的实例，以及在计算机内的隔离存储器分区中运行的一个或多个应用程序。它使不同的操作系统能够同时在同一台计算机上运行，并防止应用程序相互干扰。有关虚拟机的讨论，请参阅 [STAL18]。

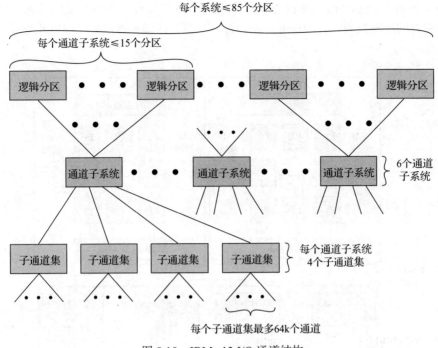

图 8.19　IBM z13 I/O 通道结构

8.9.2　I/O 系统组织结构

要解释 I/O 系统组织结构，我们需要首先简要说明 z13 的物理布局。该系统具有以下特点：

- 重：2 567 kg（5657 lb）；
- 宽：1.847 m（6.06 ft）；
- 深：1.806 m（5.9 ft）；
- 高：2.154 m（7.1 ft）。

完全不是笔记本计算机。

该系统由两个被称为框架的大型隔间组成，它们用螺栓连接在一起，容纳了 z13 的各种组件。A 框架包含四个通过以太网互连的处理器抽屉和一个 PCIe I/O 抽屉，其中包含 I/O 硬件，如多路复用器和通道。A 框架还包括两个支持服务器，由系统管理员用于平台管理、备用电池和冷却单元（水或空气）。

Z 框架容纳多达 4 个 I/O 抽屉，可以是 PCIe 抽屉和客户选择的 I/O 抽屉的组合。Z 框架还包括备用电池和键盘 / 显示托盘，其中包含连接到支持服务器的键盘和显示器。

在此背景下，我们现在说明 z13 I/O 系统结构的典型配置（见图 8.20）。每个 z13 处理器抽屉都支持两种类型的内部（即 A 和 Z 框架的内部）I/O 基础架构：PCI Express（PCIe）和 Infiniband。每个处理器抽屉都有一个包含通道控制器的卡，该通道控制器提供到 I/O 抽屉的连接。这些通道控制器称为**扇出**（fanout）。

从处理器到 I/O 抽屉的 InfiniBand 连接是通过主机通道适配器（HCA）扇出的，该扇出具有到 I/O 抽屉中的 InfiniBand 多路复用器的 InfiniBand 链接。InfiniBand 多路复用器用于互连服务器、通信基础设施设备、存储设备和嵌入式系统。除了使用 InfiniBand 互连所有使用 InfiniBand 的系统外，InfiniBand 多路复用器还支持其他 I/O 技术，如以太网。以太网可提供到各种设备的 1 Gbps 和 10 Gbps 连接，这些设备支持这种流行的局域网技术。以太网的一个值得注意的用途是构建大型服务器场，特别是将刀锋服务器彼此互连以及与其他大型机互连[⊖]。

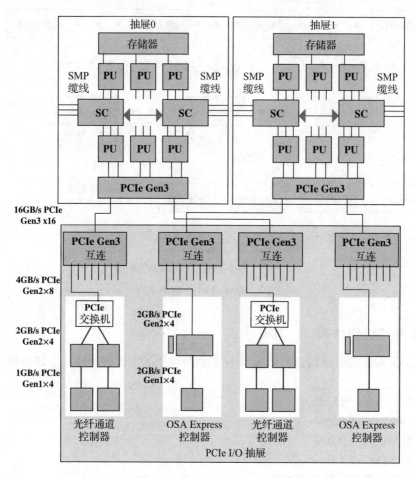

图 8.20   IBM z13 I/O 系统结构

从处理器到 I/O 抽屉的 PCIe 连接通过 PCIe 扇出连接到 PCIe 交换机。PCIe 交换机可以连接到多个 I/O 设备控制器。z13 的典型示例是 1 Gbps 和 10 Gbps 以太网、光纤通道及（OSA）Express 控制器。OSA 是一种 I/O 适配器技术，可在系统内存和高速网络接口（如以太网）之间提供简化、高速的传输。

8.10   关键词、思考题和习题

关键词

cache injection：缓存注入   direct cache access (DCA)：直接 cache 存取

cycle stealing：周期窃取   Direct Data I/O：直接数据 I/O

⊖   刀锋服务器是在单个机箱中容纳多个服务器模块（刀片）的服务器架构，广泛应用于数据中心，以节省空间和改进系统管理。无论是独立安装还是机架安装，机箱都提供电源，每个刀片都有自己的 CPU、内存和硬盘。

direct memory access (DMA)：直接存储器存取

InfiniBand

interrupt：中断

interrupt-driven I/O：中断驱动式 I/O

I/O channel：I/O 通道

I/O command：I/O 命令

I/O module：I/O 模块

I/O processor：I/O 处理器

isolated I/O：分离式 I/O

last-level cache：最后一级 cache

memory-mapped I/O：存储器映射式 I/O

multiplexor channel：多路转换通道

non-write allocate：非写分配

parallel I/O：并行 I/O

peripheral device：外围设备

programmed I/O：编程式 I/O

selector channel：选择通道

serial I/O：串行 I/O

Thunderbolt：迅雷

write allocate：写分配

write back：写回法

write through：写直达

write update：写更新

思考题

8.1 列出外设或外围设备的三种主要分类。

8.2 什么是国际参考字母表（IRA）？

8.3 I/O 模块的主要功能是什么？

8.4 列出并简单定义实现 I/O 的三种技术。

8.5 存储器映射式 I/O 与分离式 I/O 有什么区别？

8.6 当设备出现中断时，处理器如何知道是哪个设备发出的中断？

8.7 DMA 模块取得总线控制权并占用了总线时，处理器会做什么？

习题

8.1 在典型的微处理器中，使用不同的地址去访问指定设备控制器中的 I/O 数据寄存器、控制和状态寄存器，这些寄存器称为端口。在 Intel 8088 中，使用两种 I/O 指令格式，一种是 8 位的操作码指定 I/O 操作，随后是 8 位的端口地址；另一种是 I/O 操作码指定端口地址在 16 位的 DX 寄存器中。对于上面两种寻址方式，8088 各能寻址多少个端口？

8.2 Zilog Z8000 微处理器系列采用类似的指令格式。一种是直接寻址，即指令中包含 16 位端口地址；另一种是间接寻址，端口地址存放在 16 位的通用寄存器中。这两种方式各自的寻址范围是多少？

8.3 Z8000 还包含 I/O 数据块传输功能，与 DMA 不同，它是在处理器的直接控制下进行的。块传送指令指定一端口地址寄存器（Rp）、一个计数器（Rc）和一个目标寄存器（Rd）。Rd 存放主存地址，从输入端口读取的首字节将存放在这一地址中。Rc 是 16 位通用寄存器。试问它一次能传送多大的数据块？

8.4 假设有一个微处理器，它有如 Z8000 这样的 I/O 数据块传输指令。这种指令第一次执行后，每 5 个时钟周期再执行一次。如果不用块传输指令，取指令和执行指令一共要用 20 个时钟周期。试计算，如果传送 128 字节的块，用块传输指令，速度可以提高多少？

8.5 一个基于 8 位微处理器的系统有两个 I/O 设备，系统的两个 I/O 控制器有各自独立的控制和状态寄存器，两个设备都是每次处理一个字节的数据。第一个设备有 2 根状态线和 3 根控制线，另一个设备有 3 根状态线和 4 根控制线。

a. 要读取每个设备的状态信息和控制信息，I/O 控制模块需要多少个 8 位的寄存器？

b. 假设第一个设备是只输出设备，那么寄存器数量又是多少？

c. 控制两个设备，需要多少个地址单元？

8.6 图 8.5 所示的编程式 I/O 需要处理器进入一个等待时期来循环检测 I/O 设备的状态，为了提高效率，可以让处理器周期性地检查设备状态，即设备不就绪时，处理器就跳转到其他任务，一定时间间隔后处理器再来检查设备状态。

    a. 考虑采用上述办法向打印机一次一个字符地输出数据，打印机以 10 字符 /s 的速度进行打印。若每 200ms 检查一次打印机的状态，将会出现什么情况？

    b. 考虑一个具有单一字符缓冲器的键盘，平均以 10 字符 /s 的速度从键盘输入字符，两次连续按键的时间间隔可以短至 60ms，I/O 程序应该以多大的频率扫描键盘状态？

8.7 某微处理器每 20ms 扫描一次输出设备的状态，由定时器每 20ms 提醒处理器来完成。设备接口包括两个端口：一个表示设备状态，一个用于数据输出。若处理器时钟频率是 8MHz，那么它扫描并服务此设备要花费多长时间？为简单起见，所有相关指令的周期都取 12 个时钟周期。

8.8 在 8.3 节中已列出了存储器映射 I/O 相对于分离式 I/O 的一个优点和一个缺点。试再列出两个优点和两个缺点。

8.9 一特殊系统由操作员键入命令来控制，每 8 h 键入的平均命令数是 60。

    a. 假设处理器每 100ms 扫描一次键盘，那么 8 h 一共会扫描多少次？

    b. 若采用中断驱动式 I/O，处理器访问键盘的次数是问题 a 的百分之几？

8.10 假设图 8.9 所示的 8255A 配置如下：端口 A 为输入，端口 B 为输出，端口 C 的所有位为输出。给出控制寄存器的位以定义此配置。

8.11 考虑某一设备使用中断驱动式 I/O，此设备以平均 8KB/s 的速度连续传送数据。

    a. 假设中断处理大约用 100μs（即转移到中断服务例程（ISR），执行中断程序，然后返回主程序共用掉的时间）。如果每字节中断一次，则处理器百分之几的时间用于这个 I/O 设备？

    b. 假设这个设备有两个 16 字节的缓冲器，当一个缓冲器满时才中断处理器一次。当然，中断处理时间比较长，因为 ISR 还要传送 16 字节到缓冲器。在执行此 ISR 时，处理器每传送一字节大约要用 8μs。这种情况下，处理器百分之几的时间用于此设备？

    c. 假设处理器具有 Z8000 那样的数据块传输指令，允许相应的 ISR 每传送块中一字节仅用 2μs。这时，处理器百分之几的时间用于此设备？

8.12 在所有含有 DMA 模块的系统中，DMA 访问主存储器的优先级比处理器访问主存储器的优先级高，为什么？

8.13 DMA 模块采用周期窃取方式把字符传输到存储器，设备的传输率是 9600b/s，处理器以 1 000 000 条指令 /s 的速度获取指令（1MIPS）。这样，由于 DMA 模块窃取了总线周期，处理器速度将减慢多少？

8.14 考虑一个系统，其总线周期为 500ns。无论是从处理器到 DMA 模块，还是从 DMA 模块到处理器，总线控制的传递都用 250ns。一个 I/O 设备使用 DMA 方式，其数据传输率是 50KB/s。数据每次传送一个字节。

    a. 若使用突发式 DMA，即数据块传送之前 DMA 模块获得总线控制权，并一直维持对总线的控制，直到整个数据块传输完毕。当传送 128 字节的数据块时，设备占用总线多长的时间？

    b. 若使用周期窃取式 DMA，重复上问。

8.15 从 8237A 时序图可看出，一旦数据块传输开始，每个 DMA 周期占用 3 个总线周期。在 DMA 周期中，8237A 在存储器与 I/O 设备之间传输一个字节。

    a. 若 8237A 的时钟频率是 5MHz，那么传送一个字节需用多长时间？

    b. 可达到的最大数据传输率是多少？

    c. 假设存储器不够快，每个 DMA 周期必须插入 2 个等待状态，则实际数据传输率是多少？

8.16 假定在习题 8.15 的系统中，存储器周期为 750ns。我们能将总线的时钟频率降低到多少而不影响数据传输率？

8.17 一个 DMA 控制器服务于 4 条仅接收远程通信的链路（每个 DMA 通道一条链路），每条链路的速率是 64Kb/s。

　　a. 应以突发模式还是周期窃取模式来运行此控制器？

　　b. 为服务各 DMA 通道，应采用哪种优先权策略？

8.18 一个 32 位的计算机有两个选择通道和一个多路转换通道，每个选择通道支持两个磁盘和两个磁带设备；每个多路转换通道与两台行式打印机、两台卡片输入机和 10 个 VDT 终端连接。假设传输速率如下：

　　磁盘驱动器为 800KB/s，磁带驱动器为 200KB/s，行式打印机为 6.6KB/s，卡片输入机为 1.2KB/s，VDT 为 1KB/s。

　　估算这个系统最大的总 I/O 传输速率是多少？

8.19 一台计算机有一个处理器和一个 I/O 设备 D，D 通过单字宽的共享总线连到主存储器 M，处理器的最大速度是 10^6 条指令 /s，平均一条指令需 5 个机器周期，其中有 3 个机器周期需要占用存储器总线。存储器的读或写操作占用一个机器周期。假设处理器连续执行"后台"程序，它的执行速度是指令执行速度的 95%，并假定处理器周期等于总线周期。现在，假设 I/O 设备负责 D 与 M 间的大量数据块传输。

　　a. 如果采用编程式 I/O，I/O 传输一个字需处理器执行两条指令，试估算可能经过 D 的最大 I/O 数据传输速率，单位用字 /s。

　　b. 如果采用 DMA，条件同上，其传输率又是多少？

8.20 一个数据源产生 7 位 IRA 码字符，每个字符增加一个奇偶校验位。推导在以 *R*b/s 速度传输的线上最大的有效数据传输速度（IRA 码数据位的速度）的表达式。

　　a. 异步传输，有 1.5 个单元的停止位。

　　b. 位同步传输，由 48 个控制位和 128 个数据位组成一帧。

　　c. 与上题相同，但有 1 024 个数据位。

　　d. 字符同步，每帧有 9 个控制字符和 16 个信息字符。

　　e. 与上题相同，但有 128 个信息字符。

8.21 两名妇女分别住在高篱笆的两边，一名叫 Apple-server，她的这边有一棵长满苹果的苹果树，她愿意随时把苹果给另一名想要苹果的妇女。另一边的妇女名叫 Apple-eater，喜欢吃苹果，但她没有苹果树。事实上，Apple-eater 吃苹果的速率是固定的（一天一个苹果能保持健康），如果她的速率比这个速率快，则会生病；如果比这个速率慢，则会营养不良。这两名妇女都不能说话，问题是 Apple-eater 怎样适时地从 Apple-server 那里得到苹果。

　　a. 假设在篱笆的顶上有一只警钟，它有多个报警设置。怎样使用警钟来解决这个问题？请画出时序图来说明方案。

　　b. 现在假设没有警钟，但 Apple-eater 有一面旗，当她需要苹果时能挥动旗帜。请提出一个新的解决方案来。如果 Apple-server 也有一面旗的话，有助于解决这个问题吗？如果有，综合到此答案中，讨论这种方案的缺点。

　　c. 现在拿走旗，并假设有一根长绳，给出使用长绳比问题 b 更好的解决方案。

8.22 假设有一个 16 位和两个 8 位的微处理器连接到系统总线。给定下列条件：

　　1. 所有的微处理器具有所需的硬件特性，用来支持各种类型的数据传送：编程式 I/O、中断驱动式 I/O 和 DMA。

　　2. 所有的微处理器有 16 位的地址总线。

3. 有两块存储板与总线相连，每块容量是 64KB。设计者希望尽可能地使用共享存储器。

4. 系统总线最多支持 4 根中断线和 1 根 DMA 线。

所需的其他假设条件都成立，要求：

a. 根据线数和类型给出系统总线规范。

b. 写出可能用到的总线传输协议（即读 - 写、中断、DMA 序列）。

c. 描述上述设备是怎样连到系统总线上的。

操作系统支持

学习目标

学习完本章后，你应该能够：

- 在最高层次上总结**操作系统**的关键功能。
- 讨论操作系统从早期简单的批处理系统到现代复杂系统的演变。
- 解释长期、中期和短期调度的区别。
- 理解存储器**分区**的原因并解释所使用的各种技术。
- 评估分页和分段的相对优势。
- 定义虚拟存储器。

尽管本书的重点是计算机硬件，但软件中的一大领域——计算机操作系统必须要说明。操作系统是一个管理计算机资源、为程序员提供服务以及调度其他程序执行的系统软件。理解操作系统对于理解 CPU 控制计算机系统的机制有很重要的意义。特别是，它能很好地解释中断的作用和存储器层次结构的管理。

本章首先概述操作系统及其简史，然后详细介绍与计算机组成和体系结构密切相关的操作系统的两大功能——调度和存储器管理。

9.1 操作系统概述

9.1.1 操作系统的目标与功能

操作系统是一种控制应用程序运行和在计算机用户与计算机硬件之间提供接口的程序，它有两个目标：

- **方便**：操作系统使计算机使用起来更方便。
- **有效**：操作系统允许计算机系统的资源以有效的方式使用。

下面依次探讨操作系统的这两个方面。

操作系统作为用户与计算机之间的接口　为用户提供各种应用服务的软硬件可以划分为不同的层次，如图 9.1 所示。这些应用程序的用户（最终用户）通常不关心计算机的体系结构，他们往往将计算机系统视为应用程序，这些应用程序可以用程序设计语言描述，并且由应用程序员开发。开发一组机器指令构成的应用程序来完全负责计算机硬件的管理，这是一个极为复杂的任务，为了简化这个任务，提供了一组系统程序，其中一些系统程序称为**实用程序**。

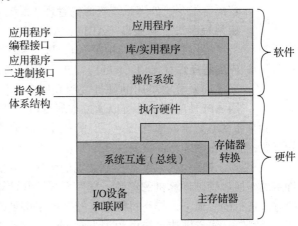

图 9.1　计算机硬件和软件结构

这些程序通常用于程序创建、文件管理和 I/O 设备控制。程序员借助系统程序开发应用程序，并在运行应用程序时调用实用程序以执行某些功能。最重要的系统程序是操作系统，操作系统对程序员屏蔽硬件细节，为程序员使用计算机系统提供方便的接口。它作为一个中间软件，使程序员和应用程序都十分容易访问及使用系统提供的工具和服务。

通常，操作系统主要提供以下服务：

- **程序创建**：操作系统提供了各种工具和服务，如编辑器和调试器，以帮助程序员创建程序。这些服务通常以实用程序的形式出现，实际上并不是操作系统的一部分，但可以通过操作系统来使用。
- **程序执行**：执行一个程序需要完成许多任务。必须将指令和数据调入主存，必须初始化 I/O 设备和文件，以及必须准备好其他资源等。操作系统为用户处理所有这些事情。
- **存取 I/O 设备**：每个 I/O 设备都有其特定的指令集或控制信号。操作系统负责处理这些细节，以便程序员只需考虑简单的设备读和写操作。
- **文件的存取控制**：实现文件的存取控制需要深入了解 I/O 设备（磁盘驱动器、磁带机）的属性和存储介质上文件的存储格式。同样，操作系统负责管理这些细节，而且对于多用户系统，操作系统还要提供控制文件存取的保护机制。
- **系统存取**：在共享或公共系统中，操作系统控制对整体或特定系统资源的存取。必须提供对资源和数据的保护，防止未授权的访问，并解决共享资源的访问冲突。
- **错误检查和响应**：在计算机系统运行时可能会出现各种错误，既包括如存储器错、设备故障或失效之类的内部和外部硬件错误，也包括如算术溢出、企图存取禁止的内存地址以及未授权的应用请求之类的各种软件错误。出错时，操作系统必须响应并消除错误条件，尽量减少对运行的应用程序的影响。响应的方法有终止出错程序、重试和简单报告错误等。
- **统计**：好的操作系统应该能统计各种资源的使用情况，并能监督各性能参数，如响应时间。对于任何系统，这些信息为将来增加系统功能和改善系统性能提供了有益的参考。对于多用户系统，这些信息还可用作计费账单。图 9.1 还显示了一个典型的计算机系统中的三个关键接口：
  - **指令集结构**（ISA）：ISA 定义了计算机可以遵循的机器语言指令集。这个接口是硬件和软件之间的界限。请注意，应用程序和实用程序都可以直接访问 ISA。对于这些程序，可以使用指令库的一个子集（用户 ISA）。操作系统可以访问额外的机器语言指令，处理系统资源的管理（系统 ISA）。
  - **应用程序二进制接口**（ABI）：ABI 定义了一个跨程序的二进制移植标准。ABI 定义了操作系统的系统调用接口，以及系统中通过用户 ISA 提供的硬件资源和服务。
  - **应用程序编程接口**（API）：API 让程序通过用户 ISA 和**高级语言**（HLL）库的调用来访问系统中可用的硬件资源和服务。任何系统调用通常都是通过库进行的。使用 API 使应用软件可以通过重新编译轻松地移植到支持相同 API 的其他系统上。

操作系统作为资源管理器　　计算机是一组具有传送、存储和处理数据并控制这些功能的资源，而操作系统负责管理这些资源。

我们能否说是操作系统在控制数据的传送、存储和处理呢？从某种程度上来说，答案是肯定的。通过管理计算机的资源，操作系统控制计算机的基本功能，而且这种控制是以独特的方式进行的。通常，控制机构对受控对象来讲是外部的，或至少是与受控对象分离的独立部分（例如，住宅供热系统由恒温器控制，它完全不同于热产生和热传送装置）。而操作系统则不同，操作系统作为控制机构在两个方面很独特：

- 操作系统功能的实现与普通的计算机软件相同，也就是说，它是由处理器执行的程序。
- 操作系统经常放弃控制权，并必须依赖处理器的启用而重新获得控制权。

和其他计算机程序一样，它为处理器提供指令。两者主要的区别在于程序的目的不同，操作系统指导处理器使用其他系统资源并为其他程序的执行定时。但是为了完成上述任务，处理器必须停止执行操作系统而去执行其他程序。因此，操作系统放弃控制，让处理器做一些"有用的"工作，然后恢复控制一段时间，使处理器有足够的时间为下一步工作做准备。随着本章的深入，这一机制将逐渐清晰。

图 9.2 给出了操作系统管理的主要资源。操作系统中的一部分在主存中，包括操作系统**内核**，或者称为**核**，它包含操作系统中使用最频繁的功能，以及目前操作系统正在使用的其他功能。主存的其余部分用于存放用户程序和数据。我们将看到，主存中的这些资源分配由操作系统和处理器中的存储管理硬件联合控制。操作系统决定什么时候 I/O 设备被某个可执行程序使用，并控制文件的存取和使用。处理器自身也是一种资源，操作系统必须决定分配多少处理器时间给用户程序。在多处理器系统中，操作系统还要对所有处理器进行裁决。

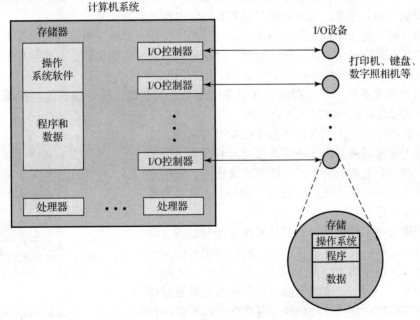

图 9.2　操作系统作为资源管理器

9.1.2　操作系统的类型

根据不同的特性可以将操作系统分类，分类方式有两种。一种是把操作系统分成批处理和交互式处理。在**交互式系统**中，用户或程序员通常用键盘或显示器终端直接与计算机交互，请求执行一个作业或处理一个事务。用户可以根据应用程序的性质，在作业执行期间与计算机通信。**批处理系统**与交互式系统相反，许多用户程序打包后由计算机操作员成批提交处理，程序处理结束后，打印处理结果。单纯的批处理系统目前用得很少，然而，简单地了解批处理系统对了解现代操作系统是有帮助的。

另一种分类方式是看系统是否采用了**多道程序设计**。多道程序设计系统通过让处理器一次处理多个程序，使处理器尽可能忙碌。将多个程序同时装入主存，处理器迅速地在它们中间进行切换。另外一种是**单道程序设计**系统，处理器一次只运行一个程序。

　　早期的系统　　最早的计算机出现在 20 世纪 40 年代末到 50 年代中期，那时没有操作系统，程序员直接与计算机硬件交互。控制台控制机器运行，它由指示灯、触发器、输入设备和打印机组成。输入设备（如卡片机）装入机器代码程序，如果程序出错中止，则指示灯指示错误状态。程序员便不得不着手检查寄存器和主存，以确定出错原因。如果程序最终能够正常完成，则结果由打印机打印输出。

　　早期的系统存在两个主要问题：

- **调度**：通常，用户可以签约一段处理器时间，如数个半小时，等等。如果用户签约了 1 h，而实际只用了 45 min 完成任务，这就浪费了处理器的时间。另外，如果用户遇到问题，则在分配的时间内不能完成，只能停止任务的执行，等解决问题后再去执行该任务。
- **安装时间**：一个程序称为一个**作业**，一个作业的完成分为多个步骤，即把编译程序和高级语言程序（源程序）装入内存，保存已编译的程序（目标程序），然后连接目标程序和库函数。每一步都要安装或卸下磁带或卡片组。如果出错，用户只得从头开始重新安装一遍，于是，大量的时间浪费在程序安装上。

　　这种操作模式称为串行处理，即用户必须按顺序使用计算机。后来，人们开发出了各种系统软件工具，试图提高串行处理的效率，包括公共函数库、连接库、装载程序、调试程序和 I/O 驱动程序，它们作为共享软件可被所有用户使用。

　　简单的批处理系统　　早期的处理器非常昂贵，因此最大化处理器的利用率是很重要的，因调度和安装而浪费时间是不允许的。

　　为了提高利用率，人们开发了简单的批处理系统。这种系统也称为**监控程序**，用户不再直接访问处理器，而是将作业提交在卡片上或磁带上，由计算机操作人员按顺序把作业成批地放在一起，然后放到输入设备上，最后由监控程序执行这些任务。

　　为了理解这种工作机制，我们从监控程序和处理器两个方面来讨论。从监控程序的角度看，它控制事件的发生顺序，为此监控程序的大部分必须驻留在主存中，并随时可执行（如图 9.3 所示），这部分监控程序称为**常驻监控程序**。其他的监控程序在任务开始执行时作为子函数给用户提供基本的功能和服务。监控程序每次从输入设备（典型的有卡片阅读机和磁带机）读入一个作业。读入时，当前作业调入用户程序区，并对它进行控制，作业完成后，控制权交回给监控程序以读入下一个作业，然后打印出每个作业结果给用户。

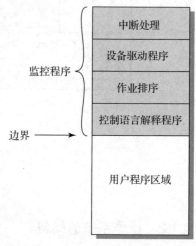

图 9.3　常驻监控程序的内存分布

　　现在，从处理器的角度来看这个执行序列。在某个特定时间，处理器执行主存中包括监控程序在内的部分指令，这些指令读入下一个作业到主存的另一部分单元中，作业读入后，处理器遇到监控程序的分支指令，指示处理器去继续执行用户程序起始地址处的程序。然后，处理器执行用户程序中的指令，直到结束或出现错误，这时处理器从监控程序读取下一条指令。因此，惯用语"对作业进行控制"表示处理器正在读取和执行用户程序中的指令，而"返回到监控程序控制"表示处理器正在读取和执行监控程序中的指令。

很显然，监控程序处理了调度问题。将一批作业排好序，并尽快地执行作业，从而不会浪费处理器的时间。

作业安装时间呢？监控程序也能处理好作业安装问题。对于每个作业，指令包含在**作业控制语言**（job control language，JCL）中，这是给监控程序提供指令的一种特殊的程序设计语言，例如，用户提交一个用 FORTRAN 语言书写的程序以及相关的一些数据，每一条 FORTRAN 指令和每一个数据都在一个单独的卡片或者磁带记录区中。除了 FORTRAN 程序和数据卡片外，作业中还包括作业控制指令，用起始符"$"表示。整个作业有如下格式：

```
$ JOB
$ FTN
 :       } FORTRAN 指令
$ LOAD
$ RUN
 :       } 数据
$ END
```

要执行这个作业，监控程序读取 $ FTN 行，并将相应的编译程序从海量存储器（通常是磁带机）中取来装载。编译程序将用户程序翻译成目标代码，并存于内存或海量存储器上，如果存于内存，则此操作过程称为"编译、装载和运行"；如果是存于磁带，则需要 $ LOAD 指令，监控程序读取该指令，在编译操作完成之后重新取得程序控制权，它调用装载程序，将目标代码装入内存替代编译程序，并将控制权传送给目标代码。这样，大段的主存可被几个不同的子系统共享，虽然一次只能有一个子系统驻留于主存并执行。

可以看出，监控程序或批处理操作系统就是简单的计算机程序，它借助于处理器从主存各单元获取指令以达到获取和放弃控制权交替进行的目的，同时它也需要其他硬件的支持：

- **存储器保护**：当用户程序正在执行时，禁止修改含有监控程序的存储器单元。否则，处理器硬件将检测到错误，并把控制权交付给监控程序。监控程序停止执行这个作业，然后打印出错信息，并装载下一个作业。
- **定时器**：定时器用来避免单个作业独占系统。它在每个作业开始执行时设置，如果时间到，则出现一个中断，并且将控制权返还监控程序。
- **特权指令**：特权指令只能被监控程序执行。如果处理器在执行用户程序时遇到特权指令，则会产生一个错误中断。特权指令包括 I/O 指令，因此监控程序保留对所有 I/O 设备的控制权，这避免了用户程序偶然地从下一个作业中读取作业控制指令。如果用户程序想要执行 I/O 指令，则必须请求监控程序来执行该指令。如果处理器在执行用户程序时遇到了特权指令，则处理器硬件会认为出现了错误，并把控制权转交给监控程序。
- **中断**：早期的计算机不具备中断功能。中断使操作系统更方便挂起和获得控制权。

处理器交替执行用户程序和监控程序，这就存在两个开销：一是监控程序占用一些主存；另一个是监控程序占用了一些处理器时间。这两部分都属于系统开销，尽管如此，简单的批处理系统仍提高了计算机的利用率。

多道程序批处理系统 尽管简单的批处理操作系统提供了自动作业排序，但处理器仍经常空闲，问题就是 I/O 设备的速度比处理器要慢。图 9.4 详述了一个典型的计算，它考虑的程序处

从文件中读一个记录	**15μs**
执行100条指令	**1μs**
向文件写一个记录	**15μs**
总计	**31μs**

$$\text{CPU利用率} = \frac{1}{31} = 0.032 = 3.2\%$$

图 9.4 系统利用率举例

理一个文件记录并且平均每个记录需执行 100 条机器指令，本例中，计算机花费 96% 以上的时间等待 I/O 设备传送数据！图 9.5a 描述了这个过程。处理器运行一段时间直到它到达一个 I/O 指令便停止，然后它必须一直等待直到 I/O 指令结束。

这种低效率是可以避免的，我们知道，必须有足够的存储空间来装载操作系统（常驻监控程序）和一个用户程序。假设存储空间足够装载操作系统和两个用户程序，那么当一个作业需等待 I/O 时，处理器可以转去处理另一个作业，而不必等待 I/O（如图 9.5b 所示）。此外，可以扩充内存来装载 3 个、4 个或更多的程序，并在它们中切换处理（如图 9.5c 所示）。这种技术称为**多道程序设计**或**多任务化**[⊖]，它是现代操作系统的中心议题。

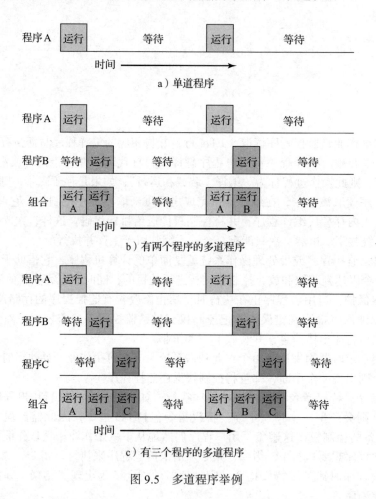

图 9.5　多道程序举例

例 9.1 为了理解多道程序设计的优点，我们来看一个例子。假设某计算机有 250MB 的可用存储空间（不被操作系统使用）、1 个磁盘、1 台终端和 1 台打印机，同时提交了 3 个程序 JOB1、JOB2 和 JOB3，表 9.1 列出了它们的资源需求情况。假设 JOB1 和 JOB2 需要最少的处理器资源，JOB3 需要连续使用磁盘和打印机。如果是单道程序设计环境，这些作业将顺序执行。因此，JOB1 用 5min 完成；JOB2 等待 5min 后执行，然后用 15min 完成；

⊖　术语多任务化有时专用于指同一程序中可被处理器并发处理的多个任务，而术语多道程序设计是指来自多个程序的多个过程。但更经常的是将这两个术语等价使用，正如大多数标准字典中一样（例如，IEEE Std100-1992，*The New IEEE Standard Dictionary of Electrical and Electronics Terms*）。

JOB3 在 20min 后开始，从提交到作业完成花了 30min。平均的资源利用率、吞吐量和响应在表 9.2 所示的单道程序设计栏中表示。每个设备的利用率在图 9.6a 中表示。很明显，当平均周期是 30min 时，所有资源总的利用率很低。

现在假设 3 个作业在多道程序设计操作系统下并发运行。因为在这些作业中几乎无资源竞争，当 3 个作业共存于计算机中时，运行时间可以实现最小化（假设 JOB2 和 JOB3 分配了足够的处理器时间用于输入和输出操作）。JOB1 仍需要 5min 完成，但这时，JOB2 已完成了它 1/3 的作业，JOB3 完成了它一半的作业，所有这 3 个作业在 15min 内完成。从表 9.2 所示的多道程序设计一栏及图 9.6b 所示的直方图中可以看到，性能有明显的改善。

表 9.1 程序执行属性范例

	作业 1	作业 2	作业 3
作业类型	计算密集	I/O 密集	I/O 密集
持续时间（min）	5	15	10
存储需求（MB）	50	100	80
是否需要磁盘	否	否	是
是否需要终端	否	是	否
是否需要打印机	否	否	是

和简单的批处理系统一样，多道程序设计的批处理系统也必须依赖于计算机的硬件特性，多道程序设计最显著的附加特点是其硬件支持 I/O 中断和 DMA。有了中断驱动 I/O 或 DMA 功能，处理器能为一个作业发送一个 I/O 命令，并继续执行另一个作业，I/O 操作由设备控制器执行。当 I/O 操作完成时，处理器被中断，转而执行中断处理程序，然后操作系统再去控制另一个作业。

表 9.2 多道程序设计对资源利用率的影响

	单道程序设计	多道程序设计
处理器利用率（%）	20	40
存储器利用率（%）	33	67
磁盘利用率（%）	33	67
打印机利用率（%）	33	67
占用时间（min）	30	15
吞吐率（份/h）	6	12
平均响应时间（min）	18	10

与单一程序或**单道程序设计**系统相比，**多道程序设计**的操作系统要复杂得多。作业运行前必须存入内存，需要**存储管理机制**。此外，如果有几个作业准备就绪，则处理器必须决定先运行哪一个，这就需要调度算法。这些概念将在本章后面进行讨论。

分时系统 随着多道程序设计的使用，批处理方法显得非常有效。然而，许多作业需要用户与计算机直接交互，例如一些事务处理的作业，必须采用交互模式。

现在，通常采用专用的微型计算机作为交互式计算设备。在 20 世纪 60 年代，由于许多计算机体积大且价格昂贵，采用计算机来实现交互式是不可选的，因此，分时系统应运而生。

正像多道程序设计允许处理器一次处理多个批量作业一样，多道程序也能同时处理多个交互式作业，即分时技术，它允许多个用户共享处理器时间。在**分时系统**中，多个用户通过终端同时访问系统，操作系统按很短的时间片或计算量来交错执行每个用户程序。于是，若一次有 n 个用户请求服务，则每个用户平均只看到计算机有效速度的 $1/n$，不计操作系统开销。然而，在人机交互时间相对较慢的情况下，恰当设计系统，其响应时间能与专用系统差不多。

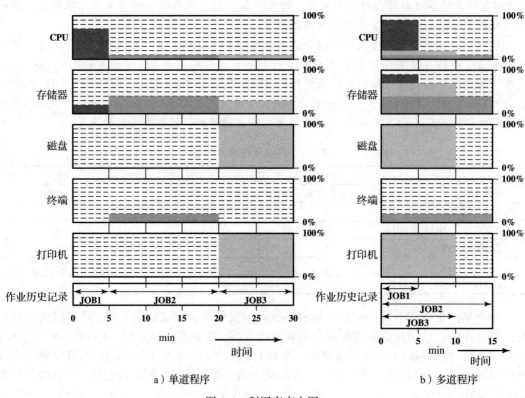

图 9.6   利用率直方图

批处理的多道程序设计和分时系统都采用多道程序设计，它们的主要区别在表 9.3 中列出。

表 9.3   批处理多道程序设计和分时系统的比较

	批处理多道程序设计	分时系统
主要目标	处理器利用率最大	响应时间最小
对操作系统的源指令	作业提供的作业控制语言命令	在终端上输入的命令

9.2   调度

多道程序的关键是调度。事实上，调度有 4 种典型的类型（如表 9.4 所示），在此我们将说明这些类型。首先介绍一个概念：**进程**。这个术语在 20 世纪 60 年代首次由 Multics 操作系统的设计者提出，在某种程度上讲，它是比作业更通用的术语。对于术语进程，已经有许多定义，包括：一个运行的程序、程序的"活灵魂"、处理器分配的实体。

随着我们讨论的深入，进程的概念将变得越来越清楚。

表 9.4   调度类型

长期调度	决定添加到待执行的进程池中的进程数
中期调度	决定添加到主存的进程数（可全部或部分在主存中）
短期调度	决定处理器将执行哪个进程
I/O 调度	决定哪个进程未决的 I/O 请求将被 I/O 设备处理

9.2.1　长期调度

长期调度确定哪些程序将提交给系统处理，因此，它控制多道程序设计的深度（内存中的进程数）。一旦提交，作业或用户程序就成为进程，并加入短期调度的队列中。在某些系统中，新建的进程处于换出状态，此时，它们会加入中期调度的队列中。

在批处理系统或通用操作系统的批处理部分，新提交的作业保存在磁盘上，并在批处理队列中。长期调度程序从该队列创建进程，这有两个决定性的因素：第一，调度程序必须确定操作系统能运行一个或多个额外的进程。第二，调度程序必须决定接受哪一个作业或作业组，并把它转换成进程。采用的标准可以包含优先级、预期执行时间和I/O需求。

对于分时系统中的交互程序，当用户试图访问系统时会产生一个进程请求。分时用户不是简单地排队和等待系统接收它，而是操作系统通过使用某种饱和预定义测量，不断地接收所有授权的用户，直到系统饱和。此时，连接请求会遇到"系统已满、以后再试"的信息。

9.2.2　中期调度

中期调度是9.3节将介绍的交换功能的一部分。一般情况下，换入决策是基于需要管理多道程序的深度的。在没有虚拟存储的系统中，存储管理也是一个问题，因此，换入决策要考虑换出进程的存储器要求。

9.2.3　短期调度

长期调度程序执行相对较少，并且它只粗粒度地判定是否执行一个新的进程，以及调度哪一个进程进入系统。短期调度程序，也称为**派遣程序**，执行频繁，并且它会细粒度地判定接下来运行哪个作业。

进程状态　　为了理解短期调度程序的机制，我们需要考虑一个概念：**进程状态**。在进程的生命周期中，它的状态会变化很多次，任何时刻所处的状况称为一个进程状态。采用术语状态是因为在任何一种状态它都有特定的状态信息。通常，进程有5种定义的状态（如图9.7所示）：

- **新建**：由高级调度程序提交一个程序，但此程序未就绪。操作系统将为此程序创建一个进程并将它移入就绪状态。
- **就绪**：进程已准备就绪，正在等待处理器的执行。
- **运行**：进程正被处理器执行。
- **等待**：进程为等待一些系统资源（如I/O），由运行状态挂起。
- **终止**：进程结束，将由操作系统销毁。

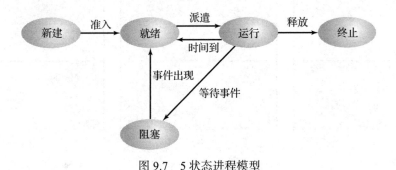

图9.7　5状态进程模型

对于系统中的每个进程，操作系统必须保存进程状态信息和进程执行所需的其他信息。为此，每个进程在操作系统中用一个**进程控制块**（如图 9.8 所示）来表示，通常，进程控制块（PCB）包含如下信息：

进程标识符
状态
优先级
程序计数器
存储器指针
现场数据
I/O状态信息
统计信息
⋮

- **标识符**：每个当前进程都有一个唯一的标识符。
- **状态**：进程的当前状态（新建、就绪等）。
- **优先级**：进程的相对优先级别。
- **程序计数器**：要执行的程序中下一条指令的地址。
- **存储器指针**：进程在存储器中的起始位置和结束位置。
- **现场数据**：进程正在执行时，处理器寄存器中的数据，它们将在本书的第三部分讨论。目前，可以说这些数据表示进程的"现场"。当进程离开运行状态时，要保存现场数据和程序计数器的值；当恢复执行这个进程时，处理器需要读回这些信息。
- **I/O 状态信息**：包括未完成的 I/O 请求、分配给这个进程的 I/O 设备（如磁带机）和分配给进程的文件列表等。

图 9.8 进程控制块

- **统计信息**：可以包括使用处理器的时间和时钟时间、时间限制、账户编号等。

当调度程序接收一个新的作业或用户的执行请求时，它创建一个空的进程控制块，并使相关进程处于新的状态。当系统填完 PCB 后，该进程进入就绪状态。

调度技术 为了理解操作系统如何管理存储器中各种作业的调度问题，让我们首先考虑图 9.9 中的简单例子。该图表示在某一给定时刻主存的分区情况。当然，操作系统的内核常驻内存，另外，有一些活动的进程，包括 A 和 B，都需要分配存储空间。

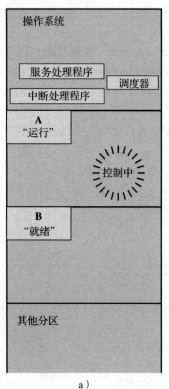
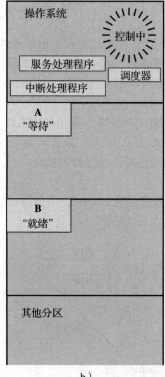
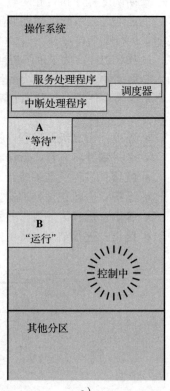

图 9.9 调度举例

先从进程 A 正在运行的这一时刻开始考虑，这时处理器正在执行 A 程序的指令，后面几个时刻，处理器停止执行 A 的指令，开始执行操作系统的指令。这是由下列三种原因之一引起的：

1. 进程 A 发送一个服务请求（例如一个 I/O 请求）给操作系统，接着 A 处于挂起状态，直到操作系统满足这个请求为止。

2. 进程 A 产生一个中断，这个中断是由硬件产生并发送给处理器的信号。当处理器检测到这个信号时，它停止执行 A，转去执行操作系统中的中断处理程序。与 A 相关的各种事件都可以产生中断，一个简单的例子是出错，例如试图执行特权指令。另一个例子是超时，为防止某个进程独占处理器，每个进程只允许每次占用处理器很短的时间。

3. 与进程 A 无关，但需注意一些事件会引起中断，例如一个 I/O 操作完成。

无论何种原因，结果均如下。首先处理器保存进程 A 控制块中当前现场数据和程序计数器信息，然后开始运行操作系统。操作系统可以完成一些工作，例如初始化 I/O 操作。接着操作系统的短期调度程序决定下次将执行的进程，此例中是 B 进程。操作系统指示处理器恢复 B 的现场数据，执行 B 进程。

这个简单的例子描述了短期调度程序的基本功能。图 9.10 表示了涉及多道程序设计和进程调度的操作系统中的主要元素。当出现一个中断时，操作系统接收处理器的控制权，执行中断处理程序；当出现一个服务调用时，执行服务调用处理程序。一旦中断或服务调用处理完毕，短期调度立即调度某个进程进入运行状态。

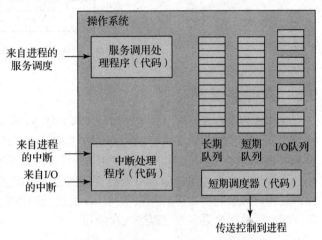

图 9.10　多道程序设计的操作系统的要素

为了实现进程调度机制，操作系统需要维护多个队列，每个队列都是一个简单的等待某些资源的进程列表。**长期队列**是等待系统资源的作业列表，若条件许可，高级调度程序将为等待的作业分配内存，并创建一个进程。**短期队列**包含所有就绪状态的进程，它们中某一个可能下次被处理器调用。短期调度程序将从其中挑选一个进程，通常采用轮转算法，给每个进程轮流分配一些时间，或者采用优先级算法。最后，每个 I/O 设备有一个 **I/O 队列**，多个进程可以请求使用相同的 I/O 设备，等待使用某个设备的所有进程排列在那个设备的队列中。

图 9.11 给出了在操作系统控制下的进程流程。每个进程请求（批作业、用户定义的交互式作业）都被放置在长期队列中，当某一进程的请求满足时，此进程转为就绪状态并进入短期队列。处理器交替执行操作系统的指令和用户程序指令。当操作系统获得控制权时，它决定短期队列中的哪个进程下次将被执行。操作系统完成当前任务后，由处理器处理已选中的进程。

前面已经提到，正在执行的进程由于一些原因可能会被挂起。如果挂起的原因是进程请求 I/O 服务，则它会进入相应的 I/O 队列。如果挂起的原因是超时或操作系统必须处理紧急事务，则它处于就绪状态，进入短期队列。

最后需要说明的是，操作系统也管理 I/O 队列。当一次 I/O 操作完成时，操作系统从 I/O 队列中移出 I/O 请求得到满足的进程，并将其放入短期队列中，然后它选择另一个等待进程（如果有的话），指定 I/O 设备来满足进程的请求。

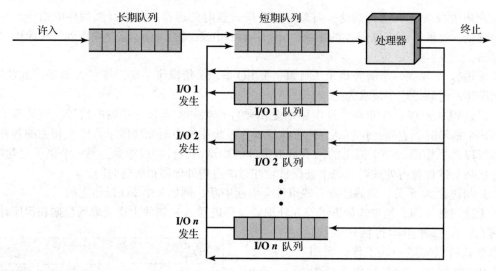

图 9.11　处理器调度的队列图

9.3　存储器管理

在单道程序设计系统中，主存划分成两大部分：一部分分配给操作系统（常驻监控程序），另一部分分配给当前正在执行的程序。在多道程序设计系统中，存储器的"用户"存储区需进一步细分供多个进程使用。细分存储器的任务由操作系统动态地执行，并称为**存储器管理**。

在多道程序设计系统中，有效的存储器管理是很重要的。如果在存储器中只有很少的进程，进程可能会花费很多时间来等待 I/O 而使处理器常处于空闲状态。因此，存储器需要合理分配，尽可能让更多的进程进入存储器。

9.3.1　交换

再看图 9.11，我们已讨论过 3 种队列：请求新进程的长期队列、进程就绪等待处理器的短期队列以及进程未就绪的 I/O 队列。重提一下，这样处理的原因是 I/O 操作比处理器计算慢得多，因此，在单道程序设计系统中，处理器大多数时间处于空闲状态。

图 9.11 中的列队不能完全解决这个问题。事实是：在这种情况下，存储器保存了多个进程，当一个进程等待时，处理器能转去处理另一个进程。但是处理器速度比 I/O 快得多，以至于存储器中所有进程总是在等待 I/O 操作。因此，即使在多道程序设计中，处理器仍可能有许多时间处理空闲状态。

解决的方法是什么？扩充主存以能够容纳更多的进程。但这种方法有两个缺点：首先是主存很贵，即使是现在。其次程序对存储器容量的需求增长很快，与存储器价格下降一样快。因此，更大的存储器扩充导致更大的进程，而不是更多的进程。

另一种方法是**交换**，如图 9.12 所示。有一个

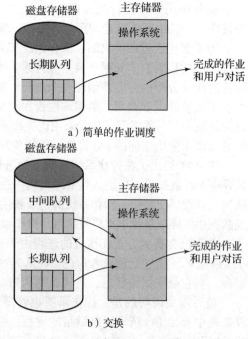

a）简单的作业调度

b）交换

图 9.12　交换技术的运用

进程请求的长期队列，通常存储在磁盘上，当主存有空间时，进程被调入，每次调入一个；当进程完成时，移出主存。现在将出现一种情况，存储器中无进程处于就绪状态（例如，所有进程都在等待 I/O 操作）。这时，处理器不是保持在空闲状态，而是把这些进程中的一个调回磁盘，排入中间队列，这是用来排列临时从内存调出的进程的队列。然后，操作系统从中间队列中调入另一个进程，或处理长期队列中的一个新进程请求，并执行新到达的进程。

然而，交换是一种 I/O 操作，它有可能使问题变坏而不是变好，但是，磁盘 I/O 通常是系统中最快的 I/O（与磁带和打印设备相比），所以交换通常能够提高性能。另一种更复杂的方案是虚拟存储器，它比简单的交换更能提高性能，我们将在后面对其做简要的介绍。接下来我们介绍分区和分页。

9.3.2　分区

最简单的分区机制是固定长度的分区，如图 9.13 所示。注意，虽然分区是固定长度，但每个分区的长度可以不相等。当一个进程调入主存时，分配给它一个能容纳它的最小的分区。

尽管使用了不等的固定长度分区，但也浪费了主存。在多数情况下，进程对分区大小的需求不可能和提供的分区大小完全一样，例如，一个需要 3MB 存储空间的进程将被放置在图 9.13b 中的 4MB 分区中，这就浪费了能分配给其他进程的 1MB 的空间。

一种更有效的方法是使用变长分区，当一个进程调入主存时，分配的分区大小可以与进程所需的大小一样。

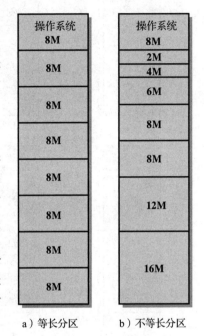

a）等长分区　　b）不等长分区

图 9.13　64MB 存储器固定分区举例

例 9.2　图 9.14 给出了一个使用 64MB 主存的例子。初始时，主存除了操作系统占据的一些空间外，其余为空（如图 9.14a 所示）。首先把 3 个进程调入主存，在操作系统区后连续分配 3 个空闲区给这 3 个进程（如图 9.14b ～ d 所示），结果在存储器尾部留下一个"空块"，因为它很小，不能装入第 4 个进程。某一时刻，没有进程进入就绪状态。然后，操作系统交换出进程 2（如图 9.14e 所示），这使得有足够的空间来装载新进程，即进程 4（如图 9.14f 所示）。由于进程 4 比进程 2 小，因此又产生了一个"空块"。随后，某一时刻，再次出现主存中的进程没有一个进入就绪状态的情况，而此时进程 2 进入就绪挂起状态，因为主存中没有足够的空间给进程 2，于是操作系统要先换出进程 1（如图 9.14g 所示），再换入进程 2（如图 9.14h 所示）。

这个例子表明：这种方法开始时比较好，但到最后它将导致在存储器中出现许多小的空块。时间越长，存储器中的碎片就会越来越多，而使存储器的利用率下降。解决这个问题的一种技术是**紧缩**。操作系统一次又一次地移动存储器中的进程，把所有空闲块放置在一起，组成一个块。但是这个过程很费时，会浪费处理器的时间。

在考虑克服分区缺点的方法前，必须弄清楚一个问题。如果读者对图 9.14 稍加注意，就可以看到，一个进程每次换入时不可能分配到与上次相同的位置，而如果采用紧缩技术，则进程在主存中可以移动。主存中的进程由指令和数据组成，指令有两种类型的存储器单元的地址：

- 数据的地址。
- 指令的地址，用于转移指令。

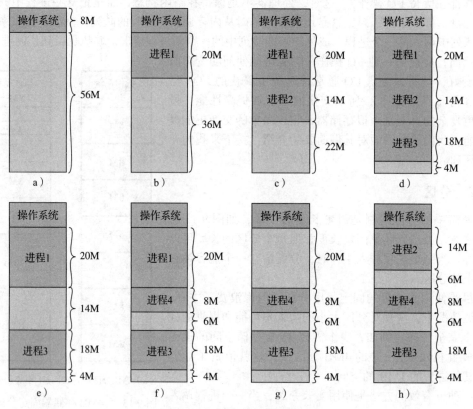

图 9.14 动态分区的效果

但是这些地址不是固定的，进程每交换一次，地址都将发生变化。为了解决这个问题，我们把地址分为逻辑地址和物理地址。**逻辑地址**表示相对于程序起始单元的地址，程序中的指令只包含逻辑地址。**物理地址**是主存中的实际单元地址。当处理器执行一个进程时，通过把当前进程的起始单元地址（称为**基址**）加到每个逻辑地址上，自动地把逻辑地址转换成物理地址。这种逻辑地址与物理地址的转换机制也是为了满足操作系统的需求而对处理器硬件特性进行设计的另一个例子，这种硬件特性的精确度取决于使用的存储器管理策略。我们将在本章后面介绍一些相关例子。

9.3.3 分页

不管是不等的固定长度分区还是可变长度分区，存储器的使用效率都很低。假设把存储器分成相当小的、相等的固定长度的存储块，将每个进程也划分成小的固定长度的程序块，那么程序的每个程序块（称为**页**）能分配到存储器可用的每个存储块（称为**帧**或**页帧**）中，于是，存储器分配进程后浪费的空间最多只是最后一页的一小部分。

图 9.15 展示了一个使用页和页帧的例子。在某一时刻，存储器中的一些帧被占用，而另一些帧处于空闲状态。空闲帧的列表由操作系统维护。存储在磁盘上的进程 A 由 4 个页组成。当操作系统装入这个进程时，它发现有 4 个空闲帧，并把进程 A 的 4 个页装入这 4 个空闲帧中。

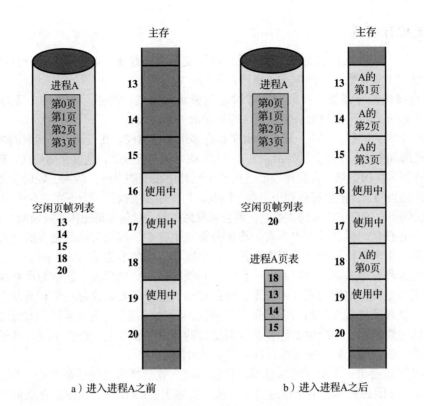

a）进入进程A之前　　　　　　　b）进入进程A之后

图 9.15　空闲页帧的分配方案

现在假设在此例中，无足够的连续空闲帧存储这个进程。这会妨碍操作系统装入进程 A 吗？答案是否定的，我们可以再一次引入逻辑地址这一概念，只是简单的基地址已经不够用了。操作系统为每个进程保存一个**页表**，页表记录了进程每页的帧地址。在程序中，每个逻辑地址由一个页号和页中的相对地址组成。回忆一下简单分区的情况，逻辑地址是相对于程序起始地址的存储单元地址，用一个字表示，处理器负责将逻辑地址转换为物理地址。使用分页技术，逻辑地址到物理地址的转换仍由处理器硬件来完成，但是处理器必须知道怎样访问当前进程的页表。提供了逻辑地址（页号、相对地址）后，处理器使用页表来产生物理地址（帧号、相对地址）。图 9.16 显示了这样的一个例子。

这种方法解决了前面提出的问题。主存划分成许多小的大小相等的帧，每个进程划分成与帧大小一致的许多页。较小的进程需要较少的页，较大的进程需要较多的页。当一个进程调入时，其页被装入空闲帧中，并建立页表。

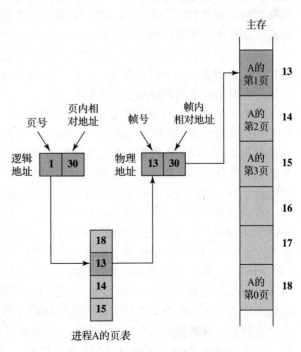

进程A的页表

图 9.16　逻辑地址与物理地址

9.3.4 虚拟存储器

请求分页 分页技术使多道程序设计系统变得真正有效。把进程进行分页这一简单策略导致了另一个重要概念的产生——虚拟存储器。

为了理解虚拟存储器，我们对刚才讨论的分页方案进行改进。改进的方案称为**请求分页**，即一个进程的每个页只有在需要时（即请求时）才调入。

考虑一个大的进程，它由一段长的程序和许多组数据组成。在任何一小段时间内，程序执行时只需使用其中的一小部分（例如一个子过程）或一到两组数据，这就是局部性原理，我们在第4章中介绍过。很显然，在程序挂起之前只用到其中很少的页时，装入进程的全部页是一种浪费，装入适当的页才能更好地利用主存。因此，当程序转去执行一个不在主存中的页的指令，或者程序访问不在主存中的页的数据时，则会触发**页失效**。这就告诉操作系统该调入所需的页。

于是，在任何时候，进程中只有一小部分页在主存中，因而可以使更多的进程同时占用主存。此外，由于未使用的页不用进行换入换出操作，因此节省了系统时间。然而，操作系统必须清楚这种管理机制，当它调入一页时，必须把另一页换出去，这称为**页替换**。如果它换出的页正好是将要使用的页，则又要立即把它调入主存，如果这种现象频繁发生则称为**抖动**，这时，处理器花费大量的时间处理页替换而不是执行指令。避免系统抖动是20世纪70年代研究的主要课题，并产生了许多有效但复杂的算法。基本上，操作系统是基于最近的页访问历史的，认为最近最少使用的页将来也不大可能使用。

页替换算法超出了本章讨论的范围，目前比较有效的技术是最近最少使用算法（LRU），在第5章cache的替换算法中介绍过这个算法。实际上，LRU算法在虚拟存储的页替换机制中很难实现，因此通常是使用一些性能近似于LRU的算法。

采用了请求分页，就没有必要将整个进程装入主存，这将产生一个惊人的结论：一个进程可能比主存所有的空间都大。程序设计中最基本的限制之一已经被打破了，若不采用请求分页，则程序员必须知道有多大的存储空间可用。如果编制的程序太长，程序员必须修改结构使程序变成几段，一次装入一段。而采用了请求分页，这些工作就交给操作系统和硬件去完成，就程序员而言，他所看到的是一个大的存储器，其容量与磁盘存储器有关。

因为进程只在主存中执行，所以主存被称为**实存储器**。但是程序员或用户看到的是一个大得多的存储器，它分配在磁盘上，后者称为**虚拟存储器**。虚拟存储器使多道程序设计更为有效，同时消除了用户使用主存的限制。

页表结构 从存储器中读取一个字的基本机制包括：通过页表把虚拟或逻辑地址（由页号和偏移量组成）转换成物理地址（由帧号和偏移量组成）。因为页表是可变长的，与进程长度有关，所以我们不能期望将它存入寄存器中，而必须将它存入主存中。图9.16说明了这个方案的硬件实现。当运行一个特定进程时，寄存器保存这个进程页表的起始地址，虚拟地址的页号用于检索页表并寻找相应的帧号，它与虚拟地址的偏移部分结合来形成物理实地址。

在大多数系统中，每个进程对应一个页表，但每个进程能占据大量的虚拟存储器。例如VAX体系结构中，每个进程能拥有高达 $2^{31} = 2GB$ 的虚拟存储，使用 $2^9 = 512B$ 的页，这意味着每个进程需要 2^{22} 个页表项，显然，单纯分配给页表的存储器容量就高得惊人。为了解决这个问题，许多虚拟存储器方案把页表存储在虚拟存储器中，而不是实存中。这表明对页表也要进行与其他页一样的分页。当一个进程正在运行时，至少有一部分页表（包括当前正在运行页的页表项）必须在主存中。一些处理器使用二级方案组织大的页表。在此方法中，有一个页目录，每项指向一个页表。因此，如果页目录表长度是 X，每个页表的最大长度为 Y，则一个进程包括 $X \times Y$ 页。通常一个页表的最大长度可以达到一页。在本章后面介绍 Intel x86 时，我们将看到二级方案的例子。

实现一级或二级页表的另一种方法是倒置页表结构（如图 9.17 所示），这种办法的几种不同版本已用于 PowerPC、UltraSPARC 和 IA-64 体系结构上。RT-PC 上的 Mach 操作系统的实现亦使用了这种技术。

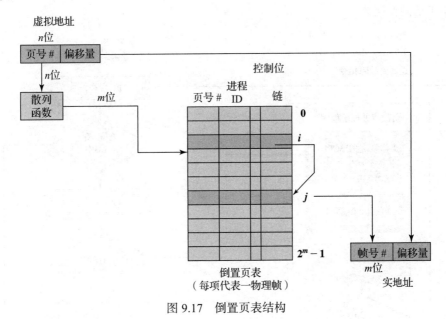

图 9.17　倒置页表结构

在这种技术中，虚拟地址的页号部分采用简单的散列函数⊖映射到散列表中，散列值是一个指向由页表项组成的倒置页表的指针。采用这种结构，每个实存帧在散列表和倒置页表中都有对应项，但虚拟页不需要，因此，表只需要实存的固定部分，而不考虑所支持的进程数或虚拟页数。因为多个虚拟地址可以映射到同一散列表项，所以采用链技术来管理溢出，散列技术通常采用由一项或两项组成的短链。此页表的结构称为倒置，因为它用帧号而不是虚拟页号来检索页表项。

9.3.5　快表

原则上，每次虚拟存储器的访问能引起两次物理存储器的存取：一次是获得相应的页表项，另一次是获得所需的数据。因此，即使一个简单的虚拟存储器方案也将使存储器存取时间加倍。为了解决这个问题，许多虚拟存储器方案使用一个特殊的高速缓存来存放页表项，通常称为**快表**（TLB）。这个高速缓存的功能与存储器中高速缓存的相同，它用来存储最近使用的那些页的页表项。图 9.18 描述了使用 TLB 的流程图。按照局部性原理，大部分虚拟存储器的访问局限在最近使用过的那些页，因此，多数访问都是此高速缓存中记录的页。大量研究表明，这个方案能有效地改善性能 [MITT17b]。

注意，虚拟存储器机制必须与高速缓存系统（不是 TLB 的高速缓存，而是主存高速缓存）交互，如图 9.19 所示。虚拟地址通常由页号和偏移量组成，首先存储器系统查询 TLB 是否有匹配的页表项，如果有，则实（物理）地址通过帧号和偏移量组合产生；如果没有，则从页表中取项。一旦由标志项和剩余项组成（如图 5.3 所示）的实地址产生，则先查询高

⊖　散列函数是将范围 0～M 的数映射到范围 0～N 的数，这里 M>N。散列函数的输出被用作对散列表的索引。因为多于一个输入映射到同一输出，因此可能存在一个输入项映射到已被占据的散列表项的情况。在这种情况下，新项必须溢出到另外的散列表位置上。一般来说，新项被放在第一个后继的空项中，由原位置提供一个指针指向它，从而把它们链接在一起。

速缓存中是否有包含该字的块。如果有，字返回给处理器，反之，则从主存中检索此字。
TLB 有时被实现为内容可寻址存储器（CAM）。CAM 搜索关键字是虚拟地址，搜索结果是物理地址。如果所请求的地址存在于 TLB 中，则 CAM 搜索迅速产生匹配，并且检索到的物理地址可用于访问存储器。

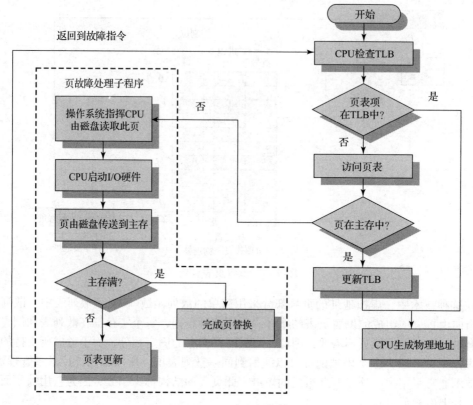

图 9.18　分页操作和快表

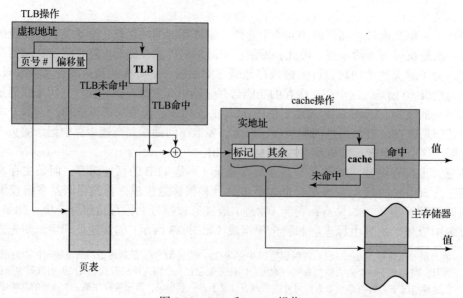

图 9.19　TLB 和 cache 操作

读者可能体会到了单个存储器访问所涉及的处理器硬件的复杂性。虚拟地址转换成实地址，这涉及访问页表，这个页表可能在 TLB、主存或磁盘上。然后要访问字，字也可能在高速缓存、主存或磁盘上。如果是在磁盘上，则还需要将包含该字的页调入主存，把它的块装入高速缓存中。此外，还要更新该页的页表项。

9.3.6 分段

另一种划分可寻址存储器的方法是分段（segmentation）。分页对程序员是不可见的，其目的是为程序员提供较大的地址空间。而分段通常对程序员是可见的，它使组织程序和数据更方便，能将特权、保护属性与指令、数据联系起来。

分段后，存储器由多个地址空间或段组成。段长度是可变、可动态分配的。通常，程序员或操作系统为程序和数据分配不同的段。各程序可以有许多程序段和数据段，各段可指定分配存取权和使用权，存储器访问地址由段号和偏移量组成。

对程序员来讲，分段的地址空间有许多优点：

1. 它简化了对数据结构的处理。如果程序员预先不知道其数据结构有多大，他也不必去猜测。该数据结构可以分配它自己的段，并且操作系统会按数据结构的需要动态地扩大或缩小这个段。

2. 将程序分段允许每段程序独立地修改和重编译，不需要整个程序重新连接和重装入，即可以使用多个段来完成。

3. 可以实现进程共享。程序员将某实用程序或数据表放入一段，其他进程也可以访问该段的内容。

4. 可以实现段保护。一个段可能包含一个定义完好的程序或数据集，程序员或系统管理员能方便地赋予该段存取特权。

这些优点在分页中是没有的，因为分页对程序员是不可见的。另外，分页提供了存储器管理的有效方式。为了组合这两者的优点，有些操作系统同时提供了分页和分段两种方式的硬件与软件支持。

9.4 Intel x86 存储器管理

引入了 32 位体系结构后，微处理器已经可以实现复杂的存储器管理机制，这些机制只在大、中规模系统中实现。在很多情况下，微处理器比其先前的较大系统版本更胜一筹。存储器管理方案是由微处理器硬件厂家开发的，可用于各种操作系统。随着微处理器版本的不断升级，它们趋向于通用。一个典型的例子是 Intel x86 体系结构的存储器管理。

9.4.1 地址空间

Intel x86 包含分段和分页的硬件支持，同时，两种机制都能禁用。它允许用户从如下 4 种不同方式中任选一种：

- **不分段不分页存储器**：在这种情况下，虚拟地址和物理地址相同，适用于低复杂性、高性能控制器的应用。
- **分页不分段存储器**：这些存储器是分页的线性地址空间，存储器的保护和管理通过分页实现。某些操作系统（如 Berkeley UNIX）采用这种方法。
- **分段不分页存储器**：可以把这种存储器看成逻辑地址空间的集合。相对于分页，其优点是：如果需要，它可以提供低至字节级的保护机制，而且，它可以保证当段在存储器中时，需要的转换表（段表）在芯片上。因此，分段不分页存储器可以预测存取时间。
- **分段分页存储器**：分段用于存储器逻辑分区，分页用于逻辑分区的物理再分配，UNIX System V 操作系统就采用这种方式。

9.4.2　分段

分段时，每个虚拟地址（在 Intel x86 中称为逻辑地址）由 16 位段号和 32 位偏移量组成，段号中有两位用于保护机制，余下的 14 位表示一个具体的段。因此，对于无分段的存储器，用户的虚拟存储空间是 $2^{32}B=4GB$。而在有分段的存储器中，用户总的虚拟存储空间为 $2^{46}B=64TB$。物理地址空间采用 32 位地址，最大为 4GB。

虚拟存储器容量实际上能大于 64TB，这是因为处理器对虚拟地址的译码取决于当前哪个进程是活动的。虚拟地址空间被分成两部分：一半（8K 段 ×4GB）是全局的，被所有进程共享；另一半是局部的，每个进程都不同。

段的两种保护机制是：优先级和存取属性。优先级有 4 种，从最高（第 0 级）到最低（第 3 级）。与数据段有关的优先级称为"等级"，与程序段有关的优先级称为"许可"。当正在执行的程序许可级低于（更高特权）或等于（相同特权）数据段的优先级时，它可存取此数据段。

硬件没有规定这些优先级的分配，它取决于操作系统的设计和实现。优先级 1 通常用于大多数操作系统，第 0 级只有少量操作系统用于负责存储器管理、保护和存取控制，剩下的两级用于应用。在许多系统中，应用处于第 3 级，而第 2 级不用。一些特殊的应用子系统，由于它们要实现自己的安全机制，因此必须受到保护，它们会用到第 2 级，例如数据库管理系统、办公自动化系统和软件工程环境系统。

除了约束数据段的存取外，优先级机制还用于某些指令。一些指令（如处理存储管理寄存器的指令）只能在第 0 级执行。I/O 指令只能在操作系统指定的某一级上执行，通常是第 1 级。

数据段的存取属性表明是否允许读 / 写或只读。对于程序段，存取属性表示读 / 执行或只读。

段地址转换机制把虚拟地址映射成线性地址（如图 9.20b 所示）。虚拟地址由 32 位的偏移量和 16 位的段选择符组成（如图 9.20a 所示），获取或存储操作数的指令指定偏移量和包含段选择符的寄存器。段选择符又包含下列域：

- **段表指示符**（TL）：指示转换使用的是全局段表还是局部段表。
- **段号**：表示第几段，在段表中用作索引。
- **请求优先级**（RPL）：存取请求的优先级。

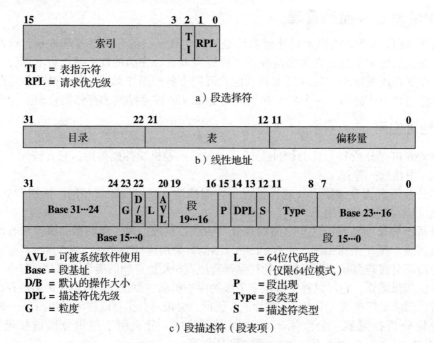

图 9.20　Intel x86 存储器管理格式

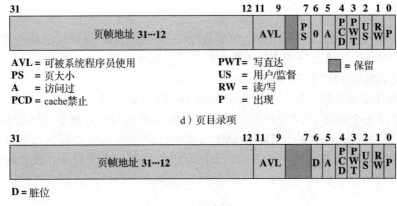

d）页目录项

D = 脏位

e）页表项

图 9.20 （续）

段表中的每一项由 64 位组成，如图 9.20c 所示，域定义如表 9.5 所示。

表 9.5 Intel x86 存储器管理参数

段描述符（段表项）

基（base）
　　定义段在 4GB 的线性地址空间中的起始地址。

D/B 位
　　在代码段中，这是 D 位，表示操作数和地址模式是 16 位还是 32 位。

描述符优先级（DPL）
　　指定此段描述符指向的段的优先级。

粒度位（G）
　　表示段限域是以 1B 还是 4KB 为单位来说明。

段限
　　定义段的大小。处理器以两种方法之一说明段限域。它的大小取决于粒度位；在以字节为单位时，段限长度是 1MB；以 4KB 为单位时，段限长度最大为 4GB。

S 位
　　确定某一给定的段是系统段、代码，还是数据段。

段出现位（P）
　　用于不分页的系统中时，它指明段是否在主存中；对于分页系统，这一位总是被置为 1。

类型
　　区别各种段，表示存取属性。

页目录项和页表项

存取位（A）
　　当读或写操作出现在相应页时，处理器将两级页表中的此位设置为 1。

脏位（D）
　　当写操作出现在相应页时，处理器将此位设置为 1。

页帧地址
　　如果出现位（P）置位，则提供该页在存储器中的物理地址。由于页帧分成 4KB 大小，因此低 12 位为 0，只有高 20 位包含在项中。在页目录中，该地址是页表地址。

页 cache 禁止位（PCD）
　　说明页中的数据是否可经过高速缓存。

页大小位（PS）
　　表示页大小为 4KB 或 4MB。

页写直达位（PWT）
　　表示此页的数据是否采用写直达或回写的 cache 写策略。

出现位（P）
　　表示此页表或页是否已在主存中。

读 / 写位（RW）
　　对于用户级的页，它表示用户级程序的页是只读存取还是读 / 写存取。

用户 / 监督位（US）
　　表示该页是只在操作系统级（管理级）可用还是在操作系统和应用级（用户级）都可用。

9.4.3 分页

分段是一种可选特性，可以禁止。使用分段时，程序使用的是虚拟地址，需要转换成线性地址。分段禁止时，在程序中直接使用线性地址。因此，无论是否分段，下一步的工作都是将线性地址转换成 32 位的实际地址。

为了理解线性地址的结构，必须知道 Intel x86 的分页机制实际上是一种二级表的检索操作。第 1 级是一个包含 1024 个项的页目录，它将 4GB 的线性存储空间分成 1024 个页组，每个组有自己的页表，每个页组长度为 4MB。每个页表包含 1024 个项，每项对应一个 4KB 的页。存储器管理有选择地使用页目录，由所有进程共用一个页目录，或者每个进程一个页目录，或者两者组合使用。当前任务的页目录总是在主存中，页表可以存储在虚拟存储器中。

图 9.20 展示了页目录项和页表项的格式，域定义如表 9.5 所示。注意，存储器控制机制可用于一个页或一个页组。

Intel x86 也使用快表，该快表能保存 32 个页表项。每当页目录变化时，快表被清空。

图 9.21 展示了分段和分页的组合。为了清晰，快表和存储器高速缓存机制未显示出来。

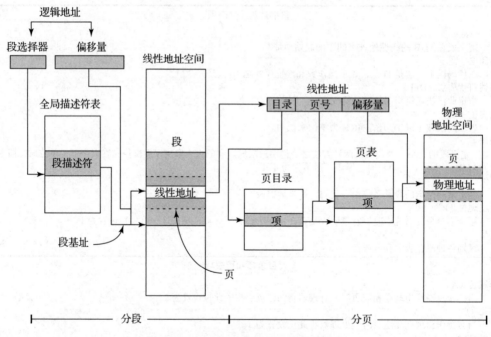

图 9.21 Intel x86 存储器地址转换机制

最后，x86 扩展了 80386 或 80486，它提供了两种页长度。如果在控制寄存器 4 中的页长度扩展位（PSE）置为 1，则分页单元允许操作系统程序员定义页长度为 4KB 或 4MB。

使用 4MB 的页时，只有一级表检索。当硬件存取页目录时，页目录项（如图 9.20d 所示）使 PS 位置为 1。在这种情况下，第 9～21 位被忽略，而第 22～31 位定义存储器中一个 4MB 页的基地址，从而，这是一个单页表。

使用 4MB 的页可减少存储器管理本身对大量主存的需求。使用 4KB 的页，整个 4GB 的主存大约需要 4MB 的存储器来存放页表；而使用 4MB 的页，单个 4KB 长度的表便足以满足页存储器管理的存储需求了。

9.5 ARM 存储器管理

ARM 提供了一种通用的虚拟存储器系统结构，可通过裁剪满足嵌入式系统设计者的需要。

9.5.1 存储器系统组织

图 9.22 是 ARM 中虚拟存储器的存储器管理硬件的概述图。如随后所述，虚拟存储器转换硬件采用一级或二级表将虚拟地址转换成物理地址。快表（TLB）存储最近使用的页表项，如果将要调用的页表项在 TLB 中，则 TLB 直接将该页的物理地址发给主存用于读 / 写操作。正如第 5 章所述，处理器与主存之间的数据交换是通过 cache 进行的。如果采用了逻辑 cache（如图 5.5a 所示），则当 cache 访问失效时，ARM 直接提供地址给高速缓存同时也提供给 TLB；如果采用了物理 cache（如图 5.5b 所示），则 TLB 必须将物理地址提供给 cache。

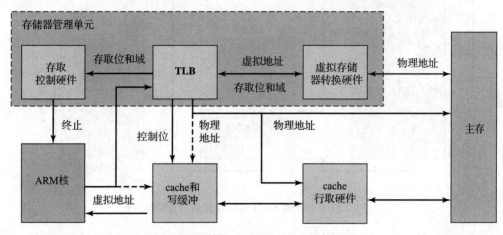

图 9.22 ARM 存储器系统

转换表中的项也包含存取控制位，它决定进程是否可以存取某一段主存。如果不允许存取，则访问控制硬件向 ARM 处理器发送存取终止信号。

9.5.2 虚拟存储器地址转换

ARM 基于分节或分页来支持存储器访问：
- **超级节（可选）**：由主存的 16MB 块组成。
- **节**：由主存的 1MB 块组成。
- **大页**：由主存的 64KB 块组成。
- **小页**：由主存的 4KB 块组成。

节和超级节可以使用 TLB 中的单个表项映射一大片主存区域，而且存取控制机制可以将小页扩展到 1KB 的子页，将大页扩展到 16KB 的子页。保存在主存中的转换表有两级：
- **1 级表**：保存 1 级描述符，这些描述符包含节和超级节的基址与转换属性；以及大页或小页的转换属性和指向 2 级表的指针。
- **2 级表**：保存 2 级描述符，这些描述符包含小页或大页的基址和转换属性。2 级表需要 1KB 的内存。

存储器管理单元（MMU）将处理器产生的虚拟地址转换为访问主存的物理地址，并驱动和检查存取许可位。如果 TLB 发生页缺失，则需要转换地址，首先在 1 级表中取转换地址。节映射存取只需要在 1 级表中取转换地址，而页映射存取还需要在 2 级表中取转换地址。

图 9.23 展示了小页的两级地址转换过程。1 级（L1）页表包含 4K 个 32 位的表项，每个 L1 表项指向一个 2 级（L2）页表；2 级页表包含 256 个 32 位的表项。每个 L2 表项指向主存中一个大小为 4KB 的页。32 位的虚拟地址结构如下：最高 12 位是指向 L1 页表的索引，接下来的 8 位指向相应的 L2 页表地址，最低的 12 位指向主存中相应页的一个字节。

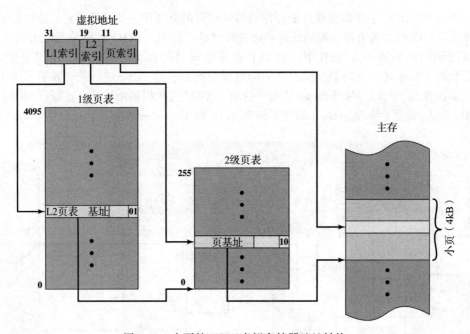

图 9.23 小页的 ARM 虚拟存储器地址转换

一个类似的两页地址转换适用于大页，而节和超级节只需查找 L1 页表。

9.5.3 存储器管理格式

为了更好地理解 ARM 的存储器管理机制，我们考虑其主要的存储器管理格式，如图 9.24 所示。图中控制位的定义参见表 9.6。

表 9.6 ARM 存储管理参数

存取允许（AP）位，存取允许扩展（APX）位：
　　控制相应的存储区存取。如果存取没有得到允许，则会引起许可故障。
可缓冲（B）位：
　　和 TEX 位一起决定带 cache 的存储器的写缓冲方式。
可高速缓存（C）位：
　　决定某一块存储区是否可以映射到 cache。
域（Domain）：
　　若干存储区的集合，存储控制可应用于基本域。
非全局（nG）位：
　　决定某一地址转换是全局（0）还是指定进程（1）。
共享（S）位：
　　决定某一地址转换是共享存储器（1）还是不共享存储器（0）。
SBZ 位：
　　应该为 0。
类型扩展（TEX）位：
　　与 B 位和 C 位一起控制 cache 的读取、写缓冲方式，以及如果某存储区域是可共享的则必须保证其一致性。
永不执行（XN）位：
　　决定某存储区是可执行的（0）还是不可执行的（1）。

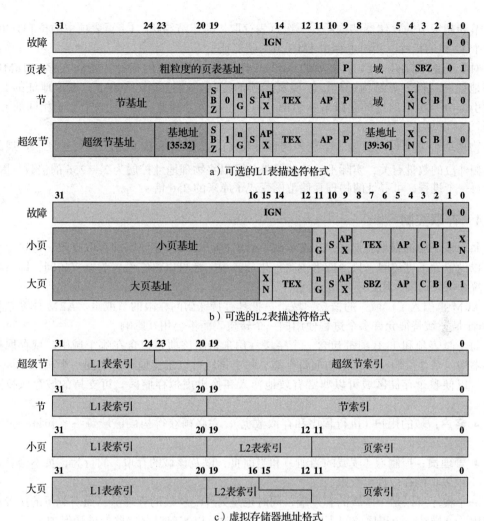

a）可选的L1表描述符格式

b）可选的L2表描述符格式

c）虚拟存储器地址格式

图 9.24　ARM 存储器管理格式

对于 L1 页表，每一个表项表示它与 1MB 的虚拟地址的映射关系。每个表项有 4 种可选格式之一：

- 位 [1:0]=00：对应的虚拟地址没有被映射，试图存取时会产生地址转换错误。
- 位 [1:0]=01：表项给出 L2 页表的物理地址，指定了对应虚拟地址的映射关系。
- 位 [1:0]=01 且第 19 位为 0：表项表示的是对应虚拟地址的节映射。
- 位 [1:0]=01 且第 19 位为 1：表项表示的是对应虚拟地址的超级节映射。

位 [1:0]=11 的表项被保留。

对于分页的存储器结构，需要两级页表存取，L1 页表项的位 [31:30] 包含了一个指针指向 L2 页表。对于小页，L2 页表项中包含一个 20 位的指针指向主存中的一个 4KB 页的基地址。

大页的页表结构更为复杂。与小页的虚拟地址结构一样，大页的虚拟地址结构中有 12 位指向 L1 表、8 位指向 L2 表。对于 64KB 的大页，其虚拟地址的页索引部分必须是 16 位。为了使这种结构适用于 32 位的格式，4 位页索引域与 L2 表索引域重叠。为了实现这种重叠，ARM 要求 L2 页表中的每一个支持大页的页表项复制 16 次。实际上，如果所有的页表项都指向大页，那么 L2 页表中的页表项就从 256 个减少到了 16 个。然而，一个给定的 L2 页表能够支持大页和小页的混合，因此需要进行大页项的复制。

节和超级节的存储器结构需要一级页表存取。对于节结构，L1 页表项中的位 [31:20] 包含一个 12 位的指针，指向主存中 1MB 节的基地址。

对于超级节结构，L1 页表项的位 [31:24] 包含一个 8 位的指针，指向主存中 16MB 节的基地址。就像大页结构一样，需要页表项的复制。在超级节结构中，虚拟地址的 L1 页表索引部分与虚拟地址的超级节索引部分有 4 位重叠。因此，需要 16 个完全相同的 L1 页表项。

物理地址范围可以通过 8 个额外的地址位（位 [23:20] 和位 [8:5]）进行扩展。扩展的范围与额外位的数量有关，实际上，这些额外位可以将物理地址扩展为 $2^8 = 256$ 的倍数。因此，对于每一个进程，可寻址的物理存储范围变成了原来的 256 倍。

9.5.4 存取控制

每个表项中的存取控制位 AP 表示某一给定进程对某一存储区的存取权限，每块存储区都可以设置为不可访问、只读或者读写。进一步说，还可以将它设置为特权访问，即只有操作系统才可以访问，用户不可以访问。

ARM 也引入了"域"的概念，域是一批具有特殊访问权限的节或页。ARM 体系结构支持 16 个域，域特征允许多个进程使用同一个转换表而不会相互影响。

每个页表项和 TLB 项都包含一个字段，用来指明该项是包含在哪个域中。域存取控制寄存器中一个 2 位的字段控制访问每个域，每个字段可以迅速地标志访问一个域是允许还是禁止，以便整个存储区域可以非常有效地换入和换出虚拟存储区。可支持的域存取权限有两种：

- **客户**：域的用户（执行程序和存取数据），它必须获得构成该域每一节和每一页的存取许可权限。
- **管理员**：控制域（该域的当前节和当前页，以及该域的存取）的行为，页不会管理域中表项的存取许可权限。

一个程序可以是一些域的客户端，同时也是另外一些域的管理员，而对剩下的域没有访问权限，这样在一个程序访问不同的存储器资源时可以实现对存储器的灵活保护。

9.6 关键词、思考题和习题

关键词

batch system：批处理系统

demand paging：请求分页

interactive operating system：交互式操作系统

interrupt：中断

job control language（JCL）：作业控制语言

kernel：内核

logical address：逻辑地址

long-term scheduling：长期调度

medium-term scheduling：中期调度

memory management：存储器管理

memory protection：存储器保护

multiprogramming：多道程序设计

multitasking：多任务化

nucleus：核，核心

operating system（OS）：操作系统

paging：分页

page table：页表

partitioning：分区

physical address：物理地址

privileged instruction：特权指令

process：进程

process control block：进程控制块

process state：进程状态

real memory：实存储器

resident monitor：驻留的监控程序	time-sharing system：分时系统
segmentation：分段	translation lookaside buffer（TLB）：快表
short-term scheduling：短期调度	utility：实用程序
swapping：交换	virtual memory：虚拟存储器
thrashing：抖动	

思考题

9.1 什么是操作系统？

9.2 列出并简要定义操作系统提供的主要服务。

9.3 列出并简要定义操作系统的主要调度类型。

9.4 进程和程序有什么不同？

9.5 交换的目的是什么？

9.6 如果进程可以动态地分配到主存中的不同位置，这对寻址机制有何意义？

9.7 在进程执行期间，此进程的所有页都必须在主存中吗？

9.8 一个进程的页在主存中必定是连续的吗？

9.9 一个进程的页在主存中必须按顺序排列吗？

9.10 快表的作用是什么？

习题

9.1 假设我们有一台能进行多道程序设计的计算机，每个作业有一个标识符。在一个计算周期 T 内，一个作业的一半时间花在 I/O 上，另一半时间花在处理器处理上。每个作业总共运行 N 个周期。假设使用简单的轮转优先权算法，I/O 操作能与处理器操作重叠，定义以下变量：

- 周转时间 = 完成一个作业的实际时间。
- 吞吐率 = 平均每个时间周期 T 内完成的作业数。
- 处理器利用率 = 处理器活动（不是等待）时间的百分数。

假设周期 T 以下列方式分配，在同时有 1 个、2 个和 4 个作业时，计算周转时间、吞吐率和处理器利用率。

a. I/O 占用第 1 个半周期，处理器占用第 2 个半周期。

b. I/O 占用第 1 个和第 4 个 1/4 周期，处理器占用第 2 个和第 3 个 1/4 周期。

9.2 I/O 受限的程序定义为：如果单独运行，则等待 I/O 的时间比使用处理器的时间多；处理器受限的程序则相反。假设短期调度算法适合那些最近使用较少处理器时间的程序，解释为什么这个算法适用于 I/O 受限的程序，而并不始终拒绝被处理器受限的程序使用。

9.3 一个程序的功能是计算数组 A（大小为 100×100）中某一行的和：

$$C_i = \sum_{j=1}^{n} a_{ij}$$

假设计算机采用请求分页机制，每页大小为 1000 个字，主存分配给它们 5 个页帧。如果数组 A 按行存储或按列存储在虚拟存储器中，页故障率有区别吗？请解释原因。

9.4 一个容量为 2^{24} 字节的存储器采用等长的分区方案，每个分区的大小是 2^{16} 字节，所维护的进程表包括一个指向各驻留进程分区的指针。此指针需要多少位？

9.5 考虑动态分区策略，请解释：平均而言，存储器拥有的空块数据是段数的一半。

9.6 假设处理器当前正在执行的进程的页表如下，所有数据都是十进制的，用数字表示每个事情均从 0 开始，所有地址都是存储器的字节地址，一个页的大小为 1024B。

虚拟页号	有效位	访问位	修改位	页帧号
0	1	1	0	4
1	1	1	1	7
2	0	0	0	—
3	1	0	0	2
4	0	0	0	—
5	1	0	1	0

a. 准确描述 CPU 生成的虚拟地址如何转换成主存的物理地址。

b. 虚拟地址 1052、2221 和 5499 对应的物理地址是什么（不考虑页故障）？

9.7 说出在虚拟存储器系统中，页大小既不应该很小也不应该很大的理由。

9.8 处理器以如下顺序访问 A、B、C、D、E5 个页：

$$A, B, C, D, A, B, E, A, B, C, D, E$$

假定开始前主存有 3 个空页帧并采用先进先出替换算法，请指出此访问序列下主存传送（换入换出）页的页号序列。若有 4 个空页帧，重复此问题。

9.9 在带有虚拟存储器的计算机的执行过程中，遇到如下序列的虚拟页号：

$$3\ 4\ 2\ 6\ 4\ 7\ 1\ 3\ 2\ 6\ 3\ 5\ 1\ 2\ 3$$

假设采用最近最少使用的页替换策略，主存初始时为空。画出页命中率（访问的页已在主存中的百分比）与主存页容量 $n(1 \leqslant n \leqslant 8)$ 函数的图。假设开始时主存为空。

9.10 在 VAX 机中，用户的页表被放置在系统空间的虚拟地址处。问：用户的页表存储在虚拟空间而不存储在主存中有什么优点？又有什么缺点？

9.11 若程序语句

```
for (i =1; i< =n; i++)
a[i]=b[i]+c[i];
```

在一个页大小为 1000 字的存储器上执行，请写一段机器指令程序来实现它，令 $n = 1000$，机器具有全范围的寄存器到寄存器的指令并可使用变址寄存器。然后写出执行期间页访问的序列。

9.12 IBM 370 体系结构使用了段和页的两级存储器结构，但它们的分段法缺少许多本章前面所描述的特征。对于基本的 370 体系结构，页大小是 2KB 或 4KB，固定的段大小是 64KB 或 1MB。对于 370/XA 和 370/ESA 体系结构，页大小是 4KB，段大小是 1MB。这种策略缺乏分段法的什么优点？370 的分段法又有什么优点？

9.13 考虑一个既有分段又有分页的计算机系统，当段在主存中时，其最后一页总有些字是浪费的。另外，当段大小为 s，页大小为 p 时，应有 s/p 个页表项。页越小，段中最后一页的浪费就越少，但页表却增大了。那么，多大的页能使总开销最小？

9.14 计算机有 cache、主存和用于虚拟存储器的磁盘。如果一个字在 cache 中，则需 20ns 的时间来存取它。如果字在主存而不在 cache 中，则首先需 60ns 的时间将它调入 cache，然后再开始存取。如果字不在主存中，则需 12ms 的时间从磁盘中获取，再用 60ns 将它存入 cache 中。如果 cache 的命中率为 0.9，主存的命中率为 0.6。问：存取一个字的平均存取时间是多少？

9.15 假设把一个任务分成 4 个大小相等的段，系统为每个段建立一个 8 项的页描述符表。于是，系统是分段和分页的组合，同时假设页长度为 2KB。问：

a. 每个段的最大长度是多少？

b. 此任务的最大逻辑地址空间是多少？

c. 假设物理单元 00021ABC 中的一个元素被此任务存取，则任务产生的逻辑地址格式是什么？系统的最大物理地址空间是多少？

9.16　假设某个微处理器能存取多达 $2^{32}B$ 的物理主存，它采用分段逻辑地址空间，最大长度为 $2^{31}B$。每条指令包含整个两部分地址，采用外部存储器管理单元（MMU），它的管理方案是把固定长度 $2^{22}B$ 的物理存储中的相邻块分配给段，一个段的起始物理地址总是 1024 的倍数。画出采用合适的 MMU 数值并将逻辑地址转换成物理地址的外部映射机制的详细连接图，以及 MMU 的内部结构图（假设每个 MMU 包含 128 项直接映射段描述符 cache），每个 MMU 怎样选择？

9.17　考虑一个分页逻辑地址空间（包含 32 个页，每页 2KB）映射成 1MB 的物理存取空间，问：

　a. 处理器的逻辑地址格式是什么？

　b. 页表的长度和宽度是什么（不考虑"存取权"位）？

　c. 如果物理存储空间减少一半，则对页表有什么样的影响？

9.18　在 IBM 大型操作系统 OS/390 中，内核的一个重要模块是系统资源管理器（SRM），这个模块负责在地址空间（进程）之间分配资源。在各种操作系统中，SRM 给予 OS/390 独特的复杂度。没有任何其他类型的大型操作系统，甚至可以说，没有任何其他类型的操作系统能与 SRM 所提供的功能相匹配。资源包括处理器、实存储器和 I/O 通道。SRM 统计处理器、通道和各种关键数据结构的利用率，其目的是在性能监督和分析的基础上优化性能。建立后面的各种性能目标并把这些作为服务的指导，SRM 基于系统的利用率动态地修改安装和作业性能特征。SRM 本身也提供报告以允许训练有素的操作员改进配置和参数设置来改善用户业务。

这个问题是关于 SRM 活动的一个例子。实存储器被分成等长的块，称为帧，这里可能有成千上万个块。每个帧能容纳虚拟存储器的一个块，称为页。SRM 大约每秒接收 20 次控制信息，每次都会检查所有页帧。如果页没有被访问过或修改过，计数器加 1。过一段时间，SRM 取这些数的平均值来确定系统中的页帧未被触动过的平均秒数。SRM 这样做的目的是什么？ SRM 会采取什么动作？

9.19　根据图 9.24 所示的每个 ARM 的虚拟地址格式，写出其物理地址格式。

9.20　当主存划分为多个节时，画出类似图 9.23 的 ARM 虚拟存储器转换。

Computer Organization and Architecture: Designing for Performance, Eleventh Edition

算术与逻辑

Computer Organization and Architecture: Designing for Performance, Eleventh Edition

数字系统

学习目标

学习完本章后，你应该能够：

- 了解**按位记数制系统**的基本概念和术语。
- 解释用于对整数和分数的**十进制**与**二进制**进行转换的技术。
- 解释使用**十六进制表示法**的理由。

10.1 十进制系统

在日常生活中，我们使用基于十进制数字（0，1，2，3，4，5，6，7，8，9）的系统来表示数字，并将系统称为十进制。考虑数字 83，可以表示为 8 个 10 加 3：

$$83 = (8 \times 10) + 3$$

数字 4 728 可以表示为 4 个 1 000，7 个 100，2 个 10，加 8：

$$4\ 728 = (4 \times 1\ 000) + (7 \times 100) + (2 \times 10) + 8$$

十进制的**基数**是 10。这意味着数字中的每一个数字都要乘以 10，再乘以对应于该数字位置的幂：

$$83 = (8 \times 10^1) + (3 \times 10^0)$$

$$4\ 728 = (4 \times 10^3) + (7 \times 10^2) + (2 \times 10^1) + (8 \times 10^0)$$

同样的原理也适用于十进制分数，但使用的是 10 的负幂。因此，十进制分数 0.256 代表 2/10 加 5/100 加 6/1 000：

$$0.256 = (2 \times 10^{-1}) + (5 \times 10^{-2}) + (6 \times 10^{-3})$$

既有整数部分又有小数部分的数字使用了 10 的正负幂：

$$442.256 = (4 \times 10^2) + (4 \times 10^1) + (2 \times 10^0) + (2 \times 10^{-1}) + (5 \times 10^{-2}) + (6 \times 10^{-3})$$

在任何数字中，最左边的数字被称为**最高有效位**，因为它携带最高值。最右边的数字称为**最低有效位**。在十进制数 442.256 中，左边的 4 是最高有效位，右边的 6 是最低有效位。

表 10.1 显示了每个数字位置和分配给该位置的值之间的关系。每个位置的权重是右边位置值的 10 倍，是左边位置值的 1/10。因此，位置代表 10 的连续幂。如果我们按照表 10.1 所示对位置进行编号，则位置 i 由值 10^i 加权。

表 10.1 十进制数的位置解释

4	4	2	2	5	6
百位	十位	个位	十分位	百分位	千分位
10^2	10^1	10^0	10^{-1}	10^{-2}	10^{-3}
位置 2	位置 1	位置 0	位置 −1	位置 −2	位置 −3

一般来说，对于 $X = \{\cdots d_2 d_1 d_0 d_{-1} d_{-2} d_{-3} \cdots\}$ 的十进制表示，X 的值为：

$$X = \sum_i (d_i \times 10^i) \tag{10.1}$$

还有一点值得注意。比如数字 509，问数字中有多少个 10。因为十位只有一个 0，你可能会忍不住说没有 10，但实际上有 50 个 10。十位的 0 意味着没有 10 能被归入百位和千位等。因为每个位置仅保存不能集中到更高位置的剩余数字，所以每个数字位置需要具有不大于 9 的值。9 是一个位置在翻转到下一个更高的位置之前所能拥有的最大值。

10.2 按位记数制系统

在按位记数制系统中，每个数字由一串数字表示，其中每个数字位置 i 都有一个相关的权重 r^i，其中 r 是数制系统的基数。基数为 r 的系统中数字的一般形式是

$$(\cdots a_3 a_2 a_1 a_0 \cdot a_{-1} a_{-2} a_{-3} \cdots)_r$$

其中任意数字 a_i 的值都是 $0 \leqslant a_i \leqslant r$ 范围内的整数，a_0 和 a_{-1} 之间的点称为**小数点**。该数字被定义为具有值

$$
\begin{aligned}
&\cdots + a_3 r^3 + a_2 r^2 + a_1 r^1 + a_0 r^0 + a_{-1} r^{-1} + a_{-2} r^{-2} + a_{-3} r^{-3} + \cdots \\
&= \sum_i (a_i \times b^i)
\end{aligned}
\tag{10.2}
$$

因此，十进制是一种特殊的按位记数制系统，基数为 10，数字范围为 0~9。

作为另一个按位记数制系统的例子，考虑基数为 7 的系统。表 10.2 显示了位置 –1 到 4 的权重值。在每个位置，数字值的范围是 0~6。

表 10.2 基数为 7 的数字的位置解释

位置	4	3	2	1	0	–1
指数形式的值	7^4	7^3	7^2	7^1	7^0	7^{-1}
十进制值	2401	343	49	7	1	1/7

10.3 二进制系统

在十进制系统中，10 个不同的数字用来表示以 10 为基数的数字。在二进制系统中，我们只有两个数字，1 和 0。因此，二进制系统中的数字以 2 为基数来表示。

为了避免混淆，我们有时会在数字上加一个下标来表示它的基数。例如，83_{10} 和 4728_{10} 是用十进制记数法表示的数字，或者更简短地说，是十进制数。二进制表示法中的数字 1 和 0 与十进制表示法中的含义相同：

$$0_2 = 0_{10}$$
$$1_2 = 1_{10}$$

为了表示更大的数字，就像十进制记数法一样，二进制数中的每个数字都有一个取决于其位置的值：

$$10_2 = (1 \times 2^1) + (0 \times 2^0) = 2_{10}$$
$$11_2 = (1 \times 2^1) + (1 \times 2^0) = 3_{10}$$
$$100_2 = (1 \times 2^2) + (0 \times 2^1) + (0 \times 2^0) = 4_{10}$$

诸如此类。同样，小数值用基数的负幂表示：

$$1001.101_2 = 2^3 + 2^0 + 2^{-1} + 2^{-3} = 9.625_{10}$$

通常，对于 $Y = \{\cdots b_2 b_1 b_0 \cdot b_{-1} b_{-2} b_{-3} \cdots\}$ 的二进制表示，Y 的值为

$$Y = \sum_i (b_i \times 2^i) \tag{10.3}$$

10.4 二进制数与十进制数的转换

将一个数字从二进制记数法转换为十进制记数法是一件很简单的事情。事实上，我们在上一节中展示了几个示例。所需要做的就是将每个二进制数乘以 2 的适当次方，然后将结果相加。

要从十进制转换为二进制，整数和小数部分是分开处理的。

10.4.1 整数

对于整数部分，回想一下在二进制表示法中

$$b_{m-1} b_{m-2} \cdots b_2 b_1 b_0 \qquad b_i = 0 或 1$$

的值为

$$(b_{m-1} \times 2^{m-1}) + (b_{m-2} \times 2^{m-2}) + \cdots + (b_1 \times 2^1) + b_0$$

假设需要将十进制整数 N 转换为二进制形式。如果我们在十进制中将 N 除以 2，得到商 N_1 和余数 R_0，我们可以写成

$$N = 2 \times N_1 + R_0 \qquad R_0 = 0 或 1$$

接下来，我们将商 N_1 除以 2。假设新商为 N_2，新余数为 R_1。然后

$$N_1 = 2 \times N_2 + R_1 \qquad R_1 = 0 或 1$$

所以

$$N = 2(2 \times N_2 + R_1) + R_0 = (N_2 \times 2^2) + (R_1 \times 2^1) + R_0$$

如果

$$N_2 = 2N_3 + R_2$$

则

$$N = (N_3 \times 2^3) + (R_2 \times 2^2) + (R_1 \times 2^1) + R_0$$

因为 $N > N_1 > N_2 \cdots$，继续重复上述步骤将最终产生商 $N_{m-1} = 1$（除了十进制整数 0 和 1，它们的二进制等价物分别是 0 和 1）和余数 R_{m-2}（0 或 1）。

然后

$$N = (1 \times 2^{m-1}) + (R_{m-2} \times 2^{m-2}) + \cdots + (R_2 \times 2^2) + (R_1 \times 2^1) + R_0$$

这是 N 的二进制形式。因此，我们通过重复除以 2 将基数 10 转换为基数 2。余数和最终商 1 按照重要性递增的顺序给出了 N 的二进制数字。图 10.1 展示了两个例子。

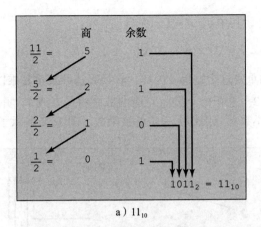

a) 11_{10}

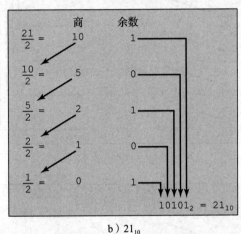

b) 21_{10}

图 10.1 整数从十进制表示转换为二进制表示的示例

10.4.2 小数

对于小数部分，在二进制记数法中，数值介于 0 和 1 之间的数字由以下等式表示

$$0.b_{-1}b_{-2}b_{-3}\cdots \qquad b_i = 0或1$$

值为

$$(b_{-1}\times 2^{-1}) + (b_{-2}\times 2^{-2}) + (b_{-3}\times 2^{-3})\cdots$$

这可以改写为

$$2^{-1}\times(b_{-1} + 2^{-1}\times(b_{-2} + 2^{-1}\times(b_{-3}+\cdots)\cdots))$$

这个表达式暗示了一种转换技术。假设我们想把数字 $F(0 < F < 1)$ 从十进制转换成二进制。我们知道 F 可以用下列形式表示

$$F = 2^{-1}\times(b_{-1} + 2^{-1}\times(b_{-2} + 2^{-1}\times(b_{-3}+\cdots)\cdots))$$

如果把 F 乘以 2，我们得到：

$$2\times F = b_{-1} + 2^{-1}\times(b_{-2} + 2^{-1}\times(b_{-3}+\cdots)\cdots)$$

从这个方程中，我们看到 $(2\times F)$ 的整数部分，因为 $0 < F < 1$，b_{-1} 必须是 0 或 1，所以我

们可以说 $(2 \times F) = b_{-1} + F_1$，其中 $0 < F_1 < 1$，并且

$$F_1 = 2^{-1} \times (b_{-2} + 2^{-1} \times (b_{-3} + 2^{-1} \times (b_{-4} + \cdots) \cdots))$$

为了找到 b_{-2}，我们重复这个过程。因此，转换算法涉及重复乘以 2。在每一步中，前一步数字的小数部分乘以 2。乘积的小数点左边的数字将是 0 或 1，并使用二进制表示，从最高有效位开始。乘积的小数部分用作下一步的被乘数。图 10.2 展示了两个例子。

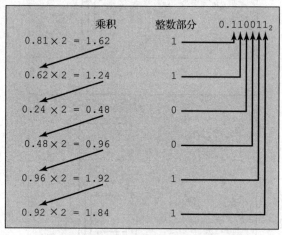

a）$0.81_{10} = 0.110011_2$（大约）

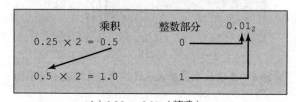

b）$0.25_{10} = 0.01_2$（精确）

图 10.2　小数从十进制表示转换为二进制表示的示例

这个过程不一定是精确的，也就是说，具有有限位数的十进制小数可能需要具有无限位数的二进制小数来表示。在这种情况下，转换算法通常会在预先指定的步骤数后暂停，具体取决于所需的精度。

10.5　十六进制表示法

由于数字计算机组件固有的二进制特性，计算机内所有形式的数据都由各种二进制代码表示。然而，无论二进制系统对计算机有多方便，对人类来说都是极其麻烦的。因此，大多数必须花时间在计算机中处理实际原始数据的计算机专业人员更喜欢使用更紧凑的表示法。

使用什么表示法呢？一种可能是十进制记数法。这当然比二进制记数法更简洁，但是很尴尬，因为在基数 2 和基数 10 之间转换很烦琐。

取而代之的是一种被称为十六进制的表示法。二进制数字被分成四位的组，称为**半字节**。四个二进制数字的每个可能组合都有一个符号，如下所示：

0000 = 0　　0100 = 4　　1000 = 8　　1100 = C

0001 = 1	0101 = 5	1001 = 9	1101 = D
0010 = 2	0110 = 6	1010 = A	1110 = E
0011 = 3	0111 = 7	1011 = B	1111 = F

因为使用了 16 个符号，所以这种表示法称为**十六进制**，这 16 个符号是**十六进制数字**。

十六进制数字序列可以被认为是以 16 为基数表示一个整数（见表 10.3）。因此，

$$2C_{16} = (2_{16} \times 16^1) + (C_{16} \times 16^0)$$
$$= (2_{10} \times 16^1) + (12_{10} \times 16^0) = 44$$

将十六进制数视为以 16 为基数的按位记数制系统中的数字，有

$$Z = \sum_i (h_i \times 16^i) \qquad\qquad (10.4)$$

其中，16 是基数，每个十六进制数字 h_i 都在十进制范围 $0 \le h_i \le 15$ 内，相当于十六进制范围 $0 \le h_i \le F$。

表 10.3 十进制、二进制和十六进制

十进制（以 10 为基数）	二进制（以 2 为基数）	十六进制（以 16 为基数）
0	0000	0
1	0001	1
2	0010	2
3	0011	3
4	0100	4
5	0101	5
6	0110	6
7	0111	7
8	1000	8
9	1001	9
10	1010	A
11	1011	B
12	1100	C
13	1101	D
14	1110	E
15	1111	F
16	0001 0000	10
17	0001 0001	11
18	0001 0010	12
31	0001 1111	1F
100	0110 0100	64
255	1111 1111	FF
256	0001 0000 0000	100

十六进制表示法不仅用于表示整数，还用作表示任何二进制数字的简明表示法，无论它们表示文本、数字还是其他类型的数据。使用十六进制表示法的原因如下：

1. 它比二进制记数法更简洁。

2. 在大多数计算机中，二进制数据占用 4 位的倍数，因此占用单个十六进制数字的倍数。

3. 在二进制和十六进制之间转换非常容易。

最后再举一个例子，考虑二进制字符串 110111100001。这相当于

$$1101\ 1110\ 0001 = DE1_{16}$$
$$D\quad E\quad 1$$

这个过程进行得如此自然，以至于一个有经验的程序员可以在思想上将二进制数据的视觉表示转换成它们的十六进制等价形式，而不需要书面计算。

10.6　关键词和习题

关键词

base：基数

binary：二进制

decimal：小数

fraction：分数

hexadecimal：十六进制

integer：整数

least significant digit：最低有效位

most significant digit：最高有效位

nibble：半字节

positional number system：按位记数制系统

radix：基数

radix point：小数点

习题

10.1 将 $1 \sim 20_{10}$ 以下列基数表示：

　　a. 8　　　　　b. 6　　　　　c. 5　　　　　d. 3

10.2 将数字 1.1_2、1.4_{10} 和 1.5_{16} 从最小到最大排序。

10.3 按照指示进行基本转换：

　　a. 54_8 转换为用基数 5 表示

　　b. 312_4 转换为用基数 7 表示

　　c. 520_6 转换为用基数 7 表示

　　d. 12212_3 转换为用基数 9 表示

10.4 关于把一个数的基数转换成基数的幂，你能得出什么结论？例如基数 3 转换为基数 9（3^2）或基数 2 转换为基数 4（2^2）/8（2^3）。

10.5 将下列二进制数转换为它们的等价十进制表示：

　　a. 001100　　　b. 000011　　　c. 011100　　　d. 111100

　　e. 101010

10.6 将下列二进制数转换为它们的等价十进制表示：

　　a. 11100.011　　　b. 110011.10011　　　c. 1010101010.1

10.7 将下列十进制数转换为它们的等价二进制表示：

　　a. 64　　　　　b. 100　　　　　c. 111　　　　　d. 145　　　　　e. 255

10.8 将下列十进制数转换为它们的等价二进制表示：

　　a. 34.75　　　b. 25.25　　　　c. 27.1875

10.9 证明每个有终止二进制表示（二进制点右边的位数有限）的实数也有终止十进制表示（小数点右边的位数有限）。

10.10 用十六进制表示法表示以下八进制数（基数为 8 的数）：

　　a. 12　　　　　b. 5655　　　　c. 2550276

  d. 76545336   e. 3726755

10.11 将下列十六进制数转换为它们的等价十进制表示:

  a. C   b. 9F   c. D52   d. 67E   e. ABCD

10.12 将下列十六进制数转换为它们的等价十进制表示:

  a. F.4   b. D3.E   c. 1111.1 d. 888.8   e. EBA.C

10.13 将下列十进制数转换为它们的等价十六进制表示:

  a. 16   b. 80   c. 2560   d. 3000   e. 62500

10.14 将下列十进制数转换为它们的等价十六进制表示:

  a. 204.125 b. 255.875   c. 631.25 d. 10000.00390625

10.15 将下列十六进制数转换为它们的等价二进制表示:

  a. E   b. 1C   c. A64   d. 1F.C   e. 239.4

10.16 将下列二进制数转换为它们的等价十六进制表示:

  a. 1001.1111   b. 110101.011001   c. 10100111.111011

Computer Organization and Architecture: Designing for Performance, Eleventh Edition

计算机算术运算

学习目标

学习完本章后，你应该能够：

- 了解数字的表示方式（二进制格式）和基本算术运算的算法之间的区别。
- 解释**二进制补码表示法**。
- 概述使用二进制补码表示法进行基本算术运算的技术。
- 了解**浮点数**表示中有效值、基值和指数的用法。
- 概述 IEEE 754 浮点表示标准。
- 了解与浮点算术相关的一些关键概念，包括保护位、舍入、次规格化数、下溢和上溢。

下面以算术逻辑单元（ALU）的概述开始讨论处理器。简要介绍 ALU 之后，本章重点放在 ALU 的最复杂方面——计算机算术上。简单逻辑和运算功能的数字逻辑实现在第 12 章介绍，作为 ALU 一部分的逻辑功能则在第 13 章介绍。

计算机算术一般要对两种很不相同的数值类型（整数和浮点数）进行算术运算。无论何种类型，表示法的选择都是关键的设计出发点。我们首先讨论数的表示法，然后再讨论其算术运算。

本章将给出一些实例。

11.1 算术逻辑单元

算术逻辑单元（Arithmetic and Logic Unit，ALU）是计算机实际完成数据算术逻辑运算的部件。计算机系统的其他部件（控制器、寄存器、存储器、输入 / 输出），主要是为 ALU 传入数据，待 ALU 处理后取回运算结果。在某种意义上，考察 ALU 涉及的是计算机的核心或本质。

算术逻辑单元，以及计算机所有电子部件实际上都是基于简单数字逻辑器件的应用，这些器件可以保存二进制数字，并完成简单的布尔逻辑（Boolean logic）操作。

图 11.1 以不失一般性的方式指出了 ALU 如何与处理器的其余部分互连。算术和逻辑运算的操作数由寄存器提交给 ALU，运算结果也存于寄存器中。这些寄存器是处理器内的临时存储位置，它们通过信号路径连接到 ALU（参见图 1.6）。ALU 可能会根据运算结果设置一些标志。例如，如果计算结果超出了要保存它的寄存器位宽，那么上溢（overflow）标志将被置为 1。

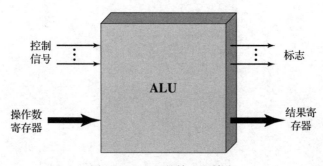

图 11.1　ALU 的输入和输出

标志值也保存在处理器内的寄存器中。控制器提供控制 ALU 操作和数据传入送出 ALU 的信号。

11.2 整数表示

在二进制系统中⊖，仅用数字 0 和 1、负号（表示负数）和小数点（表示带有小数部分的数字）表示任意一个数。例如，

$$-1101.0101_2 = -13.3125_{10}$$

对于计算机存储和处理，负号和小数点不太方便，因为只能用二进制数字（0 和 1）来表示数。如果只使用非负整数，那么其表示是直截了当的。

一个 8 位的字能表示 0～255 的数。例如：

$$00000000 = 0$$
$$00000001 = 1$$
$$00101001 = 41$$
$$10000000 = 128$$
$$11111111 = 255$$

通常，如果以一个 n 位二进制数字序列 $a_{n-1}a_{n-2}\cdots a_1a_0$ 表示一个无符号整数 A，那么 A 的值是：

$$A = \sum_{i=0}^{n-1} 2^i a_i$$

11.2.1 符号－幅值表示法

有几种可选的方式来表示正数和负数。这些表示方式都涉及将字的最高位（最左位）作为符号位对待：若最左位是 0，则为正数；若最左位是 1，则为负数。

采用符号位表示正负数的最简单的表示法是符号－幅值表示法（sign-magnitude representation）。以一个 n 位字为例，最左位为符号位，其余 $n-1$ 位为整数的幅值（绝对值）。

$$+18 = 00010010$$
$$-18 = 10010010（符号－幅值）$$

一般情况下，符号－幅值可表示为：

符号－幅值：

$$A = \begin{cases} \sum_{i=0}^{n-2} 2^i a_i & a_{n-1} = 0 \\ -\sum_{i=0}^{n-2} 2^i a_i & a_{n-1} = 1 \end{cases} \quad (11.1)$$

符号－幅值表示法有几个缺点。一个缺点是加减运算时既要考虑数的符号，又要考虑幅值，这样才能进行所要求的运算。在 11.3 节的讨论中，这一点将会变得更清楚。另一个缺点是，0 有两种表示：

$$+0_{10} = 00000000$$
$$-0_{10} = 10000000（符号－幅值）$$

⊖ 参见第 10 章关于二进制、十进制、十六进制系统的基本介绍。

这样之所以不方便，是因为相对于单一的 0 的表示，它会使判断是否为 0 的操作（计算机经常需要进行的一种操作）变得更困难。

因为这些缺点，符号–幅值表示法很少用于 ALU 中的整数表示，而最常用的方案是二进制补码表示法。

11.2.2 二进制补码表示法

与符号–幅值表示法类似，二进制补码表示法（two's complement representation）也使用最高位作为符号位，从而很容易判断一个整数是正还是负。其不同点在于其他位的解释方式。表 11.1 说明了二进制补码表示法和算术的关键特征，这是本节和下一节所要阐述的。

表 11.1 二进制补码表示法和算术的主要特征

范围	$-2^{n-1} \sim 2^{n-1}-1$
表示 0 的数	1 个
取负	将相应的正数的二进制串各位取反，将此结果作为一个无符号数对待，再加 1
位长度扩展	在数的左边添加附加位的位置，并以原符号位的值填充这些位置
上溢规则	若两个同符号数相加（两个正数或两个负数），则当且仅当结果的符号位变反时才出现上溢
减法规则	由 A 减 B，则先取 B 的二进制补码，然后与 A 相加

大多数关于二进制补码表示法的介绍都把重点放在生成负数的规则上，并没有给出这些规则能够成立的证明。而本节和 11.3 节对于二进制补码的介绍是基于参考文献 [DATT93] 的。它建议，通过以位加权取和的方式来定义二进制补码，正如上面对无符号和符号–幅值表示法所做的那样，这有助于更好地理解二进制补码表示法。这种解释的优点在于，它可以消除二进制补码算术规则可能不适用于某些特殊情况的任何疑虑。

考虑以二进制补码形式来表示一个 n 位整数 A。若 A 是正的，则符号位"a_{n-1}"是 0，其余位表示此数的幅值，如同符号–幅值法一样，因此有：

$$A = \sum_{i=0}^{n-2} 2^i a_i \quad A \geq 0$$

数 0 被认为是正的，因此表示为符号位值为 0 和所有幅值位都为 0。可见，正整数可表示的范围是由 0（所有幅值位全为 0）到 $2^{n-1}-1$（所有幅值位全为 1）。再大的数将需要更多的位。

现在，对于一个负数 A（$A < 0$），其符号位 a_{n-1} 是 1。其余 $n-1$ 位能取 2^{n-1} 个值中的某个值。于是，负整数可表示的范围是 $-1 \sim - 2^{n-1}$。对于 $n-1$ 位值与负整数值的对应，我们希望以这样一种方式来指定负整数的位值，它使算术运算能直接处理，类似于无符号整数算术那样。在无符号整数表示中，要从 n 位值的表示计算得到整数的值，是由各位乘以位权值取和而得到的，最高有效位的权是 $+2^{n-1}$。对于有符号位的表示法，我们将在 11.3 节看到，如果最高位的权是 -2^{n-1}，那么上文所要求的算术运算性质将得到满足。这就是二进制补码表示法中的约定，这个约定会产生如下负数计算表达式：

二进制补码：

$$A = -2^{n-1} a_{n-1} + \sum_{i=0}^{n-2} 2^i a_i \tag{11.2}$$

在正整数情况下，$a_{n-1} = 0$，故 $-2^{n-1} a_{n-1} = 0$，这样该表达式定义了一个非负整数。因此，式（11.2）定义了正数和负数的二进制补码表示法。

表 11.2 比较了 4 位二进制整数的符号 – 幅值和二进制补码两种表示法。虽然二进制补码表示法看似与人们的习惯有些不同，但我们将看到对于大多数最重要的运算，加法和减法，它是极其方便的。正因为如此，几乎所有的处理器都采用这种表示法来表示整数。

表 11.2 4 位二进制整数的各种表示法

十进制表示	符号 – 幅值表示	二进制补码表示	移码表示（Biased Representation）
+8	—	—	1111
+7	0111	0111	1110
+6	0110	0110	1101
+5	0101	0101	1100
+4	0100	0100	1011
+3	0011	0011	1010
+2	0010	0010	1001
+1	0001	0001	1000
+0	0000	0000	0111
−0	1000	—	—
−1	1001	1111	0110
−2	1010	1110	0101
−3	1011	1101	0100
−4	1100	1100	0011
−5	1101	1011	0010
−6	1110	1010	0001
−7	1111	1001	0000
−8	—	1000	—

值盒子（value box）是说明二进制补码表示法的一个很有用的方法。盒子的最右端是 1（ 2^0 ），往左每一个邻接的位置其值加倍，直到最左端，但最左端的值是负的。正如图 11.2a 所示，它能以二进制补码表示的最小负数是 -2^{n-1} ；如果非符号位的其他位有的是 1，那么就表示要把对应的某个正数加到最小负数 -2^{n-1} 上。还有，负数的最左位必定是 1，正数的最左位必定是 0，这一点是很明确的。于是，最大的正数是一个以 0 开头，后面跟着全是 1 的数，即等于 $2^{n-1}-1$ 。

图 11.2 的其余部分用于说明，可以使用值盒子将二进制补码转换成十进制，以及由十进制转换成二进制补码。

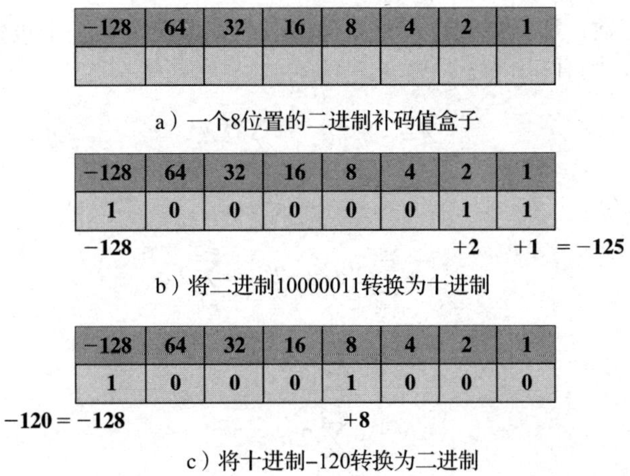

−128	64	32	16	8	4	2	1

a）一个 8 位置的二进制补码值盒子

−128	64	32	16	8	4	2	1
1	0	0	0	0	0	1	1

−128 　　　　　　　　　　　　　+2　+1 = −125

b）将二进制 10000011 转换为十进制

−128	64	32	16	8	4	2	1
1	0	0	0	1	0	0	0

−120 = −128 　　　　　　　　+8

c）将十进制 −120 转换为二进制

图 11.2 用于二进制补码与十进制相互转换的值盒子

11.2.3 范围扩展

有时一个 n 位整数需要以 m 位来保存，这里 $m > n$。位长度的这种扩展被称为**范围扩展**（range extension），因为可以表示的数字范围通过增加位长度来扩展。

对于符号 – 幅值表示法，这是很容易完成的：简单地将符号位移到新的最左位置上，多余出的空位全填充为 0。例如：

+18 =	00010010	（符号 – 幅值，8 位）
+18 =	00000000 00010010	（符号 – 幅值，16 位）
–18 =	10010010	（符号 – 幅值，8 位）
–18 =	10000000 00010010	（符号 – 幅值，16 位）

这种做法对于二进制补码的负数则不行，请看同样的例子：

+18 =	00010010	（二进制补码，8 位）
+18 =	00000000 00010010	（二进制补码，16 位）
–18 =	11101110	（二进制补码，8 位）
–32 658 =	10000000 01101110	（二进制补码，16 位）

倒数第 2 行使用图 11.2 所示的值盒子很容易判断，而最后一行则可用式（11.2）或 16 位值盒子来检验。

因此，与符号 – 幅值的扩展规则不同，二进制补码整数的扩展规则是，符号位移到新的最左位，其余空出位均以符号位的值填充。即对于正数填充 0，对于负数填充 1。这种方式被称为符号扩展（sign extension）。

–18 =	11101110	（二进制补码，8 位）
–18 =	1111111111101110	（二进制补码，16 位）

为了解释这个规则为什么能工作，我们再看看把一个 n 位二进制数字序列 $a_{n-1}a_{n-2}\cdots a_1 a_0$ 当作一个二进制补码表示的整数 A，那么 A 的值是：

$$A = -2^{n-1}a_{n-1} + \sum_{i=0}^{n-2} 2^i a_i$$

如果 A 是一个正数，那么规则肯定是正确的。现在假定 A 是一个负数，并且想要构成一个 m 位表示，$m > n$，则有：

$$A = -2^{m-1}a_{m-1} + \sum_{i=0}^{m-2} 2^i a_i$$

这两个值必须相等：

$$-2^{m-1} + \sum_{i=0}^{m-2} 2^i a_i = -2^{n-1} + \sum_{i=0}^{n-2} 2^i a_i$$

$$-2^{m-1} + \sum_{i=n-1}^{m-2} 2^i a_i = -2^{n-1}$$

$$-2^{n-1} + \sum_{i=n-1}^{m-2} 2^i a_i = 2^{m-1}$$

$$1 + \sum_{i=0}^{n-2} 2^i + \sum_{i=n-1}^{m-2} 2^i a_i = 1 + \sum_{i=0}^{m-2} 2^i$$

$$\sum_{i=n-1}^{m-2} 2^i a_i = \sum_{i=0}^{m-2} 2^i$$

$$\Rightarrow a_{m-2} = \cdots = a_{n-2} = a_{n-1} = 1$$

从上面的第一个等式走到第二个等式，要求最低的 $n-1$ 位在两种表示中保持不变。再看倒数第二个等式，只有从第 $n-1$ 位到第 $m-2$ 位上的位置全为 1，等式才成立。所以，规则是正确的。研究一下 11.3 节开头对二进制补码取负的讨论，你可能更容易理解这个符号扩展的规则。

11.2.4 定点表示法

最后应指出，本节所讨论的表示法有时称为定点（fixed point）表示法。这是因为小数点（二进制小数点）是固定的，并且被假定为在最低位数字的右边。程序员可使用定点表示法来表示二进制小数，方法是适当地降低数量级，使小数点隐含地设置在某个其他位置上。

11.3 整数算术运算

本节考察二进制补码表示的数的常用算术功能。

11.3.1 取负

在符号 – 幅值表示法中，求一个负整数的规则很简单：只需将符号位取反。在二进制补码表示法中，求一个负整数可用如下规则：

1. 将整数的每一位（包括符号位）取反（布尔反），即把每个 1 变为 0，每个 0 变为 1。

2. 将此取反结果作为一个无符号二进制整数对待，加 1。

上述两步称作**二进制补码运算**（two's complement operation），例如：

$$+18 = 00010010 （二进制补码）$$

按位取反 $= 11101101$

$$+ \quad 1 \over 11101110 = -18$$

若对此数再取负，则正如我们预料到的，取负再取负将是原来那个数：

$$-18 = 11101110 （二进制补码）$$

按位取反 $= 00010001$

$$+ \quad 1 \over 00010010 = +18$$

可使用二进制补码表示定义式（11.2）来说明刚才介绍的操作的有效性。用 n 位二进制数字序列 $a_{n-1}a_{n-2}\cdots a_1 a_0$ 来表示一个二进制补码整数 A，它的值是

$$A = -2^{n-1}a_{n-1} + \sum_{i=0}^{n-2} 2^i a_i$$

现在构造按位取反的位串 $\overline{a_{n-1}a_{n-2}\cdots a_0}$，然后把这个取反后的位串当作一个非负整数，并加 1。最后，把得到的 n 位二进制数字当作二进制补码表示的整数 B。于是，B 的值是

$$B = -2^{n-1}\overline{a_{n-1}} + 1 + \sum_{i=0}^{n-2} 2^i \overline{a_i}$$

这么做之后我们期望等式 $A = -B$ 成立，即 $A + B = 0$。这很容易验证是正确的。

$$A + B = -(a_{n-1} + \overline{a_{n-1}})2^{n-1} + 1 + \left(\sum_{i=0}^{n-2} 2^i(a_i + \overline{a_i})\right)$$

$$= -2^{n-1} + 1 + \left(\sum_{i=0}^{n-2} 2^i\right)$$

$$= -2^{n-1} + 1 + (2^{n-1} - 1)$$

$$= -2^{n-1} + 2^{n-1} = 0$$

上述推导过程假设了我们可以把 A 取反后的数作为一个无符号整数，以便完成加 1 的操作，然后又把加的结果作为一个二进制补码表示的整数。这里有两个特殊情况需要考虑。第一种情况，考虑 $A = 0$。此时，对于一个 8 位的表示：

$$0 = 00000000\ （二进制补码）$$

$$按位取反\ =\ 11111111$$

$$\frac{+\qquad 1}{100000000 = 0}$$

上面加 1 时，有一个从最高位发出的进位（carry），可以忽略该进位。结果是 0 求负还是 0，正如期望的那样。

第二种情况有很大的问题。如果我们对位串 1 后面跟 $n-1$ 个 0 取负，我们得到的是原来的数。例如，对于一个 8 位的字（word）：

$$+128 = 10000000\ （二进制补码）$$

$$按位取反\ =\ 01111111$$

$$\frac{+\qquad 1}{10000000 = -128}$$

这样的一些意外情况是难免的。n 位字可表示的不同位串数目是 $2n$，这是个偶数。我们希望用这些位串来表示正数、负数和 0。如果能表示的正数和负数的数目一样（符号 – 幅值），那么 0 就会有两种表示。如果 0 只有一种表示（二进制补码），那么能表示的正数和负数的数目就必然不一样。在二进制补码表示法中，一个 n 位长度的位串可以表示 -2^{n-1}，却不能表示 $+2^{n-1}$。

11.3.2　加法和减法

图 11.3 展示了二进制补码的加法，加法执行过程与无符号整数加法一样，好像二进制补码表示的数与无符号整数是一样的。图中前面的 4 个例子展示了无异常的运算过程。如果操作的结果为正，那么得到二进制补码表示与无符号整数表示是一样的。如果结果为负，那么会得到负数的二进制补码形式。注意，在某些情况下，最高位会有一个进位，它超出了字的长度（图中以阴影表示），将被丢弃，从而忽略不计。

对于任一加法操作，如果出现结果的长度大于正被使用的字的长度，那么这种状况称为**上溢**或**溢出**（overflow）。当上溢出现时，ALU 必须指出这个事实，以通知其他部件不要试图使用此结果。判断上溢的规则如下所述：

　　上溢规则（overflow rule）：两个数相加，若它们同为正数或同为负数，则当且仅当结果的符号位变为相反时才出现上溢。

```
   1001 = -7          1100 = -4
  +0101 =  5         +0100 =  4
   1110 = -2         10000 =  0

 a )(-7) + (+5)     b )(-4) + (+4)

   0011 = 3           1100 = -4
  +0100 = 4          +1111 = -1
   0111 = 7          11011 = -5

 c )(+3) + (+4)     d )(-4) + (-1)

   0101 = 5           1001 = -7
  +0100 = 4          +1010 = -6
   1001 = Overflow   10011 = Overflow

 e )(+5) + (+4)     f )(-7) + (-6)
```

图 11.3　二进制补码表示的数相加

图 11.3e 和图 11.3f 显示的是上溢例子。注意，不论是否有进位，都可能出现上溢。

　　减法也是很容易处理的。减法可用如下的规则实现：

　　减法规则（subtraction rule）：若由一个数（被减数）减去另一个数（减数），则只需求出减数的二进制补码（取负），并把它加到被减数上。

　　于是，减法可以用加法实现，如图 11.4 所示。该图最后两个例子说明上溢规则仍是适用的。

```
   0010 =  2           0101 =  5
  +1001 = -7          +1110 = -2
   1011 = -5          10011 =  3


 a ) M = 2 = 0010    b ) M = 5 = 0101
     S = 7 = 0111        S = 2 = 0010
    -S =     1001       -S =     1110

   1011 = -5           0101 = 5
  +1110 = -2          +0010 = 2
  11001 = -7           0111 = 7


 c ) M = -5 = 1011    d ) M =  5 = 0101
     S =  2 = 0010        S = -2 = 1110
    -S =      1110       -S =      0010

   0111 = 7            1010 = -6
  +0111 = 7           +1100 = -4
   1110 = Overflow    10110 = Overflow


 e ) M =  7 = 0111    f ) M = -6 = 1010
     S = -7 = 1001        S =  4 = 0100
    -S =      0111       -S =      1100
```

图 11.4　两个二进制补码表示的数相减（M−S）

　　考察图 11.5 所示的几何描述法 [BENH92]，就能够加深对二进制补码加减法的理解。图中上部的两个圆是将相应的数轴段以端到端的方式连接而构成的。注意，当数在圆上时，任一数的求补数（即取负）是其水平方向上相对的那个数（用水平破折线指示）。从圆上的任一数开始，我们通过顺时针方向移动 k 个位置来表示加正数 k（或减负数 k），逆时针方向移动 k 个位置来表示减正数 k（或加负数 k）。如果算术运算导致经过端到端的连接点，则会产生不正确的答案（溢出）。

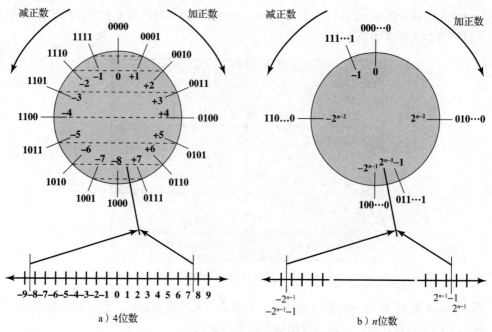

图 11.5   二进制补码整数的几何表示

图 11.3 和图 11.4 中的所有例子都能很容易地使用图 11.5 的圆来描绘。

图 11.6 给出了实现加法和减法的数据通路与所需的硬件元件。中心元件是一个二进制加法器，它对输入的两个数进行相加，产生一个和以及一个上溢指示。二进制加法器将两个数看作无符号数（二进制加法器的数字逻辑实现请见第 12 章）。对于加法，提交给加法器的两个数来自寄存器，在图 11.6 中是 A 和 B 寄存器。结果通常是存于这两个寄存器中的某一个或另外的第三个寄存器。上溢指示保存在一个 1 位的上溢标志（overflow flag，0= 无上溢，1= 上溢）中。对于减法，减数（B 寄存器）要通过一个二进制补码求补器（complementer），产生减数的二进制补码，并提交给加法器。注意图 11.6 只是显示了数据通路。还需要一些控制信号，根据当前执行的操作是加法还是减法，来控制是否需要使用求补器。

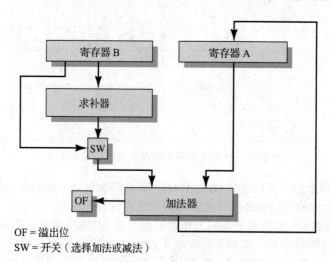

OF = 溢出位
SW = 开关（选择加法或减法）

图 11.6   加减法硬件框图

11.3.3　乘法

与加法和减法相比，无论是以硬件还是以软件来完成，乘法都是一个复杂的操作。各种各样的算法已用于各类计算机中。本小节的目的在于给读者某些关于常用乘法算法的感性认识。首先，我们介绍如何实现两个无符号（非负）整数相乘的简单方法，然后再关注实现两个二进制补码表示数乘法的最通用技术。

无符号整数乘法　图 11.7 说明了无符号二进制整数的乘法，就像我们用笔和纸手工演算一样。由此可以得出几点重要发现：

1. 乘法涉及部分积的生成，乘数的每一位对应一个部分积。然后，部分积相加得到最后的乘积。

2. 部分积是容易确定的。当乘数的位是 0，其部分积也是 0；当乘数的位是 1，其部分积是被乘数。

1011	被乘数（11）
X1101	乘数（13）
1011	
0000	
1011	部分积
1011	
10001111	积（143）

图 11.7　无符号二进制整数乘法

3. 部分积通过求和而得到最后的乘积。因此，后面的部分积总要比它前面的部分积左移一个位置。

4. 两个 n 位二进制整数的乘法可产生最大长度为 $2n$ 位的积（如 $11 \times 11 = 1001$）。

与笔纸手工演算相比，计算机能做一些改进使乘法操作更有效。首先，可以边产生部分积边做加法，而不是等到最后再相加。这就消除了存储所有部分积的需求，从而减少了需要的寄存器数目。其次，能节省某些部分积的生成时间，对于乘数的每个 1，需要执行加和移位两个操作；但对于每个 0，则只执行移位操作就够了。

图 11.8a 展示了一种采用上述改进的实现方案。乘数和被乘数分别装入两个寄存器（Q 和 M）。保存部分积需要第三个寄存器，寄存器 A，初始设置为 0。还需要一个 1 位寄存器 C，初始为 0，用于保存加法可能产生的进位。

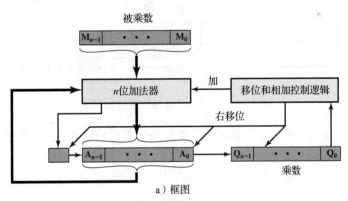

a）框图

C	A	Q	M	
0	0000	1101	1011	初始值
0	1011	1101	1011	加　⎱第1周期
0	0101	1110	1011	移位⎰
0	0010	1111	1011	移位　第2周期
0	1101	1111	1011	加　⎱第3周期
0	0110	1111	1011	移位⎰
1	0001	1111	1011	加　⎱第4周期
0	1000	1111	1011	移位⎰

b）图11.7中的例子（Q和M相乘，积在A和Q中）

图 11.8　无符号二进制乘法的硬件实现

乘法器的操作如下。控制逻辑每次读乘数的一位。若 Q_0 是 1，则被乘数与 A 寄存器相加，并将结果存于 A 寄存器。然后，C、A 和 Q 各寄存器的所有位向右移一位，于是 C 位进入 A_{n-1}，A_0 进入 Q_{n-1} 而 Q_0 丢失。若 Q_0 是 0，则只需要移位，不需要进行加法运算。对原始的乘数每一位重复上述过程。产生的 $2n$ 位积存于 A 和 Q 寄存器。这种操作的流程图显示于图 11.9 中，图 11.8b 给出了一个例子。注意图 11.8b 中例子的第 2 周期，因为乘数当前位是 0，所以该周期没有加法运算。

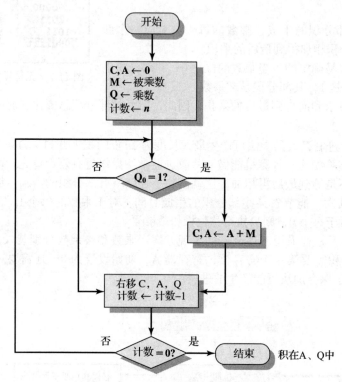

图 11.9　无符号二进制数乘法流程图

二进制补码乘法　　我们已经看到，二进制补码表示的数能看作无符号数来完成加减法运算。现在考虑：

$$
\begin{array}{r}
1001 \\
+\ 0011 \\
\hline
1100
\end{array}
$$

若将这些数看成无符号整数，则是 9（1001）加 3（0011）得到 12（1100）。若看成是二进制补码整数，则是 -7（1001）加 3（0011）得到 -4（1100）。

遗憾的是，这种简单做法不能用于乘法。为说明这点，再看图 11.7。我们是将 11（1011）乘以 13（1101）得到 143（10001111）。若将其解释为补码数，则是 -5（1011）乘以 -3（1101）得到的却是 -113（10001111）。这个例子说明，如果被乘数和乘数都是负数，简单直接的乘法将不能使用。实际上，被乘数和乘数只要有一个是负数就不行。为说明这种状况，需要返回图 11.7 的例子，借助 2 的幂操作看看实际在做什么。回想，任何一个无符号二进制数都可表示成 2 的幂之和。于是：

$$1101 = 1 \times 2^3 + 1 \times 2^2 + 0 \times 2^1 + 1 \times 2^0 = 2^3 + 2^2 + 2^0$$

而且，一个数乘以 2^n 可通过左移此数 n 位来完成。理解了这一点，可以看出图 11.10 是对图 11.7 的改造，以使部分积变得明显和完整。唯一的不同在于，图 11.10 把由 n 位被乘数产生的部分积当作一个 $2n$ 位的数。

于是，作为一个无符号数，4 位被乘数 1011 是以一个 00001011 的 8 位字来保存的。每个部分积（对应除了 2^0 这一位之外的其他非 0 乘数位）由这个数左移，并且空出位以 0 填充而组成（例如，此数左移两次产生 00101100）。

```
     1011
   × 1101
  00001011   1011 × 1 × 2^0
  00000000   1011 × 0 × 2^1
  00101100   1011 × 1 × 2^2
  01011000   1011 × 1 × 2^3
  10001111
```

图 11.10　两个无符号 4 位整数相乘产生 8 位结果

现在我们来说明，若被乘数是负数，为什么简单直接的乘法不能有效工作。问题在于，作为负的被乘数，其每次得出的部分积必须是 $2n$ 位字长的负数；部分积的符号位必须一同设置。这可由图 11.11 说明，它表示的是 1001 乘以 0011。若这些数被看作无符号数，则是 $9 \times 3 = 27$，处理很简单。然而，若把 1001 看作补码数 -7，则每个部分积必须是 $2n$ 位（8 位）的负的补码数，如图 11.11b 所示。注意，这要求用部分积左边填充 1 来完成。

```
    1001  (9)                1001  (−7)
  × 0011  (3)              × 0011  (3)
 00001001  1001 × 2^0      11111001  (−7) × 2^0 = (−7)
 00010010  1001 × 2^1      11110010  (−7) × 2^1 = (−14)
 00011011  (27)            11101011  (−21)
    a）无符号整数              b）补码整数
```

图 11.11　无符号数和补码数的整数乘法比较

应该清楚，若乘数是负数，那种简单直接的乘法也是不能有效工作的。理由是乘数的各位不再对应于必须发生的移位或乘法操作。例如，十进制数 -3 的四位补码表示为 1101。如果采用简单的按位操作来取部分积，则会有如下的结果：

$$1101 \leftrightarrow -(1 \times 2^3 + 1 \times 2^2 + 0 \times 2^1 + 1 \times 2^0) = -(2^3 + 2^2 + 2^0)$$

实际上，1101 对应的是 $-(2^1 + 2^0)$。因此负的乘数不能直接用于上面所描述的方式。

有几种摆脱这种困境的方法。一是把被乘数和乘数都转变成正数再相乘，然后当且仅当两个原始数的符号不同时，其结果取其二进制补码（即取负）。乘法电路实现者更喜欢采用上述最后转换步骤的方法。其中一种广为使用的方法是布斯（Booth）算法 [BOOT51]。这种方法还有一个好处，与前面介绍的无符号数直接乘法相比它能加速乘法过程。

图 11.12 给出了布斯算法框图，可做如下描述。与前文相同，乘数和被乘数分别放入 Q 和 M 寄存器内。这里也有一个 1 位寄存器，逻辑上位于 Q 寄存器最低位（Q_0）的右边，并命名为 Q_{-1}；它的用途下面即将说明。乘法的结果将保存在 A 和 Q 寄存器中。A 和 Q_{-1} 初始

化为 0。与前文相同，控制逻辑也是每次扫描乘数的一位。只不过现在是检查某一位时，它右边的一位也同时被检查。若两位相同（1-1 或 0-0），则 A、Q 和 Q_{-1} 寄存器的所有位向右移一位。若两位不同，根据两位是 0-1 或 1-0，被乘数被加到 A 寄存器或由 A 寄存器减去，加减之后再右移。无论哪种情况，右移是这样进行的：A 的最左位，即 A_{n-1} 位，不仅移入 A_{n-2}，而且仍保留在 A_{n-1} 中。这要求保留 A 和 Q 中数的符号。这种移位称为**算术移位**（arithmetic shift），因为它保留了符号位。

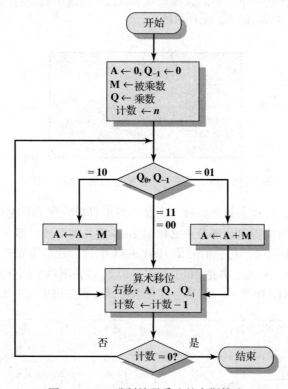

图 11.12 二进制补码乘法的布斯算法

图 11.13 为 7 乘以 3 时布斯算法的操作顺序。图 11.14a 给出同样操作的更紧凑表示。图 11.14 其余部分给出了其他的例子。正如图中所示，对于任何正负数的组合，布斯算法都能工作得很好。同时注意此算法的效率，连续的 1 串或 0 串都可以跳过，只在每串开头和结尾有加法或减法，平均而言每串一次。

A	Q	Q_{-1}	M	
0000	0011	0	0111	初始值
1001	0011	0	0111	**A←A – M**
1100	1001	1	0111	移位
1110	0100	1	0111	移位
0101	0100	1	0111	**A←A + M**
0010	1010	0	0111	移位
0001	0101	0	0111	移位

第1周期（A←A – M，移位）
第2周期（移位）
第3周期（A←A + M，移位）
第4周期（移位）

图 11.13 布斯算法举例（7 × 3）

```
        0111                          0111
      × 0011      (0)               × 1101      (0)
    11111001      1-0             11111001      1-0
    0000000       1-1             0000111       0-1
    000111        0-1             111001        1-0
    00010101      (21)            11101011      (-21)
```

a）(7)×(3) = (21)　　　　　　　　b）(7)×(−3) = (−21)

```
        1001                          1001
      × 0011      (0)               × 1101      (0)
    00000111      1-0             00000111      1-0
    0000000       1-1             1111001       0-1
    111001        0-1             000111        1-0
    11101011      (-21)          00010101      (21)
```

c）(−7)×(3) = (−21)　　　　　　　d）(−7)×(−3) = (21)

图 11.14　使用布斯算法举例

布斯算法为什么能得到正确的结果？首先考虑正乘数的情况。具体来说，考虑一个由全为 1 的块两边是 0 组成的乘数，例如 00011110。如前文所述，乘法能通过将被乘数适当左移的副本相加来实现：

$$M \times (00011110) = M \times (2^4 + 2^3 + 2^2 + 2^1)$$
$$= M \times (16 + 8 + 4 + 2)$$
$$= M \times 30$$

这种操作数目能减少到两个，如果我们能发现：

$$2^n + 2^{n-1} + \cdots + 2^{n-K} = 2^{n+1} - 2^{n-K} \tag{11.3}$$
$$M \times (00011110) = M \times (2^5 - 2^1)$$
$$= M \times (32 - 2)$$
$$= M \times 30$$

加法和一次减法来得到积。这种策略可以扩展到乘数中有任何数目（连续）的 1 的块，包括把单个 1 也看作一个块的情况。于是有：

$$M \times (01111010) = M \times (2^6 + 2^5 + 2^4 + 2^3 + 2^1)$$
$$= M \times (2^7 - 2^3 + 2^2 - 2^1)$$

布斯算法以下述方式执行这种策略，当遇到一串 1 的第一个 1 时（1-0），执行一次减法，当遇到一串 1 的最后一个 1 时（0-1），执行一次加法。

为说明对于一个负的乘数这样的策略照样能工作，我们需要做如下的推导。假设 X 是一个二进制补码表示的负数，其表示为：

$$X \text{ 的表示} = \{1x_{n-2}x_{n-3}\cdots x_1 x_0\}$$

X 的值则可表示成：

$$X = -2^{n-1} + (x_{n-2} \times 2^{n-2}) + (x_{n-3} \times 2^{n-3}) + \cdots + (x_1 \times 2^1) + (x_0 \times 2^0) \tag{11.4}$$

读者可将式（11.4）应用到表 11.2 中的数来进行验证。

现在我们知道 X 的最左位是 1，因为 X 是一个负数。假定最左的 0 在第 k 位上，于是 X 的表示为：

$$X \text{ 的表示} = \{111\cdots 10x_{k-1}x_{k-2}\cdots x_1 x_0\} \tag{11.5}$$

其值为：

$$X = -2^{n-1} + 2^{n-2} + \cdots + 2^{k+1} + (x_{k-1} \times 2^{k-1}) + \cdots + (x_0 \times 2^0) \tag{11.6}$$

现在，由式（11.3）可知：

$$2^{n-2} + 2^{n-3} + \cdots + 2^{k+1} = 2^{n-1} - 2^{k+1}$$

重新排列：

$$-2^{n-1} + 2^{n-2} + 2^{n-3} + \cdots + 2^{k+1} = -2^{k+1} \tag{11.7}$$

将式（11.7）代入式（11.6），得到：

$$X = -2^{k+1} + (x_{k-1} \times 2^{k-1}) + \cdots + (x_0 \times 2^0) \tag{11.8}$$

终于返回到布斯算法了。记住 X 的表示 [式（11.5）]，这一点是明确的：从 x_0 起到最左的 0 的所有位都能这样处理，因为它们产生式（11.8）中除去（-2^{k+1}）项之外的所有项。当算法扫描经过最左的 0 而遇到 1（2^{k+1}）时，出现一个 1-0 变化，于是一个减法发生（-2^{k+1}）。这是式（11.8）的最后一个剩余项。

作为一个例子，让我们考察某个数 M 乘以（–6）。若字长为 8 位，则（–6）的补码表示式为 11111010。由式（11.4）可知：

$$-6 = -2^7 + 2^6 + 2^5 + 2^4 + 2^3 + 2^1$$

这个读者可以很容易验证。于是有：

$$M \times (11111010) = M \times (-2^7 + 2^6 + 2^5 + 2^4 + 2^3 + 2^1)$$

使用式（11.7），

$$M \times (11111010) = M \times (-2^3 + 2^1)$$

读者不难验证这还是 $M \times (-6)$。最后，依据前面阐述的理由，最终得出：

$$M \times (11111010) = M \times (-2^3 + 2^2 - 2^1)$$

现在，我们清楚地看出布斯算法是遵守上述操作方式的。它从最低位开始，当遇到第一个 1 时（10），它执行一次减法；当遇到（01）时，它执行一次加法；最后遇到下一个全是 1 串的第一个 1 时，又完成另一次减法。于是，布斯算法与直接移位相加的算法相比只需完成较少的加法和减法。

11.3.4　除法

除法要比乘法更复杂，但也是基于同样的通用原则。同前述一样，算法的基础是纸和笔的演算方法，并且操作涉及重复的移位和加或减。

图 11.15 表示的是一个无符号二进制整数长除（long division）的例子。详细描述这个过程是有指导意义的。首先，从左到右检查被除数的位，直到被检查的位所表示的数大于或等于除数；这称为除数能去"除"此数。直到这个事件发生之前，一串 0 从左到右被放入到商中。当上述事件发生时，一个 1 被放入商中，并且从这个部分被除数中减去除数。结果称为部分余（partial remainder）。由此开始除法呈现一种循环样式。在每一次循环中，被除数的其他位续加到部分余上，直到所构成的数大于或等于除数。同前面一样，除数由这个数中减去并产生新的部分余。此过程继续下去，直到被除数的所有位都被用完。

图 11.16 展示了对应此长除过程的机器算法。除数放入 M 寄存器，被除数放在 Q 寄存器中。每一步 A 和 Q 寄存器一起左移 1 位。然后 A 减 M 以确定 A 是否能分出部分余来⊖。若

⊖　这是一个无符号减法，若结果产生了最高位向上的借位，则不够减。

够减，则 Q_0 位变为 1。否则，Q_0 位为 0，并且 M 必须被返回并加到 A 中以恢复原先的值。计数值然后减 1，此过程持续进行 n 步。结束时，商保存在 Q 寄存器中，余数保存在 A 寄存器中。

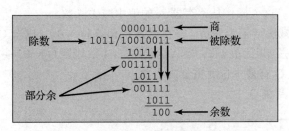

图 11.15　无符号二进制整数的除法举例

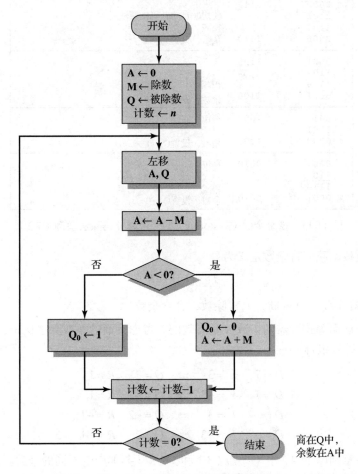

图 11.16　无符号二进制除法流程

这个过程能扩展到用于负数，但有一些难度。我们给出一个用于二进制补码数的方法，这种方法的几个例子显示于图 11.17 中。

该算法假设除数 V 和被除数 D 都是正数，且 $|V|<|D|$。如果 $|V|=|D|$，那么商 $Q=1$，且余数 $R=0$。如果 $|V|>|D|$，那么商 $Q=0$，且余数 $R=D$。算法可概括如下：

1. 把除数的二进制补码装入 M 寄存器，实际上是把除数的相反数装入 M 寄存器。被除数装入 A、Q 寄存器。被除数必须以 $2n$ 位的正数来表示。例如，4 位 0111 变成 00000111。

2. A、Q 左移 1 位。

3. 执行 A←A-M。这个操作从寄存器 A 的值中减去除数。

4. a. 若上一步的减法结果为非负（寄存器 A 的最高位 = 0），则置 Q_0←1。

   b. 若上一步减法结果为负（寄存器 A 的最高位 =1），则置 Q_0←0，并恢复寄存器 A 的原值。

5. 重复 2～4 步，Q 有多少位就重复多少次。

6. 余数在 A 中，商在 Q 中。

A	Q	
0000	**0111**	初始值
0000	1110	移位
<u>1101</u>		使用0011的补码做减法
1101		相减
0000	1110	余数，设置 $Q_0 = 0$
0001	1100	移位
<u>1101</u>		
1110		相减
0001	1100	余数，设置 $Q_0 = 0$
0011	1000	移位
<u>1101</u>		
0000	1001	相减，设置 $Q_0 = 1$
0001	0010	移位
<u>1101</u>		
1110		相减
0001	0010	余数，设置 $Q_0 = 0$

图 11.17   恢复余数（Restoring）的二进制补码除法举例（7/3）

为了处理负数，我们将余数定义为：

$$D = Q \times V + R$$

（这里 D = 被除数，Q = 商，V = 除数，R = 余数）

也就是说，前面等式所需的余数 R 是有效的。考虑下面的整数除法例子，其中包括 D 和 V 的所有可能的符号组合：

$$D = 7 \quad V = 3 \quad \Rightarrow \quad Q = 2 \quad R = 1$$
$$D = 7 \quad V = -3 \quad \Rightarrow \quad Q = -2 \quad R = 1$$
$$D = -7 \quad V = 3 \quad \Rightarrow \quad Q = -2 \quad R = -1$$
$$D = -7 \quad V = -3 \quad \Rightarrow \quad Q = 2 \quad R = -1$$

读者可能注意到图 11.17 中（-7）/（3）和（7）/（-3）产生不同的余数。不过可以发现，Q 和 R 的绝对值并不受被除数和除数符号的影响。而 Q 和 R 的符号不难从被除数 D 和除数 V 的符号推导出来。具体而言，$\text{sign}(R) = \text{sign}(D)$，而 $\text{sign}(Q) = \text{sign}(D) \times \text{sign}(V)$。因此，实现二进制补码除法的一种方法就是把操作数都转换为无符号绝对值，进行除法运算，最后，根据被除数和除数的符号来设置商和余数的符号。这正是恢复余数除法算法所选取的方式 [PARHO0]。

11.4 浮点表示

11.4.1 原理

使用定点表示法（例如，二进制补码）能表示以 0 为中心一定范围内的正和负的整数。通过重新设定小数点的位置，这种格式也能用来表示带有小数部分的数。

不过这种方法有明显的限制，它不能表示很大的数，也不能表示很小的分数。而且当两个大数相除时，商的小数部分可能会丢失。

对于十进制数，人们解除这种限制的方法是使用科学计数法（scientific notation）。于是，976 000 000 000 000 可表示成 9.76×10^{14}，而 0.000 000 000 000 097 6 可表示成 9.76×10^{-14}。实际上我们所做的只是动态地移动十进制小数点到一个合适的位置，并使用 10 的指数来保持对此小数点位置的跟踪。这就允许只使用少数几个数字来表示很大范围的数和很小的数。

这样的方法也可用于二进制数。可以使用如下形式表示一个数：

$$\pm S \times B^{\pm E}$$

这样的数保存在一个二进制字的三个字段中。

- 符号：正或负。
- 有效值 S（significand）。
- 指数或者称为阶 E（exponent）。

指数的**底**或**基** B（base）是隐含的，因此是不需要存储的，因为对所有的数它都是相同的。通常，小数点位置被约定在最左（最高）有效位的右边，即小数点左边有 1 位。

最好以例子来说明用于表示二进制浮点数的原则。图 11.18a 表示了一个典型的 32 位浮点格式。最左位保存数的**符号**（0= 正，1= 负）。**阶值**存于接下来的 8 位中，所用的表示法是称为**移码**（biased）的表示法。从字段中减去一个称为偏移量（bias）的固定值，才得到真正的指数。通常，偏移量等于 $2^{k-1}-1$，k 是二进制指数的位数。在此例子中，一个 8 位字段能表示的数是 0～255。取偏移量为 127（即 2^7-1），则真实阶值的范围是 –127～+128。此例中阶值的底被认为是 2。

表 11.2 给出了 4 位整数的移码表示。注意，当移码表示法的各位被作为一个无符号整数对待时，其数的大小相对关系并不改变。例如，在无符号数和移码两种表示法中，都是 1111 最大，0000 最小；然而，在符号 – 幅值或二进制补码表示法中却不是这样。使用移码表示法的好处在于，非负的浮点数能作为整数对待，以便于进行比较。

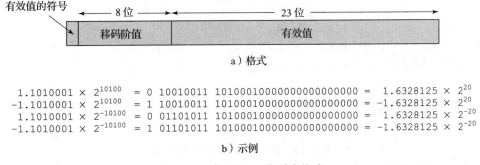

b）示例

图 11.18 典型的 32 位浮点格式

字的最后一部分（上例中是 23 位）是**有效值**⊖。

任一浮点数都能以多种样式来表示。

以下各式是等价的，这里的有效数以二进制格式表示：

$$0.110 \times 2^5$$

$$110 \times 2^2$$

$$0.0110 \times 2^6$$

为了简化浮点数的操作，一般需要对它们进行**规格化**（normalize）。一个规格化数是一个有效值的最高有效位为非 0 的数。对于二进制表示法，一个规格化数是它的有效值的最高有效位是 1。正如前面所述，通常约定小数点左边有 1 位。于是，一个规格化的非 0 数具有如下格式：

$$\pm 1.bbb\cdots b \times 2^{\pm E}$$

这里的 b 是二进制数字（0 或 1）。这意味着有效值的最左位必须总是 1。因此也没必要总存储这个 1，所以它成为隐含的。于是 23 位有效值字段能用于存储 24 位有效数字，其值范围为半开区间 [1, 2)。对于一个非规格化数，通过移动小数点直到最左一个 1 的右边并相应调整阶值，就可以将此数规格化。

图 11.18b 给出几个以这种规格化形式存储的数的例子，其中每个例子左边是二进制数值，中间是对应的二进制位串表示，右边是十进制数值。注意如下特征：

- 符号总是位于字的第 1 位。
- 真实有效值的第 1 位总是 1，并且不需要存于有效值字段中。
- 值 127 加到真实阶值后再存入阶值字段中。
- 阶的底是 2。

为进行比较，图 11.19 显示了这种表示法的 32 位字能表示的数的范围。使用二进制补码整数表示法，由 -2^{31} 到 $2^{31}-1$ 的所有整数都能表示出来，总计 2^{32} 个不同的数。以图 11.18 的浮点格式为例，可以表示如下范围的数：

- 介于 $-(2-2^{-23}) \times 2^{128}$ 和 -2^{-127} 之间的负数。
- 介于 2^{-127} 和 $(2-2^{-23}) \times 2^{128}$ 之间的正数。

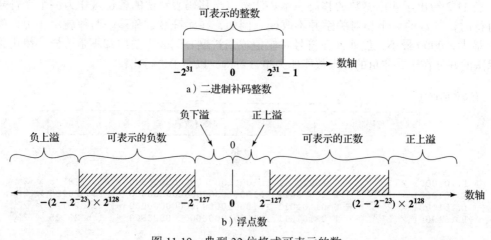

图 11.19 典型 32 位格式可表示的数

⊖ 用于替代有效值的术语是**尾数**（mantissa），但尾数有些过时了。尾数亦用于表示对数的小数部分，因此在本书中尽量避免使用。

数轴上有 5 个区间不包括在这些范围内:

- 比 $-(2 - 2^{-23}) \times 2^{128}$ 还小的负数,叫作**负上溢**(negative overflow)。
- 比 -2^{-127} 大的负数,叫作**负下溢**(negative underflow)。
- 0。
- 比 2^{-127} 小的正数,叫作**正下溢**(positive underflow)。
- 比 $(2 - 2^{-23}) \times 2^{128}$ 还大的正数,叫作**正上溢**(positive overflow)。

正如上面提到的,这种表示法不适合值 0 的表示。然而,下面将会看到,可以把一个专门的位串定义成 0。当算术运算的绝对值比指数 128 能表示的值还大时,则出现上溢(例如,$2^{120} \times 2^{100} = 2^{220}$)。当小数的幅值太小时(例如,$2^{-120} \times 2^{-100} = 2^{-220}$),则出现下溢。下溢不是一个严重问题,因为其结果通常足够小而可以近似成 0。

注意,使用浮点表示法并不能使我们表示出更多的值。以 32 位二进制位串能表示不同值的最大数目仍是 2^{32}。我们所做的,实际上只是把这些数沿数轴正负两个方向在更大范围内分布。在实际应用中,大多数浮点数只是用户真正想表示数值的一个近似。不过,对于不是很大的整数而言,浮点表示还是精确的。

还应注意,浮点表示的数不再像定点数那样沿数轴等距分布,而是越靠近原点,数越密集;越远离原点,数越稀疏,如图 11.20 所示。这是浮点算术的重要特点之一:多数计算的结果并不是严格精确的,必须进行某种舍入,以使结果达到所能表示的最近似值。

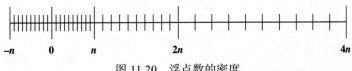

图 11.20 浮点数的密度

以图 11.18 所示的格式类型为例,范围(range)和精度(precision)是要权衡考虑的问题。例子是 8 位用于阶,23 位用于有效数。若增加阶的位数,就扩充了可表示数的范围。但是,总的位数是不变的,因此能表示的数的总数也是固定不变的,于是实际效果是减少了这些数的密度,因而也就降低了精度。既能增加范围,又能增加精度的唯一途径是使用更多的位。于是,大多数计算机都至少提供单精度和双精度两种浮点数。例如,处理器可以支持 64 位的单精度格式和 128 位的双精度格式。

这还只是一个阶值位数和有效值位数之间的折中问题。还有一个问题比它要复杂,隐含的阶值的底并不需要总是 2。IBM S/390 结构就是一个使用底为 16 的例子 [ANDE67b],其浮点数格式由 7 位阶值和 24 位有效值组成。

按照 IBM 底为 16 的格式:

$$0.11010001 \times 2^{10100} = 0.11010001 \times 16^{101}$$

于是所存的阶值是 5 而不再是 20。

使用较大底的优点在于同样数目的阶值位能表示的数的范围更大。但是,要记住,我们并没有增加所能表示的数的总数。因此,对一种固定格式而言,更大的底能给出更大的表示范围,但以牺牲精度为代价。

11.4.2 二进制浮点表示的 IEEE 标准

最重要的浮点表示法是在 1985 年通过、2008 年修订的 IEEE 754 标准中所定义的浮点表示法。开发这个标准是为了提高程序从一种处理器移植到另一种处理器上的可移植性，也为了促进研制更为复杂的数值运算程序。这个标准获得了广泛的认可，并已经用于当代各种处理器和算术协处理器中。IEEE 754-2008 涵盖了二进制和十进制浮点表示。在本章中，我们只讨论二进制表示。

IEEE 754-2008 定义了以下不同类型的浮点格式：

- **算术格式**：支持标准定义的所有强制操作。该格式可用于表示标准中描述的操作的浮点操作数或结果。
- **基本格式**：这种格式包括五种浮点表示形式，三种二进制和两种十进制，它们的编码由标准规定，可用于算术运算。至少有一种基本格式是在任何符合的实现中实现的。
- **交换格式**：一种完全指定的固定长度二进制编码，允许不同平台之间的数据交换，并且可用于存储。

三种基本二进制格式的位长分别为 32、64 和 128 位，阶值分别为 8、11 和 15 位（如图 11.21 所示）。表 11.3 总结了三种格式的特点。两种基本的十进制格式的位长分别为 64 位和 128 位。所有基本格式也是算术格式类型（可用于算术运算）和交换格式类型（与平台无关）。

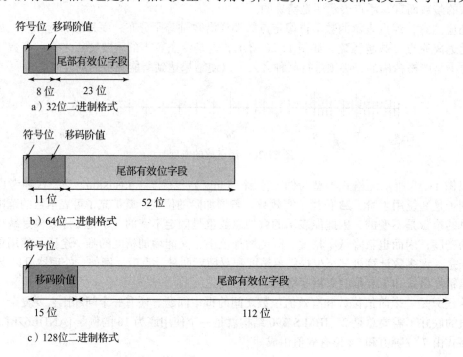

图 11.21　IEEE 754 格式

表 11.3　IEEE 754 格式参数

参　　数	格式		
	binary32	binary64	binary128
存储宽度（位数）	32	64	128
阶值位宽（位数）	8	11	15
阶值偏移量	127	1 023	16 383
最大阶值	127	1 023	16 383
最小阶值	−126	−1 022	−16 382

（续）

参　数	格式		
	binary32	binary64	binary128
大约正常数字范围（底为 10）	10^{-38}, 10^{+38}	10^{-308}, 10^{+308}	10^{-4932}, 10^{+4932}
尾部有效值位宽（位数）①	23	52	112
阶值的数目	254	2 046	32 766
小数的数目	2^{23}	2^{52}	2^{112}
值的数目	1.98×2^{31}	1.99×2^{63}	1.99×2^{128}
最小正规格化数	2^{-126}	2^{-1022}	2^{-16382}
最大正规格化数	$2^{128} \sim 2^{104}$	$2^{1024} - 2^{971}$	$2^{16384} - 2^{16271}$
最小非规格化数	2^{-149}	2^{-1074}	2^{-16494}

①不包含隐含位和符号位。

标准中规定了其他几种格式。binary16 格式只是一种交换格式，用于在不需要更高精度时存储值。二进制 {k} 格式和十进制 {k} 格式是交换格式，总长度为 k 位，定义了有效数和阶值的长度。格式必须是 32 位的倍数，因此，为 k = 160、192 等定义了格式。这两类格式也是算术格式。

此外，该标准定义了**扩展精度格式**，通过在阶值（扩展范围）和有效位（扩展精度）中提供额外的位来扩展支持的基本格式。它们的具体格式是与实现相关的，但是标准对阶值和有效位的长度有一定的限制。这些格式是算术格式类型，但不是交换格式类型。扩展格式将被用于中间计算。由于它们有更高的精度，扩展格式使得最终结果避免被过量舍入，从而减少了加大误差的可能性；由于它们有更大的表示范围，扩展格式也使计算过程中出现上溢的机会减少，这样如果计算的最终结果能以基本格式表示，那么就不会因为中间计算过程中的上溢而提前终止了。对于扩展格式而言，它的一个推动力是它能呈现基本格式的某些优点又不导致计算耗时过长。因为通常是精度越高，计算耗时越长。

最后，IEEE 754-2008 将可扩展精度格式定义为在用户控制下定义精度和范围的格式。同样，这些格式可用于中间计算，但标准对格式或长度没有限制。

表 11.4 展示了定义的格式和格式类型之间的关系。

表 11.4　IEEE 格式

版本	格式类型		
	算术格式	基本格式	交换格式
binary16			X
binary32	X	X	X
binary64	X	X	X
binary128	X	X	X
binary{k}（$k = n \times 32$，$n > 4$）	X		X
decimal64	X	X	X
decimal128	X	X	X
decimal{k}（$k = n \times 32$，$n > 4$）	X		X
扩展精度（extended precision）	X		
可扩展精度（extendable precision）	X		

注意，IEEE 754 格式的所有位模式（bit pattern）并不是都以通常方式解释，某些位模式用来表示特殊值。表 11.5 指出了各种位模式对应的值。全 0（0）和全 1（1）这种极端阶值用来定义特殊值。数的分类如下所示：

- 如果阶值范围为 1～254（32 位格式）和 1～2046（64 位格式），那么位模式表示了一个规格化的非 0 浮点数。阶值是移码表示的，故真正的阶值范围是 –126～ +127（32 位格式），以此类推。一个规格化的数要求二进制小数点左边有一个 1；这个位是隐藏的，使得有效值的总位数实际为 24 位、53 位或 113 位（标准中称有效值为小数，fraction）。因为其中一个位是隐藏的，所以二进制格式的相应字段被称为**尾部有效位字段**。
- 0 阶值与 0 有效值一起表示正 0 或负 0，取决于它的符号位。正如我们曾提到的，有精确的 0 值表示是有益的。
- 全 1 阶值与 0 有效值一起表示正无穷大或负无穷大，取决于它的符号位。能表示无穷大也是有用的。把上溢看成错误条件而停止程序执行，还是把它看成一个 ∞ 值带入程序并继续处理，这样的决定权留给用户。
- 0 阶值与非 0 有效值一起表示一个次规格化（subnormal）数。这种情况下，二进制小数点左边的隐藏位是 0，并且真实阶值是 –126 或 –1022。数的正负取决于它的符号位。
- 全 1 阶值与非 0 有效值一起给出非数（NaN）值，它意味着不是一个数（Not a Number）。非数用来表示出现了各种异常情况。

11.5 节将讨论次规格化数和 NaN 的意义。

表 11.5   IEEE 754 浮点数的说明

a）binary32 格式

	符号	移码阶值	小数	值
正 0	0	0	0	0
负 0	1	0	0	–0
正无穷大	0	全 1	0	∞
负无穷大	1	全 1	0	–∞
静默式非数（quiet NaN）	0 或 1	全 1	≠0，首位 =1	qNaN
通知式非数（signaling NaN）	0 或 1	全 1	≠0，首位 =0	sNaN
正的规格化非 0 数	0	$0<e<255$	f	$2^{e-127}(1.f)$
负的规格化非 0 数	1	$0<e<255$	f	$-2^{e-127}(1.f)$
正的次规格化数	0	0	$f\neq0$	$2^{e-126}(0.f)$
负的次规格化数	1	0	$f\neq0$	$-2^{e-126}(0.f)$

b）binary64 格式

	符号	移码阶值	小数	值
正 0	0	0	0	0
负 0	1	0	0	–0
正无穷大	0	全 1	0	∞
负无穷大	1	全 1	0	–∞
静默式非数	0 或 1	全 1	≠0，首位 =1	qNaN
通知式非数	0 或 1	全 1	≠0，首位 =0	sNaN

（续）

	符号	移码阶值	小数	值
正的规格化非 0 数	0	$0<e<2047$	f	$2^{e-1023}(1.f)$
负的规格化非 0 数	1	$0<e<2047$	f	$-2^{e-1023}(1.f)$
正的次规格化数	0	0	$f\neq0$	$2^{e-1022}(0.f)$
负的次规格化数	1	0	$f\neq0$	$-2^{e-1022}(0.f)$

c）binary128 格式

	符号	移码阶值	小数	值
正 0	0	0	0	0
负 0	1	0	0	−0
正无穷大	0	全 1	0	∞
负无穷大	1	全 1	0	−∞
静默式非数	0 或 1	全 1	$\neq0$，首位 $=1$	qNaN
通知式非数	0 或 1	全 1	$\neq0$，首位 $=0$	sNaN
正的规格化非 0 数	0	全 1	f	$2^{e-16383}(1.f)$
负的规格化非 0 数	1	全 1	f	$-2^{e-16383}(1.f)$
正的次规格化数	0	0	$f\neq0$	$2^{e-16383}(0.f)$
负的次规格化数	1	0	$f\neq0$	$-2^{e-16383}(0.f)$

11.5　浮点算术运算

表 11.6 总结了浮点算术的基本运算。对于加、减法，必须保证两个操作数具有相同的阶值。这可能要求移动一个操作数的小数点以达到对齐。乘、除法反而更简单些。

表 11.6　浮点数和算术运算

浮点数	算术运算
$X = X_S \times B^{X_E}$ $Y = Y_S \times B^{Y_E}$	$X + Y = (X_S \times B^{X_E-Y_E} + Y_S) \times B^{X_E}$ （$X_E \leqslant Y_E$） $X - Y = (X_S \times B^{X_E-Y_E} - Y_S) \times B^{X_E}$ （$X_E \leqslant Y_E$） $X \times Y = (X_S \times Y_S) \times B^{X_E+Y_E}$ $\dfrac{X}{Y} = \left(\dfrac{X_S}{Y_S}\right) \times B^{X_E-Y_E}$

浮点运算可能会产生如下几种特殊情况：
- **阶值上溢**（exponent overflow）：一个正阶值超出了最大允许阶值。某些系统将其设计成 +∞ 或 −∞。
- **阶值下溢**（exponent underflow）：一个负阶值小于最小允许阶值（如 −200 小于 −127）。这意味着那个数太小无法表示，一般可报告成 0。
- **有效值下溢**（significand underflow）：处理有效值对齐时，可能有数字被移出右端最低位而丢失。下面将讨论，此时需要某种形式的舍入。
- **有效值上溢**（significand overflow）：同符号的两个有效值相加可能导致最高有效位的进位。这可通过重新对齐来修补，后面将说明。

举例：

$$X = 0.3 \times 10^2 = 30$$

$$Y = 0.2 \times 10^3 = 200$$

$$X + Y = (0.3 \times 10^{2-3} + 0.2) \times 10^3 = 0.23 \times 10^3 = 230$$

$$X - Y = (0.3 \times 10^{2-3} - 0.2) \times 10^3 = (-0.17) \times 10^3 = -170$$

$$X \times Y = (0.3 \times 0.2) \times 10^{2+3} = 0.06 \times 10^5 = 6\,000$$

$$X \div Y = (0.3 \div 0.2) \times 10^{2-3} = 1.5 \times 10^{-1} = 0.15$$

11.5.1　浮点加法和减法

在浮点算术中，加、减法要比乘、除法更复杂，因为它需要对齐。加、减法有 4 个基本阶段：

1. 检查 0。
2. 对齐有效值。
3. 加或减有效值。
4. 规格化结果。

图 11.22 是一个典型的流程图。下面逐步说明浮点加、减法所需要的主要操作。假定格式类似于图 11.21 中的格式。为了加或减操作，两个操作数必须传送到可被算术逻辑单元（ALU）使用的寄存器中。若格式包括一个隐藏有效位，则此位要先变成显式再操作。

步骤 1：检查 0。因为加法和减法除了符号不同外基本上是相同的，所以若是一个减法，过程一开始就要改变减数的符号。接着，若有一个操作数是 0，那么另一个操作数就是结果。

步骤 2：对齐有效值。下一步是操纵数使两个阶值相等。

要说明为什么需要这样做，可考虑十进制加法：

$$(123 \times 10^0) + (456 \times 10^{-2})$$

很明显，不能仅加有效值。数字首先要设置成对等位置，即第二个数的 4 需与第一个数的 3 对齐。在两个阶值相等的条件下两个数才能相加，这是数学的基本要求。于是有：

$$(123 \times 10^0) + (456 \times 10^{-2}) = (123 \times 10^0) + (4.56 \times 10^0) = 127.56 \times 10^0$$

实现有效值对齐，或右移较小的数（增加它的阶值）或左移较大的数（减少它的阶值）。无论哪种操作都可能导致数字丢失；一般来说，右移较小的数而丢失的数字，所造成的影响要相对小些。因此，对齐通过重复右移较小数有效值的幅值部分 1 位，并将其阶值加 1，直到两个阶值相等来实现（注意，若隐含的底是 16，移动一个数字相当于移动 4 位二进制值）。若此过程导致有效值变为 0，则另一个数为结果。于是，若两个数的阶值差别非常大，则较小的数丢失。

步骤 3：加法。将两个有效值相加，相加时要考虑它们的符号。因为符号可能不同，结果有可能是 0。这里也可能出现有效值上溢 1 个数字，若是这样，则有效值要右移，阶值增加 1。阶值加 1 又可能发生阶值上溢；如果发生阶值上溢，此时应终止操作并报告。

步骤 4：规格化。最后一步是规格化结果。左移有效值直到最高有效数字（位，或 4 位——对底为 16 而言）为非 0。每次左移都引起阶值相应减 1，这种情况有可能出现阶值下溢。最后，必须对结果进行舍入，然后报告结果。我们将舍入的讨论推迟到乘除法讨论之后再进行。

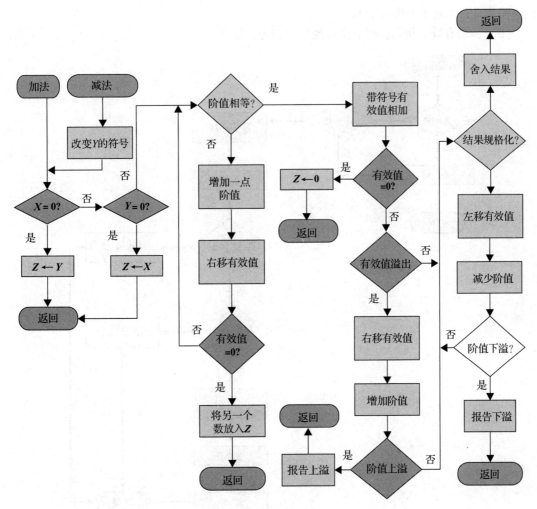

图 11.22 浮点加法和减法（$Z \leftarrow X \pm Y$）

11.5.2 浮点乘法和除法

浮点乘、除法要比加、减法简单，由如下讨论可看出。

我们首先考虑乘法，其过程如图 11.23 所示。无论哪个操作数是 0，乘积就为 0。下一步是阶值相加。若阶值是移码表示的形式，两个阶值的和将会包含两倍的偏移量，故应从和中减去一个偏移量。阶值相加可能会出现阶值上溢或下溢，此时应结束乘法并报告。

若积的阶值在恰当的范围内，则下一步应是有效值相乘，包括它们的符号一起考虑。有效值相乘与整数乘法的完成方式相同。此例中我们使用的是"符号 - 幅值"表示法，不过对于二进制补码表示法而言，其细节也是类似的。积的长度将是被乘数和乘数的长度的两倍，多余的位将在舍入期间丢失掉。

得出乘积之后，下一步则是结果的规格化和舍入处理，同加、减法所做的一样。注意，规格化可能导致阶值下溢。

最后考虑图 11.24 所示的除法流程图。第一步是测试 0。若除数是 0，或报告出错，或认为商是一个无穷大，这取决于具体的实现。若被除数是 0，则结果是 0。下一步是被除数的阶值减除数的阶值。这个过程把偏移量减掉了，故必须在阶值相减后再加上偏移量。然后检查阶值是否出现了上溢或下溢。

下一步是有效值相除。接下去是规格化和舍入处理。

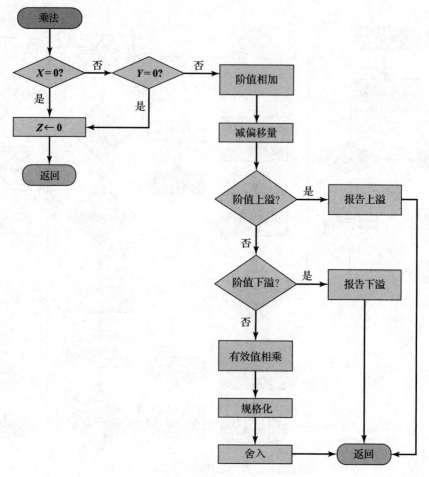

图 11.23   浮点乘法（$Z \leftarrow X \times Y$）

11.5.3   精度考虑

保护位   我们提到过，在浮点运算之前，每个操作数的阶值和有效值要装入算术逻辑单元的寄存器中。有效值的装入情况是，寄存器的长度几乎总是大于有效值位长与一个隐藏位（若使用）之和。寄存器包含的这些附加位称为保护位（guard bit），有效值装入时，这些位以 0 填充，用于扩展有效值的右端。

使用保护位的理由说明见图 11.25。考虑 IEEE 格式的数，它有 24 位有效值，包括二进制小数点左边的一个隐藏位。$x = 1.00\cdots00 \times 2^1$ 和 $y = 1.11\cdots11 \times 2^0$ 是两个值很接近的数。$x - y$ 时，较小的数 y 必须右移一位以对齐阶值。这示于图 11.25a 中。此过程中，y 丢失了一位有效数；结果是 2^{-22}。同样的过程重复于图 11.25b 中，但此时附加有 4 位保护位。现在，最低有效值位不会由于对齐而丢失了，并且结果是 2^{-23}，与前一答案相比差了一半。当基数是 16 时，精度的损失可能更大。正如图 11.25c 和图 11.25d 所示，结果差了 16 倍。

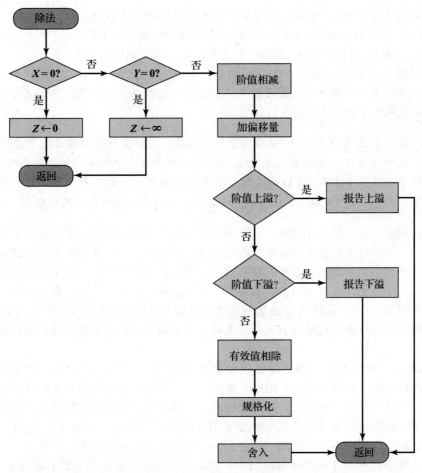

图 11.24 浮点除法（$Z \leftarrow X/Y$）

$x = 1.000\cdots\cdot 00 \times 2^1$	$x = 1.000\cdots\cdot 00\ 0000 \times 2^1$
$\underline{-y = 0.111\cdots\cdot 11 \times 2^1}$	$\underline{-y = 0.111\cdots\cdot 11\ 1000 \times 2^1}$
$z = 0.000\cdots\cdot 01 \times 2^1$	$z = 0.000\cdots\cdot 00\ 1000 \times 2^1$
$ = 1.000\cdots\cdot 00 \times 2^{-22}$	$ = 1.000\cdots\cdot 00\ 0000 \times 2^{-23}$

a）二进制示例，不使用保护位　　　　　b）二进制示例，使用保护位

$x = .100000 \times 16^1$	$x = .100000\ 00 \times 16^1$
$\underline{-y = .0FFFFF \times 16^1}$	$\underline{-y = .0FFFFF\ F0 \times 16^1}$
$z = .000001 \times 16^1$	$z = .000000\ 10 \times 16^1$
$ = .100000 \times 16^{-4}$	$ = .100000\ 00 \times 16^{-5}$

c）十六进制示例，不使用保护位　　　　d）十六进制示例，使用保护位

图 11.25 保护位的使用

舍入　　影响结果精度的另一细节是舍入策略（rounding policy）。对有效值操作的结果通常保存在更长的寄存器中。当结果转换回浮点格式时，为了产生接近精确结果的结果必须要去掉多余的位。这个过程叫作**舍入**（rounding）。

已开发出几种技术用于舍入处理。实际上，IEEE 标准已列出 4 种可供选择的方法。

- **就近舍入**（round to nearest）：结果被舍入成最近的可表示的数。
- **朝 +∞ 舍入**（round toward +∞）：结果朝正无穷大方向向上舍入。
- **朝 –∞ 舍入**（round toward –∞）：结果朝负无穷大方向向下舍入。
- **朝 0 舍入**（round toward 0）：结果朝 0 舍入。

让我们依次考察这些策略。**就近舍入**是标准列出的默认舍入方式，其定义如下：最靠近无限精度结果的可表示值将被提交。

例如，如果超出可保存的 23 位的多余位是 10010，则多余位的值超过了最低可表示位值的一半。这种情况下，正确的答案是最低可表示位加 1，即"入"到下一个可表示的数。现在，考虑多余位是 01111。这种情况下，多余位的值小于最低可表示位值的一半。正确的答案是简单去掉多余位（截断，truncate），这具有舍入到下一个可表示数的效果。

标准也规定了多余位是 10000……这种特殊情况的处理。此时结果位于两个可表示数值的严格中点。一种可选的方法是截断，因为该操作最简单。但这个简单方法的缺点是，它会给一个计算序列带来小的但可累积的偏差效应。另一种可选方法是，基于一个随机数来决定是舍还是入，于是平均而言无偏差积累效应。反对这种方法的意见是，它不能产生一个可预期的确定的结果。IEEE 采取的方法是强迫结果是偶数：若计算结果是严格位于两个可表示数的正中间，则当结果的最低可表示位是 1 时，结果向上入；当最低可表示位是 0 时，结果向下舍。

接下来两个可选方法是**朝正或负的无穷大方向舍入**。它们在实现一种称为区间算术（interval arithmetic）的技术中是有用的。通过为每个结果产生两个值，区间算术为监视和控制浮点运算错误提供了一种方法。这两个值对应于含有真正结果的区间的上下两端。区间宽度，即上下两端之差，指示结果的精确度。若区间端点不可表示，则对它要进行舍入处理。虽然区间宽度随实现的不同而变动，但已有许多算法能产生窄的区间。如果上、下边界的范围足够窄，则会得到一个足够精确的结果。如果不是这样，那么至少我们能知道这个事实，并能基于此进行进一步的分析。

标准描述的最后一种舍入技术是**朝 0 舍入**。它实际上是简单的截断，不管多余位。这确实是最简单的技术。然而，被截断值的幅值总是小于或等于更精确原值的幅值，这会在计算中产生一致的向下偏差。这是比我们讨论过的任何偏差都更为严重的偏差，因为这种偏差对任何产生非 0 多余位的运算都有影响。

11.5.4 二进制浮点算术运算的 IEEE 标准

IEEE 754 远超出格式的简单定义，它还规定了特殊情况及相应处理方法，以使浮点算术能产生一致的、可预期的结果，并且与硬件平台无关。其中一个方面是我们已讨论过的舍入处理。本小节介绍其他三个论题：无穷大、非数（NaN）和次规格化数。

无穷大　　无穷大在实数算术中作为限界来对待，对无穷大可给出如下解释：

$$-\infty < (任何有限的数) < +\infty$$

除后面讨论的几种特殊情况之外，任何涉及无穷大的算术运算都将产生明确的结果。

例如：

$$5 + (+\infty) = +\infty \qquad 5 \div (+\infty) = +0$$
$$5 - (+\infty) = -\infty \qquad (+\infty) + (+\infty) = +\infty$$
$$5 + (-\infty) = -\infty \qquad (-\infty) + (-\infty) = -\infty$$

$$5-(-\infty) = +\infty \qquad (-\infty)-(+\infty) = -\infty$$
$$5 \times (+\infty) = +\infty \qquad (+\infty)-(-\infty) = +\infty$$

静默式和通知式非数　　非数（NaN）是以浮点格式编码的符号实体，它有两种类型：静默式和通知式。通知式（signaling）NaN 在每次作为操作数出现时，就产生一个无效操作异常的通知。通知式 NaN 可为未初始化的变量，以及不属于标准的算术类增强，提供赋值。静默式 NaN 可以通过几乎所有算术操作而不给出异常通知。表 11.7 指出了那些能产生静默式 NaN 的操作。

表 11.7　产生静默式 NaN 的操作

运算类型	产生静默式 NaN 的操作
任何	对通知式 NaN 的任何操作
加或减	无穷大幅值相减： $(+\infty) + (-\infty)$ $(-\infty) + (+\infty)$ $(+\infty) - (+\infty)$ $(-\infty) - (-\infty)$
乘	$0 \times \infty$
除	$0/0$ 或 ∞/∞
求余	$x \; REM \; 0$ 或 $\infty REM \; y$
平方根	$\sqrt{x}$，其中，$x<0$

注意，两类 NaN 具有同样的一般格式（见表 11.4）：全 1 的阶值和非 0 的有效值。非 0 有效值的实际位模式取决于具体实现，有效值能用来区分通知式 NaN 和静默式 NaN，以及指定具体的异常条件。

次规格化数　　IEEE 754 包括一种次规格化数，用于处理阶值下溢情况。当结果的阶值太小（大幅值的负阶值）时，通过右移进行次规格化；每次右移阶值增 1，直到阶值落在可表示范围之内。

图 11.26 说明了加入次规格化数后的效果。可表示的数能以 $[2^n, 2^{n+1}]$ 的区间分组，每个区间内，数的阶值部分保持不变而有效值变动，在区间内产生一到间隔的可表示数。当向 0 靠近时，每一后面区间是前一区间宽度的一半，但可表示数的数目是相同的。于是，随着向 0 逼近，可表示数的密度增加了。然而，若只使用规格化数，则在最小规格化数和 0 之间有一个空隙被浪费了。以 IEEE 的 32 位格式而言，每个区间有 2^{23} 个可表示的数，最小可表示的正数是 2^{-126}。使用次规格化数后，$2^{23}-1$ 个附加的数以一致的密度添加到 0 与 2^{-126} 之间。

次规格化数的使用，被称为逐级下溢（gradual underflow）[COON81]。若无次规格化数，则最小可表示的非 0 数与 0 之间的间隙远宽于最小可表示的非 0 数与下一个更大非 0 数之间的间隙。逐级下溢填充了这个间隙，并将阶值下溢的影响降低到与规格化数间舍入相当的级别上。

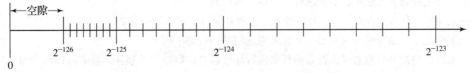

a）没有次规格化数的32位格式

图 11.26　IEEE 754 次规格化数的效应

b）有次规格化数的32位格式

图 11.26 （续）

11.6　关键词、思考题和习题

关键词

Arithmetic and Logic Unit（ALU）：算术逻辑单元	表示法
arithmetic shift：算术移位	overflow：上溢（或溢出）
base：基（或称为底）	partial product：部分积
biased representation：移码表示法	positive overflow：正上溢
dividend：被除数	positive underflow：正下溢
divisor：除数	product：积
exponent：指数（阶值）	quotient：商
exponent overflow：阶值上溢	radix point：小数点
exponent underflow：阶值下溢	range extension：范围扩展
fixed-point representation：定点表示法	remainder：余数
floating-point representation：浮点表示法	rounding：舍入
guard bits：保护位	sign bit：符号位
mantissa：尾数（有效值）	significand：有效值
minuend：被减数	significand overflow：有效值上溢
multiplicand：被乘数	significand underflow：有效值下溢
multiplier：乘数	subnormal number：次规格化数
negative overflow：负上溢	sign-magnitude representation：符号 – 幅值表示法
negative underflow：负下溢	subtrahend：减数
normalized number：规格化数	two's complement representation：二进制补码表示法
ones complement representation：1 的补码（反码）	

思考题

11.1　简要解释如下表示法：符号 – 幅值，二进制补码，移码。

11.2　下面三种表示法中如何确定一个数是否为负数：符号 – 幅值，二进制补码，移码。

11.3　对于二进制补码数，符号扩展规则是什么？

11.4　在二进制补码表示法中，如何求得一个整数的负数？

11.5　一般而言，什么情况对一个 n 位整数求二进制补码时能产生同一整数？

11.6　一个数的二进制补码表示与对一个数求二进制补码有何不同？

11.7　如果将二进制补码数看作无符号整数来进行加法运算，则以二进制补码数来解释此"和"数，其结果是正确的。但这不能用于乘法运算，为什么？

11.8　浮点表示法中，数的 4 个基本元素是什么？

11.9　浮点数的阶值部分采用移码表示法有什么好处？

11.10　正上溢、阶值上溢和有效值上溢，三者的区别是什么？

11.11　浮点加减法的基本要素是什么？

11.12　给出使用保护位的理由。

11.13　列出浮点数运算结果的 4 种舍入方法。

习题

11.1　以 16 位长的二进制符号 – 幅值法和二进制补码表示法分别表示如下十进制数：+512 和 –29。

11.2　给出如下二进制补码数的十进制值：1101011 和 0101101。

11.3　有时会碰到的另一种二进制整数表示法是 1 的补码（反码）表示法。正整数以与符号 – 幅值法相同的方法来表示，负整数以对应正数的各位取反来表示。

　　a. 以类似于等式（11.1）和（11.2）的步骤，使用位的加权和给出 1 的补码表示法的定义。

　　b. 1 的补码表示法所能表示的数的范围是什么？

　　c. 若以 1 的补码完成加法运算，请定义算法。

　　注意：虽然 1 的补码算法在 20 世纪 60 年代就从计算机硬件中消失了，但还在 IP（互联网协议，Internet Protocol）和 TCP（传输控制协议，Transmission Control Protocol）中用于校验和的计算。

11.4　将符号 – 幅值和 1 的补码两种表示法的特征加入表 11.1 中。

11.5　考虑对一个二进制字进行如下操作：从最低有效位开始，逐个复制值为 0 的位，直到遇到第一个值为 1 的位，并将它也复制过来；然后对此位之后的各位取反再复制。生成的结果是什么？

11.6　在 11.3 节我们曾将二进制补码操作定义成：为求 X 的二进制补码，将 X 的各位取反然后加 1。

　　a. 请说明如下定义是等价的：对一个 n 位二进制整数 X，X 的二进制补码可通过将 X 看作一个无符号整数然后计算 $(2^n - X)$ 来获得。

　　b. 请通过用顺时针的移动来验证减法，展示图 11.5 也能对 a 中所提出的定义提供图形化的支持。

11.7　对于 n 位数字的 r 进制数 N，"r 的补"定义为：当 $N \neq 0$ 时，N 的 r 的补为 $r^n - N$；当 $N = 0$ 时，N 的 r 的补为 0。根据此定义求十进制数 13 250 的 10 的补。

11.8　使用 10 的补码算术计算 72 530–13 250。假定其规则类似于二进制补码算术规则。

11.9　考虑如下两个 n 位二进制补码数相加：

$$z_{n-1}z_{n-2}\cdots z_0 = x_{n-1}x_{n-2}\cdots x_0 + y_{n-1}y_{n-2}\cdots y_0$$

假定上式按位相加时使用了一个位间进位 C_i，它是由 x_i、y_i 和 C_{i-1} 相加产生的。令 v 是指示溢出（$v=1$）的二进制变量。现只考虑首位相加的各种情况，请填写下表中的输出值。

输入	x_{n-1}	0	0	0	0	1	1	1	1
	y_{n-1}	0	0	1	1	0	0	1	1
	c_{n-2}	0	1	0	1	0	1	0	1
输出	z_{n-1}								
	v								

11.10　将下面的数用 8 位二进制补码表示，再进行计算：

　　a. 6+13　　　　b. –6+13　　　　c. 6–13　　　　d. –6–13

11.11　使用二进制补码算法，求如下的差：

　　a. 111000–110011　　　　　　　　b. 11001100–101110

　　c. 111100001111–110011110011　　　d. 11000011–11101000

11.12 下面这个上溢的定义对于二进制补码运算是否有效？

若向最左位的进位与最左位向上的进位，其异或值为 1 时，则有上溢；否则便没有上溢。

11.13 比较图 11.9 和图 11.12，为什么后者不使用 C 位？

11.14 已知以二进制补码表示有 $x = 0101$ 和 $y = 1010$（即 $x = 5$，$y = -6$），请以布斯算法计算积 $p = x \times y$。

11.15 使用布斯算法计算 23（被乘数）×29（乘数），这里每个数用 6 位表示。

11.16 试证明，基值为 B 的两个 n 位数字的数相乘，其积不会多于 $2n$ 位数字。

11.17 通过说明图 11.15 描述的除法计算的各步，验证图 11.16 无符号数除法算法的有效性。请使用类似于图 11.17 的说明格式。

11.18 在 11.3 节中描述的二进制补码除法算法称为恢复余数算法，因为一个不成功的减之后必须恢复 A 寄存器中的值。另一种较为复杂的方法称为不恢复余数除法，它避免了不必要的减和加。请为后一种方法设计算法。

11.19 在计算机整数运算时，两个整数 J 和 K 的商 J/K 小于或等于平常（手工运算）的商，是真还是假？

11.20 以二进制补码表示法完成 -145 除以 13，使用 12 位字长，应用 11.3 节描述的算法。

11.21 a. 考虑一个十进制数的定点表示法，其隐含的小数点能在任何位置（如，在最低有效数字的右边，在最高有效数字的右边等）。若近似表示普朗克（Plank）常数（6.63×10^{-27}）和阿伏伽德罗（Avogadro）常数（6.02×10^{-23}），并要求两数的隐含小数点在同一位置。请问这需要多少位十进制数？

b. 考虑一个十进制数的浮点表示法，其阶值以移码表示，偏移量是 50。假定表示已是规格化了。请问以这种浮点表示法表示以上两个常数需要多少位十进制数？

11.22 假定阶值 e 限定在 $0 \leqslant e \leqslant x$ 范围内，偏移量是 q，底是 b，有效值长度是 p 个数字。

a. 能表示的最大和最小正值是多少？

b. 作为已规格化的浮点数，能表示的最大和最小正值是多少？

11.23 以 IEEE 32 位浮点格式表示如下数据：

a. -5 b. -6 c. -1.5

d. 384   e. 1/16   f. $-1/32$

11.24 下列各数使用了 IEEE 32 位浮点格式，对应的十进制值是多少？

a. 1 10000011 110 0000 0000 0000 0000 0000

b. 0 0111110 101 0000 0000 0000 0000 0000

c. 0 1000 0000 000 0000 0000 0000 0000 0000

11.25 考虑一个简化的 7 位 IEEE 浮点格式，3 位阶值，3 位有效值。请列出全部 127 个值。

11.26 IBM 32 位浮点格式为：7 位阶值，隐含的底是 16，阶值的偏移量是 64（十六进制的 40），规格化的浮点数要求最左的十六进制数字不为零，小数点隐含位于最左位的左边。请以该格式表示如下的数：

| a. 1.0 | c. 1/64 | e. -15.0 | g. 7.2×10^{75} |
| b. 0.5 | d. 0.0 | f. 5.4×10^{-79} | h. 65 535 |

11.27 5BCA000 是以十六进制表示的 IBM 格式的浮点数，它的十进制值是多少？

11.28 下列情况偏移量应为多少？

a. 6 位字段中底为 2 的阶值。

b. 7 位字段中底为 8 的阶值。

11.29 为图 11.21b 的浮点格式画出类似于图 11.19b 那样的数轴表示。

11.30 考虑一种浮点格式，它有 8 位移码阶值和 23 位有效值。请以此格式表示下列数：

    a. -720 b. 0.645

11.31 正文中提到，32 位格式最多能表示 2^{32} 个不同的数。用 IEEE 32 位浮点格式最多能表示多少个不同的数，为什么？

11.32 任何浮点表示法在计算机中只能精确地表示某些实数，其他所有数必定是近似的。若 A' 是存储的近似值，A 是原实际值，则相对误差 r 可表示成：

$$r = \frac{A - A'}{A}$$

请以如下浮点格式表示十进制数 $+0.4$，并计算它的相对误差。

- 底为 2。
- 阶值：移码，4 位。
- 有效值：7 位。

11.33 设 $A = 1.427$，若 A 被截断到 1.42，求其相对误差；若 A 被入到 1.43，求其相对误差。

11.34 当说到浮点运算的不精确性时，人们常把误差归结于两个相近数相减时出现的抵消（cancellation）上。但实际上 x 和 y 近似相等时，$x - y$ 的差可以没有误差地精确得到。那么人们实际指的是什么呢？

11.35 数值 A 和 B 在计算机中是以其近似值 A' 和 B' 来存储的，忽略任何可能有的截断或舍入误差，说明积的相对误差大约是因子相对误差之和。

11.36 在计算机计算中，当两个几乎相等的数相减时会出现最严重的误差。考虑 $A = 0.22288$ 和 $B = 0.22211$。计算机将所有值都截断到 4 位十进制数字。于是，$A' = 0.2228$ 和 $B' = 0.2221$。

    a. A' 和 B' 的相对误差各是多少？

    b. 对于 $C' = A' - B'$，其相对误差又是多少？

11.37 为获得对非规格化和逐级下溢效应的某些感性认识，请考虑一个十进制系统。它的有效数是 6 位十进制数，它的最小规格化数是 10^{-99}。一个规格化的数要求在十进制小数点左边有一位非 0 的十进制数。完成如下计算并将结果非规格化。对结果进行解释。

    a. $(2.50000 \times 10^{-60}) \times (3.50000 \times 10^{-43})$

    b. $(2.50000 \times 10^{-60}) \times (3.50000 \times 10^{-60})$

    c. $(5.67834 \times 10^{-97}) \times (5.67812 \times 10^{-97})$

11.38 展示如何完成以下浮点加法（有效值截断到 4 位十进制数）。以规格化的形式表示结果。

    a. $5.566 \times 10^2 + 7.777 \times 10^2$ b. $3.344 \times 10^1 + 8.877 \times 10^{-2}$

11.39 展示如何完成以下浮点减法（有效值截断到 4 位十进制数）。以规格化的形式表示结果。

    a. $7.744 \times 10^{-3} - 6.666 \times 10^{-3}$ b. $8.844 \times 10^{-3} - 2.233 \times 10^{-1}$

11.40 展示如何完成以下浮点计算（有效值截断到 4 位十进制数）。以规格化的形式表示结果。

    a. $(2.255 \times 10^1) \times (1.234 \times 10^0)$ b. $(8.833 \times 10^2) \div (5.555 \times 10^4)$

数字逻辑

学习目标

学习完本章后，你应该能够：

- 了解**布尔代数**的基本运算。
- 区分不同类型的**触发器**。
- 使用卡诺图简化布尔表达式。
- 概述**可编程逻辑器件**。

数字计算机的操作是基于二进制数据的存储和处理。在整本书里，我们假设有存储元件的存在，它们可以以两种稳定状态中的一种存在，并且电路可以在控制信号的控制下对二进制数据进行操作，以实现各种计算机功能。在本章中，我们将讲解如何在数字逻辑中实现这些存储元件和电路，特别是组合电路和时序电路。本章首先简要回顾布尔代数，它是数字逻辑的数学基础。接下来介绍门的概念。最后描述由门构成的组合电路和时序电路。

12.1 布尔代数

英国数学家乔治·布尔设计了数字计算机和其他数字系统中的数字电路，并利用一门被称为**布尔代数**的数学学科分析了它的行为，他在 1854 年的论文《逻辑和概率数学理论建立的思维规律研究》中提出了这个代数的基本原理。1938 年，麻省理工学院电气工程系的研究助理克劳德·香农提出，布尔代数可以用来解决继电器开关电路设计中的问题 [SHAN38]⊖。香农的技术随后被用于电子数字电路的分析和设计。布尔代数在两个方面证明是一个方便的工具：

- 分析：这是描述数字电路功能的一种经济方法。
- 设计：给定一个期望的函数，布尔代数可以用来开发该函数的简化实现。

与任何代数一样，布尔代数利用了变量和运算。在这种情况下，变量和操作是逻辑变量与操作。因此，变量可以取值 1（真）或 0（假）。基本的逻辑运算是"与"（AND）、"或"（OR）和"非"（NOT），它们用点、加号和上划线表示⊖：

$$A \text{ AND } B = A \cdot B$$
$$A \text{ OR } B = A + B$$
$$\text{NOT } A = \overline{A}$$

当且仅当两个操作数都为真时，"与"运算才产生真（二进制值 1）。如果运算的一个或两个操作数都为真，则"或"运算产生真。一元运算不反转其操作数的值。例如，考虑以下等式

$$D = A + (\overline{B} \cdot C)$$

如果 A 为 1 或 B = 0 且 C = 1，D 等于 1，否则 D 等于 0。

⊖ 该文可在 box.com/COA11e 上找到。

⊖ 逻辑非通常用撇号表示：NOT A = A'。

需要指出关于表示法的几个要点。在没有括号的情况下，"与"运算优先于"或"运算。此外，当不会出现歧义时，"与"操作用简单的串联代替点运算符来表示。因此，

$$A + B \cdot C = A + (B \cdot C) = A + BC$$

这意味着：取 B 和 C 的"与"，然后取结果和 A 的"或"。

表 12.1a 以真值表的形式定义了基本的逻辑操作，该表列出了操作数值的每个可能组合的操作值。该表还列出了其他三种有用的运算符：**异或**、**与非**和**或非**。当且仅当其中一个操作数的值为 1 时，两个逻辑操作数的异或为 1。"与非"函数是"与"函数的补码（非），而"或非"是"或"的补码：

$$A \text{ NAND } B = \text{NOT}(A \text{ AND } B) = \overline{AB}$$
$$A \text{ NOR } B = \text{NOT}(A \text{ OR } B) = \overline{A + B}$$

正如我们将会看到的，这三种新的操作在实现某些数字电路时会很有用。

逻辑运算，除了非，都可以推广到两个以上的变量，如表 12.1b 所示。

表 12.1　布尔运算符

a）两个输入变量的布尔运算

A	B	NOT A($\overline{A}$)	A AND B(A·B)	A OR B(A+B)	A NAND B($\overline{A \cdot B}$)	A NOR B($\overline{A+B}$)	A XOR B(A⊕B)
0	0	1	0	0	1	1	0
0	1	1	0	1	1	0	1
1	0	0	0	1	1	0	1
1	1	0	1	1	0	0	0

b）布尔运算符扩展到两个以上的输入（A，B，…）

操作	表达	输出 =1 的情况
与（AND）	A·B·…	集合 {A，B，…} 都是 1
或（OR）	A+B+…	集合 {A，B，…} 中的任何一个数是 1
与非（NAND）	$\overline{A \cdot B \cdot \cdots}$	集合 {A，B，…} 中的任何一个数是 0
或非（NOR）	$\overline{A+B+\cdots}$	集合 {A，B，…} 都是 0
异或（XOR）	A⊕B⊕…	集合 {A，B，…} 包含奇数个 1

12.1.1　集合代数

说明集合上的相应运算，有助于可视化布尔运算。我们可以将**集合**定义为元素 S 的集合，并利用一个规则来决定什么元素属于 S，例如，小于 5 的正整数集合为 {1，2，3，4}。

逻辑运算可以以与布尔变量相同的方式在集合上执行。对应于与、或、非的基本布尔运算分别是求交、并、补的逻辑集合运算，如表 12.2 所示。

表 12.2　布尔代数与集合运算的对应

布尔		集合	
功能	描述	功能	描述
A AND B	当且仅当 A 和 B 为 1 时为 1	A ∩ B	同时属于 A 和 B 的元素集（交集）
A OR B	如果 A 或 B 或两者都是 1，则为 1；如果 A 和 B 都是 0，则为 0	A ∪ B	属于 A 或 B 或两者的元素集（并集）
NOT A	当且仅当 A 为 0 时为 1	$\overline{A}$	不在 A 中的一组元素（A 的补码）

两个集合 A 和 B 的**交集**是属于 A 和 B 的所有元素的集合，这个操作是用操作符 ∩ 指定的。例如，如果 A 是小于 5 的正整数集合，B 是小于 10 的偶正整数集合，则 A ∩ B={2, 4}。交集对应布尔运算符 AND。

两个集合 A 和 B 的**并集**是所有属于 A 或 B 或两者的元素的集合。此操作用操作符 ∪ 指定。对于前面所定义的 A 和 B，A ∪ B={1, 2, 3, 4, 6, 8}。并集对应布尔运算符 OR。

集合 A 的**补集**取决于不同情况。一般来说，注意力只限于某些给定集合 X 的子集，它被认为是这个情况的通用集合。设 S 的补集由 S̄ 指定，它由 S 中未找到的通用集合的所有元素组成。例如，如果 X 是所有正整数的集合，定义的 A 和 B 如上，Ā 是所有大于 4 的整数的集合，B̄ 是所有奇正整数加上所有大于 9 的偶正整数的集合。补集对应于布尔运算符 NOT。

考虑到这些定义，我们可以使用图 12.1 来可视化表 12.1a 中定义的布尔运算符。布尔变量用圆圈表示，这也可以看作文氏图中描述的集合。从布尔代数的角度来看，周围的矩形，包括圆圈，代表 A 和 B 值的所有可能组合。从集合的角度来看，周围的矩形代表通用集合。

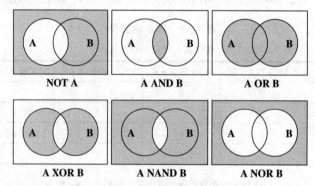

图 12.1   两个变量的基本布尔函数

图 12.2 描绘了对应于三个布尔变量的文氏图。三位数字给出了不同区域中 ABC 的布尔值。

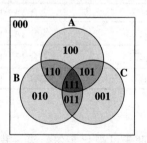

图 12.2   三个布尔变量的文氏图

表 12.3 总结了布尔代数的关键恒等式。这些方程被排列成两列，以显示"与"和"或"运算的互补或对偶性质。有两类恒等式：基本规则（或假设）和其他可以从基本假设推导出的恒等式，基本规则（或假设）是在没有证明的情况下陈述的。假设定义了解释布尔表达式的方式。两个分配律中的一个值得注意，因为它不同于我们在普通代数中发现的：

$$A + (B \cdot C) = (A + B) \cdot (A + C)$$

最底层的两个表达式被称为德·摩根（DeMorgan）定理。我们可以将它们重新表述如下：

$$A \text{ NOR } B = \bar{A} \text{ AND } \bar{B}$$

$$A \text{ NAND } B = \bar{A} \text{ OR } \bar{B}$$

请读者通过用实际值（1 和 0）代替变量 A、B 和 C 来验证表 12.3 中的表达式。

表 12.3 布尔代数的基本恒等式

基本假设		
$A \cdot B = B \cdot A$	$A + B = B + A$	交换律
$A \cdot (B+C) = (A \cdot B)+(A \cdot C)$	$A + (B \cdot C) = (A + B) \cdot (A + C)$	分配律
$1 \cdot A = A$	$0 + A = A$	单位元
$A \cdot \overline{A} = 0$	$A + \overline{A} = 1$	逆元
其他恒等式		
$0 \cdot A = 0$	$1 + A = A$	
$A \cdot A = A$	$A + A = A$	
$A \cdot (B \cdot C) = (A \cdot B) \cdot C$	$A + (B + C) = (A + B) + C$	结合律
$\overline{A \cdot B} = \overline{A} + \overline{B}$	$\overline{A + B} = \overline{A} \cdot \overline{B}$	DeMorgan 定理

12.1.2 布尔恒等式

我们现在使用表 12.3 的标识来提供三个简化布尔表达式的示例。

例 1 $F = A + \overline{BA}$

第二个分量 $\overline{BA}$ 被取非，我们必须用 DeMorgan 定理：$\overline{AB} = \overline{A} + \overline{B}$。我们现在可以得到

$$F = A + \overline{BA} = A + \overline{A} + \overline{B}$$

根据逆元假设：$A + \overline{A} = 1$；因此，$F = A + \overline{A} + \overline{B} = 1 + \overline{B}$

根据单位元假设：$1 + \overline{B} = 1$；因此，$F = 1$。

最终的结果是 $F = 1$，表明该表达式是真的，且与变量 A 和 B 无关。

例 2 $F = (A + B) \cdot (A + C)$

$$F = A \cdot A + A \cdot C + A \cdot B + B \cdot C$$

我们有 $A \cdot A = A$，有些项是冗余的，因为如果 $A = 0$，那么 $A \cdot B$ 和 $B \cdot C$ 这两个项都是 0，如果 $A = 1$，那么

$$A \cdot A + A \cdot C + A \cdot B = 1 + C + B = 1$$

因此，我们得到：$F = A + B \times C$

例 3 $F = \overline{A} \cdot \overline{B} \cdot C + \overline{(A \cdot B + A \cdot C)}$

我们可以反复使用 DeMorgan 定理来简化最后一个项：

$$\overline{(A \cdot B + A \cdot C)} = \overline{(A \cdot B)} \cdot \overline{(A \cdot C)} = (\overline{A} + \overline{B}) \cdot (\overline{A} + \overline{C})$$

反复使用分配律：

$$(\overline{A} + \overline{B}) \cdot (\overline{A} + \overline{C}) = ((\overline{A} + \overline{B}) \cdot \overline{A}) + ((\overline{A} + \overline{B}) \cdot \overline{C})$$
$$= \overline{A}\overline{A} + \overline{B}\,\overline{A} + \overline{A}\overline{C} + \overline{B}\overline{C}$$
$$= \overline{A} + \overline{B}\overline{A} + \overline{A}\overline{C} + \overline{B}\overline{C} = \overline{A} + \overline{B}\overline{C}$$

最终的简化消除了冗余的中间项，类似于例 2 中的做法。将这个结果代入原方程：

$$F = \overline{A} \cdot \overline{B} \cdot C + \overline{A} + \overline{B}\overline{C}$$

再次，第一项冗余，并被剔除。

　　在所有 3 个例子中，都简化了原始布尔表达式。这一点很重要，因为布尔表达式用于定义处理器和存储器电路中使用的数字函数。因此，虽然一个原始表达式可以清楚地定义一个期望的函数，但简化表达式可以使电路更简单。12.3 节将探讨系统的表达式简化技术。

12.2　门

　　所有数字逻辑电路的基本构建块是门。逻辑功能由门的互连实现。

　　门是产生简单的输出信号的电子电路，对其输入信号进行布尔运算。数字逻辑中使用的基本门是与、或、非、与非、或非和异或。图 12.3 描绘了这六个门。每个门的定义有三种方式：图形符号、代数符号和真值表。本章使用的符号来自 IEEE 标准 IEEE Std91。请注意，非（NOT）操作由圆表示。

名称	图形符号	代数函数	真值表
AND	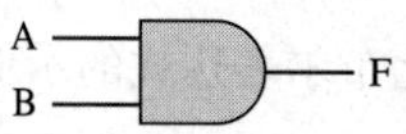 A B — F	$F = A \cdot B$ 或 $F = AB$	A B | F 0 0 | 0 0 1 | 0 1 0 | 0 1 1 | 1
OR	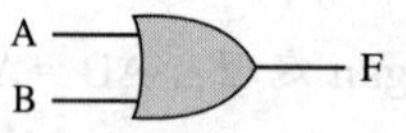 A B — F	$F = A + B$	A B | F 0 0 | 0 0 1 | 1 1 0 | 1 1 1 | 1
NOT	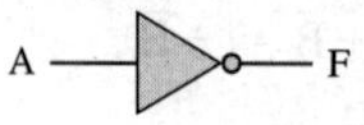 A — F	$F = \overline{A}$ 或 $F = A'$	A | F 0 | 1 1 | 0
NAND	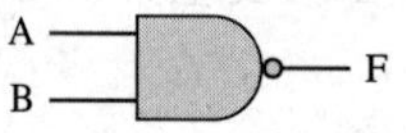 A B — F	$F = \overline{AB}$	A B | F 0 0 | 1 0 1 | 1 1 0 | 1 1 1 | 0
NOR	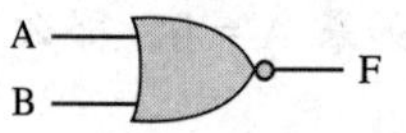 A B — F	$F = \overline{A + B}$	A B | F 0 0 | 1 0 1 | 0 1 0 | 0 1 1 | 0
XOR	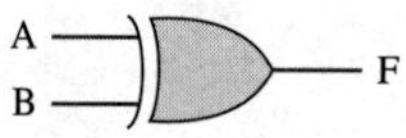 A B — F	$F = A \oplus B$	A B | F 0 0 | 0 0 1 | 1 1 0 | 1 1 1 | 0

图 12.3　基本逻辑门

　　图 12.3 所示的每个门都有一个或两个输入和一个输出。尽管如此，如表 12.1b 所示，除了非门之外的所有门都可以有两个以上的输入。因此，(X+Y+Z) 可以用三个输入的单个**或**门实现。当输入端有一个或多个值改变时，正确的输出信号几乎瞬时出现，仅由信号通过门的传播时间（称为门延迟）延迟。12.3 节将讨论这一延迟的意义。在某些情况下，一个门由两个输出实现，一个输出是对另一个输出取非的结果。

　　这里我们引入一个常用的术语：我们说，**断言**（assert）一个信号就是引起信号线从其逻辑上的假（0）状态向其逻辑上的真（1）状态过渡。真（1）状态要么是高电压状态，要么是低电压状态，取决于电子线路的类型。

通常，并非所有的门类型都会在实现中使用。如果只使用一种或两种类型的门，设计和构造就更简单。因此，识别功能完备的门集合非常重要。这意味着任何布尔函数都可以只使用集合中的门来实现。以下是功能完备的集合：

- AND，OR，NOT；
- AND，NOT；
- OR，NOT；
- NAND；
- NOR。

应该清楚的是，与、或和非门构成了一个功能完备的集合，因为它们代表了布尔代数的三种运算。与门和非门要形成一个功能完备的集合，必须有一种方法将与和非操作合成为或操作。这可以通过应用 DeMorgan 定理来实现：

$$A + B = \overline{\overline{A} + \overline{B}}$$

A OR B = NOT ((NOT A) AND (NOT B))

类似地，或和非操作在功能上也是完整的，因为它们可以用来合成与操作。

图 12.4 和图 12.5 分别显示了如何用与非门及或非门单独实现与、或和非功能。由于这个因素，数字电路可以经常仅用与非门或者仅用或非门来实现。

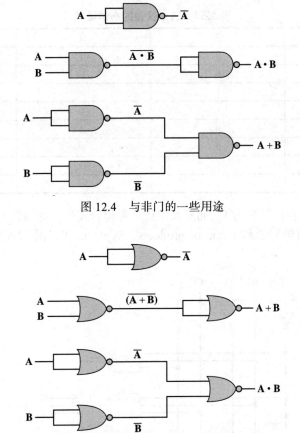

图 12.4 与非门的一些用途

图 12.5 或非门的一些用途

借助门，我们达到了计算机硬件最原始的电路水平。对用于制造门的晶体管组合的研究脱离了那个领域，进入了电子工程领域。然而，对我们的目标来说，我们满足于描述如何使用门作为构建块来实现数字计算机的基本逻辑电路。

12.3 组合电路

组合电路是一组相互关联的门，其任意时刻的输出仅是该时刻输入的函数。与单个门一样，输入的出现几乎立即跟随输出的出现，只有门延迟。

一般来说，组合电路由 n 个二进制输入和 m 个二进制输出组成。与门一样，组合电路可以用三种方式定义：

- **真值表**：对于 2^n 种可能的输入信号组合，列出了 m 个输出信号的二进制值。
- **图形符号**：描绘了门的相互关联布局。
- **布尔方程**：每个输出信号都表示为其输入信号的布尔函数。

12.3.1 布尔函数的实现

任何布尔函数都可以作为门网络以电子形式实现。对于任意给定的函数，有多个备选实现。请考虑表 12.4 中真值表所表示的布尔函数。我们可以简单地将导致 F 为 1 的 A、B 和 C 的值组合项化来表示这个函数：

$$F = \overline{A}B\overline{C} + \overline{A}BC + AB\overline{C} \tag{12.1}$$

表 12.4 三个变量的布尔函数

A	B	C	D
0	0	0	0
0	0	1	0
0	1	0	1
0	1	1	1
1	0	0	0
1	0	1	0
1	1	0	1
1	1	1	0

输入值有 3 种组合使得 F 为 1，如果其中任一种组合发生，则结果为 1。由于一些原因，这种表达形式被称为**乘积总和**（sum of products，SOP）形式。图 12.6 显示了直接使用与、或和非门的实现。

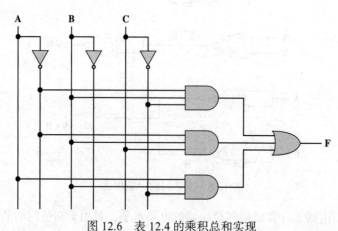

图 12.6 表 12.4 的乘积总和实现

另一种形式也可以从真值表推导出来。SOP 形式表示如果产生 1 的任何输入组合是真的，则输出为 1。我们也可以说，如果产生 0 的输入组合都不为真，那么输出为 1。因此，

$$F = \overline{(A B \overline{C})} \cdot \overline{(A \overline{B} C)} \cdot \overline{(A \overline{B} \overline{C})} \cdot \overline{(A B C)}$$

这可以用 DeMorgan 定理的一个推广来重写：

$$\overline{(X \cdot Y \cdot Z)} = \overline{X} + \overline{Y} + \overline{Z}$$

因此，

$$F = (\overline{A} + \overline{B} + \overline{\overline{C}}) \cdot (\overline{A} + \overline{\overline{B}} + \overline{C}) \cdot (\overline{A} + \overline{\overline{B}} + \overline{\overline{C}}) \cdot (\overline{A} + \overline{B} + \overline{C}) \cdot (\overline{A} + \overline{B} + \overline{C})$$

$$= (A + B + C) \cdot (A + B + \overline{C}) \cdot (\overline{A} + B + C) \cdot (\overline{A} + B + \overline{C}) \cdot (\overline{A} + \overline{B} + \overline{C}) \qquad (12.2)$$

这是**总和乘积**（product of sums，POS）形式，如图 12.7 所示。为清楚起见，未显示非门。相反，假设每个输入信号及其补码都可用。这简化了逻辑图，并使门的输入更加明显。

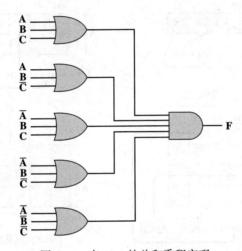

图 12.7　表 12.4 的总和乘积实现

这样，一个布尔函数可以用 SOP 或 POS 形式实现。此时，看起来选择取决于真值表是否包含输出函数的多个 1 或 0：SOP 对每个 1 有一个项，POS 对每个 0 有一个项。不过，还有其他方面的考虑：

- 通常可以从真值表中推导出比 SOP 或 POS 更简单的布尔表达式。
- 可能优先选择的是用单门类型（与非门或或非门）实现该功能。

第一点的意义在于，使用更简单的布尔表达式，实现该函数将需要更少的门。可以用来实现简化的三种方法是：

- 代数简化。
- 卡诺图。
- Quine-McCluskey 表。

代数简化　代数简化包括应用表 12.3 的恒等式，将布尔表达式简化为元素较少的表达式。例如，再次考虑等式（12.1）。读者可能相信，一个等价的表达是

$$F = \overline{A} B + B \overline{C} \qquad (12.3)$$

或者，更简单的形式：

$$F = B(\overline{A} + \overline{C})$$

这个表达式可以用如图 12.8 所示的方式实现。式（12.1）的简化基本上是通过观察完成的。对于更复杂的表达式，需要更系统的方法。

卡诺图　　　为简化起见，卡诺图是一种表示少量（最多四个）变量的布尔函数的方便方法。该图是 2^n 个方块的数组，表示 n 个二进制变量的值的所有可能组合。图 12.9a 显示了双变量函数的四个方块的卡诺图。为以后方便使用，按 00、01、11、10 的顺序列出组合是很重要的。

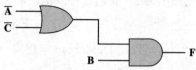

图 12.8　表 12.4 的简化实现

由于组合所对应的方块是用来记录信息的，因此组合通常写在方块的上方。在三个变量的情况下，表示为八个方块的排列（见图 12.9b），其中一个变量的值在左边，另外两个变量的值在方块上方。对于四个变量，需要 16 个方块，如图 12.9c 所示。

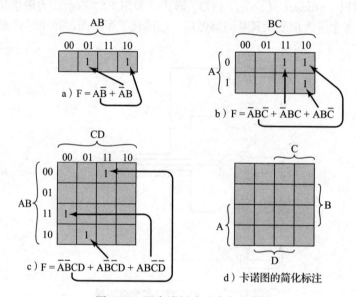

图 12.9　用卡诺图表示布尔函数

该卡诺图可用以下方式表示任何布尔函数。每个方块对应于 SOP 形式中的唯一乘积，其中 1 值对应该变量，0 值对应该变量的非值。因此，乘积 $A\overline{B}$ 对应图 12.9a 中的第四个方块。对于函数中的每个此类乘积，1 被放置在相应的方块中。因此，对于双变量示例，卡诺图对应 $A\overline{B} + \overline{A}B$。给定一个布尔函数的真值表，构造卡诺图是件容易的事情：对于真值表中产生结果为 1 的变量的每个组合值，用 1 填入卡诺图的相应方块。图 12.9b 显示了表 12.4 的真值表的结果。要从布尔表达式转换为卡诺图，首先需要将表达式放入所谓的正则形式中：表达式中的每个项必须包含每个变量。因此，如有方程（12.3），我们必须首先将其展开为式（12.1）的完整形式，然后将其转换为卡诺图。

图 12.9d 中使用的标注强调了变量与卡诺图的行和列之间的关系。这里，符号 A 包含的两行是变量 A 的值为 1 的行；符号 A 未包含的行是 A 为 0 的行；B、C、D 也是如此。

函数的卡诺图一旦被创建，我们往往可以通过注意卡诺图上包含的 1 的排列来为其编写一个简单的代数表达式。其原理如下，任何相邻的两个方块只在其中一个变量上有差异。如果两个相邻的方块都有 1，对应的乘积项只在一个变量上存在差异。在这种情况下，可以通过剔除该变量将两个项合并。例如，在图 12.10a 中，相邻的两个方块分别对应 $\overline{A}B\overline{C}D$ 和 $\overline{A}BCD$ 两个项。因此，所表达的函数是

$$\overline{A}B\overline{C}D + \overline{A}BCD = \overline{A}BD$$

这个过程可以通过几种方式进行扩展。首先，邻接的概念可以扩展到包括环绕卡诺图的边缘。因此，每列的最上与最下面的方块相邻，每行的最左与最右的方块相邻。这些如图 12.10b 和 12.10c 所示。而且，我们不仅可以对 2 个方块进行分组，还可以对 2^n 个相邻方块（即 2、4、8 等）进行分组。图 12.10 中的下三个例子显示了 4 个相邻方块的分组，请注意，在这种情况下可以消除两个变量。最后三个例子显示了 8 个相邻方块的分组，允许消除三个变量。

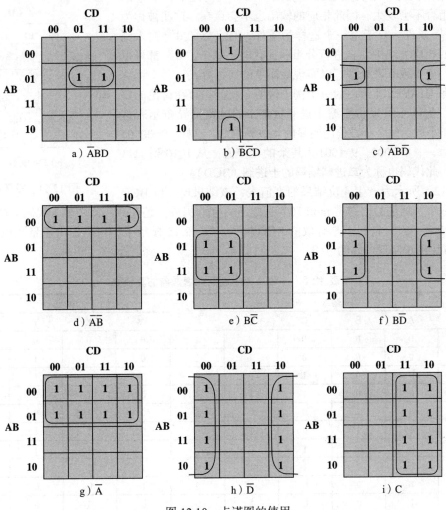

图 12.10 卡诺图的使用

我们可以将简化规则总结如下：

1. 在标记的方块（带 1 的方块）中，找到属于 1、2、4 或 8 的唯一最大块的方块，并圈出这些方块。

2. 圈的个数要最少，并要尽可能大，每个带 1 的方块至少必须圈一次，在某些情况下，结果可能不是唯一的。例如，如果一个标记方块与另外两个方块完全结合，并且没有第四个标记方块来完成一个更大的分组，那么如何选择两个分组就会有不同的结果。带 1 的方块可以被圈多次。

3. 继续圈单个标记的方块，或 2、4、8 等个数的相邻标记方块，使每个标记方块至少属于一个圈，然后使用尽可能少的圈包含所有标记方块。

图 12.11a 基于表 12.4，说明了简化过程。如果在分组之后仍留下任何单独的带 1 的方块，则每个单独的带 1 的方块将作为一个圈。最后，在从卡诺图到简化的布尔表达式之前，可以消除任何由其他组完全重叠的圈，如图 12.11b 所示。在这种情况下，横向的圈是多余的，并且可以在创建布尔表达式时忽略。

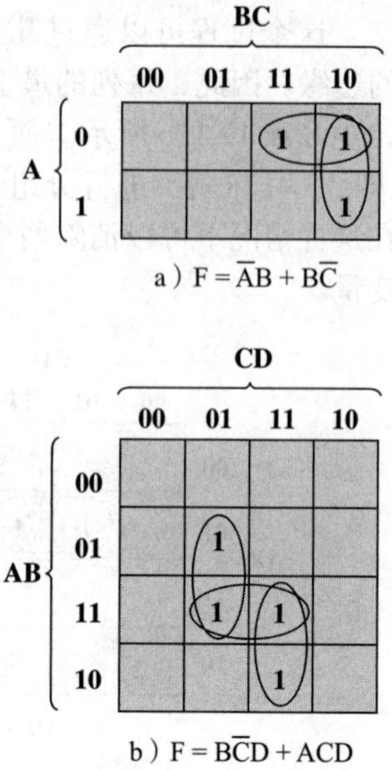

卡诺图的另一个特点也需要提及。在某些情况下，变量的某些值组合不会发生，因此相应的输出也不会存在。这些被称为"不在乎"条件。对于每一个这样的条件，将字母"d"输入到卡诺图的相应方块中。在进行分组和简化时，每个"d"都可以被当作一个 1 或 0 来处理，以实现最简单的表达方式。

文献 [HAYE98] 给出的一个例子说明了我们一直在讨论的要点。我们为一个可以将压缩十进制数加 1 的电路推导布尔表达式。对于小数，每个小数位用明显的 4 位码表示。这样，0=0000，1=0001，…，8=1000，9=1001。其余的 4 位值，从 1010 到 1111 不使用。此代码也称为**二进制编码的十进制**（BCD）。

表 12.5 所示为产生 4 位结果的真值表，该结果比 4 位 BCD 输入多一个。增加的内容是 mod 10。这样，9+1=0。另外，请注意，六个输入代码会产生"不在乎"结果，因为它们不是有效的 BCD 输入。图 12.12 显示了为每个输出变量生成的卡诺图。d 方块用于实现最好的分组。

a) $F = \overline{A}B + B\overline{C}$

b) $F = B\overline{C}D + ACD$

图 12.11　重叠组

表 12.5　一位压缩十进制数增量器的真值表

数字	输入				数字	输出			
	A	B	C	D		W	X	Y	Z
0	0	0	0	0	1	0	0	0	1
1	0	0	0	1	2	0	0	1	0
2	0	0	1	0	3	0	0	1	1
3	0	0	1	1	4	0	1	0	0
4	0	1	0	0	5	0	1	0	1
5	0	1	0	1	6	0	1	1	0
6	0	1	1	0	7	0	1	1	1
7	0	1	1	1	8	1	0	0	0
8	1	0	0	0	9	1	0	0	1
9	1	0	0	1	0	0	0	0	0
	1	0	1	0		d	d	d	d
	1	0	1	1		d	d	d	d
不在乎	1	1	0	0		d	d	d	d
	1	1	0	1		d	d	d	d
	1	1	1	0		d	d	d	d
	1	1	1	1		d	d	d	d

Quine-McCluskey 方法　对于超过 4 个变量，卡诺图方法变得越来越烦琐。有 5 个变量，需要两个 16×16 的卡诺图，其中一个卡诺图被认为在 3 个维度上位于另一个卡诺图之

上，以实现邻接。6 个变量要求使用 4 个 16 × 16 的四维表格！另一种方法是表格技术，称为 Quine-McCluskey 方法。该方法适合在计算机上编程，以提供一种自动工具来产生最小化布尔表达式。

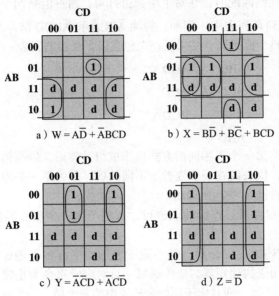

a）$W = A\overline{D} + \overline{A}BCD$ b）$X = B\overline{D} + B\overline{C} + BCD$

c）$Y = \overline{A}C\overline{D} + \overline{A}CD$ d）$Z = \overline{D}$

图 12.12 增量器的卡诺图

这个方法最好用例子来解释。考虑以下表达式：

$$ABCD + AB\overline{C}D ++ AB\overline{C}\overline{D} + A\overline{B}CD + \overline{A}BCD + \overline{A}BC\overline{D} + \overline{A}B\overline{C}D + \overline{A}\,\overline{B}\,\overline{C}D$$

我们假设这个表达式是由一个真值表导出的。我们希望产生一个适合使用门实现的最小表达式。

第一步是构造一个表，其中每一行对应表达式的一个乘积项。这些项按照补码变量的数量进行分组，即我们从没有补码的项开始，如果它存在，那么所有的项都有一个补码，等等。表 12.6 列出了我们示例表达式的列表，用水平线表示分组。为了清晰起见，每个项用每个没有补码变量的 1 和每个补码变量的 0 表示。因此，我们根据它们包含的 1 的数量对项进行分组。索引列只是十进制等价的，在下面的内容中会很有用。

表 12.6 Quine-McCluskey 方法的第一阶段

$(F = ABCD + AB\overline{C}D ++ AB\overline{C}\overline{D} + A\overline{B}CD + \overline{A}BCD + \overline{A}BC\overline{D} + \overline{A}B\overline{C}D + \overline{A}\,\overline{B}\,\overline{C}D)$

乘积项	索引	A	B	C	D	
$\overline{A}\,\overline{B}\,\overline{C}D$	1	0	0	0	1	√
$\overline{A}B\overline{C}D$	5	0	1	0	1	√
$\overline{A}BC\overline{D}$	6	0	1	1	0	√
$AB\overline{C}\overline{D}$	12	1	1	0	0	√
$\overline{A}BCD$	7	0	1	1	1	√
$A\overline{B}CD$	11	1	0	1	1	√
$AB\overline{C}D$	13	1	1	0	1	√
$ABCD$	15	1	1	1	1	√

下一步是找出仅在一个变量中存在差异的所有对项，即除一个变量在其中一个项中为0，另一个项中为1外，其他所有对项都相同。根据对项进行分组的方式，我们可以从第一组开始，把第一组的每项和第二组的每项进行比较。然后将第二组的每项与第三组的所有项进行比较，等等。每当找到匹配时，在每个项旁边打勾，通过消除两个项中不同的变量来合并这一对，并将其添加到新列表中。例如，将项 $\overline{A}BC\overline{D}$ 和 $\overline{A}BCD$ 结合起来产生 $\overline{A}BC$。这个过程一直持续到检查完整个原始表。结果是一个包含以下条目的新表：

$$\overline{A}C D \qquad AB\overline{C} \qquad ABD \sqrt{}$$
$$B\overline{C}D \sqrt{} \qquad ACD$$
$$\overline{A}BC \qquad BCD \sqrt{}$$
$$\overline{A}BD \sqrt{}$$

如上所示，新表以与第一个表相同的方式组织成组。然后，以与第一个表相同的方式处理第二个表。也就是说，检查仅在一个变量上不同的项，并为第三个表生成一个新项。在本例中，生成的第三个表只包含一个项：BD。

一般情况下，该过程将通过连续的表进行，直到产生一个没有匹配的表。在这种情况下，这涉及三个表。

一旦完成了刚才描述的过程，我们就消除了表达式中许多可能的项。如表 12.7 所示，那些没有被消除的项被用于构建矩阵。矩阵的每一行对应于迄今为止使用的任何表格中尚未消除（未检查）的项之一。每一列对应于原始表达式中的一个项。一个被放置在行和列的每个交叉点上，使得行元素与列元素"兼容"。也就是说，行元素中的变量与列元素中的变量具有相同的值。接下来，圈出单独在一列中的每个 X。然后在任何一行中的每个 X 周围放置一个正方形，其中有一个带圆圈的 X。如果每一列现在都有一个正方形或带圆圈的 X，那么我们就完成了，那些 X 已被标记的行元素构成了最小表达式。因此，在我们的示例中，最终表达式是

$$AB\overline{C} + ACD + \overline{A}BC + \overline{A}CD$$

在某些列既没有圆形也没有正方形的情况下，需要进行额外的处理。本质上，我们一直添加行元素，直到所有列都被覆盖。

表 12.7　Quine-McCluskey 方法的最后阶段

$(F = ABCD + AB\overline{C}D ++ AB\overline{C}\overline{D} + A\overline{B}CD + \overline{A}BCD + \overline{A}BC\overline{D} + \overline{A}B\overline{C}D + \overline{A}\overline{B}\overline{C}D)$

	ABCD	AB$\overline{C}$D	AB$\overline{C}\overline{D}$	A$\overline{B}$CD	$\overline{A}$BCD	$\overline{A}$BC$\overline{D}$	$\overline{A}$B$\overline{C}$D	$\overline{A}\overline{B}\overline{C}$D
BD	X	X			X		X	
$\overline{A}$CD							☒	⊗
$\overline{A}$BC					☒	⊗		
AB$\overline{C}$		☒	⊗					
ACD	☒			⊗				

让我们总结一下 Quine-McCluskey 方法，以直观地证明它为什么有效。操作的第一阶段相当简单。这个过程消除了乘积项中不必要的变量。因此，表达式 $ABC+AB\overline{C}$ 等于 AB，因为

$$ABC + AB\overline{C} = AB(C + \overline{C}) = AB$$

在消除变量后，我们剩下一个表达式，它显然等于原始表达式。然而，这个表达式中可

能有冗余项，就像我们在卡诺图中发现的冗余分组一样。矩阵布局确保原始表达式中的每个项都被覆盖，并且以最小化最终表达式中的项数的方式进行覆盖。

　　与非和或非的实现　　布尔函数实现中的另一个考虑因素是所使用的门的类型。有时我们希望仅用与非门或仅用或非门来实现布尔函数。虽然这可能不是最小门实现，但它具有规律性的优势，可以简化制造过程。再次考虑等式（12.3）：

$$F = B(\overline{A} + \overline{C})$$

因为值的补码的补码是原始值，

$$F = B(\overline{A} + \overline{C}) = \overline{(\overline{AB} + B\overline{C})}$$

应用 DeMorgan 定理，

$$F = \overline{(\overline{AB}) \cdot (B\overline{C})}$$

它有三种与非门形式，如图 12.13 所示。

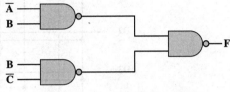

图 12.13　表 12.4 的与非门实现

12.3.2　多路复用器

　　多路复用器将多个输入连接到一个输出。在任何时候，都会选择其中一个输入传递给输出。图 12.14 显示了一个通用框图。这代表 4-1 多路复用器，有 4 条输入线，标记为 D0、D1、D2 和 D3。选择这些线中的一条来提供输出信号 F。为了选择四个可能的输入中的一个，需要一个 2 位选择码，并将其实现成标记为 S1 和 S2 的两条选择线。

　　表 12.8 中的真值表定义了一个 4-1 多路复用器的例子。这是真值表的简化形式。它没有显示输入变量的所有可能组合，而是将输出显示为行 D0、D1、D2 或 D3 的数据。图 12.15 显示了使用与、或和非门的实现。S1 和 S2 以这样的

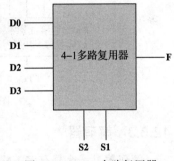

图 12.14　4-1 多路复用器

方式连接到与门，对于 S1 和 S2 的任意组合，其中 3 个与门将输出 0，第四个**与门**将输出选定行的值，该值为 0 或 1。因此，或门的三个输入总是 0，或门的输出将等于所选输入门的值。使用这种规则的组织方式，很容易构造出大小为 8 比 1、16 比 1 等的多路复用器。

表 12.8　4-1 多路复用器真值表

S2	S1	F
0	0	D0
0	1	D1
1	0	D2
1	1	D3

　　多路复用器在数字电路中用于控制信号和数据路由。一个例子是程序**计数器**（PC）的加载。要加载到程序计数器中的值可能来自几个不同的来源之一：

- 一个二进制计数器，如果 PC 要为下一条指令递增。
- 指令**寄存器**，如果使用直接地址的分支指令刚刚被执行。
- ALU 的输出，如果分支指令使用移位模式指定地址。

　　这些不同的输入可以连接到多路复用器的输入线，而个人计算机连接到输出线。选择线决定加载到计算机中的值。因为个人计算机包含多个位，所以使用多个多路复用器，每个位一个。图 12.16 说明了 16 位地址的情况。

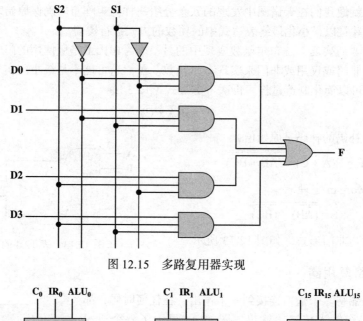

图 12.15　多路复用器实现

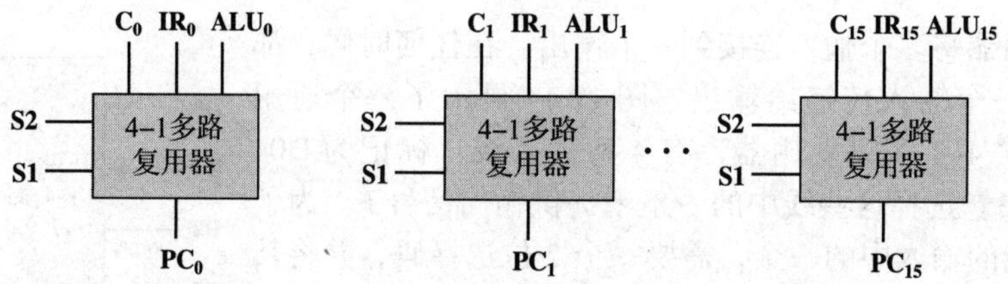

图 12.16　程序计数器的多路复用器输入

12.3.3　解码器

解码器是一个具有多条输出线的组合电路，任何时候只有一条输出线有效。哪个输出线被断言取决于输入线的模式。一般来说，解码器有 n 个输入和 2^n 个输出。图 12.17 显示了一个具有 3 个输入和 8 个输出的解码器。

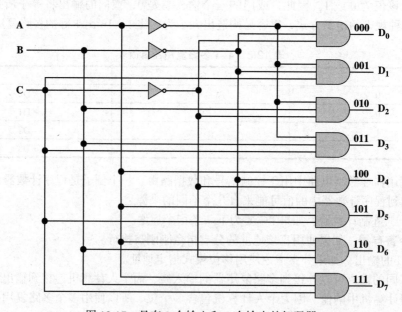

图 12.17　具有 3 个输入和 8 个输出的解码器

解码器在数字计算机中有许多用途。一个例子是地址解码。假设我们希望使用四个 256×8 位随机存取存储器芯片构建一个 1K 字节的存储器。我们想要统一的地址空间，可以分解如下：

地址	芯片
0000~00FF	0
0100~01FF	1
0200~02FF	2
0300~03FF	3

每个芯片需要 8 条地址线，由地址的低 8 位提供。10 位地址的高 2 位用于选择四个随机存取存储器芯片中的一个。为此，使用 2-4 解码器，其输出使能四个芯片之一，如图 12.18 所示。

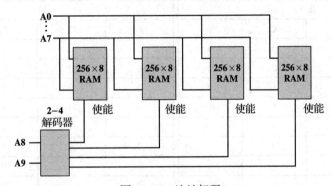

图 12.18 地址解码

有了额外的输入线，解码器可以用作多路分解器。多路分解器执行多路复用器的反函数，它将单个输入连接到几个输出之一，如图 12.19 所示。如前所述，n 个输入被解码以产生 2^n 个输出中的一个。所有 2^n 条输出线都与一条数据输入线相连。因此，n 个输入充当选择特定输出线的地址，并且数据输入线上的值（0 或 1）被路由到该输出线。

图 12.19 中的结构可以用另一种方式来表示。将新的行上的标签从数据输入更改为使能，这允许对解码器的时序进行控制。只有当编码输入存在且使能线的值为 1 时，解码输出才会出现。

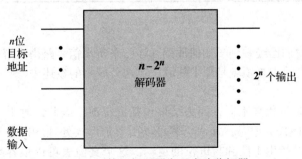

图 12.19 使用解码器实现多路分解器

12.3.4　只读存储器

组合电路通常被称为"无记忆"电路，因为它们的输出仅取决于当前输入，而不保留先前输入的历史。然而，有一种存储器是用组合电路实现的，即**只读存储器**（ROM）。

回想一下，只读存储器是一个只执行读操作的存储单元。这意味着存储在只读存储器中的二进制信息是永久性的，并且是在制造过程中创建的。因此，给定的只读存储器输入（地址线）总是产生相同的输出（数据线）。因为输出只是当前输入的函数，所以只读存储器实际上是一个组合电路。

只读存储器可以用解码器和一组或门来实现。例如，考虑表 12.9。这可以看作一个具有四个输入和四个输出的真值表。对于 16 个可能的输入值中的每一个，显示了相应的一组输出值。它也可以看作定义了一个 64 位只读存储器的内容，由 16 个字组成，每个字 4 位。四个输入指定一个地址，四个输出指定由地址指定的位置的内容。图 12.20 显示了如何使用 4-16 解码器和四个或门来实现这种存储器。与 PLA 一样，使用常规组织并且进行互连以反映期望的结果。

表 12.9   只读存储器真值表

输入				输出			
X_1	X_2	X_3	X_4	Z_1	Z_2	Z_3	Z_4
0	0	0	0	0	0	0	0
0	0	0	1	0	0	0	1
0	0	1	0	0	0	1	1
0	0	1	1	0	0	1	0
0	1	0	0	0	1	1	0
0	1	0	1	0	1	1	1
0	1	1	0	0	1	0	1
0	1	1	1	0	1	0	0
1	0	0	0	1	1	0	0
1	0	0	1	1	1	0	1
1	0	1	0	1	1	1	1
1	0	1	1	1	1	1	0
1	1	0	0	1	0	1	0
1	1	0	1	1	0	1	1
1	1	1	0	1	0	0	1
1	1	1	1	1	0	0	0

12.3.5   加法器

到目前为止，我们已经看到了如何使用互连门来实现信号路由、解码器和只读存储器等功能。一个尚未解决的重要领域是算术领域。在这个简短的概述中，我们将满足于查看加法函数。

二进制加法与布尔代数不同，因为结果包括进位项。因此，对于二进制加法：0+0=0，0+1=1，1+0=1，1+1=10。但是，加法仍然可以用布尔形式处理。在表 12.10a 中，我们展示了添加两个输入位以产生 1 位和与进位的逻辑。这个真值表可以很容易地在数字逻辑中实现。然而，我们对仅仅在一对位上执行加法并不感兴趣。相反，我们希望增加两个 n 位数字。这可以通过将一组加法器组合在一起来完成，以便将**加法器**的进位作为输入提供给下一个。图 12.21 中描述了一个 4 位加法器。

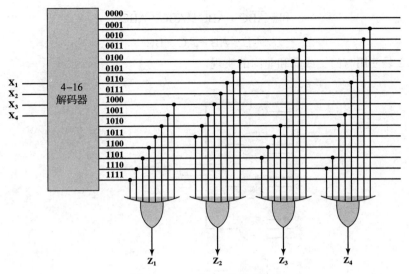

图 12.20 一个 64 位的 ROM

表 12.10 二进制加法真值表

a) 一位加法

A	B	和	进位
0	0	0	0
0	1	1	0
1	0	1	0
1	1	0	1

b) 有进位输入的加法

C_{in}	A	B	和	进位
0	0	0	0	0
0	0	1	1	0
0	1	0	1	0
0	1	1	0	1
1	0	0	1	0
1	0	1	0	1
1	1	0	0	1
1	1	1	1	1

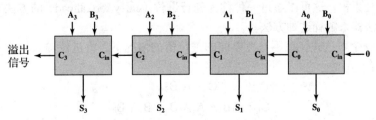

图 12.21 4 位加法器

对于能工作的多位加法器来说，每个单位加法器必须具有三个输入，包括来自下一个低阶加法器的进位。修正后的真值表显示在表 12.10b 中。两个输出可以表示为：

$$和 = \overline{A}\overline{B}C + \overline{A}B\overline{C} + ABC + A\overline{B}\overline{C}$$

$$进位 = AB + AC + BC$$

图 12.22 是使用与门、或门和非门的实现。

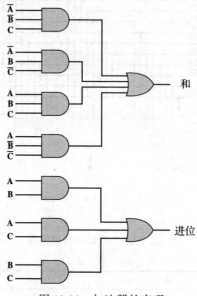

图 12.22　加法器的实现

因此，我们有必要的逻辑来实现如图 12.23 所示的多位加法器。注意，由于每个加法器的输出依赖于前一个加法器的进位，因此从最不重要的位到最重要的位有越来越大的延时。每个单位加法器都会经历一定的门延时，并且这种门延时是累积的。对于较大的加法器，累积延时会变得非常高。

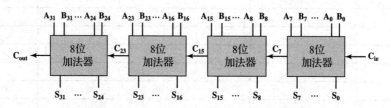

图 12.23　用 8 位加法器构造 32 位加法器

如果能够确定进位值而不必经过前一阶段的所有波动，那么每个单位加法器就可以独立运行，延时不会累积。这可以通过一种称为**先行进位**（carry lookahead）的方法来实现。我们再看看 4 位加法器来解释这种方法。

我们提出一个表达式，在不参考以前的进位值的情况下，将进位输入指定到加法器的任何阶段。我们有

$$C_0 = A_0B_0 \tag{12.4}$$

$$C_1 = A_1B_1 + A_1A_0B_0 + B_1A_0B_0 \tag{12.5}$$

按照同样的步骤，我们得到

$$C_2 = A_2B_2 + A_2A_1B_1 + A_2A_1A_0B_0 + A_2B_1A_0B_0 + B_2A_1B_1 + B_2A_1A_0B_0 + B_2B_1A_0B_0$$

这个过程可以对任意长的加法器重复进行。每个进位项可以用标准操作步骤的形式表示为原始输入的函数，不依赖于进位。因此，不管加法器的长度如何，只出现两级门延时。

对于长数字，这种方法变得过于复杂。计算 n 位加法器最高有效位的表达式需要 2^n-1 个输入的或门和 2^n-1 个从 2 到 $n+1$ 输入的与门。因此，完全先行进位通常一次只完成 4 到 8 位。图 12.23 显示了如何用四个 8 位加法器构建一个 32 位加法器。在这种情况下，进位必须通过四个 8 位加法器波动，但这将大大快于通过 32 个 1 位加法器的波动。

12.4 时序电路

组合电路实现了数字计算机的基本功能。然而，除了只读存储器的特殊情况之外，它们不提供存储器或状态信息，这些元素对数字计算机的操作也是必不可少的。对于后一种情况，使用了一种更复杂形式的数字逻辑电路：**时序电路**（sequential circuit）。时序电路的当前输出不仅取决于当前输入，还取决于输入的历史状态。另一种通常更有用的观点是，时序电路的当前输出取决于该电路的当前输入和当前状态。

在本节中，我们将研究一些简单但有用的时序电路例子。我们将看到，时序电路会采用组合电路。

12.4.1 触发器

时序电路最简单的形式是**触发器**。有各种各样的触发器，它们都有两个共同的属性：

- 触发器是一种双稳态装置。它存在于两种状态之一，并且在没有输入的情况下，保持该状态。因此，触发器可以用作 1 位存储器。
- 触发器有两个输出，它们总是互补的。这些一般被标为 Q 和 $\overline{Q}$。

S-R 锁存器 图 12.24 显示了一种常见的配置，称为 **S-R 触发器**或 **S-R 锁存器**。该电路有两个输入——S（置位）和 R（复位），两个输出——Q 和 $\overline{Q}$，并由两个以反馈方式连接的或非门组成。

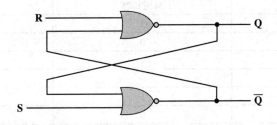

图 12.24 用或非门实现的 S-R 锁存器

首先，让我们证明电路是双稳态的。假设 S 和 R 都为 0，Q 为 0。下面的或非门的输入为 $Q = 0$ 和 $S = 0$。因此，输出 $\overline{Q} = 1$ 意味着上面的或非门的输入为 $\overline{Q} = 1$ 和 $R = 0$，其输出为 $Q = 0$。因此，电路的状态在内部是一致的，只要 $S = R = 0$，就保持稳定。类似的推理表明，对于 $R = S = 0$，状态 $Q = 1$，$\overline{Q} = 0$ 也是稳定的。

因此，该电路可以用作 1 位存储器。我们可以将输出 Q 视为位的"值"。输入 S 和 R 分别用于将值 1 和 0 写入存储器。要看到这一点，考虑状态 $Q = 0$，$\overline{Q} = 1$，$S = 0$，$R = 0$。假设 S 变为值 1。现在，下面的或非门的输入是 $S = 1$，$Q = 0$。经过一段时间延迟 Δt 后，下面的或非门的输出将为 $Q = 0$（见图 12.25）。因此，在这个时间点，上面的或非门的输入变为 $R = 0$，$\overline{Q} = 0$。在另一个门延迟 Δt 之后，输出 Q 变为 1。这又是一个稳定的状态。下面的门的输入现在是 $S = 1$，$Q = 1$，保持输出 $\overline{Q} = 0$。只要 $S = 1$，$R = 0$，输出将保持 $Q = 1$，$\overline{Q} = 0$。此外，如果 S 返回 0，输出将保持不变。

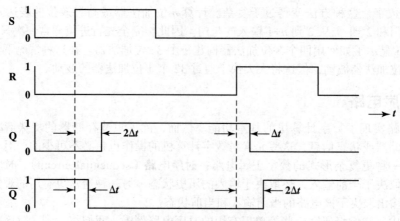

图 12.25　或非 S-R 锁存器时序图

　　R 输出完成相反的功能。当 R 变为 1 时，它强制 Q = 0，$\overline{Q}$ = 1，而不考虑 Q 和 $\overline{Q}$ 的先前状态。同样，在最终状态建立之前，会出现 $2\Delta t$ 的时间延迟（见图 12.25）。

　　S-R 锁存器可以用一个类似真值表的表来定义，称为特性表，它显示时序电路的下一个或多个状态，作为当前状态和输入的函数。在 S-R 锁存器的情况下，状态可以由 Q 值定义。表 12.11a 显示了结果特性表。注意不允许输入 S = 1，R = 1，因为这些会产生不一致的输出（Q 和 $\overline{Q}$ 都等于 0）。该表可以更简洁地表示，如表 12.11b 所示。表 12.11c 显示了 S-R 锁存器的行为。

表 12.11　S-R 锁存器

a）特性表

当前输入	当前状态	下一状态
SR	Q_n	Q_{n+1}
00	0	0
00	1	1
01	0	0
01	1	0
10	0	1
10	1	1
11	0	—
11	1	—

b）简化特性表

S	R	Q_{n+1}
0	0	Q_n
0	1	0
1	0	1
1	1	—

c）对一系列输入的响应

t	0	1	2	3	4	5	6	7	8	9
S	1	0	0	0	0	0	0	0	1	0
R	0	0	0	1	0	0	1	0	0	0
Q_{n+1}	1	1	1	0	0	0	0	0	1	1

时钟 S–R 触发器   S–R 触发器的输出会变化，经过短暂的延时后，以响应输入的变化。这被称为异步操作。更典型的是，数字计算机中的事件与时钟脉冲同步，这样只有当时钟脉冲发生时才会发生变化。图 12.26 显示了这种安排。此设备称为**时钟 S–R 触发器**（clocked S-R flip-flop）。注意，R 和 S 输入只在时钟脉冲期间传递给 NOR 门。

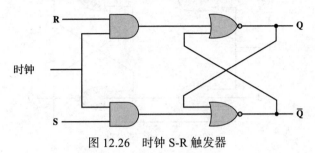

图 12.26　时钟 S–R 触发器

D 触发器   S–R 触发器的一个问题是必须避免 R=1，S=1 的条件。一种方法是只允许一次输入。**D 触发器**实现了这一点。图 12.27 显示了 D 触发器的门电路实现。通过使用逆变器，两个与门的非时钟输入保证是相反的。

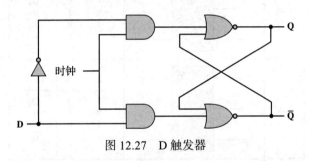

图 12.27　D 触发器

D 触发器有时被称为数据触发器，因为它实际上是存储一位的数据。D 触发器的输出总是等于施加到输入的最近值。因此，它记忆并产生最后的输入。它也被称为延迟触发器，因为它将施加到其输入端的 0 或 1 延迟一个时钟脉冲。我们可以在下面的真值表中得到 D 触发器的逻辑：

D	Q_{n+1}
0	0
1	1

J–K 触发器   另一个有用的触发器是 J–K 触发器。与 S–R 触发器一样，它有两个输入。然而，在这种情况下，所有可能的输入值组合都是有效的。图 12.28 所示为 J–K 触发器的门实现，图 12.29 所示为其特性表（还有 S–R 和 D 触发器的特性表）。注意前三种组合与 S–R 触发器相同。没有断言输入，输出是稳定的；若只断言 J 个输入，则结果为集函数，使得输出为 1；若只断言 K 个输入，则结果为重置函数，使得输出为 0。当 J 和 K 都为 1 时，执行的函数称为 toggle 函数：输出被反转。因此，如果 Q 为 1，J 和 K 为 1，则 Q 变为 0。读者可以验证图 12.28 的实现产生了这个特征函数。

12.4.2 寄存器

作为使用触发器的例子，让我们首先考察 CPU 的一个必不可少的元素：寄存器。正如我们所知，寄存器是 CPU 内部用来存储一位或多位数据的数字电路。常用的寄存器有两种基本类型：并行寄存器和移位寄存器。

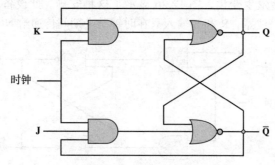

图 12.28　J-K 触发器

名称	图形符号	真值表		
S–R		S	R	Q_{n+1}
		0	0	Q_n
		0	1	0
		1	0	1
		1	1	–
J–K		J	K	Q_{n+1}
		0	0	Q_n
		0	1	0
		1	0	1
		1	1	$\overline{Q_n}$
D		D	Q_{n+1}	
		0	0	
		1	1	

图 12.29　基本触发器

并行寄存器　　**并行寄存器**由一组可以同时读取或写入的 1 位存储器组成。它用于存储数据。我们在本书中讨论的寄存器都是并行寄存器。

图 12.30 的 8 位寄存器说明了使用 D 触发器的并行寄存器的操作。标记为负载（load）的控制信号控制从信号线 D11 到 D18 写入寄存器。这些线路可能是多路复用器的输出，从而可以将来自多种源的数据加载到寄存器中。

移位寄存器　　**移位寄存器**串行接受或传递信息。举例来说，图 12.31 显示了一个由时钟 D 触发器构造的 5 位移位寄存器。数据只输入到最左边的触发器。每一个时钟脉冲，数据被转移到右边一个位置，最右边的位被转移出去。

移位寄存器可以用来连接串行输入输出设备。此外，它们可以在算术逻辑单元中用于执行逻辑移位和旋转功能。在后面这种情况下，它们需要配备并行读 / 写电路以及串行电路。

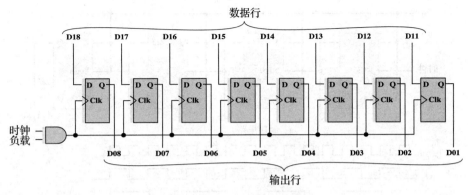

图 12.30　8 位并行寄存器

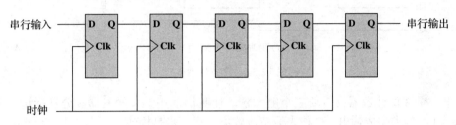

图 12.31　5 位移位寄存器

12.4.3　计数器

时序电路的另一个有用类别是**计数器**。计数器是一个寄存器，其值很容易以寄存器容量的 1 为模递增；也就是说，在达到最大值后，下一个增量将计数器值设置为 0。因此，由 n 个触发器组成的寄存器可以计数到 2^n-1。CPU 中计数器的一个例子是程序计数器。

计数器可以被指定为异步或同步，这取决于它们的操作方式。异步计数器相对较慢，因为一个触发器的输出触发下一个触发器状态的变化。在**同步计数器**中，所有触发器同时改变状态。后一种类型的速度要快得多，是 CPU 使用的那种。然而，从异步计数器的描述开始讨论是有必要的。

纹波计数器　　异步计数器也被称为**纹波计数器**，因为要增量计数器发生的变化从一端开始，"纹波"通过到另一端。图 12.32 显示了一个使用 J-K 触发器的 4 位计数器的实现，以及说明其行为的时序图。时序图是理想化的，因为它不显示当信号沿着一系列触发器移动时发生的传播延迟。最左边触发器（Q_0）的输出是最不重要的位。通过级联更多的触发器，该设计可以明显地扩展到任意位。

在图示的实现中，计数器随着每个时钟脉冲而递增。每个触发器的 J 和 K 输入保持为常数 1。这意味着，当有时钟脉冲时，Q 处的输出将反转（1 到 0；0 到 1）。请注意，状态变化显示为发生在时钟脉冲的下降沿；这就是所谓的边沿触发触发器。在复杂电路中，使用响应时钟脉冲而不是脉冲本身的触发器可以提供更好的时序控制。观察这个计数器的输出模式，可以看到它循环通过 0000，0001，…，1110，1111，0000，等等。

同步计数器　　纹波计数器的缺点是改变值时会有延迟，延迟与计数器的长度成正比。为了克服这个缺点，CPU 使用同步计数器，其中计数器的所有触发器同时改变。在本小节中，我们将介绍一种 3 位同步计数器的设计。在此过程中，我们将说明同步电路设计中的一些基本概念。

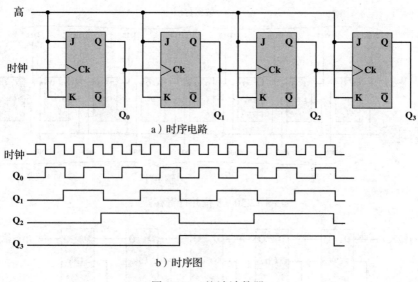

a）时序电路

b）时序图

图 12.32 纹波计数器

对于一个 3 位计数器，需要三个触发器。让我们使用 J–K 触发器。分别标记三个触发器 C、B 和 A 的未完成输出，C 代表最高有效位。第一步是构建一个真值表，将 J–K 输入和输出联系起来，以便我们设计整个电路。这样的真值表如图 12.33a 所示。前三列显示了输出 C、B 和 A 的可能组合。它们按照计数器递增时出现的顺序列出。每行列出了 C、B 和 A 的当前值，以及达到下一个 C、B 和 A 值所需的三个触发器的输入。

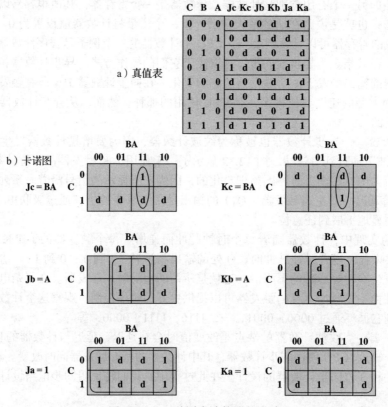

图 12.33 一种同步计数器的设计

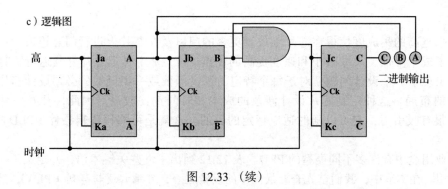

c）逻辑图

图 12.33 （续）

为了理解图 12.33a 真值表的构造方式，重铸 J–K 触发器的特性表可能会有所帮助。回想一下，该表如下所示：

J	K	Q_{n+1}
0	0	Q_n
0	1	0
1	0	1
1	1	$\overline{Q_{n+1}}$

在这个表格中，显示了 J 和 K 输入对输出的影响。现在考虑相同信息的以下组织：

Q_n	J	K	Q_{n+1}
0	0	d	0
0	1	d	1
1	d	1	0
1	d	0	1

在此表中，提供了在已知输入和当前输出时的下一个输出的值。这正是设计计数器或实际上任何顺序电路所需的信息。在这种形式中，该表被称为**激励表**（excitation table）。

让我们返回讨论图 12.33a。考虑第一行，我们希望 C 的值保持 0，B 值为 0，A 的值随着一个时钟脉冲的下一次应用从 0 到 1。激励表表明，要保持 0 的输出，必须有 J=0 的输入，不关心 K。要实现从 0 到 1 的转换，输入必须是 J=1 和 K=d。这些值在表的第一行中显示。通过类似的推理，表的其余部分可以填写。

构造了图 12.33a 的真值表后，可以看到该表显示了 C、B 和 A 的当前值所要求的所有 J 和 K 输入的值。借助卡诺图，可以为这 6 个函数建立布尔表达式。这一点如图 12.33b 所示。例如，变量 Ja（产生 A 输出的触发器的 J 输入）的卡诺图产生表达式 Ja=BC。当全部推导出 6 个表达式时，设计实际电路是一件直截了当的事情，如图 12.33c 所示。

12.5 可编程逻辑器件

到目前为止，我们已经把单独的门当作块来处理，以实现任意的功能。设计者可以采取一种策略，通过操作相应的布尔表达式，最小化使用的门数。

随着集成电路提供的集成度的提高，我们还有其他一些考虑因素。早期的集成电路使用小规模集成电路（SSI），在芯片上提供一到十个门。在迄今描述的构建方法中，每个门都是独立处理的。为了构造一个逻辑函数，在印刷电路板上布置了许多芯片，并制作了合适的引脚接口。

越来越高的集成度使得在芯片上放置更多的门以及在芯片上进行门互连成为可能。这就产生了成本降低、尺寸减小和速度提高的优点（因为片上延迟比片外延迟持续时间短）。然而，出现了一个设计问题，对于每个特定的逻辑函数或一组函数，必须设计芯片上的门和接口的布局。这种定制芯片设计涉及的成本和时间都比较高。因此，开发一种通用芯片变得很有吸引力，它可以随时适应特定的目的。这就是**可编程逻辑器件**（PLD）的设计意图。

商业用途中有许多不同类型的 PLD。表 12.12 列出了一些关键术语，并定义了一些最重要的类型。在本节中，我们首先查看最简单的设备之一，可编程逻辑阵列（PLA），然后介绍最重要和使用最广泛的 PLD 类型，即现场可编程门阵列（FPGA）。

表 12.12　PLD 术语

可编程逻辑器件（PLD）	一个总称，是指用于实现数字硬件的任何类型的集成电路，其中的芯片可由最终用户配置，以实现不同的设计。对这样的设备进行编程往往涉及将芯片放置到专门的编程单元中，但有些芯片也可以配置"在系统中"。也称为现场可编程器件（FPD）
可编程逻辑阵列（PLA）	是一个相对较小的 PLD，包含两个层次的逻辑，一个 AND 平面和一个 OR 平面，其中两个层次都是可编程的
可编程阵列逻辑（PAL）	一个相对较小的 PLD，它有可编程的 AND 平面，然后是固定的 OR 平面
简单可编程逻辑器件（SPLD）	PLA 或 PAL
复杂可编程逻辑器件（CPLD）	一种更复杂的可编程逻辑器件，它由单个芯片上多个类似 SPLD 的块组成
现场可编程门阵列（FPGA）	是一种通用结构的 PLD，允许非常高的逻辑容量。CPLD 具有大量输入（AND 平面）的逻辑资源，而 FPGA 则提供更窄的逻辑资源。FPGA 也提供了比 CPLD 更高的触发器与逻辑资源的比率
逻辑块	一个相对较小的电路块，在 FPD 中复制在数组中。在 FPD 中实现电路时，首先被分解为较小的子电路，每个子电路都可以映射成逻辑块。逻辑块这一术语主要是在 FPGA 中使用的，但也可以指 CPLD 中的电路块

12.5.1　可编程逻辑阵列

PLA 基于这样一个事实：任何布尔函数（真值表）都可以用乘积和（SOP）形式表示，正如我们所见。PLA 由片上非、与和或门的规则排列组成。每个芯片的输入都通过一个非门，这样每个输入和它的补码都可以被每个与门所利用。每个与门的输出可供每个或门使用，每个或门的输出是一个芯片输出。通过建立适当的连接，可以实现任意的 SOP 表达式。

图 12.34a 显示了具有三个输入、八个门和两个输出的 PLA。左边是可编程的与阵列。通过在任何 PLA 输入或其非输入和任何与门输入之间建立连接，在它们的交叉点连接相应的线，对与阵列进行编程。右边是一个可编程的或阵列，包括将与门输出连接到或门输入。大多数大型 PLA 包含数百个门、15 至 25 个输入和 5 至 15 个输出。直到编程的时候，才指定从输入到与门以及从与门到或门的连接。

PLA 以两种不同的方式制造，以便于编程（连接）。首先，每个可能的连接都是通过每个交叉点上的保险丝实现的。然后，可以通过熔断保险丝来移除不需要的连接。这种类型的 PLA 被称为现场可编程逻辑阵列（FPLA）。或者，在芯片调试过程中，可以使用为特定互连模式提供的相应的掩模来进行适当的连接。在这两种情况下，PLA 都提供了一种灵活、廉价的实现数字逻辑功能的方法。

图 12.34b 显示了实现两个布尔表达式的编程 PLA。

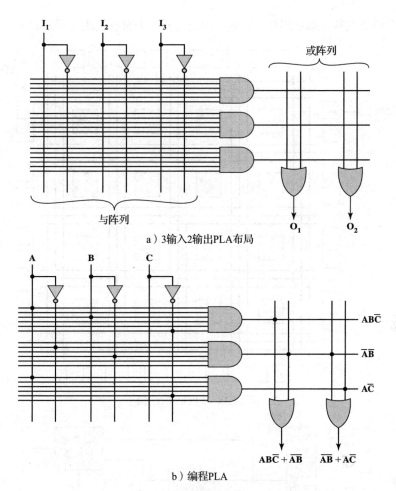

a）3输入2输出PLA布局

b）编程PLA

图 12.34 可编程逻辑阵列的一个例子

12.5.2 现场可编程门阵列

PLA 是一个简单的 PLD（SPLD）的例子，严格的 SPLD 体系结构增加容量的难点在于可编程逻辑平面的结构随着输入数量的增加，尺寸增长过快。基于 SPLD 结构提供大容量器件的唯一可行方法是将多个 SPLD 集成到单个芯片上，并提供互连，使 SPLD 块程序化地连接在一起。目前市场上许多商用 PLD 产品都是以这种基本结构存在的，统称为复杂 PLD（Complex PLD），其中最重要的 CPLD 类型是 FPGA。

现场可编程门阵列由一组未提交的电路元件（称为**逻辑块**）和互连资源组成。典型的现场可编程门阵列结构如图 12.35 所示。现场可编程门阵列的关键组件如下：

- **逻辑块**：可配置的逻辑块是用户电路进行计算的地方。
- **输入 / 输出块**：输入 / 输出块将输入 / 输出引脚与芯片上的电路相连接。
- **互连**：这些是可用于在输入 / 输出块和逻辑块之间建立连接的信号路径。

逻辑块可以是组合电路或时序电路。本质上，逻辑块的编程是通过下载逻辑函数真值表的内容来完成的。图 12.36 显示了一个简单的逻辑模块示例，由一个 D 触发器、一个 2-1 多路复用器和一个 16 位**查找表**（lookup table）组成。查找表是由 16 个 1 位元素组成的存储器，因此需要 4 条输入线来选择 16 位中的一位。较大的逻辑块具有较大的查找表和多个互连的查找表。由查找表实现的组合逻辑可以直接输出，也可以存储在 D 触发器中同步输出。一个单独的一位存储器控制多路复用器，以确定输出是直接来自查找表还是来自触发器。

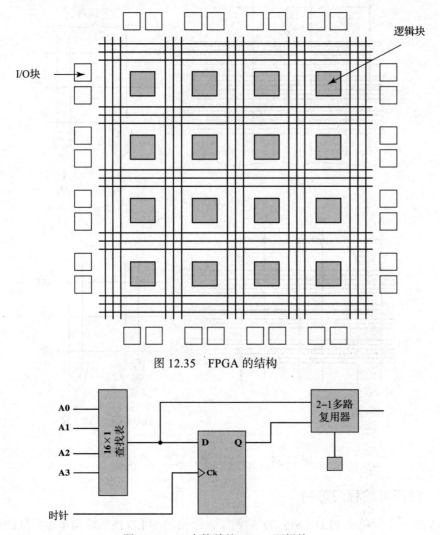

图 12.35 FPGA 的结构

图 12.36 一个简单的 FPGA 逻辑块

通过互连许多逻辑块，可以容易地实现非常复杂的逻辑功能。

12.6 关键词和习题

关键词

adder：加法器	graphical symbol：图形符号
AND gate：与门	J–K flip-flop：J–K 触发器
assert：断言	Karnaugh map：卡诺图
Boolean algebra：布尔代数	logic block：逻辑块
clocked S-R flip-flop：时钟 S–R 触发器	lookup table：查找表
D flip-flop：D 触发器	multiplexer：多路复用器
gates：门	NAND gate：与非门

NOR：或非

OR gate：或门

parallel register：并行寄存器

combinational circuit：组合电路

complex PLD（CPLD）：复杂可编程逻辑器件

counter：计数器

decoder：解码器

product of sums（POS）：总和的乘积

programmable array logic（PAL）：可编程阵列逻辑

programmable logic array（PLA）：可编程逻辑阵列

programmable logic device（PLD）：可编程逻辑器件

Quine–McCluskey method：Quine–McCluskey 方法

read-only memory（ROM）：只读存储器

register：寄存器

excitation table：激励表

field-programmable gate array（FPGA）：现场可编程门阵列

flip-flop：触发器

ripple counter：纹波计数器

sequential circuit：时序电路

shift register：移位寄存器

simple PLD（SPLD）：简单可编程逻辑器件

sum of products（SOP）：乘积总和

synchronous counter：同步计数器

S–R Latch：S–R 锁存器

truth table：真值表

XOR gate：异或门

习题

12.1 为以下布尔表达式构造真值表：

　　a. $ABC + \overline{A}\overline{B}\overline{C}$

　　b. $ABC + A\overline{B}\overline{C} + \overline{A}\overline{B}\overline{C}$

　　c. $A(\overline{B}C + B\overline{C})$

　　d. $(A + B)(A + C)(\overline{A} + \overline{B})$

12.2 根据交换律简化下列表达式：

　　a. $A \cdot \overline{B} + \overline{B} \cdot A + C \cdot D \cdot E + \overline{C} \cdot D \cdot E + E \cdot \overline{C} \cdot D$

　　b. $A \cdot B + A \cdot C + B \cdot A$

　　c. $(L \cdot M \cdot N)(A \cdot B)(C \cdot D \cdot E)(M \cdot N \cdot L)$

　　d. $F \cdot (K + R) + S \cdot V + W \cdot \overline{X} + V \cdot S + \overline{X} \cdot W + (R + K) \cdot F$

12.3 将 DeMorgan 定理应用于以下等式：

　　a. $F = \overline{V + A + L}$

　　b. $F = \overline{A} + \overline{B} + \overline{C} + \overline{D}$

12.4 简化以下表达式：

　　a. $A = S \cdot T + V \cdot W + R \cdot S \cdot T$

　　b. $A = T \cdot U \cdot V + X \cdot Y + Y$

　　c. $A = F \cdot (E + F + G)$

　　d. $A = (P \cdot Q + R + S \cdot T)T \cdot S$

　　e. $A = \overline{\overline{D} \cdot \overline{D} \cdot E}$

　　f. $A = Y \cdot (W + X + \overline{\overline{Y} + \overline{Z}}) \cdot Z$

　　g. $A = (B \cdot E + C + F) \cdot C$

12.5 用基本布尔运算与、或和非构造异或运算。

12.6 给定一个或非门和多个非门，画一个逻辑图，它将执行将三个输入与的功能。

12.7 写出四输入与非门的布尔表达式。

12.8　组合电路用于控制十进制数字的七段显示，如图 12.37 所示。该电路有四个输入，提供十进制表示中使用的四位代码（$0_{10}= 0000$，…，$9_{10}= 1001$）。七个输出定义了哪些段将被激活以显示给定的十进制数字。请注意，有些输入和输出的组合不需要。

　　a. 画出这个电路的真值表。

　　b. 用 SOP 的形式表达真值表。

　　c. 用 POS 的形式表达真值表。

　　d. 写出简化的表达式。

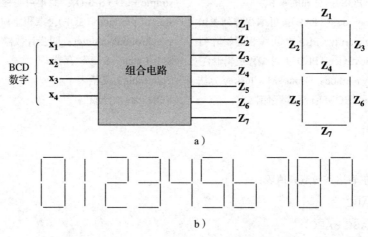

图 12.37　七段发光二极管显示示例

12.9　设计一个 8-1 多路复用器。

12.10　在图 12.17 中增加一条线，使其起到多路解码器的作用。

12.11　格雷码是整数的二进制码。它不同于普通的二进制表示，因为任何两个数字的表示之间只有一位发生变化。这对于计数器或模数转换器等产生数字序列的应用非常有用。因为一次只有一位发生变化，所以不会因为微小的时序差异而产生任何歧义。代码的前八个元素是

二进制码	格雷码
000	000
001	001
010	011
011	010
100	110
101	111
110	101
111	100

设计一个从二进制码到格雷码的转换电路。

12.12　使用四个 3×8 解码器（带使能输入）和一个 2×4 解码器设计一个 5×32 解码器。

12.13　仅用五个门实现图 12.22 的全加器。（提示：有些门是**异或门**。）

12.14　考虑图 12.22。假设每个门产生 10 ns 的延迟。因此，求和输出在 20 ns 后有效，进位输出在 20 ns 后有效。32 位加法器的总加法时间是多少？

　　a. 实现时没有先行进位，如图 12.21 所示。

　　b. 用先行进位和 8 位加法器实现，如图 12.23 所示。

12.15 S–R 锁存器的另一种形式具有与图 12.24 相同的结构，但使用与非门而不是或非门。

a. 针对用与非门实现的 S–R 锁存器重新做表 12.11a 和表 12.11b。

b. 完成下表，类似于表 12.11c。

t	0	1	2	3	4	5	6	7	8	9
S	0	1	1	1	1	0	0	1	0	1
R	1	1	0	1	0	1	1	1	0	0

12.16 考虑图 12.29 中 S–R 触发器的图形符号。添加额外的线来描绘从 S–R 触发器到 D 触发器的连接。

12.17 写出具有三个输入（C，B，A）和四个输出（O_0，O_1，O_2，O_3）的 PLA 的结构，输出定义如下：

$$O_0 = \overline{A}\overline{B}C + A\overline{B} + AB\overline{C}$$

$$O_1 = \overline{A}\overline{B}C + AB\overline{C}$$

$$O_2 = C$$

$$O_3 = A\overline{B} + AB\overline{C}$$

12.18 PLA 的一个有趣的应用是从旧的、过时的穿孔卡片字符代码转换成 ASCII 代码。过去在计算机中非常流行的标准穿孔卡片有 12 行 80 列可以打孔。每列对应一个字符，因此每个字符都有一个 12 位代码。然而，实际上只使用了 96 个字符。考虑一个读取穿孔卡片并将字符代码转换为 ASCII 的应用程序。

a. 描述此应用程序的 PLA 实现。

b. 这个问题使用 ROM 能解决吗？解释一下。

Computer Organization and Architecture: Designing for Performance, Eleventh Edition

指令集与汇编语言

指令集：特征和功能

学习目标

学习完本章后，你应该能够：

- 概述**机器指令**的基本特征。
- 描述传统机器指令集中运用的操作数的类型。
- 概述 x86 和 ARM 的数据类型。
- 描述传统机器指令集支持的操作数类型。
- 概述 x86 和 ARM 的操作类型。
- 理解**大端**、**小端**和**双端**的区别。

本书讨论的大部分内容对于计算机用户或程序员来说，实际上是看不到的。像使用 Pascal 或 Ada 那样，高级语言的编程人员看到的只是机器低层结构的很少一部分。

对一台计算机而言，把计算机设计人员和计算机编程人员衔接而又区分开的分界是机器指令集。以设计人员的观点来看，机器指令集提出了对中央处理器（CPU）的功能性需求，实现 CPU 的任务大部分都涉及机器指令集的实现。从用户观点来看，选取以机器语言（实际上是以汇编语言，见第 15 章）编程的用户必定要通晓机器所直接支持的寄存器和存储器结构、数据类型，以及算术逻辑单元（ALU）的功能。

对计算机机器语言的描述有助于了解计算机的 CPU。因此，本章和下一章将集中讨论机器指令。

13.1 机器指令特征

CPU 的操作由它所执行的指令确定。这些指令称为机器指令或计算机指令。CPU 能执行的各种不同指令的集合称为 CPU 的指令集。

13.1.1 机器指令要素

每条机器指令必定包含处理器执行该指令所需的信息。图 13.1 和图 3.6 一样，其中展示了指令执行步骤，也隐含地定义了机器指令要素。这些要素如下所示。

- **操作码**（operation code）：指定将要完成的操作（如 ADD、I/O 等）。这些二进制代码常被称为**操作码**（opcode）。
- **源操作数引用**（source operand reference）：操作会涉及一个或多个源操作数，这是操作所需的输入。
- **结果操作数引用**（result operand reference）：操作可能产生一个结果：
- **下一条指令引用**（next instruction reference）：它告诉处理器这条指令执行完成后到哪儿去取下一条指令。

待取的下一条指令地址可能是一个实地址（real address），也可能是一个虚地址（virtual address），这取决于具体的计算机体系结构。通常来说，这个问题跟指令集无关。大多数情况下，待取的下一条指令位于当前指令之后，此时指令中没有显式引用。当需要显式引用时，则指令中必须提供主存或虚拟存储器的地址。地址提供的形式将在第 14 章讨论。

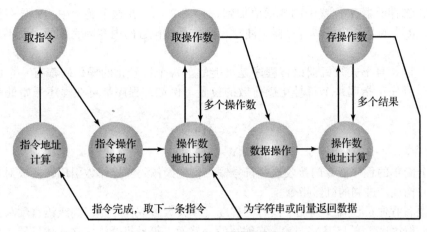

图 13.1　指令周期状态图

源和结果操作数可能位于如下 4 个范围内：

- **主存或虚存**：与下一条指令的引用一样，必须提供主存或虚存的地址。
- **处理器寄存器**：除极少数例外，一个处理器总有一个或多个能被机器指令所访问的寄存器。若只有一个寄存器，对它的引用可以是隐式的；若不止一个寄存器，则每个寄存器都要指定一个唯一的名字或编号，指令提供所需寄存器的寄存器号。
- **立即数**：操作数的值直接保存在当前执行指令的某个字段中。
- **I/O 设备**：需要 I/O 操作的指令必须指定 I/O 模块或设备。若使用存储器映射（memory-mapped）I/O 方式，那么形式上将是另一个主存或虚存地址。

13.1.2　指令表示

在计算机内部，指令由一个位串来表示。对应于指令的各要素，这个位串划分成几个字段。图 13.2 显示了一个简单的指令格式（instruction format）例子。另一个例子是示于图 1.7 的 IAS 指令格式。大多数指令集使用不止一种指令格式。指令执行期间，一条指

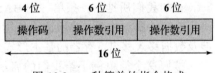

图 13.2　一种简单的指令格式

令被读入到处理器的指令寄存器（IR）中，处理器必须能从各个指令字段中提取数据来完成所需操作。

无论是编程人员还是相关图书的读者，都很难与机器指令的二进制表示法直接打交道。于是，普遍使用的是机器指令的符号表示法（symbolic representation）。表 1.1 中的 IAS 指令就是这样一个例子。

操作码被缩写成助记符（mnemonic）来表示。一般的例子如下所示：

ADD——加

SUB——减

MUL——乘

DIV——除

LOAD——由存储器装入

STOR——保存到存储器

操作数也可用符号来表示。例如，指令：

ADD R, Y

意味着，它将存储器 Y 位置中的数据值加到寄存器 R 上。在这个例子中，Y 是存储器某位置的地址，R 指的是一个具体寄存器。注意，操作是对位置的内容来完成的，而不是对它的地址。

于是，以符号形式写机器语言程序是可能的。每个符号化的操作码都有一个固定的二进制表示，程序员指明每个符号化操作数的位置。例如，程序员可在程序开始处写出下列定义：

$$X = 513$$
$$Y = 514$$

等等。一个简单的程序能专门接收这些符号输入，把操作码和操作数引用转换成对应的二进制形式，并构成二进制的机器指令。

机器语言程序员已稀少到几乎没有的程度。今天大多数程序是以高级语言编写的，或至少也是以汇编语言（第 15 章将讨论）来编写的。然而，符号机器语言在描述机器指令方面仍是有用的工具，因此我们还将使用它来学习有关机器指令的知识。

13.1.3 指令类型

考虑能用 BASIC 或 FORTRAN 表示的高级语言指令。例如：

$$X = X + Y$$

这条语句指挥计算机将存于 Y 的值加到存于 X 的值并将结果放入 X 中。用机器指令如何完成它？让我们假定 X 和 Y 变量相应于位置 513 和 514。若假定有一个简单机器指令集，这个操作能以如下三条指令完成：

1. 将存储器位置 513 的内容装入一个寄存器。
2. 把存储器位置 514 的内容与上述寄存器的内容相加并保存到该寄存器中。
3. 将此寄存器的内容存入存储器的 513 位置中。

正如我们所见，一条单一的 BASIC 指令可能需要三条机器指令。这是高级语言和机器语言之间的典型关系。高级语言使用变量，以简明的代数形式来表达操作。而机器语言是以涉及数据移入移出寄存器的基本形式来表达操作的。

按照这个简单例子给我们的启示，让我们考虑一个具体的计算机中必须包括的指令类型。计算机应该有允许用户表达任何数据处理任务的一组指令。另一方面是考虑高级语言的编程能力。任何以高级语言编写的程序，都必须转换成机器语言才能执行。于是，机器指令的集合必须充分，足以表示任何高级语言的指令形式。基于这些考虑，可将指令分类成：

- **数据处理**：算术和逻辑指令；
- **数据存储**：将数据移入 / 移出寄存器或存储器的指令；
- **数据传送**：I/O 指令；
- **控制**：测试和分支（branch）指令。

算术指令提供了处理数值型数据的计算能力。逻辑（布尔）指令是对字中的位进行操作，这些位不再看成数值位，因此提供了处理任何用户想使用的其他数据类型的能力。这些操作主要是对处理器寄存器中的数据进行的。因此，必须有存储器指令，以便在存储器和寄存器之间传送数据。需要有 I/O 指令将程序和数据装载到存储器并将计算结果返给用户。测试指令用于测试数据字的值或计算的状况。分支指令则用于依据判定条件是否成立，转移到另一组指令上去。

本章稍后将更详细地考察各类指令。

13.1.4 地址数目

描述处理器结构的一种传统方式是依据每条指令包含的地址数。随着日益增长的处理器设计的复杂性，这种量度已变得没什么意义。然而，对于规划和分析来说，无论如何它还是有用的。

一条指令需要的最大地址数是多少？很显然，算术和逻辑指令要求的操作数最多。实际上，所有算术和逻辑运算或是一元的（一个源操作数）或是二元的（两个源操作数）。于是，我们将最多需要两个地址来访问源操作数。运算的结果必须被存储，这暗示需要第三个地址用于定义目的操作数（destination operand）。最后，完成一条指令后必须取得下一条指令，这又需要指令地址。

上述推理过程暗示，指令似乎需要有 4 个地址引用：两个源操作数、一个目的操作数，以及下一条指令地址。实际上，在大多数系统中，指令使用一个、两个或三个操作数地址，下一条指令地址为隐含的（由程序计数器得到）。很多系统包含一些特殊指令，它们有更多的操作数。例如第 14 章所描述的 ARM 处理器，其装载（load）和保存（store）指令组可以在单条指令中使用多达 17 个寄存器操作数。

图 13.3 比较了能用来完成 Y =（A−B）/[C +（D×E）] 计算的典型的单地址、双地址和三地址的指令。使用三地址，每条指令可指定两个源操作数位置和一个目的操作数位置。因为我们希望不更改任一操作数的值，故使用 T 暂存中间结果。注意，原始的表达式有 5 个操作数，而使用三地址只需要 4 条指令。

指令		注释
SUB	Y, A, B	Y ← A − B
MPY	T, D, E	T ← D×E
ADD	T, T, C	T ← T + C
DIV	Y, Y, T	Y ← Y ÷ T

a）三地址指令

指令		注释
MOVE	Y, A	Y ← A
SUB	Y, B	Y ← Y − B
MOVE	T, D	T ← D
MPY	T, E	T ← T×E
ADD	T, C	T ← T + C
DIV	Y, T	Y ← Y ÷ T

b）二地址指令

指令		注释
LOAD	D	AC ← D
MPY	E	AC ← AC * E
ADD	C	AC ← AC + C
STOR	Y	Y ← AC
LOAD	A	AC ← A
SUB	B	AC ← AC − B
DIV	Y	AC ← AC ÷ Y
STOR	Y	Y ← AC

c）单地址指令

图 13.3 执行 Y=（A−B）/[C +（D×E）] 的程序

三地址的指令格式不普遍，因为指令格式要容纳 3 个地址引用，所以指令格式相对要更长。如果采用双地址指令完成一次二元运算，那么一个地址必须承担双重任务，既用做源操作数又用做结果。于是 SUB Y, B 指令执行 Y−B 计算并将结果保存于 Y 中。双地址格式降低了空间需求，但也引入了一些麻烦。为避免更改一个操作数的值，要使用 MOVE 指令在完成运算之前将一个值传到最终或临时位置上去。在图 13.3 示范的例子中，用两地址指令的话需要 6 条指令。

最简单的还是单地址指令。为使它能够工作，第二个地址必须是隐含的。这在早先的机器中是很普遍的，其隐含地址是被称为**累加器**（accumulator，AC）的 CPU 寄存器。累加器提供一个操作数，且结果被保存回累加器。图 13.3 中的例子完成同样的任务需要 8 条单地址指令。

事实上，对于某些指令还可能有"零地址"格式。零地址指令可用于称为栈（stack）的专门存储器组织中。栈是一种后入先出的结构，位于某个已知的位置，通常栈顶部至少两个元素是放在 CPU 寄存器中的。于是，零地址指令能访问栈顶的两个元素。附录 E 给出了对栈的描述，本章稍后以及第 14 章将进一步说明栈的使用。

表 13.1 总结了具有 0、1、2 或 3 个地址的指令的解释。表中的每种情况都假定下一条指令地址是隐含的，指令的运算都是对两个源操作数进行，并产生一个结果操作数。

每条指令的地址数目是基本的设计决策。每条指令中的地址数目越少，则指令的长度越短，指令也更原始（不需要复杂的 CPU）。另一方面，它又会使程序的总

表 13.1 指令地址的利用（非分支指令）

地址数	符号表示	解释
3	OP A, B, C	A ← B OP C
2	OP A, B	A ← A OP B
1	OP A	AC ← AC OP A
0	OP	T ← (T–1) OP T

注：AC——累加器；T——栈顶；（T–1）——栈第二个元素的内容；A、B、C——存储器或寄存器位置。

的指令条数更多，而导致执行时间更长，程序也更长、更复杂。还有，在单地址指令和多地址指令之间存在一个重要的分界点。对单地址指令来说，程序员通常只有一个通用寄存器（即累加器）可利用。而对于多地址指令，普遍有多个通用寄存器可用。这就允许某些运算只使用寄存器即可完成。因为寄存器访问要比存储器访问快得多，从而使得执行加快。为了获得灵活性和能够使用多个寄存器，大多数当代计算机采用了双地址和三地址指令的混合方式。

涉及每条指令地址数目选择的设计权衡被其他因素复杂化了。一个需要考虑的设计问题是引用到存储器位置还是寄存器。因为寄存器的数目总是不太多，因此寄存器引用只需要少数几位即可。还有，正如下一章将会看到的，一台机器会有多种寻址方式，为指定这些方式也要占用指令的一位或几位。结果是，大多数处理器设计成有多种指令格式。

13.1.5 指令集设计

计算机设计的一个最有趣、最受关注的方面是指令集的设计。指令集的设计是一件很复杂的事情，因为它影响着计算机系统的诸多方面。指令集定义了处理器应完成的多数功能，因此它对处理器的实现有着显著的影响。指令集也是程序员控制处理器的方式。于是，设计指令集时必须考虑程序员的要求。

当你知道，在有关指令集设计的最根本方面还存在某些争议时，你一定会感到惊奇。事实确实如此。最近几年这种分歧的程度实际上还在增长。这些最基础的设计出发点中，最重要的包括：

- **操作指令表**（operation repertoire）：应提供多少和什么样的操作，操作的复杂度如何。
- **数据类型**（data type）：对哪几种数据类型完成操作。
- **指令格式**（instruction format）：指令的长度（位）、地址数目、各个字段的大小等。
- **寄存器**（register）：能被指令访问的处理器寄存器数目以及它们的用途。
- **寻址模式**（addressing）：指定操作数地址的产生方式。

这些出发点是紧密相关的，设计指令集时必须一起考虑。当然，本书只能依次考察它们，但我们也会努力说明其相关性。

因为这些主题的重要性，第三部分的许多篇幅将用于介绍指令集设计。在本节综述之

后，本章将考察数据类型和操作指令表。第 14 章将考察寻址模式（其中也包括寄存器的考虑）和指令格式。第 17 章将考察精简指令集计算机（RISC）。RISC 体系结构对很多商业计算机中指令集设计的传统方式提出了质疑。

13.2 操作数类型

机器指令会对数据进行操作，数据通常分为：地址、数值、字符和逻辑数据。

在第 14 章讨论寻址方式时将看到，地址实际也是一种形式的数据。多数情况下，必须对指令中的操作数引用完成某些计算，才能确定主存或虚拟地址。此时，地址将被看成无符号整数。

其他普通数据类型包括数值、字符和逻辑数据，本章将分别简要讨论。除这些之外，某些机器定义了专门的数据类型或数据结构。例如，有些机器的指令可对字符列表或字符串直接操作。

13.2.1 数值

所有机器语言都包括数值型数据类型。即使是在非数值数据的处理中，也需要一些数值来计数、计字段宽度等。一般数学所用的数值与计算机存储的数值之间存在一个重大的不同，这就是后者是受限的。这表现在两个方面：首先是机器可表示数值的幅值是有限的；其次是在浮点数情况下数值精度是有限的。于是，程序员必须理解舍入、上溢和下溢的含义。

计算机中普遍使用三种类型的数值数据：二进制整数或定点数、二进制浮点数、十进制数。我们已在第 10 章较详细地考察过前两种类型的数值数据。这里有必要介绍一下十进制数。

虽然计算机内部操作本质上都是二进制的，但作为系统的使用者——人，却是与十进制打交道的。于是，有必要在输入时将十进制转换成二进制，而在输出时将二进制转换成十进制。对于有大 I/O 需处理而计算相对较少、较简单的应用来说，以十进制形式的数来存储、操作更为合适。为此，一个最普遍的表示法是**压缩**或称**打包的十进制数**（packed decimal number）⊖。

压缩的十进制数用 4 位二进制代码表示每个十进制数字。0 = 0000，1 = 0001，…，8 = 1000 和 9 = 1001。注意，4 位二进制代码可有 16 个不同的值，但只有上述 10 个代码是有效的，另外 6 个是无效的。为构成一个数，4 位代码紧密排列在一起，通常为多个 8 位的字。例如，246 的编码是 0000 0010 0100 0110。很清楚，这种表示法没有二进制表示法那样紧凑，但它避免了转换开销。负数可以通过在整个压缩十进制数字串的前或后加上一个 4 位的符号数字来表示。标准的符号数字值是 1100 表示正数（+），1101 表示负数（−）。

多数机器都提供了直接对压缩十进制数进行操作的算术指令，算法类似于 10.3 节的介绍，但必须注意十进制的进位操作。

13.2.2 字符

另一种常用的数据类型是文本或字符串。文本数据对于人类来说使用是很方便的，但在数据处理和通信系统中，却不便于以字符形式存储或发送。因为数据处理和通信系统都是被设计来处理二进制数据的。于是，研究人员研制了几种编码方式将字符表示成二进制的位序

⊖ Textbook 通常将其称为二进制编码十进制（BCD）。严格地说，BCD 指的是用唯一的 4 位序列对每个十进制数字进行编码。压缩十进制是指每两位使用一个字节存储 BCD 编码的数字。

列。最早的编码或许是莫尔斯电码（Morse Code）。今天使用最广泛的字符编码是国际参考字母表（International Reference Alphabet，IRA），在美国称为 ASCII 码（美国信息交换标准码），见附录 D。在这种编码中，每个字符被表示成唯一的 7 位二进制串，于是共有 128 个可表示字符。这个数量比可打印字符数量多，故某些"位样式"用来代表"控制字符"（control character）。一些控制字符用来控制字符的按页打印，而另一些则用来控制通信过程。IRA 编码的字符几乎总是以每字符 8 位来存储和发送的。第 8 位可设置成 0 或用做错误检测的奇偶校验位。后一种情况下，要这样设置该位，使得在每个 8 位中二进制 1 的数目或者总是奇数个（奇校验），或者总是偶数个（偶校验）。

注意，在表 D.1（附录 D）中数字 0～9 的 IRA 代码的位样式是 011XXXX，其中最后 4 位 XXXX 恰恰是 0000～1001，即压缩十进制数的编码，因此在 7 位 IRA 代码和 4 位压缩十进制表示之间转换是非常方便的。

用于字符编码的另一类代码是 EBCDIC（Extended Binary Coded Decimal Interchange Code，扩展的二进制编码的十进制交换码）。它是一种 8 位编码，用于 IBM 的大型机中。与 IRA 一样，EBCDIC 与压缩十进制是兼容的，代码 11110000 到 11111 001 表示数字 0～9。

13.2.3 逻辑数据

正常情况下，每个字或其他可寻址单元（字节、半字等）是作为一个单一数据单元看待的。然而，某些时候需要将一个 n 位单元看成由 n 个 1 位项组成的，每项有值 0 或 1。当以这种方式看待数据时，该数据就被认为是逻辑数据。

这种面向位的观点有两个优点。第一，有时我们希望存储一个布尔或二进制数据项数组，数组中的每项只能取值 1（真）或 0（假）。逻辑数据对于这种情况而言能实现存储器最有效的使用。第二，逻辑数据有利于实现对数据项的具体位进行操纵。例如，如果浮点运算是以软件实现的，那么我们需要能在某些操作中移动有效位。另一个例子是，由 IRA 转换到压缩十进制时，我们需要提取出每字节的最右边 4 位。

注意，在上面的例子中，同一个数据有时看作逻辑数据，而有时看作数值或文本。数据单元的类型由当前在它上面正在完成的操作所确定。在高级语言中一般不是这样，而在机器语言中几乎总是这样。

13.3 Intel x86 和 ARM 数据类型

13.3.1 x86 数据类型

x86 能处理 8 位（字节）、16 位（字）、32 位（双字）、64 位（四字）和 128 位（双四字）长度的数据类型。为保证最大的数据结构灵活性和最有效地使用存储器，字不需要在偶数地址上对齐，双字不需要在 4 倍整数地址上对齐，四字也不需要在 8 倍整数地址上对齐，其他类推。然而，当通过 32 位总线存取数据时，数据传送是以双字为单位进行的，双字的起始地址是能被 4 整除的。处理器要将对于未对齐值的访问请求，转换成一个总线传送请求序列。像所有的 80x86 机器一样，x86 也采用小端（little-endian）风格，即最低有效字节存于最低地址中（见本章后面的附录 13A 对端序的讨论）。

字节、字、双字、四字和双四字称为常规数据类型。另外，x86 支持一系列的特殊数据类型，这些特殊数据类型只能被特殊指令所识别和操作。表 13.2 总结了所有这些数据类型。

表 13.2 x86 数据类型

数据类型	说　明
常规	字节、字（16位）双字（32位）、四字（64位）和双四字（128位），可包含任意二进制数据
整数	字节、字或双字中的有符号二进制值，使用二进制补码表示法
序数	字节、字或双字中的无符号整数
未压缩的二进制编码的十进制数（BCD）	范围 0~9 的 BCD 数字表示，每字节一个数字
压缩的 BCD	每字节表示两个 BCD 数字，每字节值是 0~99
近指针	表示段内偏移的16位、32位或64位有效地址。可用于不分段存储器中的所有指针和分段存储器中的段内访问
远指针	由16位段选择符和16位、32位或64位偏移量组成的逻辑地址。远指针可用于分段存储中的内存引用，其中被访问的段标识必须被显式指定
位字段	一个连续的位序列，每位位置被认为是一个独立的单元。能从任何字节的任何位位置开始一个位字段，位字段最长可有32位
位串	一个连续位的位序列，可包含 0 到 $2^{23}-1$ 位
字节串	一个连续的字节、字或双字的序列，可包含 0 到 $2^{23}-1$ 字节
浮点数	见图 13.4
压缩的 SIMD（单指令多数据）	压缩的 64 位或 128 位数据类型

图 13.4 展示了 x86 数值数据类型，有符号整数是以二进制补码表示的，可以是 16、32 或 64 位长。浮点数类型实际指可被浮点运算单元使用和可被浮点指令操作的一组数据类型。三种浮点数表示都是符合 IEEE 754 标准的。

压缩的 SIMD 数据类型是为了优化多媒体应用的性能，作为一种对指令集的扩展添加到 x86 体系结构中来的。这些扩展包括 MMX（multimedia extension，多媒体扩展）和 SSE（streaming SIMD extension，流式 SIMD 扩展）。基本的思想是把多个操作数打包为一个内存引用项，并且并行地操作这些操作数，从而提高性能。压缩的 SIMD 数据类型包括：

- **压缩的字节和压缩的字节整数**：多个字节被打包到一个 64 位的四字或 128 位的双四字中，并被解释为位字段或整数。
- **压缩的字和压缩的字整数**：多个 16 位的字被打包到一个 64 位的四字或 128 位的双四字中，并被解释为位字段或整数。
- **压缩的双字和压缩的双字整数**：多个 32 位的双字被打包到一个 64 位的四字或 128 位的双四字中，并被解释为位字段或整数。
- **压缩的四字和压缩的四字整数**：两个 64 位的四字被打包到一个 128 位的双四字中，并被解释为位字段或整数。
- **压缩的单精度浮点数和压缩的双精度浮点数**：四个 32 位的单精度浮点数或两个 64 位双精度浮点数被打包到一个 128 位的双四字中。

13.3.2 ARM 数据类型

ARM 处理器支持 8 位（字节）、16 位（半字）、32 位（字）各种长度的数据类型。访问半字数据要对齐到半字地址，访问字数据要对齐到字地址。对于未对齐的访问请求，ARM 提供了 3 种可选方案：

- 默认情况：
  - —非对齐的地址将被截断，即当访问字时，地址位 bits[1:0] 会被当作 0，而访问半字时，地址位 bits[0] 被当作 0。
  - —载入单个字的 ARM 指令遇到非字对齐的地址时，会以此地址将字对齐的数据循环右移一个、两个或三个字节，具体操作根据非对齐地址最低两位的值而定。
- 对齐检查：如果设置了相应的控制位，试图访问非对齐地址时，会产生一个数据中止信号，表明发生了一个非对齐访问错误。
- 非对齐访问：如果设置了允许非对齐访问这一选项，处理器将通过一次或多次内存访问，获得非对齐地址所指定的字节，并返回给程序。

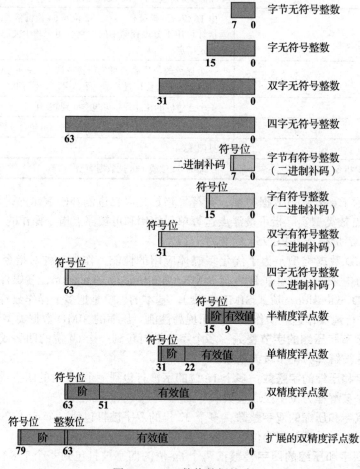

图 13.4　x86 数值数据格式

所有这三种数据类型（字节、半字、字）都支持使用无符号表示。此时，数据所表示的值是一个无符号、非负的整数。所有数据类型也支持使用二进制补码表示有符号整数。

大部分 ARM 处理器实现都不支持浮点硬件，这可以节省功耗和芯片面积。如果这些处理器需要浮点运算，那么就只能通过软件来提供。ARM 可以带一个浮点协处理器，利用浮点协处理器可以支持 IEEE 754 标准所规定的单精度和双精度浮点数据类型。

端序支持　　程序可以通过 SETEND 指令设置和清除 ARM 处理器中系统控制寄存器的端序状态位（E 位）。E 位定义了采用哪种端序来装载和保存数据。图 13.5 通过字装载和保存操作显示了 E 位的功能。当系统设计人员需要使用不同端序来访问操作系统和环境系统数据结构时，端序选择机制为系统设计人员在动态装载和保存数据时提供了方便。注意，每个数据字节的地址在内存中是固定的，不过寄存器中的字节排列在不同端序下是不同的。

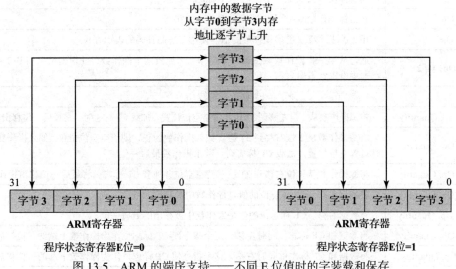

图 13.5 ARM 的端序支持——不同 E 位值时的字装载和保存

13.4 操作类型

不同的机器，其操作码的数目变动是很大的。然而，在所有机器上都会发现相同的常用操作类型。操作的典型分类包括数据传送、算术、逻辑、转换、输入／输出、系统控制、控制转移。

表 13.3 列出了每一类操作的常见指令类型。本节对这些各种类型的操作提供一个简短的综述，并结合处理器执行具体操作类型时所采取的动作进行简要讨论（总结见表 13.4）。后一主题在第 16 章会进行更详细的考察。

表 13.3 常用的 x86 指令集操作

a）数据传送

操作名	描　　述
MOV Dest, Source	在寄存器之间或寄存器和存储器之间移动数据，或者立即将数据移动到寄存器中
XCHG Op1, Op2	在寄存器之间或寄存器和存储器之间交换内容
PUSH Source	递减堆栈指针（ESP 寄存器），然后将源操作数复制到堆栈顶部
POP Dest	将栈顶复制到目标并增加 ESP

b）算术

操作名	描　　述
ADD Dest, Source	将目标中的数据和源操作数做加法并将结果存储在目标中。目标可以是寄存器或内存。源操作数可以存储在寄存器、内存中或即时传送
SUB Dest, Source	从目标的数据值中减去源操作数的值，并将结果存储在目标中
MUL Op	操作数与 AL、AX 或 EAX 寄存器中的无符号整数相乘，并存储在寄存器中。操作码表示寄存器的大小
IMUL Op	带符号整数乘法
DIV Op	AX、DX:AX、EDX:EAX 或 RDX:RAX 寄存器中的无符号值（被除数）除以源操作数（除数），并将结果存储在 AX（AH:AL）、DX:AX、EDX:EAX，或 RDX:RAX 寄存器中

（续）

操作名	描　　述
IDIV Op	带符号整数除法
INC Op	向目标操作数加 1，同时保持 CF 标志的状态
DEC Op	从目标操作数减 1，同时保留 CF 标志的状态
NEG Op	用（0– 操作数）替换操作数的值。使用二进制补码的表示方式
CMP Op1 Op2	通过从第一个操作数减去第二个操作数来比较两个操作数，并根据结果在 EFLAGS 寄存器中设置状态标志
c）移位及轮转	
SAL Op, Quantity	将源操作数从 1 位左移到 31 位。清空空位位置。加载 CF 标志时，将最后一位移出操作数
SAR Op, Quantity	将源操作数从 1 位右移到 31 位。如果操作数为正，则清空空位位置；如果操作数为负，则设置空位位置。加载 CF 标志时，移出操作数最后一位
SHR Op, Quantity	将源操作数从 1 位右移到 31 位。清空空位并加载 CF 标志，将最后一位移出操作数
ROL Op, Quantity	将数据左移。CF 标志位的值是操作数中被移出的最后一位
ROR Op, Quantity	将数据右移。CF 标志位的值是操作数中被移出的最后一位
RCL Op, Quantity	将数据和 CF 标志位同时左移，这个指令使 CF 标志位作为操作数上端的一位扩展
RCR Op, Quantity	将数据和 CF 标志位同时右移，这个指令使 CF 标志位作为操作数下端的一位扩展
d）逻辑	
NOT Op	倒转操作数的每一位
AND Dest, Source	对目标操作数和源操作数执行按位与操作，并将结果存储在目标地址中
OR Dest, Source	对目标操作数和源操作数执行按位或操作，并将结果存储在目标地址中
XOR Dest, Source	对目标操作数和源操作数执行按位异或操作，并将结果存储在目标地址中
TEST Op1, Op2	对两个操作数执行按位与操作，并设置 S、Z 和 P 状态标志。操作数本身没有变化
e）传送控制	
CALL proc	保存堆栈上的过程链接信息，并使用操作数将其分支链接到指定的被调用过程。操作数指定被调用过程中第一个指令的地址
RET	将程序控制转移到位于堆栈顶部的返回地址。这个返回地址将返回 CALL 指令之后的指令
JMP Dest	将程序控制转移到指令流中的另一点，而不记录返回信息。操作数指定指令要跳转到的地址
Jcc Dest	检查 EFLAGS 寄存器中一个或多个标志的状态（CF、OF、PF、SF 和 ZF），如果标志处于指定的状态（条件），则执行到目标操作数指定的目标指令的跳转。见表 13.8 和表 13.9
NOP	此指令不执行任何操作。它是一个占用指令流空间但不影响机器上下文的单字节或多字节 NOP，除 EIP 寄存器之外
HLT	停止指令执行并使处理器处于 HALT 状态。一个启用中断，一个调试异常，BINIT# 信号，INIT# 信号，或 RESET# 信号将恢复执行
WAIT	使处理器在继续处理之前反复检查和处理挂起的、未屏蔽的浮点异常
INT Nr	中断当前程序，运行特定的插入程序
f）输入 / 输出	
IN Dest, Source	将数据从源操作数指定的 I/O 端口复制到目标操作数位置（一个寄存器位置）
INS Dest, Source	将数据从源操作数指定的 I/O 端口复制到目标操作数位置（一个内存位置）

(续)

操作名	描　述
OUT　Dest, Source	将来自源寄存器的字节、字或双字的值复制到由目标操作数指定的 I/O 端口
OUTS　Dest, Source	将来自源操作数的字节、字或双字复制到由目标操作数指定的 I/O 端口。源操作数是一个内存位置

表 13.4　各种操作类型的 CPU 动作

数据传送	从一个位置向另一个位置传送数据
	若涉及存储器: 　确定存储器地址 　进行虚地址到实地址的转换 　检查 cache 　发出存储读写命令
算术运算	在此之前或之后，可能进行数据传送
	在 ALU 内完成运算
	设置条件代码和标志
逻辑运算	与算术运算相同
转换	类似于算术和逻辑，为完成转换可能涉及特殊逻辑
控制传送	修改程序计数器 (PC)。对于程序调用 / 返回，还需管理参数传递和链接
I/O	向 I/O 模块发出命令
	若是存储器映射式 I/O，确定存储器映射地址

13.4.1　数据传送

最基础的机器指令类型是数据传送指令。数据传送指令必须指明几件事情。第一，源和目标操作数的位置必须指明。每个位置可能是存储器、寄存器或栈顶。第二，必须指明将要传送数据的长度。第三，与所有带操作数的指令一样，必须为每个操作数指明寻址方式。最后一点将在第 14 章讨论。

选取什么样的数据传送指令包括在指令集内，是设计人员必须进行权衡考虑的。例如，操作数的通常位置 (存储器或寄存器) 是以操作数或操作码的规范来指明的。表 13.5 列出了最常用的 IBM EAS/390 的数据传送指令的例子。注意，这里有用于表示将要传送数据长度 (8、16、32 或 64 位) 的不同版本。还有，对寄存器到寄存器、寄存器到存储器和存储器到寄存器的传送，采用的是不同的指令。与之对比，VAX 是使用带有不同传送数据长度版本的 MOV 指令，不过它把指示操作数处在寄存器还是在存储器中的信息，作为操作数的一部分。VAX 方法对程序员来说相对容易，他只需要与较少的助记符打交道。然而，它没有 IBM EAS/390 方法紧凑，因为每个操作数的位置 (寄存器还是存储器) 必须在指令中分别指定。在第 14 章讨论指令格式时我们再返回到这个问题上来。

表 13.5　IBM EAS/390 数据传送指令的例子

操作助记符	名称	传送的位数	说明
L	Load	32	由存储器传送到寄存器
LH	Load Halfword	16	由存储器传送到寄存器

（续）

操作助记符	名称	传送的位数	说明
LR	Load	32	由寄存器传送到寄存器
LER	Load（short）	32	浮点寄存器间的传送
LE	Load（short）	32	由存储器传送到浮点寄存器
LDR	Load（long）	64	由浮点寄存器传送到浮点寄存器
LD	Load（long）	64	由存储器传送到浮点寄存器
ST	Store	32	由寄存器传送到存储器
STH	Store Halfword	16	由寄存器传送到存储器
STC	Store Character	8	由寄存器传送到存储器
STE	Store（short）	32	由浮点寄存器传送到存储器
STD	Store（long）	64	由浮点寄存器传送到存储器

就处理器动作而言，数据传送操作也许是最简单的类型。若源和目标都是寄存器，则处理器只要使数据从一个寄存器传送到另一个即可，这是处理器内部操作。若一个或两个操作数是在存储器中，则处理器必须完成如下某些或全部动作：

1. 根据寻址方式计算存储器地址（第 14 章将讨论）。
2. 若地址指的是虚拟存储器，则将虚地址转换成物理存储器地址。
3. 确定所寻找的项是否在高速缓存（cache）中。
4. 如果不是，向存储器模块发出命令。

13.4.2 算术运算

大多数机器都提供了加、减、乘、除这些基本的算术指令，这些操作总是针对有符号整数（定点数）提供，也经常为浮点数和压缩十进制数提供。

其他可能有的操作包括各种单操作数指令，比如：

- Absolute：取一个操作数的绝对值。
- Negate：取一个操作数的反值。
- Increment：操作数加 1。
- Decrement：操作数减 1。

一条算术指令的执行会涉及数据传送操作，来为算术和逻辑单元（ALU）准备输入，并传送 ALU 的输出。图 13.5 说明了在算术运算中所涉及的数据传送活动。当然，处理器的 ALU 部分还要完成所要求的运算。

13.4.3 逻辑运算

大多数机器也会提供处理一个字或其他可寻址单元中的个别位的操作。这常被称为"位操纵"。它们的基础是布尔运算（见第 12 章）。

能在布尔或二进制数据上完成的某些基本逻辑操作列于表 13.6 中。NOT 操作取一位的反。与、或、异或是有两个操作数的最常见的逻辑功能。EQUAL 是一个有用的二进制测试方式。

表 13.6   基本的逻辑操作

P	Q	NOT P	P AND Q	P OR Q	P XOR Q	P=Q
0	0	1	0	0	0	1
0	1	1	0	1	1	0

(续)

P	Q	NOT P	P AND Q	P OR Q	P XOR Q	P=Q
1	0	0	0	1	1	0
1	1	0	1	1	0	1

这些逻辑操作能按位施加到 n 位逻辑数据单元上。于是，两个寄存器含有如下数据

$$（R1）= 10100101$$
$$（R2）= 00001111$$

则

$$（R1）AND（R2）= 00000101$$

其中（X）表示位置 X 中的内容，从这个例子可以看到，AND 操作能用来屏蔽（mask）一个字。选出字中的某些位，而其他位为 0。作为另一例子，若两个寄存器含有：

$$（R1）= 10100101$$
$$（R2）= 11111111$$

则

$$（R1）XOR（R2）= 01011010$$

对于一个全 1 的数字，XOR 操作会将另一字的各位取反（1 的补码）。

除了按位的逻辑操作，大多数机器也提供了移位和旋转（rotating）功能。最基本的操作说明在图 13.6 中。**逻辑移位**（logical shift）指一个字的各位左移或右移。一端移出的位丢失，另一端则是移入 0。逻辑移位主要用于隔离字中的各字段。移入字中的那些 0 挤走了不需要的信息，它们从另一端被移走。

举个例子，假设我们希望每次 1 个字符地将数据字符发送到 I/O 设备。若每个存储器字是 16 位长，含有两个字符，则在发送之前必须先拆包字符。要发送字中的两个字符：

1. 将此字装入一个寄存器。

2. 右移 8 次，这将把剩下的字符移到寄存器的右半部分。

3. 执行 I/O 操作。此时 I/O 模块将读取数据总线的低 8 位。

上述步骤发送了该字左半部的字符，要发送右半部分的字符：

1. 再一次将此字装入寄存器。

2. 和 0000000011111111 进行与操作将屏蔽掉左半部分的字符。

3. 执行 I/O 操作。

算术移位操作是将数据看作有符号整数而不移符号位。对于算术右移，符号位一般是复制到它右边空出的位。对于算术左移，除了符号位不变外，其余位的操作和逻辑与左移一样。这些操作能加速某些算术运算。对于以二进制补码表示的数，算术右移相当

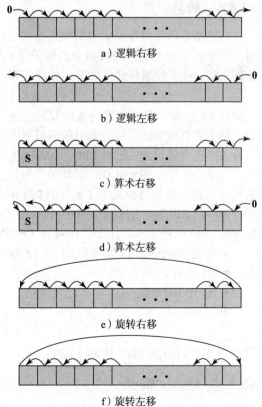

图 13.6 移位和旋转操作

于除以 2，原数为奇数的话则被截断。无溢出时算术左移和逻辑左移都相当于乘以 2。如果出现溢出，算术左移和逻辑左移将产生不同的结果，但算术左移仍保持数的符号不变。因为有潜在的溢出问题，许多处理器（包括 PowerPC 和 Itanium）不提供这种左移指令。其他处理器（如 IBM EAS/390）提供这种指令。奇怪的是，x86 体系结构提供了一条算术左移指令，但将它定义成等同于逻辑左移指令。

旋转（rotate）或循环移位（cyclic shift）操作保留了被操作数的所有位，旋转的一个可能用途是连续地将各个位移到最左位，从而可通过测试符号位（将其当作一个数）来识别各位。

与算术操作一样，逻辑操作涉及 ALU 活动并且会涉及数据传送操作。表 13.7 给出了本小节讨论过的所有移位和旋转操作的例子。

表 13.7　移位和旋转操作示例

输　入	操　作	结　果
10100110	逻辑右移（3 位）	00010100
10100110	逻辑左移（3 位）	00110000
10100110	算术右移（3 位）	11110100
10100110	算术左移（3 位）	10110000
10100110	循环右移（3 位）	11010100
10100110	循环左移（3 位）	00110101

13.4.4　转换

转换指令改变数据格式或对数据格式进行操作。转换的一个例子是由十进制转换为二进制。一个更复杂的编码转换指令的例子是 EAS/390 的转换（Translate, TR）指令。这条指令能用来将一种 8 位编码转换成另一种形式编码，它有三个操作数：

TR R1（L），R2

操作数 R2 包含一个 8 位编码表的起始地址。指令以 R1 指定地址开始，转换连续的 L 个字节，每个字节被以此字节为索引的编码表项内容所替代。例如，由 EBCDIC 转换成 IRA。我们首先要在存储位置（例如 1000~10FF）生成一个 256 字节的表。表的内容是字符的 IRA 编码，表项的排序是按 EBCDIC 编码的二进制表示值的大小，由小到大排列，即某字符的 IRA 编码放入表中的相对位置等于此字符的 EBCDIC 编码值。例如，数字 0~9 的 IRA 编码值为 30~39，其 EBCDIC 编码值为 F0~F9，故在 10F0 到 10F9 的表项位置中有值 30~39。现在假定在 2100 位置处开始有数字 1984 的 EBCDIC 码，我们要求把它们转换成 IRA 编码。假定：

- 位置 2100~2103 处含有 F1 F9 F8 F4。
- R1 中有 2100。
- R2 中有 1000。

若我们执行：

TR R1（4），R2

位置 2100~2103 将包含 31 39 38 34。

13.4.5　输入／输出

第 8 章已经比较详细地讨论了输入／输出（I/O）指令。正如我们看到的，输入／输出可选取几种方式，包括分立的编程控制的 I/O、存储映射的编程控制的 I/O、DMA 和使用 I/O 处理器。多数实现是只提供少数几条 I/O 指令，由参数、代码或命令字来指定所要求的动作。

13.4.6 系统控制

系统控制指令通常是特权指令，仅当处理器正处于某种特权状态时，或程序正在一个专门的特权存储区域中执行时才能执行它。一般而言，这些指令保留给操作系统使用。

系统控制操作的一些例子如下，一条系统控制指令可读取或更改控制寄存器的内容，我们将在第 16 章讨论控制寄存器。另一个例子是，像在 EAS/390 存储系统中使用的，读取或修改一个存储保护键的指令。再一个例子是多道程序系统中存取进程控制块。

13.4.7 控制转移

对至此讨论过的所有操作类型来说，指令指定的是将要完成的操作。隐含地，下一条将要执行的指令，是在存储器中当前指令之后的那条指令。然而，任何程序都有相当一部分指令具有改变指令执行顺序的功能。对于这些指令，CPU 所完成的操作是将程序计数器修改为某条指令的存储器地址。

有几个理由说明为何需要控制转移操作。其中最重要的是：

1. 在计算机的实际应用中，可以不止一次甚至上千次地重复执行某些指令，这种能力是至关重要的。实现一个应用需要上千条甚至上百万条指令。若每条指令必须分别写出，这将是不可思议的。若一个表或列表需要处理，则可使用程序循环的方法，一个指令序列重复执行直到所有数据被处理完毕。

2. 实际上，所有程序都涉及某种裁决。我们希望计算机能在满足某种条件下做某件事情，另一种条件满足时做另一件事情。例如，一个指令序列计算数的平方根。在序列开始时应该测试数的符号位，若是负数，则不进行计算而报告出错。

3. 正确地编写一个大型的或是中等规模的计算机程序，也是一个极其困难的任务。若能将此任务分成小的片段，每次只工作在一个片段上，将是有益的。

现在可以开始对指令集中最常见的控制转移操作进行讨论了，它们是分支（branch）、**跳步**（skip）和**过程调用**（procedure call）。

分支指令 分支指令亦称为跳转指令，它把将要执行的下一条指令的地址作为它的一个操作数。使用最多的是**条件分支**（conditional branch）指令，即仅当某种条件被满足时才进行转移（将程序计数器的值更改为操作数指定的地址）；否则，顺序执行下一条指令（像通常那样程序计数器加 1）。**无条件分支**（unconditional branch）指令则总是转移。

有两种常用的方式来生成条件分支指令中将要测试的条件。首先，大多数机器提供了一位或多位的条件码，它作为某种操作的结果被设置。这些条件码可以想象成一个用户可见的短寄存器。例如，算术运算（加法、减法等）可能以 4 种值（0、正、负、溢出）来相应设置两位条件代码。在这样的机器上，可能有如下 4 种不同的条件转移指令：

BRP X　　若结果是正，则转移到 X 位置。

BRN X　　若结果是负，则转移到 X 位置。

BRZ X　　若结果是零，则转移到 X 位置。

BRO X　　若结果出现上溢，则转移到 X 位置。

在所有这些情况中，设置条件码的操作结果指的是最近一次操作的结果。

另一种方法是在同一条指令内完成比较和转移，这可用于三地址指令格式的指令。例如：

BRER1，R2，X　　　若 R1 内容＝R2 内容，则转移到 X。

图 13.7 给出了这些操作的例子。注意，转移可以是向前（forward，具有更高地址的指令），也可以是向后（backward，较低地址）。例子中显示了无条件和条件分支指令能用来产生一个重复的指令循环。位置 202～210 的指令将重复执行，直到 X 减 Y 的结果是 0。

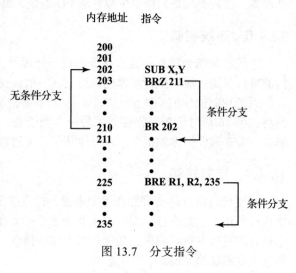

图 13.7　分支指令

跳步指令　　　另一类常用的控制转移指令是跳步指令。跳步指令包括一个隐含地址。一般来说，跳步是指下一指令将被跳过，于是，隐含地址等于下一指令地址加上该指令长度之和。因为跳步指令不要求目标地址字段，所以做其他事情更自由。一个典型的例子是"加 1 并且若为 0 则跳步"指令。考虑如下的程序片段：

301
……
309 ISZ R1
310 BR 301
311

在这个程序片段中，使用了两条控制转移指令来实现一个重复循环。初始时 R1 设置成欲重复次数的负数。在循环终端，R1 被加 1。若它不是 0，则程序向后转移到循环开始处，循环体再次被执行。否则，此转移指令被跳过，接续执行循环之后的指令。

过程调用指令　　　在编程语言的发展历程中，也许最重要的革新就是过程（procedure）了。过程是一个自包含（self-contained）的计算机程序，能被并入到一个大的程序中。可在程序的任一点上激活或调用过程，即在那一点上，处理器被指示转到过程起始处，执行完整个过程，然后再返回到调用发生点。

使用过程的两个基本理由是经济性和模块化。过程允许多次使用同一代码片段，这能大大节省编程工作量，并且也使系统的存储空间得到最有效的利用（程序必须被存储）。过程也允许大的编程任务分解成较小的任务。这种模块化方式极大地减轻了编程任务。

过程机制涉及两类基本指令：由目前位置转移到过程的调用指令；由过程返回到调用发生位置的返回指令。这两者都是分支指令形式。

图 13.8a 说明了如何使用过程来构造程序。在本例中，有一个起始位置为 4000 的主程序。这个主程序包括一条调用 Proc1 过程的指令，Proc1 的起始位置为 4500。当遇到这条调用指令时，CPU 挂起主程序的执行，并由位置 4500 处取出下一条指令，开始 Proc1 的执行。在 Proc1 内，有两次对位于 4800 开始的 Proc2 的调用，每次 Proc1 被挂起而 Proc2 被执行。返回指令使 CPU 返回到调用程序，并接续执行相应调用指令之后的指令。图 13.8b 显示了上述的执行顺序。

有几点值得注意：

1. 可从多个位置调用过程。

2. 过程中能出现过程的调用，并允许过程嵌套到任意深度。

3. 每一次过程调用与被调用程序中的一次返回相匹配。

因为能从不同位置点调用过程，所以处理器必须以某种方式保存返回地址，以使返回能相应发生。有三个常用的保存返回地址的位置: 寄存器、被调用过程的起始处、栈顶部。

考虑一条机器语言指令 CALL X, 它代表调用 X 处的过程。若使用寄存器方法, 则 CALL X 指令引起如下动作:

$$RN \leftarrow PC + \Delta$$

$$PC \leftarrow X$$

这里的 RN 是用于此目的的寄存器。PC 是程序计数器, △是指令长度。被调用的过程需要保护 RN 的内容, 以便稍后返回时使用。

第二种可能的方法是将返回地址保存于过程起始处。这种情况下, CALL X 引起:

$$X \Leftarrow PC + \Delta$$

$$PC \Leftarrow X + 1$$

这很方便, 返回地址被很安全地保存。

前两种方法都能工作并已被采用。这些方法的唯一限制是使重入过程的使用变得复杂。**重入过程**是这样一种过程, 它准许几个对它的调用同时存在。递归过程(自己调用自己的过程)就是使

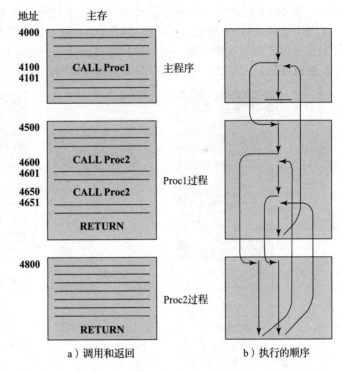

a) 调用和返回　　　　b) 执行的顺序

图 13.8　过程嵌套

用这一特征的例子(见附录 F)。如果重入过程的参数通过寄存器或内存来传递, 必须有代码负责保存参数, 这样, 这些寄存器和内存空间就可以被其他过程调用使用了。

一个更通用、更强有力的方法是使用栈(栈的定义见附录 E)。当 CPU 执行一次调用时, 它将返回地址放到栈上。当它执行一次返回时, 它使用栈上的地址。图 13.9 说明了栈的使用。

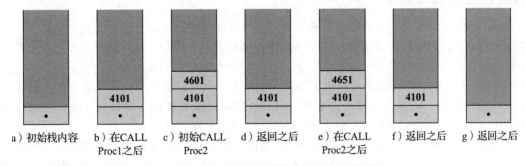

a) 初始栈内容　b) 在CALL Proc1之后　c) 初始CALL Proc2　d) 返回之后　e) 在CALL Proc2之后　f) 返回之后　g) 返回之后

图 13.9　实现图 13.8 嵌套过程时栈的调用

过程调用除需要提供返回地址外, 经常还需要传送参数。可以使用寄存器传送参数, 也可以将参数存入恰好在 CALL 指令之后的存储器位置中, 而返回必须是返回到这些参数之后的位置上。这两种方法都有缺点。若使用寄存器, 则主调程序和被调程序都要小心编写, 以使寄存器恰当地被使用。将参数存于存储器的方法, 会使传递可变数量的参数变得很困难。这两种方法都妨碍了可重入过程的使用。

参数传送更灵活的方法是使用栈。当处理器执行一次调用时, 它不仅把返回地址压入栈,

而且把将要传送给被调过程的参数也压入栈中。被调过程能由栈存取参数。返回时，返回参数也能放到栈中。为过程调用而存储的，包括返回地址和全部参数集称为栈帧（stack frame）。

图 13.10 提供了一个例子。此例有两个子过程 P 和 Q，主程序调用过程 P 时向其提供了两个局部变量 $x1$ 和 $x2$，P 过程又调用 Q 并向 Q 过程提供了局部变量 $y1$ 和 $y2$。在图中，返回点是存于相应栈帧的第一项，接着存储的是指向先前栈帧起点的指针。如果压入栈的参数长度或数目是可变的，那么保存指向先前栈帧起点的指针是必要的。

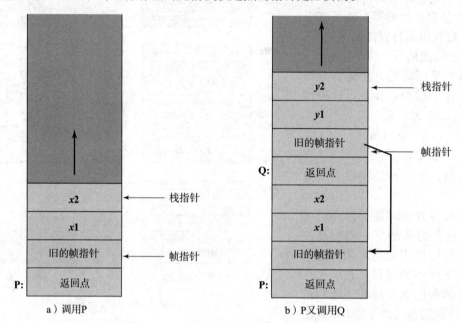

a）调用P　　　　　　　　　　b）P又调用Q

图 13.10　示例过程中 P 与 Q 的栈帧增长

13.5　Intel x86 和 ARM 操作类型

13.5.1　x86 操作类型

x86 提供了一系列复杂的操作类型，包括几种特殊的指令，其目的是为程序员提供一种强有力的工具，以便将高级语言程序翻译成优化的机器语言程序。这些指令的大多数也是能在其他机器指令集中找到的常规指令，但有几种指令类型是为 x86 体系结构精心设计的，很值得考察。[CART06] 的附录 A 列出了各种 x86 指令，以及每条指令的操作数和指令的执行对条件码的影响。NASM 汇编语言手册 [NASM17] 的附录 B 提供了对每条 x86 指令较详细的描述。这两个参考文档都可在 box.com/COA11e 网站上查到。

调用 / 返回指令　　x86 为支持过程调用 / 返回提供了 4 条指令：CALL、ENTER、LEAVE、RETURN。考察这些指令所提供的支持是有指导意义的。回想图 13.10，实现过程调用 / 返回机制的普遍方式是使用栈帧。当调用一个新过程时，在进入新过程之前必须完成如下步骤：
- 将返回点压入栈。
- 将当前帧指针（frame pointer）压入栈。
- 将栈指针拷贝到帧指针作为新的帧指针值。
- 调整栈指针以分配帧。

CALL 指令将当前指令指针值压入栈，并通过将过程入口地址放入指令指针，将控制转移到过程入口。在 8088 和 8086 机器中，典型的过程开始处有如下指令序列：

```
PUSH    EBP
MOV     EBP,ESP
SUB     ESP,space-for-locals
```

这里的 EBP 是帧指针，ESP 是栈指针。在 80286 及其后的机器中，ENTER 指令以一条单独的指令完成上述全部操作。

ENTER 指令加入到指令集中为编译程序提供了直接的支持。这条指令也能支持像 Pascal、COBOL 和 Ada 语言中（C 和 FORTRAN 中未发现）的嵌套过程（nested procedure）。不过后来发现，对这些语言，有其他更好的方式来处理嵌套过程调用。另外，虽然 ENTER 指令（4 字节）与 PUSH、MOV、SUB 指令序列（6 字节）相比节省了存储器几个字节，但它实际要使用更长的时间来执行（10 个时钟周期与 6 个时钟周期相比）。于是，加入 ENTER 指令对指令集设计者来说，看起来是一个好想法，但它使处理器的实现变得复杂，只带来很少的好处甚至没有什么好处。我们将看到，与之对比，处理器设计的 RISC 方法会避免像 ENTER 这样的复杂指令，而以更简单的指令序列来做到更有效的实现。

存储管理　　另一类指令集专门用来与存储器分段打交道。这些是特权指令，仅能由操作系统使用。它们允许局部或全局段表（叫作描述符表）被装入和读取，并可以检查和更改段的优先级别。

与片内高速缓存打交道的专门指令已在第 5 章讨论过。

状态标志和条件码　　状态标志（status flag）是专门的寄存器中的位，它可被特定操作所设置并用于条件转移指令。条件码（condition code）指的是一个或多个状态标志的设置。在 x86 和很多其他的体系结构中，状态标志由算术和比较操作设置。在大多数语言中，比较操作使两个操作数相减，与减法操作一样，但不同的是，比较操作只设置条件码，而减法操作还要将结果存入目标操作数中。

表 13.8 列出了用于 x86 的状态标志。每个状态标志或这些状态标志的组合可为条件转移所测试。表 13.9 列出了条件转移操作码所定义的条件码（状态标志值的组合）。

表 13.8　x86 状态标志

状态位	名称	说　明
C	进位	在算术运算之后，此位为 1 指出在最左位位置有向上的进位或借位。某些移位或循环移位操作也会修改进位
P	奇偶	一个算术或逻辑操作结果的奇偶性。1 指示偶数，0 指示奇数
A	辅助进位	8 位算术或逻辑运算后，它指示半字节之间的进位或借位。用于二进制编码的十进制的算术中
Z	零	指示算术或逻辑运算结果是 0
S	符号	指示算术或逻辑运算结果的符号
O	溢出	指示二进制补码加法或减法之后的算术溢出

表 13.9　x86 中条件转移和 SETcc 指令使用的条件码

符号	测试的条件	注释
A, NBE	C = 0 AND Z = 0	高于；不低于或等于（大于，无符号）
AE, NB, NC	C = 0	高于或等于；不低于（大于或等于，无符号）；无进位
B, NAE, C	C = 1	低于；不高于或等于（小于，无符号），进位置位
BE, NA	C=1 OR Z=1	低于或等于；不高于（小于或等于，无符号）

（续）

符号	测试的条件	注释
E, Z	Z=1	等于；为零（无符号或有符号）
G, NLE	[（S=1 AND O=1）OR（S=0 AND O=0）]AND [Z=0]	大于、不小于或等于（有符号）
GE, NL	[（S=1 AND O=1）OR（S=0 AND O=0）]	大于或等于；不小于（有符号）
L, NGE	[（S=1 AND O=0）OR（S=0 AND O=1）]	小于；不大于或等于（有符号）
LE, NG	[（S=1 AND O=0）OR（S=0 AND O=1）]OR [Z=1]	小于或等于；不大于（有符号）
NE, NZ	Z=0	不等于、不为零（无符号或有符号）
NO	O=0	无溢出
NS	S=0	符号标志复位（不为负）
NP, PO	P=0	奇偶标志复位（奇偶为奇）
O	O=1	溢出
P	P=1	奇偶标志复位（奇偶为偶）
S	S=1	符号标志复位（为负）

对于此表有几个需要注意的地方。首先，我们可能想测试两个操作数，以确定其中一个是否比另一个更大。但这取决于数是无符号数还是有符号数。例如，8 位数 11111111 大于 00000000 是在把它们看成是无符号数时才成立（255>0），若把它们看成二进制补码数则前者大于后者（–1<0）。于是，多数汇编语言都会引入两组术语来区别这两种情况：若我们比较的是作为有符号整数的两个数，则使用小于（less than）和大于（greater than）术语；若作为无符号整数来比较，则使用低于（below）和高于（above）术语。

第二个需关注的是比较有符号整数的复杂性。如果符号位为 0 而且没有上溢（S =0 AND O = 0），结果是大于或等于 0；或者符号位是 1 但有上溢。研究一下图 11.4 应该会使你确信，为各种带符号操作进行测试的条件是合适的。

x86 SIMD 指令　1996 年，Intel 开始将 MMX 技术引入 Pentium 产品系列。MMX 是一组用于多媒体任务的优化指令，共有 57 条新指令。这些新指令以一种 SIMD（single-instruction, multiple-data，单指令多数据）方式来处理数据。于是，它能一次在多个数据元素上同时完成加、乘这样的运算。一般来说，每条指令执行只用一个时钟周期。对于合适的应用，与不使用 MMX 指令相比，这些快速的并行操作能产生 2～8 倍的加速效果 [ATKI96]。随着 x86 体系结构推出 64 位的处理器，Intel 也扩展了这些指令，使它们能处理双四字（128位）操作数和浮点运算。在本小节中，我们将介绍 MMX 的特点。

MMX 主要是为多媒体程序设计而设置的。常规的指令是面向 32 位和 64 位数据操作的，而视频和音频数据一般是由 8 位或 16 位这样小的数据类型构成的大的阵列。例如，在图形或图像中，每一屏都是由像素（pixel）⊖点所组成，每个像素或者每个像素的每个颜色分量（红、绿、蓝）都由 8 位数据表示。声音采样一般量化成 16 位数据。对于某些 3D 图形，基本数据类型为 32 位是普遍的情况。为方便对这些长度的数据提供并行操作，MMX 中定义了 3 种新的数据类型。每种数据类型都是 64 位长，由多个小的定点整数字段所组成。这 3 种新类型是：

- **压缩字节型**：8 个字节打包成一个 64 位长的数据。
- **压缩字型**：4 个字打包成一个 64 位长的数据。
- **压缩双字型**：2 个 32 位的双字打包成一个 64 位长的数据。

表 13.10 列出了 MMX 指令集，其中大多数指令涉及字节、字、双字上的并行操作。例

⊖　像素或图片元素是数字图像中可以指定灰度级的最小元素。同样，像素是图片的点阵表示中的单个点。

如，PSLLW 指令完成压缩字型每个字的逻辑左移，PADDB 指令以两个压缩字节型数据为输入，对它们按字节进行加法运算，输出一个压缩字节型数据。

表 13.10　MMX 指令集

种类	指令	说　　明
算术	PADD[B,W,D]	并行完成压缩 8 字节、16 位字、32 位双字的加法
	PADDS[B,W]	饱和带符号加法
	PADDUS[B,W]	饱和无符号加法
	PSUB[B,W,D]	环绕减法
	PSUBS[B,W]	饱和带符号减法
	PSUBUS[B,W]	饱和无符号减法
	PMULHW	并行完成 4 个 16 位有符号字的乘法，选取 32 位结果的高序 16 位
	PMULLW	并行完成 4 个 16 位有符号字的乘法，选取 32 位结果的低序 16 位
	PMADDWD	并行完成 4 个 16 位有符号字的乘法，并将两对相邻的 32 位结果再相加
比较	PCMPEQ[B,W,D]	并行完成等于比较；以全 "1" 表示真，以全 "0" 表示假
	PCMPGT[B,W,D]	并行完成大于比较；以全 "1" 表示真，以全 "0" 表示假
转换	PACKUSWB	压缩字到字节（饱和无符号）
	PACKSS[WB,DW]	压缩字到字节，或双字到字（饱和有符号）
	PUNPCKH[BW,WD,DQ]	从 MMX 寄存器并行解压缩（交叉）高序字节、字、双字
	PUNPCKL[BW,WD,DQ]	从 MMX 寄存器并行解压缩（交叉）低序字节、字、双字
逻辑	PAND	64 位按位逻辑与
	PNDN	64 位按位逻辑与非
	POR	64 位按位逻辑或
	PXOR	64 位按位逻辑异或
移位	PSLL[W,D,Q]	并行逻辑左移压缩字、双字、四字，移位量由 MMX 寄存器的值或立即数指定
	PSRL[W,D,Q]	并行逻辑右移压缩字、双字、四字
	PSRA[W,D]	并行算术右移压缩字、双字、四字
数据传送	MOV[D,Q]	移入或移出 MMX 寄存器双字、四字
状态管理	EMMS	清除 MMX 状态（清除 FP 寄存器的标记位）

注：如果指令支持多种数据类型（字节 B、字 W、双字 D、四字 Q），那么数据类型会在方括号中指出。

新指令的突出特性是对字节和 16 位字操作数引入了**饱和算术**（saturation arithmetic）。在通常的无符号算术中，当运算出现上溢时（即最高有效位有向上进位），则此额外位被舍掉。这称为环绕（wraparound）运算，因为从效果上看，舍掉进位会使两个数的加法之和小于被加的两个数。例如，考虑两个十六进位制数 F000h 和 3000h 相加，则和能表示成：

$$F000h = 1111\ 0000\ 0000\ 0000$$
$$+3000h = 0011\ 0000\ 0000\ 0000$$
$$\overline{10010\ 0000\ 0000\ 0000} = 2000h$$

若这些数表示图像像素的亮度（数值越大越亮），则两个亮点的组合反而产生一个暗点，显然这不是所预期的。在饱和算术中，如果加法导致上溢，减法导致下溢，那么结果分别被设置成可表示的最大值或最小值。对上面这个例子，使用饱和算术则有：

$$F000h = 1111\ 0000\ 0000\ 0000$$
$$+\ 3000h = 0011\ 0000\ 0000\ 0000$$
$$10010\ 0000\ 0000\ 0000$$
$$1111\ 1111\ 1111\ 1111 = FFFFh$$

为感受一下使用 MMX 指令的好处，让我们考察一个选自 [PELE97] 的例子。一般视频应用程序常提供淡出、淡入效果，即一屏图像逐渐溶解成另一屏图像。两个图像以一种加权平均组合：

$$Result\_pixel = A\_pixel \times fade + B\_pixel \times（1{-}fade）$$

对 A、B 两图像的每个像素位置进行上述计算。当 fade 值由 1 逐渐变为 0（可用相应的 8 位整数分成 255 阶）时，则产生一系列的图像帧，实现由 A 图像淡化到图像 B 的效果。

图 13.11 表示一组像素所需的步骤序列。8 位像素分量被转换成 16 位元素以适应 MMX 的 16 位乘法指令。若这些图像使用 640×480 分辨率，溶解技术使用全部 255 个阶值，则使用 MMX 只需 5.35 亿条指令，而不使用 MMX 却要 14 亿条指令才能完成同样的计算 [INTE98]。

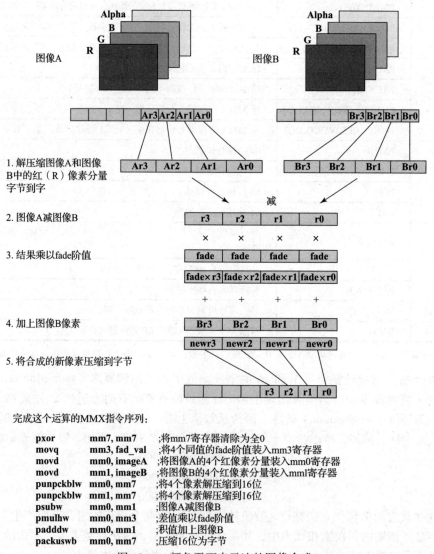

完成这个运算的MMX指令序列：

```
pxor       mm7, mm7      ;将mm7寄存器清除为全0
movq       mm3, fad_val  ;将4个同值的fade阶值装入mm3寄存器
movd       mm0, imageA   ;将图像A的4个红像素分量装入mm0寄存器
movd       mm1, imageB   ;将图像B的4个红像素分量装入mm1寄存器
punpckblw  mm0, mm7      ;将4个像素解压缩到16位
punpckblw  mm1, mm7      ;将4个像素解压缩到16位
psubw      mm0, mm1      ;图像A减图像B
pmulhw     mm0, mm3      ;差值乘以fade阶值
padddw     mm0, mm1      ;积值加上图像B
packuswb   mm0, mm7      ;压缩16位为字节
```

图 13.11 颜色平面表示法的图像合成

13.5.2 ARM 操作类型

ARM 体系结构提供了大量的操作类型。主要类型如下：

- **装载和保存指令**：在 ARM 体系结构中，只有装载（load）和保存（store）指令能访问内存，算术和逻辑指令只对寄存器和指令中的立即数进行操作。这一限制是精简指令集计算机（RISC）的设计特征。在第 17 章我们将进一步探讨这一点。ARM 体系结构支持两大类装载和保存指令，一种装载和保存单个寄存器数据到内存，另一种装载和保存一对寄存器的数据到内存：（1）装载或保存一个 32 位字或一个 8 位无符号字节；（2）装载或保存一个 16 位无符号半字，同时装载并符号扩展一个 16 位的半字或一个 8 位字节。
- **分支指令**：ARM 支持分支指令，允许条件分支指令向前或向后跳转最多 32MB。子程序调用是通过修改标准的分支指令来实现的。因为可以向前或向后跳转 32MB 的距离，分支链接（Branch with Link，BL）指令把本指令的后继指令地址（返回地址）保存到 LR（R14）寄存器。分支的确定是通过指令中的 4 位条件码字段完成的。
- **数据处理指令**：这一类指令包括逻辑指令（AND、OR、XOR）、加法和减法指令，以及测试和比较指令。
- **乘法指令**：整数乘法指令对字或半字操作数进行计算，并产生普通或较长的结果。例如，以 32 位操作数为输入，产生 64 位结果的乘法指令。
- **并行加法和减法指令**：除了普通的数据处理和乘法指令外，还有一组并行加法和减法指令，其中两个操作数的对应部分同时进行运算。例如，ADD16 把两个寄存器的上半字相加，产生结果的上半字，同时把这两个寄存器的下半字相加，产生结果的下半字。这些指令类似于 x86 的 MMX 指令，对于图像处理应用很有用。
- **扩展指令**：这是用于解压缩数据的指令，通过符号扩展或填零扩展的方式，把字节扩展为半字或字，把半字扩展为字。
- **状态寄存器存取指令**：ARM 提供了读写状态寄存器中特定位的指令。

条件码　　ARM 体系结构定义了 4 个条件标志（condition flag），这些标志保存在程序状态寄存器中：N、Z、C 和 V（负标志、零标志、进位标志和溢出标志），其含义与 x86 中的 S、Z、C 和 V 标志一样。这 4 个标志的值构成了 ARM 处理器的条件码。表 13.11 显示了条件执行所依赖的条件组合。

表 13.11　ARM 指令条件执行的条件码

条件码	符号	被测试的条件标志	说明
0000	EQ	Z=1	相等
0001	NE	Z=0	不相等
0010	CS/HS	C=1	进位设置 / 无符号大于或等于
0011	CC/LO	C=0	进位清除 / 无符号小于
0100	MI	N=1	– / 负
0101	PL	N=0	+ / 正或零
0110	VS	V=1	溢出
0111	VC	V=0	无溢出
1000	HI	C=1 AND Z=0	无符号大于
1001	LS	C=0 OR Z=1	无符号小于或等于

（续）

条件码	符号	被测试的条件标志	说明
1010	GE	N = V [(N = 1 AND V = 1) OR (N = 0 AND V = 0)]	有符号大于或等于
1011	LT	N≠V [(N = 1 AND V = 0) OR (N = 0 AND V = 1)]	有符号小于
1100	GT	(Z = 0) AND (N = V)	有符号大于
1101	LE	(Z = 1) OR (N≠V)	有符号小于或等于
1110	AL	—	总是（无条件）
1111	–		该指令只能无条件执行

ARM 中使用条件码有两个不同寻常之处：

1. 所有的指令（不仅仅是分支指令）都有条件码字段，这意味着所有的指令都可以根据条件决定是否执行。实际上，除了 1110 和 111 这两个条件标志的组合以外，其他任何指令条件码字段的条件标志组合都意味着，该指令仅当条件满足时才能执行。

2. 所有的数据处理指令（算术、逻辑）都包含一个 S 位，指出该指令是否会修改条件标志。

按条件执行以及条件标志设置控制，有利于设计更短的程序，从而占用更少的内存。另外，由于所有指令都带 4 位的条件码字段，这意味着 32 位指令的操作码和操作数字段的可用位数就少了。不过 ARM 是一种 RISC 方式设计的处理器，更多会使用寄存器寻址，因此条件码的开销应该是可接受的。

13.6 关键词、思考题和习题

关键词

accumulator：累加器

address：地址

arithmetic shift：算术移位

bi-endian：双端

big endian：大端

branch：分支

conditional branch：条件分支

instruction set：指令集

jump：跳转

little endian：小端

logical shift：逻辑移位

machine instruction：机器指令

operand：操作数

operation：操作，运算

packed decimal：压缩的十进制数

pop：出栈

procedure call：过程调用

procedure return：过程返回

push：入栈

reentrant procedure：可重入过程

rotate：循环移位，旋转

skip：跳步

stack：栈

思考题

13.1 机器指令的典型元素是什么？

13.2 什么类型的位置能保存源和目的操作数？

13.3 若一条指令包含 4 个地址，每个地址的用途是什么？

13.4 列出并简要介绍指令集设计的 5 个重要问题。

13.5 在机器指令集内，典型的操作数类型是什么？

13.6 压缩十进制表示法与 IRA 字符代码之间的关系是什么?

13.7 算术移位与逻辑移位有何区别?

13.8 为何需要控制转移指令?

13.9 列出并简要说明生成将被条件分支指令测试的条件的两种常见方式。

13.10 过程嵌套是什么意思?

13.11 列出为**过程返回**保存返回地址的三种可能位置。

13.12 什么是可重入过程?

13.13 什么是**逆波兰表示法**?

13.14 大端与小端有何不同?

习题

13.1 以十六进制数表示:

a. 压缩十进制数 23

b. ASCII 字符 23

13.2 对如下压缩十进制数给出其十进制值:

a. 0111 0011 0000 1001

b. 0101 1000 0010

c. 0100 1010 0110

13.3 若给定的微处理器的字长为一字节，则如下表示法所能表示的最大和最小整数各是多少?

a. 无符号

b. 符号 – 幅值

c. 1 的补码

d. 二进制补码

e. 无符号压缩十进制

f. 有符号压缩十进制

13.4 多数 CPU 都提供对压缩十进制数进行算术运算的逻辑电路。虽然十进制算术规则类似于二进制操作，但使用二进制逻辑时，十进制结果的个别数字会需要做某种修正。

考虑两个无符号数的十进制加法。若每个数有 N 个数字，则每个数有 $4N$ 位。两个数相加使用一个二进制加法器。请提出修正此结果的简单规则，并对 1698 和 1786 这两个数完成加法运算。

13.5 十进制数 X 的十进制补码定义成 $10^N - X$。这里的 N 是十进制数字的数目。请描述使用十进制补码表示法完成十进制减法的过程，以 $(0736)_{10}$ 减 $(0326)_{10}$ 为例。

13.6 以 0 地址、1 地址、2 地址、3 地址法分别编写程序来计算:

$$X = (A + B \times C) / (D - E \times F)$$

据此对 4 种地址机制进行比较。4 种地址机制可使用的指令是:

0 地址	1 地址	2 地址	3 地址
PUSH M	LOAD M	MOVE (X←Y)	MOVE (X←Y)
POP M	STORE M	ADD (X←X+Y)	ADD (X←Z+Y)
ADD	ADD M	SUB (X←X−Y)	SUB (X←Y−Z)
SUB	SUB M	MUL (X←X×Y)	MUL (X←Z×Y)
MUL	MUL M	DIV (X←X/Y)	DIV (X←Y/Z)
DIV	DIV M		

13.7 考虑一个只有两条 n 位指令的指令集的假想计算机。n 位指令的第 1 位用于指定操作码，其余 $n{-}1$ 位用于指定主存 2^{n-1} 个 n 位字的某一个。这两条指令是：

SUBS X 累加器减去位置 X 处的内容，结果存入累加器和位置 X 处。

JUMP X 将地址 X 放入程序计数器。

主存中的每个字，或是一条指令，或是一个二进制补码表示的数。通过编程以实现如下操作，来证明这个指令清单是相当完整的：

a. 数据传送：位置 X 到累加器，累加器到位置 X。

b. 加法：将位置 X 的内容加到累加器。

c. 条件转移。

d. 逻辑 OR。

e. I/O 操作。

13.8 多数指令集都有一条空操作（NOOP）指令。除了递增程序计数器之外，它对 CPU 状态没有任何影响。请给出这条指令的一些使用示例。

13.9 在 13.4 节中曾提到：当无溢出时，算术和逻辑的左移相当于乘以 2；当出现溢出时，二者产生不同的结果，但算术左移仍保持原符号位。请用两个 5 位二进制补码整数来验证此话是对的。

13.10 算术右移时，数据会以何种方式舍入（例如，朝 $+\infty$ 舍入，朝 $-\infty$ 舍入，朝 0 舍入，远离 0 舍入）？

13.11 假设一个栈被处理器用来管理过程调用和返回。能否以栈顶作为程序计数器从而取消原程序计数器？

13.12 在 x86 体系结构中有一条称作"加后十进制调整"（decimal adjust after addition，DAA）指令。DAA 指令完成如下操作：

```
if ((AL AND 0FH) >9) OR (AF = 1)   then
      AL ← AL + 6;
      AF ← 1;
else
      AF ← 0;
endif;
if (AL > 9FH) OR (CF = 1)   then
      AL ← AL + 60H;
      CF ← 1;
else
      CF ← 0;
endif.
```

上述程序中，"H"表示十六进制。AL 是一个 8 位寄存器，它可容纳两个无符号 8 位整数的相加结果。AF 是辅助进位标志，若加法的结果中有位 3 向位 4 的进位，它被置位。CF 是进位标志，若有位 7 向位 8 的进位，它被置位。请解释 DAA 指令所完成的功能。

13.13 x86 的比较指令 CMP 由目标操作数减源操作数，它改动状态标志（C、P、A、Z、S、O），但不改变两个操作数。CMP 指令可以用来确定目的操作数是否大于、等于或小于源操作数。

a. 假设两个操作数被当作无符号整数。指出哪些状态标志与确定两个整数绝对值的相对大小有关，以及大于、等于或小于分别对应于什么标志值。

b. 假设两个操作数被当作二进制补码表示的有符号整数。指出哪些状态标志与确定两个整数绝对值的相对大小有关，以及大于、等于或小于分别对应于什么标志值。

c. CMP 指令之后常是一条条件转移（Jcc）或条件设置（SETcc）指令，这里 cc 指的是表 13.11 所列的 16 个条件之一。请解释对有符号数比较所测试的条件是正确的。

13.14 若希望将 x86 的 CMP 指令用于 32 位浮点数操作，要得到正确的结果，下面提到的这些部分必须满足什么要求？

a. 有效值、符号、阶值各字段的相对位置。

b. 值 0 的表示。

    c. 阶值的表示。

    d. IEEE 754 格式满足这些要求吗？请说明。

13.15 大多数微处理器指令集都包括这样一条指令：它测试条件，并当条件是真时设置目标操作数。这样的例子有 x86 上的 SETcc，Motorola MC68000 上的 See 和 National NS3200 上的 Scond。

    a. 这些指令有几点不同：

- SETcc 和 Scc 只对字节进行操作，而 Scond 可对字节、字、双字进行操作。
- SETcc 和 Scond 是当条件为真时设置操作数为整数 1，为假时设置为 0。Scc 则是为真时设置字节为全 1，为假时设置为全 0。这些不同的相对优缺点是什么？

    b. 这些指令本身都不修改任何条件代码标志，因此确定这些指令所设置的值时需要显式测试指令结果，而不能借助条件代码。请讨论：是否应该允许这种指令修改条件标志？

    c. 像 IF a>b THEN 这样的简单 IF 语句能使用一种数值表示法来实现，它使布尔表达式的值显式表示出来。这种方法与控制流（flow of control）方法不同，控制流方法中布尔表达式的值是通过程序控制流到达点的不同来体现的。一个编译器可用如下 x86 代码来实现 IF a > ssb THEN 语句：

```
         SUB   CX,CX        ; 置 CX 寄存器为 0
         MOV   AX,B         ; B 的内容传送到 AX 寄存器
         CMP   AX,A         ; AX 的内容与 A 的内容进行比较
         JLE   TEST         ; 若 A≤B 则跳转
         INC   CX           ; 否则，Cx 寄存器加 1
TEST     JCXZ  OUT          ; 若 CX 等于 0 则跳转
THEN     OUT
```

（A>B）的结果作为一个布尔值，被保存到了 CX 寄存器中，因此在上面所示代码范围之外还可用。这种情况下使用 CX 保存布尔值是很方便的，因为多数转移和循环指令都有测试 CX 的功能。

    请用 SETcc 指令来实现上述功能，以便节省存储空间和执行时间（提示：除 SETcc 之外，不需要再添加其他的 x86 指令）。

    d. 现在考虑高级语言语句：

$$A:=(B>C)OR(D=F)$$

编译器可生成如下代码：

```
         MOV   EAX, B       ; 传送位置 B 的内容到 EAX 寄存器
         CMP   EAX, C       ; 比较寄存器 EAX 和位置 C 中的内容
         MOV   BL, 0        ; 0 表示假
         JLE   N1           ; 若 B≤C 则跳转
         MOV   BL, 1        ; 1 表示真
N1       MOV   EAX, D
         CMP   EAX, F
         MOV   BH, 0
         JNE   N 2
         MOV   BH, 1
N2       OR    BL, BH
```

请用 SETcc 指令来实现，从而节省存储器空间和执行时间。

13.16 假设两个寄存器含有的十六进制值分别为 AB0890C2 和 4598EE50。使用 MMX 指令相加的结果是什么？这里假设不采用饱和算术：

    a. 作为压缩字节

    b. 作为压缩字

13.17 附录 E 指出，若栈仅被处理器用于过程调用处理这样的目的，则指令集中可以没有面向栈的指令。没有这些面向栈的指令，处理器是如何做到对栈的使用的？

13.18 数学公式中通常使用中缀表示法，在这种方法中，二元运算符出现在两个操作数之间。另一种表示法为逆波兰表示法，也叫后缀表示法，其中运算符出现在两个操作数之后。有关详细信息，请参阅附录 E。将如下算式由逆波兰（reverse polish）表达式转换为中缀表达式（infix）：
a. AB + C + D ×
b. AB / CD / +
c. ABCDE + × × /
d. ABCDE + F/ + G − H / × +

13.19 将下列算式由中缀表示法转换成逆波兰表示法：
a. A + B + C + D + E
b. (A + B) × (C + D) + E
c. (A × B) + (C × D) + E
d. (A − B) × (((C − D × E) /F) /G) × H

13.20 将表达式 A + B − C 使用 Dijkstra 算法转换成后缀表示法，请展示所涉及的步骤。结果是等价于 (A + B) − C，还是 A + (B − C)？这要紧吗？

13.21 使用附录 E 中定义的中缀法到后缀法 (postfix) 转换的算法，展示将图 E.3 中的计算公式转换成后缀法的各步，使用类似于图 E.5 的展示格式。

13.22 展示图 E.5 中的表达式计算，使用类似于图 E.4 的格式。

13.23 重画图 13.12 中的小端排列，使字节按大端的方式进行编号和显示，即把存储器表示为 64 位的行，字节排列是从左到右、从上到下。

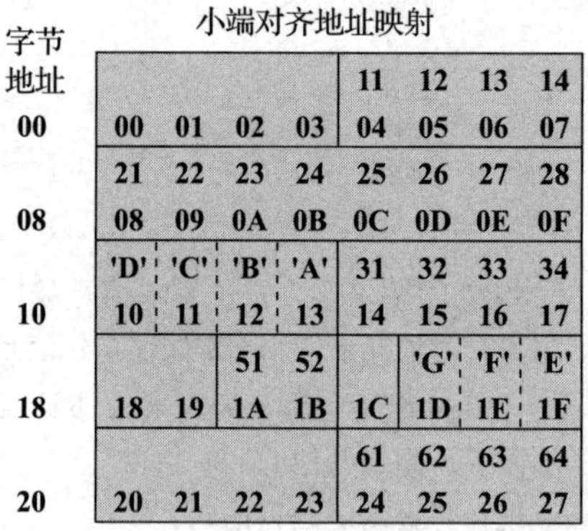

字节地址	小端对齐地址映射							
00					11	12	13	14
	00	01	02	03	04	05	06	07
08	21	22	23	24	25	26	27	28
	08	09	0A	0B	0C	0D	0E	0F
10	'D'	'C'	'B'	'A'	31	32	33	34
	10	11	12	13	14	15	16	17
18			51	52		'G'	'F'	'E'
	18	19	1A	1B	1C	1D	1E	1F
20					61	62	63	64
	20	21	22	23	24	25	26	27

图 13.12 Power 体系结构内存中的小端数据结构

13.24 对如下数据结构，请使用图 13.12 的格式画出小端的排列情况和大端的排列情况，并对其进行注解。

```
a.    struct {
        double i ;      //0x1112131415161718
      } s1;
b.    struct {
        int i;          //0x11121314
        int j;          //0x15161718
      }s2:
c.    struct {
        short i;        //0x1112
        short j;        //0x1314
        short k;        //0x1516
        short 1;        //0x1718
      }s3;
```

13.25 IBM Power 体系结构规范中不指定处理器应如何实现小端模式。它只指定当以小端模式操作时，处理器所看到的存储器形式。当数据结构由大端模式转换到小端模式时，处理器有选择的自由，它既可用真的字节交换机制来实现，也可用某种地址修改机制来实现。当前的 Power 处理器的默认方式全是大端机制，并使用地址修改法来对待小端的数据。

考虑图 13.12 中定义的结构 s，图的右下部表示处理器所看到的结构 s。实际上，若结构 s 以小端模式被编译，它在存储器中的排列情况如图 13.12 所示。解释它所涉及的映射，描述实现此映射的简易方式，并讨论这种方法的效率。

13.26 编写一个测试机器端序模式并报告结果的小程序，并上机运行。

13.27 MIPS 处理器能设置成以大端或小端的模式来操作。考察它的装入无符号字节（load byte unsigned，LBU）指令，它将存储器的一字节装入寄存器的低位，寄存器的高 24 位填充 0。MIPS 参考手册使用一种寄存器传送语言来描述 LBU 指令。

```
mem ← LoadMemory(…)
byte ← VirtualAddress₁..₀
if  CONDITION  then
        GPR[rt] ← 0²⁴‖mem₃₁ ₋ ₈ × byte .. 24 ₋ 8 × byte
else
        GPR[rt] ← 0²⁴‖mem₇ ₊ ₈ × byte .. 8 × byte
endif
```

这里 byte 指的是有效地址的低两位，mem 指的是取自存储器的装入值。手册中替代 COND-ITION 的字是 Big Endian（大端）还是 Little Endian（小端）？你认为应该使用哪个？

13.28 大多数处理器（但不是全部）在字节中使用大端或小端的位序，与在多字节标量中大端或小端的字节排序是一致的。让我们考察 Motorola 68030，它使用大端的字节排序。然而关于格式的 68030 文档有些混乱。用户手册说明位字段的位序与整数的位序相反。大多数的位字段操作以一种端序来操作，但少数的位字段操作要求相反的端序。用户手册这样描述大多数的位字段操作：

> 位操作数由基地址和位号指定，基地址选择存储器中的一字节（基字节），位号选择此字节中的一位。最高有效位的位号是位 7。位域操作数由如下指定：（1）选择存储器中一字节的基地址。（2）位字段偏移（bit field offset）量，它指示位字段最左位（基位）相对于基字节最高有效位的偏移。（3）位字段宽度，它指出基字节右起的多少位在此位字段中。基字节最高有效位的位字段偏移是 0，基字节最低有效位的位字段偏移是 7。

这些指令使用的是大端位序还是小端位序？

本章附录 小端、大端和双端

一些奇怪并令人气恼的现象，涉及字中的字节和字节中的位如何表示及引用的问题。我们首先查看字节排序问题，然后再考虑位排序。

字节排序

端序（endianness）概念首先是在 Cohen 的著作中讨论的（参见 [COHE81]）。就字节而言，端序与多字节标量值的字节排序相关。用例子更能说明问题。假定我们有 32 位的十六进制值 12345678，并且它以一个 32 位字存于字节可寻址的存储器字节位置 184 处。此值由 4 个字节组成，最低有效字节的值是 78，最高有效字节的值是 12。存储此值有两种方式：

地址	值		地址	值
184	12		184	78
185	34		185	56
186	56		186	34
187	78		187	12

　　左边的映射方式是将最高有效字节存于最低数值的字节地址中，称为大端序（big-endian ordering），它等同于西方文化语言中的从左到右书写顺序。右边的映射方式是将最低有效字节存于最低数值的字节地址中，称为小端序（little-endian ordering），它使我们联想起算术单元中的从右到左的算术运算次序⊖。对于一个给定的多字节标量值，大端和小端映射方式的字节排列彼此正好相反。

　　端序概念的出现，是在必须将多个字节项看作具有单一地址的单个数据项时，尽管它是由更小的可寻址单元组成的。一些机器（如 Intel 80x86、x86、VAX 和 Alpha）是小端的机器，而像 IBM System 370/390、Motorola 的 680x0、SunSPARC 和大多数 RISC 机器采用的是大端。当数据由一种端序类型的机器传送到另一类机器时，以及当程序试图操纵多字节标量的个别字节或个别位时，就会出现问题。

　　端序特性不扩展到单个数据单元之外。在任何机器中，像文件、数据结构和阵列这类集合都是由多个数据单元组成的，每个数据单元都有自己的端序。于是，将存储器数据块由一种风格的端序转换成另一种风格时，需要了解数据的结构。

　　图 13.13 说明了端序如何确定寻址和字节次序。图中顶部的 C 结构含有几种数据类型。左下部的存储器布局情况来自大端机器编译这个结构的结果，右下部是小端机器的编译结果。无论是哪种情况，存储器显示为一系列 64 位的行。对于大端情况，存储器从左到右、从上到下摆放，而对于小端情况，存储器从右到左、从上到下摆放。注意，这些布局是任意的。无论使用哪种映射方式，在一行内可使用从左到右也可使用从右到左方式，这只是一种表述的形式，不是存储器指定的。实际上，查看某类机器的编程手册时，可发现令人困惑的各种表述，甚至在同一本手册中也是这样。

```
struct{
    int a; //0x1112_1314                        word
    int pad; //
    double b; //0x2122_2324_2526_2728           doubleword
    char* c; //0x3132_3334                      word
    char d[7]; //'A','B','C','D','E','F','G'    byte array
    short e; //0x5152                           halfword
    int f; //0x6162_6364                        word
} s;
```

```
struct{
    int     a;     //0x1112_1314                        word
    int     pad;   //
    double  b;     //0x2122_2324_2526_2728              doubleword
    char*   c;     //0x3132_3334                        word
    char    d[7];  //'A','B','C','D','E','F','G'        byte array
    short   e;     //0x5152                             halfword
    int     f;     //0x6162_6364                        word
} s;
```

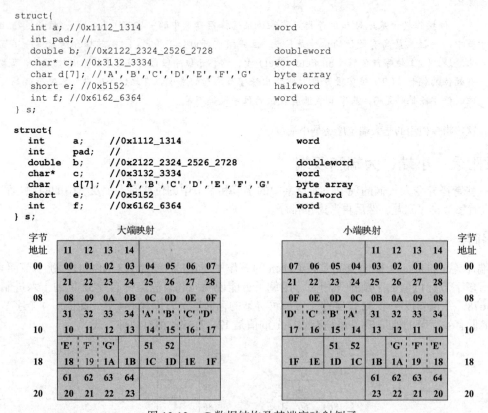

图 13.13　C 数据结构及其端序映射例子

⊖　大端和小端这两个词来自乔纳森·斯威夫特的《格列佛游记》第一部分第 4 章。它们指的是两个群体之间的战争，一个在大端打破鸡蛋，另一个在小端打破鸡蛋。

我们能观察到有关这个数据结构的几点结论：

- 在两种策略中每个数据项都有同样的地址。例如，十六进制值 2122232425262728 的双字的地址是 08。
- 在任何一个给定的多字节标量值中，小端的字节排序是大端的反序，反之亦然。
- 端序不影响结构中数据项的次序。于是，4 字符的字 c 展示出字节的反序，但 7 字符的字节数组 d 却不是。因此，d 的各个元素的地址在两种结构中是相同的。

当我们把存储器视作一个垂直的字节队列时，或许更能清楚地说明端序的效果，如图 13.14 所示。

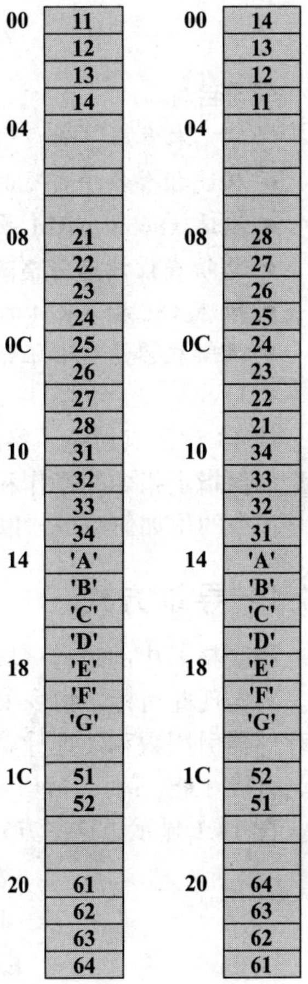

哪种端序更好一点，没有普遍一致的意见。如下观点偏爱大端风格：

- **字符串排序**（sorting）：在比较整数排列的字符串时，大端机器更快一些，整数 ALU 能并行比较多个字节。
- **十进制 /IRA 打印输出**：所有值能从左到右打印而不会引起混乱。
- **一致的次序**：大端处理器以同样的次序存储它的整数和字符串（最高有效字节最先存储）。

以下观点偏爱小端风格：

- **整数地址转换**：大端处理器在需要转换 32 位整数地址到 16 位整数地址时，必须完成加法，以便使用最低有效字节。
- **算术**：采用小端风格完成高精度算术更容易一些，你不必找到最低有效字节和反向移动。

两种风格难分高低，并且端序风格的选取经常更多考虑兼容以前的机器而不是其他因素。

PowerPC 是一个既支持大端模式又支持小端模式的双序机器。这种结构允许软件开发人员在将操作系统和应用由另一种机器迁入时，选取某种端模式。操作系统建立处理器执行时使用的端模式。一旦模式被选定，所有后续的装载和保存都由这种模式下的存储器寻址方式所确定。为支持硬件的这种特点，机器状态寄存器（Machine State Register，MSR）中的对应两位，由操作系统视作进程状态的一部分来维护。一位用来指定内核运行时所采用的端模式，另一位用来指定处理器的当前操作的模式。于是，模式可依每个进程来改变。

地址	a) 大端	地址	b) 小端
00	11	00	14
	12		13
	13		12
	14		11
04		04	
08	21	08	28
	22		27
	23		26
	24		25
0C	25	0C	24
	26		23
	27		22
	28		21
10	31	10	34
	32		33
	33		32
	34		31
14	'A'	14	'A'
	'B'		'B'
	'C'		'C'
	'D'		'D'
18	'E'	18	'E'
	'F'		'F'
	'G'		'G'
1C	51	1C	52
	52		51
20	61	20	64
	62		63
	63		62
	64		61

图 13.14　图 13.13 的另一种视图

位排序

对于字节中的位排序，我们会直接面临两个问题：

1. 把第 1 位计为位 0 还是计为位 1？

2. 把最低位号指派给字节的最低有效位（小端）还是指派给字节的最高有效位（大端）？

这些问题在所有机器中的答案不同。实际上，在某些机器上，在不同的环境下也有不同的答案。而且，字节内大端或小端位次序的选取与多字节标量中大端或小端字节次序的选取并不总是一致的。当操作个别位时，程序员必须关注这些问题。

需关注的另一领域是，在数据通过位串行线路发送的情况下，当发送各个字节时，系统是先发送最高有效位还是最低有效位？设计者必须确保收到的位能被正确地处理。这个问题的讨论请参见 [JAME90]。

指令集：寻址方式和指令格式

学习目标

学习完本章后，你应该能够：

- 描述指令集中常见的各种寻址方式。
- 概述 x86 和 ARM 寻址方式。
- 总结在设计**指令格式**时所涉及的问题和权衡。
- 概述 x86 和 ARM 的指令格式。
- 理解机器语言和汇编语言之间的区别。

第 13 章重点讨论了指令集的作用，考察了机器指令可指定的操作和操作数类型。本章讨论如何指定指令的操作和操作数。这里要解决两个问题，首先是如何指定操作数地址，其次是指令的位如何组织，以定义操作数地址和操作。

14.1 寻址方式

指令格式中的地址字段通常相对较小。我们希望，有能力大范围地访问主存或虚拟存储器。为实现此目标，指令采用了各类寻址技术。它们都涉及地址范围和寻址灵活性之间，以及存储器引用数和地址计算复杂性之间的权衡考虑。本节将考察最常用的寻址技术：立即寻址、直接寻址、间接寻址、寄存器寻址、寄存器间接寻址、偏移寻址、栈寻址。

图 14.1 显示了这些方式。在本节中，我们将使用如下表示法：

$$A = 指令中地址字段的内容$$
$$R = 指向寄存器的指令地址字段的内容$$
$$EA = 被访问操作数位置的实际（有效）地址$$
$$(X) = 存储器位置 X 或寄存器 X 的内容$$

表 14.1 列出了每种寻址方式所进行的地址计算。

在讨论之前需要说明两点。首先，实际上所有计算机体系结构都提供不止一种寻址方式。这也就提出一个问题，处理器如何确认什么样的寻址方式正被一条具体指令所使用。这有几种方法。通常是不同的操作码使用不同的寻址方式。另外，指令格式中的一位或几位能用作方式字段（mode field），方式字段的值确定使用哪种寻址方式。

第二点说明是关于有效地址（EA）的解释。在没有虚拟存储器的系统中，**有效地址**（effective address）是主存地址或寄存器。在虚拟存储器系统中，有效地址是虚拟地址或寄存器。把虚拟地址映射到物理地址实际上是内存管理单元（MMU）的功能，并且是程序员不可见的。

14.1.1 立即寻址

寻址的最简单形式是立即寻址（immediate addressing）。在这种方式下，操作数实际出现在指令中：

$$操作数 = A$$

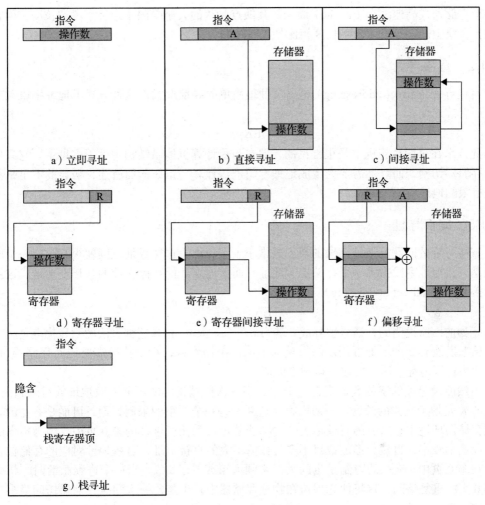

图 14.1 寻址方式

表 14.1 基本寻址方式

方式	算法	主要优点	主要缺点
立即寻址	操作数 =A	无存储器访问	操作数幅值有限
直接寻址	EA=A	简单	地址范围有限
间接寻址	EA=（A）	大的地址范围	多重存储器访问
寄存器寻址	EA=R	无存储器访问	地址范围有限
寄存器间接寻址	EA=（R）	大的地址范围	额外存储器访问
偏移寻址	EA=A+（R）	灵活	复杂
栈寻址	EA= 栈顶	无存储器访问	应用有限

这种方式能用于定义和使用常数或者设置变量的初始值。一般来说，数以二进制补码形式存储，最左位是符号。当操作数装入数据寄存器时，符号位向左扩展来填充数据字的**字**长。在某些情况下，立即二进制值被当作无符号非负整数。

立即寻址的优点是，除了取指令之外，获得操作数不要求另外的存储器访问，于是节省了一个存储器或高速缓存（cache）周期。其缺点是数的大小受限于地址字段的长度，而在大多数指令集中此字段长度与字长度相比是比较短的。

14.1.2　直接寻址

直接寻址（direct addressing）也是一种很简单的寻址形式，这种方式下地址字段含有操作数的有效地址：

$$EA=A$$

此技术在早期计算机中是很常见的，但在当代计算机体系结构中就不多见了。它只要求一次存储器访问，而且不需要为生成地址专门进行计算。正如前面所述，明显的不足是只能提供有限的地址空间。

14.1.3　间接寻址

直接寻址的问题是地址字段的长度通常小于字长度，这样寻址范围就很有限。一个解决方法是，让地址字段指示一个存储器字地址，而此地址处保存操作数的全长度地址。这被称为**间接寻址**（indirect addressing）：

$$EA = (A)$$

正如前面所说明的，括号解释成"其内容"（content of）。这种方法的明显优点是，对于N字长来说能有2个地址可用。缺点是为了取一个操作数，指令执行需要访问存储器两次，第一次为得到地址，第二次才是得到它的值。

虽然能被寻址的字的数目现在等于2^N，但一次能被访问的不同有效地址数目限制到2^K，这里的K是地址字段的长度。一般而言，这并不是一个严重的限制，而且可能是有益的。在虚拟存储器环境中，所有的有效地址位置都能限定放到任何进程的第0页内。因为指令的地址字段通常较小，自然会形成数目不多且数值不大的直接地址，这些地址对应的存储位置可以放在第0页中（唯一的限制是页的大小必须大于或等于2^K）。当一个进程激活时，将会有对第0页的重复访问，这将使它保留在物理存储器中。于是，一次间接存储器访问最多只涉及一次缺页而不是两次。

一种很少使用的间接寻址的变体是多级或级联的间接寻址：

$$EA = (\cdots (A) \cdots)$$

这种情况下，全字地址中有一个间接标志位（I）。若此位是0，则此全字地址中的其余位是有效地址EA。若I位是1，则要求另一级间接。这种方法没什么特别的好处，缺点是为取一个操作数要求访问存储器三次甚至更多次。

14.1.4　寄存器寻址

寄存器寻址（register addressing）类似于直接寻址。唯一的不同是地址字段指的是寄存器而不是一个主存地址：

$$EA = R$$

举例说明一下，假设指令中寄存器地址字段的值是5，那么寄存器R5就是所指定的地址，操作数的值就是R5的内容。一般来说，访问寄存器的地址字段有3～5位，因此能访问总计8～32个通用寄存器。

寄存器寻址的优点：一是指令中仅需要一个较小的地址字段，二是不需要存储器访问。正如第5章讨论过的，对CPU内部寄存器存取的时间是远小于主存存取时间的。寄存器寻址的缺点是地址空间十分有限。

若指令集中大量地使用了寄存器寻址，这意味着 CPU 寄存器将被大量使用。因为寄存器数量极其有限（与主存位置相比），所以只有它们能得到有效使用的应用才有意义。若是每个操作数都由主存来装入寄存器，操作一次后又送回主存，则暂存这些内容实际上是一种浪费。然而，若是留在寄存器中的操作数能为多个操作所使用，则实现了有效的节省，例如计算的中间结果。具体地，假设二进制补码数的乘法是以软件实现的，那么，图 11.12 流程图中标记为 A 的位置是要多次访问的，因此应以寄存器而不是主存位置来实现。

哪些值应保留在寄存器中，哪些值应保存于存储器中，这个判断应由程序员或编译器来定。大多数当代 CPU 都使用多个通用寄存器，如何有效地使用它们就成了汇编语言编程人员（例如，编译器的编写者）的责任。

14.1.5 寄存器间接寻址

正如寄存器寻址类似于直接寻址一样，**寄存器间接寻址**（register indirect addressing）类似于间接寻址。两种情况的唯一不同是，地址字段指的是存储位置还是寄存器。于是，对于寄存器间接地址，

$$EA=(R)$$

寄存器间接寻址的优点和不足基本上与间接寻址类似。二者的地址空间限制（有限的地址范围）都通过将地址字段指向一个保存有全长地址的位置而被克服了。另外，寄存器间接寻址比间接寻址少一次存储器访问。

14.1.6 偏移寻址

一种强有力的寻址方式是直接寻址和寄存器间接寻址相结合。根据上下文的不同，它有几种名称，但基本机制是相同的。我们将它称为**偏移寻址**（displacement addressing）：

$$EA=A+(R)$$

偏移寻址要求指令有两个地址字段，至少其中一个是显式的。保存在一个地址字段中的值（值 =A）直接被使用。另一个地址字段，或者一个基于操作码的隐含引用，指向一个寄存器。此寄存器的内容加上 A 产生有效地址。

我们将介绍最通用的三种偏移寻址：

- 相对寻址
- 基址寄存器寻址
- 变址寻址

相对寻址　　对于相对寻址，隐含引用的寄存器是程序计数器（PC），因此也叫 PC 相对寻址。即当前 PC 的值（此指令后续的下一条指令的地址），加上地址字段的值（A），产生有效地址（EA）。一般来说，地址字段的值在这种操作下被看成二进制补码数的值。于是，有效地址是对当前指令地址的一个前后范围的偏移。

相对寻址利用了第 4 章和第 9 章讨论过的局部性概念。若大多数存储器访问都相对靠近正在执行的指令，则使用相对寻址可节省指令中的地址位数。

基址寄存器寻址　　对于**基址寄存器**寻址方式，解释如下：被访问的寄存器含有一个主存储器地址，地址字段含有一个相对于那个地址的偏移量（通常是用无符号整数表示）。寄存器访问可以是显式的，也可以是隐式的。

基址寄存器寻址也利用了存储器访问的局部性。用它来实现第 9 章讨论过的段很方便。在某些实现中，采用了一个单一的段基址寄存器，并且是隐式使用。而在其他情况中，程序员可选取一个寄存器来保存段的基地址，并且指令对它必须显式引用。在后一种情况下，若

地址字段的位长度是 K，并且可选取的寄存器有 N 个，则一条指令能访问 $N \times 2^K$ 个字的范围中的任一字。

变址寻址　　对于变址寻址，典型的解释如下：指令地址字段访问一个主存地址，被访问的寄存器含有对那个地址的一个正的偏移量。注意，这种用法正好和基址寄存器寻址方式的解释相反。当然，两者的区别并不只是用法解释的问题。因为变址中的地址字段将被看作一个存储器地址，所以该地址字段通常比基址寄存器指令中的地址字段包含更多的位。还有，我们将看到对变址会有某些改进，而这些改进不能用于基址寄存器的方式。不过无论如何，基址寄存器寻址和变址二者的 EA 计算方法是相同的，而且两种情况下的寄存器访问都是有时是显式，有时是隐式的（对于不同类型的 CPU）。

变址的一个重要用途是为重复操作的完成提供一种高效机制。例如，在位置 A 处开始有一数值列表，我们准备为表的每个元素加 1。这需要取出表中的每个数值，对它加 1，然后再存回。需要的有效地址序列是 A，A +1，A +2，…，直至表的最后一个位置。使用变址，这很容易完成。将值 A 存入指令的地址字段，并选取一个寄存器，叫变址寄存器（index register），初始化为 0。每次操作之后，变址寄存器加 1。

因为变址寄存器普遍用于这种重复任务，故一般都需要在每次访问之后将它递增或递减。某些系统会自动完成这种递增、递减的操作，并将其作为同一指令周期的一部分。这称为**自动变址**（autoindexing）。若某个寄存器专门用于变址，则自动变址能隐含地自动启动。若使用通用寄存器作为变址寄存器，则自动变址操作需要用指令中的某一位来标志。采用递增的自动变址可描述如下：

$$EA = A + (R)$$
$$(R) \leftarrow (R) + 1$$

某些机器既提供了间接寻址又提供了变址，在同一指令中使用两种寻址方式是准许的。这有两种可能的方式：在间接寻址之前或之后进行变址寻址。

如果在间接寻址之后进行变址，称为**后变址**（post-indexing）：

$$EA = (A) + (R)$$

首先，地址字段的内容用来访问一个存储器位置取得直接地址。然后，这个地址被寄存器值变址。对于访问若干具有固定格式数据块中的某一个，这种技术是很有用的。例如，在第 9 章曾讨论过，操作系统需要为每个进程访问进程控制块。不管当前正在操作哪个块，完成的操作都是相同的。于是，访问这些块的指令中的那些地址（值 =A）可以指向一个保存有可变指针的位置，此可变指针指向具体进程控制块的起点。变址寄存器中保存有块内偏移量。

前变址（preindexing）是变址在间接寻址之前完成：

$$EA = ((A) + (R))$$

像简单变址一样，完成一次地址计算，然而所计算出的地址含有的不是操作数而是操作数的地址。这种技术使用的一个例子是构建多跳转表（multiway branch table）。在程序的某一点上，可能要根据一些条件转移到几个位置中的某一个。可以用位置 A 作为起点建立一个地址表。通过变址到这个表中，来找到所要求的位置。

正常情况下，指令集不会同时包括前变址和后变址。

14.1.7　栈寻址

最后考虑栈寻址（stack addressing）方式。正如附录 E 中所定义的，栈是一种位置的线性序列。它有时称为下推表（pushdown list）或后进先出队列（last-in-first-out queue）。栈是一个预留的位置块。数据项是被陆续加到栈顶，因此在任一给定时刻，栈对应的位置块是部分被填充的。与栈相关的是一个指针，它的值是栈顶地址。或者，当栈顶的两个元素已在 CPU 寄存器内，此时栈指针指向栈顶的第三个元素。栈指针保存在寄存器中，于是对存储器中栈位置的访问实际上是一种寄存器间接寻址方式。

栈寻址方式是一种隐含寻址形式。机器指令不需要指明存储器访问，而是隐含地指示操作发生在栈顶。

14.2　x86 和 ARM 寻址方式

14.2.1　x86 寻址方式

回顾图 9.21，x86 的地址转换机制产生一个地址，称为虚拟地址或有效地址，它是一个段内位移（offset）。段的起始地址和这个有效地址之和就构成了一个线性地址（linear address）。如果采用分页，线性地址必须通过一个页转换机制来生成一个物理地址。下面暂不管这最后一步，因为它对指令集和程序员都是透明的。

x86 配备了各种寻址方式，目的是使高级语言能有效地执行。图 14.2 指出了所涉及的硬件逻辑。被访问的对象是段，它由段寄存器所确定。有 6 个段寄存器，具体访问使用哪一个段寄存器，取决于执行的上下文和指令。每个段寄存器保存一个指向段描述符表（segment descriptor table）的索引（见图 9.20），段描述符表保存了各个段的起始地址。每个段寄存器（用户可见）与一个段描述符寄存器（程序员不可见）关联，段描述符寄存器记录了此段的访问权限，以及段的起始地址和段的界限（段的长度）。此外，还有两个寄存器（基址寄存器和变址寄存器），可用于构造地址。

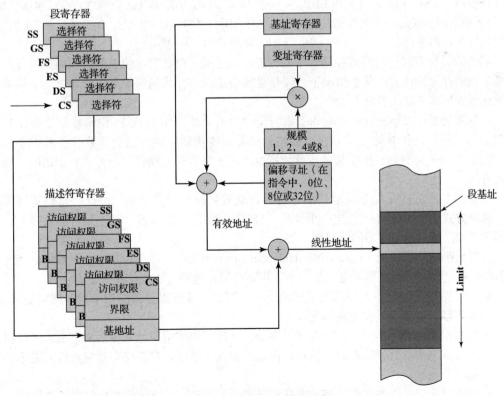

图 14.2　x86 寻址方式的计算

表 14.2 列出了 x86 的寻址方式，让我们依序考察每一种方式。

表 14.2　x86 寻址方式

方式	算法
立即寻址	操作数 =A
寄存器操作数寻址	LA=R
偏移寻址	LA=（SR）+A
基址寻址	LA=（SR）+（B）
基址带偏移寻址	LA=（SR）+（B）+A
比例变址带偏移寻址	LA=（SR）+（I）×S+A
基址带变址和偏移寻址	LA=（SR）+（B）+（I）+A
基址带比例变址和偏移寻址	LA=（SR）+（I）×S+（B）+A
相对寻址	LA=（PC）+A

注：LA—线性地址；（X）—X 的内容；SR—段寄存器；PC—程序计数器；A—指令中地址字段的内容；R—寄存器；B—基址寄存器；I—变址寄存器；S—比例因子。

对于**立即方式**（immediate mode），操作数包含在指令中。操作数可以是字节、字或双字的数据。

对于**寄存器操作数方式**（register operand mode），操作数位于寄存器中。对于像数据传送、算术和逻辑指令这样的一般指令，操作数可以是一个 32 位通用寄存器（EAX、EBX、ECX、EDX、ESI、EDI、ESP 和 EBP）、一个 16 位通用寄存器（AX、BX、CX、DX、SI、DI、SP 和 BP），或是一个 8 位通用寄存器（AH、BH、CH、DH、AL、BL、CL 和 DL）。还有访问段选择器寄存器（CS、DS、ES、SS、FS 和 GS）的一些指令。

其余的寻址方式访问的是存储器中的位置，通过指定包含有此位置的段和距离段起点的位移来说明存储器位置。某些情况下，段是显式指定的。在其他情况下，段通过一个简单的段默认指派规则来隐式指定。

在**偏移方式**（displacement mode）中，指令中的 8 位、16 位或 32 位偏移就是操作数距段起点的位移。偏移寻址方式只在少数几种机器中能找到，因为它会导致较长的指令。在 x86 机器中，偏移值可长达 32 位，这就使指令多达 6 字节长。偏移寻址方式对于访问全局变量很有用。

剩下的寻址方式是指令的地址部分告诉处理器到何处寻找地址，因此，它们是间接方式。**基址方式**（base mode）指定一个 8 位、16 位或 32 位的寄存器，其中包含有效地址。这等同于我们已说过的寄存器间接寻址。

在**基址带偏移量方式**（base with displacement mode）中，指令包括一个将被加到基址寄存器的偏移量，基址寄存器可是任意一个通用寄存器。这种方式的使用例子有：

- 编译器用来指向一个局部变量域的开始。例如，基址寄存器能用来指向栈帧的起点，而栈帧含有相应过程的局部变量。
- 当数组元素大小不是 1、2、4 或 8 字节，从而不能使用变址寄存器来索引时，可用这种方式来索引数组。此时，偏移指向数组起点，基址寄存器保存指定数组元素距数组起点的位移。
- 用于访问记录中的字段，基址寄存器指向记录的起点，而偏移是到此字段的位移。

在**比例变址带偏移方式**（scaled index with displacement mode）中，指令包括一个将加到

变址寄存器的偏移量。除 ESP 通常用于栈处理之外，其他任何通用寄存器都可以作为变址寄存器。计算有效地址时，变址寄存器的内容乘以 1、2、4 或 8 的比例因子，然后加上偏移量。对于索引一个数组，这种方式是很方便的。比例因子为 2 能用于 16 位整数数组，比例因子为 4 能用于 32 位整数或浮点数，比例因子为 8 能用于双精度浮点数的数组。

基址带变址和偏移方式（base with index and displacement mode）是将基址寄存器内容、变址寄存器内容和偏移量三者求和，得到有效地址。同样，除 ESP 通常用于栈处理之外，其他任何通用寄存器都可以作为基址和变址寄存器。作为一个例子，这种寻址方式可以用于访问栈帧中的局部数组。除此之外，它还可以用于寻址二维数组，此时偏移指向数组的起点，基址和变址寄存器分别处理二维数组中一个维的地址。

基址带比例变址和偏移方式（based scaled index with displacement mode）是将变址寄存器内容乘以比例因子、基址寄存器内容和偏移量三者求和。若一个数组存于栈帧中，这种寻址方式是很有用的，此时数组元素可以是 2、4 或 8 字节长。这种方式亦能对数组元素是 2、4 或 8 字节长的二维数组提供有效的索引。

最后，**相对寻址**（relative addressing）能用于控制转移指令。一个偏移量加到指向下一条指令的程序计数器的值上。此时，偏移量被看作一个有符号的字节、字或双字值，能增加或减少程序计数器中的地址。

14.2.2　ARM 寻址方式

与 CISC 机器不同，RISC 机器一般都采用简单和相对直接的一组寻址方式。不过 ARM 与这个传统有些不同，它有相对比较丰富的寻址方式。这些寻址方式基本上是根据指令类型区分的○。

装载 / 保存寻址　　ARM 中只有装载 / 保存（load/store）指令能访问内存。内存地址通常由一个基址寄存器加上一个偏移量来得到。考虑到变址的情况，则可分为 3 种不同方式（见图 14.3）。

- **偏移**（offset）：对于这种寻址方式，不会使用**变址**。内存地址通过基址寄存器的值加上或减去偏移量而得到。例如，图 14.3a 显示了采用这种寻址方式的汇编语言指令 `STRB r0,[r1, #12]`。这条指令保存一个字节到内存中。在这个例子中，基址在寄存器 r1 中，偏移量是十进制数 12 的直接数。得到的地址（基址加上偏移量）就是 r0 的最低有效字节所要保存数据的位置。
- **前变址**（preindex）：内存地址的计算与上面偏移寻址的方式一样。然后，计算得到的内存地址被写回到基址寄存器。也就是说，基址寄存器的值增加或减少了一个偏移量的值。图 14.3b 显示了采用这种寻址方式的汇编语言指令 `STRB r0,[r1, #12]!`。其中感叹号！表示要进行前变址。
- **后变址**（postindex）：内存地址就是基址寄存器的值。然后，偏移量被加到基址寄存器值中，或从中减去，结果再保存回基址寄存器。图 14.3c 显示了采用这种寻址方式的汇编语言指令 `STRB r0, [r1], #12`。

可以注意到，ARM 中的基址寄存器在前变址和后变址寻址方式时，更像一个变址寄存器。偏移量可以是一个存于指令中的立即数，也可以是另一个寄存器的值。如果偏移量在寄存器中，那么就可以获得一个有用的特性：带比例的寄存器寻址。在偏移量寄存器中保存的值可以通过移位操作按比例放大或缩小。移位操作可以是逻辑左移、逻辑右移、算术右移、

○　与我们讨论的 x86 寻址一样，在接下来的讨论中，我们会忽略从虚拟地址到物理地址的转变。

循环右移，以及扩展的循环右移（在循环移位中包括进位）。移位的位数可以通过指令中的立即数给出。

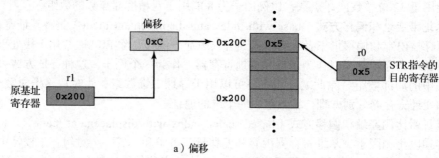

a）偏移

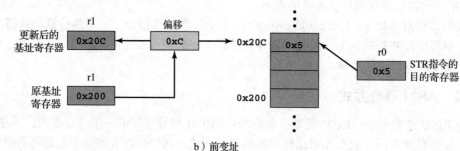

b）前变址

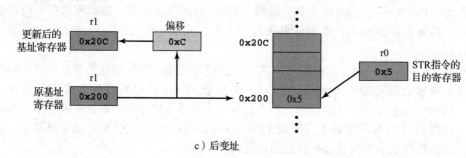

c）后变址

图 14.3 ARM 变址方式

数据处理指令的寻址   数据处理指令使用寄存器寻址，或者寄存器和立即数混合寻址。采用寄存器寻址时，操作数寄存器中提供的值可以采用上文介绍的 5 种移位操作来进行按比例的放大和缩小。

分支指令   分支指令只有一种寻址方式，即立即寻址。分支指令中带有一个 24 位的值。在地址计算时，这个立即数被左移 2 位，使地址对齐到一个字的边界。这样，相对于程序计数器来说，有效地址的范围为 ±32MB。

多装/多存寻址   多装（load multiple）指令从内存装载多个数据到多个（可能全部）寄存器。多存（store multiple）指令把多个（可能全部）寄存器的内容保存到内存中。用作装载或保存的寄存器列表由指令中的一个 16 位的字段给出，其中每一位对应 16 个寄存器中的一个。多装和多存指令寻址方式会产生一组连续的内存地址。编号最小的寄存器对应最低的内存地址，编号最大的寄存器对应最高的内存地址。内存地址的产生有 4 种方式（见图 14.4）：后递增（increment after）、先递增（increment before）、后递减（decrement after）、先递减

（decrement before）。指令用一个基址寄存器指定一个内存地址，寄存器的值从这个地址装载，或向这个地址存入，方向可以按字位置上升（递增），或下降（递减）。递增或递减可以发生在第一个值装载或保存完之后或之前。

```
LDMxx r10, {r0, r1, r4}
STMxx r10, {r0, r1, r4}
```

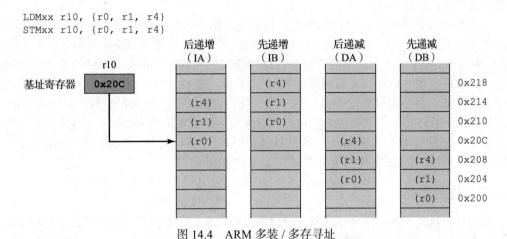

图 14.4　ARM 多装 / 多存寻址

这些指令对于数据块装载和保存、栈操作以及过程退出操作都是很有用的。

14.3　指令格式

指令格式通过它的各个构成部分来定义指令的位布局。一条指令必须包括一个操作码，以及隐式或显式的、零个或多个操作数。每个显式操作数使用 14.1 节描述的某种寻址方式来引用。指令格式必须显式或隐式地为每个操作数指定其寻址方式。大多数指令集使用不止一种指令格式。

指令格式设计是一种复杂的技术，已有的指令格式种类之繁多令人吃惊。本节考察关键的设计出发点，通过简要地查看某些设计来说明这些出发点。然后，再详细考察 x86 和 ARM 的做法。

14.3.1　指令长度

设计人员面对的最基本设计出发点，是指令格式的长度。这个决定与存储器尺寸、存储器组织、总线结构、CPU 复杂程度和 CPU 速度等相互影响。它决定了汇编语言编程人员所看到的机器指令的丰富性和灵活程度。

此时最明显的权衡考虑是在强有力的指令清单和必须节省的空间之间进行的。编程人员希望有更多的操作码、更多的操作数、更多的寻址方式和更大的地址范围。更多的操作码和更多的操作数可使编程人员的日子更好过，他们能写出较短的程序来完成给定的任务。类似地，更多的寻址方式让编程人员在实现某些像表处理和多路跳转这样的功能时有更大的灵活度。还有，随着主存容量的增加和虚拟存储器的使用，编程人员自然希望能寻址更大的范围。所有这些事情（操作码、操作数、寻址方式和地址范围）都需要更多指令的位，并使指令长度趋向更长的方向。但过长的指令长度是一种浪费。64 位指令会占据 32 位指令的两倍空间，但很可能功能没有两倍那样多。

除了这个基本权衡之外，还有其他的考虑。指令长度或者应该等于存储器的传送长度（在总线系统中，是数据总线宽度），或者这两个值其中一个是另一个的整数倍。否则，会在取指周期得不到指令的整数数目。一个相关考虑是存储器传送速度。这个速度的提高并不与处理器速度提高保持一致。于是，若处理器执行指令的速度快于取指令的速度，则存储器传送就变成一个瓶颈。这个问题的一种解决方法是使用高速缓存（cache）（参见 4.3 节）。另一种方法是使用较短的指令。这样，16 位指令能以 32 位指令的两倍速率来取指，但执行速度可能不会是两倍那样快。

一个看起来有些平凡的但依然重要的特征是，指令长度应当是字符长度（通常是 8 位）或定点数长度的整数倍。为表明这一特征，人们使用了一个不幸被混定义的名词字（word）[FRAI 83]。在某种意义上，字的长度是存储器组织的"自然"单位。字的长度通常也就确定了定点数的长度（一般二者是相等的）。字的长度一般也等于，或相对于存储器传送的宽度至少是整的。因为数据的普遍形式是字符，我们希望一个字能保存整数倍的字符。否则，当存储多个字符时每个字会有浪费的位，或者一个字符必须跨越字的边界。说明其重要性的一个例子是，当 IBM 推出 System/360 并打算使用 8 位字符时，它毅然做出转向的决定，由700/7000 系列的 36 位的科学计算体系结构改为 32 位结构。

14.3.2　位的分配

我们已经讨论了影响指令格式长度确定的某些因素。一个同样困难的设计出发点是如何分配指令中的位，这个问题的权衡考虑很复杂。

对于一个给定的指令长度，显然在操作码数目和寻址能力之间有一个权衡考虑的问题。越多的操作码明显地意味着操作码字段要有更多的位，这就减少了寻址可用的位数。对于这种折中考虑有一个有趣的改进，是使用变长的操作码。按照这种方法，有一个最小操作码长度，但是对于某些操作码，可通过使用指令附加位的方法来指定附加的操作。对一个固定长度的指令来说，就使留给寻址使用的位减少了。于是，这种方法只适用于要求较少操作数和不太强的寻址能力的指令。

下面一些相互关联的因素，在确定如何使用寻址位时是需要考虑的。

- **寻址方式的数目**：有时，一种寻址方式能隐含指定，例如，某些操作码会使用变址。其他情况下，寻址方式必须是显式指定的，这将需要一位或多位的寻址方式位。
- **操作数数目**：我们已看到过（见图 13.3），操作数少会使程序变长而且难于编写。当今的机器上的典型指令都提供两个操作数，每个操作数可能都要求有自己的寻址方式指示位，或者限制只允许两个操作数的其中一个使用寻址方式指示位。
- **寄存器与存储器比较**：一个机器必须有寄存器，这样数据才能装入 CPU 进行处理。对于只有一个单一的用户可见的寄存器（通常叫作累加器），操作数的地址是隐含的因而不占用指令位。然而，单一寄存器的编程很棘手，而且要求较多的指令。尽管有多个寄存器，也只需要较少的位来指定寄存器。能用于操作数访问的寄存器越多，指令需要的位数越少。多项研究结果都指出，总计 8 ～ 32 个用户可见寄存器是比较合适的 [LUND77，HUCK83]。大多数当代处理器体系结构至少有 32 个寄存器。
- **寄存器组的数目**：大多数当代机器只有一组通用寄存器，通常是 32 个或更多寄存器。这些寄存器既能用于保存数据，也能用于保存偏移寻址方式的地址。包括 x86 在内的一些体系结构具有两个或多个专用寄存器组（像数据和偏移量）。这种方法的优点之一是，对于固定数目的寄存器，功能上的分开将使指令只需较少的位数。例如，有两个 8 寄存器的组，只需 3 位来标识一个寄存器，操作码将隐式地确定哪一组寄存器被访问。
- **地址范围**：对于访问内存位置的地址来说，地址范围与指令的地址位数有关。因为指令中地址位数严重受到限制，所以很少使用直接寻址。使用偏移寻址，范围问题就出现在地址寄存器长度上。尽管如此，允许对地址寄存器做相当大的偏移在应用中还是很方便的，这就要求指令中有比较多的地址位数。

- **地址粒度**：对于访问存储器而不是寄存器的地址，另一考虑因素是寻址的粒度。在一个具有 16 位或 32 位字的系统中，一个地址是能访问一个字还是一个字节，具体由设计者选择。字节寻址对于字符处理是很方便的，但对于一个固定大小的存储器来说却要求更多地址位。

于是，设计人员有许多因素需要考虑和权衡。然而，各种选择的重要程度却不是很清楚。作为一个例子，我们援引一份研究报告 [CRAG79]，其中比较了各种指令格式的构成方法，包括使用栈、通用寄存器、一个累加器和仅存储器到寄存器方法。在一组一致的假设条件下，观察到在代码空间或执行时间方面并没有显著的不同。

让我们简要地查看两类机器是如何权衡这些不同因素的。

PDP-8 对于通用计算机，最简单的指令设计实例之一是 PDP-8 机 [BELL78b]，它使用 12 位指令和 12 位的字，有一个单一的通用寄存器，即累加器。

尽管有这种设计限制，它的寻址还是非常灵活的。每个存储器访问由 7 位加上两个 1 位的修饰符（modifier）组成。存储器分成固定长度的页，每页有 $2^7 = 128$ 字。地址计算是基于对页 0 或当前页（含有这条指令的页）的访问进行的。两个修饰符其中一个是页位，它确定是访问页 0 还是当前页。第 2 个修饰符指示是直接寻址还是间接寻址。这两种方式能组合使用，故一个间接地址可以是第 0 页或者当前页中的一个字所容纳的 12 位地址。另外，第 0 页上的 8 个专用字是自动变址的"寄存器"。当对这些位置上的某一个进行间接访问时，就相当于前变址（preindexing）。

图 14.5 展示了 PDP-8 指令格式。它有 3 位操作码和 3 类指令。对于操作码值 0～5，指令格式是一种单地址存储器访问指令，带有一个页位和一个间接位。于是，这种指令格式仅有 6 种基本操作。为扩大操作种类，操作码 7 定义了一种寄存器访问指令或称微指令（microinstruction）。以这种格式，其余位用于编码其他的操作。通常是，每位定义一种专门操作（例如，清除累加器），而且这些位能组合在一条指令中。采用微指令的设计思路可回溯到 DEC 的 PDP-1。在某种意义上，它是当今微程序式机器的先驱，这种机器将在第四部分讨论。操作码 6 是 I/O 指令，6 位用于选择 64 个设备中的某一个，3 位用于指定一个具体的 I/O 命令。

PDP-8 指令格式是非常有效的，它支持间接寻址、偏移寻址和变址。包括对操作码扩展的操作在内，它能支持约 35 种指令。对于给定的 12 位指令长度的限制来说，设计人员已做得很不错了。

PDP-10 PDP-8 指令集的一个鲜明对照是 PDP-10 指令集。PDP-10 的设计目的是为大型分时系统所使用，并强调编程的易用性，尽管为此会付出更多的硬件代价。

设计该指令集时所采用的设计原则主要有 [BELL78c]：

- **正交性**（orthogonality）：它是指两个变量相互独立的一种原理。在指令集语境中，此术语指的是指令中其他元素独立于操作码，即不被操作码所确定。PDP-10 设计者使用这个术语来描述这一个事实：地址总是以独立的方式来计算，与操作码无关。与之对照的是，不少机器的寻址模式有时是隐含地取决于操作码。
- **完整性**（completeness）：每种算术数据类型（整数、定点数、浮点数）都应有一组完整的和等效的操作。
- **直接寻址**（direct addressing）：提倡直接寻址方式，避免使用基址加偏移寻址方式，因为这种方式把存储器组织的负担放到了程序员身上。

这些原则的每一个都是为了提高编程易用性。

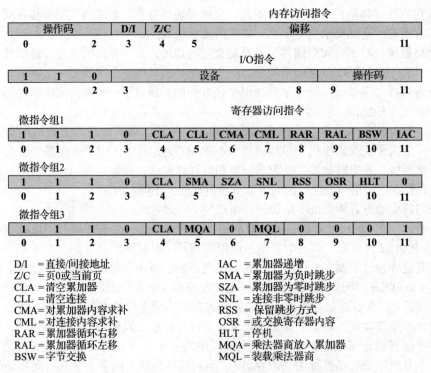

D/I =直接/间接地址
Z/C =页0或当前页
CLA =清空累加器
CLL =清空连接
CMA =对累加器内容求补
CML =对连接内容求补
RAR =累加器循环右移
RAL =累加器循环左移
BSW =字节交换

IAC =累加器递增
SMA =累加器为负时跳步
SZA =累加器为零时跳步
SNL =连接非零时跳步
RSS =保留跳步方式
OSR =或交换寄存器内容
HLT =停机
MQA =乘法器商放入累加器
MQL =装载乘法器商

图 14.5   PDP-8 指令格式

PDP-10 有 36 位字长和 36 位指令长度，图 14.6 给出了固定的指令格式。操作码占据 9 位，允许多达 512 种操作，实际上 PDP-10 定义了总共 365 种指令。大多数指令有双地址，其中一个是 16 个通用寄存器中的某一个。于是，这个寄存器操作数的引用占据了 4 位。另一个操作数的引用包含一个 18 位的存储器地址字段。它既可用作立即数也可用作存储器地址。在后一种方案中，允许变址和间接寻址，变址寄存器使用的就是第一个操作数引用的同一通用寄存器。

操作码		寄存器	I	变址寄存器	存储器地址
0	8 9	12	14	17 18	35

I =间接位

图 14.6   PDP-10 指令格式

36 位的指令长度确实过于奢侈。不管需要这么多操作码做什么，9 位操作码字段也显得太多。寻址是直截了当的。18 位地址字段使直接寻址更为合理。对于大于 2^{18} 的存储器容量，提供了间接寻址。为使编程更容易，还为表处理和迭代程序提供了变址。另外，18 位的操作数字段使立即寻址变得有吸引力了。

PDP-10 指令集设计实现了前面所列的目标 [LUND77]。它以空间利用率低为代价，使程序员编程相对容易。这是设计人员有意而为之，不能把它错看成一种糟糕的设计。

14.3.3   变长指令

至此，我们已考察了单一固定指令长度的使用，并在上下文中隐含地讨论了所做的权衡考虑。但设计者可选取另一种替代方法，即提供不同长度的各种指令格式。这种策略易于提供大的操作码清单，而操作码具有不同的长度。寻址方式也能更灵活，指令格式能将各种寄存器和存储器引用加上寻址方式进行组合。使用变长指令，能有效和紧凑地提供这些众多变化。

变长指令的主要代价是增加了 CPU 的复杂程度。硬件价格的降低，微程序设计方式的使用以及对 CPU 设计原则理解的普遍提高，这一切都使所付的代价变小。但是，我们会看到 RISC 和超标量机器能利用固定长度的指令来提高性能。

使用变长指令并没有消除所有指令相对于机器字长，其长度整齐的期望。因为 CPU 不知道下一条待取指令的长度，典型的策略是取至少等于最长指令长度的几个字节或几个字。这意味着有时一次能取来多条指令。不过，我们会在第 16 章看到，在任何情况下，这都是一个好的策略。

PDP-11   PDP-11 设计为在 16 位小型计算机范畴内提供功能最强和最灵活的指令集 [BELL70]。

PDP-11 使用了一组 8 个 16 位通用寄存器。其中两个有特殊的作用，一个用作栈指针，支持专用的栈操作。一个用作程序计数器，保存下一条指令的地址。

图 14.7 给出了 PDP-11 的指令格式。PDP-11 使用了 13 种不同格式，包括零地址、单地址和双地址指令类型。操作码的长度为 4～16 位。寄存器引用使用 6 位，其中 3 位用于指定寄存器，其余 3 位用于指定寻址方式。PDP-11 具有丰富的寻址方式。将寻址方式关联到操作数而不是操作码，其优点是任何寻址方式都能与任何操作码一起使用。正如前面提到的，这种独立性称为正交性。

PDP-11 指令通常是 1 字（16 位）长。对于某些指令，又续加了一个或两个存储器地址，这样 32 位和 48 位指令也成为指令清单的一部分。这进一步提供了寻址的灵活性。

PDP-11 指令集和寻址能力是复杂的。这增加了硬件成本和编程的复杂性，优点是能开发更有效更紧凑的程序。

VAX   大多数处理器体系结构提供相对比较少的固定指令格式。这对程序设计人员来说，导致了两个问题。首先，寻址方式和操作码是非正交的。例如，对某个操作，其操作数必须来自寄存器，另一个来自存储器，或者两个都来自寄存器等。其次，一条指令只能使用有限数目的操作数，一般最多只有 2～3 个。由于某些运算本身就要求多个操作数，这就要使用某种技巧以两条或更多条指令来实现所要求的运算。

为避免这些问题，设计 VAX 指令格式时确定了两条规则 [STRE78]：

1. 所有指令都应该具有"天生"数目的操作数。

2. 所有操作数都应该具有同样的规范通则。

结果是高度可变的指令格式。一条指令由 1 或 2 字节的操作码后跟随 0～6 个操作数规定符（specifier）组成，规定符的具体数目取决于操作码。最短的指令是 1 字节长，但也能有多达 37 字节的指令。图 14.8 给出了 VAX 指令的若干例子。

VAX 指令以 1 字节操作码开始。对于大多数指令，1 字节操作码足够了，然而 VAX 指令有 300 多条。于是，少数指令要使用 2 字节操作码：第 1 字节为 FD 或 FF，指示第 2 字节为实际操作码。

操作码之后是可多达 6 个的操作数规定符。最小操作数规定符是 1 字节，其格式最左 4 位用于寻址方式说明。唯一例外的是立即方式，此时第 1 字节最左两位是 00，留出 6 位用于指定立即数。由于这个例外，4 位字段总计能说明 12 种寻址方式。

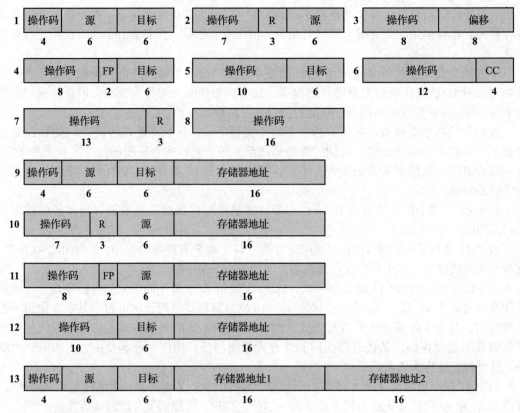

字段下方的数字指出字段的位长度。
源和目标。每个都有3位寻址方式字段和3位寄存器号。
FP是浮点寄存器0、1、2或3之一。
R是通用寄存器之一。
CC是条件码字段。

图 14.7　PDP-11 指令格式

一个操作数规定符经常只由 1 个字节组成，此时最右 4 位用于指定 16 个通用寄存器之一。操作数规定符能以如下两种方式之一来扩展长度。第一种方式是，一个或多个字节的常数值可紧跟操作数规定符第 1 字节之后。例如，偏移寻址方式中的 8 位、16 位或 32 位的偏移量。第二种方式是用变址方式，此时第 1 字节由 0100 寻址方式码和 4 位变址寄存器标识符组成，操作数规定符的其余字节用于指明基地址。

读者可能会感到惊讶，什么指令需要 6 个操作数，而 VAX 还确实有这样的指令。例如：

$$ADDP6\ OP1,\ OP2,\ OP3,\ OP4,\ OP5,\ OP6$$

这条指令是将两个压缩十进制数相加，OP1 和 OP2 指明一个十进制串的长度和起始地址，OP3 和 OP4 指明另一个串，相加结果串的长度和存放始地址由 OP5 和 OP6 指示。

VAX 指令集有范围广泛的操作类型和寻址方式，这为程序设计人员，尤其是编写编译程序的程序员，提供了一种强有力的、灵活的编程工具。从理论上讲，这有利于高效地把高级语言程序编译为机器语言，以及对 CPU 资源的有效利用。但为此付出的代价是，与具有简单指令集和格式的处理器相比，VAX CPU 的复杂性是大幅度地增加了。

第 17 章会考察精简指令集的情况，届时我们将继续这个问题的讨论。

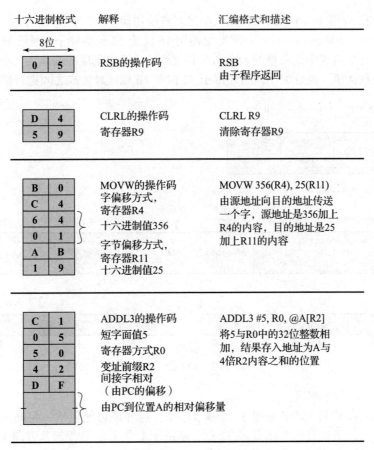

图 14.8　VAX 指令示例

14.4　x86 和 ARM 指令格式

14.4.1　x86 指令格式

x86 配备了各种指令格式。下面介绍的指令各元素中，只有操作码字段是必须出现的，其他都是可选的。图 14.9 说明了通常的指令格式。指令由 0 到 4 个字节的可选指令前缀、1 或 2 字节的操作码、一个由 ModR/M 字节和比例变址（ScaleIndex）字节组成的可选地址指定符、一个可选的偏移量以及一个可选的立即数字段等组成。

下面首先考察前缀字节。

- **指令前缀**（instruction prefix）：指令前缀若出现，则由 LOCK（锁定）前缀或一个重复前缀所组成。LOCK 前缀用于多处理器环境，保证对共享存储器的独占式访问。重复前缀指定串的重复操作，这就使 x86 处理串要比普通的软件循环快得多。有 5 种重复前缀：REP、REPE、REPZ、REPNE 和 REPNZ。当无条件的 REP 前缀出现时，指令中指定的操作对串中的连续元素重复执行，重复的次数由 CX 寄存器指定。条件 REP 前缀出现时，使指令重复执行直到 CX 变为 0 或指定的条件被满足。
- **段改写**（segment override）：显式地指定这条指令应使用哪个段寄存器，改写 x86 为那条指令规定的默认段寄存器。
- **操作数大小**（operand size）：指令默认的操作数大小是 16 位或 32 位，操作数大小前缀用于在 32 位和 16 位的操作数大小之间进行切换。

- **地址大小**（address size）：处理器能使用 16 位或 32 位地址来寻址存储器。地址大小确定了指令格式中偏移量的大小和在有效地址计算中生成的偏移量大小。其中一种被设计成默认值。地址大小前缀还用于 32 位和 16 位地址生成之间进行切换。

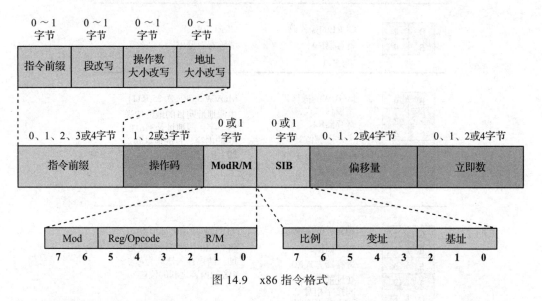

图 14.9　x86 指令格式

指令本身包括如下字段。

- **操作码**：操作码字段长度是 1、2 或 3 字节。操作码可能包括一些位，这些位指定数据是字节还是全尺寸（16 位或 32 位，取决于上下文），数据操作方向（送至或来自存储器），以及一个立即数字段是否要进行符号扩展。
- **ModR/M**：这个字节和下一个字节提供寻址信息。ModR/M 字节指定操作数是在寄存器中还是在存储器中。若在存储器中，则该字节中的一个字段指定将使用的寻址方式。ModR/M 字节由三个字段组成：Mod 字段（2 位），与 R/m 字段组合构成 32 个可能的值（8 个寄存器和 24 个变址方式）。Reg/ 操作码字段（3 位）指定一个寄存器号或者用作操作码信息的 3 个补充位；R/M 字段（3 位）能指定一个寄存器作为操作数的位置，或者它构成寻址方式的一部分，与 Mod 字段组合来编码。
- **SIB**：ModR/M 字节的某些编码要求包含另一个 SIB 字节来完成寻址方式的指定。SIB 字节由三个字段组成：比例（Scale）字段（2 位）指定用于比例变址的比例因子；变址（Index）字段（3 位）用于指定变址寄存器；基址（Base）字段（3 位）用于指定基址寄存器。
- **偏移量**：当寻址方式说明符指出使用偏移量时，一个 8 位、16 位或 32 位有符号整数的偏移量被添加到指令中。
- **立即数**：在指令中提供一个 8 位、16 位或 32 位的操作数值。

在这里做几个比较可能是有益的。在 x86 格式中，寻址方式是作为操作码序列的一部分来提供的，而不是与每个操作数一起提供。因为只允许一个操作数有寻址方式信息，所以，x86 指令中也就只能引用一个存储器操作数。相对比，VAX 机是每个操作数都可携带寻址方式信息，从而允许存储器到存储器的操作。因此，x86 的指令更紧凑。然而，若要求存储器到存储器的操作，VAX 使用一条指令就能实现。

x86 格式允许变址使用 1 字节、2 字节或 4 字节的偏移。虽然使用较长的变址偏移会导致指令更长，但这个特点能提供所需的灵活性。例如，在寻址大的数组或大的栈帧时它就很有用。与之对比，IBM S/370 指令格式只允许偏移不大于 4K 字节（12 位的偏移信息），并且偏移必须是正值。当位置不在此偏移范围内时，编译器必须生成额外的代码来产生所需的地址。当与局部变量超过 4K 字节的栈帧打交道时，这个问题变得尤为明显。正如文献 [DEWA90] 对它的描述："由于那个限制，为 370 生成代码非常费劲，导致有的 370 编译器简单地选择把栈帧的大小限定到 4K 字节。"

正如我们已看到的，x86 指令集的编码是很复杂的。部分原因是与 8086 向下兼容的需要，部分原因是设计者打算为编译器设计者提供尽可能多的支持，以产生更有效的代码。然而，是像这样的复杂指令集更合适，还是另一极端的 RISC 指令集更合适，还是有争议的。

14.4.2 ARM 指令格式

ARM 的所有指令都是 32 位长，并有规整的格式（见图 14.10）。指令的前 4 位是条件码。正如在第 13 章中讨论的，实际上 ARM 的所有指令都是条件执行的。指令接下来的 3 位指定了指令的一般类型。对除分支指令之外的大多数指令而言，接下来的 5 位构成了操作码和操作的修订码。剩下的 20 位用于操作数寻址。ARM 指令这种规整的格式使得指令译码单元的工作变得比较轻松。

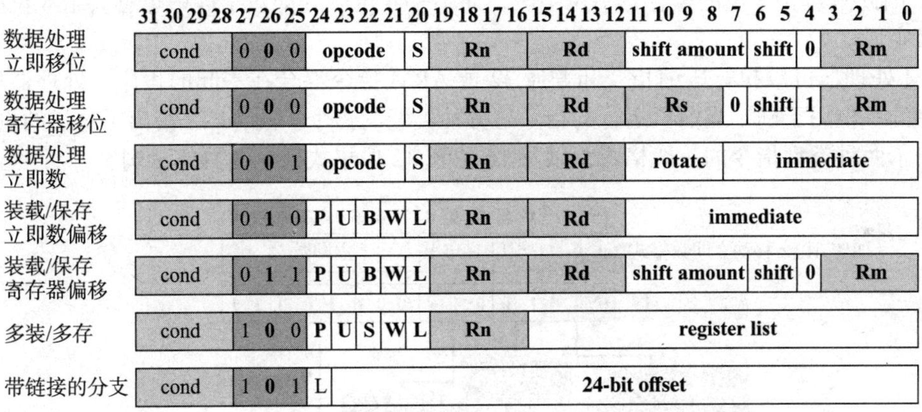

图 14.10 ARM 指令格式

S = 对于数据处理指令，该位标示指令将更新条件码

S = 对于多装/多存指令，该位标示指令是否仅在特权模式才允许执行

P, U, W = 用于区分不同寻址模式类型的位

B = 区分无符号字节访问（B==1），与字访问（B==0）的位

L = 对于装载/保存指令，区分装载（L==I）和保存（L==0）

L = 对于分支指令，确定一个返回地址是否保存在连接寄存器（link register）中

立即常数 为获得取值范围较大的立即数，处理立即数的数据处理指令不但指定了立即数值，还指定了一个循环移位值。8 位的立即数值被扩展到 32 位，然后循环右移若干次，次数等于 4 位循环移位值的两倍。图 14.11 显示了几个这方面的例子。

压缩指令集 压缩指令集（thumb instruction set）是 ARM 指令集的一个重新编码的子集。设计压缩指令集的目的是提高使用 16 位或更窄内存数据总线的 ARM 实现的性能，使其相对于普通 ARM 指令集来说有更高的代码密度。压缩指令集包含了 ARM 的 32 位指令集的子集，并重新编码为 16 位指令。下面列出了压缩指令集采取的精简措施：

1. 压缩指令都是无条件的，因此条件码字段都被省去。而且，所有的压缩算术和逻辑指令都会更新条件标志，因此标志更新位也被省去。这样总计省去 5 位。

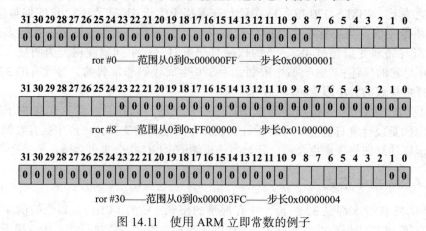

图 14.11 使用 ARM 立即常数的例子

2. 压缩指令只包含全部指令集中的一部分操作，只用到 2 位的操作码字段，加上一个 3 位的类型字段。这样又省去 2 位。

3. 接下来通过对操作数字段的精简，又省去了 9 位。例如，压缩指令只引用寄存器 r0 ~ r7，因此只需要 3 位的寄存器引用字段，而不是 4 位。立即数字段中也省去了 4 位的循环移位量字段。

ARM 处理器可以执行压缩指令和普通 32 位 ARM 指令混合在一起的程序。处理器控制寄存器中的一位用于确定当前要运行的指令是哪种类型的指令。图 14.12 给出了这样的例子。图中给出了两种类型指令的一般格式，以及 16 位和 32 位格式指令的具体示例。

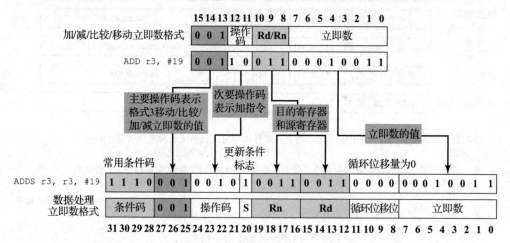

图 14.12 将一条压缩 ADD 指令扩展为对应的普通 ARM 指令

Thumb-2 指令集 随着 Thumb 指令集的引入，用户需要通过将性能关键代码编译为 ARM，其余代码编译为 Thumb 来混合指令集。这种手动代码混合需要额外付出努力，并且很难获得最佳结果。为了克服这些困难，ARM 发展了 Thumb-2 指令集，这个指令集是唯一可用于 Cortex-M 微控制器上的指令集。

Thumb-2 指令集是对 Thumb 指令集体系结构（ISA）的重大改进。它引入的 32 位指令可以与旧的 16 位的 Thumb 指令自由混合使用。这些新的 32 位指令几乎覆盖了 ARM 指令集的所有功能。Thumb 指令集结构与 ARM 指令集结构最重要的不同是大部分 32 位的 Thumb

指令在使用时是无条件的而几乎所有的 ARM 指令都是有条件的。然而，Thumb-2 引入了一种新的 IT（if-then）指令，这种指令提供了 ARM 指令中条件指令的大部分功能。Thumb-2 提供与 Thumb 整体相当的代码密度，性能水平与 ARM 指令集体系结构类似。在 Thumb-2 指令集出现之前，研究人员不得不在 Thumb 指令集提供的较少代码密度和 ARM 提供的较高性能之间做出选择。

文献 [ROBI07] 提供了一篇分析 Thumb-2 指令集与 ARM 指令集、原本的 Thumb 指令集之间差异的报告。分析涉及使用这三种指令集编译和执行嵌入式微处理器基准测试联盟（EEMBC）基准套件，结果如下：

- 对于编译器优化的性能而言，Thumb-2 比 ARM 小 26% 并且明显大于原始 Thumb。
- 对于编译器优化的空间而言，Thumb-2 比 ARM 小 32% 并且明显小于原始 Thumb。
- 对于编译器优化的性能而言，Thumb-2 在基准套件中的性能是 ARM 性能的 98%，是原始 Thumb 性能的 125%。

这些结果证明 Thumb-2 满足设计目标。

图 14.13 展示了如何编码新的 32 位的 Thumb 指令。这个编码可与现存的 Thumb 无条件分支指令兼容。新 32 位 Thumb 指令最左边 5 位的模式是 11100。没有其他 16 位指令的最左边三位的模式是 111，所以若一个指令的位模式是 11101、11110 和 11111，则暗示这是一个 32 位的 Thumb 指令。

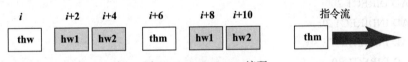

图 14.13　Thumb-2 编码

半字 1[15:13]	半字 1[12:11]	长度	功能
非 111	xx	16 位（1 个半字）	16 位的 Thumb 指令
111	00	16 位（1 个半字）	16 位 Thumb 无条件分支指令
111	非 00	32 位（2 个半字）	32 位 Thumb-2 指令

14.5　关键词、思考题和习题

关键词

autoindexing：自动变址

base-register addressing：基值寄存器寻址

direct addressing：直接寻址

displacement addressing：偏移寻址

effective address：有效地址

immediate addressing：立即寻址

indexing：变址

indirect addressing：间接寻址

instruction format：指令格式

postindexing：后变址

preindexing：前变址

register addressing：寄存器寻址

register indirect addressing：寄存器间接寻址

relative addressing：相对寻址

word：字

思考题

14.1　简要定义立即寻址。

14.2　简要定义**直接寻址**。

14.3 简要定义间接寻址。

14.4 简要定义寄存器寻址。

14.5 简要定义寄存器间接寻址。

14.6 简要定义偏移寻址。

14.7 简要定义相对寻址。

14.8 自动变址的优点是什么？

14.9 前变址和后变址的区别何在？

14.10 确定指令集寻址位的使用受什么因素影响？

14.11 使用变长指令的优缺点是什么？

习题

14.1 给定如下存储器值，并使用有一个累加器的单地址机器，如下指令将把什么值装入累加器？
- 字 20 含 40
- 字 30 含 50
- 字 40 含 60
- 字 50 含 70

a. LOAD IMMEDIATE 20

b. LOAD DIRECT 20

c. LOAD INDIRECT 20

d. LOAD IMMEDIATE 30

e. LOAD DIRECT 30

f. LOAD INDIRECT 30

14.2 若存于程序计数器中的地址标记为 X1，存于 X1 中的指令的地址部分（操作数引用）是 X2，执行此指令所需的操作数存于地址为 X3 的存储器字中。变址寄存器有值 X4。若此指令的寻址方式是 a. 直接寻址，b. 间接寻址，c. PC 相对寻址，d. 变址寻址，那么 X1、X2、X3、X4 应该如何组合，从而得到需要的地址？

14.3 某指令的地址字段含有十进制值 14。对下列寻址方式，其相应的操作数位于何处？
a. 立即寻址
b. 直接寻址
c. 间接寻址
d. 寄存器寻址
e. 寄存器间接寻址

14.4 考虑一个 16 位处理器，它的一条装载指令以如下形式出现在主存中，起始地址为 200。

200	装载到 AC	方式
201	500	
202	下一条指令	

第一字的第一部分指出此指令是将一个值装入累加器。Mode 字段用于指定一种寻址方式。对于某些寻址方式，Mode 字段还指定了一个源寄存器，并假设指定的源寄存器是 R1，有值 400。还有一个基址寄存器，它有值 100。地址 201 处的值 500 可以是地址计算的一部分。假定位置 399 处有值 999，位置 400 处有值 1000，如此等等。请对如下寻址方式确定有效地址和将被装入的操作数：

a. 直接

b. 立即

c. 间接

d. PC 相对寻址

e. 偏移

f. 寄存器

g. 寄存器间接

h. 用 RI，自动递增变址

14.5 某 PC 相对方式的分支指令是 3 字节长。此指令的地址是 256028（十进制）。若指令中的带符号偏移量是 −31，请确定转移的目标地址。

14.6 某条 PC 相对方式的分支指令存于地址为 620_{10} 的存储器位置中。它要转移到 530_{10} 位置上。指令中的地址字段是 10 位长，其二进制值是什么？

14.7 若 CPU 取并执行一条间接地址方式指令，该指令是：

a. 一个要求单操作数的计算

b. 一个分支

那么 CPU 分别需要访问存储器几次？

14.8 IBM 370 不提供间接寻址。假定一个操作数的地址是在主存中，如何访问此操作数？

14.9 在 [COOK82] 中，作者建议取消 PC 相对寻址方式，赞成使用其他寻址方式，例如栈寻址方式。这个建议有什么缺点？

14.10 x86 包括如下指令：

$$\text{IMUL op1, op2, 立即数}$$

这条指令将操作数 op2（可以是寄存器或存储器）乘以立即操作数值，结果放入 op1（必须是寄存器）中。指令集中再没有其他这类的三操作数指令。这种指令的可能用途是什么（提示：考虑变址）？

14.11 考虑一个包括基址带变址（base with indexing）寻址方式的处理器。假设遇到使用这种寻址方式的一条指令，指令给定的偏移量是 1970（十进制）。当前的基址和变址寄存器分别有十进制数 48 022 和 8。那么操作数的地址是什么？

14.12 定义：EA = (X) + 为有效地址等于位置 X 的内容，并在有效地址计算后 X 递增一个字长；EA = −(X) 为有效地址等于位置 X 的内容，并在有效地址计算前 X 递减一字长；EA = (X) − 为有效地址等于位置 X 的内容，并在有效地址计算后 X 递减一字长。考虑如下指令，它们都有（操作、源操作数、目的操作数）的格式，并且操作结果放入目的操作数。

a. OP X，(X)

b. OP (X)，(X)+

c. OP (X) +，(X)

d. OP − (X)，(X)

e. OP − (X)，(X)+

f. OP (X)+，(X)+

g. OP (X) −，(X)

使用 X 作为栈指针，上述哪些指令能由栈弹出顶部两元素，完成所要求的操作（例如，ADD 源到目的地并存入目的地），并将结果压回栈？对这样的每条指令，栈是朝存储器位置 0 方向还是朝相反方向增长？

14.13 假定有一个面向栈的处理器，包括有 PUSH 和 POP 栈操作。算术运算自动涉及栈顶的 1 或 2 个元素。开始时栈为空。下述指令执行后栈中保留下来的栈元素是什么？

PUSH 4

PUSH 7

PUSH 8

ADD

PUSH 10

SUB

MUI

14.14 证明说法：32 位指令的性能不会有 16 位指令的性能两倍那样多，是正确的。

14.15 为什么 IBM 决定将每字 36 位转向到每字 32 位的结构？为什么要做出这一决定？

14.16 假定有一个指令集，其指令长度是固定的 16 位长，其中操作数指定符是 6 位长。若有 K 条双操作数指令，L 条零操作数指令，那么能支持的单操作数指令的最大数目为多少？

14.17 设计一种变长操作码，以允许如下指令全都能编码成 36 位指令：

- 指令有两个 15 位地址和一个 3 位寄存器号。
- 指令有一个 15 位地址和一个 3 位寄存器号。
- 指令没有地址或寄存器。

14.18 考虑习题 10.6 的结果。假定 M 是一个 16 位存储器地址，X、Y、Z 或是 16 位地址，或是 4 位寄存器号。单地址机器使用一个累加器。双地址和三地址机器有 16 个寄存器，并且指令能在存储器位置和寄存器的各种组合上操作。假定指令长度是 4 位的整倍数，操作码是 8 位。为计算 X，每种机器各需要多少位？

14.19 一条指令有两个操作码，它有无任何可能的存在理由？

14.20 16 位的 Zilog Z8001 通常有如下指令格式：

15 14	13 12 11 10 9	8	7 6 5 4	3 2 1 0
模式	操作码	w/b	操作数 2	操作数 1

其中，模式字段指示如何由操作数字段找到操作数。w/b 字段用在某些指令中指示操作数是字节（B）还是 16 位的字（W）。操作数 1 字段可以（取决于模式字段内容）指定 16 个通用寄存器之一。操作数 2 字段可指定除寄存器 0 之外的任一通用寄存器。若此字段为全 0，则原操作码有新的意义。

a. Z8001 提供了多少个操作码？

b. 请提出一种有效方式来提供更多操作码并指出所涉及的权衡考虑。

汇编语言及相关主题

学习目标

学习完本章后，你应该能够：

- 理解机器语言和汇编语言的区别。
- 总结使用汇编语言的优缺点。
- 概述汇编语言中的关键元素。
- 有能力阅读和理解用 NASM 写的程序。
- 总结汇编过程的步骤。
- 概述加载和链接进程。

本章专门讨论汇编语言及其相关主题。学习汇编语言编程（相对其他高级语言编程）有很多条理由，下面列出了其中一些：

1. 它阐明了指令的执行。
2. 它表明数据在内存中是如何表示的。
3. 它显示了一个程序如何与操作系统、处理器和输入输出系统交互。
4. 它阐明了程序如何访问外部设备。
5. 掌握了汇编语言编程，可以使学生成为更好的高级语言程序员，因为他们能更好地理解目标言，而每个高级语言程序最终都要翻译为对应的目标语言执行。

本章首先概述了汇编语言的概念，然后我们将学习汇编器（assembler）的操作（使用 x86 体系结构作为示例），接下来再讨论链接器（linker）和装载器（loader）。

本章中的示例使用 x86 体系结构和机器指令集，以及设计用于 x86 机器上的 Netwide Assembler（NASM），NASM 具有免费和开放源代码的优点，在 Linux 和 UNIX 操作系统上很受欢迎。

表 15.1 定义了本章使用的一些关键术语。

表 15.1　本章使用的关键术语

汇编器
将汇编语言转换成机器代码的程序。

汇编语言
是针对特定处理器机器语言的符号化表示，带有增强了的附加语句类型，以方便程序的编写并提供控制汇编器的命令。

编译器
编译器是一种将其他程序从源程序（或程序设计语言）转化为机器语言（目标代码）的程序。一些编译器输出汇编语言，然后汇编语言被单独的汇编器翻译成机器语言。编译器与汇编器不同，通常它的每个输入语句不对应单一机器指令或固定的指令序列。编译器可能支持这样的特征：自动申请变量、任意算术表达式、像 for 和 while 这样的循环控制结构、变量可见范围、输入/输出操作、高级函数以及源代码可移植性。

可执行代码
由源语言处理器（比如汇编器和编译器）生成的机器代码，是一种可以在计算机上运行的软件。

指令集
特定机器的所有可能的指令集合，它是特定处理器的机器语言指令的集合。

（续）

链接器

把一个或多个包含目标代码的文件从已编译的独立的模块合并为可装载或可执行的单一文件的实用程序。

装载器

把一个可执行程序拷贝到内存执行的例行程序。

机器语言或**机器代码**

实际上被计算机读取和执行的计算机程序的二进制表示。机器代码程序由一系列机器指令（可能穿插数据）组成。指令是大小相同或者不同的二进制串（例如，许多现代 RISC 微处理器是一个 32 位字）。

目标代码

程序源代码的机器语言的表示。目标代码由编译器或汇编器生成，然后由链接器转化成可执行代码。

15.1　汇编语言概念

处理器可以理解和执行机器指令。这些指令只是存储在计算机中的二进制数字。如果程序员希望直接用机器语言编程，那么就必须以二进制数据的形式输入程序。

考虑 C 编程语言中的简单语句。

$$n = i + j + k;$$

假设我们希望用机器语言编写这条语句，并且 i、j 和 k 的值分别初始化为 2、3 和 4。假设一台简单的机器的 16 位字长由 8 位操作码和 8 位地址码组成，并且唯一可用的寄存器是一个累加器（AC）。二进制程序如图 15.1a 所示。程序从 101（十进位）位置开始。内存为从 201 位置开始的四个变量保留。这个程序由四条指令组成：

1. 将 201 位置内的数值加载进 AC。
2. 将 AC 内的数值加上 202 位置内的数值，结果保存在 AC 内。
3. 将 AC 内的数值加上 203 位置内的数值，结果保存在 AC 内。
4. 将 AC 内的数值存储在 204 位置内。

这显然是一个冗长且容易出错的过程。

一个小小的改进是用十六进制而不是二进制表示法编写程序（见图 15.1b）。我们可以把程序写成一系列的行。每一行都要包含一个内存地址以及存储在该地址内的二进制数值的十六进制编码。然后，我们需要一个程序来接受这样的输入，将每一行转换成一个二进制数字，并将其存储在指定的位置。

为了更好地改进，我们可以使用每条指令的符号名或助记符，任何机器的文档都包含这样的名称（例如，x86 体系结构见表 13.9）。这导致符号程序如图 15.1c 所示。每一行输入仍然表示一个内存位置，每一行由三个字段组成，字段之间用空格分隔。第一个字段包含一个位置的地址。对于一个指令而言，第二个字段包含操作码的三个字母符号。如果它是一个内存引用指令，那么第三个字段包含地址。为了将任意数据存储在一个位置上，我们发明了一个伪指令，它使用 DAT 符号，这仅仅是一种指示，即这一行上的第三个字段包含一个十六进制数，这个十六进制数要存储在第一个字段所指定的位置。

对于这种类型的输入，我们需要一个稍微复杂一些的程序。程序接受每一行输入，根据第二个和第三个字段（如果存在）生成二进制数，并将其存储在第一个字段指定的位置。

符号程序的使用使生活变得简单多了，但仍然很尴尬。特别是，我们必须给出每个单词的绝对地址。这意味着程序和数据只能加载到内存中的一个位置，并且我们必须提前知道该位置。更糟糕的是，假设某一天我们希望通过添加或删除一行来更改程序，这将改变所有后续单词的地址。

一个更好的系统，也是一个常用的系统，是使用符号地址，如图 15.1d 所示，每一行仍然由三个字段组成。第一个字段仍然用于代表地址，但使用的是符号地址而不是绝对数字地址。有些行没有地址，这意味着该行的地址比前一行的地址要大一位。对于内存引用指令，第三个字段也包含一个符号地址。

通过最后的改进，我们有了一种汇编语言。用汇编语言写的程序（汇编程序）由汇编器翻译成机器语言。这个程序不仅要进行符号翻译，还必须将某种形式的内存地址分配给符号地址。

汇编语言的发展是计算机技术发展的一个重要里程碑。这是今天使用的高级语言的第一步，虽然很少有程序员使用汇编语言，但几乎所有的机器都在编译器和 I/O 例程中使用了。

地址	内容			
	操作码		操作数	
101	0010	0010	1100	1001
102	0001	0010	1100	10 10
103	0001	0010	1100	10 11
104	0011	0010	1100	11 00
201	0000	0000	0000	0010
202	0000	0000	00 00	0011
203	0000	0000	0000	01 00
204	0000	0000	0000	0000

a) 二进制程序

地址	内容
101	22 C9
102	12 CA
103	12 CB
104	32 CC
201	0002
202	0003
203	0004
204	0000

b) 十六进制程序

地址	指令	
101	LDA	201
102	ADD	202
103	ADD	203
104	STA	204
201	DAT	0002
202	DAT	0003
203	DAT	0004
204	DAT	0000

c) 符号程序

标签	操作	操作数
FORMUL	LDA	I
	ADD	J
	ADD	K
	STA	N
I	DATA	2
J	DATA	3
K	DATA	4
N	DATA	0

d) 汇编程序

图 15.1 语句 n=i+j+k 的程序

15.2 运用汇编语言编程的动机

汇编语言是一种与机器语言只有一步之遥的程序设计语言。通常，每条汇编语言指令被汇编器转换成一条机器指令。汇编语言依赖于硬件，每种处理器都有一种不同的汇编语言。尤其是，汇编语言指令能指定访问处理器的特定寄存器，可使用处理器的所有操作码，并使用处理器的不同寄存器的位长和机器语言的操作数，因此汇编语言程序员必须懂计算机体系结构。

程序员很少用汇编语言编写应用程序甚至系统程序。高级语言提供了更强的表达力和简洁性，大大简化了程序员的任务。使用汇编语言而不是高级语言的缺点有 [FOG17]：

1. **开发时间**。用汇编语言写代码比用高级语言写代码要花更长的时间。

2. **可靠性和安全性**。使用汇编代码更容易犯错。汇编器不检查调用约定（calling convention）与寄存器保存约定（register save convention）是否一致，也不会检查入栈（push）和出栈（pop）指令的数量对所有可能的分支和执行路径是否都一样。在汇编代码中有非常多类似的可能出错之处，以至于采用汇编语言会影响项目的可靠性和安全性，除非你有一种非常系统的方法去测试和验证汇编语言程序。

3. **调试和验证**。汇编代码更难于调试和验证，因为它比高级语言代码有更多可能的错误。

4. **可维护性**。汇编代码更难修改和维护，因为汇编语言允许出现意大利面条式的非结构化代码以及各种让人难以理解的技巧。详细的文档和一致的编程风格对汇编语言程序设计来说十分必要。

5. **可移植性**。汇编代码是基于特定平台的，将其移植到另一不同的平台会很困难。

6. **系统代码能使用内建函数，而汇编代码不能**。最优秀的现代 C++ 编译器具有内建函数来访问系统控制寄存器和其他系统指令。当内建函数可用时，设备驱动程序和其他的系统代码不再需要使用汇编代码。

7. **应用代码可使用内建函数或向量类取代汇编代码**。最好的现代 C++ 编译器具有内建函数来实现向量运算和执行其他特殊指令，这些内建函数以前是用汇编语言编写的。

8. **近些年编译器的功能改善了很多**。如今最好的编译器功能很强大。想利用汇编语言对程序进行优化，除非有非常丰富的专业知识和实践经验，否则不会比最好的 C++ 编译器做得更好。

但是偶尔使用汇编语言仍有一些优点，包含如下所列出的 [FOG17]：

1. **调试与验证**。查看编译器产生的汇编代码或调试器中的反汇编窗口，对于查错和检验编译器如何优化一段特定代码非常有用。

2. **编写编译器**。理解汇编语言编码技术对于编写编译器、调试器和其他开发工具来说是很有必要的。

3. **嵌入式系统**。小型嵌入式系统的软硬件资源远比个人计算机和大型机少。如果在嵌入式系统上优化代码的运行时间和存储空间，用汇编语言编程是必需的。

4. **硬件驱动程序和系统代码**。访问硬件、系统控制寄存器等，可能有时候很难或者不能使用高级程序设计语言来实现。

5. **使用那些从高级程序语言中无法访问的指令**。一些特定的汇编指令没有等价的高级语言形式。

6. **自修改代码**。通常而言，自修改代码（self-modifying code）并不是很有用，因为它会影响代码缓存的运作效率。不过，在特定条件下，比如某个数学程序允许用户定义数学函数，这些数学函数要被计算多次，这就需要一个小型编译器来产生相应的代码，那么这时自修改代码就有优势了。

7. **优化代码的存储空间**。如今，存储器是如此便宜，以至于不需要使用汇编语言来减少代码存储空间。但是，高速缓存（cache）的容量仍是很关键的资源，因此，为了使代码的存储空间适应高速缓存，使用汇编语言优化一些关键的代码片段是很有用的。

8. **优化代码的运行速度**。通常，现代 C++ 编译器能在绝大多数情况下很好地优化代码，但仍有个别情况下优化得很糟。而在这些情况下，小心使用汇编语言编程可以极大地提升（运行）速度。

9. **函数库**。对函数库的代码进行优化所带来的总效益，要高于对应用程序代码进行的优化，因为函数库会被程序员大量使用。

10. **使函数库能和多种编译器、多种操作系统相兼容**。通过为函数库中的函数建立多个调用入口，可以使这些函数与不同的编译器和不同的操作系统相兼容。而这就需要汇编语言编程。

汇编语言和机器语言有时候被错误地当作同义词。机器语言是由能被处理器直接执行的指令组成。每一条机器指令都是二进制串，其中包含相关的操作码、操作数以及与执行相关的其他位（例如标志位）。为方便起见，可以将操作码和寄存器符号化来取代二进制指令。汇编语言大量使用符号名称，包括给特定的内存地址和指令地址分配名称。此外，汇编语言还包括这样的语句：它们不可以直接执行，但可以作为汇编器的指令，指示如何把汇编语言程序转换为机器代码。

15.3 汇编语言元素

15.3.1 语句

任何汇编语言程序的头部都是语句。传统汇编语言中的语句如图 15.2 所示。它包含四个组成部分：标号（Label）、助记符（Mnemonic）、操作数（Operand）和注释（Comment）。

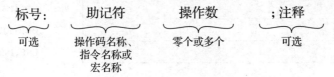

图 15.2　汇编语言语句格式

标号　　如果标号存在，汇编器就把标号定义为地址的等价物，该地址为此标号对应指令的地址，就是这条指令所产生的目标代码第一个字节被装入内存空间的地址。随后，程序员可能使用标号作为地址或者数据填在另一指令的地址字段中。汇编器把汇编程序转换为目标程序时，会用实际地址值替换掉标号。标号在分支指令中使用得最频繁。

这里有一个程序片段可作为例子：

```
L2:     SUB     EAX,   EDX        ; 寄存器 EAX 的值减去寄存器 EDX 的值，结果
from                             ; 存入寄存器 EAX
EAX
        JG      L2               ; 如果上一条减法指令运算结果为正，则跳转到标号 L2 的地址执行
```

程序将从 L2 开始不断循环，直到减法指令的结果为零或负。因为，如果结果为正，当 JG 指令被执行时，将执行跳转，处理器会将标号 L2 对应的地址放入程序计数器中，从而发生跳转。

使用标号的理由如下：

1. 标号使程序中指令的位置更容易找到和记住。

2. 当修改一个程序导致指令移动时，标号名称可以保持不变，但地址会发生变化。当程序被重新汇编时，汇编器将在所有指令中自动改变标号对应的地址，从而反映指令的移动。

3. 程序员不必计算相对或绝对的内存地址，而只需使用标号指代地址。

助记符　　助记符是汇编语言语句功能或者操作码的代名。正如接下来要讨论的，一条汇编语言语句可以对应一条机器指令、一条汇编指令或者一个宏。就机器指令而言，助记符是和特定操作码相关的符号名。

表 13.3 列出了很多 x86 指令助记符或者指令名。文献 [CART06] 的附录 A 列出了 x86 指令和每条指令的操作数，以及指令执行结果对条件码的影响。NASM 使用手册的附录 B 提供了更多对每条 x86 指令的详尽描述。这些资料都可以在 box.com/COA11e 查到。

操作数　　汇编语言语句包括零个或更多操作数。每个操作数可以是一个立即数、一个寄存器值，或一个内存地址。通常来说，汇编语言对如何区别三种类型的操作数，以及如何指定寻址方式制订了一些约定。

对 x86 体系结构，汇编语言语句可能通过名字来标识寄存器操作数。图 15.3 显示了 x86 通用寄存器组、各个寄存器的符号名，及其位编码。汇编器可将寄存器符号名转换成对应的二进制识别码。

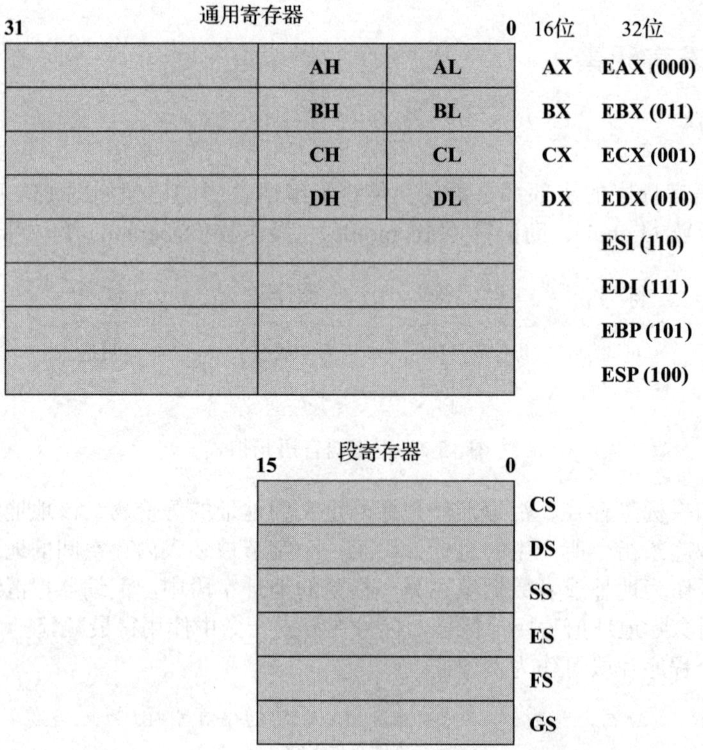
通用寄存器
31
0
16位
32位
AH
AL
AX
EAX (000)
BH
BL
BX
EBX (011)
CH
CL
CX
ECX (001)
DH
DL
DX
EDX (010)
ESI (110)
EDI (111)
EBP (101)
ESP (100)
段寄存器
15
0
CS
DS
SS
ES
FS
GS

图 15.3 Intel x86 程序运行可使用的寄存器

正如 14.2 节所讨论的，x86 体系结构有丰富的寻址方式，每种寻址方式在汇编语言中都必须符号化表示。这里列举一些常见的例子，比如**寄存器寻址方式**，通过在指令中使用寄存器名来表示。例如，`MOV ECX,EBX`，该指令将寄存器 EBX 的内容拷贝到 ECX 中。对于**立即数寻址方式**，立即数的值直接保存在指令编码中。例如，`MOV EAX,100H`，该指令将十六进制值 100 拷贝到寄存器 EAX 中。立即数值也可以用带后缀 B 的二进制数表示或者没有前缀的十进制数表示。因此，`MOV EAX, 100000000B` 和 `MOV EAX, 256` 以及 `MOV EAX, 100H` 是等价的表示。对于**直接寻址方式**，指令需要指向一个内存地址，该地址在 x86 中以相对于 DS 段寄存器的偏移量来表示。下面的例子很好地解释了直接寻址方式。假设 16 位数据段寄存器 DS 包含值 1000H，然后准备执行下列指令：

```
MOV AX,1234H
MOV [3518H], AX
```

首先 16 位寄存器 AX 初始化为 1234H，然后，在第二行，AX 的内容被移动到逻辑地址 DS:3518H。这个地址是这样形成的，把 DS 的内容左移 4 位加上 3518H 形成 32 位逻辑地址 13518H。

注释 所有汇编语言都允许在程序中添加注释。注释可以放在汇编语句的右边，也可以单独占据整个文本行。无论哪种情况，注释都开始于一个特殊的字符，该字符告诉汇编器，该行的其余部分是注释，这些注释会被汇编器忽略。通常，x86 体系结构的汇编语言使用分号（;）作为注释符。

15.3.2 伪指令

伪指令是一种语句，虽然不是真正的 x86 机器指令，但总之它被用于指令领域中，因为这里是最适合放置伪指令的地方。NASM 伪指令是 DB、DW、DD、DQ、DT、DO、DY 和 DZ，它们未初始化时的对应指令是 RESB、RESW、RESD、RESQ、REST、RESO、RESY 和 RESZ；以及 INCBIN 命令、EQU 命令和 TIMES 前缀。

伪指令不能直接转换成机器指令。不过，指令语句作为给汇编器的命令，指示了汇编器在汇编过程中要进行的一些特殊操作。下面是一些特殊操作的例子：

- 定义常量
- 指定数据存储的内存区域
- 初始化内存区域
- 将表或其他固定数据放置在内存中
- 允许对其他程序进行引用

表 15.2 列出了一些 NASM 伪指令。作为一个例子，考虑下面的语句序列：

```
L2      DB      "A"         ; 初始化为 ASCII 码 A ( 65 ) 的字节常量
        MOV     AL,[L1]     ; 把位于 L1 的字节内容拷贝到 AL 中
        MOV     EAX,L1      ; 把 L1 对应的地址存储到 EAX 中
        MOV     [L1],AH     ; 把 AH 的内容拷贝到位于 L1 的字节中
```

表 15.2 一些 NASM 汇编语言伪指令

a）RESx 和 Dx 伪指令字母

单位	字母
字节	B
字（2 字节）	W
双字（4 字节）	D
四字（8 字节）	O
十字节	T

b）伪指令

名称	描述	例子
DB、DW、DD、DQ、DT	初始化内存的位置	L6 DD 1A92H；位于 L6 的双字初始化为 1A92H
RESB、RESW、RESD、RESQ、REST	预留不进行初始化内存的位置	BUFFER RESB 64；以 BUFFER 为起始位置，预留 64 字节
INCBIN	在汇编器最后输出的目标文件中插入指定的二进制文件	INCBIN "file.dat"；包含 "file.dat" 这个文件
EQU	把符号定义为常量值	MSGLEN EQU 25；常量 MSGLEN 等于十进制 25
TIMES	重复若干次指令	ZEROBUF TIMES 64 DB 0；把 64 字节缓存初始化为 0

如果标号被使用，它将被解释为数据的地址（或偏移量）。如果标号放在方括号里，它将被解释为这个地址的数据。

宏定义　　宏定义在好几个方面类似于子程序（subroutine）。一个子程序是一个程序段，

这个程序段写一次能使用多次，子程序能从程序的任何地方调用。当程序被编译或汇编时，子程序仅被装载一次。对子程序的调用将控制权转移给子程序，并且子程序中的返回指令将控制权返回到调用点。与子程序类似，宏定义也是程序员写一次能使用多次的代码段。子程序和宏定义主要的不同在于，当汇编器遇到一个宏调用时，它用宏本身来取代宏调用，这个过程称作**宏扩展**（macro expansion）。因此，如果一个宏在一段汇编语言程序中被定义并且在源程序中被调用 10 次，那么宏的 10 个实例将在汇编代码中出现。本质上，子程序在运行时由硬件处理，而宏由汇编器在汇编的时候处理。就模块化程序而言，宏提供了和子程序一样的优点，但是没有子程序被调用和返回的运行开销。缺点是宏在目标代码中消耗了更多的空间。

在 NASM 和很多其他汇编器中，有单行（single-line）宏和多行（multiple-line）宏区别。在 NASM 中，用 % DEFINE 伪指令定义单行宏。下面的例子展示了单行宏及其扩展。首先，定义两个宏：

```
%DEFINE B(X)=2*X
%DEFINE A(X)=1+B(X)
```

在汇编语言程序中某处可能有下面的语句：

```
MOV AX,A(8)
```

汇编器会把这个语句扩展成：

```
MOV AX, 1+2*8
```

在汇编时，这条语句将被转换为机器指令，它把立即数 17 赋给寄存器 AX。

多行宏用助记符 **&MACRO** 定义。下面是一个多行宏定义的例子：

```
%MACRO PROLOGUE 1
    PUSH EBP        ; 把 EBP 的内容放入由 ESP 指向的栈顶；并且 ESP 的内容减 4
    MOV EBP,ESP     ; ESP 的内容拷贝给 EBP
    SUB ESP,%1      ; 从 ESP 中减去该宏第一个参数的值
```

在 %MACRO 行宏名后的数字 1 定义了宏希望接收的参数数目。在宏定义里使用 %1 表示宏调用的第一个参数。

宏调用将被扩展成下面几行代码：

```
MYFUNC:     PROLOGUE12
MYFUNC:     PUSH EBP
            MOV EBP,ESP
            SUB ESP,12
```

15.3.3 指令

指令是嵌入程序集源代码中的命令，汇编器对其进行识别和操作。NASM 包括以下指令。

- **BITS**：指定 NASM 是否应该生成运行在 16 位模式、32 位模式或 64 位模式的处理器上的代码。语法为 BITS XX，其中 XX 为 16、32 或 64。一般而言 XX 由操作系统自动设置
- **DEFAULT**：可以更改某些汇编器的默认值，例如，是使用相对寻址还是绝对寻址。
- **SECTION 或 SEGMENT**：更改输出文件中源代码即将组装进入哪个部分。随后将讨论这一问题。
- **EXTERN**：用于声明一个符号，该符号在正在组装的模块中的任何地方都没有定义，

但假设定义在其他模块中，需要由这个模块来引用。

- **GLOBAL** ：GLOBAL 是 EXTEN 的另一端：如果一个模块声明一个符号为 EXTERN 并引用它，那么为了防止链接器错误，其他一些模块必须实际上定义该符号并将其声明为 GLOBAL。
- **COMMON** ：用于声明公共变量。一个公共变量类似于未初始化数据部分中声明的全局变量。不同的是，如果多个模块定义了相同的公共变量，那么在链接时，这些变量将被合并，并指向同一内存段。
- **CPU** ：将汇编限制为在指定的 CPU 上可用的指令。例如，该指令可以指定 8086、186，等等。
- **FLOAT** ：允许程序员将一些默认设置更改为选项，而不是 IEEE 754 中使用的选默认设置。
- **[WARNING]**：用于启用或禁用警告类。

NASM 可以定义三个部分，data 段用于声明初始化的数据或常数。此数据在运行时不会更改。程序员可以在这一部分声明不同的常数值、文件名、缓冲区大小等。bss 部分用于声明变量。text 部分用于保存实际代码，该部分必须以声明全局的 main 开头，它告诉内核程序从哪里开始执行。这三个部分的格式如下：

```
section.data
section.bss
section.text
```

15.3.4 系统调用

汇编程序使用 x86 INT 指令进行系统调用。例如，对于 Linux 和 UNIX 系统，程序员使用以下步骤对系统进行调用：

- 将系统调用的数值放入 EAX 寄存器中。
- 将系统调用的参数存储到 EBX、ECX 等寄存器中。
- 调用相关中断（80h）。
- 结果通常返回到 EAX 寄存器中。

使用六个寄存器存储系统调用时使用的参数。这六个寄存器分别是 EBX、ECX、EDX、ESI、EDI 和 EBP。这些寄存器存放连续的参数并且从 EBX 寄存器开始。如果参数的数量多于六个，那么第一个参数在内存中的位置会被存储在 EBX 寄存器中。

15.4 示例

在本节中，我们将研究使用 NASM 语言的三个示例。我们将这些代码与相应的 C 程序进行了比较，并在两种情况下显示了编译代码和汇编语言代码之间的区别。

15.4.1 最大公约数

作为使用汇编语言的例子，我们看一个计算两个整数的最大公约数的程序。我们定义整数 a 和 b 的最大公约数如下：

$$gcd(a,b) = \max[k, \ a \text{ 整除 } k \text{ 且 } b \text{ 整除 } k]$$

所谓 a 整除 k，就是说 a 除以 k 不会有余数。求最大公约数的欧几里得（Euclid）算法基于下述定理。对任何非负整数 a 和 b，有

$$gcd(a, \ b) = gcd(b, a \bmod b)$$

下面是实现欧几里得算法的 C 程序：

```
unsigned int gcd (unsigned int a, unsigned int b)
{
    if (a == 0 && b == 0)
        b = 1;
    else if (b == 0)
        b = a;
    else if (a != 0)
        while (a != b)
            if (a < b)
                b -= a;
            else
                a -= b;
    return b;
}
```

图 15.4 显示了之前程序的两个 x86 汇编语言版本。左边的程序是 C 编译器生成的，该程序从寄存器 EBX 中的变量 a 的值、寄存器 EDX 中的变量 b 的值开始，并返回 EAX 中的结果。之前在寄存器之间对一些值进行了不必要的移动。x86 的 TEST 指令被用来测试 0（见表 13.3），jae 指令被用来测试大于或等于（见表 13.9）。

```
gcd:        mov     ebx,eax          gcd:        neg     eax
            mov     eax,edx                      je      L3
            test    ebx,ebx          L1:         neg     eax
            jne     L1                           xchg    eax,edx
            test    edx,edx          L2:         sub     eax,edx
            jne     L1                           jg      L2
            mov     eax,1                        jne     L1
            ret                      L3:         add     eax,edx
L1:         test    eax,eax                      jne     L4
            jne     L2                           inc     eax
            mov     eax,ebx          L4:         ret
            ret
L2:         test    ebx,ebx
            je      L5
L3:         cmp     ebx,eax
            je      L5
            jae     L4
            sub     eax,ebx
            jmp     L3
L4:         sub     ebx,eax
            jmp     L3
L5:         ret
```

　　　　a）编译器生成的程序　　　　　　　　　b）用汇编语言直接编写的程序

图 15.4　求最大公约数的汇编程序

图 15.4b 是人工编写的程序。这个程序使用了一些程序员的技巧以产生一个更紧密、更有效的实现。程序员具有理解 "包含" 这一数学关系的优点。尽管 xchg 不是一个特别快的 x86 指令，但它的确使程序非常紧凑，并且可能不超过一个周期就达到最佳性能。例程的主循环完全存在于指令的预取缓冲器中。

15.4.2　求素数程序

现在我们来看一个带指令的例子。这个例子专注于一个用于查找素数的程序。素数是只能被 1 和自身整除的数。没有简单有效的方法来确定一个奇数是否是素数。这个程序所采用的基本方法是对于一个给定的上限，找到在上限之下所有奇数的因子。如果一个奇数没有因子，那么该奇数就是素数。图 15.5 展示了用 C 语言写的简单算法，它输出小于或等于输入变量 limit 的所有素数。该程序检查输入变量 limit 下的所有奇数，用变量 guess 代表当前正在被检查的数字，然后这个程序从 3 开始并且保持增长直到找到一个能整除变量 guess 的奇数或者直到它达到一个平方值大于变量 guess 的奇数。如果没找到符合条件的值，则输出变量 guess 然后从 2 开始增长。

```c
unsigned guess;                        /* current guess for prime */
unsigned factor;                       /* possible factor of guess */
unsigned limit;                        /* find primes up to this value */
printf ("Find primes up to : ");
scanf("%u", &limit);
printf ("2\n");                        /* treat first two primes as */
printf ("3\n");                        /* special case */
guess = 5;                             /* initial guess */
while (guess < = limit) {              /* look for a factor of guess */
    factor = 3;
    while (factor * factor < guess && guess% factor != 0)
    factor + = 2;
    if (guess % factor != 0)
        printf ("%d\n", guess);
    guess += 2;                        /* only look at odd numbers */
}
```

图 15.5　求素数的 C 程序

图 15.6 使用 NASM 汇编语言展示了同样的算法。这个程序使用段和全局 NASM 指令及 db 伪指令。

```asm
%include "asm_io.inc"
segment .data
Message db "Find primes up to: ", 0

segment .bss
Limit resd 1                       ; find primes up to this limit
Guess resd 1                       ; the current guess for prime

segment .text
    global _asm_main
_asm_main:
    enter 0,0                      ; setup routine
    pusha

    mov eax, Message
    call print_string
    call read_int                  ; scanf("%u", & limit);
    mov [Limit], eax
    mov eax, 2                     ; printf("2\n");
    call print_int
    call print_nl
    mov eax, 3                     ; printf("3\n");
    call print_int
    call print_nl

    mov dword [Guess], 5           ; Guess = 5;
```

图 15.6　求素数的汇编程序

```
while_limit:                            ; while (Guess <= Limit)
    mov eax, [Guess]
    cmp eax, [Limit]
    jnbe end_while_limit                ; use jnbe since numbers are unsigned

    mov ebx, 3                          ; ebx is factor = 3;
while_factor:
    mov eax,ebx
    mul eax                             ; edx:eax = eax*eax
    jo end_while_factor                 ; if answer won't fit in eax alone
    cmp eax, [Guess]
    jnb end_while_factor                ; if !(factor*factor < guess)
    mov eax, [Guess]
    mov edx,0
    div ebx                             ; edx = edx:eax% ebx
    cmp edx, 0
    je end_while_factor                 ; if !(guess% factor != 0)

    add ebx,2; factor += 2;
    jmp while_factor
end_while_factor:
    je end_if                           ; if !(guess% factor != 0)
    mov eax,[Guess]                     ; printf("%u\n")
    call print_int
    call print_nl
end_if:
    add dword [Guess], 2                ; guess += 2
    jmp while_limit
end_while_limit:

    popa
    mov eax, 0                          ; return back to C
    leave
    ret
```

图 15.6 （续）

15.4.3　字符串操作

在查看此示例之前，我们首先观察 x86 中的字符串数据类型和操作数。

字符串常量和操作数　　字符串是连续的位、字节、字或双字序列。一位的字符串可以从任意字节的任意一位的位置开始，可最多包含 $2^{32}-1$ 位。一字节的字符串可以包含字节、字或双字，范围从零到 $2^{32}-1$ 字节（4GB）。

表 15.3 显示了字节字符串的 x86 指令。字和双字字符串可用类似的指令。MOVS、CMPS、SCAS、LODS 和 STOS 指令允许大的数据结构在内存中移动和检查，例如字母数字字符串。这些指令对字符串中的单个元素进行操作，字符串可以是字节、字或双字。要操作的字符串元素用 ESI（源字符串元素）和 EDI（目标字符串元素）寄存器标识。这两个寄存器都包含指向一个字符串元素的绝对地址（偏移到一个段）。

刚才描述的字符串指令执行字符串操作的一次迭代。若要操作的字符串比一个双字节长，字符串指令可以是结合重复前缀（REP）来创建重复指令或放置在一个循环中。存放于 ECX 寄存器中的迭代次数与要操作的字符串元素的数量相对应。在字符串指令中使用时，在每一次指向字符串中的下一个元素（字节、字或双字）的指令点迭代后，ESI 和 EDI 寄存器将自动递增或递减。因此，字符串运算可以从更高的地址开始向更低的地址工作，也可以从更低的地址开始向更高的地址工作。EFLAGS 寄存器中的 DF 标识位控制这个寄存器递增（DF=0）还是递减（DF=1）。STD 和 CLD 寄存器分别对 DF 标识进行设置和清除。当一个字符串指令有重复的前缀时，操作持续执行直到由这个前缀指定的最终条件之一得到满足。REPE/REPZ 和 REPNE/REPNZ 前缀仅用于 CMPS 和 SCAS 指令。另外，请注意，REP STOS 指令是初始化大内存块的最快方法。

表 15.3　x86 字符串指令

操作名	描　　述
MOVSB	将 ESI 寄存器寻址的字符串字节移动到 EDI 寄存器
CMPSB	从源字符串元素中减去目标字符串字节，并根据结果更新 EFLAGS 寄存器的状态标识位
SCASB	从 AL 寄存器的内容中减去目标字符串字节，并根据结果更新 EFLAGS 寄存器的状态标识位
LODSB	将 ESI 寄存器标识的源字符串字节加载到 EAX 寄存器中
STOSSB	将 AL 寄存器中的源字符串字节存储到 EDI 寄存器指定的内存位置中
REP	当 ECX 寄存器不是零时重复
REPE/REPZ	当 ECX 寄存器不是零并且 ZF 标志被设置时重复
REPNE/REPNZ	当 ECX 寄存器不是零并且 ZF 标志被清除时重复

　　移动一个字符串　　图 15.7 展示了一个使用 MOVSB 指令将一个字符串从源地址移动到目标地址的程序。这个例子展示了 .bss、.data、.text 部分和系统调用的使用。CLD x86 指令清除 DF 标识位。

```
section .text
             global   main               ;must be declared for using gcc
main:                                     ;tell linker entry point
             mov      ecx, len
             mov      esi, s1
             mov      edi, s2
             cld
             rep      movsb
             mov      edx,20             ;message length
             mov      ecx,s2             ;message to write
             mov      ebx,1              ;file descriptor (stdout)
             mov      eax,4              ;system call number (sys_write)
             int      0x80               ;call kernel
             mov      eax,1              ;system call number (sys_exit)
             int      0x80               ;call kernel
section .data
s1 db 'Hello, world!',0                   ;string 1
len          equ      $-s1
section .bss
s2           resb 20                      ;destination
```

图 15.7　移动一个字符串的汇编程序

15.5　汇编器的类型

　　汇编器是一种把汇编语言翻译成机器语言的软件。尽管所有的汇编器都执行相同的任务，但它们的实现是不同的。下面定义了一些描述汇编器类型的常用术语：

- **交叉汇编器**（cross-assembler）：运行在一台计算机上，而不是其汇编目标程序运行的计算机上。通常，汇编器的主机是一个较大的系统，而目标机器可能是一个小型嵌入式系统或其他具有有限的资源和编程支持软件的类型的系统。
- **常驻汇编器**（resident assembler）：运行在一台该汇编器汇编的程序运行的计算机上。
- **宏汇编器**（macro assembler）：允许用户将指令序列定义为宏。
- **微型汇编器**（micro assembler）：用来编写微程序，这些微程序用于定义一个微编程计算机的指令集。
- **元汇编器**（meta-assembler）：能够处理复杂的指令集。
- **单趟汇编器**（one-pass assembler）：通过一次汇编代码生成机器代码。
- **两趟汇编器**（two-pass assembler）：通过二次汇编代码生成机器代码。大多数汇编器都要求两趟。

15.6　汇编器

汇编器是一个以汇编语言程序为输入、输出目标代码的应用程序。目标代码是二进制文件，汇编器把这个文件看作从地址 0 开始的内存块。

汇编器有两种设计方式：两趟汇编器和单趟汇编器。

15.6.1　两趟汇编器

我们先看下两趟汇编器，这种汇编器更通用且更易理解。两趟汇编器扫描源代码两次来生成目标代码（见图 15.8）。

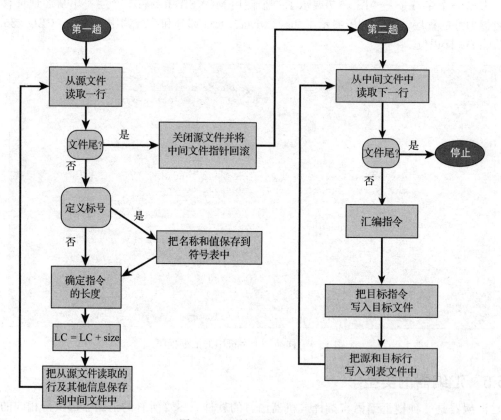

图 15.8　两趟汇编器流程图

第一趟　　在第一趟中，汇编器仅处理标号的定义。汇编器扫描源代码，建立**符号表**（symbol table），符号表中包含所有标号和标号**位置计数器**（location counter，LC）的值。目标代码的第一个字节初始化为 LC = 0。在第一趟扫描中，汇编器检查每条汇编语句。虽然此时汇编器不准备转换指令，但它还是要充分检查每条指令来确定每条机器指令的长度，从而确定 LC 的增量。这可能不仅要检查操作码，还要查看操作数和寻址方式。

像 DQ 和 REST 这样的伪指令（见表 15.2）指定了要预留多少内存空间，因此位置计数器会按照这些伪指令指定的内存空间大小进行累加。

当汇编器遇到有标号的语句的时候，它会把标号和当前 LC 的值放入符号表。汇编器会继续扫描完所有汇编语句，并对所有遇到的标号做同样的操作。

第二趟　　第二趟扫描时，汇编器再次从头至尾地把源程序读一遍。每一条指令都翻译为对应的二进制机器指令。翻译过程包括如下操作：

1. 把助记符翻译为二进制操作码。
2. 用操作码确定指令的格式，以及指令中各个字段的位置和长度。
3. 把每一个操作数名称翻译为对应的寄存器或内存代码。
4. 把每一个立即数转化为二进制串。
5. 利用符号表把任何对标号的引用转换为对应的 LC 值。
6. 在指令中设置其他任何需要的二进制位，包括寻址方式指示位、条件码位等。

以图 15.9 中的 ARM 汇编语言指令为例，ARM 汇编语言指令 ADDS r3, r3, #19 转换为了二进制机器指令 1110 0010 0101 0011 0011 0000 0001 0011。

图 15.9　把 ARM 汇编指令翻译成机器指令

第零趟　　绝大多数汇编语言具有定义宏的功能。如果汇编器中定义了宏，那么汇编器必须在第一趟扫描前多加一次扫描，以便处理所有的宏。因此，汇编语言通常都要求把宏定义置于程序文件的开头。

汇编器在第零趟遍历中会读取所有的宏定义。一旦所有的宏都被识别后，汇编器就继续扫描源代码，每当遇到宏调用时，就按照调用的参数把宏展开。这个宏处理的遍历过程最后生成了一份新的源代码，其中所有的宏调用都被展开，而程序开头的所有宏定义就都可以删除了。

15.6.2　单趟汇编器

实现一个只对源代码做一次扫描的汇编器是可以做到的（不包括宏遍历）。单趟汇编器的主要困难是对标号的提前引用（forward reference）。指令中操作数使用的标号，可能是在已扫描的源代码中还未定义的符号。因此，汇编器不能确定在翻译指令时，应该插入的相对地址是什么。

从根本上来说，解决提前引用的过程是这样的：当汇编器遇到一个未定义的指令操作数符号时，汇编程序就会采取如下步骤：

1. 在翻译二进制指令时将指令操作数字段全部置空（全零）。
2. 把作为操作数的符号输入到符号表中。符号表的对应项标记这个符号是未定义的。
3. 把涉及未定义符号操作数的指令的地址，添加到一个与符号表对应项相关的提前引用列表中。

当在后续扫描中遇到一个符号定义时，即可确定与它有关的位置计数器的值。汇编器把 LC 值插入符号表中该符号对应的项。如果有和该符号相关的提前引用表，那么汇编器就在以前生成的指令中的合适位置插入该符号的地址。

15.7 装载和链接

创建活动进程（active process）的第一步是装载一个程序到主存储器，并创建一个进程映像（process image，见图 15.10）。图 15.11 描述了对于大多数系统来说典型的链接和装载过程。图中的应用程序由许多不同的模块组成，这些模块的目标代码或者通过编译生成，或者通过汇编生成。链接器将这些模块链接起来，解决模块之间的相互调用。如果这些模块中还有对于库例程的调用，链接器也会对此进行解析。库例程的代码可能成为最后可执行程序的一部分，也可能作为运行时由操作系统装载的共享代码被调用。在本节中，我们会介绍链接器和装载器的主要功能。首先，我们讨论重定位（relocation）的概念。接下来，为清楚起见，我们描述一个单一程序模块程序执行时的装载情况，此时不需要用到链接。然后，我们再考察同时涉及链接和装载的情况。

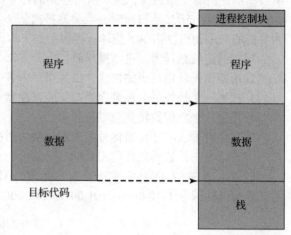

图 15.10 装载过程示意图

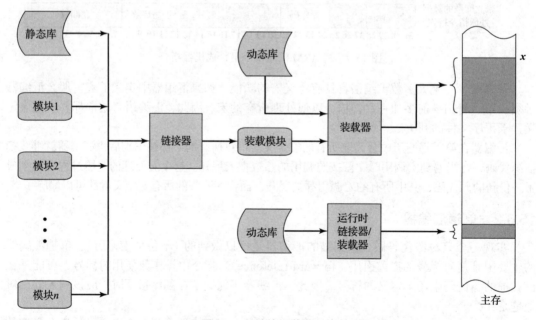

图 15.11 链接和装载过程

15.7.1 重定位

在多道程序（multiprogramming）系统中，可用的主存通常被多个进程共享。通常来说，程序员不可能事先知道，在运行自己的程序时，主存中还驻留有哪些其他的程序。另外，为了充分利用处理器，多道程序系统都能够把活动进程调入（swap），或者调出主存。这一般是通过提供一个大的进程池，其中存放准备好要执行的进程来实现的。一旦一个程序被调出主存到硬盘，那么很难保证在下一次把这个程序重新调入主存时，操作系统还把它放置到上次调出前所在的主存位置上。相反，我们需要能够把这个进程重新定位到新的主存位置上。

因此，我们事先无法确定一个程序在装入主存时，它会被放置到什么位置。我们必须允许程序在被调入和调出时，被操作系统移动到主存中其他地方。这些事实导致了一些技术上需要考虑的问题，如图 15.12 所示。图中显示了一个进程在主存中的映像。为简单起见，假设进程映像占据了主存中一段连续的区域。显然，操作系统需要知道进程控制信息的位置、程序运行栈的位置，以及该进程开始执行的入口地址。因为操作系统管理着全部存储器，而且负责把进程导入到主存中，所以这些地址信息对于操作系统而言是容易获得的。不过，处理器必须解决程序自身内部的内存地址引用。就像分支指令，其中包含了在分支跳转时要执行的下一条指令的地址。而数据访问指令中可能包含被访问数据的字节或字地址。因此，处理器硬件和操作系统软件必须能够根据当前程序在主存中的位置，把程序代码中对内存中指令和数据的引用，翻译为真实的物理内存地址。

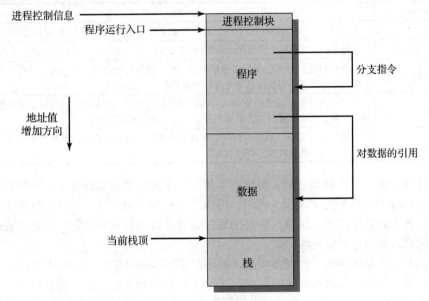

图 15.12　进程的寻址需求

15.7.2　装载

在图 15.11 中，装载器把装载模块放置在内存中以 x 为起始的地址上。在装载程序的过程中，图 15.12 显示的进程寻址要求必须满足。一般有三种方法可供选择：绝对装载、可重定位装载、动态运行时装载。

　　绝对装载　绝对装载器要求给定的装载模块始终被载入内存中的相同位置。因此，呈现在装载器中的装载单元，其地址必须是明确的，或者说是绝对的内存地址。例如，如果在图 15.11 中 x 的地址是 1024，那么，在装入内存的装载模块中，首个字的地址是 1024。

在一段程序内的内存引用，其特定地址值的分配可以由程序员在编译时或汇编阶段完成（见表 15.4a）。不过，由程序员确定地址分配的方法有几个缺点。首先，每个程序员得知道将模块装入内存的预期的分配策略。其次，如果程序有任何涉及在模块中进行插入和删除之类的改变，那么此插入或删除点后所有的地址都将改变。因此，更可取的做法是，允许把在程序中的内存引用表述符号化，并且在编译和汇编时解析这些符号的引用。图 15.13 阐释了这一方法。每一个指令或数据项的引用最初由符号表示。在准备输入绝对装载器时，汇编器或编译器将把所有的符号引用转换为明确的地址。(在这个例子中,模块将载入到起始地址为 1024 的内存中),正如图 15.13b 所示那样。

表 15.4　地址绑定

a) 装载器

绑定时间	功　　能
编程时间	在程序中所有的实际物理地址都由程序员直接指定
编译或汇编时间	程序中包含符号地址引用,并且这些符号地址引用由编译器或汇编器转换为实际的物理地址
装载时间	编译器或汇编器产生相对地址,装载器在装载程序时将相对地址转换为绝对地址
运行时间	装载程序保留相对地址,它们由处理器硬件动态转换为绝对地址

b) 链接器

链接时间	功　　能
编程时间	不允许引用外部的程序或数据,程序员必须把所有子程序所引用的源代码都放入程序中
编译或汇编时间	汇编器必须获取每个被引用的子例程的源代码,并与引用它们的代码一起汇编为一个单元
创建装载模块	所有的目标模块都使用相对地址进行汇编,这些模块都链接在一起,并且所有的引用都以相对于最终装载模块的起始地址进行重定位
装载时间	外部引用只有在装载模块载入到内存时才进行解析。在那时,被引用的动态链接模块被添加到装载模块,并且整个程序包都载入主存或虚拟内存中
运行时间	外部引用只有在处理器执行到一个外部调用时才进行解析。在那时,进程被中断,并且所需要的模块将被链接到调用程序

可重定位装载　在装载之前,将内存引用和特定地址绑定的缺点是,将导致装载模块只能被装入内存中的一个指定区域。然而,当内存中有很多程序时,不应该事先决定一个特定的模块应放入内存中的哪个区域,更好的做法是在装载的时候来决定。因此,我们需要使装载模块能放入到内存中的任何位置。

为了满足这个新的要求,汇编器或编译器不产生实际的内存地址(绝对地址),而产生相对于某些已知点的地址,例如程序的起点。这一技术如图 15.13c 所示。装载模块的起点分配相对地址 0,在此模块内,所有的内存引用都表述为相对于模块起点的地址。

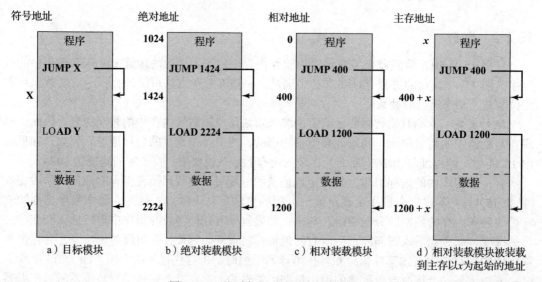

图 15.13　绝对与可重定位的装载模块

当所有的内存引用都表述为相对地址格式时，装载器将模块装入到预期位置就成了一件易事。如果模块要装入到以 x 为起始地址的区域，那装载器会给每一个内存引用简单地加上 x。为了协助完成这个任务，装载模块必须包含一些信息，这些信息告诉装载器该模块的地址引用在哪儿，以及它们应该如何被解析（通常来说，地址引用采用相对于程序起点的相对地址，但是也可能相对于程序中的其他点，如当前位置）。这些信息由编译器或汇编器提供，并且通常涉及重定位地址目录（relocation directory）。

动态运行时装载　　可重定位装载器已很普遍，并且比绝对地址装载器优势更明显。但是，在多道程序运行环境中，即使该系统不依靠虚拟内存，可重定位装载方式仍然不足。我们提到过，之所以需要把进程映像换进换出内存，目的是最大限度地利用处理器。为了最大限度地利用内存，我们希望能将进程映像在不同时间放入内存中的不同位置，因此，程序一旦载入，可能会换出到磁盘，然后换入内存中的不同位置。如果内存引用在刚开始装载时就和绝对地址绑定，以上操作将不可能做到。

另一种替代方法就是延迟计算绝对地址，直到程序运行时真正需要它才做。为了达到这个目的，装载模块把所有内存引用以相对地址的形式装入内存（如图 15.13c 所示）。直到一个指令真正执行时才计算绝对地址。为了确保这种机制不会降低性能，它必须由专用的硬件而不是软件来处理。在本书第 9 章中就提到了这种硬件。

动态地址计算机制提供了完全的灵活性。一个程序可装载到内存中的任意区域。程序的执行可以中断，程序可以换出内存，后面又可以换入到内存中的不同位置。

15.7.3　链接

链接器的功能是收集目标模块并产生一个装载模块，这个装载模块由程序模块和数据模块集合组成。程序运行时，装载器将装载这个集成的装载模块。在每一个目标模块中，都可能有到其他模块的地址引用。每一个这样的引用都会在一个未链接目标模块中以符号形式表示。每一个模块间的引用都必须被解析，即把符号地址转换为在最终装载模块内的地址。例如，在图 15.14a 的模块 A 中含有一个调用模块 B 的程序。当这些模块在装载模块结合时，这个模块 B 的符号引用将转换为到模块 B 起点地址的特定引用。

链接编辑器　　地址链接的本质取决于所创建的装载模块的类型以及链接什么时候发生（见图 15.4b）。就像在通常情况下那样，如果想要可重定位载入模块，那么链接通常会按如下方式进行。每一个被编译或汇编的目标模块在创建时，其中的地址引用都以相对于目标模块起始地址的形式表示。所有的这些模块都一起放在一个可重定位载入模块中，所有的引用都转换为相对于装载模块起始地址的引用。这个装载模块即可用作可重定位装载器或动态运行时装载器的输入。

能产生可重定位载入模块的链接器通常被称为链接编辑器（linkage editor）。图 15.14 显示了链接编辑器的功能。

动态链接器　　与装载过程一样，我们可以推迟某些链接功能。动态链接（dynamic linking）用来表述延迟链接一些外部模块的技术直到装载模块创建之后。如果采用动态链接，装载模块会包含未解析的其他程序的引用。这些引用将在装载时或运行时进行解析。

若是**装载时动态链接**（包含图 15.11 中上半部分的动态链接库），它的步骤如下：将被载入的装载模块（应用模块，application module）读入内存。任何到外部模块（目标模块，target module）的引用将引起装载器寻找并载入目标模块，把引用转化为相对于应用模块起始地址的相对地址。这种方法与所谓的静态链接相比，有下述诸多优势：

- 这使得合并修改过的或升级的目标模块很容易实现，而这一目标模块可能是操作系统的常用功能或其他某个通用子程序。如果采用静态链接，一旦该目标模块稍有变化将会导致整个应用模块需要重新链接。这样做不但低效，而且在某些情况下根本不能实现。例如，在个人电脑领域，绝大多数商业软件是以装载模块形式发行的，源代码和目标版本却不发行。

- 动态链接文件中的目标代码为自动代码共享做了准备。操作系统能判断出超过一个应用在使用相同的目标代码，因为操作系统装载并链接这些代码。这样一来，它可以利用所知信息，只载入一份目标代码的拷贝来链接两个应用，而不是为每个应用程序各装载一个拷贝。
- 这使得独立的软件开发者能很轻松地扩展广为使用的操作系统的功能，例如 Linux。开发者能以动态链接模块的形式提供一项新功能，这项功能可能对许多应用非常有用。

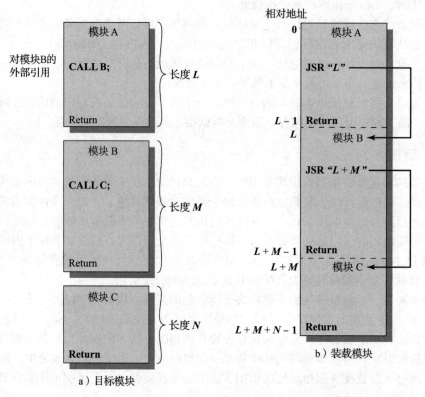

图 15.14　链接功能模块

对**运行时动态链接**（包含图 15.11 中下半部的动态链接库）来说，有些链接推迟到执行时才进行。到目标模块的外部引用在装载程序保留不变，不做解析。当程序执行到对目标模块的调用时，由于被调用的模块缺失，操作系统将找到这个缺失模块，载入它，并链接到调用模块。通常这种模块是典型的共享模块。在 Windows 操作系统中，这种模块称为动态链接库（Dynamic-Linked Library，DLL）。因此，如果一个进程使用了共享的动态链接模块，那么新进程可以简单地链接到已存在的载入模块。

使用 DLL 可能会导致**动态链接库灾难**（DLL Hell）。动态链接库灾难发生在当两个或更多的进程共享一个 DLL 模块，而每个进程却期望使用该共享 DLL 模块的不同版本时。例如，一个系统或应用程序可能被重装，从而带入老版本的 DLL 文件。

我们已经看到动态装载允许一个完整的装载模块在内存中移动到其他位置。但是，模块的内部结构是静态的，无论程序执行了多少次，都不会改变。然而，在某些情况下，没有办法在执行之前确定哪些目标模块会被用到。这种情形的一个典型例子是事务处理应用（transaction-processing application），如航空订票系统或银行应用系统。事务本身的特性决定了哪些程序模块要被调用，这些模块会在适当的时机装载并链接到主程序中。使用运行时动态链接器的优点在于，不用在一开始就为所有程序单元分配存储空间，除非该单元被引用过。运行时动态链接也支持分段程序系统。

另一个改进是，应用程序不需要知道那些可能被调用的模块的名称或入口地址。例如，一个制图程序可能被设计为能使用不同的绘图仪，每一种绘图仪都有不同的驱动程序来驱动。该制图程序可以通过系统中由其他进程安装的绘图仪来获得绘图仪的名称，或者从一个配置文件中查找到绘图仪的名称。这样就允许用户安装新的绘图仪驱动程序，即使这些绘图仪在该制图程序设计时甚至都还未出现。

15.8　关键词、思考题和习题

关键词

assembler：汇编器	load-time dynamic linking：装载时动态链接
assembly language：汇编语言	loading：装载
comment：注释	macro：宏
directive：指导语句	mnemonic：助记符
dynamic linker：动态链接器	one-pass assembler：单趟汇编器
instruction：指令	operand：操作数
label：标号	relocation：重定位
linkage editor：链接编辑器	run-time dynamic linking：运行时动态载入
linking：链接	two-pass assembler：两趟汇编器

思考题

15.1　请给出学习汇编语言程序设计的理由。

15.2　什么是汇编语言？

15.3　与高级程序语言相比，汇编语言有哪些缺点？

15.4　与高级程序语言相比，汇编语言又有哪些优点？

15.5　汇编语言语句的典型组成部分有哪些？

15.6　列举并定义四种不同的汇编语言语句。

15.7　单趟汇编器与两趟汇编器有什么区别？

习题

15.1　Core War（核心大战）是 20 世纪 80 年代早期走向大众的编程游戏，曾流行 15 年之久。Core War 由四个主要部分组成：8000 个地址组成的内存空间，一个简化的汇编语言 Redcode，执行程序 MARS（它是 Memory Array Redcode Simulator 的首字母缩写）以及对战程序。两个对战程序在进入内存时随机选择位置，任一个程序都不知道另一个程序在哪里。MARS 以简单的分时形式执行程序，两个程序轮流执行：一个程序在执行完一条指令后，另一个程序也执行一条指令，依次轮流执行。对战程序在执行周期中做些什么操作完全由程序员决定。对战程序的目标就是通过摧毁另一个程序的指令来打败对方。在这道习题以及接下来的几道习题中，我们使用一个叫 CodeBlue 的更为简单的语言，来阐述一些 Core War 的概念。

CodeBlue 仅有 5 条汇编语句，使用三种寻址方式（见表 15.5）。地址空间首尾相接，即最后一个单元的地址加 1，则回到了地址空间的第一个单元。例如，ADD #4,6 把相对地址为 6 的内存单元中的值加 4 并存储在地址为 6 的内存单元中；JUMP@5 将执行转移到当前位置后 5 个地址单元所在的指令。

a. 程序 Imp 就是一条指令 COPY 0,1。这条指令会做什么？

b. 程序 Dwarf 是一个指令序列：

```
ADD #4,3
COPY 2, @2
JUMP -2
DATA 0
```

这个程序会做什么？

c. 使用符号重写 Dwarf，使它更像典型的汇编语言程序。

表 15.5 CodeBlue 汇编语言

a）指令集

格式	意　义
DATA < value >	在当前地址设置值 < value >
COPY A, B	将数据从 A 拷贝到 B
ADD A, B	A 加 B，结果放在 B 中
JUMP A	跳转去执行 A
JUMPZ A，B	如果 B=0，转去执行 A

b）寻址方式

寻址方式	格式	意　义
立即寻址	# 后跟值	这是立即寻址，操作数就在指令中
相对寻址	值	这个值表示从当前地址开始的偏移量，它包含操作数
间接寻址	@ 后跟值	这个值表示从当前地址开始的偏移量，这个偏移量地址包含了一个包含操作数的位置的相对地址

15.2 如果 Imp 和 Dwarf 相互对战，会发生什么事？

15.3 使用 CodeBlue 写一个 "地毯式轰炸" 程序，把所有的内存单元清零（可能的例外是程序本身占据的内存单元）。

15.4 下面这个程序与 Imp 对战会怎么样？

```
Loop COPY #0, -1
     JUMP -1
```

提示：在两个程序对战时，它们的指令会交替执行。

15.5 a. 在执行完以下指令后，状态标志 C 的值是什么？

```
mov a1, 3
add a1 , 4
```

b. 在执行完以下指令后，状态标志 C 的值又会是什么？

```
mov a1, 3
sub a1, 4
```

15.6 思考下面这条 NASM 指令：

```
cmp vleft, vright
```

对于有符号整数，有三个相关的状态标志位：ZF、SF、OF。如果 vleft = vright，那么 ZF 被置位。如果 vleft > vright，那么 ZF 被清零，而 SF = OF。如果 vleft < vright，那么 ZF 被清零，而 SF ≠ OF。为什么当 vleft > vright 时，SF = OF？

15.7 思考下列 NASM 代码片段：

```
mov a1,0
cmp a1 , a1
je next
```

请只用一条指令编写一个与之等价的程序。

15.8 思考下面的 C 程序代码：

```
/* a simple C program to average 3 integers */
main()
{ int avg;
  int i1 = 20;
  int i2 = 13;
  int i3 = 82;
  avg = (i1 + i2 + i3) /3;
}
```

请用 NASM 编写一个与之等价的汇编语言程序。

15.9 思考下列 C 语言代码片段：

```
If (EAX == 0) EBX = 1;
else EBX = 2;
```

请编写与之等价的 NASM 代码。

15.10 初始化数据指导语句可用于初始化多个地址的内容。例如：

```
db 0x55, 0x56, 0x57
```

保留三个字节，并初始化它们的值。

NASM 支持特殊标记符 $，用于涉及当前汇编位置的计算。当 $ 出现在表达式起始时，它表示当前的汇编位置。根据以上叙述，考虑下面的指导语句序列：

```
message db 'hello, world'
msglen equ $-message
```

那么，符号 msglen 被赋予的值会是多少？

15.11 假设有 3 个符号变量 V1、V2、V3，它们都存储整型值。编写一段 NASM 代码，把这三个变量中的最小值移到整型变量 ax 中，只准使用指令 mov、cmp 和 jbe。

15.12 请描述下面这条指令的执行效果：cmp eax,1 假设前一条指令已经更新了 eax 中的内容。

15.13 xchg 指令用于交换两个寄存器中的内容。假设 x86 指令集不支持这条指令。

a. 仅使用指令 push 和 pop 来实现指令 xchg ax, bx。

b. 仅使用指令 xor（不使用其他的寄存器）来实现 xchg ax, bx。

15.14 在下列程序中，假设 a、b、x、y 是主存地址的符号。那该程序会做什么？你可以用 C 语言编写等价程序。

```
        mov     eax,a
        mov     ebx,b
        xor     eax,x
        xor     ebx,y
        or      eax,ebx
        jnz     L2
L1:                             ; 一个指令序列（具体内容略）……
        jmp     L3
L2:                             ; 另一个指令序列（具体内容略）……
L3:
```

15.15　15.4 节中有一个求两整数最大公约数的 C 程序。

　　　　a. 用文字描述欧几里得算法并解释这个程序如何使用欧几里得算法求最大公约数。

　　　　b. 给图 15.4a 中的汇编程序添加注释来说明它和 C 程序有同样的功能。

　　　　c. 给图 15.4b 中的程序也添加注释。

15.16　a. 两趟汇编器可以处理未定义符号，因此指令可以把未定义符号用作操作数。但这对指导语句来说并不总是正确的。例如 EQU 指导语句就不能使用未定义符号。指导语句" A EQU B + 1"在 B 已定义时可以很容易执行，但如果 B 是未定义符号，那就不行。请问这是为什么？

　　　　b. 为汇编器设计一个方法解决这个限制，使得汇编程序中任何语句都可以使用未定义符号。

15.17　思考下列形式的符号指导语句 MAX：符号 MAX 表达式列表

　　　　其中"符号"是必需的，并且将被赋值为指导语句的操作数中各个表达式结果的最大值。例如：

　　　　MSGLEN MAX A, B, C; where A, B, C are defined symbols 那么汇编器是如何执行 MAX 指导语句的？在第几趟扫描中？

| 第五部分

Computer Organization and Architecture: Designing for Performance, Eleventh Edition

CPU

CPU 的结构和功能

学习目标

学习完本章后，你应该能够：

- 区分用户可见寄存器和控制 / 状态寄存器，并讨论每个类别寄存器的用途。
- 总结指令周期。
- 讨论指令流水线的原理及其在实践中如何工作。
- 比较和对比各种形式的流水线冒险。
- 概述 x86 处理器的结构。
- 概述 ARM 处理器的结构。

本章将继续第四部分未完成的讨论，并为第 17 章和第 18 章关于 RISC 及超标量结构的讨论打下基础。

本章从讨论 CPU 组成开始，然后分析构成处理器内部存储器的寄存器，接着再返回到对指令周期的讨论（始于 3.2 节），在那里将完整地说明指令周期和被称为指令流水线的通用技术。最后以考察 x86 和 ARM 处理器组成的各方面情况来结束本章。

16.1 CPU 组成

为理解 CPU 的组成，让我们考虑对 CPU 的要求，它必须完成以下任务：

- **取指令**：CPU 必须从存储器（寄存器、cache、主存）读取指令。
- **解释指令**：必须对指令进行译码，以确定所要求的动作。
- **取数据**：指令的执行可能要求从存储器或输入 / 输出（I/O）模块读取数据。
- **处理数据**：指令的执行可能要求对数据完成某些算术或逻辑运算。
- **写数据**：执行的结果可能要求写数据到存储器或 I/O 模块。

显然，为了能做这些事情，CPU 需要暂时存储某些数据。CPU 必须记住当前执行的指令的位置，以便知道从何处得到下一条指令。CPU 还需要在指令执行期间暂时保存指令和数据。换句话说，CPU 需要一个小的内部存储器。

图 16.1 是一个简化的 CPU 视图。读者会回忆起，CPU 的主要部件是一个算术逻辑单元（ALU）和一个控制器（CU）。ALU 完成数据的实际计算或处理。控制器控制数据和指令移入移出 CPU，并控制 ALU 的操作。另外，此图还表示了由一组存储位置组成的极小的内部存储器，称为寄存器。图 16.1 还指出了数据传送和逻辑控制的路径，包括一个标记为 "CPU 内部总线" 的组件。需要有这么一个组件以在各寄存器和 ALU 间传送数据，因为 ALU 实际上只对 CPU 内部存储器中的数据进行操作。此图还表示了 ALU 典型的基本组件。请注意在作为一个整体的计算机内部结构与 CPU 内部结构之间的相似性，两种结构中都有一个主要组件的小集合（计算机的是 CPU、I/O、存储器，CPU 的是控制器、ALU、寄存器）通过数据通路连接在一起。

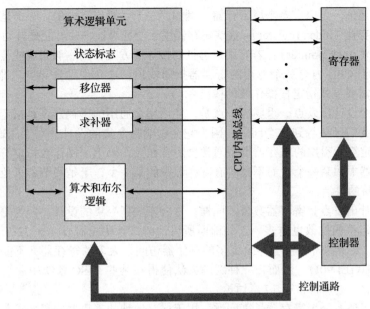

图 16.1 CPU 的内部结构

16.2 寄存器组成

正如第 4 章所述,计算机系统采用了存储器分级系统。存储器所处的分级系统的级别越高,存储器越快、越小,也越昂贵(每位)。CPU 内有一组寄存器,它们的存储器级别在分级系统中位于主存和 cache 之上。CPU 中的寄存器可分为两类:

- **用户可见寄存器**(user-visible register):允许机器语言或汇编语言的编程人员通过优化寄存器的使用而减少对主存的访问。
- **控制和状态寄存器**(control and status register):由控制器来控制 CPU 的操作,并由拥有特权的操作系统程序来控制程序的执行。

这两类寄存器的划分界限并不明确。例如,在某些机器上程序计数器是一个用户可见寄存器(如 x86),但在很多机器上却不是。然而,为了顺利进行下面的讨论,我们将采用上述分类。

16.2.1 用户可见寄存器

用户可见寄存器是指可通过机器语言方式访问的寄存器。这些用户可见寄存器可分为:通用寄存器、数据寄存器、地址寄存器和条件码寄存器。

通用寄存器(general-purpose register)可被程序员指派各种用途。有时,它们在指令集中的使用是正交于操作的,即任何通用寄存器能为任何操作码容纳操作数。这展现了真正通用的意义。然而,常常不是这样的,而是有某些限制。例如,可能有专用于浮点操作和栈操作的通用寄存器。

某些情况下,通用寄存器可用于寻址功能(如寄存器间接寻址、偏移寻址)。在其他情况下,数据寄存器(data register)和地址寄存器(address register)部分或完全不同。**数据寄存器**仅可用于保存数据而不能用于操作数地址的计算。**地址寄存器**可以是自身有某些通用性,或是专用于某种具体的寻址方式。例如:

- **段指针**(segment pointer):在提供分段寻址的机器中(见 9.3 节),段寄存器保存着该段的基地址。可以有多个段寄存器,例如,一个是操作系统的,一个是当前进程的。

- **变址寄存器**(index register):这些寄存器用于变址寻址,并可能是自动变址的。
- **栈指针**(stack pointer):若有用户可见的栈寻址方式,则一般来说栈会被分配在存储器中,而 CPU 内有一个专用的寄存器指向栈顶。这允许隐含寻址,即 push、pop 和其他不需要显式指定栈操作数的栈指令。

这里有几个设计出发点。重要的一点是,使用完全通用的寄存器还是指定各寄存器的用途。在上一章我们已接触到这个问题,因为它会影响指令集的设计。对专用寄存器的使用,一个操作数指定符所引用的寄存器类型通常会隐含在操作码中。操作数指定符必须仅标识这一组专用寄存器中的某一个,而不是所有寄存器中的某一个,于是便节省了位数。但这种规定限制了程序员的灵活性。

另一个设计出发点是寄存器数量。同样,这会影响指令集的设计,因为寄存器越多,需要的操作数指定符的位数也越多。正如前面所讨论的,某些机器有 8 ~ 32 个寄存器是适宜的 [LUND77]。太少的寄存器会导致更多的存储器访问,太多的寄存器又不能显著地减少存储器引用(如 [WILL90])。然而,一种新的方法使得在某些 RISC 系统中展示出了使用几百个寄存器的优点,这些将在第 17 章讨论。

最后,这里还有一个寄存器长度问题。用于保存地址的寄存器明显要求其长度足以容纳最长的地址。数据寄存器应能保存大多数数据类型的值。某些机器允许两个相邻的寄存器作为一个寄存器来保持两倍长度的值。

最后一类寄存器是用于保存**条件码**(condition code,亦称为标志)的寄存器,它们对用户来说至少是部分可见的。CPU 硬件设置这些条件码作为操作的结果。例如,算术运算可能产生一个正的、负的、零或溢出的结果。除结果本身存于寄存器或存储器之外,条件码亦相应被设置。这些条件码可被后面的条件分支指令所测试。

条件码通常被收集到一个或多个寄存器中。通常,它们构成控制寄存器的一部分。机器指令允许这些位以隐含引用的方式读出,但它们不能被程序员更改。

许多处理器,包括那些基于 IA-64 体系结构的处理器和 MIPS 处理器,根本不使用条件码。相反,它们采用测试条件分支指令,这种指令指定一种比较操作,并根据比较的结果产生控制转移动作,不保存条件码。基于 [DERO87] 的表 16.1 列出了条件码的主要优缺点。

表 16.1   条件码

优　点	缺　点
1. 因条件码由常规的算术和数据传送指令设置,故它们能减少对比较和测试类指令的需求	1. 条件码增加了软硬件的复杂性。条件码位被不同的指令以不同的方式频繁修改,使微程序编程人员和编译器编写者的工作更困难
2. 条件指令,例如 BRANCH 这样的条件分支指令要比测试条件分支(TEST AND BRANCH)这样的复合指令简单	2. 条件码不正规,通常它们不是主数据路径的一部分,故要求额外的硬件连接
3. 条件码便于多路分支选择。例如,一条测试指令之后可带两条分支,一条按小于或等于 0 的条件码进行,另一条按大于 0 进行	3. 使用条件码的机器经常需要为诸如位检查、循环控制、原子式信号量操作等这类特殊情况添加专门的非条件码指令
4. 在子程序调用期间,条件码可以与其他寄存器信息一起保存在堆栈中	4. 在流水实现中,条件码要求专门的同步化,以避免冲突

在某些机器中,子程序调用将导致自动保存所有用户可见的寄存器,在返回时自动取回。这些保存和恢复是作为调用和返回指令执行功能的一部分由 CPU 完成的。这就允许各个子程序独立地使用用户可见寄存器。而在其他一些机器上,子程序调用之前保存相关用户可见寄存器的内容是程序员的责任,他们要在程序中为此专门安排一些指令。

16.2.2　控制和状态寄存器

有一类寄存器在 CPU 中起着控制操作的作用。它们中的大多数在大多数机器上是用户不可见的。某些在控制或操作系统模式下执行的机器指令是用户可见的。

当然，不同的机器将有不同的寄存器组织并使用不同的术语。这里，我们列出一个相对完整的寄存器类型列表，并予以简短描述。

对于指令执行，有 4 种寄存器是至关重要的。

- **程序计数器**（PC）：存有待取指令的地址。
- **指令寄存器**（IR）：存有最近取来的指令。
- **存储器地址寄存器**（MAR）：存有存储器位置的地址。
- **存储器缓冲寄存器**（MBR）：存有将被写入存储器的数据字或最近从存储器读出的字。

不是所有的处理器都有专门称为 MAR 和 MBR 的寄存器，不过还是会有某种等价的缓冲机制，其中要被写到系统总线上的数据位，以及从系统总线上读到的数据位，都会被暂时保留或存储起来。

通常，在每次取指令之后，PC 的内容即被 CPU 更改，故它总是指向将被执行的下一条指令。转移或跳步指令也会修改 PC 的内容。取来的指令装入 IR，在那里分析操作码和操作数指定符。与存储器的数据交换使用 MAR 和 MBR。在总线组织的系统中，MAR 直接与地址总线相连，MBR 直接与数据总线相连。然后，用户可见寄存器再与 MBR 交换数据。

刚才提到的 4 个寄存器用于 CPU 和存储器之间的数据传送。在 CPU 内，数据必须提交给 ALU 来处理。ALU 可对 MBR 和用户可见寄存器直接存取。相应地也可在 ALU 的边界上有另外的缓冲寄存器，这些寄存器能作为 ALU 的输入和输出，可与 MBR 和用户可见的寄存器交换数据。

很多 CPU 设计都包括常称为程序状态字（program status word，PSW）的一个或一组寄存器。PSW 一般含有条件码加上其他状态信息。通常 PSW 包括下列字段或标志：

- **符号**（sign）：容纳最后算术运算结果的符号位。
- **零**（zero）：当结果是 0 时被置位。
- **进位**（carry）：若操作导致最高位有向上的进位（加法）或借位（减法）时被置位。用于多字算术运算。
- **等于**（equal）：若逻辑比较的结果相等，则置位。
- **溢出**（overflow）：用于指示算术溢出。
- **中断允许 / 禁止**：用于允许或禁止中断。
- **监管**（supervisor）：指出 CPU 是执行在监管模式中还是在用户模式中。某些特权的指令只能在监管模式中执行，某些存储器区域也只能在监管模式中访问。

一些具体 CPU 设计中可能还会有其他额外的有关状态和控制的寄存器。例如，除了 PSW 之外，可能有一个指向存储器块（例如进程控制块 PCB）的指针寄存器，而此存储块含有附加的状态信息。在使用向量式中断的机器中，可能提供有一个中断向量寄存器。若栈用于实现某些功能（例如子程序调用），则需要有一个系统栈指针。对于虚拟存储器系统，可能会有一个页表指针寄存器。最后，在 I/O 操作控制方面也可能需要有专门的寄存器。

设计控制和状态寄存器组织时有几个因素需要考虑。一个关键的考虑是对操作系统的支持。某些类型的控制信息是专门为操作系统使用的。若 CPU 设计者对将要使用的操作系统有基本的了解，则寄存器的组织可能会在一定程度上为该操作系统定制。

另一个关键的设计考虑是控制信息在寄存器和存储器之间的分配。一种普遍的做法是将存储器最前面（最低地址）的几百或几千个字用于控制目的。设计者必须决定多少控制信息应在寄存器中，多少应在存储器中。这通常要在成本和速度之间进行权衡。

16.2.3　微处理器寄存器组成的例子

考察和比较一些可比系统的寄存器组成是有指导意义的。本节我们考察大约在同一时期设计出的 2 个 16 位微处理器：Motorola MC68000 [STRI79] 和 Intel 8086 [MORS78]。图 16.2a 和图 16.2b 分别给出了上述两种处理器的寄存器组成，像存储器地址寄存器这样的纯内部寄存器未在图中示出。

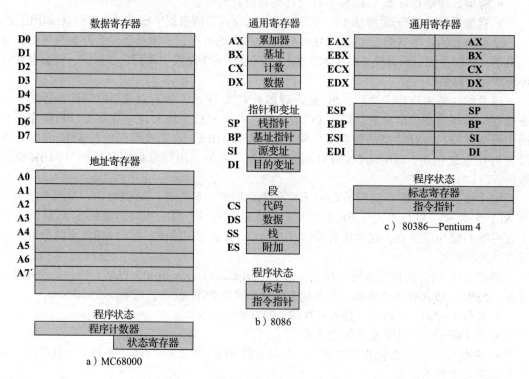

图 16.2　微处理器寄存器组成的例子

MC68000 将它的 32 位寄存器分成 8 个数据寄存器和 9 个地址寄存器。8 个数据寄存器主要用于数据操作，并在寻址方式中用作变址寄存器。寄存器的宽度允许 8 位、16 位或 32 位数据操作，具体取决于操作码。地址寄存器包含 32 位（不分段）地址，其中两个寄存器亦用作栈指针，一个用于操作系统，一个用于用户，这取决于当前的执行模式。这两个寄存器都编号为 7，因为任何时刻只能一个在使用。MC68000 还包括一个 32 位程序计数器和一个 16 位状态寄存器。

Motorola 设计小组也希望有一个很规整的指令集而不带有专门的目的寄存器。对代码效率的考虑使他们将寄存器分成两个功能组件，在每个寄存器指定符上节省了 1 位。这看起来是在完全通用性和代码紧凑性之间的一个合理折中。

Intel 8086 采取另一种不同的方法来组织寄存器，每个寄存器都有专门的用途，虽然某些寄存器也可通用。8086 含有 4 个 16 位数据寄存器，它们亦可按字节（8 位）来使用；还含有 4 个 16 位的指针和变址寄存器。数据寄存器在某些指令中可用作通用寄存器，而在另一些指令中它们是隐含被使用的。例如，乘法指令总是使用累加器。4 个指针寄存器也是在几种操作中隐含被使用，每个用于保存段内位移。8086 还有 4 个段寄存器，其中三个以一种专门的隐含方式来使用，分别指向一个包含当前指令的段（对转移指令特别有用），一个包含数据的段，一个包含栈的段。这些专门的隐含方式的使用，以减少灵活性为代价，提供了编码的紧凑性。8086 还包括一个指令指针寄存器与一组状态和控制标志，其中每个状态和控制标志都是 1 位。

通过这个比较可以看清楚的一点是，到目前为止，关于组织 CPU 寄存器的最好方式还没有一个普遍接受的原则 [TOON81]。正如对整个指令集设计的情况一样，也有众多的 CPU 设计观点，这些都还是有待品评的事情。

关于寄存器组织设计的第二个有指导意义的观点说明如图 16.2c 所示。此图表示了 Intel 80386 [ELAY85] 的用户可见寄存器的组织。80386 是 32 位微处理器，并设计成 8086 的扩展⊖。80386 使用 32 位寄存器。然而，为了向在早先机器上写成的程序提供向上兼容，80386 将原先的寄存器组织嵌入到新组织中。给定这种设计限制，这个 32 位微处理器的寄存器组织设计明显在灵活性上受到制约。

16.3　指令周期

前面 3.2 节已描述过 CPU 的指令周期（参见图 3.9）。指令周期包括如下子周期：
- **取指**（fetch）：将下一条指令由存储器读入 CPU。
- **执行**（execute）：解释操作码并完成指定的操作。
- **中断**（interrupt）：若中断是允许的并且有中断发生，则保存当前进程的状态并为此中断服务。

现在我们来详细描述指令周期。首先，必须引入一个另外的子周期，称为间接周期（indirect cycle）。

16.3.1　间接周期

在第 14 章我们已看到，指令的执行可能涉及一个或多个存储器中的操作数，它们每个都要求一次存储器访问。而且，若使用间接寻址，则还需要额外的存储器访问。

可把间接地址的读取看成一个额外的指令子周期，其过程显示于图 16.3。动作的主线由交替取指令和指令执行动作组成。取来一条指令之后，要对它进行检查以确定是否需要间接寻址。如果是，则所要求的操作数使用间接寻址方式取来。在执行之后，可能有一个中断在取下一条指令之前被处理。

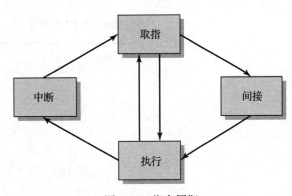

图 16.3　指令周期

观察此过程的另一种方式如图 16.4 所示，它是图 3.12 的改进版。它更准确地说明了指令周期的实质。一旦取来一条指令，它的操作数指定符必须被识别。然后读取存储器中的每个操作数，这个过程可能要求间接寻址。寄存器操作数不需要从存储器读取。一旦操作码被

⊖　因为 MC68000 已经使用 32 位寄存器，所以 MC68020 [MACD85] 是一个完整的 32 位架构，使用相同的寄存器结构。

执行，可能需要一个类似的过程将结果存入主存。

16.3.2　数据流

指令周期期间，所发生事件的实际序列取决于CPU的具体设计。不过我们还是可以从一般意义上列出哪些事件是应该要发生的。假定一个CPU有一个存储器地址寄存器（MAR）、一个存储器缓冲寄存器（MBR）、一个程序计数器（PC）和一个指令寄存器（IR）。

在取指周期，一条指令由存储器读入，图16.5显示了此期间的数据流动。开始时，PC存有待取的下一条指令的地址。这个地址被传送到MAR并放到地址总线上。控制器发出一个存储器读的请求，存储器把结果放到数据总线上，CPU将其复制到MBR，然后传送到IR。在此期间，PC增1，为下次取指令做好准备。

一旦经历过取指周期，控制器会检查IR的内容，以确定是否有一个使用间接寻址的操作数指定符。若有，则进入间接周期，如图16.6所示，这是一个简单周期。MBR最右边的N位是一个地址引用，被传送到MAR。然后，控制器请求一个存储器读，得到所要求的操作数地址，并送入MBR。

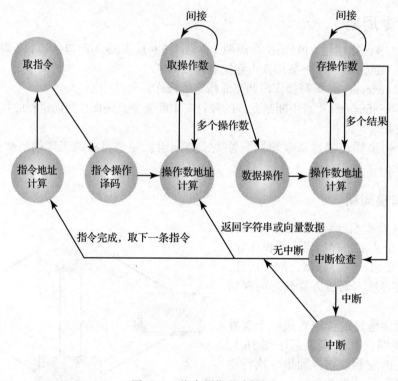

图16.4　指令周期状态图

取指和间接周期是简单且可预期的。执行周期则有多种表现形式，具体是哪种形式取决于各种不同的指令里哪一条当前在IR中。这个周期可能涉及寄存器间的数据传送，对存储器或I/O设备的读或写，以及ALU的功能使用。

与取指和间接周期一样，中断周期是简单并可预期的（见图16.7）。PC的当前内容必须被保存，以便在中断之后CPU能恢复先前的动作。于是，PC的内容传送到MBR，将被写入存储器。为此目的，一个专门的存储器位置被控制器装入MAR。它可能是一个栈指针。随后，中断子程序的地址装入PC。结果是，下一指令周期将从取此相应的指令开始。

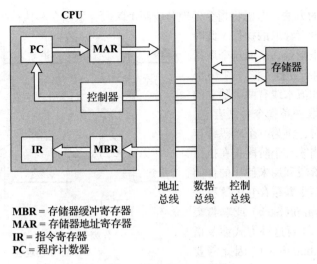

MBR = 存储器缓冲寄存器
MAR = 存储器地址寄存器
IR = 指令寄存器
PC = 程序计数器

图 16.5　数据流与取指周期

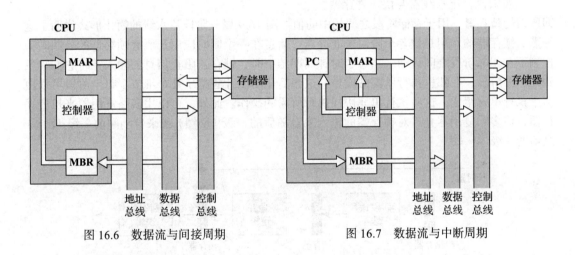

图 16.6　数据流与间接周期　　　　　　　图 16.7　数据流与中断周期

16.4　指令流水线技术

随着计算机系统的发展，特别是集成电路工艺的改进，例如电路速度越来越快，我们可以实现的性能也越来越高。另外，CPU 组织的改进也能改善性能。我们已经看到过这样的例子，如使用多个寄存器而不是单一的累加器，又如使用高速缓存（cache）等。另外一种使用非常普遍的组织方法是指令流水线技术。

16.4.1　流水线策略

指令流水线类似于工厂中装配线的使用。装配线利用了这样一个事实，即一个产品要经过几个制作步骤。通过把制作过程安排在一条装配线上，多个产品能在各个阶段同时被加工。这种过程称为流水处理（pipelining），因为在一条流水线上，当先前接收的输入已成为加工的结果出现在另一端时，新的输入又在一端被接收进来。

将这种概念施加到指令的执行上，我们必须认识到，事实上一条指令的执行也是分成几个步骤的。图 16.4 就是一个例子，它将指令周期分成 10 个顺序的任务。很清楚，这里应有实施流水线技术的某种机会。

作为一种简化的方法，考虑将指令处理分成两个阶段：取指令和执行指令。在一条指令执行期间，主存可能没有存取的操作。此时主存能用于取下一条指令，从而这个取指操作与当前指令的执行并行工作。图 16.8a 描述了这种方法。此流水线有两个独立的阶段。第一个阶段取一条指令并缓存它，当第二个阶段空闲时，将第一个阶段缓存的指令输送给它。当第二个阶段正在执行此指令时，第一个阶段利用未使用的存储器周期读取下一条指令并缓存它。这称为指令预取（instruction prefetch）或取指交叠（fetch overlap）。注意这种方式涉及指令缓存（instruction buffering），因此需要更多的寄存器。

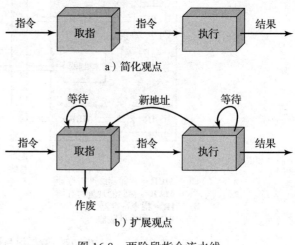

图 16.8   两阶段指令流水线

一般来说，流水线需要快速寄存器，即所谓的锁存器，用于存储阶段之间的中间值。图 16.9 以三阶段流水线的简化形式说明了这一点。锁存器的作用是使各个阶段彼此分离。信息在一个同时应用于所有锁存器的公共时钟控制下在相邻阶段之间流动。当每个时钟周期结束时，锁存器阻止信息的输入并将它们转发到下一个阶段，在那里执行所需的操作。这张简化的图片省略了几个细节。每个阶段可以由多个执行单元组成，这些执行单元协同执行所需的操作。此外，可以用多路复用器来扩展锁存器，该多路复用器允许对锁存器的输入来自随后的一级（反馈）或来自刚刚前一级（前馈）之前的一级。

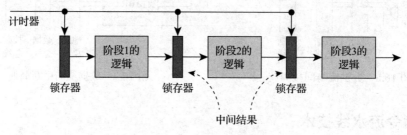

图 16.9   简单流水线架构

显然这种处理将加快指令的执行。若取指和执行这两个阶段的时间相等，则指令周期时间将是原来的一半。然而，若我们更仔细地查看这个流水线（见图 16.8b），将会看到实现这种执行速度的翻倍是不太可能的，理由有二：

1. 执行时间一般要长于取指时间。执行将涉及读取和保存操作数以及完成某些操作。于是，取指阶段可能必须等待一定的时间才能排空它的缓冲器。

2. 条件分支指令使得待取的一条指令的地址是未知的。于是，取指阶段必须等待，直到它能由执行阶段得到下一条指令地址。而在取下一条指令时执行阶段又可能必须等待。

由第二种情况造成的时间损失可通过推测来减少。一个简单的规则如下：当一条条件分支指令由取指阶段传送到执行阶段时，取指阶段读取存储器中此分支指令之后的指令。于是，若转移未发生，则没有时间损失；若转移发生，则已读取的指令要作废，并读取新的指令。

虽然这些因素降低了两阶段流水线的潜在效率，但还是带来了某种加速。为获得进一步的加速，流水线必须有更多的阶段。让我们考虑指令处理的如下分解。

- **取指令**（FI）：读下一条预期的指令到缓冲器。
- **译码指令**（DI）：确定操作码和操作数指定符。
- **计算操作数**（CO）：计算每个源操作数的有效地址，这可能涉及偏移寻址、寄存器间接寻址、间接寻址或其他形式的地址计算。
- **取操作数**（FO）：从存储器取出每个操作数。寄存器中的操作数不需要取。
- **执行指令**（EI）：完成指定的操作。若有指定的目的操作数位置，则将结果写入此位置。
- **写操作数**（WO）：将结果存入存储器。

按照这种分解，各个阶段所需要的时间几乎是相等的。为便于说明，假定是相等的时间。图 16.10 则表示了一个这样的 6 阶段流水线，它能将 9 条指令的执行时间由 54 个时间单位减少到 14 个时间单位。

时间 →

	1	2	3	4	5	6	7	8	9	10	11	12	13	14
指令1	FI	DI	CO	FO	EI	WO								
指令2		FI	DI	CO	FO	EI	WO							
指令3			FI	DI	CO	FO	EI	WO						
指令4				FI	DI	CO	FO	EI	WO					
指令5					FI	DI	CO	FO	EI	WO				
指令6						FI	DI	CO	FO	EI	WO			
指令7							FI	DI	CO	FO	EI	WO		
指令8								FI	DI	CO	FO	EI	WO	
指令9									FI	DI	CO	FO	EI	WO

图 16.10　指令流水线操作时序图

以下是几点说明：此图假设每条指令都通过流水线的 6 个阶段，但并不总是这种情况。例如，一条装载指令就不需要 WO 阶段。然而，为简化流水线硬件设计，就假定每条指令都需要这 6 个阶段。还有，此图是假定所有阶段都能并行完成，具体地说，是假定没有存储器冲突。例如，FI、FO 和 WO 都涉及存储器访问，此图暗示它们是能同时进行的。大多数存储器系统不准许这样，然而可能所要求的值在高速缓存（cache）中，或者 FO 或 WO 阶段是个空操作。于是，多数情况下，这种存储器冲突并不会减慢流水处理速度。

有几个因素限制了性能提升。若 6 个阶段不全是相等的时间，则正如我们在前面讨论的两阶段流水线那样，会在各个流水阶段涉及某种等待。另一个难点是条件转移指令，它能使若干指令的读取变为无效。一件不可预料的事件是中断。图 16.11 说明了条件转移的影响，其中使用与图 16.10 同样的程序。假定，指令 3 是一个可能转到指令 15 的条件转移指令。直到指令执行之前，没办法知道下一条指令到底是哪条指令。此例中，流水线只是简单地按顺序装入下一条指令（指令 4）并继续执行。图 16.10 表示转移未发生，我们得到了全面的性能提升。图 16.11 表示的是转移发生的情况，但这直到时间单位 7 结束时才能确定。此时流水线必须清除那些已取来的无用指令。这样，在时间单位 8，指令 15 进入流水线。在时间单位 9～12 期间没有指令完成，这是由于我们不能预测转移是否发生所导致的性能下降。图 16.12 指出流水线处理分支和中断所需考虑的逻辑。

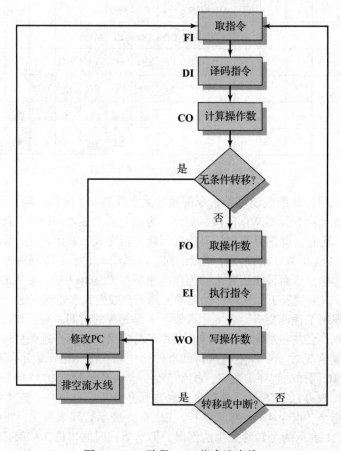

图 16.11　条件转移对指令流水线操作的影响

图 16.12　6 阶段 CPU 指令流水线

　　还有一些问题，它们不出现在简单的两阶段流水线中。CO 阶段可能需要某个寄存器的内容，而此值可能被仍在流水线中的先前指令所修改。其他的寄存器和存储器冲突也可能出现。系统必须考虑处理这类冲突的逻辑。

　　为清晰起见，换一种方式来查看流水线操作将是有益的。图 16.10 和图 16.11 是水平方向表示时间，每行表示一条指令的执行。新给出的图 16.13 是垂直向下表示时间，而每一行表示的是给定时间点的流水线状态。在图 16.13a（对应于图 16.10）中，时间 6 的流水线已满，有 6 条不同的指令正在流水线各阶段进行，并一直保持满负荷运行，直到时间 9；假定 I9 是最后一条待执行指令。在图 16.13b（对应于图 16.11）中，时间 6 和 7 时流水线是满的。在时间 7，一条转移指令 I3 正处于执行阶段，它将引发转移到指令 I15。此时，指令 I4～I7 都要由流水线中被清除出去，于是，时间 8 时只有 I3 和 I15 两条指令在流水线中。

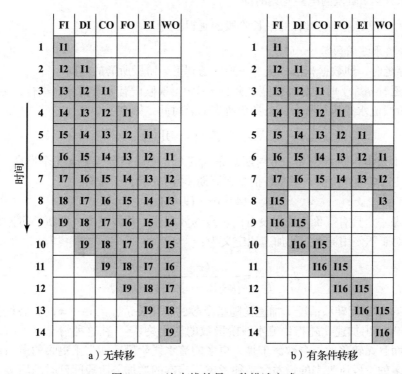

图 16.13　流水线的另一种描述方式

　　从前面的讨论来看，我们可能会认为流水线中阶段数目越多，执行速度越快。但 IBM S/360 的设计者指出，有两个因素将使这种看似简单的高性能设计失败 [ANDE67a]，而且这些观点至今仍是有效的。

　　1. 在流水线的每一个阶段，都会有某些开销涉及数据在缓冲器间的传送，以及涉及完成各种准备和递交功能。这些开销能明显地使单一指令的总执行时间变长。当顺序指令之间发生逻辑依赖（这种逻辑依赖或是因为大量使用了分支指令，或是因为存储器访问的相关性）时，这个问题就变得特别严重。

　　2. 优化流水线的使用和处理存储器及寄存器相关性所需的控制逻辑总量，会随着流水线阶段数的增长而急剧增长。这将导致这样一种情形，阶段之间的门控逻辑比这些阶段本身的逻辑还要复杂。

　　另一个要考虑的因素是锁存延迟（latching delay），即流水线阶段之间的缓冲需要一定时间来完成其操作，而这会增加指令周期的时间。

指令流水线是一种提高性能的强有力技术，但需要精心设计，以合理的复杂性达到最优的效果。

16.4.2 流水线性能

下面我们对流水线性能和相对加速予以简单度量（基于 [HWAN93] 中的讨论）。指令流水线的**周期时间** τ，是在流水线中将一组指令推进一个阶段所需的时间，图 16.10 和图 16.11 中的每一列都代表一个周期时间，周期时间能表示成：

$$\tau = \max[\tau_i] + d = \tau_m + d \qquad 1 \leqslant i \leqslant k$$

这里：

τ_i = 流水线第 i 阶段的电路延迟时间

τ_m = 最大阶段延迟（通过耗时最长阶段的延迟）

k = 指令流水线阶段数

d = 锁存延时，即数据和信号从上一阶段送到下一阶段所需的时间

通常，延时 d 等于时钟脉冲的宽度并且 $\tau_m \geqslant d$。现假设有 n 条指令在进行，无转移发生。令 $T_{k,n}$ 为 k 阶段流水线执行所有 n 条指令所需的总时间，则有：

$$T_{k,n} = [k + (n-1)]\tau \qquad\qquad\qquad (16.1)$$

完成第 1 条指令执行需要 k 个周期，完成其余 $n-1$ 条指令需要 $n-1$ 个周期。[⊖]这个等式很容易由图 16.10 得到验证，第 9 条指令在周期 14 时完成，于是有：

$$14 = [6 + (9-1)]$$

现在考虑一个具有等价功能但没有流水线的处理器，并假设指令周期时间为 $k\tau$。使用指令流水线相对于不使用流水线的加速比定义为：

$$S_k = \frac{T_{1,n}}{T_{k,n}} = \frac{nk\tau}{[k + (n-1)]\tau} = \frac{nk}{k + (n-1)} \qquad\qquad (16.2)$$

图 16.14a 给出无转移情况下加速比随指令数的变化关系，当 n→∞ 时，我们获得 k 倍加速。图 16.14b 给出加速比随指令流水线阶段数的变化关系[⊖]。在这种情况下，加速比能接近进入流水线而且无转移的指令数。于是，更多的流水线阶段数能带来更大的潜在加速比。然而，增加更多的阶段所带来的增益，必须考虑到成本的增加、阶段间延时的增多，以及遇到转移指令而要求清空流水线的这些事实。

16.4.3 流水线冒险

在前一小节，我们提到某些情况会导致流水线不能达到理想加速比。在本小节中，我们将更加系统地考察这个问题。第 18 章在介绍超标量流水线组织中的复杂性后，也将更细致地回顾这个问题。

流水线冒险（pipeline hazard）发生在流水线或流水线的某个部分，因为某些条件不允许流水线继续运行，而必须停顿的时候。这样的流水线停顿也通常被称为流水线空泡（pipeline bubble）。有 3 种类型的流水线冒险：资源冒险、数据冒险和控制冒险。

⊖ 这里有点草率。当所有阶段都满时，周期时间将仅等于 t 的最大值。在开始时，前一个或几个周期的周期时间可能较短。

⊖ 注意，图 16.14a 的 x 轴是对数标度，图 16.14b 的 x 轴是线性标度。

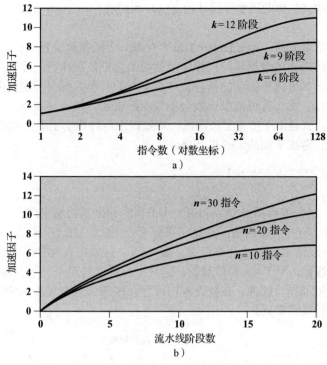

图 16.14 指令流水的加速因子

资源冒险 资源冒险（resource hazard）发生在两条（或多条）已进入流水线的指令需要使用相同资源的时候。结果就是在流水线某个部分，这些指令必须串行执行，而不是并行执行。资源冒险在有些时候也称为结构冒险（structural hazard）。

让我们考察一个简单的资源冒险例子。假设有一个简单的 5 阶段流水线，其中每个阶段的执行时间是一个时钟周期。图 16.15a 显示了理想的运行情况，其中每个时钟周期都有一条新指令进入流水线。现在假设主存只有一个端口，所有的指令读取以及数据装载和保存一次都只能有一个单独操作。另外，假设没有高速缓存。在这种情况下，从内存装载一个操作数，或向内存保存一个操作数，与从内存读取指令是不能同时进行的。图 16.15b 显示了这种情况的例子，其中假设指令 I1 的源操作数在内存中而不是在寄存器中。这样，流水线的取指阶段在进行指令 I3 的读取之前，必须空闲一个时钟周期。图中假设其他操作数都在寄存器中。

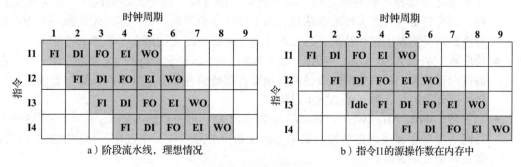

图 16.15 资源冒险的例子

另一个资源冲突的例子是当多条指令可以进入执行阶段，但只有一个算术逻辑单元的时候。资源冒险的一种解决办法是增加可用的资源，例如提供访问主存的多个端口，以及提供多个算术逻辑单元。

一种分析资源冲突、辅助流水线设计的方法是预约表（reservation table）。我们会在附录 I 中考察预约表。

数据冒险 数据冒险（data hazard）发生在对一个操作数位置的访问出现冲突的时候。通常可以用如下形式来描述数据冒险：程序中的两条指令依次执行，并且都将访问同一个内存或寄存器操作数。如果两条指令的执行是严格串行的，那么没有问题。但是，如果这两条指令在流水线中运行，那么有可能操作数会不按次序更新，从而导致与严格串行执行不一样的结果。换句话说，就是由于使用了流水线，导致程序运行产生了不正确的结果。

作为一个例子，考虑下面的 x86 机器指令序列：

```
ADD EAX, EBX /*EAX = EAX + EBX
SUB ECX, EAX /*ECX = ECX - EAX
```

第一条指令把 32 位寄存器 EAX 和 EBX 中的内容相加，把结果保存回 EAX 寄存器。第二条指令从 ECX 中减去 EAX 的值，并把结果保存回 ECX。图 16.16 显示了流水线的行为。ADD 指令在第 5 阶段结束之前才会更新寄存器 EAX，这发生在时钟周期 5。但是 SUB 指令在它执行的第 2 阶段就需要 EAX 的最新值，这发生在时钟周期 4。要保证正确的操作，流水线必须停顿 2 个时钟周期。这样，在缺乏专门硬件和特殊的规避算法条件下，这一数据冒险会导致流水线的运行效率降低。

时钟周期

	1	2	3	4	5	6	7	8	9	10
ADD EAX, EBX	FI	DI	FO	EI	WO					
SUB ECX, EAX		FI	DI	空闲		EO	EI	WO		
I3			FI			DI	FO	EI	WO	
I4						FI	DI	FO	EI	WO

图 16.16 数据冒险的例子

有 3 种类型的数据冒险：

- **写后读**（Read After Write，RAW）或**真相关**（true dependency）：一条指令改写一个寄存器或内存位置，而后续的指令从所改写的寄存器或内存位置读取数据。如果在写操作完成之前读操作就开始进行，那么就会发生冒险。这种类型的危险被称为真实依赖，因为它是一种真实的数据依赖，而不仅仅是由于缺少寄存器。无论第一条指令是否停止都可能发生这种情况，并且不能通过重新分配或重命名寄存器来避免。
- **读后写**（Write After Read，WAR）或**反依赖**（anti dependency）：一条指令读一个寄存器或内存位置，而后续的指令将改写该寄存器或内存位置。如果在读操作完成之前写操作就开始进行，那么就会发生冒险。
- **写后写**（Write After Write，WAW）或**输出相关**（output dependency）：两条指令要改写同一个寄存器或内存位置。如果这两条指令的写操作发生次序与期望的次序相反，那么就会发生冒险。

图 16.16 显示了一个 RAW 型的冒险。另外两种类型的冒险在第 18 章有细致深入的讨论。

控制冒险 控制冒险（control hazard），又称为分支冒险（branch hazard），发生在流水线对分支转移做出了错误的预测，因此读取了在后期必须取消的指令之时。我们接下来讨论处理控制冒险的各种办法。

16.4.4　处理分支指令

设计指令流水线的一个主要问题是，如何保证一个稳定的指令流进入流水线的最初几个阶段。正如我们已看到的，主要的障碍是条件分支指令。这种指令的特点是，直到指令实际被执行之前，不可能确定转移是否发生。

已有几种方法用于处理条件分支指令：

- 多个指令流（multiple streams）
- 预取分支目标（prefetch branch target）
- 循环缓冲器（loop buffer）
- 分支预测（branch prediction）
- 延迟分支（delayed branch）

多个指令流　　一个简单的流水线之所以蒙受分支指令带来的惩罚，在于它必须在取下一条指令时做出二选一的选择，而且其选择可能是错的。一个强制的方法是复制流水线的开始部分，并允许流水线同时取这两条指令，使用两个指令流。这种方法有两个问题：

- 使用多个流水线，会有对寄存器和存储器访问的竞争延迟。
- 在原先的分支判断还没解决之前，可能又有另外的分支指令进入流水线（不管哪一路）。这样又需要添加指令流。

尽管有这些缺点，这个策略也能改善性能。使用两条或多条指令流水线的例子是 IBM370/168 和 IBM 3033 机。

预取分支目标　　识别出一个条件分支指令时，除了取此分支指令之后的指令外，分支目标处的指令也被取来。这个目标会保存直到分支指令被执行。若是分支发生，则目标已经被预取来了。

IBM 360/91 使用这种方法。

循环缓冲器　　循环缓冲器是由流水线取指阶段维护的一个小但极高速的存储器，含有 n 条最近顺序取来的指令。若一个转移将要发生，硬件首先检查转移目标是否在此缓冲器中。若是，则下一条指令由此缓冲器取得。循环缓冲器有三个好处：

1. 采用指令预取，循环缓冲器将含有某些地址在当前指令地址之前的指令。于是，顺序取来的指令都可能被使用而不再需要通常的存储器访问时间。

2. 若一个转移的目标恰恰是在此转移指令之前的少数几个位置上，则目标已在缓冲器中。这对于相当普遍的 IF-THEN 和 IF-THEN-ELSE 序列特别有用。

3. 这一策略非常适合处理循环或迭代，因此命名为循环缓冲器。若循环缓冲器充分大，足以容纳循环的全部指令，则这些指令只需要第一次循环时由存储器取来，后面的循环不需要再取指令。对于后续的迭代，所有需要的指令都已经在缓冲区中。

从原理上讲，循环缓冲器类似于指令高速缓存。不同在于，循环缓冲器只保留顺序的指令，因而容量较小，成本也较低。

图 16.17 给出一个循环缓冲器的例子。若此缓冲器容纳 256 字节，并且使用字节寻址，则转移地址的低 8 位可用于对缓冲器的索引，而其余的高有效位被检查，以确定转移目标是否已在此缓冲器所捕获的上下文中。

使用循环缓冲器的机器包括 CDC 的某些机器（Star-100、6600、7600）和 CRAY-1。Motorola 68010 使用了一种特殊形式的循环缓

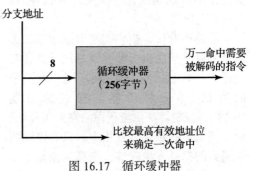

图 16.17　循环缓冲器

冲器，用于执行涉及用于比较以确定命中 DBcc（递减并且条件转移）指令的 3 指令循环（见习题 16.14）。此时维持着一个 3 字缓冲器，处理器重复执行这些指令直到满足循环结束条件。

分支预测 已有几种不同技术用于预测转移是否发生。其中应用最普遍的是：

- 预测绝不发生（predict never taken）
- 预测总是发生（predict always taken）
- 依操作码预测（predict by opcode）
- 发生 / 不发生切换（taken/ not taken switch）
- 转移历史表（branch history table）

前三种方法是静态的，它们不取决于条件转移指令的过去执行历史。后两种方法是动态的，它们取决于执行的历史。

前两种方法最简单，它们或者总是假定转移不发生而继续顺序取指令，或者总是假定转移发生而从转移目标处取指令。其中预测绝不发生转移是所有分支预测方法中最广泛使用的方法。

分析程序行为的研究已说明，条件分支的转移发生概率高于 50% [LILJ88]。于是，若由每条路径预取的代价都是相同的，那么总是由转移目标地址的预取，应当比总是由顺序路径预取能得到更好的性能。然而，在一个分页的机器中，由转移目标的预取要比顺序预取下一条指令更可能引起缺页，故必须考虑这种性能的损害。可使用一种规避机制来减少这种损失。

最后一种静态方法是依据转移指令的操作码进行判定。处理器假定，对某些条件分支指令的操作码将总是发生转移，对另外的总是不发生转移。[LILJ88] 报告这种策略的成功概率大于 75%。

动态分支预测策略试图通过记录条件分支指令在程序中的历史来改善预测的准确度。例如，每个条件分支指令可有与之相关联的一位或几位，它们反映此指令的最近历史。这些位称为发生 / 不发生开关，它们指挥处理器在下次遇到此指令时产生具体的判定。一般来说，这些位不是保存在主存中，而是保存在一个临时的高速存储设备中。一种可能是把这些位与对应的已在 cache 中的条件分支指令相关联，当这种指令由 cache 替换出时其历史位也相应丢失。另一种可能是维护一个小型表，其中每个表项有最近执行的转移指令及一位或几位相关位。处理器能像对待 cache 一样访问这种关联表，或者通过使用分支指令地址的低序位来访问表。

单个位所能记录的只是这条指令最后一次执行是否发生转移。这种单个位方法的不足，出现在条件分支指令几乎总是发生转移的情况下，比如一个循环指令。对于一个历史位，预测错误在循环指令的每次使用中出现两次，一次是进入循环时，一次是退出循环时。

若使用两位，则它们能用来记录相关指令的最后两次执行情况或是记录某种其他样式的状态。图 16.18 展示了一种典型的方法（另一种可能的样式见习题 16.13）。假定算法由流程图的左上角开始。对一条给定的条件分支指令，只要连续两次遇到的都是发生转移，则算法预测下一

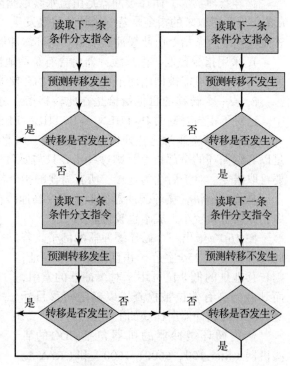

图 16.18 分支预测流程图

次要发生转移。如果一次预测失误，算法继续预测下一次将发生转移。仅当连续两次都不发生转移，算法才走到流程图的右边部分。接下来预测转移不发生，直到连续两次发生转移。于是，算法是连续两次失误才更改预测判定。

判定过程用有限状态机法能表示得更紧凑，如图 16.19 所示。有限状态机表示法为正式文献普遍采用。

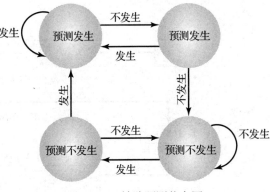

图 16.19　转移预测状态图

使用刚才描述的历史位方法有一个缺点：若判定转移发生，转移目标指令并不能马上取得，直到作为条件分支指令操作数的目标地址被解析后才能取到。若判定一经做出，就能立刻开始取指令，可实现更高的效率。为此，必须保存更多的信息于一种称为分支目标缓冲器（branch target buffer）或分支历史表（branch history table）的结构中。

转移历史表是一个与流水线取指阶段相关联的小型高速缓冲存储器。每个表项由三个元素组成：分支指令的地址，记录这条指令转移状况的历史位，有关它的目标指令的信息。在大多数建议和实现中，表项第三个字段保存的是目标指令的地址。另一种可能是直接保存目标指令。这里的权衡考虑很清楚：保存目标地址可使表的规模较小，但与保存目标指令相比却要花费较多的取指令时间 [RECH98]。

图 16.20 将这种策略与预测绝不发生策略做了对照。对后一种策略，取指阶段总是从顺序的下一地址取指令。若一个转移发生，处理器中的某种逻辑检测到这个事件发生并且指挥从目标地址处取下一指令（另外还要清空流水线）。转移历史表作为高速缓存对待，每次预取触发一次转移历史表中的查找。若未发现匹配，则下一顺序地址用于取指。若发现匹配，依据指令状态进行预测；或是下一顺序地址，或是转移目标地址，将被送给选择逻辑。

当分支指令执行时，执行阶段将其结果通知给转移历史表的控制逻辑。指令状态被修改以反映正确或不正确的预测。若预测不正确，则选择逻辑重定向到正确的地址以便下次取指。当碰到的一个条件分支指令不在表中时，它会被添加到表中，而一个现有的项会被删除。这里会使用第 5 章讨论过的某种 cache 替换。

转移历史方法的一个改进版本是称为两级（two-level）或基于关联（correlation-based）的转移历史方法 [YEH91]。这种方法基于如下假设：在循环结束处的分支，一个特定分支指令的过去历史将是其未来行为的很好预测器。对于更为复杂的控制流结构，分支的方向经常与相关的分支指令方向有关。一个例子是 if-then-else 或 case 结构。可能采取的策略很多。一种典型的做法是，联合使用全局转移历史（即最近执行的分支指令的历史，而不仅仅是当前执行的分支指令历史）与当前分支指令的历史。通常的结构定义为一个（m, n）关联预测器。该预测器使用最近 m 个分支指令的行为，从 2^n 个 n 位分支预测器中选择一个，作为当前分支指令的预测器。换句话说，对于一个给定的分支指令，最近 m 条分支指令可能发生的每个组合都保留了一个 n 位历史记录。

延迟分支　　改进流水性能的另一种可能方法是自动重排程序中的指令，这样可以把一条分支指令移到实际所期望的位置之后。这种方法将在第 17 章讨论。

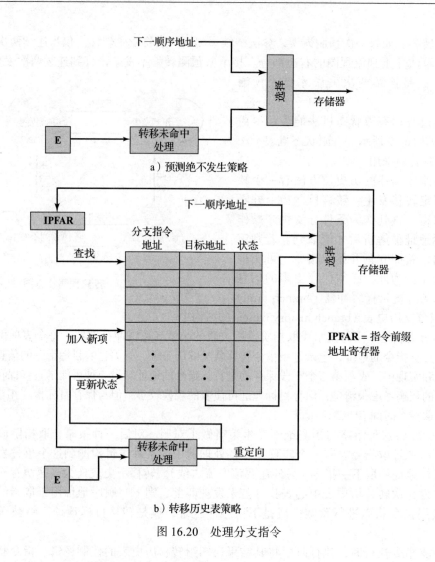

a）预测绝不发生策略

b）转移历史表策略

IPFAR = 指令前缀
地址寄存器

图 16.20   处理分支指令

16.4.5   Intel 80486 的流水线

一个有指导意义的指令流水线例子是 Intel 80486 处理器的指令流水线。80486 处理器实现了一个 5 阶段流水线：

- **取指**（fetch）：指令由 cache 或外部存储器取来，并被放入两个 16 字节预取缓冲器中的一个。取指阶段的目标是，只要旧的数据被指令译码器用掉，立即以新数据填充预取缓冲器。因为指令是可变长的（不计前缀，1 至 11 字节），故预取器的状态相对于流水线的其他阶段，不同的指令不同的。平均而言，每个 16 字节的缓冲器大约装入 5 条指令 [CRAW90]。取指阶段的操作独立于其他阶段以保持预取缓冲器的满载。
- **译码阶段 1**（decode stage 1，D1）：所有的操作码和寻址方式信息在 D1 阶段被译码，所要求的信息以及指令长度信息最多也只占据指令的前 3 个字节，于是，3 字节由预取缓冲器传送到 D1 阶段，D1 译码器则能指挥 D2 阶段计算其余的信息（偏移量和立即数），这些是 D1 译码所不涉及的。
- **译码阶段 2**（decode stage 2，D2）：D2 阶段将每个操作码扩展成对 ALU 的控制信号。它还控制更复杂寻址方式的计算。
- **执行**（execute，EX）：这一阶段包括 ALU 运算、高速缓存（cache）访问和寄存器修改。

● **写回**（write back，WB）：如果需要写回，这一阶段更改寄存器和在前面执行阶段修改过的状态标志。若当前指令要更改存储器，则计算结果值同时被送到高速缓存和总线接口的写缓冲中。

通过采用两个译码阶段，该流水线能支持大约每时钟周期一条指令的吞吐率。复杂指令和条件分支指令会降低这个吞吐率。

图 16.21 显示了此流水线操作的例子。图 16.21a 表示，当要求存储器访问时，并没有延时引入到流水线中。然而，正如图 16.21b 表示的那样，对于一个用于计算存储器地址的值可能引入延时。也就是说，若一个值由存储器装入寄存器，而那个寄存器又要用作下一条指令的基址寄存器，则处理器要停顿一个时钟周期。在此例中，第一条指令的 EX 阶段处理器访问高速缓存，然后在 WB 阶段将所取得的值存入寄存器。然而，下一条指令在它的 D2 阶段就需要这个寄存器的值。当它的 D2 阶段与前一指令的 WB 阶段对齐时，一个旁路信号通路允许 D2 阶段去访问正被 WB 阶段所使用的同一数据，这样节省了一个流水阶段的时间。

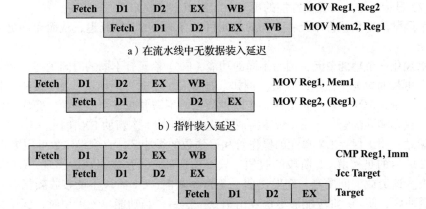

a）在流水线中无数据装入延迟

b）指针装入延迟

c）分支指令时序

图 16.21 80486 的指令流水线示例

图 16.21c 说明了一条分支指令的时序。假定转移发生，比较指令在其 WB 阶段更新条件码，一个旁路信号通路允许分支指令的 EX 阶段能同时使用这些新条件码。在分支指令的 EX 阶段，处理器并行地运行一个推测性的取指周期来读取转移目标指令。若处理器确认转移条件不成立，它将作废这个预取来的转移目标指令，并继续执行下一条顺序指令（已被另一路预取缓冲器预先取来，并被译码）。

16.5 用于流水线的处理器结构

本节介绍对简单流水线的一些改进，这些改进可用于提高性能。考虑一个五阶段的流水线。

● **指令读取**（IF）：从缓存中加载指令。
● **指令解码**（ID）：确定操作码和操作数说明符。
● **取操作数**（OF）：读取并缓冲任何寄存器操作数。
● **执行**（EX）：执行指定的操作。用于内存装载或存储，这涉及通过缓存访问内存。
● **写回**（WB）：将指令结果写回到目标寄存器。

图 16.22a 显示了这个流水线的一个简单组织。两个矛盾问题很明显。WB 和 OF 阶段都

需要访问寄存器文件，IF 和 EX 阶段都需要访问缓存。图 16.22b 显示了为减轻这些冲突对该组织所做的修改。增加注册器端口和总线的数量可以同时进行读和写。将 L1 缓存分离为 I-cache 和 D-cache，消除了 IF 和 EX 阶段之间的冲突。

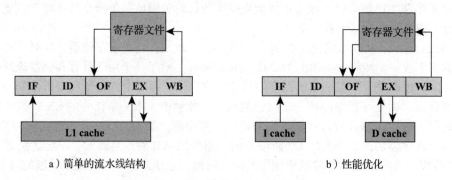

a）简单的流水线结构　　　　　　　　　　b）性能优化

图 16.22　流水线组织的方法

图 16.23 显示了进一步提高性能的更复杂的组织。修改如下：

- **每个函数的专用执行单元**：不同的单元可以有不同的时间延迟，从而允许更灵活的流水线。
- **流水线化一个功能单元**：因为不同的功能（EX）单元有不同的时间延迟，所以可以在一个更长的单元中流水线执行。例如，与只有一个时钟周期进行加/减和控制传输相比，一个整数相乘单位可能用多个时钟周期。不需要在整个相乘操作完成之前暂停管道，只要相乘的第一个 EX 阶段完成，就可以开始一个新的 EX 阶段。
- **保留站**：用于保存 EX 单元的操作符和操作数的缓冲区，直到操作数可用为止。

保留站的目的是缓解 OF 阶段的瓶颈。只要功能部件可用并且风险出现，OF 就可以发出指令解决。这造成的问题是，在发出前一个指令之前，OF 阶段不能接收新指令。保留站提供一个缓冲区，使 OF 阶段能够尽快发出指令。然后，当功能单元可用时，保留站将每条指令发送到其功能单元。

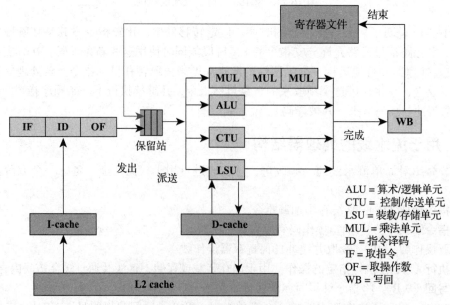

ALU = 算术/逻辑单元
CTU = 控制/传送单元
LSU = 装载/存储单元
MUL = 乘法单元
ID = 指令译码
IF = 取指令
OF = 取操作数
WB = 写回

图 16.23　改善的流水线结构

图 16.24 显示了每个指令最多有两个操作数的机器的保留站的典型内容。每个插槽（在图中垂直显示）保存一个指令的信息，该指令由一个或多个标签 / 值对和一个 OP 字段组成。OP 字段是一个功能单元的指令操作命令。如果对应的 Value 字段包含一个操作数，则 Tag 字段表示"有效"。否则，Tag 字段表明所需操作数的标识，例如通过使用一个寄存器号。如果想要的操作数可用，它将从寄存器复制到 Value 字段，否则，槽处于等待状态，直到操作数可用。

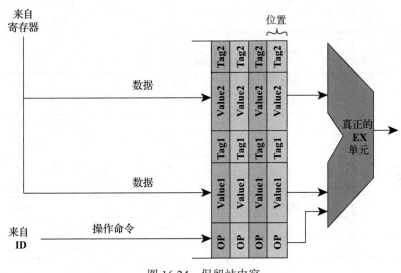

图 16.24　保留站内容

16.6　x86 系列处理器

x86 的组成结构随着时间不断发生显著变化。本节我们考察最新 x86 系列处理器组成的一些细节，并集中介绍各个处理器的共同结构要素。第 18 章会考察 x86 系列处理器超标量方面的特点。第 21 章考察多核组成结构。图 5.17 曾给出了 Pentium 4 处理器组成结构的概要。

16.6.1　寄存器组成

x86 系列处理器的寄存器包括如下几种类型（见表 16.2）。

- **通用寄存器**：x86 有 8 个 32 位通用寄存器（见图 16.3c）。它们可由所有类型的 x86 指令使用，也可用来保存用于地址计算的操作数。此外，某些寄存器也有专门的目的。例如，字符串指令使用 ECX、ESI 和 EDI 寄存器的内容作为操作数，不需要指令中有对这些寄存器的显式引用。这样做的结果是，某些指令能更紧凑地编码。在 64 位模式中，有 16 个 64 位的通用寄存器。
- **段寄存器**：x86 有 6 个 16 位段寄存器，正如第 9 章所讨论的，它们容纳索引段表的段选择符。代码段（CS）寄存器引用含有正被执行指令的段。栈段（SS）寄存器引用含有用户可见栈的段。其余的段寄存器（DS、ES、FS、GS）允许用户一次访问多达 4 个独立的数据段。
- **标志寄存器**：32 位的 EFLAGS 寄存器容纳条件码和各种模式位。在 64 位模式中，该寄存器被扩展到 64 位，并被称为 RFLAGS 寄存器。在当前的 x86 体系结构定义中，RFLAGS 寄存器的高 32 位未被使用。

- **指令指针寄存器**：存有当前指令的地址。

表 16.2   x86 处理器寄存器

a）32 位模式的整数单元

类型	数目	长度（bit）	目的
通用	8	32	通用用户寄存器
段	6	16	含有段选择符
标志	1	32	状态和控制位
指令指针	1	32	指令指针

b）64 位模式的整数单元

类型	数目	长度（bit）	目的
通用	16	32	通用用户寄存器
段	6	16	含有段选择符
标志	1	64	状态和控制位
指令指针	1	64	指令指针

c）浮点单元

类型	数目	长度（bit）	目的
数值	8	80	保持浮点数
控制	1	16	控制位
状态	1	16	状态位
标记字	1	16	指定数值寄存器的内容
指令指针	1	48	指向被异常中断的指令
数据指针	1	48	指向被异常中断的操作数

还有一些寄存器专门用于浮点单元：

- **数值寄存器**：每个寄存器保存一个扩展精度的 80 位浮点数。这样的寄存器有 8 个，它们的功能和栈类似，指令集中有相应的压入和弹出指令可用于对它们进行操作。
- **控制寄存器**：16 位控制寄存器，含有控制浮点单元操作的控制位，包括舍入类型控制，单、双或扩展精度控制，以及禁止或允许各种异常条件的位。
- **状态寄存器**：16 位状态寄存器，包含反映浮点单元当前状态的位，有一个指向数值寄存器栈顶的 3 位指针、报告最后运算结果的条件码，以及异常标志。
- **标记字寄存器**：这个 16 位寄存器为 8 个浮点数值寄存器每个保留 2 位标记，它们用于指示相应寄存器内容的属性，四种可能值是有效、零、特殊数（NaN、无穷，非规格化）和空。这些标记允许程序在不对寄存器中的实际数据进行复杂解析的情况下，检查数值寄存器中的内容。例如，进行现场切换时，处理器不需要保存那些标记为浮点的寄存器。

上述寄存器的大多数都很好理解，下面简要地对几个寄存器做进一步说明。

EFLAGS 寄存器   EFLAGS 寄存器（参见图 16.25）指出处理器的条件，并帮助控制处理器的操作。它包括表 13.8 所定义的 6 个条件码（进位、奇偶、辅助进位、零、符号、溢出），它们会报告整数运算的结果。另外，此寄存器还有一些位可看作控制位，它们是：

- **自陷标志**（trap flag）：当设置此 TF 位时，每条指令执行后都会引起一个中断，可用于调试。

- **中断允许标志**（interrupt enable flag）：当设置此 IF 位时，处理器将响应外部中断。
- **方向标志**（direction flag）：此 DF 位确定串行处理指令是递增还是递减 16 位半寄存器 SI 和 DI（针对 16 位操作）或 32 位寄存器 ESI 和 EDI（针对 32 位操作）。
- **I/O 特权标志**（I/O privilege flag）：当设置此 IOPL 位时，保护模式期间所有对 I/O 设备的访问都将让处理器产生异常。
- **重新开始标志**（resume flag）：此 RF 位允许程序员禁止调试异常，这样在一次调试异常之后指令能重新开始，不会立即又引起另一次调试异常。
- **对齐检查**（alignment check）：若一个字或双字被寻址在一个非字或非双字边界上，此 AC 位将被激活。
- **标识标志**（identification flag）：若此 ID 位能置位和复位，则表明这个处理器支持处理器 ID 指令。这条指令能提供处理器的有关厂商、系列、型号等信息。

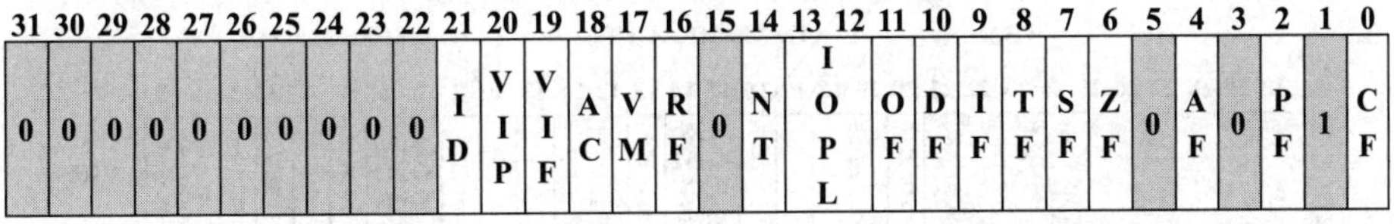

31	30	29	28	27	26	25	24	23	22	21	20	19	18	17	16	15	14	13	12	11	10	9	8	7	6	5	4	3	2	1	0
0	0	0	0	0	0	0	0	0	0	ID	VIP	VIF	AC	VM	RF	0	NT	IOPL	IOPL	OF	DF	IF	TF	SF	ZF	0	AF	0	PF	1	CF

X ID = 标识标志	**C DF** = 方向标志
X VIP = 虚拟中断未决	**X IF** = 中断允许标志
X VIF = 虚拟中断标志	**X TF** = 自陷标志
X AC = 对齐检查	**S SF** = 符号标志
X VM = 虚拟8086模式	**S ZF** = 零标志
X RF = 重新开始标志	**S AF** = 辅助进位标志
X NT = 嵌套任务标志	**S PF** = 奇偶标志
X IOPL = I/O特权级	**S CF** = 进位标志
S OF = 上溢标志	

S代表一个状态标志
C代表一个控制标志
X代表一个系统标志
隐藏位保留

图 16.25　x86 EFLAGS 寄存器

此外，还有 4 位涉及操作模式的标志位。嵌套任务（NT）标志指示在保护模式下的当前任务嵌套在另一个任务中。虚拟模式（VM）位使程序员能允许或禁止虚拟 8086 模式，在这种模式下处理器作为一个 8086 机器来运行。虚拟中断标志（VIF）和虚拟中断未决标志（VIP）用于多任务环境。

　　控制寄存器　　x86 使用了 4 个 32 位控制寄存器（寄存器 CR1 不使用）来控制处理器操作的各个方面（参见图 16.26）。除了 CR0 寄存器之外，其余寄存器都可以是 32 位或 64 位宽度，具体位宽根据是否支持 x86 的 64 位体系结构而定。CR0 寄存器包含系统控制标志，这些标志通常是控制处理器工作模式或指示其工作状态，而不是控制个别任务执行的。标志包括：

- **保护模式使能**（protection enable）：允许/禁止保护工作模式。
- **监控协处理器**（monitor coprocessor）：只有在早期的 x86 机器上运行程序时才需要关注此 MP 位。该位与数字协处理器的使用有关。
- **模拟**（emulation）：当处理器不具有一个浮点单元时此 EM 位置位，试图执行一条浮点指令时将引起中断。
- **任务切换**（task switched）：此 TS 位指出处理器具有切换的任务。

- **扩展类型**（extension type）：不在 Pentium 及后续机器上使用，在早先的机器上此 ET 位用于指示对数字协处理器指令的支持。
- **数值错误**（numeric error）：此 NE 位允许在外部数据总线上报告浮点错误的标准机制。
- **写保护**（write protect）：当此 WP 位被清除时，一个监管进程（supervisor process）可向用户级只读页写入。在某些操作系统中，此特征可用于支持进程生成。
- **对齐屏蔽**（alignment mask）：此 AM 位允许/禁止对齐检查。
- **非写直通**（not write through）：此 NW 位选择数据 cache 的操作模式，当它置位时，禁止数据 cache 的写直通操作。
- **高速缓存禁止**（cache disable）：此 CD 位允许/禁止使用内部 cache 填充机制。
- **分页**（paging）：此 PG 位允许/禁止分页。

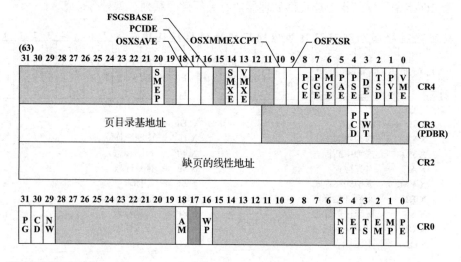

图 16.26   x86 控制寄存器

当允许分页时，CR2 和 CR3 寄存器有效。CR2 寄存器保存缺页中断之前最后访问页的 32 位线性地址。CR3 最左 20 位保存页目录基地址的有效高 20 位（低位为 0 不需保存）。CR3 的两位用于驱动控制外部 cache 操作的引脚。页级高速缓存禁止（PCD）位允许或禁止外部高速缓存。页级写直通（PWT）位控制外部高速缓存的写直通。CR4 包含额外的控制位。

MMX 寄存器   回顾 13.3 节，我们知道 x86 的 MMX 功能利用了几种 64 位数据类型。MMX 指令使用 3 位寄存器地址字段，故可以支持 8 个 MMX 寄存器的使用。实际上处理器

并未专门设置专用的 MMX 寄存器，而是使用了一种别名技术，如图 16.27 所示，利用现有
的浮点寄存器来保存 MMX 值。更准确地说，
各浮点寄存器的低 64 位（尾数）用来构成 8 个
MMX 寄存器。于是，现有的 32 位 x86 体系结
构很容易扩展来支持 MMX 功能。MMX 使用
这些寄存器的关键特征如下所示。

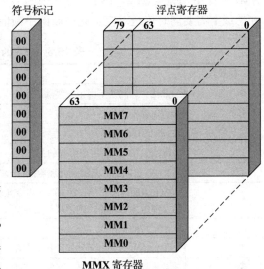

- 回想一下，浮点寄存器在浮点运算中是
  作为栈来对待的。但对于 MMX 操作，
  同样这些寄存器却是直接可寻址的。
- 在任何浮点运算之后最初执行 MMX 指
  令时，FP 的标记字段是有效的。这反映
  了由栈操作到直接寄存器寻址的改变。
- EMMS（清除 MMX 状态）指令设置 FP
  标记字段的各位，令其指示所有寄存器
  都是空的。程序员在一个 MMX 代码块
  结束时插入这条指令是至关重要的，这
  样才能使后面的浮点运算正常运行。

图 16.27 MMX 寄存器映射到浮点寄存器

- 当一个值写入 MMX 寄存器时，FP 寄存器的 [79：64] 位（符号和阶位）被置为全 1。
  这种设置使得以浮点数来看待这些寄存器时，这些 FP 寄存器的值是无穷大或 NaN
  （非数）。这保证了任何 MMX 数据值都不会被误认为是有效的浮点值。

16.6.2 中断处理

处理器中的中断处理是为支持操作系统提供的一种便利。它允许应用程序被挂起，以使
各种中断事件能及时得到处理，然后再恢复应用程序的运行。

中断和异常 有两类事件能使 x86 挂起当前指令流的执行并响应事件：中断和异常。
在这两种情况下处理器都要保存当前进程的上下文，并将转至一个预先定义的子程序来执行
特殊的服务。中断通常是由硬件信号产生的，并出现在程序执行期间的任何时刻。异常是由
软件产生的，由执行指令所引发。有两类中断源和两类异常源。

1. 中断
- **可屏蔽中断**（maskable interrupt）：由处理器的 INTR 引脚接收此信号。除非中断允许
  标志（IF）被置位，否则处理器不响应可屏蔽中断。
- **不可屏蔽中断**（nonmaskable interrupt）：由处理器的 NMI 引脚接收其信号。这类中断
  的响应不能被阻止。

2. 异常
- **处理器检测的异常**（processor -detected exception）：当试图执行一条指令而处理器遇
  到错误时此异常发生。
- **程序异常**（programmed exception）：有一些指令（INTO、INT3、INT 和 BOUND）能
  产生异常。

中断向量表 x86 的中断处理使用了中断向量表。每一类中断都被指派了一个中断
号，此号用于对中断向量表的索引。该表包含有 256 个 32 位中断向量，它们存储着中断服
务程序的地址（段地址和偏移量）。

表 16.3 展示了中断向量号的指派情况，有阴影的项表示是中断，无阴影的项是异常。NMI 硬件中断是类型 2。INTR 硬件中断号的范围是 32 ～ 255。当一个 INTR 中断产生时，在总线上需要同时传送对应于此中断的中断向量号。其余的中断向量号用于异常。

表 16.3 x86 的异常和中断向量表

向量号	说　明
0	除法错；除法上溢或被零除
1	调试异常；包括与调试有关的各种自陷和故障
2	NMI 引脚引发的中断；信号送至 NMI 引脚
3	断点；由 INT3 指令引起的，它是一条用于调试的 1 字节指令
4	INTO 检测到的上溢；处理器执行 INTO 的同时若 OF 标志置位将发生
5	BOUND 范围超出，BOUND 指令比较一个寄存器的值与保存于存储器的边界值，若寄存器的值不在边界指定的范围内则产生一个异常
6	未定义的操作码
7	设备不可用；由于外部设备不存在，试图使用 ESC 或 WAIT 指令而失败
8	双重故障；在同一指令期间出现两个中断而且不能串行处理
9	保留
10	无效任务状态段；描述一个请求任务的段地址未被初始化或是无效
11	段不存在；要求的段不存在
12	栈故障；超过了栈段的界限或者栈段不存在
13	常规保护；不引起其他异常的保护违约（如向只读段的写）
14	缺页
15	保留
16	浮点错；由浮点算术指令产生
17	对齐检查，以一个奇数字节地址存取一个字或以一个非 4 倍字节地址存取一个双字
18	机器检查，型号说明
19～31	保留
32～255	用户中断向量；当 INTR 信号激活时响应

注：不带阴影的是异常；有阴影的是中断。

若不止一个异常或中断是悬而未决的，则处理器以一个预先指定的顺序为它们服务。向量号在表中的位置不反映它们的优先级，异常和中断的优先级分为 5 类。以优先级降序排列的这 5 类优先级是：

- 类 1：先前指令上的中断（向量号 1）；
- 类 2：外部中断（2，32～255）；
- 类 3：取下一指令的故障（3，14）：
- 类 4：下一指令的译码故障（6，7）；
- 类 5：执行指令的故障（0，4，5，8，10～14，16，17）。

处理中断　　正如使用 CALL 指令的转移执行流程一样，一个到中断处理子程序的控制转移也使用系统栈保存处理器的状态。当一个中断出现并被处理器响应时，如下事件序列发生：

1. 若转移涉及特权级改变，则当前栈段寄存器和当前扩展的栈指针（ESP）寄存器的内容被压入栈。

2. EFLAGS 寄存器的当前值被压入栈。

3. 中断（IF）和自陷（TF）两个标志被清除。这就禁止了 INTR 中断、自陷或单步中断。

4. 当前代码段（CS）指针寄存器和当前指令指针（IP 或 EIP）寄存器的内容被压入栈。

5. 若中断伴随有错误代码，则错误代码也要压入栈。

6. 读取中断向量表对应项的内容，将其装入 CS 和 IP（或 EIP）寄存器。控制转移到中断服务子程序继续执行。

为从中断返回，中断服务子程序执行一条 IRET 指令。这使得所有保存在栈上的值被取回，并由中断点恢复执行。

16.7 ARM 处理器

本节我们考察 ARM 处理器的组成和体系结构中一些关键的要素。我们把其中较复杂的内容以及流水线组织安排到第 18 章进行讨论。对于本节和第 18 章的讨论，记住 ARM 体系结构的关键特征是有好处的。ARM 处理器是一个 RISC 处理器，并有如下值得注意的特征：

- 中等规模、结构规整的寄存器组，寄存器数量比一些 CISC 机器多，但少于多数的 RISC 机器。
- 数据处理遵循装载 / 保存模式，其中各种运算只对寄存器中的操作数进行操作，而不直接访问内存。运算前，需要的所有数据要先从内存装载到寄存器。运算结果可以继续被后续运算使用，或保存回存储器。
- 定长的、格式统一的 32 位标准指令集，以及一个 16 位的压缩指令集。
- 为使每条数据处理指令更为灵活，可以对一个源操作数进行移位或循环移位的预处理。为有效支持这一功能，设计了单独的算术逻辑单元和移位单元。
- 只提供了少数几种寻址模式，应用于所有装载 / 保存地址的确定。这些地址由指令中的立即数或指定的寄存器操作数来计算得到。间接寻址，以及变址寻址因要用到内存中的值，故未被使用。
- 使用了自动递增和自动递减寻址模式，以便提高程序中循环的操作性能。
- 所有指令的执行都可带条件，这降低了条件分支指令的使用，从而减少了流水线清空，提高了流水线的效率。

16.7.1 处理器组成

ARM 处理器的组成随着实现的不同相互之间差别较大，尤其当 ARM 处理器的实现是基于不同版本的 ARM 体系结构的时候。不过，对于本节的讨论，一个简单的一般化的 ARM 组成还是有用的，该组成如图 16.28 所示。图中带箭头的线表示数据流。每个方框表示一个硬件功能单元或一个存储单元。

数据通过数据总线在处理器外的存储器和处理器之间传递。所传递的数据元素或者是装载 / 保存指令操作的数据项，或者是取指的指令。读取到的指令在控制单元的控制下，经过指令译码器，然后执行。控制单元包括流水线逻辑电路，并产生控制信号（图中未显示），送到处理器的各个硬件单元。读取到的数据项放入由一组 32 位寄存器组成的寄存器组中。以二进制补码表示的字节或半字数据项会通过符号扩展到 32 位。

ARM 的数据处理指令通常有两个源寄存器（R*n* 和 R*m*）和一个目的或结果寄存器（R*d*）。源寄存器值被送到算术逻辑单元，或单独的乘法单元进行计算。乘法单元中有额外的寄存器，以便累加部分积。ARM 处理器还包含了一个单独的硬件单元，该单元可用于对源寄存器 R*m* 的值在送到算术逻辑单元之前，做移位或循环移位操作。移位和循环移位操作可以在指令周期中完成，这样能提高数据处理的能力和灵活性。

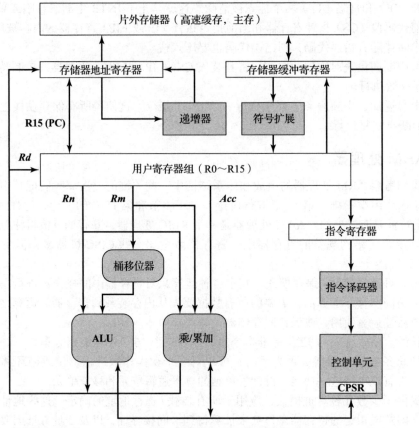

图 16.28　简化的 ARM 处理器组成

操作的结果会送回到目的寄存器中。装载 / 保存指令可能也会使用算术单元的结果来生成要装载或保存的存储器地址。

16.7.2　处理器模式

处理器只支持几种处理器模式是很常见的。例如，很多操作系统只使用两种模式：用户模式和内核模式。其中内核模式用来执行特权系统程序。ARM 体系结构与上述方式不同，它提供了一个灵活的平台，以便操作系统实施不同的保护策略。

ARM 处理器提供了 7 种运行模式。大多数应用程序在**用户模式**下运行。当处理器处于用户模式时，运行的程序不能访问受保护的系统资源，也不能改变模式，除非发生了异常。

其他 6 种运行模式称为特权模式，这些模式用于运行系统软件。定义这么多不同的特权模式有两个主要的好处：（1）操作系统可以对系统软件进行定制，以适应不同的情况；（2）特定的寄存器将用于特定的特权模式，使上下文的切换更为便利。

异常模式可以访问所有的系统资源，并随意更改运行模式。特权模式中有 5 种是异常模式。当特定的异常发生时，就会进入到对应的异常模式。每种异常模式都有一些专用的寄存器，它们取代了一些用户模式下的寄存器，这样做是为了避免破坏在异常发生时的用户模式状态信息。异常模式如下所示：

- **监管模式**（supervisor mode）：这通常是操作系统运行的模式。当处理器碰到一条软件中断指令时，将进入这种模式。软件中断是 ARM 中调用操作系统服务的标准办法。
- **取消模式**（abort mode）：当出现内存错误时，将进入这种模式。

- **未定义模式**（undefined mode）：当处理器试图执行一条既不被主处理器也不被协处理器支持的指令时，就会进入这种模式。
- **快速中断模式**（fast interrupt mode）：当处理器从指定的快速中断源接收到一个中断信号时，就进入这种模式。快速中断服务程序是不能被中断的，但快速中断可以中断一个普通的中断服务程序。
- **中断模式**（interrupt mode）：当处理器从任何其他中断源（快速中断除外）接收到一个中断信号时，就进入这种模式。只有快速中断可以中断一个中断服务程序。

最后一种特权模式是**系统模式**，任何异常都不会进入这种模式，它与用户模式使用相同的寄存器。系统模式用于运行特定的特权操作系统任务，这些任务可以被上述 5 种异常模式中断。

16.7.3 寄存器组成

图 16.29 显示了 ARM 处理器对用户可见的寄存器。ARM 处理器总计有 37 个 32 位的处理器，分类如下：

- ARM 处理器用户手册中介绍有 31 个通用寄存器。实际上，其中一些寄存器是有专门用途的，例如程序计数器。
- 6 个程序状态寄存器。

模式						
		特权模式				
			异常模式			
用户	系统	监管	取消	未定义	中断	快速中断
R0	R0	R0	R0	R0	R0	R0
R1	R1	R1	R1	R1	R1	R1
R2	R2	R2	R2	R2	R2	R2
R3	R3	R3	R3	R3	R3	R3
R4	R4	R4	R4	R4	R4	R4
R5	R5	R5	R5	R5	R5	R5
R6	R6	R6	R6	R6	R6	R6
R7	R7	R7	R7	R7	R7	R7
R8	R8	R8	R8	R8	R8	R8_fiq
R9	R9	R9	R9	R9	R9	R9_fiq
R10	R10	R10	R10	R10	R10	R10_fiq
R11	R11	R11	R11	R11	R11	R11_fiq
R12	R12	R12	R12	R12	R12	R12_fiq
R13(SP)	R13(SP)	R13_svc	R13_abt	R13_und	R13_irq	R13_fiq
R14(LR)	R14(LR)	R14_svc	R14_abt	R14_und	R14_irq	R14_fiq
R15(PC)	R15(PC)	R15(PC)	R15(PC)	R15(PC)	R15(PC)	R15(PC)
CPSR	CPSR	CPSR	CPSR	CPSR	CPSR	CPSR
		SPSR_svc	SPSR_abt	SPSR_und	SPSR_irq	SPSR_fiq

图中阴影表示用户或系统模式下使用的普通寄存器被替换为异常模式下的专用寄存器。
SP = 栈指针　　　　　　CPSR = 当前程序状态寄存器
LR = 连接寄存器　　　　SPSR = 已保存的程序状态寄存器
PC = 程序计数器

图 16.29　ARM 寄存器组成

寄存器分成若干组，组与组之间有部分重叠。当前运行模式决定哪个组的寄存器是可见的。在任何时候，有 16 个编号的寄存器、1 到 2 个程序状态寄存器是始终可见的，这样总计有 17～18 个软件可见的寄存器。下面给出图 16.29 的说明。

- 寄存器 R0～R7、寄存器 R15（程序计数器），以及当前程序状态寄存器（CPSR），对所有模式可见，并被所有模式共享。
- 寄存器 R8～R12 由除了快速中断模式以外的模式共享。快速中断模式有它自己专用的寄存器 R8_fiq～R12_fiq。
- 所有的异常模式都有它们自己版本的寄存器 R13 和 R16。
- 所有的异常模式都有它们自己专用的已存程序状态寄存器（SPSR）。

通用寄存器   寄存器 R13 通常被用作栈指针，因此常常被称为 SP。因为每个异常模式都有自己单独的 R13，因此每个异常模式都有自己专用的程序栈。R14 被用作连接寄存器，用于保存子过程的返回地址以及异常模式退出时返回的结果。寄存器 R15 是程序计数器（PC）。

程序状态寄存器   CPSR 对于所有处理器模式都可访问。每个异常模式也有自己专用的 SPSR 寄存器。该寄存器用于保存异常发生时 CPSR 的值。

CPSR 的高 16 位包含了用户模式下可见的那些标志。这些标志可以影响程序的操作（见图 16.30）。下面对这些标志进行说明：

- **条件码标志**：第 10 章介绍过的 N、Z、C 和 V 标志。
- **Q 标志**：用于指示在一些面向 SIMD 的指令中是否发生了溢出或饱和。
- **J 位**：表示现在使用的特殊的 8 位指令，即所谓的 Java 加速指令（Jazelle），对这种指令的讨论不在本书范围内。
- **GE[3:0] 位**：SIMD 指令使用位 [19:16] 作为运算结果的各个字节或半字的大于或等于（GE）标志。

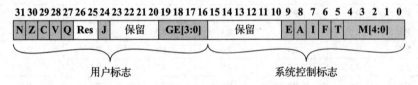

图 16.30   ARM 处理器 CPSR 和 SPSR 寄存器的格式

CPSR 的低 16 位包含了系统控制标志，它们只能在处理器处于特权模式时被修改。这些标志如下所示：

- **E 位**：控制数据装载和保存的端序；对于指令读取，该位被忽略。
- **中断禁止位**：A 位置位时，非精确的数据取消异常是被禁止的。I 位置位时，IRQ 中断被禁止。F 位置位时，FIQ 中断被禁止。
- **T 位**：指示指令是应该被当作普通的 ARM 指令，还是被当作压缩指令。
- **模式位**：指示当前处理器的运行模式。

16.7.4   中断处理

与其他处理器类似，ARM 也提供了中断机制，允许处理器中断当前正在执行的程序，转而处理异常情况。异常由内部或外部的中断源产生，使处理器去处理某个事件。在处理异常前，处理器的状态通常要被保存，这样当异常处理完后，可以恢复执行被中断的程序。同一时间可以发生多于一个的异常。ARM 处理器支持 7 种类型的异常，表 16.4 列出了这些异常类型，以及每种异常对应的处理器运行模式。当一个异常发生时，处理器的运行被强制转向到对应于该异常类型的某个内存固定地址处开始执行。这些固定的内存地址被称为异常向量。

如果有多个中断等待处理，那么它们将按照优先级依次处理。表 16.4 就是按照异常的优先级次序从高到低排列的。

表 16.4　ARM 中断向量

异常类型	运行模式	通常的入口地址	说　明
重启	监管	0x00000000	当系统被初始化时发生
数据取消	取消	0x00000010	当访向一个无效内存地址时发生，例如一个地址没有对应的物理地址，或缺乏正确的访问许可
快速中断	快速中断	0x0000001C	当一个外部设备置位了处理器快速中断引脚时发生。中断处理程序一般不能被中断，除非该中断是一个快速中断。提供快速中断是为了支持数据传送或通道处理。快速中断模式提供了足够的私有寄存器，这样就不用考虑节省寄存器的使用，从而能使上下文切换的开销降至最低。快速中断服务程序是不能被中断的
中断（FIQ）	中断	0x00000018	当一个外部设备置位了处理器中断引脚时发生。中断服务程序不能被中断，除了快速中断以外
预取取消	取消	0x0000000C	当试图读取一条指令，却导致内存错误时发生。该异常在指令进入流水线的执行阶段时被抛出
未定义指令	未定义	0x00000004	当一条不属于指令集的指令进入流水线的执行阶段时发生
软件中断	监管	0x00000008	通常用于允许用户模式的程序调用操作系统服务。在这种情况下，用户程序执行一条 SWI 指令，并带上相应的参数，指出想要调用的系统服务

当异常发生时，处理器在执行完当前的指令后，中止正在运行的程序。处理器的状态被保存到对应该异常的 SPSR 寄存器中。这样当异常处理程序执行完后，可以恢复原来程序的运行。处理器在异常发生时本来要执行的原程序的指令被保存在与该异常模式对应的连接寄存器（R14）中。异常处理完后，SPSR 寄存器的内容将移到 CPSR 中，而 R14 的内容移到程序计数器中，从而返回原程序继续运行。

16.8　关键词、思考题和习题

关键词

branch prediction：分支预测
condition code：条件码
delayed branch：延迟分支
flag：标志
functional unit：功能部件

instruction cycle：指令周期
instruction pipeline：指令流水线
instruction prefetch：指令预取
program status word：程序状态字
reservation station：保留站

思考题

16.1　CPU 寄存器通常起什么作用?

16.2　用户可见寄存器普遍支持的数据类型是什么?

16.3　条件码的功能是什么?

16.4　什么是程序状态字?

16.5 与不使用流水线相比，为什么两阶段流水线不可能将指令周期时间缩短到原来的一半？

16.6 列出并简要说明指令流水线处理条件分支指令的几种方式。

16.7 分支预测中如何使用历史位？

习题

16.1 a. 若在一个 8 位字的计算机上完成的最后操作是两个操作数 00000010 和 00000011 的加法，如下标志应该有何值？
- 进位
- 零
- 上溢
- 符号
- 偶校验
- 半进位

b. 若两个操作数是 –1（二进制补码）和 +1，又应该为何值？

16.2 若 A 含有 11110000，B 含有 0010100，请对 A–B 操作重复习题 16.1。

16.3 某微处理器的时钟频率是 5GHz：

a. 时钟周期是多长？

b. 由 3 个时钟周期组成的某特定类型的机器指令周期有多长？

16.4 某微处理器提供了能将字节串由内存的一个区域传送到另一个区域的指令。取指令和最初译码用了 10 个时钟周期，此后每传送一字节用 15 个时钟周期。微处理器的时钟频率是 10GHz。

a. 请对 64 字节的串，确定指令周期长度。

b. 若此指令是不可中断的，那么最坏情况下中断响应的最大延迟是多少？

c. 若此指令在每字节传送开始前能被中断，重复 b 问。

16.5 Intel 8088 由总线接口单元（BIU）和执行单元（EU）两部分组成，它们构成一个两阶段流水线。BIU 负责取指令，放入一个 4 字节指令队列，并依 EU 请求参与地址计算、由内存取操作数和写回结果。若没有待处理的这类请求，并且总线空闲，则 BIU 填充指令队列的空位置。当 EU 完成一条指令的执行，它将结果传送给 BIU（最终到存储器或 I/O），然后再处理下一条指令。

a. 假定 BIU 和 EU 完成各自的任务用相等的时间，流水线能提高 8088 性能多少倍？不考虑分支指令的影响。

b. 假定 EU 用时是 BIU 的两倍长，重复上问。

16.6 假定 8088 正在执行的程序中跳转指令出现的概率是 0.1。为简化，认为所有指令都是 2 字节长。

a. 多大比例的指令读取总线周期被浪费了？

b. 若指令队列是 8 字节长，重复上问。

16.7 考虑图 16.10 的时序图。假定只是一个两阶段流水线（取指，执行）。重画该图，显示如果有 4 条指令的话，现在需要多少时间单位？

16.8 假定一个流水有 4 个阶段：取指（FI）、译码指令和地址计算（DA）、取操作数（FO）和执行（EX）。请为 7 条指令序列画出类似于图 16.10 的图，并假定此指令序列中的第 3 条指令是一条分支指令。另外，此序列不存在数据相关性。

16.9 某时钟速率为 2.5 GHz 的流水式处理器执行一个有 150 万条指令的程序。流水线有 5 个阶段并以每时钟周期 1 条的速率发射指令。不考虑分支指令和乱序（out-of-sequence）执行所带来的性能损失。

a. 同样执行这个程序，该处理器比非流水式处理器加速了多少？此处采用与 16.4 节相同的假设。

b. 此流水式处理器的吞吐率是多少（以 MIPS 为单位）？

16.10 某时钟频率为 2.5 GHz 的非流水式处理器，其平均 CPI（每指令周期数）是 4。此处理器的升级版本引入了 5 阶段流水。然而，由于如锁存延迟这样的流水线内部延迟，使新版处理器的时钟频率必须降低到 2 GHz。

　　a. 对典型程序，新版处理器所实现的加速比是多少？

　　b. 新、旧两版处理器的 MIPS 速率是多少？

16.11 考虑通过指令流水线来执行的一个长度为 n 的指令序列。假设遇到一条有条件的或无条件的分支指令的概率为 p，并假设执行分支指令 I，而转移到非后继连续地址的概率是 q。请利用这些概率重写式（16.1）和式（16.2）。为使问题简化，假设对于发生转移的分支指令 I，当它在流水线最后一阶段执行时，将清空流水线并撤销线上其他正在进行的指令。

16.12 对于处理流水线中分支指令的多个指令流方法，它的一个局限是，在最初分支指令是否转移还没确定之前又遇到另一个分支指令，请举出另外两个局限或缺点。

16.13 考虑图 16.31 所示的状态图。

　　a. 描述每个状态图的行为。

　　b. 将它们与 16.4 节分支预测的状态图进行比较。讨论包括上述两种状态图在内的三种分支预测策略的相对优缺点。

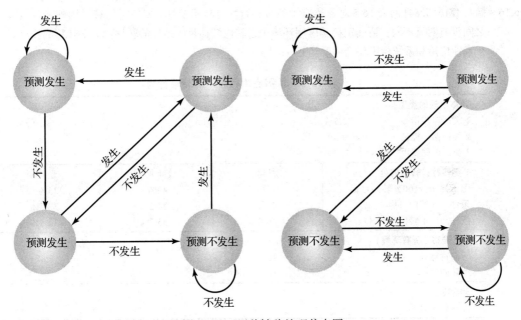

图 16.31　两种转移处理状态图

16.14 Motorola 680x0 机器包括有"递减并根据条件转移"（decrement and branch according to condition）指令，它具有如下形式：

```
DBcc Dn, displacement
```

这里的 cc 是一个可测试条件，Dn 是一个通用寄存器，displacement（偏移量）则指定相对于当前指令地址的目标地址。此指令能定义成：

```
if (cc = False)
then begin
    Dn: = (Dn) -1;
    if Dn ≠ -1 then PC: = (PC) + displacement end
else PC : = (PC) + 2;
```

当指令执行时，首先测试以确定循环结束条件是否被满足。若是，则不执行任何操作，并继续执行顺序的下一条指令。若条件是假，则指定的数据寄存器被减 1，并检查其值是否小于零。若是小于零，则循环结束，并继续执行顺序的下一条指令。否则，程序转移到指定的位置。现考虑如下的汇编语言程序段：

```
AGAIN    CMPM.L    (A0)+,(A1)+
         DBNE      D1,AGAIN
         NOP
```

其中 A0 和 A1 是两个字串地址，代码对这两个串进行比较，检查它们是否相等；每次访问了两个串中的对应元素，串指针都会递增。D1 最开始含有待比较的长字（4 字节）的数量。

a. 寄存器的初始值是：A0 = \$00004000, A1 = \$00005000, D1 = \$000000FF（\$ 表示十六进制数）。地址 \$4000 和 6000 之间的存储器全部以 \$AAAA 字装入。若运行上述程序，请指出 DBNE 循环执行的次数和当达到 NOP 指令时三个寄存器的内容。

b. 重复 a，但现在假定存储器 \$4000 和 \$4FEE 之间是以 \$0000 字装入，而 \$5000 和 \$6000 之间是以 \$AAA 装入。

16.15   假定条件转移未发生，请重画图 16.19c。

16.16   摘自 [MACD84] 的表 16.5 对各类应用的转移行为进行了统计。除 1 类转移行为外，各类应用之间没有明显不同。请确定科学应用环境中，转向转移目标地址的转移占全部转移的比例。对于商业应用和系统应用环境，重复上一问题。

表 16.5   示例应用程序中的转移行为

转移出现的类型：			
1 类：转移指令	72.5%		
2 类：循环控制	9.8%		
3 类：过程调用，返回	17.7%		
1 类转移：转向何处	科学	商业	系统
无条件——100% 转向目标	20%	40%	35%
条件——转向目标	43.2%	24.3%	32.5%
条件——不转向目标（顺序）	36.8%	35.7%	32.5%
2 类转移（所有环境）			
转向目标	91%		
不转向目标	9%		
3 类转移			
10% 转向目标			

16.17   流水化也能施加到 ALU 内部以加速浮点运算。考虑浮点加减法的情况。简洁地说，流水线可以包含 4 阶段：（1）比较阶值；（2）选择阶值并对齐有效数；（3）加或减有效数；（4）规格化结果。假设流水有两个并行线程并能像这样着手进行：一个处理阶值，一个处理有效数。图中标记 R 的方框指的是用于保持临时结果的一组寄存器。完善此框图，使其顶层视图表示出流水线的结构。

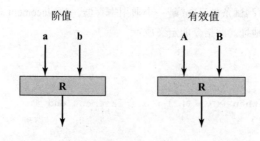

精简指令集计算机

学习目标

学习完本章后, 你应该能够:

- 对指令执行特性的研究结果进行综述, 这些研究结果推动了 RISC 方法的发展。
- 总结了 RISC 机器的关键特性。
- 理解使用大型寄存器文件的设计和性能的含义。
- 了解使用基于编译器的寄存器优化来提高性能。
- 讨论 RISC 体系结构对管道设计和性能的影响。
- 列出并解释在 RISC 机器上进行流水线优化的关键方法。

自 1950 年前后研制出程序存储式计算机以来, 在计算机组成和体系结构领域中, 只有少量引人瞩目的真正变革。以下虽然不是一个完整列表, 但给出了自计算机诞生以来的一些最主要的进步。

- **系列概念** (family concept): 1964 年 IBM 在它的 System/360 机器上引入此概念, 接着又有 DEC 的 PDP-8 使用了此概念。系列这个概念将机器的结构与它的具体实现分离开来。以不同的价格 / 性能特征提供的一组计算机, 对用户来说具有同样的结构, 它们被称为一个系列。性能和价格方面的差异在于同样结构的不同实现。
- **微程序式控制器** (microprogrammed control unit): 它是 Wilkes 于 1951 年首先提出的, 并在 1964 年被 IBM 引入到它的 S/360 生产线。微程序设计使控制器的设计和实现变得更容易, 并提供了对系列概念的支持。
- **高速缓存存储器** (cache memory): 商品化使用首先是在 1968 年的 IBM S/360 Model 85 机器上实现的。在存储器层次结构中插入 cache 这个层次, 极大地改善了系统性能。
- **流水** (pipelining): 将并行性引入机器指令程序顺序执行的一种方式。例子是指令流水和向量处理。
- **多处理器** (multiple processor): 这一类包含了几种不同的组织和目标机器。
- **精简指令集计算机** (reduced instruction set computer, RISC) 结构: 这是本章的焦点。

当 RISC 结构出现时, 它是对 CPU 传统趋势的重大叛离。对 RISC 结构的分析将我们带入对计算机组成和体系结构的讨论中。

虽然已有不同的团体以各种方式定义和设计了 RISC 系统, 然而有些关键点是大多数 (不是所有) 设计都采用的。它们是:

- 通过大量的通用寄存器或使用编译器技术来优化寄存器的使用。
- 一个有限且简单的指令集。
- 强调指令流水的优化。

表 17.1 比较了 RISC 和非 RISC 系统。

本章以简要综述指令集的几个研究结果开始, 然后考察上述三个主题, 最后介绍 RISC 设计中的两个实例。

表 17.1　一些 CISC、RISC 和超标量处理器的特征

特征	CISC			RISC	超标量			
	IBM370/168	VAX11/780	Intel 80486	SPARC	MIPS R4000	PowerPC	Ultra SPARC	MIPS R10000
开发年份	1973	1978	1989	1987	1991	1993	1996	1996
指令数量	208	303	235	69	94	225		
指令长度（字节）	2~6	2~57	1~11	4	4	4	4	4
寻址方式	4	22	11	1	1	2	1	1
通用寄存器数	16	16	8	40~520	32	32	40~520	32
控制存储器大小（Kbit）	420	480	246	—	—	—	—	—
cache 大小（KB）	64	64	8	32	128	16~32	32	64

17.1　指令执行特征

　　计算机发展最易见的形式是编程语言的变化。硬件成本下降，软件成本相对上升。而编程人员的长期缺乏也驱使软件成本在绝对意义上上升。因此，一个系统生存期的主要成本是软件而不是硬件。除成本和不便利之外，还有不可靠因素：不论是系统程序还是应用程序，运行多年之后虽经不断修正仍会继续出现新的故障。

　　研究人员和业界对此的响应是，开发出了功能更强、更复杂的高级程序设计语言。这些**高级语言**（high-level language，HLL）允许编程人员更简明地表示算法，允许编译器处理程序员算法表达式中不重要的细节，通常支持结构化程序设计或面向对象的程序设计。

　　然而，这种解决方法又提出了一个称为*语义差距*（semantic gap）的问题，即 HLL 中提供的操作与计算机硬件结构提供的操作间的差异。这种差距被认为是执行的低效、过长的机器程序和编译器复杂性的缘由。设计者试图以结构的改进来减小这个差距。关键的做法包括大的指令集、众多的寻址方式和硬件实现的各种 HLL 语句。最后一种做法的例子是 VAX 机上的 CASE 机器指令。这种复杂指令集希望：

- 使编译器编写者的任务变得容易。
- 提高执行效率，因为复杂操作序列能以微代码实现。
- 提供更复杂、更精致的 HLL 支持。

　　与此同时，确定 HLL 程序生成的机器指令执行的特征和样式，这样的研究已进行多年。研究结果促使设计人员寻找一种截然不同的方法：使支持 HLL 的硬件结构更简单而不是更复杂。

　　因此，为理解主张 RISC 的理由，我们先简单回顾一下指令执行特征。所关注的涉及计算的方面如下所示：

- **执行的操作**：这些操作确定了 CPU 及其与存储器相互作用所能完成的功能。
- **所用的操作数**：操作数类型和它们使用的频度，确定了存储它们的存储器组成和访问它们的寻址方式。
- **执行顺序**：确定了控制和流水线的组织。

　　下面，我们总结几个有关高级语言研究的报告，所有这些都是动态测量结果。动态测量

是通过运行程序，并统计所出现的某个特征的次数，或者某个特征为真的次数，来收集得到的。相对地，静态测量只是在源程序文本上进行统计，这不会给出很有用的性能信息，因为它们没有对每条语句的执行次数进行加权。

17.1.1 操作

许多研究已经对 HLL 程序的行为进行分析，并得出了以下一般性结论。在混合的语言和应用的研究中，结论也具有相当的趋同性。赋值语句在程序中很显著，这暗示简单的数据传送非常重要。条件语句在程序中也占有优势，这些语句（IF、LOOP）是用一些比较和分支的机器指令来实现的。这表明指令集的顺序控制机制是关键。

这些研究成果对机器指令集设计人员具有指导意义，指出了什么类型的语句出现最频繁，因而应以一种"优化"形式来支持它们。然而，这些成果未揭示什么样的语句在一个典型程序的执行中占用了最多的时间。也就是说，对于一个给定的编译后机器语言程序，源语言中的什么语句可能占有最多的机器语言指令执行次数。

为了了解这一潜在现象，Patterson 和 Sequin [PATT82a] 分析了一套从编辑器和程序中获取的测量数据，这些数据用于排版、计算机辅助设计（CAD）、排序和文件比较。在 VAX 以及 Motorola 68000 上编译的编程语言 C 和 Pascal 确定每种语句类型的机器指令和内存引用的平均数量。表 17.2 的第 2 和第 3 两列是程序中各类 HLL 语句出现的相对频度。这些数据是通过观察程序运行得到的，故它们是动态频度统计。将这两列数据乘以编译器为各语句产生的机器指令数，再将乘积规范化就得到表中第 4 和第 5 两列数据，这样它们是机器指令加权后各类 HLL 语句的相对出现频度。类似地，将第 2 和第 3 两列的数据乘以各语句引起的存储器访问相对次数，就得到第 6 和第 7 两列数据。第 4～7 列数据提供了执行各类语句所花费时间度量的一种替代测量值。此结果指出，过程调用 / 返回是典型 HLL 程序中最耗时的操作。

表 17.2 HLL 操作的加权相对动态出现频度 [PATT82a]

	动态出现频度		机器指令加权		存储器引用加权	
	Pascal	C	Pascal	C	Pascal	C
赋值语句	45%	38%	13%	13%	14%	15%
循环语句	5%	3%	42%	32%	33%	26%
调用语句	15%	12%	31%	33%	44%	45%
判断语句	29%	43%	11%	21%	7%	13%
直接转移语句	—	3%	—	—	—	—
其他	6%	1%	3%	1%	2%	1%

读者应清楚地了解表 17.2 的含义。该表指出当 HLL 程序被编译到典型的当代指令集结构时，HLL 中各类语句的相对分量。其他某些结构肯定会产生不同的结果。不过，这个表给出的结果是以当代**复杂指令集计算机**（CISC）结构为代表的。因此，它们能为寻找支持 HLL 的更有效方式提供指导。

17.1.2 操作数

虽然操作数类型的出现率也是一个重要课题，但在这方面所做的工作很少。操作数有几个方面是比较重要的。

前面提到过的 Patterson 研究报告 [PATT82a] 也查看了各类变量的动态出现频度（见表 17.3）。Pascal 和 C 程序的结论是一致的：主要使用的是简单标量变量，而且 80% 以上的标量是（过程的）局部变量。另外，访问数组 / 结构也要求先取得它们的索引或指针，而这些通常也是局部标量。于是，程序中大量访问的是标量，而且它们是高度局部化的。

表 17.3　操作数的动态出现频度

	Pascal	C	平均
整数常量	16%	23%	20%
标量变量	58%	53%	55%
数组 / 结构	26%	24%	25%

Patterson 研究以独立于底层结构的方式考察了 HLL 程序的动态行为。正如前面讨论的，有必要针对实际结构来更深入地考察程序行为。一项研究 [LUND77] 动态地考察了 DEC-10 指令，平均的统计数据显示，每条指令访问 0.5 个存储器操作数和 1.4 个寄存器操作数。[HUCK83] 报告对于运行在 S/370、PDP-11 和 VAX 机上的 C、Pascal 和 FORTRAN 程序也有类似的结果。当然，这种状况很大程度上取决于体系结构和编译器，但它们说明了操作数存取的频度。

这些后来的研究显示，因为操作数存取如此频繁，所以采用快速存取的结构将起重要作用。Patterson 研究揭示，优化的主选方向应是对局部标量变量的存储和访问。

17.1.3　过程调用

我们已经看到，过程调用和返回是 HLL 程序的一个重要部分。表 17.2 指出，它们是编译后的 HLL 程序中最耗时的操作。因此，考虑高效地实现这些操作的方式将是有益的。其中两个方面有显著意义：过程使用的参数及变量的数量和嵌套的深度。

在 Tanenbaum 的研究 [TANE78] 中指出，98% 的动态调用过程中传送的参数少于 6 个，而且其中 92% 使用少于 6 个局部标量变量。Berkeley 的 RISC 小组报告了类似的结果 [KATE83]，如表 17.4 所示。这些结论表明，每个过程调用所需字的数目并不多。前面介绍的一些研究报告曾指出，操作数访问的绝大部分是对局部标量变量的访问。这些研究报告又指出，这些访问实际上只是限定在相当少的变量上。

表 17.4　过程参数和局部标量变量

带下列参数数目的过程调用所占的百分比	编译器、解释器和排版程序	小型非数值程序
>3 个参数	0%～7%	0%～5%
>5 个参数	0%～3%	0%
>8 个字的参数和局部标量	1%～20%	0%～6%
>12 个字的参数和局部标量	1%～6%	0%～3%

Berkeley 小组也研究了 HLL 程序中过程调用和返回的样式。他们发现很少出现这种情况：一系列长的不被打断的调用后面跟着一系列相应的返回。确切地说，他们发现程序保持在相当窄的过程调用窗口区域内。这些成果进一步证实了操作数访问是"高度局部化"的这一结论。

17.1.4　推论

一些研究组考察了上述这些报告的结果后认为：试图让指令集结构更接近 HLL 并不是

一个有效的策略。相反，通过优化典型 HLL 程序中最耗时操作的性能，能更好地支持 HLL。

由不少研究者的工作可发现，总的来说，RISC 结构特征通常体现在以下三点。首先是使用大量的寄存器，这样可以优化操作数的访问。正如前面讨论的，每个 HLL 语句都有几次操作数访问，并且传送（赋值）语句在程序中占有很高的份额。这些再结合局部性和标量访问的主导性，表明可以通过采取更多寄存器访问的方式，来降低内存访问次数，从而提高性能。由于这些访问的局部性，一个可扩展的寄存器组看起来是符合实际的。

其次，要精心谨慎地设计指令流水线。由于条件分支和过程调用指令的高比例，一个过于简单的指令流水线将是低效的。因为它本身可能表现出大量的指令被预取但却永不执行。

最后，给出了一个由高性能原语组成的指令集。指令应该具有可预测的成本（以执行时间、代码大小以及越来越多的能量消耗来衡量），并与高性能实现保持一致（与可预测的执行时间成本协调一致）。

17.2　大寄存器组方案的使用

17.1 节概述的研究成果指出了对操作数快速存取的要求。我们已经看到，在 HLL 程序中有大量的赋值语句，其中多数是简单的 A ← B 形式。还有，每条 HLL 语句都有一定数量的操作数访问。若再考虑到大多数访问的是局部标量，则侧重于寄存器访问应是推荐使用的。

采用寄存器存储的理由是，寄存器是比主存和 cache 还要快的最快可用存储设备。寄存器组从物理上讲体积小，通常是与 ALU 和控制器在同一芯片上，并且它们使用比主存和 cache 地址还要短的地址。于是，需要一种策略能使最频繁访问的操作数保持在寄存器中，并减少寄存器和存储器之间的操作。

有两种基本途径可实现这个目标，一种是基于软件，另一种是基于硬件。软件方法是依赖编译器使寄存器的使用率最大化。编译器将试图把寄存器分配给那些在一给定时间期内使用最多的变量。这种方法要求使用复杂的程序分析算法。硬件方法是简单地装备更多的寄存器，使更多的变量能更长时间地保持在寄存器中。

本节将讨论硬件方法，这种方法是 Berkeley RISC 小组首先提出的 [PATT82a]，并用于最初的 RISC 商业产品 Pyramid 中 [RAGA83]，当前用于流行的 SPARC 体系结构中。

17.2.1　寄存器窗口

就表面上来判断，使用一大组寄存器应能减少对存储器访问的需求。因此，设计的任务就是很好地组织寄存器来实现这个目标。

因为大多数操作数是局部标量，一种明显的方法是使用寄存器来保存它们，或许再将少量寄存器保留给全局变量。问题是这个局部的定义是随着每次过程调用和返回而改变的，而过程调用和返回又是频繁出现的操作。每次调用时，寄存器中的局部变量必须被送到存储器保存，以使这些寄存器能由调用程序再次使用。而且，还需要传送过程调用的参数。返回时，调用程序的变量必须恢复（装载回寄存器），并且结果也要返回到调用程序。

解决的方法是基于 17.1 节报告过的另外两个结论。第一，一个典型的过程只使用少数传送参数和局部变量。第二，过程调用的深度仅限定在一个相对窄的范围内（见表 17.4）。为利用这些性质，使用多个小的寄存器组，每个小组指派给一个不同的过程。过程调用时自动地切换来使用不同但大小固定的寄存器窗口，而不再在存储器中保存寄存器内容。相邻过程的窗口是（部分）重叠的，以允许参数传递。

图 17.1 说明了这个概念。任何时刻，只有一个寄存器窗口是可见和可寻址的，就像它

是唯一的一组寄存器一样（例如，地址 0 ～ N–1）。窗口分成三个固定大小的区域：参数寄存器域、局部寄存器域和临时寄存器域。参数寄存器用来保存调用当前过程的过程（即父过程）向下传递的参数和将被返回的结果。局部寄存器用于局部变量，这由编译器指派。临时寄存器用于当前过程与下一级过程（被当前过程调用的过程，即子过程）交换参数和结果。某一级的临时寄存器与下一级的参数寄存器是物理相同的，这种重叠准许不用实际移动数据就能传递参数。记住，除了重叠的情况之外，两个不同级的寄存器窗口在物理上是完全不同的。也就是说，第 J 级的参数和局部寄存器与第 J+1 级的局部和临时寄存器是不相交的。

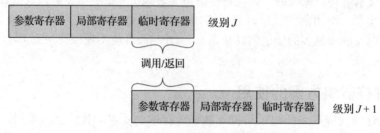

图 17.1   重叠的寄存器窗口

为管理任何可能的调用和返回的模式，**寄存器窗口**的数目应该是不受限制的。不过这是不可能的，替代的方法是，寄存器窗口只用于保持少数最近过程的调用。更早的过程调用必须保存到存储器中，当嵌套深度减少时再恢复。于是，寄存器组的实际组织是一个由重叠窗口组成的环形缓冲器。这种方式值得一提的例子是 Sun 公司的 SPARC 体系结构（17.7 节将有其描述）以及 Intel 公司 Itanium 处理器所采用的 IA-64 体系结构。

图 17.2 说明了这种环形组织形式，它描述的是一个 6 窗口的环形缓冲器。缓冲器已填充到深度 4（A 调用 B，B 调用 C，C 调用 D），而过程 D 是当前活动的过程。当前窗口指针（current-window pointer，CWP）指向当前活动过程的窗口。机器指令的寄存器引用是一个由此指针指向的位移，以此来确定实际使用的物理寄存器。保存窗口指针（saved-window Pointer，SWP）标识最近保存在存储器中的窗口。若当前过程 D 又调用过程 E，E 的初始参数放在 D 窗口的临时寄存器中（图 17.2 中 w3 和 w4 的重叠部分），CWP 前进一个窗口。

若过程 E 又调用过程 F，则以目前的缓冲器状况，此调用不能立即进行。这是因为 F 的窗口重叠了 A 的窗口。若 F 开始对它的临时寄存器装入数据，准备一个调用，就会改写 A 的参数寄存器（A.in）。于是，当 CWP 递增（模 6）变成等于 SWP 时，一个中断就会发生。在中断处理中，A 的窗口被保存。保存时只需要保存窗口的前两部分（A.in 和 A.loc）。然后，SWP 递增，现在可调用 F 过程了。返回时也会出现类似的中断。例如，在 F 过程完成之后逐级返回，当 B 返回到 A 时，CWP 被递减变成等于 SWP，这将引起中断，导致 A 窗口的恢复。

由此可见，N 个窗口的寄存器组仅能用于 N–1 个过程的调用。N 值不需要很大。[TAMI83] 研究报告指出，仅有 1% 的过程调用和返回需要 8 个窗口。Berkeley RISC 计算机使用 8 个窗口，每个窗口有 16 个寄存器。Pyramid 计算机使用 16 个窗口，每个窗口有 32 个寄存器。

17.2.2   全局变量

刚才介绍的窗口策略为在寄存器中存储局部标量变量提供了一种有效的组织形式。然而，这种策略没有解决存储全局变量的需求。全局变量由多个过程所使用，解决它有两种方法。首先，由编译器为高级程序设计语言（HLL）中声明的全局变量指派存储器位置，所有访问这些变量的机器指令将使用存储器引用的操作数。无论从硬件观点还是从软件（编译器）观点看，这种方法都是直截了当的。然而，对于频繁访问的全局变量来说，这种策略是低效的。

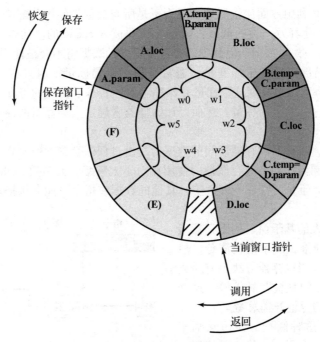

图 17.2　重叠窗口的环形缓冲组织

替代的方法是，CPU 中包括一组全局寄存器，这些寄存器的数量是固定的并可被所有过程使用。一种统一编号的方法能用来简化指令格式。例如，寄存器引用号 0～7 指的是唯一一组全局寄存器，对寄存器 8～31 的访问指的是当前窗口内的具体寄存器。对于分立的寄存器寻址而言，这会增加硬件负担。另外，编译器也必须决定哪些全局变量应指派到全局寄存器。

17.2.3　大寄存器组与 cache 的对比

组织成窗口的寄存器组，其作用就像一个小的快速的缓冲器，保存着可能多次使用的所有变量的一个子集。从这个意义上讲，寄存器组的作用非常像一个高速缓存存储器。于是，这就引出一个问题：使用 cache 和使用小的传统的寄存器组，哪一种更简单、更好？

表 17.5 比较了两种方法的特征。基于窗口的寄存器组保持着最近的 $N–1$ 个过程调用的所有局部标量变量（除少有的窗口上溢情况之外）。cache 是有选择地保存最近使用过的标量变量。寄存器组节省了时间，因为它保留了所有局部标量变量。而 cache 能更有效地利用空间，因为它能对动态变化的情况做出反应。而且，cache 通常是将所有的存储器调用，包括指令和其他数据类型一样地对待。于是，使用 cache 做到其他方面的节省是可能的，而寄存器组却不行。

表 17.5　大寄存器组和 cache 组织的特征

大寄存器组	cache
所有局部标量	最近使用过的局部标量
各个变量	存储器块
编译器指派的全局变量	最近使用过的全局变量
保存/恢复基于过程的嵌套深度	保存/恢复基于 cache 替换算法
寄存器寻址	存储器寻址
在一个循环中寻址和访问多个操作数	每个周期寻址和访问的一个操作数

寄存器组在空间利用方面比较低效，因为不是所有过程都使用分配给它们的全部窗口空间。另外，cache 承受着另一类的低效：数据是成块读入 cache 的。而寄存器组仅容纳有用的变量。cache 读入一大块数据，但其中部分甚至更多的数据将不会被使用。

cache 能处理局部变量和全局变量。通常有很多全局标量，但只有少数是频繁使用的 [KATE83]。cache 将动态地发现这些变量并保存它们。若基于窗口的寄存器组补充有全局寄存器，则它也能保存某些全局标量。然而，让编译器来确定全局标量的使用频率却是一件困难的事情。

使用寄存器组，寄存器和存储器间的数据传送由过程嵌套深度所确定。因为这个深度通常是在一个窄的范围内摆动，故存储器的使用相对不太频繁。大多数 cache 是一种组关联结构，组的容量较小。于是，存在一种危险，其他的数据或指令可能会排挤走那些要频繁使用的变量。

讨论至此，在大的基于窗口的寄存器组与 cache 之间应选择谁，还不是很清楚。然而，有一个特征能说明寄存器方法占有明显优势——基于 cache 的系统明显较慢。这个区别在于两种方法的寻址开销总量。

图 17.3 说明了这种区别。为访问基于窗口寄存器组中的一个局部标量，要使用一个窗口号和一个"虚拟的"寄存器号。这可以通过一个相对简单的译码器来选择某一个具体的寄存器。为访问 cache 存储器中的一个位置，必须生成全宽度的地址。这种操作的复杂性取决于寻址方式。在一个组关联的 cache 中，地址的一部分用于读取数目等同于组长度的几个字和标记。地址的另一部分用于与标记进行比较，以选择所读的一个字。这一点应是很清楚的，尽管 cache 能与寄存器组一样快，但 cache 的存取时间肯定要长。于是，从性能观点来看，基于窗口的寄存器组对于局部标量而言是更优化的。通过加入专门的指令 cache，能进一步改善性能。

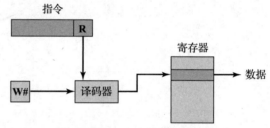

a）基于窗口的寄存器组

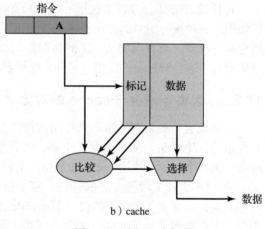

b）cache

图 17.3   访问一个标量

17.3   基于编译器的寄存器优化

我们现在假定目标 RISC 机器上只有少量寄存器可用（如 16~32 个）。这种情况下，优化寄存器的使用就是编译器的责任了。用高级语言编写的程序自然没有对寄存器的显式引用，程序中的量是以符号来表示的。编译器的目标就是，尽可能在寄存器中而不是在主存中为多数计算保存操作数，并且减少装载和保存操作。

通常，所采取的方法如下所述。准备驻留在寄存器中的每个程序量先被指派到一个符号的或虚拟的寄存器，然后编译器再将这些未限定数目的符号寄存器映射到固定数目的真实寄存器上。那些使用起来不重叠的符号寄存器能共享同一真实寄存器。若在程序具体运行的某个期间，需要处理的量多于真实寄存器数目，则某些量被指派到存储器位置上。装载和保存指令能把要计算的量暂时放置到寄存器中。

优化任务的本质是，判定在程序的任何给定时间点，什么样的量应指派到寄存器中。在 RISC 编译器中普遍使用一种称为图着色（graph coloring）的技术，这是由拓扑学借用过来的技术 [CHAI82，CHOW86，COUT86，CHOW90]。

图着色的做法是这样的：对于一个由节点和边组成的给定图，为节点指定颜色，并使相邻节点颜色不同，而且要使颜色的数目最少。这个问题以如下方式转换成编译器问题。首先，分析程序并构成一个寄存器相关图。图的节点是符号寄存器，若两个符号寄存器同时"生存"于同一程序段，则相应的两个节点用一条边连接起来以指示它们相关。尝试用 n 种颜色给图上色。这里的 n 是真实寄存器的数目。若这个过程不能完全成功，那么这些不能上色的节点必须放入存储器中，并且当需要它们时，必须使用装载和保存操作给它们开辟寄存器空间。

图 17.4 是这种做法的一个简单例子。假定程序有 6 个符号寄存器将被编译到 3 个实际寄存器上。图 17.4a 表示每个符号寄存器有效使用的时间顺序，水平虚线表示连续的指令执行。图 17.4b 显示了寄存器干涉图（使用阴影和条纹代替颜色）。这里指出了一种使用三种颜色给图着色的可能方法。因为符号寄存器 A 和 D 互不干涉，编译器可以将这两个寄存器分配给物理寄存器 R1。同样，符号寄存器 C 和 E 可以分配给寄存器 R3。一个符号寄存器 F 未能着色，必须使用装载和保存操作来处理。一个符号寄存器 F 未能上色，必须使用装载和保存操作来处理。

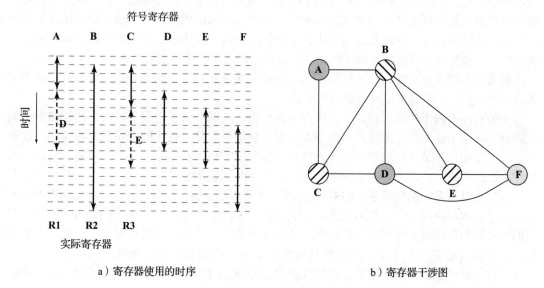

a）寄存器使用的时序   b）寄存器干涉图

图 17.4 图着色法

通常，在使用大量的寄存器和基于编译器的寄存器优化之间有一个权衡考虑的问题。例如，[BRAD91a] 是在一个具有类似于 Motorola 88000 和 MIPS R2000 特色的 RISC 结构的模型机上所做的研究报告。他们选取了不同的寄存器的数目（16～128），既考虑到所有寄存器都作为通用寄存器使用，也考虑到将寄存器分成整数寄存器和浮点寄存器使用。研究表明，若只有相当简单的寄存器优化，那么使用多于 64 个寄存器几乎带不来任何好处。使用相当精致的寄存器优化技术，当使用多于 32 个寄存器时，带来的性能改善也是不明显的。最后，他们指出，只有少量的寄存器（如 16 个）时，具有共享寄存器组织的机器要比具有分立寄存器组织的机器执行得更快。类似的结论由 [HUGU91] 得出，他们的研究主要关心的是使用少量寄存器的优化问题，而不是将大量寄存器的使用与优化来进行比较。

17.4   精简指令集体系结构

本节将考察精简指令集体系结构的一般特征及其发展的原因。本章稍后将给出具体的例子。首先，我们讨论当代复杂指令集结构的发展原因。

17.4.1   采用 CISC 的理由

我们已指出过指令集有朝更丰富指令集发展的趋势，这包括更大数量的指令和更复杂的指令。推动这一趋势的两个基本理由是：要求简化编译器和改善性能。这两个理由之下的根本原因是，大部分程序员已转移到高级语言（HLL）上，厂家试图设计能对 HLL 提供更好支持的机器。

本章并不是说 CISC 设计人员选错了方向。的确，技术还在发展，处理器结构存在着多种类型而不是两种纯类型，因此想做一个黑白分明的评定是不太可能的。因此，下面的解释只是指出 CISC 方法的某些潜在缺陷，并提供对 RISC 发展动因的一些理解。

采用 CISC 的第一个理由——简化编译器，看起来是很明了的，但实际并不是这样。编译器编写者的任务是构建一个编译器，这个编译器为每个 HLL 语句产生一个比较好的（快速的、短小的）机器指令序列（即编译器在周围的 HLL 语句的上下文中查看单个的 HLL 语句）。如果有类似于 HLL 语句的机器指令，那任务就简单多了。但 RISC 研究者对这个理由提出了异议（[HENN82，RADI83，PATT82b]）。他们发现复杂指令难以使用，因为编译器必须找到严格满足限制的情况。像优化生成的代码以达到减小代码长度、减少指令执行数目和增强流水这样的任务，使用复杂指令集也是非常困难的。作为这个观点的证据，本章前面所援引的一些研究报告曾指出，编译后程序中的大多数指令都是相当简单的。

前面提到的采用 CISC 的一个理由是，CISC 可生成更小、更快的程序。我们考察这个主张的两个方面：程序将更小并且执行得更快。

小的程序有两个优点。首先，程序占用内存少，这就节省了资源。但今天的存储器已如此廉价，以至于这个潜在的优点不再令人信服。更重要的是，较小的程序能改善性能。这表现在三个方面：一是较少的指令意味着待取的指令字节也少；二是内存分页环境下，较小的程序占据较少的页，减少了缺页中断；三是更多的指令适合缓存。

与这个理由并存的问题是：CISC 程序将小于相应的 RISC 程序，但这一点远不像看起来那么肯定。多数情况下，以符号机器语言表示的 CISC 程序是会短一些（即较少的指令），但它们所占据的存储器位数却不见得更少。表 17.6 列出了来自三个研究的结果，比较了几类机器上的编译后 C 程序的大小，其中包括精简指令集结构的 RISC I。注意，CISC 比 RISC 没有或只有少许的节省。另一点也是值得注意的，VAX 比 PDP-11 的程序并无大量减少，而前者比后者采用了更为复杂的 CISC 结构。这些结果也得到了 IBM 研究人员的赞同 [RADI83]，他们发现 IBM 801（一台 RISC 机器）产生的代码只是 IBM S/370 产生代码的 0.9 倍。他们的研究使用了一组 PL/I 程序。

表 17.6   相对于 RISC I 的代码大小

	[PATT82a] 11 个 C 程序	[KATE83] 12 个 C 程序	[HEAT84] 5 个 C 程序
RISC I	1.0	1.0	1.0
VAX-11/780	0.8	0.67	
M68000	0.9		0.9
Z8002	1.2		1.12
PDP-11/70	0.9	0.71	

有几个理由可解释这些令人惊奇的结果。我们曾指出过，CISC 上的编译器有偏爱简单指令的倾向，结果使得复杂指令所提供的简洁性很少能发挥作用。还有，CISC 上更多的指令数要求较长的操作码，这也使指令更长。最后，RISC 强调寄存器而不是存储器的访问，因而要求的指令位数也少。最后一种效应的例子先前已经讨论过。

因此，期望 CISC 能产生较小的程序并带有其他优点，是不太现实的。增加指令集复杂性的第二个动因是它的指令执行可能会更快。看起来这个观点是言之有理的，一个复杂的 HLL 操作，作为一条机器指令将会比作为一串更原始的指令执行得更快。然而，因为实际情况是偏向使用较为简单的指令，所以上述的想法不见得成立。为适应丰富的指令集，整个控制器必须做得更复杂，而且微程序控制存储也必须做得更大。不论哪种因素都增加了简单指令的执行时间。

实际上，某些研究者已发现，加速复杂函数的执行不在于复杂的机器指令是多么强有力，而在于它们驻留在高速控制存储中 [RADI83]。该控制存储实际上起到指令 cache 的作用。于是，硬件结构研究者面临的任务便是，确定什么样的子程序或者函数使用得最频繁，然后将它们指派到控制存储中，通过微代码实现它们。然而结果并不那么令人激动。于是，在 S/390 系统上，像翻译和扩展精度的浮点除法这样的指令驻留在高速存储中，而涉及建立过程调用或初始中断处理程序这样重要的指令序列反而放在较慢的主存中。

因此，朝更加复杂指令集方向发展是否合适，远不是那么清楚，这导致了几个研究组朝相反的方向探索。

17.4.2 精简指令集体系结构特征

虽然精简指令集结构可能采取各种不同的方法，但某些特征对它们都是共同的。这些特征包括：每周期一条指令、寄存器到寄存器的操作、简单的寻址方式、简单的指令格式。

下面我们简要介绍这些特征，稍后再给出具体的例子。

第一个特征是，**每机器周期一条机器指令**。机器周期（machine cycle）被定义成由寄存器取两个操作数，完成一个 ALU 操作，然后再将结果写入寄存器所用的时间。于是，RISC 机器指令不会比 CISC 机器上的微指令复杂，执行大约也是一样快。简单的单周期指令很少或没有对微代码的需求，机器指令能以硬布线方式实现。这样的指令应当比其他机器上的类似指令执行得更快，因为在指令执行期间它不必去访问微程序控制存储器。

第二个特征是，大多数操作应是**寄存器到寄存器**的，只以简单的 Load 和 Store 操作访问存储器。这个设计特点简化了指令集，进而也简化了控制器。例如，一个 RISC 指令集可只包括一条或两条 Add 指令（如整数加、带进位加），而 VAX 有 25 种不同的 Add 指令。这种结构的另一个好处是：它鼓励寄存器的优化使用，使频繁存取的操作数保留在高速存储中。

这种对寄存器到寄存器操作的强调，对于 RISC 设计是特别值得注意的。虽然其他当代机器也提供这种指令，但它们还包括存储器到存储器和混合的寄存器/存储器操作。对这些不同设计方法的比较是在 20 世纪 70 年代完成的，在 RISC 出现之前。图 17.5a 说明了所采取的方法。评价原型结构只在于比较程序的大小和传输的存储器位数。这样的结果曾使一个研究人员建议，将来的结构应完全不含有任何寄存器 [MYER78]。人们奇怪他怎么会这样想，那个时候（1978 年），RISC 机器 Pyramid 已经面市，它含有不少于 528 个寄存器。

这些研究遗漏的是，对少量局部标量的频繁访问，以及大量的寄存器或优化的编译器能使大多数操作数长时间地保存在寄存器中。于是，图 17.5b 可能是更公平的比较。

第三个特征是使用**简单的寻址方式**。几乎全部指令都使用寄存器寻址方式，其他几种寻址方式，如偏移寻址和 PC 相对寻址，也可能包括进来。其他的更为复杂的寻址方式可由这些简单方式用软件来合成。同样，这个设计特征简化了指令集和控制器。

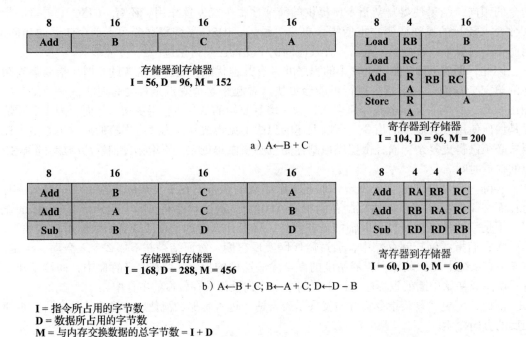

图 17.5   对寄存器到寄存器和存储器到存储器方法的比较

最后一个常见特征是使用**简单的指令格式**，而且通常仅使用一种或少数几种格式。指令长度固定并且在字边界上对齐。字段位置，特别是操作码字段位置是固定的。这个设计特点有多个优点。对于固定的字段，操作码的译码和寄存器操作数的访问能同时出现。简化格式也就简化了控制器。因为以字长单位来取指令和数据，取指令也就被优化了。这还意味着，单一指令不会跨越内存分页的边界。

将这些特征综合在一起进行评估，就能确定 RISC 方法的潜在优势。这也有相当数量的"间接证据"。首先，能开发出更有效的优化编译器。利用更原始的指令，对于无循环的传送功能、有效地重组代码、最大化寄存器的使用等，都会有更多的机会，甚至能在编译时求解复杂指令。例如，S/390 的传送字符（move character，MVC）指令能将字符串由一个位置传送到另一位置上。每当执行该指令时，传送将取决于串的长度、是否或在什么方向上位置有重叠，以及排列的特征是什么。大多数情况下，这些在编译时都是已知的。于是，编译器能为这种操作生成一个优化的原始指令序列。

其次，前面已指出，编译器生成的大多数指令从任何方面讲都是相对简单的指令。专门为这些指令来构造控制器看起来是有道理的，并且很少或根本不使用微代码来执行它们，要比相应的 CISC 快得多。

另外，与指令流水的使用有关。RISC 研究者们发现，精简指令集能非常有效地应用指令流水技术。我们将更详细地考察这一点。

最后一点有时不太明显的是，RISC 处理器应能更好地响应中断，因为中断相当于在基本操作之间进行检查。使用复杂指令的结构要么将中断限定在指令边界上，要么定义专门的中断点，并为重启动一条指令实现一种结构。

精简指令集结构的性能改善情况还没有完全得到验证。这方面已有几个研究，但不是在技术和功能方面可比的机器上进行的。而且，大多数的研究还没有将精简指令集的效应与大寄存器组的效应分开。然而，上述的"间接证据"还是有启发性的。

17.4.3 CISC 与 RISC 特征对比

在对 RISC 机器的最初热情之后，人们越来越认识到：（1）RISC 设计包括某些 CISC 特色会有好处。（2）CISC 设计包括某些 RISC 特色也会有益。结果是，最近的 RISC 设计（以 PowerPC 为代表），不再是"纯"RISC 了。而最近的 CISC 设计以 Pentium II 和其后的型号为代表，也结合了某些 RISC 特征。

[MASH95] 给出了一个令人感兴趣的比较，提供了对这些观点的某些见识。表 17.7 列出了几种处理器，并对几个特征进行了比较。为进行比较，这里列出如下一些典型的 RISC 特征：

1. 单一的指令长度。

2. 典型的指令长度是 4 字节。

3. 较少的寻址方式，一般少于 5 种。不过这个数目难以限定。表中未计入寄存器和立即数的方式，而带有不同位移大小的不同格式却分别统计了。

4. 无间接寻址。间接寻址要求先进行一次存储器访问来得到操作数的存储器地址。

5. 装载 / 保存操作不与算术操作混在一起（例如，由存储器加或加到存储器）。

6. 每条指令不会有多于一个的存储器操作数。

7. 对装载 / 保存操作，不支持数据的任意对齐。

8. 对指令中的数据地址，最大化存储管理单元（Memory Management Unit，MMU）的使用。

9. 整数寄存器指定符的位数等于 5 或更多。这意味着，至少有 32 个整数寄存器能被显式地引用。

10. 浮点寄存器指定符的位数等于 4 或更多。这意味着，至少有 16 个浮点寄存器也能被显式地引用。

1～3 项是指令译码复杂性的标示；4～8 项揭示了流水线技术实现的难易，特别是当出现虚拟存储器要求时；9 和 10 项关系到使用编译器的能力。

表 17.7 中的前 8 个处理器是明显的 RISC 结构，后 5 个是明显的 CISC，最后两个处理器常被看作 RISC，但事实上它们有不少 CISC 特征。

表 17.7 某些处理器特征

处理器	不同长度的指令数	最大指令长度字节	寻址方式数	间接寻址	Load/Store 与算术操作结合	存储器操作数的最大数量	是否允许未对齐寻址	使用的 MMU 的最大数量	证书寄存器指定符的位数	浮点寄存器指定符的位数
AMD29000	1	4	1	否	否	1	否	1	8	3①
MIPS R2000	1	4	1	否	否	1	否	1	5	4
SPARC	1	4	2	否	否	1	否	1	5	4
MC88000	1	4	3	否	否	1	否	1	5	4
HP PA	1	4	10①	否	否	1	否	1	5	4
IBM RT/PC	2①	4	1	否	否	1	否	1	4①	3①
IBM RS/6000	1	4	4	否	否	1	是	1	5	5
Intel i860	1	4	4	否	否	1	否	1	5	4

（续）

处理器	不同长度的指令数	最大指令长度字节	寻址方式数	间接寻址	Load/Store 与算术操作结合	存储器操作数的最大数量	是否允许未对齐寻址	使用的 MMU 的最大数量	证书寄存器指定符的位数	浮点寄存器指定符的位数
IBM 3090	4	8	2[②]	否[②]	是	2	是	4	4	2
Intel 80486	12	12	15	否[②]	是	2	是	4	3	3
NSC 32016	21	21	23	是	是	2	是	4	3	3
MC 68040	11	22	44	是	是	2	是	8	4	3
VAX	56	56	22	是	是	6	是	24	4	0
Clipper	4[①]	8[①]	9[①]	否	否	1	0	2	4[①]	3[①]
Intel 80960	2[①]	8[①]	9[①]	否	否	1	是[①]	—	5	3[①]

[①]不符合该特征的 RISC。
[②]不符合该特征的 CISC。

17.5　RISC 流水线技术

17.5.1　使用规整指令的流水线技术

正如 16.4 节所讨论的，指令流水线技术经常被使用以提高性能。让我们再在 RISC 结构前提下考虑这个问题。大多数指令是寄存器到寄存器的，并且指令周期有如下两个阶段。

- I：取指令。
- E：执行。带寄存器输入和输出，完成一个 ALU 操作。

对于装载和保存操作，需要三个阶段。

- I：取指令。
- E：执行。计算存储器地址。
- D：存储。寄存器到存储器或存储器到寄存器操作。

图 17.6a 描述了不使用流水线技术的一个指令序列的操作顺序。很清楚，这个过程有浪费，即使一个很简单的流水线技术都能实质性地改善其性能。图 17.6b 表示一种两阶段流水处理策略，在此流水线处理方式中，两个不同指令的 I 和 E 同时完成。流水线的两个阶段是取指令阶段和执行指令的执行 / 存储阶段，包括寄存器到存储器和存储器到寄存器的操作。因此，我们看到第二指令的取指令阶段可以与执行 / 存储阶段的第一部分并行执行。然而，第二指令的执行 / 存储阶段必须被延迟，直到第一指令清除流水线的第二阶段。这种策略能产生串行策略两倍的执行速率。有两个问题妨碍了这种最大速率的达到。第一个问题是，假定使用单端口存储器，那么每个阶段只准一次存储器访问，这就要求在某些指令的执行中插入等待状态。第二个问题是，一条分支指令能打断顺序的执行流。为了以尽量少的电路来应对这种情况，可通过编译器或汇编器将 NOOP 指令插入指令流中。

通过允许每个阶段有两次存储器访问，能进一步改进流水线的性能。这就产生了如图 17.6c 所示的序列。现在，能重叠执行多达 3 条指令，改善的倍数最大可达到 3。同样，分支指令使加速不能达到最大允许值。还有，注意数据相关性也有影响。若一个指令需要某个操作数，而该操作数会由前面指令所更新，则需要一个延迟。同样，这能用插入 NOOP 来实现。

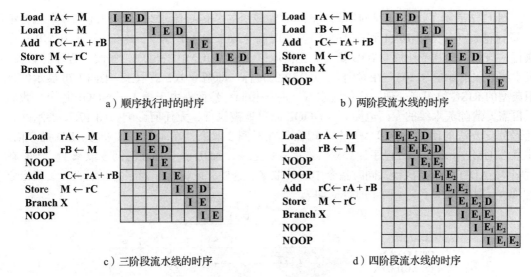

图 17.6 流水线的效果

至此，若 3 个阶段有大致相等的期间，所讨论的流水线就能很好地工作。因为 E 阶段通常涉及一个 ALU 操作，它可能会更长一些。这种情况下，我们能将它分成两个子阶段。

- E_1：寄存器组读。
- E_2：ALU 操作和寄存器写。

由于 RISC 指令集的简单性和规整性，设计 3 个或 4 个阶段的流水线很容易。图 17.6d 表示使用四阶段流水的结果。多达 4 条指令能同时进行，最大可能的加速比是 4。请再次注意，考虑因数据和分支的延迟而插入的 NOOP 指令。

17.5.2 流水线的优化

由于 RISC 指令集的简单性和规整性，硬件设计人员能有效地实现简单、快速的流水线。指令的执行时间有一些变动，对流水线进行改进可以反映这些变动。然而，我们已看到，数据的相关性和分支指令会降低整体的执行速率。

延迟分支 为抵消这些相关性带来的性能损失，开发人员采用了代码重组技术。提高流水线效率的一种方式是**延迟分支**。它利用了分支指令直到下面一条指令之后才产生影响这一特点，在分支指令之后安排一条有用的指令来替代仅为延迟的空操作。分支指令之后的指令位置被称为延迟槽（delay slot）。这种奇特的过程可见表 17.8 的说明。表中的第一列我们看到的是以符号指令表述的正常的机器语言程序。在 102 处的分支指令执行之后，将要执行的下一条指令在 105 处。为规范流水线，在分支指令之后插入了一条 NOOP 指令。然而，若将 101 处和 102 处的指令进行交换，则能实现性能的提升。

表 17.8 正常的和延迟的分支

地址	正常分支	延迟分支	优化的延迟分支
100	LOAD X, rA	LOAD X, rA	LOADX, rA
101	ADD 1, rA	ADD 1, rA	JUMP 105
102	JUMP 105	JUMP 106	ADD 1, rA
103	ADD rA, rB	NOOP	ADD rA, rB
104	SUB rC, rB	ADD rA, rB	SUB rC, rB
105	STORE rA, Z	SUB rC, rB	STORE rA, Z
106		STORE rA, z	

　　图 17.7 展示了上述过程的结果。图 17.7a 展示的是传统流水线方案，这种方案已在第 16 章讨论过（参见图 16.11 和图 16.12）。在时间 4 取来 JUMP 指令。在时间 5，JUMP 指令执行，与此同时指令 103（ADD 指令）已被取来。因为 JUMP 的出现，修改了程序计数器，流水线必须清除指令 103。在时间 6，JUMP 的目标，即指令 105 被取来。图 17.7b 展示的是用典型的 RISC 组织来处理同样的流水线，时序相同。然而，由于插入了 NOOP 指令，我们不再需要清除流水线的专门电路了，NOOP 简单地被执行，无任何影响。图 17.7c 展示的是延迟分支方法的使用。此 JUMP 指令现在是在时间 2 取来，在时间 3 取来的 ADD 指令前。注意，JUMP 指令将修改程序计数器，然而在此之前，ADD 指令已在时间 3 取来了。于是在时间 4，ADD 指令在执行，同时指令 105 被取来。这样，既保持了程序的原语义，又使指令的总执行时间减少了至少两个时钟周期。

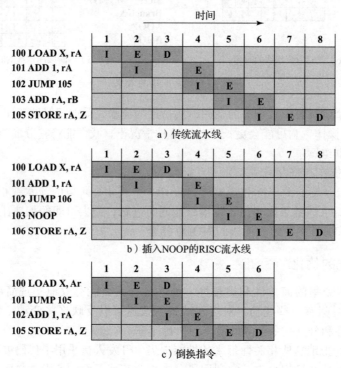

图 17.7　延迟分支的使用

　　对于无条件跳转、调用和返回，都能成功地进行这种交换。然而，不能盲目地将其施加到条件分支指令上。若分支所测试的条件会被前面这条指令所修改，则编译器应避开这种交换，而插入 NOOP 指令。否则，编译器能在分支指令之后插入有用指令。以 Berkeley RISC 和 IBM 801 系统二者的经验来看，大多数的条件分支指令都能以这种交换方式得到优化（[PATT82a]，[RADI83]）。

　　延迟加载　　一种类似的策略，称为延迟加载，可以用于加载指令。在加载指令时，作为加载目标的寄存器被处理器锁定。然后，处理器继续执行指令流，直到它到达需要该寄存器的指令，此时它空闲，直到加载完成。如果编译器可以重新安排指令，在加载流水线时完成其他有用的工作，那么效率就会提高。

　　循环展开　　另一种提高指令并行性的编译技术是循环展开（loop unrolling）[BACO94]。它把一个循环的循环体复制若干次，其次数被称为展开因子（u），从而以步长 u 来执行循环，而不是步长 1。

循环展开是通过以下方式来提高性能的：

- 降低循环开销。
- 通过提升流水线性能来提高指令并行性。
- 提高寄存器、数据高速缓存或页表快速缓存（TLB）的局部性。

图 17.8 用例子描述了这 3 种性能改进的效果。循环开销降低为原来的一半，因为在循环结尾的测试和分支之前，一次执行了两个迭代。指令并行性的提高是因为第二个赋值的执行可以与第一个赋值的结果保存和循环变量的更新同时进行。如果数组元素是被赋值到寄存器中，寄存器的局部性可获得提升，因为 a[*i*] 和 a[*i*+1] 在展开后的循环体中使用了两次，把每次循环迭代中的内存装载次数从 3 次降低到了 2 次。

```
do i=2, n-1
      a[i] = a[i] + a[i-1] * a[i+1]
end do
```

a）原来的循环

```
do i=2, n-2, 2
        a[i] = a[i] + a[i-1] * a[i+1]
        a[i+1] = a[i+1] + a[i] * a[i+2]
end do

if (mod(n-2, 2) = i) then
    a[n-1] = a[n-1] + a[n-2] * a[n]
end if
```

b）循环展开两次

图 17.8 循环展开

最后应当指出的是，指令流水线的设计不应与其他适用于系统的优化技术隔离开进行。例如，[BRAD91b] 指出，流水的指令调度策略应与寄存器的动态分配一起考虑，以提高效率。

17.6 MIPS R4000

最早商品化的一种 RISC 芯片组是 MIPS Technology 公司开发的。该系统受到了在斯坦福研制的一个实验系统（也叫 MIPS）的启发 [HENN84]。MIPS 系列的最新产品号是 R4000，它实质上与 MIPS 设计的早先产品 R2000 和 R3000 具有相同的体系结构和指令集。最显著的不同是 R4000 使用的是 64 位而不再是 32 位位宽，用于所有内部和外部数据路径、地址、寄存器以及 ALU。

使用 64 位比 32 位结构有几个好处。它允许更大的地址空间：大到允许操作系统将比太字节还大的文件直接映射到虚拟存储器，使存取变得很容易。现在普遍使用的是 1TB 或更大的磁盘驱动器，32 位机器的 4GB 地址空间成了一种限制。另外，64 位允许 R4000 处理像 IEEE 双精度浮点数这样的数据，以及处理字符串数据时能一次处理多达 8 个字符。

R4000 处理器芯片分成两个部分，一部分含有 CPU，另一部分含有用于存储管理的协处理器。CPU 的结构很简单，其设计思想是，尽可能使指令执行逻辑简单，留出空间用于增强性能的逻辑（例如，完整的存储管理单元）。

处理器支持 32 个 64 位寄存器。它还提供多达 128KB 的 cache，一半用于指令，一半用于数据。这种相对大的 cache（IBM 3090 提供 128 ~ 256KB 的 cache）使系统能在处理器内保存更多的程序代码和数据，从而减轻了主存总线的负荷，也避免了对大寄存器组及其配套窗口逻辑的需求。

17.6.1 指令集

所有 MIPS R 系列指令都是以单独的 32 位字格式编码的。所有数据操作都是寄存器到寄存器，存储器访问仅纯装载 / 保存操作。

R4000 没使用条件码。若一条指令产生某个条件，其相应的标志保存于一个通用寄存器中。这就避免了专门用于处理条件码的逻辑，因为它们影响流水线机制和编译器对指令的重排序。流水线已经实现了处理寄存器值相关的机制。而且，映射到寄存器组的条件在分配与再使用上，与保存于寄存器中的其他值都一样可由编译器在编译时间优化。

与大多数 RISC 类机器一样，MIPS 使用单一的 32 位指令长度。这既简化了取指令和译码，又简化了取指令与虚拟存储管理单元的相互作用（即指令不穿越字或页的边界）。它的三种指令格式（见图 17.9）共享操作码和寄存器引用的公共格式，简化了指令译码，可在编译时间以简单指令的合成实现更复杂指令的效果。

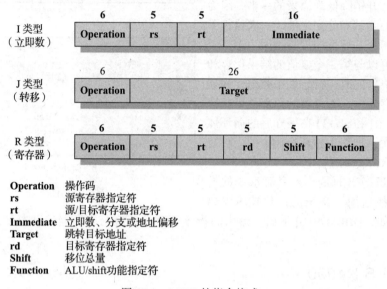

图 17.9   MIPS 的指令格式

只有最简单的和最经常使用的存储器寻址方式是以硬件实现的。所有的存储器引用由一个 32 位寄存器和一个 16 位的对此寄存器基址的偏移量组成。例如，装载字指令是如下形式：

```
1w r2, 128(r3) /* 装载一个字到寄存器 r2，该字的地址是寄存器 r3 的值加上偏移量 128
```

32 个通用寄存器的任意一个都可被用作基址寄存器。有一个寄存器 r0 所包含的值总是 0。

编译器使用多条机器指令的合成来实现普通机器中的典型寻址方式。下面给出了一个来自 [CHOW87] 的例子。其中使用了 lui（load upper immediate，装载上部立即数）指令，这条指令将 16 位立即数装入寄存器高半部，低半部全置为 0。考虑如下使用一个 32 位立即数作为参数的汇编语言指令：

```
1w r2, #imm(r4) /* 装载一个字到寄存器 r2，该字的地址是寄存器 r4 的值加上 32 位的立即数偏移量 #imm
```

上面这条指令将被编译为下列 MIPS 指令：

```
lui r1, #imm-hi  /* 装载偏移量 #imm 的高 16 位 #imm-hi 到寄存器 r1
add r1, r1, r4 /* 把寄存器 r1 中的 #imm-hi 与 r4 的值相加，结果保存回寄存器 r1
1w r2, #imm-1o(r1) /* #imm - 1o 是偏移量 #imn 的低 16 位 .
```

17.6.2   指令流水线

以其简化的指令集结构，MIPS 能实现很有效的流水。考察 MIPS 流水线的演化情况是有指导意义的，因为它在大体上说明了 RISC 流水技术的改进。

最初实验 RISC 系统和第一代商品化的 RISC 处理器实现了大约每系统时钟周期执行 1

条指令的执行速度。为改善这种性能，两类处理器（超标量和超级流水线体系结构）已发展到能每时钟周期执行多条指令。从本质上讲，超标量体系结构（superscalar architecture）复制每个流水线阶段，使得流水线的同一阶段可以同时处理两条或多条指令。超级流水线体系结构（superpipelined architecture）会使用更多、更细致的流水阶段。使用这种更多的阶段，更多的指令能同时处于流水线中，从而提高并行度。

这两种方法都有限制。对超标量流水线技术来说，不同流水线中指令间的相关性会减慢系统。还有，为协调这些相关性也需要一些其他的辅助逻辑。对超级流水线来说，指令由一个阶段传送到下一阶段的开销也会增加。

第 18 章将专门研究超标量体系结构。MIPS R4000 是一个基于 RISC 的超级流水线体系结构的好例子。

图 17.10a 显示了 R3000 的指令流水线，指令在流水线中每时钟周期前进一步。MIPS 编译器能重排序指令，在 70%～90% 的情况下能填充分支延迟槽。所有指令都流经如下 5 个流水阶段：

- 取指令；
- 从寄存器组中取源操作数；
- ALU 运算或数据操作数地址生成；
- 数据存储器访问；
- 写回到寄存器组。

正如图 17.10a 所显示的，这里不仅有流水线的并行性，也有单一指令执行内的并行性。60ns 的时钟周期分成两个 30ns 的阶段。外部指令和数据的 cache 存取操作，每项操作都需要 60ns，主要的内部操作（OP、DA、IA）也需要同样的时间。指令译码是一个较简单的操作，只要求一个 30ns 阶段，能与同一指令的寄存器读取重叠。一个分支指令的地址计算亦与指令译码和寄存器读取重叠，于是一条分支指令 i 可提供指令 $i+2$ 访问指令 cache 的地址。类似地，指令 i 的装载会读取被指令 $i+1$ 的操作紧接着使用的操作数，与此同时，一个 ALU/shift 的结果能直接传递给指令 $i+1$ 而没有任何延迟。这种指令间的紧耦合有利于高效流水。

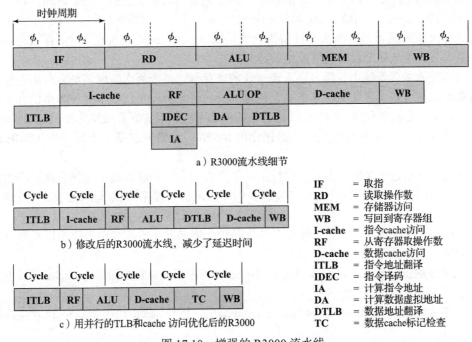

a）R3000流水线细节

Cycle	Cycle	Cycle	Cycle	Cycle	Cycle

ITLB	I-cache	RF	ALU	DTLB	D-cache	WB

b）修改后的R3000流水线，减少了延迟时间

Cycle	Cycle	Cycle	Cycle	Cycle

ITLB	RF	ALU	D-cache	TC	WB

c）用并行的TLB和cache访问优化后的R3000

IF	= 取指
RD	= 读取操作数
MEM	= 存储器访问
WB	= 写回到寄存器组
I-cache	= 指令cache访问
RF	= 从寄存器取操作数
D-cache	= 数据cache访问
ITLB	= 指令地址翻译
IDEC	= 指令译码
IA	= 计算指令地址
DA	= 计算数据虚拟地址
DTLB	= 数据地址翻译
TC	= 数据cache标记检查

图 17.10 增强的 R3000 流水线

每个时钟周期分成的两个阶段分别标为 $\phi 1$ 和 $\phi 2$。每个阶段所完成的功能总结见表 17.9。

表 17.9 R3000 流水阶段

流水阶段	阶段	功 能
IF	$\phi 2$	使用 TLB，将指令的虚拟地址转换成物理地址（在分支转移判定之后）
IF	$\phi 2$	发送物理地址到指令 cache
RD	$\phi 1$	由指令 cache 返回一个指令，比较标记并确认所取指令的有效性
RD	$\phi 2$	译码指令。读寄存器组。若转移，计算转移目标地址
ALU	$\phi 1 + \phi 2$	若是寄存器到寄存器操作，则逻辑或算术运算完成
ALU	$\phi 1$	若是一个分支，判定转移是否发生
		若是一个存储器访问（装载或保存），计算数据的虚拟地址
ALU	$\phi 2$	若是一个存储器访问，使用 TLB 将虚拟地址转换成物理地址
MEM	$\phi 1$	若是一个存储器访问，发送物理地址到数据 cache
MEM	$\phi 2$	若是一个存储器访问，由数据 cache 返回数据并检查标记
WB	$\phi 1$	写回到寄存器组

R4000 比 R3000 又有几点技术改进。使用更先进的技术，使时钟周期缩短到原来的一半，即 30ns，寄存器的存取时间也缩短到原来的一半。另外，芯片的密度更大，指令和数据 cache 能集成到芯片上。在最后考察 R4000 之前，让我们先考虑 R3000 应如何修改以使用 R4000 技术提高性能。

图 17.10b 展示了第一步。注意此图中的周期已是图 17.10a 中周期的一半长。因为指令和数据 cache 在处理器的同一芯片上，它们的存取时间也是原来的一半长，故它们的流水阶段仍占据一个时钟周期。同样，因为寄存器组存取的加速，寄存器读和写仍占据时钟周期的一半。

因为 R4000 cache 在芯片上，虚拟地址到物理地址的转换会延迟 cache 访问。可通过虚拟地址索引的 cache，从而使 cache 存取和地址转换的并行，以缩短延迟。图 17.10c 展示以这种优化的 R3000 流水线。因为事件密集，数据 cache 标记的检查放在 cache 存取之后的下一周期来完成，用于确定数据项是否在 cache 中。

在超级流水线式系统中，通过插入流水线的寄存器，每个流水阶段被细分开来，使得原有硬件在每个周期可被多次使用。基本上，超流水线的每个阶段是以基本时钟频率的几倍来操作，倍数取决于超流水程度。R4000 所具有的速度和密度，准许它有级别为 2 的超级流水线。图 17.11a 展示了使用这种超级流水线的优化的 R3000。注意，它基本上同于图 17.10c 所示的动态结构。

为了进一步改进 R4000，在其上设计了一个更大的专门的加法器，这使它能以两倍的速率来执行 ALU 操作。另外的改进允许装载和保存以两倍的速率来执行。改进后的流水线示于图 17.11b 中。

R4000 有 8 个流水阶段，这意味着多达 8 条指令能同时在流水线中。流水以每时钟周期两阶段的速率向前推进。8 个流水阶段如下所述。

- **取指令的前一半**（instruction fetch first half）：虚拟地址提交给指令 cache 和转换后备缓冲器（TLB）。
- **取指令的后一半**（instruction fetch second half）：指令 cache 送出指令和 TLB 生成物理地址。

- **寄存器组**（register file）：三个动作并行出现。
  - 指令被译码，并对互锁条件进行检查（即这条指令取决于前面指令的执行结果）。
  - 进行指令 cache 标记（tag）检查。
  - 由寄存器组读取操作数。
- **指令执行**（instruction execute）：可能出现下列三个动作之一。
  - 若指令是寄存器到寄存器的操作，ALU 完成此算术或逻辑操作。
  - 若指令是装载 / 保存指令，计算数据的虚拟地址。
  - 若指令是分支指令，计算转移目标的虚拟地址并检查转移条件。
- **数据 cache 前一半**（data cache first half）：虚拟地址提交给数据 cache 和 TLB。
- **数据 cache 后一半**（data cache second half）：TLB 生成物理地址，数据 cache 输出数据。
- **标记检查**（tag check）：为装载 / 保存完成 cache 标记检查。
- **写回**（write back）：指令结果写回到寄存器组。

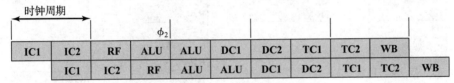

a）优化的R3000流水线的超流水线实现

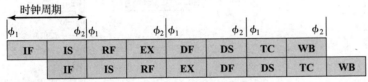

b）R4000流水线

IF	= 取指令的前一半	**DC**	= 数据cache
IS	= 取指令的后一半	**DF**	= 数据cache前一半
RF	= 从寄存器读取操作数	**DS**	= 数据cache后一半
EX	= 指令执行	**TC**	= 标记检查
IC	= 指令cache	**WB**	= 写回寄存器文件

图 17.11　R3000 的理论超级流水线与 R4000 的实际超级流水线

17.7　SPARC

　　SPARC（Scalable Processor Architecture，可扩展处理器体系结构）是指一种由 Sun Microsystems 公司定义的处理器结构。Sun 已开发了自己的 SPARC 实现，而且许可其他厂商生产 SPARC 兼容机。SPARC 结构的开发从 Berkeley 的 RISCI 机器得到了许多启发，它的指令集和寄存器组织也紧密基于 Berkeley RISC 模型之上。

17.7.1　SPARC 寄存器组

　　与 Berkeley RISC 一样，SPARC 也使用了寄存器窗口。每个窗口为 24 个寄存器提供寻址能力，总的窗口数是 2 ~ 32，实际数目取决于具体实现。图 17.12 展示了一个 8 窗口的实现，总共使用了 136 个物理寄存器。正如 17.2 节讨论中所指出的，这是一个合理的窗口数。物理寄存器 0~7，是所有过程共享的全局寄存器。每个过程可见到逻辑寄存器 0~31。逻辑寄存器24～31标记为输入（ins），是与调用过程（父过程）共享的。逻辑寄存器8～15标记为输出（outs），是与被调用过程（子过程）共享的。这两部分与其他窗口重叠。逻辑寄存器16～23标记为局部的，是本过程使用的局部寄存器，既不与其他过程共享，也不与其他窗口重叠。再次，如同16.1节讨论中所指出的，8个寄存器用于参数传递，在大多数情况下，应该就足够了（见表17.4）。

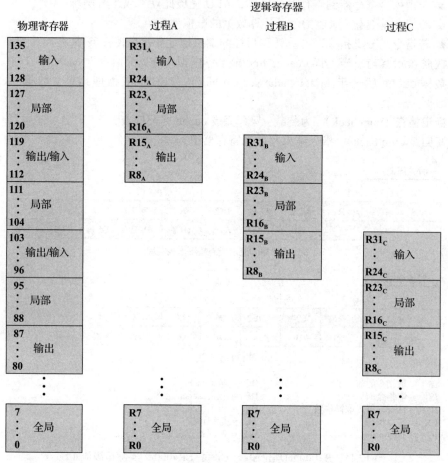

图17.12　三个过程的SPARC寄存器窗口布局

图17.13是寄存器重叠使用的另一种视图。调用过程将要传送的参数放入它的outs寄存器中，被调用过程将这同一组物理寄存器看作它的ins寄存器。处理器维护一个指向当前执行过程窗口的指针，称为当前窗口指针（current window pointer，CWP）。CWP位于处理器状态寄存器（PSR）中，此寄存器中还有一个窗口无效屏蔽WIM（window invalid mask），它指示哪个窗口无效。

使用SPARC的寄存器结构，进行过程调用时通常没必要保存和恢复寄存器。因为编译器只需关心以有效方式为过程分配局部寄存器，而不用关心过程间的寄存器分配，故编译器大大简化了。

17.7.2　指令集

大多数SPARC指令只使用寄存器操作数。寄存器到寄存器指令有三个操作数，并能表示成：

$$R_d \leftarrow R_{S1} \text{ op } S2$$

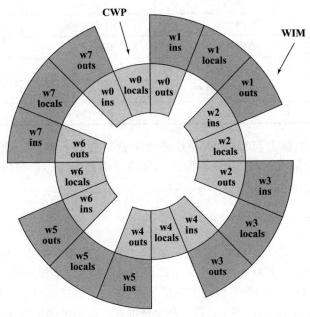

图 17.13 SPARC 中 8 个寄存器窗口构成了一个环形栈

其中，R_d 和 R_{S1} 是寄存器，S2 或者是寄存器，或者是一个 13 位立即数。寄存器零（R_0）已被硬布线为 0 值。这种指令形式非常适合于具有高比例的局部标量和常数的程序。

可由 ALU 实现操作的指令分成如下几组：

- 整数加法（带或不带进位）。
- 整数减法（带或不带借位）。
- 按位的布尔运算 AND、OR、XOR 及其取反操作。
- 逻辑左移、逻辑右移和算术右移。

除移位指令之外，所有这些指令都可选择设置 4 个条件代码：零（ZERO）、负（NEGATIVE）、上溢（OVERFLOW）、进位（CARRY）。带符号整数以 32 位的二进制补码形式表示。

只有简单的装载和保存指令访问存储器，并区分对字（32 位）、双字、半字、字节的装载或保存。半字或字节的装载指令还可按有符号数和无符号数区别对待。对有符号数，符号位被扩展填充 32 位目的寄存器的高位。对无符号数，32 位目的寄存器的高位将被 0 填充。

除寄存器外，唯一可用的寻址方式是偏址方式，即操作数的有效地址（EA）是基址和偏移量之和。基址来自寄存器，偏移量是立即数，也可能来自寄存器，即可表示为：

$$EA = (R_{S1}) + S2$$

或

$$EA = (R_{S1}) + (R_{S2})$$

为完成装载或保存，指令周期需添加一个额外的阶段，在第 2 个阶段使用 ALU 完成存储器地址计算，在第 3 个阶段装载或保存。这种单一寻址方式非常灵活，能综合形成其他寻址方式，如表 17.10 所示。

表 17.10 以 SPARC 寻址方式综合成其他寻址方式

指令类型	寻址方式	算法	SPARC 对应表示
寄存器到寄存器	立即寻址	操作数 =A	$S2$
装载，保存	直接寻址	EA=A	$R_0 + S_2$
寄存器到寄存器	寄存器寻址	EA=R	R_{S1}, S_{S2}
装载，保存	寄存器间接寻址	EA=(R)	$R_{S1} + 0$
装载，保存	偏移寻址	EA=(R)+A	$R_{S1} + S2$

将 SPARC 的寻址能力与 MIPS 的寻址能力进行对比是有益的。MIPS 使用 16 位偏移，SPARC 使用 13 位偏移。另外，MIPS 不准许一个地址由两个寄存器的内容构成，而 SPARC 准许。

17.7.3 指令格式

与 MIPS R4000 一样，SPARC 使用了一组简单的 32 位指令格式（见图 17.14）。所有指令都以 2 位操作码开始，某些指令在指令格式中的其他位置还有操作码。对于调用指令，一个 30 位的立即数用右方加两个零位的方法扩展成 32 位，构成以二进制补码格式表示的 PC 相对地址。指令对齐在 32 位边界上，故这种地址形式可以满足寻址需要了。

分支指令包括一个 4 位条件字段，它对应于 4 个标准条件码，因此可以测试这些条件的任何组合。22 位 PC 相对地址以右方加两位 0 而扩展，形成 24 位的二进制补码形式的相对地址。分支指令的一个不寻常特点是它的注销（Annul）位。若此注销位未置位时，则分支指令的直接后继指令总是被执行，不论是否发生转移。这是在许多 RISC 机器中都可以找到的典型延迟分支法策略，已在 17.5 节介绍过（见图 17.7）。但是，若注销位置位，则仅当发生转移时才执行此分支指令之后的指令。当转移实际未发生时，处理器会注销已经取到流水线中的延迟槽指令。这个注销位很有用，因为它使编译器填充条件分支指令之后的延迟槽变得很容易。转移目标指令总放在延迟槽内，因为如果不发生转移，能自动注销此指令。采用这种办法的理由是，条件分支多半是要发生转移的。

SETHI 指令是一条用于装载或保存 32 位值的特殊指令，这对于装载或保存地址或大的常数是一个很有用的特征。SETHI 指令以它的 22 位立即数设置寄存器的高 22 位，以 0 填充寄存器的低 10 位。一条普通指令格式的指令能指定多达 13 位的立即数，这样的指令能用于填注寄存器剩余的低 10 位。装载或保存指令也可以用来实现直接寻址方式。假设要从内存位置 K 取一个值装入寄存器，我们可以使用如下 SPRAC 指令：

```
sethi  %hi(k),%r8          /* 将位置 K 的高 22 位地址装入寄存器 r8
ld     [ % r8 + lo(k) ],% r8    /* 将位置 K 的内容装入寄存器 r8
```

宏 %hi 和 %lo 用于定义由位置的相应地址位组成的立即数。SETHI 的这种使用类似于 MIPS 上 lui 指令的使用。

浮点指令格式用于浮点运算，它要求两个源寄存器和一个目的寄存器。

最后，包括装载、保存、算术和逻辑运算的所有其他指令都使用图 17.14 最下方所列的两种普通指令格式之一。一种格式使用两个源寄存器和一个目的寄存器，另一种使用一个源寄存器、一个 13 位的立即数和一个目的寄存器。

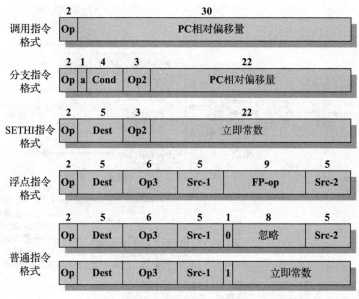

图 17.14　SPARC 指令格式

17.8　用于流水线的处理器结构

本节将介绍图 16.23 中所示的对流水线的一些增强，这些增强可用于提高性能。首先，我们将指令解码（ID）和操作数获取（OF）阶段合并为一个 ID 阶段，ID 阶段负责指令解码和寄存器操作数获取。这适用于大多数操作数都是寄存器的 RISC 机器，也可以用于 CISC 机器。在这两种情况下，内存操作数的获取被延迟到加载 / 存储单元（LSU）。

图 17.15 显示了添加的三个增强区域：指令缓冲区、存储缓冲区和预解码器。所有的设计都是为了平滑和增强通过流水线的指令流。**指令缓冲区**支持指令预取功能。目标是预防，或至少最小化由 L1 指令缓存缺失而导致的指令发出延迟。在没有指令预取的情况下，当 L1 指令缓存中出现缓存丢失时，流水线会冻结，直到新的指令从 L2 缓存进入 L1 缓存。为了应对这种情况，IF 阶段可以获取多条指令，以保持指令缓冲区满。这样，当发生缓存丢失时，ID 阶段仍然有指令可以从指令缓冲区中提取。偶尔，当分支发生缓存丢失时，需要从指令缓冲区中刷新指令。但整体性能得到了改善。

为了避免 ID 阶段成为瓶颈，**预解码器**（PD）卸载了指令解码阶段（ID 阶段）的部分任务。正如以前讨论的，指令解码器的功能包括解码操作码、操作数字段和评估相关性与危害。随着流水线结构的日益复杂，这些功能需要花费更多的时间，特别是对于 CISC 机器如x86 架构。然而，当下一章讨论超标量体系结构时，我们会知道，在那个体系结构中，将并行解码大量指令，即使是 RISC 体系结构也需要大量的解码时间。预解码器的目的是提前执行部分解码，以减少 ID 阶段的负担。PD 阶段插在 L2 缓存和 L1 指令缓存之间。由于 L2 缓存时间相对较慢，这里有空闲时间来完成 PD 功能。PD 可以给指令增加一些位来指定指令的类型和所需的资源。对于 CISC 指令体系结构，PD 还可以确定指令长度和解码指令前缀。

另一个缓冲区，**存储缓冲区**，提高了存储操作的性能。本质上，存储缓冲区允许装载绕过存储完成来访问一个内存位置。因此，load 指令可以在数据项被创建（结束）时就使用它，而不必等待数据项被存储在数据缓存中（完成）。这个特性对于循环指令特别有用，在循环指令中，一个迭代中创建的数据在下一个迭代中立即使用。在装载情况下，LSU 将存储缓冲区作为后备缓冲区检查，并从那里提取可用的数据，否则，它将正常查询数据缓存。

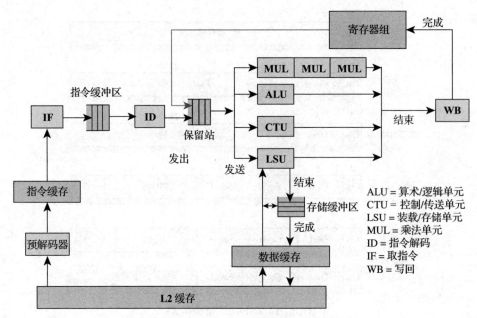

图 17.15   具有缓冲区和预解码的流水线组织

图 17.15 展示了一个流水线结构，这个流水线结构添加了指令缓冲区、存储缓冲区和图 16.23 中所示的组织的预解码器程序。接下来，我们考虑三个增强性能的特性：多个保留站、转发和重新排序缓冲区。

16.5 节曾描述了保留站（见图 16.24）。它克服了 ID 在发出前一个指令之前无法接收新指令的瓶颈问题。如果对应的功能单元（ALU、CTU、LSU 等）不可用，则 ID 阶段停顿。保留站允许 ID 向保留站发出指令，保留站可以缓冲多个指令，以便将它们发送到适当的功能单元（FU）。图 16.23 显示了为所有 FU 服务的单个保留站。这种安排的控制相对复杂，因而很少使用。Pentium 就是使用单一保留站的系统的一个例子。在性能和简单性方面的一个改进是为每个单独的 FU 使用**专用的保留站**。向功能单元派送指令的过程分为两部分：

- **从 ID 向保留站发出指令**：保留站中的每个槽充当一个虚拟 FU 的角色，ID 向其发出一条指令。除非一个给定 FU 的保留站中的所有槽都被使用（缓冲区已满），否则不会有停顿。
- **从保留站到 FU 的派送**：当对应的 FU 可用且所有操作数值都可用时，就会发生派送。然而，派送并不一定是先进先出的，但是不同的优先权可以被分配给不同的指令。

保留站也称为**指令窗口**，特别是在超标量文献中，我们在第 18 章中将使用后面这个术语。

数据转发解决了由于 WB 延迟而导致的读写延迟问题。与存储缓冲区一样，数据转发使数据一旦创建就可用。转发的数据将成为保留站的输入，这些保留站将进入操作数字段。

重新排序缓冲区支持乱序执行。乱序执行（OoOE）是一种处理方法，这种方法允许高性能微处理器的指令在其操作数准备好后立即开始执行。虽然指令是按顺序发出的，但它们可以彼此乱序进行。乱序处理的目标是允许处理器避免在执行某个操作所需的数据不可用时发生停顿。OoOE（乱序执行）将在第 18 章中讨论。重新排序缓冲区确保指令按顺序完成。重新排序缓冲区将在附录 G 中讨论。

图 17.16 将多个保留站、转发和重新排序缓冲区添加到图 17.15 所示的组织中。注意转发函数发生在结束时间，在重新排序缓冲区和写回完成之前。

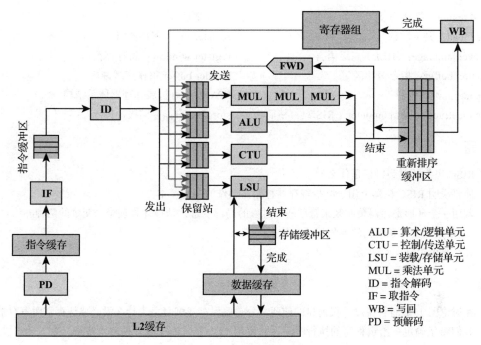

图 17.16 具有转发、重排序缓冲区和多个保留站的流水线结构

17.9 CISC、RISC 和当代系统

在 20 世纪 80 年代，关于 RISC 和 CISC 的相对性能有相当大的争议，且没有明确的解决问题的办法。近年来，RISC 与 CISC 之间的争论在很大程度上已经减弱。这是因为随着芯片密度和原始硬件速度的增加，RISC 系统变得更加复杂。与此同时，为了获得最大的性能，CISC 的设计将重点放在了传统与 RISC 有关的问题上，例如增加通用寄存器的数量和增加对指令流水线设计的重视。

在 RISC 引入的时候，计算机组成结构设计的重点是台式机和服务器，主要的设计目标是性能，而主要的设计约束是芯片面积和处理器设计复杂性。随着基于 ARM（主要是基于 RISC 的组成结构）的嵌入式设备的普及，主要是 CISC x86 继续主导大型系统，包括笔记本电脑、台式机和服务器，这种情况发生了戏剧性的变化，更多地强调电力消耗作为设计约束。[BLEM15] 报道的一项研究发现，实施的细节加上专门化的存在与否，如是否支持浮点和 SIMD 是性能和功耗要考虑的主要因素，使用 CISC 或 RISC 指令集体系结构并不是一个重要的因素。

可以得出的一个主要结论是，指令集体系结构（RISC 和 CISC）的差异确实会影响实现选择，但由于现代微体系结构技术，这些差异不会导致性能或功耗差异。现代微体系结构技术的一个例子是在现代 x86 实现上将机器指令转换为微指令。

17.10 关键词、思考题和习题

关键词

complex instruction set computer（CISC）：复杂指令集计算机

data forwarding：数据转发

dedicated reservation station：专门保留站

delayed branch：延迟分支	令集计算机
delayed load：延迟装载	register file：寄存器组
high-level language：（HLL）高级语言	register window：寄存器窗口
instruction buffer：指令缓冲区	reorder buffer 重排序缓冲区
predecoder：预解码器	SPARC：可扩展处理器体系结构
reduced instruction set computer（RISC）：精简指	store buffer：存储缓冲区

思考题

17.1 RISC 组织的典型特征是什么？

17.2 简要说明 RISC 机器上用于减少寄存器存储器操作的两种基本方法。

17.3 若用一个环形寄存器缓冲区来管理嵌套过程的局部变量，请描述管理全局变量的两种办法。

17.4 RISC 指令集体系结构的典型特征是什么？

17.5 什么是延迟分支？

习题

17.1 在讨论图 17.2 时曾说过，仅窗口的前两部分需要保存或恢复。为什么没必要保存临时寄存器？

17.2 我们希望确定一给定程序的执行时间，它使用 17.5 节讨论过的各种流水策略。令 N 为已执行指令数，D 为存储器访问次数，J 为转移指令数。

对于简单的顺序策略（见图 17.6a），执行时间是 $2N+D$ 个阶段。求出两段、三段和四段流水的执行时间公式。

17.3 重新组织图 17.6d 中的代码顺序以减少 NOOP 的数目。

17.4 考虑高级语言的如下代码片段：

```
for I in 1...100 loop
    S ← S + Q(I).VAL
end loop;
```

假定 Q 是一个 32 字节记录的数组，VAL 字段是每个记录的前 4 个字节。使用 x86 代码，能将这个程序段编译成：

```
        MOV     ECX, 1          ; 使用寄存器 ECX，初始值为 1
LP:     IMUL    EAX,ECX, 32     ; 得到 EAX 中的位移量
        MOV     EBX,Q [EAX]     ; 将 VAL 字段装入 EBX
        ADD     s, EBX          ; 加到 S 中
        INC     ECX             ; 递增 I
        CMP     ECX,101         ; 与 101 比较
        JNE     LP              ; 循环直到 I=100
```

这个程序使用了 IMUL 指令，它将第二个操作数乘以第三个操作数中的立即值，乘积放入第一个操作数中。一个 RISC 拥护者证明，一个灵巧的编译器能取消像 IMUL 这样的不必要的复杂指令。请通过重写一个不使用 IMUL 指令的 x86 程序来提供此证明。

17.5 考虑如下循环：

```
S: =0;
for K: =1 to 100 do
    S: =S-K;
```

将这些语句翻译成通常的汇编语言，直截了当的做法可以是这样：

```
        LD      R1, 0               ; S 值保持在 R1 中
        LD      R2, 1               ; K 值保持在 R2 中
LP      SUB     R1, R1, R2          ; S: =S-K
        BEQ     R2, 100, EXIT       ; 若 K=100，则结束
        ADD     R2, R2,1            ; 否则，递增 K
        JMP     LP                  ; 回到循环开始处
```

RISC 机器的编译器将在这段代码中引入延迟槽，于是处理器能使用延迟分支机制。JMP 指令好处理，因为这条指令后总是跟着一条 SUB 指令，我们可以简单地将 SUB 指令的副本放入 JMP 之后的延迟槽中。BEQ 指令处理有些困难，我们不能让代码就这样运行，否则 ADD 指令会执行太多次。于是，需要 NOP 指令。请给出使用延迟分支法的最终代码。

17.6 为提高流水效率，RISC 机器可将符号寄存器映射到实际寄存器，并重排指令顺序。这就提出了一个有趣的问题：这两个操作有没有先后次序？考虑如下程序段：

```
LD      SR1, A              ; A 装入符号寄存器 1
LD      SR2, B              ; B 装入符号寄存器 2
ADD     SR3, SR1, SR2       ; SR1、SR2 的内容相加，并存入符号寄存器 3
LD      SR4, C
LD      SR5, D
ADD     SR6, SR4, SR5
```

　　a. 先进行寄存器映射，后进行指令重排序，使用了多少机器寄存器？有流水性能的任何改进吗？

　　b. 仍以原程序开始，现在是先做指令重排序，后做寄存器映射，使用了多少机器寄存器？有流水性能的任何改进吗？

17.7 请在表 17.7 中加入这两项：

　　a. Pentium II

　　b. ARM

17.8 多数情况下，未列为 MIPS 指令集部分的普通机器指令能以单个 MIPS 指令来合成。请表示出如下的各 MIPS 指令序列：

　　a. 寄存器到寄存器的传送

　　b. 递增，递减

　　c. 求补

　　d. 求反

　　e. 清除

17.9 一个 SPARC 实现中有 K 个寄存器窗口，它的物理寄存器数目 N 是多少？

17.10 SPARC 缺乏几条 CISC 机器上普遍有的指令，其中某些指令可使用寄存器 R0（它的值总为 0）或常数操作数来模拟而成。这些被模拟的指令称为伪指令（pseudo instruction），并被 SPARC 编译器所承认。请模拟出如下伪指令，每个只使用单一的 SPARC 指令。所有这些伪指令中，src 和 dst 分别指源寄存器和目的寄存器（提示：保存到 R0 对 R0 无影响）。

　　a. MOV src, dst   f. INC dst

　　b. COMPARE srcl, src2   g. DEC dst

　　c. TEST srcl   h. CLR dst

　　d. NOT dst   i. NOP

　　e. NEG dst

17.11 考虑如下程序段：

```
if K>10
```

```
    L: =K+1
else
    L: =K-1
```

这些语句翻译后，能以如下形式进入 SPARC 编译器：

```
    sethi  %hi(K), %r8              ; 将位置 K 的高 22 位地址装入寄存器 r8


    ld     [%r8 + %lo(K)], %r8      ; 将位置 K 的内容装入寄存器 r8
    cmp    %r8, 10                  ; 将 r8 的内容与 10 相比较
    ble    L1                       ; 若（r8）≤10 则转移
    nop
    sethi  %hi(K), %r9
    ld     [%r9 + %lo(K)], %r9      ; 将位置 K 的内容装入寄存器 r9
    inc    %r9                      ; 给（r9）加 1
    sethi  %hi(L), %r10
    st     %r9, [%r10 + %lo(L)]     ; 保存（r9）到位置 L
    b      L2
    nop
L1: sethi  %hi(K), %r11
    ld     [%r11 + %lo(K)], %r12    ; 将位置 K 的内容装入存器 r12
    dec    %r12                     ; 由（r12）减 1
    sethi  %hi(L), %r13
    st     %r12, [%r13 + %lo(L)]    ; 保存（r12）到位置 L
L2:
```

在每个分支指令后都有一个 nop 指令，因此这些代码准许以延迟分支法来运行。

a. 与 RISC 机器无关的优化的标准编译器能对上述代码执行两次翻译。请注意，上述程序中两个装载指令是不必要的，并且如果保存指令挪移到程序中另一位置，则两次保存可合并成一次。请写出完成这些修改之后的程序。

b. 如果编译器现在能够完成针对 SPARC 的特有优化，请考虑使用设置注销位的 ble 指令（表示成 ble, a L1），并将其他有用的指令移入它之后的延迟槽内，从而取代 nop 指令。写出这一改动之后的程序。

c. 现在还有两条不必要的指令，请将它们移走，写出最终优化的汇编语言程序。

指令级并行性和超标量处理器

学习目标

学习完本章后，你应该能够：

- 解释超标量和超流水线方法之间的区别。
- 定义指令级并行性。
- 讨论作为指令级并行性限制的依赖关系和资源冲突。
- 概述指令级并行性所涉及的设计问题。
- 将在 RISC 机和超标量机中提高流水线性能的技术进行比较和对比。

　　超标量实现的处理器结构是指，在这样的结构中，包括整数和浮点运算、装载、保存以及条件分支之类的普通指令，能同时启动并独立执行。这种实现引出了涉及指令流水线的几个复杂设计问题。

　　超标量设计紧跟 RISC 体系结构的脚步。虽然 RISC 机器的精简指令集体系结构自身已倾向于应用超标量技术，但超标量方法既能用于 RISC 也能用于 CISC 体系结构。

　　其实，以 IBM 801 和 Berkeley RISC I 开始的 RISC 研究到 RISC 商品机的推出，其孕育期长达 7~8 年，而最初成为商业可用的超标量机器只是**超标量**这个概念提出后一两年的事。超标量方法现在已成为实现高性能微处理器的标准方法。

　　本章先是概述超标量方法，将它与超流水线进行对照。接着提出与超标量实现相关的主要设计考虑。然后考察几个最具代表性的超标量处理器实例。

18.1　概述

　　超标量（superscalar）这一术语最早是在 1987 年提出的 [AGER87]，它指的是为改善标量指令执行性能而设计的机器。在大多数应用中，大量操作都是对标量进行的。因而，超标量方法代表了高性能通用处理器的进一步发展。

　　超标量方法的本质是，在不同流水线中独立执行指令的能力。此概念可进一步发展为，允许指令以不同于原程序顺序的次序来执行。图 18.1 一般地比较了标量方法和超标量方法。在传统的标量组织中，有一个用于整数操作的流水线功能单元和一个用于浮点操作的流水线功能单元。并行性是通过使多条指令同时处于流水线的不同阶段来实现的。在超标量组织中有多个功能单元，每个功能单元都作为一个流水线实现。每个单独的功能单元通过其流水线结构提供了一定程度的并行性。多个功能单元的使用使处理器能够并行地执行指令流，每个流水线一个指令流。这是硬件的责任，与编译器一起，保证并行执行不违反程序的目的。

　　图 18.2⊖为一个超标量流水线处理器的传统结构提供了其他细节。请与图 17.16 进行比较。L1 缓存分为指令和数据。指令组被提取到指令缓冲区中。指令译码阶段至少涉及确定操作码和操作数说明符。这个阶段通常还涉及在已提取但尚未发出的一组指令中对指令间依赖关系进行检测。这个阶段选择下一个指令周期中要发出的指令，并将它们发送到发送窗口。发送窗口保存在下一个周期中发送的所有已译码的指令。发送窗口的宽度对应于超标量的程度。

　　⊖　图由 Michigan Technological University 的 Roger Kieckhafer 教授提供。

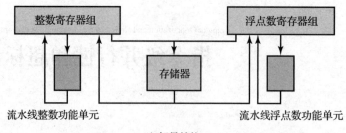

a）标量结构

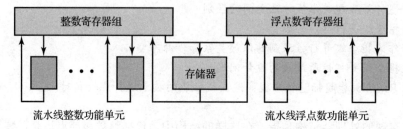

b）超标量结构

图 18.1　超标量结构与普通标量结构的对比

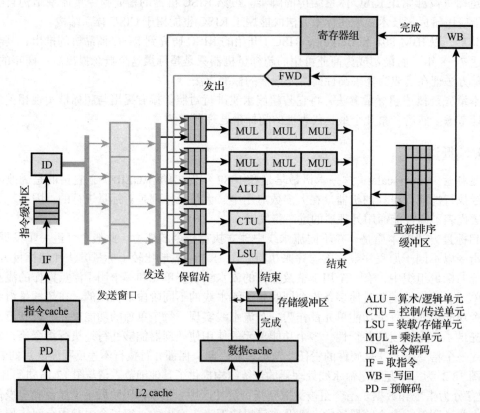

ALU = 算术/逻辑单元
CTU = 控制/传送单元
LSU = 装载/存储单元
MUL = 乘法单元
ID = 指令解码
IF = 取指令
WB = 写回
PD = 预解码

图 18.2　通用超标量结构（度 =4）

定义**发送率**为每个指令周期发出的指令数。然后，对于一个超标量机器，最大发送率等于发送窗口的宽度。平均发行率取决于流水线风险和约束的发生率，以及基于这些风险和约束的发行策略。设计目标是实现每个指令周期远高于一条指令的发布率，并且尽可能接近最大的发布率。

发送窗口后面是一组保留站，当保留站容量可用时，将从发送窗口发出指令。第 16 章介绍了单一保留站的概念。超标量体系结构有多个保留站，每个流水线一个保留站。每个保留站本质上是一组输入寄存器，被用于缓冲一个功能单元的操作和操作数。保留站的目的是消除指令译码（ID）阶段的瓶颈。只要一个功能单元可用并且危险被解决，指令译码（ID）阶段就可以发出指令。这造成的问题是，在发出前一个指令之前，指令译码（ID）阶段无法接收新指令。保留站提供一个缓冲区，使 ID 阶段能够尽快发出指令。然后，当下一个保留站可用时，保留站将每条指令发送到其功能单元。

当可以安全地按程序顺序将结果存储到内存或寄存器中时，重新排序缓冲区保存结果。当一条指令完成并可以最终结束时，要么将其写回寄存器文件，要么将结果转发到保留站。

不少研究人员考察了类似的超标量处理器，他们的研究指出某种程度的性能改善是可能的。表 18.1 列出了所报告的性能改进，结果的不同起因于被模拟机器硬件和被模拟应用两方面的不同。

表 18.1　超标量机器的速度提高情况

参考文献	加速比
[TJAD70]	1.8
[KUCK77]	8
[WEIS84]	1.58
[ACOS86]	2.7
[SOHI90]	1.8
[SMIT891]	2.3
[JOUP89b]	2.2
[LEE91]	7

18.1.1　超标量与超流水线的对比

实现更高性能的另一种方法是超流水线（super pipelining），这一术语最早提出是在 1988 年 [JOUP88]。为了以更高频率计时，超流水线将流水线划分成更多更小的阶段。虽然这仍然仅有一条流水线，但是我们通过增加阶段数目增加了它的临时并发度，让其能够同时执行更多的指令。这种针对指令处理所使用的一种非常深、非常高速的流水线叫超流水线。我们已在 MIPS R4000 处理器中看过这种方法的一个例子。

图 18.3 比较了这两种方法。图的上部显示了一个普通的流水线，是比较的基础。它是每时钟周期发出一条指令，并能每时钟周期完成一个流水阶段。此流水线有 4 个阶段：取指令、操作译码、操作执行和结果写回。为清楚起见，执行阶段以阴影表示。注意，虽有几条指令并行执行，但任何时刻只有一条指令处于执行段。

图的中间部分表示一种**超流水线**实现，它能每个时钟周期完成两个流水阶段。查看它的另一种方式是，每个流水阶段所完成的任务能分成两个不重叠的部分并且每个能在半个时钟周期内执行完。以这种方式运行的超流水线被称为度 2。最后，图的最下部表示的是一种超标量实现，它能并行执行每阶段的两个实例。自然，更高程度的超流水线和超标量实现也完全是可能的。

图 18.3 所描述的超流水线和超标量实现在稳定状态下具有相同的指令数并且同时执行。在程序开始和每次转移到目标时，超流水线处理器落后于超标量处理器。

18.1.2　限制

超标量方法依赖于并行执行多条指令的能力。**指令级并行性**（instruction-level parallelism）指的是程序指令能并行执行的程度。硬件技术与编译器优化技术的结合能够达到最大限度的指令级并行性。在考察超标量机器用于提高指令级并行性所采用的设计技术之前，我们需要查看并行性的基本限制，这些限制是系统必须认真对待的。参考文献 [JOHN91] 中列出 5 种限制：

- 真数据相关性（true data dependency）
- 过程相关性（procedural dependency）
- 资源冲突（resource conflict）
- 输出相关性（output dependency）
- 反相关性（antidependency）

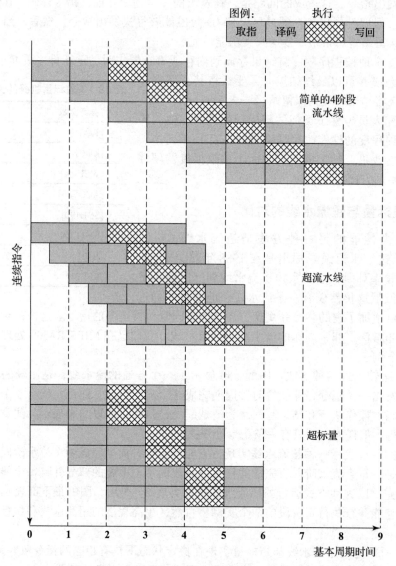

图 18.3   超流水线和超标量方法的比较

本节先考察前三个限制，后两个限制留待下一节讨论。

真实数据相关性   考虑如下指令序列⊖：

```
ADD EAX, ECX          ; 将寄存器 EAX 的内容和 ECX 的内容相加，结果保存到 EAX 寄存器中
MOV EBX, EAX          ; 将寄存器 EAX 的内容保存到 EBX 寄存器中
```

⊖ 对于 Intel x86 汇编程序而言，一个 "；" 代表一个注释域的开始。

　　第二条指令能取指并译码，但直到第一条指令执行完成之前不能被执行。原因在于第二条指令需要第一条指令产生的数据。这种情况称为**真实数据相关性**，也称为**流相关性**（flow dependency）或**写后读相关性**。

　　图 18.4 说明了度为 2 的超标量机器中的这种相关性。若没有相关性，两条指令能并行地取指和执行。若第一条第二条指令间有数据相关性存在，则第二条指令要延迟一定的时钟周期以待相关性消除。通常，任何指令直到它的所有输入值都已产生之前必须被延迟。

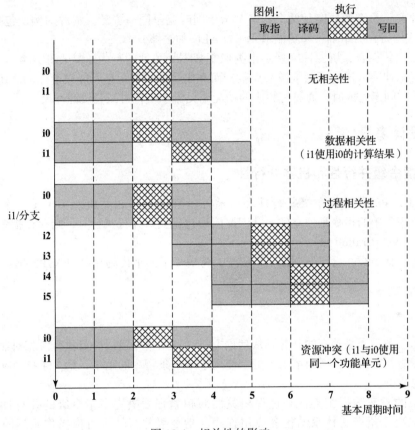

图 18.4　相关性的影响

　　在一个简单的流水线中，例如图 18.3 上部所示的流水线，上述指令序列可能不会引起延迟。然而，考虑如下指令序列，其中一条指令从内存装载一个数，而不是从寄存器读一个数：

```
MOV EAX, eff      ；将有效存储器地址 eff 处的内容装载到寄存器 EAX
MOV EBX, EAX      ；将 EAX 的内容传送到寄存器 EBX
```

　　一个典型的 RISC 处理器要用两个或更多个时钟周期来完成由存储器取数的操作，这是由于存储器不在处理器芯片上导致的延迟，或 cache 的存取延迟。补偿这种延迟的一种方法是编译器重排指令顺序，让不必等待存储器装载数据的一条或多条后续指令开始进入流水线。这种策略在超标量流水线情况下不太有效。在装载期间执行的这种独立指令很可能在装载的第一个周期执行完毕，留下处理器无事可做直到装载完成。

　　过程相关性　　正如第 14 章所讨论的，指令序列中出现分支指令把流水操作弄复杂了。分支（发生或不发生转移）之后的指令有对分支指令的**过程相关性**，而且直到分支指令被执行之前它们不能去执行。图 18.4 说明了分支对 2 度超标量流水线的影响。

我们已经看过，这类过程相关性也会影响简单的标量流水线。但结果对于超标量流水线来说要更严重，因为每个延迟会丢失更多的机会。

若使用变长指令，会出现另一类过程相关性。因为任何指令的具体长度不是事先已知的，在取后续指令之前，它必须至少部分地被译码。这就妨碍了超标量流水线所要求的指令同时取指。这也是超标量技术更适合用于 RISC 或类 RISC 结构的理由之一，因为它们的指令长度固定。

资源冲突　　**资源冲突**是两个或多个指令同时竞争同一资源。资源的例子包括存储器、cache、总线、寄存器组端口和功能单元（如 ALU 加法器）。

对于流水线而言，资源冲突展示出类似于数据相关性的行为（参见图 18.4）。然而也有些不同，资源冲突可通过复制资源来克服，而真实数据相关性是不能被消除的。还有，当操作需要较长时间来完成时，通过将相应的功能单元流水线化可减轻资源冲突。

18.2　设计考虑

18.2.1　指令级并行性和机器并行性

文献 [JOUP89a] 对指令级并行性和机器并行性这两个相关概念指出了一个重要的区别。当指令序列中的指令是独立的，并因此能通过重叠来并行执行时，则存在**指令级并行性**（instruction-level parallelism）。

作为说明指令级并行性概念的一个例子，考虑如下两个代码片段 [JOUP89b]：

```
Load R1 ← R2        Add R3 ← R3,"1"
Add R3 ← R3,"1"     Add R4 ← R3,R2
Add R4 ← R4 ,R2     store [R4] ← R0
```

左边的三条指令是独立的，并且从理论上讲这三条指令可以并行执行。相对照，右边的三条指令不能并行执行，因为第二条指令使用了第一条指令的结果，第三条指令又使用了第二条指令的结果。

代码中的真实数据相关性和过程相关性的频繁程度决定了指令级的并行性。这些因素本身又取决于指令集体系结构和应用程序。指令级并行性也可由操作延迟时间来确定 [JOUP89a]。操作延迟时间是指，等到一条指令的结果可作为后续指令的操作数使用时，所需的等待时间。它确定了一个数据或过程相关性将引起多长的延迟。

机器并行性（machine parallelism）是指处理器获取指令级并行性好处的程度。机器并行性由下面这些因素决定，它能同时取指和执行的指令数（并行流水线数），以及处理器用于找出独立指令所使用结构的速度及精巧程度。

指令级并行性和机器并行性都是提高性能的重要因素。一个不具有充分指令级并行性的程序也能取得机器并行性的全部好处。像 RISC 这样使用固定长度的指令集结构，增强了指令级并行性。从另一方面讲，有限的机器并行性将限制无论什么性质的程序的性能。

18.2.2　指令发射策略

正如所提到过的，机器并行性并不只是使每个流水阶段能容纳多条指令这样简单的事情。处理器必须能识别出指令级并行性，并指挥流水线并行地去取指、译码和执行。文献 [JOHN91] 使用了术语**指令发射**（instruction issue），它是指启动指令去处理器功能单元执行的过程，并用**指令发射策略**（instruction-issue policy）这个术语来表示启动指令执行时所采用的协议。通常，我们说指令发射是在指令从流水线的译码阶段，向流水线的执行阶段前进时发生的。实际上，指令发射就是处理器试图在当前执行点之前查找能进入流水线并执行的指令。因此，三种类型的排序是重要的：

- 取指令的顺序。
- 指令执行的顺序。
- 指令改变寄存器和存储器位置内容的顺序。

处理器越精巧，对这些顺序间严格关系的限制就越少。对那些在严格顺序执行中所见到的顺序，处理器可能需要更改一个或多个指令的顺序以求做到各个流水线部件的最大化利用。对此的唯一限制是，处理器必须保证结果是正确的。于是，处理器必须协调以前所讨论的各种相关性和冲突。

通常，我们能把超标量指令发射策略分为下面这几种：

- 按序发射按序完成（in-order issue with in-order completion）。
- 按序发射乱序完成（in-order issue with out-of-order completion）。
- 乱序发射乱序完成（out-of-order issue with out-of-order completion）。

按序发射按序完成　　最简单的指令发射策略是，严格地按顺序执行的那个顺序发射指令（**按序发射**），并以同样的顺序写结果（**按序完成**）。即使标量流水线也不遵循这种简单的策略，然而将它作为更复杂指令发射方法的一个基准还是有用的。

图 18.5a 给出了这种策略的一个例子。假定超标量流水线一次能取并译码两条指令，有三个分立的功能单元（如整数算术、浮点算术等），有两个流水写回阶段的部件。例子是一个 6 条指令的代码片段，并假定有如下限制：

- I1 执行要求两个执行周期。
- I3 和 I4 为使用同一功能单元而发生冲突。
- I5 依赖于 I4 产生的值。
- I5 和 I6 为使用同一功能单元而发生冲突。

指令是一次取两条并传送到译码单元。因为指令是成对取的，所以下两条指令必须等待，直到译码流水阶段已完成上次所取指令的译码。为保证按序**完成**，当有功能单元冲突或功能单元产生结果需要不止一个周期时，指令发射必须停止。

在这个例子中，由译码第一条指令到写回最后结果总共花费的时间是 8 个时钟周期。

按序发射乱序完成　　**乱序完成**在标量 RISC 机器中用来改善需要执行多个时钟周期指令的性能。图 18.5b 说明了它在超标量处理器上的使用。指令 I2 被允许先于 I1 完成。这就允许 I3 也能更早完成，从而节省了一个时钟周期。

采用乱序完成，任何时候可能有多条指令在流水线执行阶段运行，最大数目取决于各个功能单元之间的最大机器并行度。如果发生资源冲突、出现数据相关性或过程相关性，指令发射将被迫停顿。

除上面的限制外，一种新的相关性（前面曾称为**输出相关性**，也称为**写后写相关性**）出现了。以下代码片段说明了这种相关性（其中 op 表示任何一种操作）。

```
I1: R3 ← R3 op R5
I2: R4 ← R3 + 1
I3: R3 ← R5 + 1
I4: R7 ← R3 op R4
```

指令 I2 不能先于 I1 执行，因为 I2 需要 I1 在 R3 中产生的结果。这是 18.1 节所描述过的真实数据相关性的例子。类似地，I4 必须等待 I3，因为它使用 I3 产生的结果。那么 I1 和 I3 之间有什么关系呢？这里没有我们已定义的那种数据相关性。然而，若 I3 的执行先于 I1 完成，则 R3 内容的错误值将被 I4 的执行所取用。于是，I3 必须在 I1 之后完成，以产生正确的结果。如果它的结果可能会被一条需要较长时间完成的较早指令改写的话，为保证结果正确，第 3 条指令的发射必须停止。

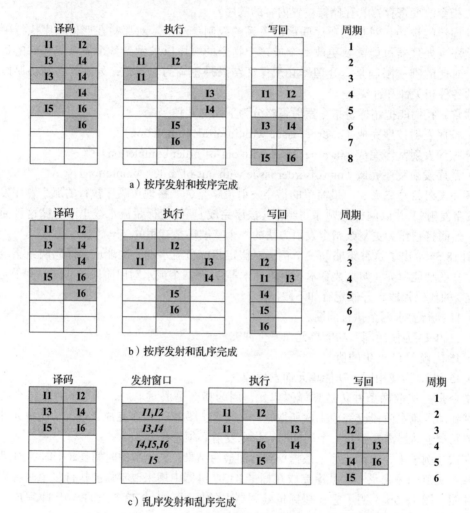

图 18.5　超标量流水线指令发射和完成策略

乱序完成比按序完成要求更复杂的指令发射逻辑。另外，在处理指令中断和异常时也更困难。当一个中断出现时，当前点的指令执行被挂起，中断处理后再恢复。处理器必须保证这个恢复操作已考虑到下述情况：中断发生时，那些位于引起此中断的指令之后的指令可能已先行完成。

乱序发射乱序完成　如果按序发射，那么处理器对指令进行译码时，遇到相关点或冲突点即停顿，这期间没有另外的指令被译码，直到冲突解决。于是，处理器不能向前查看冲突点的后续指令，而这些后续指令可能独立于已在流水线中的指令，因而可以引入流水线中。

为允许**乱序发出**，有必要解耦流水线的译码阶段和执行阶段。这是通过使用一个称为**指令窗口**（instruction window）的缓冲器来完成的。在这种组织方式下，处理器译完一条指令就把它放入指令窗口，只要缓冲器未满，处理器就继续取指和译码新指令。当执行阶段中的功能单元变成可用时，需要此功能单元的指令就会由指令窗口发射到执行阶段。只要指令所需的具体功能单元是可用的而且没有冲突或相关性阻塞这条指令，那任何指令都可以被发射。图 18.6 解释了这种结构。

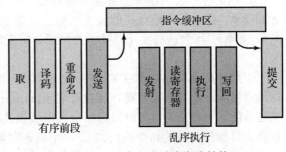

图 18.6　乱序发出乱序完成结构

这种组织方式的结果是，处理器有先行查找的能力，允许它识别那些能放入执行阶段的独立指令。指令由指令窗口发射出去的顺序很少遵照它们原来的顺序。同前面一样，唯一的限制是程序执行的结果是正确的。

图 18.5c 说明了这种策略。在头三个周期中，每周期两条指令取入译码阶段。由于缓冲器大小限制，每周期两条指令由译码阶段进入指令窗口。在这个例子中，指令 I6 先于 I5 被发射是可能的（回想一下，I5 依赖于 I4，但 I6 不依赖）。于是，执行和写回两个阶段都节省了一个周期，与图 18.5b 相比较，端到端节省了一个周期。

图 18.5c 中所表示的指令窗口仅在于说明它的作用。注意，它并不是一个附加的流水线阶段。一条指令位于窗口中简单地意味着，处理器具有关于那条指令应何时发射的充足信息。

乱序发射乱序完成策略也要服从前面所描述过的限制。若一条指令违背相关性或冲突，那它不能发射。不同在于，有更多的指令可用来发射，减少了流水线阶段不得不停顿的发生概率。另外，一种前面称为**反相关性**（也称为**读后写相关性**）的问题出现了。前面曾考察过的代码段可说明这种相关性。

```
I1: R3 ← R3 op R5
I2: R4 ← R3 + 1
I3: R3 ← R5 + 1
I4: R7 ← R3 op R4
```

在指令 I2 开始执行并已取得它的操作数之前，指令 I3 不能完成执行。这是因为 I3 修改寄存器 R3，而 R3 是 I2 的源操作数。这里使用术语**反相关性**，因为这一限制与真实数据相关性类似，但正好相反。真实数据相关性是前一条指令产生的值会被后一条指令使用，而反相关性是后一条指令会破坏前一条指令所使用的数据值。

18.2.3　寄存器重命名

当允许乱序指令发出 / 乱序指令完成时，我们已看到，这里存在输出相关性（写后写相关性，WAW）和反相关性（读后写相关性，WAR）的可能。这些相关性不同于真实数据相关性和资源冲突，后者反映了通过程序的数据流和执行的顺序，而输出相关性和反相关性的出现，从另一方面来看，是因为寄存器的值可能不再反映被程序流指定的值顺序。

当指令顺序发出顺序完成时，在程序的每个执行点上确定每个寄存器的内容是可能的。当采用乱序技术时，仅考虑程序指定的指令顺序，则每点上的寄存器值不能完全已知。实际上，值对于寄存器的使用是存在冲突的，处理器必须偶尔停顿一个流水线阶段来解决这些冲突。

反相关性和输出相关性都是寄存器存储冲突的例子。多个指令为使用同一个寄存器位置而竞争，产生了妨碍性能的流水限制。当寄存器优化技术被采用时，问题变得更严重（参见第 16 章），因为这些编译器技术力图最大限度地使用寄存器，于是也使寄存器存储冲突最大化。

对付这种类型的存储冲突的一种方法是基于传统的资源冲突解决方法：资源复制。在现在的语境中，此技术称为**寄存器重命名**（register renaming）。本质上，寄存器由处理器硬件动态分配，并且它们与各时间点指令所需值相关。当一个新寄存器值产生时（即当一条以寄存器为目标操作数的指令执行时），一个新寄存器分配给那个值。作为源操作数访问那个寄存器值的后续指令必须通过一个重命名过程：这些指令中的寄存器引用部分必须修改为对含有所需值寄存器的引用。于是，若准备使用不同值，不同指令中的相同的原始寄存器引用可能引用到不同的实际寄存器。

让我们考虑寄存器重命名如何用于已考察过的那个代码段上。

```
I1: R3b ← R3a op R5a
I2: R4b ← R3b + 1
I3: R3c ← R5a + 1
I4: R7b ← R3c op R4b
```

不带下标的寄存器引用指的是在指令中找到的逻辑寄存器引用。带下标的寄存器引用指向被分配用来保存新值的硬件寄存器。当对一个具体的逻辑寄存器进行新的分配后，作为源操作数访问逻辑寄存器的后续指令要修改为对最近被分配的硬件寄存器的引用（最近是依据程序的指令顺序而定的）。

在这个例子中，指令 I3 中的寄存器 R3$_c$ 的生成，避免了对第二条指令的反相关性和对第一条指令的输出相关性，而且它不影响正被 I4 访问的正确值。结果是 I3 能立即被发射：没有重命名，直到第一条指令完成和第二条指令已发射之前，I3 不能发射。

不同于寄存器重命名的另一种允许指令乱序发射的技术是记分牌（scoreboarding）。本质上讲，记分牌是一种寄存器使用登记技术，该技术允许指令乱序执行，只要指令不依赖于前面的指令，而且不存在结构冒险的时候，该指令就可以被发射。请参考附录 G 对记分牌技术的介绍。

18.2.4 机器并行性

前面已查看了能用在超标量处理器中提高性能的三种硬件技术：资源复制、乱序发射和重命名。文献 [SMIT89] 中的研究报告说明了这些技术之间的相互关系。这个研究是在有 MIPS R2000 特征的模拟器上进行的，并带有各种超标量特性的增强。研究者对几种不同的程序指令序列进行了模拟。

图 18.7 展示了其结果。在每个图中，纵轴表示超标量机器与标量机器相比的加速程度。基准（base）机器不复制任何功能单元，但它可以乱序地发射指令。第二种配置是复制了访问数据 cache 的装载 / 保存功能单元。第三种配置复制了 ALU。第四种配置是装载 / 保存和 ALU 都复制了。每个图中的三个图柱分别对应的是 8、16 和 32 条指令的指令窗口，它们指出处理器能先行查找的指令总量。左右两图的不同在于右图允许寄存器重命名。这等于说，左图反映的机器受限于所有相关性，而右图所对应的机器只受限于真实相关性。

结合两图能得出一些重要的结论。首先，没有寄存器重命名而添加功能单元可能不会很有价值。此时会有某些少许的性能改善，但要付出增加硬件复杂性的代价。使用寄存器重命名，取消了反相关性和输出相关性，通过添加更多的功能单元能实现显著的加速。还要注意，在实现加速的总量方面，使用 8 指令的指令窗口与更大指令窗口之间也有明显的不同。这意味着，若指令窗口太小，数据相关性将妨碍额外功能单元的有效利用；处理器必须有能力更快、更超前地找出独立的指令，才能更全面地利用硬件。

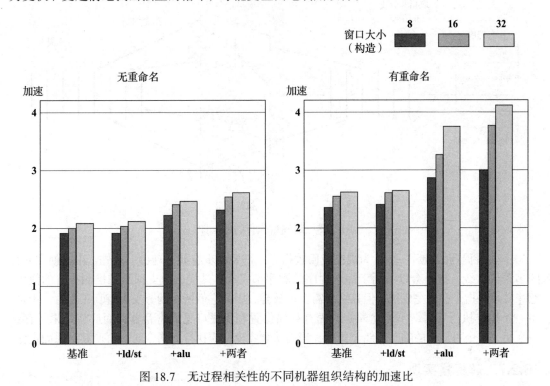

图 18.7　无过程相关性的不同机器组织结构的加速比

18.2.5　分支预测

任何高性能的流水式机器都必须解决分支处理问题。例如，Intel 80486 解决这个问题的方法是，既读取位于分支指令之后的下一顺序指令，又推测地读取转移目标处的指令。然而，由于取指和执行之间有两个流水阶段，当转移发生时这种策略要导致两个周期的延迟。

基于 RISC 机器的先进性，可采用延迟分支策略。这允许处理器在预取一些无用指令之前，先计算条件分支指令的结果。通过这种方法，处理器总是执行紧跟在分支指令之后的那条指令。这样，在处理器读取新的指令流的同时，可保持流水线满载。

随着超标量机器的开发，延迟分支策略反而较少采用了。原因在于，多条指令需要在延迟槽中执行，会引起一些指令相关性问题。于是，超标量机器又转回使用 RISC 出现以前使用的**分支预测**技术。某些机器，如 PowerPC 601，采用简单的静态分支预测技术。更为复杂的机器，如 PowerPC 620 和 Pentium 4，采用基于转移历史分析的动态分支预测技术。

18.2.6　超标量执行

现在，我们可对超标量的执行提供一个概述，如图 18.8 所示。将要被执行的程序由一个线性指令序列组成，这是程序员编写的或编译器生成的静态程序。包括分支预测在内的取指过程用来形成一个动态的指令流。对此指令流进行相关性检查，处理器会解除某些人为的相关性。然后处理器发送指令进入执行窗口,在此窗口中指令不再是顺序流,而是依据它们的真实数据相关性来排序。处理器以真实数据相关性和资源可用性所确定的顺序来完成每条指令的执行阶段。最后,指令的结果被记录。从概念上讲,它们是放回到了原顺序序列中。

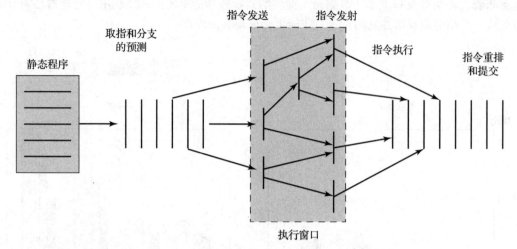

图 18.8   超标量执行的概念图

上面所提到的最后一步称为**提交**或**回收**指令。需要此步有如下理由。首先,由于使用并行的多条流水线,指令会以不同于静态程序的顺序来完成;其次,分支预测和推测执行的使用,意味着某些指令会已完成执行但其结果需要被放弃,因为它们所在的分支没有真正发生。于是,当一条指令执行完时,不能立即修改固有存储位置和程序可见的寄存器,而应将结果暂存到一个相关指令可使用的临时存储位置中,当确认顺序模型应执行此指令时,再使其结果固定化。

18.2.7   超标量实现

基于上述讨论,我们能对超标量方式所需的处理器硬件予以某些一般性评论。文献[SMIT95] 中列出了如下关键部件:

- 同时取多条指令的取指策略,经常要有预测条件分支指令结果和超前取指的功能,这要求使用多个取指和译码流水线阶段,以及分支预测逻辑。
- 确定有关寄存器值真实相关性的逻辑,以及执行期间把这些值与需要它们的位置之间相互联系起来的机制。
- 并行启动或发出多条指令的机制。
- 多条指令并行执行所需的资源,包括多个流水式的功能单元,以及为多个存储器访问同时提供服务的存储器层次结构。
- 以正确顺序提交处理状态的机制。

18.3   Intel Core 微体系结构

虽然超标量设计这一概念通常是与 RISC 体系结构联系在一起,但是同样的超标量原则也能应用到 CISC 机器上。也许,这方面最著名的例子要属 Intel x86 结构了。考察超标量概念在 Intel 产品系列中的发展情况十分有趣。386 是一个传统的非流水线 CISC 机器。486 是 x86 系列处理器中第一个引入流水线的,其整数操作的平均延迟从 2~4 个时钟周期减少到了 1 个时钟周期。不过 486 仍然被限制为一个时钟周期只能执行一条指令,没有超标量的部件。最初的 Pentium 有了一定的超标量能力,它使用了两个分立的整数执行单元。Pentium Pro 引入了能够乱序执行的全面的超标量设计理念。后续的 x86 型号处理器具有更精进、功能更强大的超标量设计。

图 18.9 显示了 x86 流水线体系结构的当前版本。Intel 将流水线体系结构称为微体系结构。微体系结构是机器指令集体系结构的基础和实现。该微体系结构被称为 Intel Core 微体系结构。它在 Intel Core 2 和 Intel Xeon 处理器系列的每个处理器核心上都实现了。还有一个增强的 Intel Core 微体系结构。这两种微体系结构之间的一个关键区别是，增强型 Intel Core 微体系结构提供了一个三级缓存。

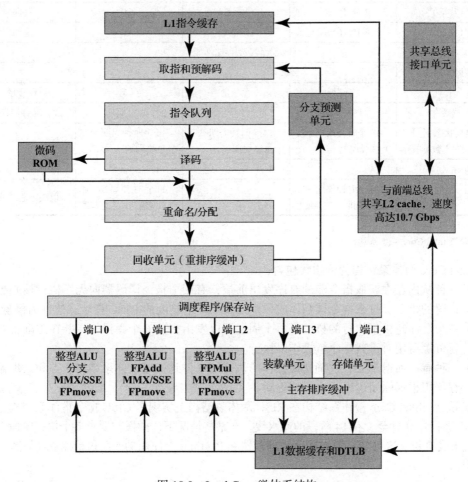

图 18.9　Intel Core 微体系结构

表 18.2 显示了缓存体系结构的一些参数和性能特征。所有缓存都使用写回更新策略。当一条指令从内存单元读取数据时，处理器在高速缓存和主存中查找包含该数据的高速缓存线，查找顺序如下：

1. 初始核心的 L1 数据缓存。

2. 其他核心的 L1 数据缓存和 L2 数据缓存。

3. 系统内存。

只有当缓存线被修改时，才将其从另一个核心的 L1 数据缓存中取出，在取出时忽略缓存线的可用性或 L2 缓存的状态。表 18.2b 显示了从内存集群中获取不同位置的前四个字节的特征。延迟列提供了访问延迟的估计。但是，实际延迟可能会根据缓存的装载、内存组件及其参数而变化。

表 18.2 Intel Core 微体系结构的处理器缓存 / 内存参数及性能

a）缓存参数

缓存级别	容量	关联方式	块大小	写回更新策略
L1 数据	32KB	8	64	写回
L1 指令	32KB	8	/	/
L2（共享）①	2,4MB	8 或 6	64	写回
L2（共享）②	3,6MB	12 或 24	64	写回
L3（共享）①	8,12,16MB	15	64	写回

b）装载 / 存储性能

数据本地性	装载		存储	
	延迟	吞吐量	延迟	吞吐量
L1 数据缓存	3 个时钟周期	1 个时钟周期	2 个时钟周期	3 个时钟周期
在更新状态下另一个核心的 L1 数据缓存	14 个时钟周期 +5.5 个总线周期	14 个时钟周期 +5.5 个总线周期	14 个时钟周期 +5.5 个总线周期	/
L2 缓存	14	3	14	3
主存	14 个时钟周期 +5.5 个总线周期 + 主存延迟	取决于总线协议	14 个时钟周期 +5.5 个总线周期 + 主存延迟	取决于总线协议

① Intel Core 微体系结构；
② 增强型 Intel Core 微体系结构

Intel Core 微体系结构的流水线包含：
- 一种从内存中获取指令流的有序发出前端，有四个指令译码器向无序执行核心提供已译码的指令。每条指令被翻译成一个或多个固定长度的 RISC 指令，这称为**微操作**。
- 一个乱序超标量执行的核心是每个周期可以发出多达 6 个微操作，并在源准备好和执行资源可用时重新排序微操作以执行。
- 一种有序回退单元，它确保微操作的执行结果得到处理，体系结构状态和处理器的寄存器集根据原始程序顺序得到更新。

实际上，Intel Core 微体系结构在 RISC 微体系结构上实现了 CISC 指令集体系结构。内部的 RISC 微操作通过至少有 14 阶段的流水线。在某些情况下，微操作要求多个执行阶段，从而导致流水线更长。这可与早期 Intel x86 处理器和 Pentium 上使用的 5 阶段流水线（见图 16.21）作对照。

18.3.1 前端

前端需要提供译码指令（微操作）和维持信息流到一个一次性能接受六个事件的乱序引擎。它由三个主要部分组成：分支预测单元（BPU）、指令提取和预解码单元、指令队列和译码单元。

分支预测单元 通过预测不同的分支类型（条件转移、间接转移、直接转移、调用转移、返回转移）帮助指令提取单元获取最有可能被执行的指令。BPU 为每个分支类型使用专用的硬件。分支预测使处理器能够在决定转移结果之前很久就开始执行指令。

该微体系结构使用基于最近分支指令执行的历史的动态分支预测策略。维护一个分支目标缓冲区（BTB），用于缓存关于最近遇到的分支指令的信息。每当在指令流中遇到分支指令时，就会检查 BTB。如果 BTB 中已经存在一个条目，那么指令单元将根据该条目的历史信息来决定是否预测已经采取了分支。如果预测有分支，则使用与此条目关联的分支目的地址来预取目标分支指令。

一旦指令被执行，相应项的历史信息被修改以反映该指令的本次执行结果。如果所遇到的分支指令在 BTB 中没有相应项，则这条指令的地址装入 BTB 中的一项，如果有必要，则先删除一个旧的项。

一般来说，上面的描述符合最初的 Pentium 型号以及包括 Pentium 4 在内的后来型号所使用的分支预测策略。然而，最初的 Pentium 只使用相对简单的 2 位历史位，后来的 Pentium 型号由于有更长的流水线（Intel Core 有 14 阶段，Pentium 只有 5 阶段），预测失误所带来的性能损失也就更大。因此后来的型号使用了更多的历史位，以更精细的分支预测算法来降低预测失误率。

在 BTB 中无历史记录的条件分支指令采用静态预测算法。转移与否根据如下规则来预测：

- 对于转移地址不是 IP 相对寻址的条件分支指令，如果该分支指令是一个返回，则预测发生，否则预测不发生。
- 对于 IP 相对寻址的后向条件分支指令，预测转移发生。这个规则反映了典型的循环行为。
- 对于 IP 相对寻址的前向条件分支指令，预测转移不发生。

指令读取与预译码单元　　指令读取单元包括指令转换后备缓冲区（ITLB）、指令预取器、指令缓存和预译码逻辑。

从 L1 指令缓存中读取指令。当 L1 缓存缺失时，顺序前端将新指令从 L2 缓存中输入到 L1 缓存，每次 64 字节。默认情况下，指令是按顺序获取的，因此每次 L2 缓存线获取都包含下一条要获取的指令。分支预测可能通过分支预测单元改变这个顺序的获取操作。ITLB 将给定的线性 IP 地址转换为访问 L2 缓存所需的物理地址。前端的静态分支预测用于确定下一步获取的指令。

前置运算单元从指令缓存或预取缓冲区接受 16 个字节，并执行以下任务：

- 确定指令的长度。
- 译码与指令相关的所有前缀。
- 为译码器标记指令的各种属性（例如，"是分支"）。

前置指令单元每个周期最多可以向指令队列中写入 6 条指令。如果一个取回包含超过 6 条指令，那么在每个周期内预译码器将继续译码多达 6 条指令，直到取回的所有指令都被写入指令队列。后续获取的指令只能在当前获取的指令完成预译码后才进入预译码器。

指令队列和译码单元　　提取出的指令被放置在一个指令队列中。从这里，译码单元扫描字节以确定指令边界；这是一个必要的操作，因为 x86 指令的长度是可变的。译码器将每条机器指令转换为 1~4 个微操作。每一个都是 118 位的 RISC 指令。请注意，大多数纯 RISC 机器的指令长度只有 32 位。需要更长的微操作长度来适应更复杂的 x86 指令。然而，微操作比产生它们的原始指令更容易管理。

一些指令需要超过四个微操作。这些指令被转移到微码 ROM，微码包含一系列与复杂机器指令相关的微操作（5 个或更多）。例如，一个字符串指令可以转换成一个非常大的（甚至上百个）重复的微操作序列。因此，微码 ROM 是在第六部分讨论的意义上的微程序控制单元。

生成的微操作序列被交付给重命名 / 分配模块。

18.3.2　乱序执行逻辑

处理器的这一部分将重排序微操作，以允许它们只要输入操作数就绪就可快速被执行。

分配　　流水线的分配阶段为微操作的执行分配资源。它完成如下功能：

- 每时钟周期有三个微操作到达分配器。如果其中某个微操作所需的寄存器这类资源不可用，则分配器停顿流水线，直到三者所需资源都可用。
- 分配器要为微操作在重排序缓冲器中分配一项。此 ROB 共有 126 项，每项跟踪一个微操作执行过程中的完成状况。
- 分配器要为微操作的结果数据在 128 个整数或浮点寄存器组中分配一项，以及可能为流水线中的装载（可多达 48 个）和保存（可多达 24 个）微操作分配一个装载或保存缓冲器。
- 分配器要为微操作在调度器前沿的两个微操作队列中的一个分配队列项。

ROB 是一个环形缓冲器，能保持多达 126 个微操作，并含有 128 个硬件寄存器。每个缓冲器项由下列字段组成。

- **状态**：指示此微操作是否已被调度、派送、完成执行、回收就绪等。
- **存储器地址**：产生此微操作的 Pentium 指令地址。
- **微操作**：实际的操作。
- **别名寄存器**：若微操作引用了机器体系结构 16 个寄存器的某一个，则此字段将该引用重定向到 128 硬件寄存器的某一个。

微操作按序进入 ROB，然后由此出发去发送 / 执行单元，这些都将是乱序的。最后 ROB 的微操作登记项要按序回收。为实现按序回收，已完成的微操作项打上回收就绪标志，然后由最早微操作最先回收的顺序回收这些已标记的微操作。

寄存器重命名 在寄存器重命名阶段将对 16 个体系结构寄存器（8 个浮点寄存器加上 EAX、EBX、ECX、EDX、ESI、EDI、EBP、ESP）的引用重新映射到 128 个物理寄存器。这样就解除了由体系结构寄存器数量有限引起的虚假数据相关性，与此同时仍保留了真实数据相关性（写后读，RAW）。

微操作排队 在资源分配和寄存器重命名之后，微操作被放入两个微操作队列之一，然后保持在那里直到调度器去取出它们。两个队列一个用于存储器操作（装载和保存），一个用于不涉及存储器访问的其他微操作。每个队列遵循先进先出（FIFO）规则，但队列间不维护顺序。也就是说，一个微操作是否出队与另一队列的微操作没有顺序关系，这给调度器提供了更大的灵活性。

微操作调度和派送 调度器负责由队列取出微操作并派送它们去执行。调度器查找那些其状态指明已具备自己全部操作数的微操作，若它所需的执行单元可用，则调度器取出此微操作，并将它派送到相应的执行单元。每周期能派送多达 6 个微操作。如果多个微操作要使用同一个执行单元，调度器将按队列顺序逐个派送它们。这也是一种 FIFO 规则，偏向按序执行，但此时指令流已被相关性和分支重新排列了，实际上它已是乱序了。

调度器有 4 个端口与执行单元连接。端口 0 用于整数和浮点运算，但简单整数运算不在其内，端口 1 用于简单整数运算和分支预测失误处理。另外，几个 MMX 执行单元有的在端口 0，有的在端口 1，余下的两个端口分别用于存储器装载和保存。

18.3.3 整数和浮点执行单元

整数和浮点寄存器组是执行单元待完成操作的数据源之一。执行单元从寄存器组以及 L1 数据 cache 取出所需的值。一个单独的流水线阶段专门用于计算标志（如零、负等），这些值一般都是分支指令所需要使用的值。

下一个流水线阶段完成分支检查，它将分支的实际结果与预测进行比较。如果预测是错的，那么在各个阶段正在进行的微操作必须从流水线中清除掉。正确的目标地址在驱动阶段

○ 查看附录 G 中关于重排序缓冲区的讨论。

提供给分支预测器，从而由新的目标地址重新启动整个流水线。

18.4　ARM Cortex-A8

ARM 体系结构最近的实现已经开始在指令流水线中采用超标量技术。在本节中，我们将集中讨论 ARM Cortex-A8，它提供了一个基于 RISC 的超标量设计的很好实例。

Cortex-A8 在 ARM 系列处理器中被称为应用处理器。ARM 公司的应用处理器是指那些运行复杂操作系统的嵌入式处理器，它们主要的应用是无线通信、消费电子以及图像处理等。Cortex-A8 的目标定位于各种移动和消费电子应用，包括手机、机顶盒、游戏机以及汽车导航 / 娱乐系统。

图 18.10 显示了 Cortex-A8 处理器的逻辑结构，突出了其中各个功能单元之间的指令流。主要的指令流在 3 个功能单元之间流动，这 3 个功能单元实现了一个有 13 个阶段、按序发射的双流水线。Cortex 设计人员决定采用按序发射是为了使所需的功耗保持最低。乱序发射和回收需要大量的逻辑电路来实现，从而消耗更多的电能。

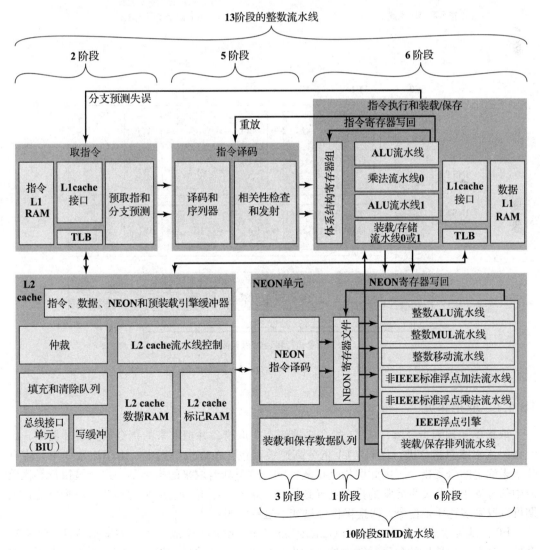

图 18.10　ARM Coretex-A8 处理器的结构图

图 18.11 显示了 Cortex-A8 主流水线的详细结构。Cortex-A8 另外还有一个单独的 SIMD（单指令多数据，single-instruction-multiple-data）单元。该单元被实现为一条 10 阶段的流水线。

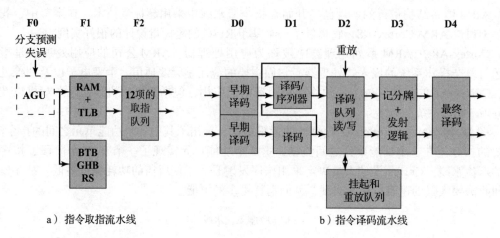

a）指令取指流水线

b）指令译码流水线

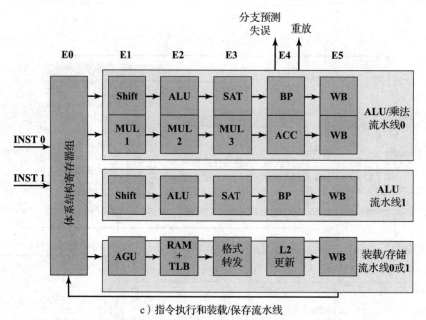

c）指令执行和装载/保存流水线

图 18.11   ARM Cortex-A8 主流水线

18.4.1 取指单元

取指单元预测指令流，从 L1 指令高速缓存中取指，并把取来的指令放到缓冲器中，以便译码流水线对指令进行译码。L1 指令高速缓存包含在取指单元中。由于流水线中允许有若干未确定的分支指令，因此取指是推测性的。这意味着取来的指令不一定会被执行。代码流中的分支指令和发生异常的指令会导致流水线清空，丢弃当前取来的指令。取指单元每周期可以取来多达 4 条指令，取指操作经过如下这些阶段：

F0：地址生成单元（Address Generation Unit，AGU）生成一个新的虚拟地址。通常这个地址是上一个地址的顺序后继地址。它也可以是分支转移目标地址，该地址由分支预测器对前一条指令的预测而产生。F0 不作为一个阶段计入 13 阶段流水线，因为 ARM 处理器传统上把指令高速缓存访问当作流水线的第一阶段。

　　F1：计算得到的地址用于从 L1 指令高速缓存中取指。与此同时，该地址也用于访问分支预测阵列，以便确定下一个取指地址是否应该基于分支预测产生。

　　F3：取来的指令被放到指令队列中。如果一条指令引起了分支预测动作，那么新的目标地址会被送到地址生成单元。

　　为尽量减少由较深流水线带来的较大转移开销，Cortex-A8 处理器实现了一个两级全局分支预测器。该预测器由转移目标缓冲器（Branch Target Buffer，BTB）和全局历史缓冲器（Global History Buffer，CHB）组成。这些数据结构在取指的同时被并行访问。BTB 指出当前取指地址是不是一个分支指令，并给出对应的分支转移目标地址。BTB 包含 512 项。如果取指地址与其中一项匹配，就触发一个分支预测动作，并将使用到 GHB。GHB 包含 4096 个 2 位的计数器。这些计数器记录了分支转移的方向及强度信息。GHB 使用最近 10 次分支转移方向的一个 10 位历史记录和 PC 中的 4 位一起作为索引。除了动态分支预测器之外，取指单元还使用了一个返回栈来预测子过程返回地址。返回栈有 8 个 32 位的项，每项保存了一个连接寄存器 r14 中的值，以及调用函数的 ARM 指令或压缩（Thumb）指令状态。当一个返回类型指令被预测为要发生转移时，返回栈就提供最后被压入栈的地址和状态。

　　取指单元可以取指和入队多达 12 条指令，并能在同一时间发射两条指令到译码单元。指令队列使得取指单元能够先于整数流水线其他阶段而预取指令，形成一批积压的指令等待译码。

18.4.2　指令译码单元

　　指令译码单元对所有的 ARM 指令和压缩指令进行译码并排序。译码单元有一个双流水线结构，称为流水线 0 和流水线 1。这样在同一时间可以有两条指令通过译码单元。指令译码流水线发出两条指令时，流水线 0 总是包含程序顺序中靠前的那条指令。这意味着如果流水线 0 中的指令不能发射的话，那么流水线 1 中的指令也不会发射。一旦发射，所有被发射指令按序进入到执行流水线，并在执行流水线末尾把结果写入到寄存器组中。这种按序发射按序完成的方式避免了 WAR 冒险，同时能直接记录 WAW 冒险和从流水线清空条件中恢复。这样，指令译码流水线主要的考虑就是如何避免 RAW 冒险了。

　　每条指令将通过如下 5 个阶段的操作。

　　D0：压缩指令被解压缩为 32 位的 ARM 指令。初始的译码功能被执行。

　　D1：继续完成指令译码功能。

　　D2：这一阶段把译码后的指令写入等待 / 重放指令队列，并从等待 / 重放队列中读出指令送往下一阶段。

　　D3：这一阶段包含指令调度逻辑。其中一个记分牌根据静态调度技术预测寄存器的可用性[⊖]。本阶段同时检查各种情况的冒险。

　　D4：完成最后的译码，产生整数执行及装载 / 保存单元需要的所有控制信号。

　　在最开始的两个阶段，将确定指令类型、源操作数和目的操作数，以及指令的资源需求。ARM 指令中有一些称为多周期指令的不常使用的指令。D1 阶段会把这些指令分开成多个指令操作码，这些指令操作码将被分别排序通过执行流水线。

　　等待（pending）队列起到两个作用。首先，它避免来自 D3 阶段的流水线停顿信号进一步扩散从而影响流水线的运行。第二，通过缓冲指令，应该总是有两条指令可用于双流水线。在只发布一条指令的情况下，挂起队列使两条指令能够一起沿着流水线前进，即使它们

　　⊖　查看附录 G 中关于记分牌的讨论。

最初是在不同的周期中从取指单元发送的。

重放操作用于处理存储器系统对指令定时的影响。指令在 D3 阶段进行静态调度，调度是基于对源操作数何时可用的预测。存储系统的任何停顿会导致一个不少于 8 个周期的延迟。这个最小 8 个周期的延迟对应于 L1 装载缺失时，从 L2 高速缓存接收数据所需的最少可能周期数。表 18.3 给出了因为存储系统停顿可能导致指令重放的最常见的情况。

表 18.3   Cortex-A8 存储系统停顿对指令时序的影响

重放事件	延迟	说　　明
装载数据缺失	8 个周期	1. L1 数据高速缓存的装载指令缺失 2. 接下来向 L2 数据高速缓存发出访问请求 3. 如果 L2 数据高速缓存也发生缺失，那么会导致第二个重放。停顿周期数取决于外部系统存储器的时序。当 L2 高速缓存缺失时，接收关键字所需的最小时间大约是 25 个周期，不过这个时间可能会因为 L3 高速缓存的延迟而更长
数据 TLB 缺失	24 个周期	1. 由于 L1 TLB 缺失导致的页表查找操作需要 24 个周期的延迟，如果要查找的地址转换表项在 L2 高速缓存中的话 2. 如果要查找的地址转换表项不在 L2 高速缓存中，停顿的周期数将取决于外部系统存储器的时序
存储缓冲满	8 个周期加上清空填充缓冲延迟	1. 存储指令的缺失不会导致任何停顿，除非存储缓冲满了 2. 当存储缓冲满的时候，延迟至少是 8 个周期。如果清空存储缓冲中某些项的时间花费较多，那么延迟时间就会更长
未对齐的装载或存储请求	8 个周期	1. 如果装载指令使用的地址是未对齐的，并且整个访问不包含在 128 位的界限内，那么延迟是 8 个周期 2. 如果存储指令使用的地址是未对齐的，并且整个访问不包含在 64 位的界限内，那么延迟是 8 个周期

为了处理这些停顿，指令译码单元使用了一个恢复机制，该机制先清空执行流水线中所有的后续指令，然后重新发射（重放）它们。为支持重放，指令在发射之前会被拷贝到重放队列中，直到它们写回了执行结果并完成，才会从重放队列中删除。如果重放信号被置位，指令就从重放队列中读出，并重新放入流水线。

译码单元并行地发射两条指令到执行单元，除非译码单元碰到了发射限制情况。表 18.4 显示了最常见的限制情况。

表 18.4   Cortex-A8 双发射的限制

限制类型	说　　明	示　　例	周期	限　　制

装载/保存资源冒险	只有一条 LS（装载/保存）流水线。每个时钟周期只能发出一条 LS 指令。该指令可以进入流水线 0 或流水线 1	LDR r5, [r6]
		STR r7, [r8]
		MOV r9, r10
			1
			2
			2
				等待装载/保存单元
				双发射是可能的

乘法资源冒险	只有一条乘法流水线，而且只在流水线 0 中	ADD rl, r2, r3
		MUL r4, r5, r6
		MUL r7, r8, r9
			1
			2
			3
				等待流水线 0
				等待乘法单元

分支资源冒险	每个时钟周期只能执行一条分支指令。该分支指令可进入流水线 0 或流水线 1。 分支指令是所有那些改变 PC 寄存器的指令	BX rl BEQ 0x1000 ADD r1, r2, r3	1 2 2	等待分支 双发射是可能的

（续）

限制类型	说　明	示　例	周　期	限　制

数据输出冒险	有相同目标的指令不能在同一个时钟周期发射。有相同目标的情况可能发生在条件码的执行中	MOVEQ r1, r2 :
		
		MOVNE r1, r3
		LDR r5, [r6]
			1
			
			2
			2
				因输出相关而等待双发射是可能的

数据源冒险	即使指令所需的数据还未就绪，指令也可以被发射。此时将检查调度表，查看源操作数需求和各个流水级结果	ADD r1, r2, r3
		ADD r4, r1, r6
		LDR r7, [r4]
			1
			2
			4
				等待 r1
				等待 r4 两个周期

多周期指令	多周期指令必须发射到流水线 0 中。而且只能在这些指令的最后一次重复执行时进行双发射	MOV r1, r2
		LDM r3, {r4-r7}
		LDM（周期 2）
		LDM（周期 3）
		ADD r8, r9, r10
			1
			2
			3
			4
			4
				等待流水线 0，传送 r4
				传送 r5，r6
				传送 r7
				对最后一次传送双发射是可能的

18.4.3　整数执行单元

指令执行单元由两个对称的算术逻辑单元（ALU）流水线、用于装载 / 保存指令的地址生成器，以及乘法流水线组成。执行流水线也进行寄存器写回操作。下面是指令执行单元的功能：

- 执行所有的整数 ALU 和乘法操作，包括标志的生成。
- 为装载和保存指令生成虚拟地址。如果需要，生成写回基值。
- 为保存指令提供格式化后的数据，并转发数据及标志。
- 处理分支以及其他对指令流的改变，并计算指令条件码。

对于 ALU 指令，可以使用两条流水线的任何一条，其执行包括如下阶段：

E0：访问寄存器组。对于两条指令，最多需要从寄存器组读出 6 个寄存器值。

E1：如果需要，桶移位器（见图 16.25）执行移位操作。

E2：ALU（见图 16.25）执行算术逻辑运算。

E3：如果需要，该阶段完成某些 ARM 数据处理指令所使用的饱和运算。

E4：如果控制流发生任何改变，包括分支预测失误、异常以及存储系统重放，那么该阶段保证这些情况被优先处理。

E5：ARM 指令的执行结果被写回到寄存器组。

调用乘法单元（见图 16.25）的指令被放入到流水线 0 中处理。乘法操作在 E1 阶段到 E3 阶段进行，乘积累加在 E4 阶段执行。

装载 / 保存流水线与整数流水线并行运行。装载 / 保存流水线包括如下阶段：

E1：存储地址从基址和变址寄存器产生。

E2：地址被用于高速缓存阵列的访问。

E3：对于装载指令，数据被返回并被格式化，以便转发给 ALU 或乘法单元。对于保存指令，数据被格式化，以便写入到高速缓存中。

E4：如果需要，对 L2 高速缓存进行更新。

E5：ARM 指令的执行结果被写回到寄存器组。

表 18.5 显示了一个示例代码片段，并指出了处理器可能会如何来调度它。

表 18.5　Cortex-A8 整数流水线的双发射指令序列示例

周期	程序计数器	指令	时序说明
1	0x00000ed0	BX r14	双发射流水线 0
1	0x00000ee4	CMP r0, #0	流水线 1 中的双发射
2	0x00000ee8	MOV r3, #3	双发射流水线 0
2	0x00000eec	MOV r0, #0	流水线 1 中的双发射
3	0x00000ef0	STREQ r3, [rl, #0]	双发射流水线 0，直到 E3 阶段才需要 r3
3	0x00000ef4	CMP r2,#4	流水线 1 中的双发射
4	0x00000ef8	LDRLS pc, [pc, r2, ISL, #2]	单发射流水线 0，+1 周期装载到 pc，自 LSL #2 后无额外移位周期
5	0x00000f2c	MOV r0, #1	双发射，流水线 1 中是装载的第 2 次迭代
6	0x00000f30	B{pc} +8	#0xf38 双发射流水线 0
6	0x00000f38	STR r0, [rl, #0]	双发射流水线 1
7	0x00000f3c	LDR pc, [r13], #4	单发射流水线 0，+1 周期装载到 pc
8	0x0000017c	ADD r2, r4, #0xc	双发射，流水线 1 中是装载的第 2 次迭代
9	0x00000180	LDR r0, [r6, #4]	双发射流水线 0
9	0x00000184	MOV rl, #0xa	双发射流水线 1
12	0x00000188	LDR r0, [r0, #0]	单发射流水线 0：r0 在 E3 阶段产生，而 E1 阶段就需要，因此 +2 周期停顿
13	0x0000018c	STR r0, [r4, #0]	单发射流水线 0，原因是装载 / 保存资源冒险，从 r0 在 E3 阶段产生并被使用之后无额外延迟
14	0x00000190	LDR r0, [r4, #0xc]	单发射流水线 0，原因是装载 / 保存资源冒险
15	0x00000194	LDMFD r13!, {r4-r6, rl4}	多次装载操作，第 1 周期装载 r4，第 2 周期装载 r5 和 r6，第 3 周期装载 r14，共计 3 周期
17	0x00000198	B{pc} + 0xda8	#0xf40 双发射流水线 1，其中 LDM 指令处于第 3 周期
18	0x00000f40	ADD r0, r0, #2 ARM	单发射流水线 0
19	0x00000f44	ADD r0, rl, r0 ARM	单发射流水线 0，由于 r0 在 E2 才能产生，却同时在 E2 阶段需要用到，因此无法进行双发射

18.4.4　SIMD 和浮点流水线

所有的 SIMD 和浮点指令都通过整数流水线并由一个单独的 10 阶段流水线处理（见图 18.12）。这个称为 NEON 的单元，能处理压缩的（packed）SIMD 指令，并提供了两种类型的浮点处理支持。根据实际实现，该单元可能带有一个向量浮点（vector floating-point，VFP）协处理器，负责完成遵循 IEEE 754 标准的浮点操作。如果实际实现中不带这个协处理器，那么会有一条单独的乘法和加法流水线来实现浮点运算。

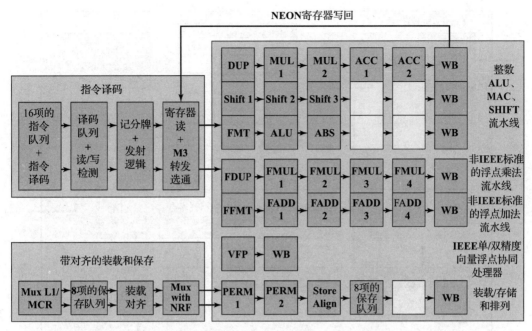

图 18.12 ARM Cortex-A8 的 NEON 和浮点流水线

18.5 ARM Cortex-M3

前一节介绍了应用程序处理器 Cortex-A8 相当复杂的流水线结构。作为一个有用的对比，本节研究相当简单的 Cortex-M3 流水线结构。Cortex-M 系列是为微控制器领域设计的。Cortex-M 处理器需要尽可能简单和高效。

图 18.13 提供了 Cortex-M3 处理器的框图概述。该图提供了比图 1.16 中所示更详细的信息。关键元素包括：

- **处理器核心**：包括一个三阶段流水线、一个寄存器组和一个存储接口。
- **内存保护单元**：保护操作系统使用的关键数据不受用户应用程序的影响，通过禁止对彼此数据的访问来分离处理任务，禁止对内存区域的访问，允许将内存区域定义为只读，并检测可能破坏系统的意外内存访问。
- **嵌套向量中断控制器**（NVIC）：为处理器提供可配置的中断处理能力。它简化了低延迟的异常和中断处理，并控制电源管理。
- **唤醒中断控制器**（NVIC）：为处理器提供可配置的中断处理能力。它简化了低延迟的异常和中断处理，并控制电源管理
- **Flash 补丁和断点单元**：实现断点和代码补丁。
- **数据观察点和跟踪**（DWT）：实现观察点、数据跟踪和系统分析。
- **串行线查看器**：可以通过单个引脚导出软件生成的消息流、数据跟踪和分析信息。
- **调试访问端口**：为处理器的外部调试访问提供接口。
- **嵌入式跟踪宏单元格**：是应用程序驱动的跟踪源，它支持 printf() 风格的调试来跟踪操作系统和应用程序事件，并生成诊断系统信息。
- **总线矩阵**：连接核心接口和调试接口到微控制器的外部总线。

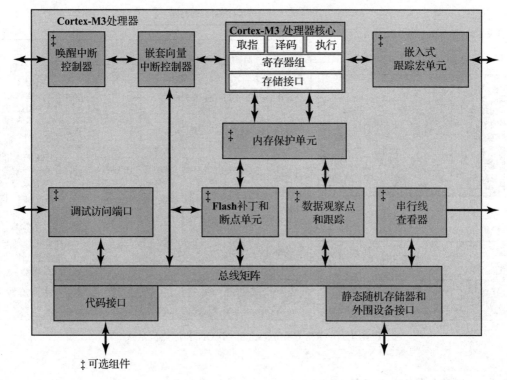

图 18.13　ARM Cortex-M3 方框图

18.5.1　总线管道结构

Cortex-M3 流水线有三个阶段（图 18.14），我们将依次研究。

在读取阶段，每次读取一个 32 位的字并将其加载到 3 个字的缓冲区中。32 位的字可以包括：

- 两个 Thumb 指令。
- 一个单词对齐的 Thumb-2 指令。
- 一个半字对齐的 Thumb-2 指令的上 / 下半字与一个 Thumb 指令，另一个半字对齐的 Thumb-2 指令的下 / 上半字。

所有从核心获取的地址都是字对齐的。如果 Thumb-2 指令是半字对齐的，那么需要两次获取才能获取 Thumb-2 指令。然而，三项预取缓冲区确保了一个停顿周期只对获取 Thumb-2 指令的前半字来说是必要的。

这个译码阶段完成三个关键功能。

- **指令译码和读取寄存器**：对 Thumb 和 Thumb-2 指令进行译码。
- **地址生成**：地址生成单元（AGU）为加载 / 存储单元生成主存储器地址。
- **分支**：根据分支指令中的立即偏移量或基于链接寄存器（寄存器 R14）的内容返回执行分支。

最后，指令执行有一个单独的执行阶段，包括 ALU、加载 / 存储和分支指令。

18.5.2　处理分支

为了使处理器尽可能简单，Cortex-M3 处理器没有使用分支预测，而是使用了简单的分支转发和分支推测技术, 定义如下。

- **分支转发**: 术语转发指的是从内存中获取指令地址。处理器转发分支类型, 通过该类型, 分支的内存事务比操作码到达执行时至少早一个周期出现。分支转发提高了核心的性能, 因为分支是嵌入式控制器应用的重要组成部分。相对于立即偏移量而言, 受影响的分支是 PC, 或者使用链接寄存器 (LR) 作为目标寄存器。
- **分支推测**: 对于条件分支, 指令地址是推测性的, 这样在知道指令是否会被执行之前, 就会从内存中获取指令。

Cortex-M3 处理器使用取数据缓冲区在执行前预取指令。它还推测地预取分支目标地址。具体来说, 当遇到一个条件转移指令时, 译码阶段还包括一个可能导致更快执行的投机指令获取。处理器在译码阶段本身获取分支目标指令。稍后在执行阶段, 分支被解析, 并且知道下一步要执行哪条指令。

如果不采取分支转移, 则下一个顺序指令可用。如果要分支转移, 在做出决定的同时分支指令变得可用, 并将空闲时间限制在一个周期内。

图 18.14 阐明了处理分支的方式, 可以描述如下:

1. 译码阶段转发来自无条件分支的地址, 并在可能计算地址时转发来自条件分支的地址。

2. 如果 ALU 确定没有采用分支, 这个信息被反馈给空指令缓存。

3. 对程序计数器的加载指令会产生一个为获取转发的分支地址。

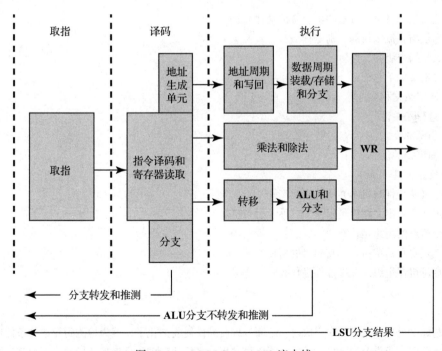

图 18.14 ARM Cortex-M3 流水线

可以看出, Cortex-M 处理分支的方式比 Cortex-A 简单得多, 需要更少的处理器逻辑和处理过程。

18.6 关键词、思考题和习题

关键词

antidependency：反相关性

branch prediction：分支预测

commit：提交

flow dependency：流相关性

in-order issue：按序发射

in-order completion：按序完成

instruction issue：指令发射

instruction-level parallelism：指令级并行性

instruction window：指令窗口

machine parallelism：机器并行性

micro-operations：微操作

micro-ops：微操作

out-of-order completion：乱序完成

out-of-order issue：乱序发射

output dependency：输出相关性

procedural dependency：过程相关性

read-write dependency：读写相关性

register renaming：寄存器重命名

resource conflict：资源冲突

retire：回收

superpipelined：超流水线

superscalar：超标量

true data dependency：真实数据相关性

write-read dependency：写读相关性

write-write dependency：写写相关性

思考题

18.1 处理器超标量设计方法的本质特征是什么？

18.2 超标量与超流水线的区别是什么？

18.3 什么是指令级并行性？

18.4 简要定义如下术语：

- 真实数据相关性
- 过程相关性
- 资源冲突
- 输出相关性
- 反相关性

18.5 指令级并行性与机器并行性有何区别？

18.6 列出并简要定义超标量指令的三种发射策略。

18.7 指令窗口的用途是什么？

18.8 什么是寄存器重命名？它的目的何在？

18.9 超标量机器组织的关键部件是什么？

习题

18.1 当超标量处理器采用乱序完成时，中断处理后的恢复复杂化了，因为检测到异常的条件可能会是一条乱序完成指令的结果。程序不能以异常指令之后的顺序指令来重新启动，因为该后续指令可能已完成过，如果这样做，该指令就执行两次了。请推荐一种机制来处理这种情况。

18.2 考虑如下指令序列，它的句法是，操作码之后是一个目标寄存器，再其后是一个或两个源寄存器：

```
0    ADD    R3, R1, R2
1    LOAD   R6, [R3]
2    AND    R7, R5, 3
3    ADD    R1, R6, R7
```

```
4    SRL     R7, R0, 8
5    OR      R2, R4, R7
6    SUB     R5, R3, R4
7    ADD     R0, R1, R10
8    LOAD    R6,[R5 ]
9    SUB     R2, R1, R6
10   AND     R3, R7, 15
```

假定使用 4 阶段流水线：取指、译码 / 发射、执行、写回，并假定除执行阶段以外，所有流水阶段都花费 1 个时钟周期。对于简单的算术和逻辑指令，执行阶段花费 1 个时钟周期，但对于从存储器的装载（LOAD），执行阶段要花费 5 个时钟周期。

若此简单的标量流水线具有乱序执行能力，则对于前 7 条指令我们能构成下表：

指令编号	取指	译码	执行	写回
0	0	1	2	3
1	1	2	4	9
2	2	3	5	6
3	3	4	10	11
4	4	5	6	7
5	5	6	8	10
6	6	7	9	12

表中 4 个流水阶段下的项，指示每条指令在每个阶段开始的时钟周期。在这个指令序列中，第二个 ADD 指令（指令 3）的一个操作数 r6 依赖于 LOAD 指令（指令 1）。因为 LOAD 指令的执行需要 5 个时钟周期，发射逻辑在 2 个时钟周期后遇到这条相关的 ADD 指令时，它必须延迟 3 个时钟周期再发射 ADD 指令去执行。使用它的乱序完成能力，处理器在时钟周期 4 停止指令 3 发射时，转而发射下面 3 条独立的指令并使它们分别以时钟 6、8、9 进入执行阶段。在时钟 9，LOAD 指令结束后，相关的 ADD 指令就能在时钟 10 被发射去执行了。

a. 请对上述 11 条指令完成此表。

b. 若没有乱序完成能力，请重做此表。乱序完成能力节省了多少时间？

c. 假定它是一个超标量实现，能每流水阶段同时处理两条指令，请重做此表。

18.3 考虑如下汇编语言程序：

```
I1: Move R3, R7      /R3 ← (R7)/
I2: Load R8, (R3)    /R8 ← Memory (R3)/
I3: Add R3, R3, 4    /R3 ← (R3) + 4/
I4: Load R9, (R3)    /R9 ← Memory (R3)/
I5: BLE R8, R9, L3   /Branch if (R9) > (R8)/
```

这个程序包括了写后写（WAW）、写后读（RAW）、读后写（WAR）相关性，请指出。

18.4 a. 在下面的指令序列中找到写后读相关、写后写相关和读后写相关：

```
I1: R1 = 100
I2: R1 = R2 + R4
I3: R2 = r4 - 25
I4: R4 = R1 + R3
I5: R1 = R1 + 30
```

b. 重命名以上 a 中的寄存器，消除相关问题。对于原始寄存器值的引用，在寄存器引用中加下标"a"进行标示。

18.5 考虑图 18.15 中所示的"按序发射 / 按序完成"执行序列：

a. 指出指令 I2 不能在第 4 周期前进入执行阶段的最可能原因。如果采用"按序发射 / 乱序完成"或
"乱序发射 / 乱序完成"策略，能解决这个问题吗？如果能，是哪种策略解决了这个问题？

b. 指出指令 I6 在第 9 周期前不能进入写阶段的原因。如果采用"按序发射 / 乱序完成"或"乱序发射 / 乱序完成"策略，能解决这个问题吗？如果能，是哪种策略解决了这个问题？

译码		执行			写		周期
I1	I2						1
	I2			I1			2
	I2			I1			3
I3	I4		I2				4
I5	I6		I4	I3	I1	I2	5
I5	I6		I5	I3			6
			I5	I6	I3	I4	7
							8
					I5	I6	9

图 18.15　一个按序发射 / 按序完成的执行序列

18.6　图 18.16 显示了一个超标量处理器组织的例子。如果无资源冲突和数据相关问题，处理器能每周期发射两条指令。这里基本上有两条流水线，每条流水线有 4 个阶段（取指、译码、执行、存储），并有自己的取指、译码和存储单元。4 个功能单元（乘法器、加法器、逻辑单元、装载单元）由两条流水线在执行阶段动态共享。两个保存单元能被两条流水线动态使用，取决于具体周期时的可用性。这里还有一个先行窗口（lookahead window），它有自己的取指和译码逻辑。这个窗口用于乱序发射指令的先行查找。

考虑在此处理器上执行如下程序：

```
I1: Load R1, A    /R1 ← Memory (A)/
I2: Add R2, R1    /R2 ← (R2) + R(1)/
I3: Add R3, R4    /R3 ← (R3) + R(4)/
I4: Mul R4, R5    /R4 ← (R4) + R(5)/
I5: Comp R6       /R6 ← (R6)/
I6: Mul R6, R7    /R6 ← (R6) × R(7)/
```

a. 程序中存在什么相关性？

b. 请给出这个程序在图 18.16 的处理器上运行时的流水线动作，使用类似于图 18.3 的表示法，首先考虑采用按序发射、按序完成策略。

c. 再考虑采用按序发射、乱序完成策略。

d. 最后，考虑采用乱序发射、乱序完成策略。

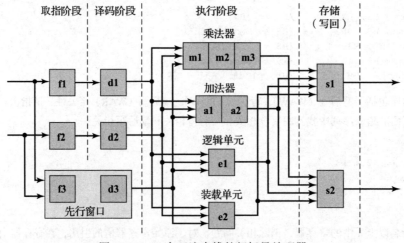

图 18.16　一个双流水线的超标量处理器

18.7　图 18.17 摘自一篇超标量设计方面的论文，请解释图中的 3 个分图，并定义 w、x、y 和 z。

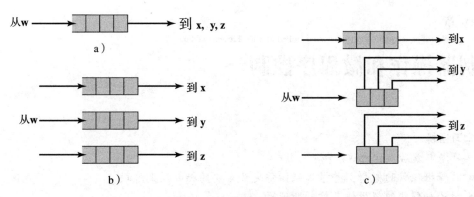

图 18.17　习题 18.7 的图

18.8　用于 Pentium 4 上的 Yeh 动态分支预测算法是一个两级分支预测算法。第一级是最后 n 次转移的历史。第二次是此 n 次转移最后出现 s 次独特样式的转移行为。程序中的每个条件分支指令在转移历史表（Branch History Table, BHT）都有一个对应项。每项由 n 位组成，它相应于该分支指令最后 n 次的执行；若 i 次转移发生，则 i 位置 1；若没发生，则 i 位置 0。每个 BHT 项可索引到一个样式表（Pattern Table，PT），PT 有 2^n 项，每项对应一个 n 位的可能模式。每个 PT 项由 s 位组成。这些 s 位在分支预测中的使用如在第 16 章所述的那样（例如，图 16.19）。在指令取指和译码期间遇到一个条件分支指令时，此指令的地址用于取出一个相对应的 BHT 项，它表示该指令的历史信息。然后，该 BHT 项用于取出相对应的 PT 项来进行转移预测。此分支指令执行后，此 BHT 项更新，然后相对应的 PT 项也更新。

a. 测试这一策略的性能时，Yeh 曾尝试了图 18.18 所示的 5 种不同预测方案。请指出其中哪三种方案相应于图 16.19 和图 16.28 所示的方案，并请描述其余两种方案。

b. 按这种算法，预测不是只基于某条分支指令的历史，还要基于匹配该指令 BHT 表项 n 位样式的所有转移样式的最近历史。请说明这种策略的原理。

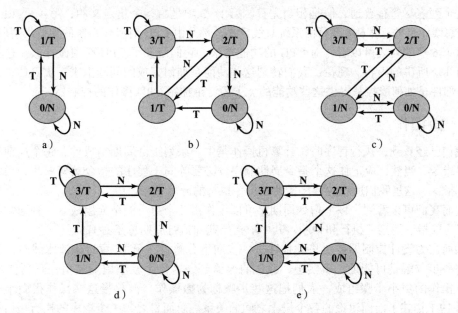

图 18.18　习题 18.8 的图

控制器操作和微程序控制

学习目标

学习完本章后，你应该能够：

● 解释微操作的概念，并根据微操作定义主要的指令周期阶段。

● 讨论如何组织微操作来控制处理器。

● 了解硬连线控制单元的组织。

● 介绍微程序控制的基本概念。

● 理解硬连线控制和微程序控制之间的区别。

我们在第 13 章讲过，机器指令集很大程度上决定了 CPU 的功能。若我们知道了机器指令集，包括理解每种操作码的效果，理解寻址方式，以及知道用户可见的寄存器组，也就知道了 CPU 必须完成的功能。但事情还不止于此。我们必须理解外部接口，这通常是总线，还要知道中断是如何处理的。根据以上内容，可以定义 CPU 所需处理的事项如下：

1. 操作（操作码）

2. 寻址方式

3. 寄存器组

4. I/O 模块接口

5. 内存模块接口

6. 中断

这个列表尽管很普通，但是相当完整。第 1～3 项是由指令集定义的；第 4～5 项一般是由系统总线定义的；第 6 项部分由系统总线定义，部分由 CPU 对操作系统的支持类型所定义。

这个 6 项的列表可以看作对 CPU 的功能要求，它们定义了 CPU 必须做什么。这就是我们在前几章所讲的内容。现在，我们转到这些功能是如何完成的问题上来，更具体地，CPU 的各个部件是如何受控来提供这些功能的。下面讨论控制 CPU 操作的控制器。

19.1　微操作

我们已经看到，执行程序时，计算机操作是由一系列指令周期组成的，每个周期执行一条机器指令。当然，应记住这个指令周期顺序没必要等同于程序的指令编写顺序，因为存在着分支指令。这里我们所说的顺序指的是指令执行的时间顺序。

进而我们可以看到，每个指令周期又可以看作由几个更小的单元组成。一种通常的方法是分解为取指、间接、执行和中断，其中取指周期和执行周期总是必有的。

然而，为设计控制器需要将此描述进一步向下分解。在第 16 章讨论流水线时，我们已看到进一步分解是可能的。事实上，我们将会看到，这每个较小周期又由一系列涉及 CPU 寄存器操作的更小步骤组成，人们把这些步骤称为**微操作**。微是指这些操作很微小、很简单。图 19.1 描述了前面讨论的各个概念之间的关系。总而言之，一个程序的执行是由指令的顺序执行组成的。每条指令在一个指令周期执行，每个指令周期由更短的子周期（如取指、间接、执行、中断）组成的。每个子周期的完成又涉及一个或多个更短的操作，即微操作。

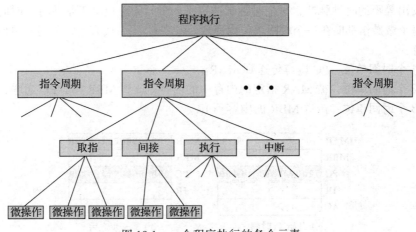

图 19.1 一个程序执行的各个元素

微操作是 CPU 基本的或者说是原子的操作。本节将考察微操作，以理解任何指令周期的事件是如何被描述成这样的微操作序列的。我们将使用一个简单的例子来说明。本章的其余部分用于说明微操作概念如何用于指导控制器设计。

19.1.1 取指周期

首先查看取指周期，它出现在每个指令周期的开始，并使指令从存储器中取出。为便于讨论，我们假设使用的是图 16.5 所描述的组织。它涉及 4 个寄存器。

- **存储器地址寄存器**（memory address register，MAR）：连接到系统总线的地址线。它指定了读、写操作的内存地址。
- **存储器缓冲寄存器**（memory buffer register，MBR）：连接到系统总线的数据线。它存放将被存入内存的值或最近从内存读出的值。
- **程序计数器**（program counter，PC）：保存待取的下一条指令的地址。
- **指令寄存器**（instruction register，IR）：保存最近取来的指令。

下面从对 CPU 寄存器影响的角度来查看取指周期的事件顺序。图 19.2 给出了一个例子。取指周期开始时，下一条将被执行的指令的地址存放在程序计数器中，此例中的地址是1100100。第一步是将此地址送到 MAR，因为这是与地址总线相连的唯一寄存器。第二步是装入指令。将所要求的地址（在 MAR 中）放到地址总线上，控制器发出一个读（READ）命令到控制总线上，于是结果出现在数据总线上并复制到 MBR 内。我们需对 PC 递增一个指令的长度，以便为取下一条指令做准备。因为这两个动作（由内存读一个字和递增 PC）彼此不相干，故可同时完成以节省时间。第三步是将 MBR 的内容传送到 IR，这也释放了 MBR，使其可用于下面可能有的间接周期。

于是，简单的取指周期实际上由三步和四个微操作组成。每个微操作涉及数据在寄存器之间的传送。只要这些传送彼此互不干扰，那么这几个微操作就可在一步之内同时完成。下面用符号描述此事件顺序。

```
t₁: MAR ← (PC)
t₂: MBR ← Memory
    PC  ← (PC) + I
t₃: IR  ← (MBR)
```

这里 *I* 表示指令长度。我们需要对这个操作序列做些解释。为了计时，假定有时钟装置可用，它发出等距的时钟脉冲，每个时钟脉冲定义一个时间单位。于是所有的时间单位都是等长的。每个微操作都能在一个时间单位内完成。(t_1，t_2，t_3) 代表连续的时间单位。换句话说，我们有：

- **第 1 个时间单位**：PC 内容传送到 MAR。
- **第 2 个时间单位**：被 MAR 指定的内存中的内容存放到 MBR 中，PC 递增 I。
- **第 3 个时间单位**：传送 MBR 的内容到 IR。

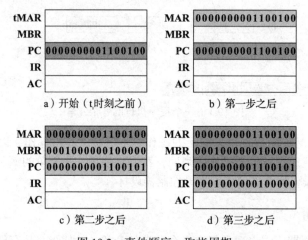

a）开始（t时刻之前）   b）第一步之后

c）第二步之后   d）第三步之后

图 19.2 事件顺序、取指周期

注意，第 2 个和第 3 个微操作都是在第 2 个时间单位同时发生的。第 3 个微操作也能与第 4 个微操作组合在一起，并且不影响取指操作。

```
t₁: MAR ← (PC)
t₂: MBR ← Memory
t₃: PC  ← (PC) + I
    IR  ← (MBR)
```

微操作的分组必须遵守下面两个简单的原则：

1. 事件的流动顺序必须遵循。于是，(MAR ← (PC)) 必须先于 (MBR ← Memory)，因为内存读操作要使用 MAR 中的地址。

2. 必须避免冲突。不要试图在一个时间单位里去读、写同一个寄存器，否则结果是不可预料的。例如，(MBR ← Memory) 和 (IR ← MBR) 这两个微操作不应出现在同一时间单位里。

最后值得注意的是，如果有一个微操作涉及加法运算，为避免电路的重复，这个加法应通过 ALU 完成。根据 ALU 的功能和 CPU 的组织，这个 ALU 的使用可能涉及另外的微操作。我们把这个问题放在本章后面讨论。

将这里和下面所讨论的事件与图 3.5（程序执行示例）进行对比是有益的。图 3.5 未涉及微操作，它的讨论表示了完成指令周期的子周期所需的操作。

19.1.2 间接周期

在取到指令后，下一步是取源操作数。继续上述简单例子，假设使用单地址的指令格式并且支持直接与间接寻址方式。若指令指定是间接寻址，则在指令执行前有一个间接周期。数据流与图 16.6 有所不同，它包括下述微操作：

```
t₁: MAR ← (IR(Address))
t₂: MBR ← Memory
t₃: IR(Address) ← (MBR(Address))
```

指令的地址字段被传送到 MAR，然后用于读取操作数的地址。最后，MBR 修改 IR 的地址字段，于是它现在容纳的是操作数的直接地址而不是间接地址。

现在，IR 的状态与不使用间接寻址方式时的状态是相同的，并且它已为执行周期准备就绪了。先将执行周期的讨论放在一边，下面考虑中断周期。

19.1.3　中断周期

在执行周期完成时，要测试以确定是否有允许的中断产生。若是，则出现一个中断周期。这个周期的特性对于不同的机器差异很大。我们给出一个很简单的事件序列，正如图 16.7 所示，其操作步骤为：

```
t₁: MBR ← (PC)
t₂: MAR ← Save_Address
    PC ← Routine_Address
t₃: Memory ← (MBR)
```

在第一步，PC 的内容传送到 MBR，这样它可作为中断返回地址而保存起来。然后，把 MBR 中 PC 内容将要保存到的内存地址装入 MAR，同时中断处理子程序的起始地址装入 PC。这两个操作可以是单一的微操作。然而，因为大多数 CPU 提供了多种或多级中断，故可能会使用一个或多个另外的微操作来取得该保存地址和子程序起始地址。任何情况下，一旦得到这两个地址，并分别装入 PC 和 MAR 中，最后一步是将保存有 PC 旧值的 MBR 装入内存。现在，CPU 就为开始下一个指令周期做好准备了。

19.1.4　执行周期

取指、间接和中断周期是简单并可预先确定的。每个包括一系列小的、固定序列的微操作，并且每当某周期出现时其相应的一组微操作就被重复一次。

但执行周期不是这样。因为有不同的操作码，所以就可能会出现不同的微操作序列。控制单元会检查操作码并根据操作码的值生成一系列微操作。这被称为指令译码。

让我们来思考几个假想的例子。

首先，考虑一条加法指令：

```
ADD R1, X
```

它将存储器 X 位置的内容加到寄存器 R1。该加法指令可能产生如下的微操作序列：

```
t₁: MAR ← (IR(address))
t₂: MBR ← Memory
t₃: R1 ← (R1) + (MBR)
```

开始时，IR 中装有 ADD 指令。第一步是 IR 的地址部分装入 MAR，然后读出被引用到的存储器位置中的内容。最后，由 ALU 将 R1 和 MBR 的内容相加。同样，这是一个简化的例子。如从 IR 中提取出寄存器的引用，以及用某个中间寄存器对 ALU 的输入和输出进行暂存等，都可能要求另外的微操作。

让我们再来看两个更复杂的例子。一个常用的指令是"递增，若为 0 则跳步"的指令：

```
ISZ X
```

X 位置的内容递增 1，若结果是 0，则跳过下一条指令。可能的微操作序列为：

```
t₁: MAR ← (IR(address))
t₂: MBR ← Memory
t₃: MBR ← (MBR) + 1
t₄: Memory ← (MBR)
    If ((MBR) = 0) then (PC ← (PC) + I)
```

这里引入的新特点是条件操作。若（MBR）=0，则 PC 递增一个指令长度。这个测试和递增的操作可作为一个微操作来实现。还要注意，这个微操作能与将 MBR 中的修改值写回内存的微操作同时完成。

最后，考虑子程序调用指令。作为例子，考虑一个"转移并保存地址"指令：

```
BSA X
```

此 BSA 指令之后的指令地址保存于 X 位置中，并由 X+1 位置继续执行。然后这个被保存地址用于返回。这种指令提供对子程序调用的直接支持。对应的微操作是：

```
t₁: MAR ← (IR(address))
    MBR ← (PC)
t₂: PC ← (IR(address))
    Memory ← (MBR)
t₃: PC ← (PC) + I
```

指令开始时 PC 中的地址是下一条指令的地址。它被保存在 IR 指定的地址位置。此后，PC 中的地址也递增 1，以提供下一指令周期的指令地址。

19.1.5 指令周期

我们已看到，指令周期的每个阶段都可分解为一系列的微操作。在本例中，取指、间接、中断周期都各有一个序列，而对于执行周期则是每一个操作码有一个序列。

为完善此模型，需要将微操作序列连接在一起，如图 19.3 所示。我们假设有一个 2 位的新寄存器，名为指令周期代码（Instruction Cycle Code，ICC）。此 ICC 定义了 CPU 处于周期哪一部分的状态：

00：取指

01：间接

10：执行

11：中断

这 4 个周期每个结束时会对 ICC 进行相应的设置。间接周期之后总是执行周期，中断周期之后总是取指周期（参见图 16.3）。而执行周期和取指周期之后应是什么周期，则取决于系统的状态。

于是，图 19.3 的流程图定义了微操作的完整顺序，它仅取决于指令序列和中断模式。当然，这是一个简化的例子，实际的 CPU 流程会更复杂。但无论如何，我们的讨论已说明，CPU 的操作被定义为微操作序列的执行。现在，我们可以来考虑控制器如何发起这个序列的执行。

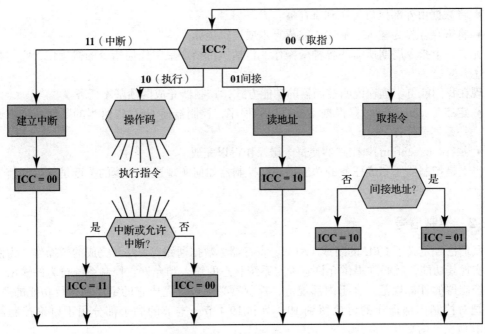

图 19.3 指令周期流程图

19.2 处理器控制

19.2.1 功能需求

根据前面的分析结果，可将 CPU 的行为（功能）分解为称作微操作的基本操作。通过把 CPU 的操作分解为最基本的级别，就能严格定义控制器必须引起什么动作发生。于是，就可以定义控制器的功能需求，即控制器必须完成的功能。这些功能需求的定义是设计和实现控制器的基础。

根据以上信息，如下三步过程能表征控制器：

1. 定义 CPU 的基本元素。

2. 描述 CPU 完成的微操作。

3. 确定为了使微操作完成，控制器必须具备的功能。

至此，已完成第 1 步和第 2 步，让我们总结其结果。首先，CPU 的基本功能元素有 ALU、寄存器组、内部数据通路、外部数据通路、控制器。

下述思考应该可使读者信服，这是一个完整的列表。ALU 是计算机的功能精髓。寄存器组用于 CPU 内的数据存储。某些寄存器包含用于管理指令顺序执行所需的状态信息（如程序状态字），其他寄存器含有来自或去往 ALU、内存或 I/O 模块的数据。内部数据通路用于寄存器之间或寄存器与 ALU 之间的数据传输。外部数据通路用于将寄存器连接到内存和 I/O 模块，这通常会借助于系统总线。控制器引起 CPU 内的操作发生。

程序执行由涉及这些 CPU 元素的操作组成。正如我们已看到的，这些操作由微操作序列组成。回顾 19.1 节可知，所有的微操作可按如下分类：

- 在寄存器之间传送数据。
- 将数据由寄存器传送到外部接口（如系统总线）。

- 将数据由外部接口传送到寄存器。
- 将寄存器作为输入、输出，完成算术或逻辑运算。

完成一个指令周期所需的各种微操作，包括执行指令集中任何指令的微操作，它们都属于上述类型之一。

现在我们能更明确地说明控制器的功能方式，控制器完成两项基本任务。

- **定序**（sequencing）：根据正被执行的程序，控制器使 CPU 以恰当的顺序一步步通过一系列微操作。
- **执行**（execution）：控制器使每个微操作得以完成。

以上是控制器所完成任务的功能描述，控制器如何实现这些功能的关键是对控制信号的使用。

19.2.2　控制信号

我们已经定义了 CPU 的组成（ALU、寄存器、数据通路等）及其完成的微操作。为使控制器实现其功能，就必须提供允许它确定系统状态的输入和允许它控制系统行为的输出。这些是控制器的外部规范。至于内部规范，控制器必须包含完成它的定序和执行功能的逻辑。我们把对控制内部操作的讨论留到 19.3 节和 19.4 节。本节的剩余部分用于讨论控制器和 CPU 其他元素的交互。

图 19.4 所示是控制器的一般模型，图中显示了控制器的所有输入和输出。输入是：

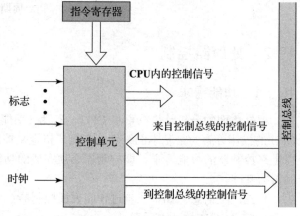

图 19.4　控制器模型结构图

- **时钟**：这是控制器如何"遵守时间"的关键。控制器要在每个时钟脉冲完成一个（或一组同时的）微操作。这有时称为处理器周期时间（processor cycle time）或时钟周期时间（clock cycle time）。
- **指令寄存器**：当前指令的操作码和寻址方式用于确定在执行周期内完成何种微操作。
- **标志**：控制器需要一些标志来确定 CPU 的状态和前一个 ALU 操作的结果。例如，对那个"递增，若为 0 则跳步"（ISZ）指令来说，控制器将依据零标志位是否置位来决定 PC 是否递增一个指令长度。
- **来自控制总线的控制信号**：系统总线的控制线部分向控制器提供的控制信号。

输出如下：

- **CPU 内的控制信号**：这有两类，一类用于寄存器与其他寄存器之间传送数据，另一类用于启动特定的 ALU 功能。
- **到控制总线的控制信号**：这亦有两类，即到存储器的控制信号和到 I/O 模块的控制信号。

控制信号可分为三类，它们分别是：启动 ALU 功能的；控制数据路径的；外部系统总线上的或其他外部接口上的控制信号。所有这些信号最终作为二进制输入量直接输入到各个逻辑门上。

让我们再次考察取指周期，看看控制器如何维护控制。控制器保持着当前处于指令周期何处的记录。在一个给定时间点,控制器知道下面将要完成的是取指周期。第一步是传送 PC 的内容到 MAR。控制器完成这个任务是通过发出控制信号,打开 PC 各位与 MAR 各位之间的门来进行的。下一步是由存储器读一个字装入 MBR 并递增 PC。控制器通过发出如下控制信号来完成这个任务:

- 控制信号打开逻辑门,以便允许 MAR 的内容送到地址总线上。
- 存储器读控制总线上的控制信号。
- 控制信号打开逻辑门,允许数据总线上的内容存入 MBR。
- 控制信号对 PC 内容加 I(指令长度)并把结果存回 PC。

接着,控制器发出打开 MBR 和 IR 之间门的控制信号。

这就完成了取指周期,除了一件事:控制器必须判断下面是要完成一个间接周期还是要完成一个执行周期。为此,它要检查 IR,看此指令是否要进行间接存储器访问。

间接周期和中断周期的工作类似。对于执行周期,控制器要检查指令的操作码,并由此判断此周期要完成什么微操作。

19.2.3 控制信号示例

为说明控制器的功能,让我们考察图 19.5 所示的例子。这是具有单一累加器(AC)的简单 CPU,图中显示了部件之间的数据通路。控制器发出信号的控制通路未画出,但控制信号的终端用一个小圆圈指示并标记有 C_i。此控制器接受来自时钟、指令寄存器和标志的输入。每个时钟周期,控制器读取所有这些输入并发出一组控制信号。控制信号分别送往三个目标。

- **数据通路**:控制器控制 CPU 内部的数据流。例如,取指令时,MBR 的内容传送到 IR。为了能控制每条通路,通路上都有逻辑门(图中以圆圈表示)。来自控制器的控制信号可临时打开逻辑门让数据通过。
- **ALU**:控制器以一组控制信号控制 ALU 的操作。这些信号作用于 ALU 内的各种逻辑电路和门。
- **系统总线**:控制器发送控制信号到控制总线上(如存储器读信号)。

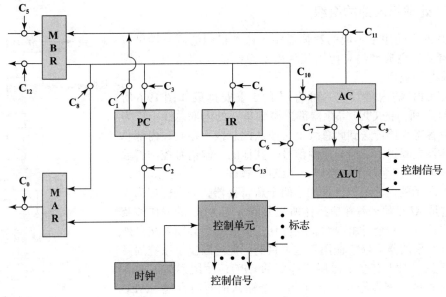

图 19.5 数据路径和控制信号

控制器必须总是知晓它处于指令周期的什么阶段。利用这一信息，并通过读取所有的输入，控制器发送一系列的控制信号使微操作得以发生。控制器使用时钟脉冲确定事件顺序，允许事件之间有一定的时间间隔以使信号电平得以稳定。表 19.1 表示的控制信号，是前面描述过的某些微操作序列所需的。为了简化，递增 PC 的数据和控制通路，以及固定地址装入 PC 和 MAR 的数据与控制通路没有给出。

表 19.1　微操作和控制信号

	微操作	有效的控制信号
取指	t_1: MAR ← （PC）	C_2
	t_2: MBR ← Memory PC ← （PC）+1	C_5，C_R
	t_3: IR ← （MBR）	C_4
间接	t_1: MAR ← （IR（Address））	C_8
	t_2: MBR ← Memory	C_5，C_R
	t_3: IR（Address）← （MBR（Address））	C_4
中断	t_1: MBR ← （PC）	C_1
	t_2: MAR ← Save-address PC ← Routine-address	
	t_3: Memory ← （MBR）	C_{12}，C_W

注：C_R——到系统总线的读控制信号；C_W——到系统总线的写控制信号。

考虑控制器的最小特性是有益的。控制器是整个计算机运行的引擎。它只需要知道将被执行的指令和算术、逻辑运算结果的性质（例如，正的、上溢等）。它不需要知道正被处理的数据或得到的实际结果具体是什么。并且，它控制任何事情只是以少量的送到 CPU 内的和送到系统总线上的控制信号来实现。

19.2.4　处理器内部的组织

图 19.5 中使用了不同的数据通路。这类组织的复杂性可以清楚地看到。更典型的是使用某种内部总线的组织结构，如图 16.1 所推荐的那样。

使用 CPU 的内部总线，可将图 19.5 重安排成如图 19.6 所示。ALU 和所有的 CPU 寄存器都连接到单一的内部总线上。为将数据由各寄存器传送到此总线上，或从此总线上接收，内部总线和寄存器之间提供了门和控制信号。其他的控制信号控制着数据和系统（外部）总线的交换以及 ALU 的操作。

图中所示的内部组织已添加了两个新寄存器，分别标记为 Y 和 Z，这是 ALU 的一些相应操作所需要的。当 ALU 的操作涉及两个操作数时，一个可由内部总线得到，但另一个必须要从另外的源得到。累加器（AC）能用于这个目的，但这限制了系统的灵活性。而且，对于有多个通用寄存器的 CPU，使用累加器的方案是不可行的。寄存器 Y 提供了另一个输入的暂时存储。ALU 是一个组合逻辑电路（见第 12 章），其内部无存储电路。这样，

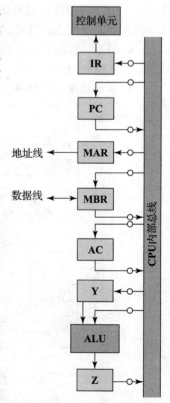

图 19.6　有内部总线的 CPU

当控制信号激活 ALU 的某个功能时，ALU 输入通过 ALU 的组合逻辑电路被转换为 ALU 的输出。因此，ALU 的输出不能直接连到内部总线上，因为这个输出会反馈为输入。为此，寄存器 Z 提供了这个输出的暂时存储。通过这样的安排，把存储器的值加到 AC 的操作将有如下步骤：

t_1: MAR ← (IR(address))
t_2: MBR ← Memory
t_3: Y ← (MBR)
t_4: Z ← (AC) + (Y)
t_5: AC ← (Z)

其他的组织形式也是允许的，但通常是要使用某种内部总线或一组内部总线。使用公共数据通路，简化了互连布局和 CPU 的控制。使用内部总线的另一实际理由是节省芯片面积。

19.2.5 Intel 8085

为说明本章至此所介绍的概念，让我们考虑 Intel 8085，它的内部结构如图 19.7 所示。几个关键的组件需要稍作解释。

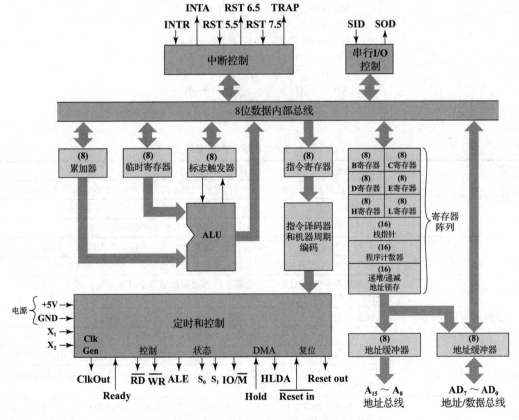

图 19.7 Intel 8085 处理器结构图

- **递增 / 递减地址锁存**（incrementer/decrementer address latch）：是能对栈指针或程序计数器的内容进行加 1 或减 1 的逻辑。这避免了为加减法运算使用 ALU，从而节省了时间。
- **中断控制**（interrupt control）：这个模块管理多级中断信号。
- **串行 I/O 控制**（serial I/O control）：这个模块控制与串行设备的接口，串行设备是以每次 1 位的方式进行通信的设备。

表 19.2 说明了 8085 的外部信号，它们连接到外部系统总线上。这些信号是 8085 处理器与系统其余部分的接口（见图 19.8）。

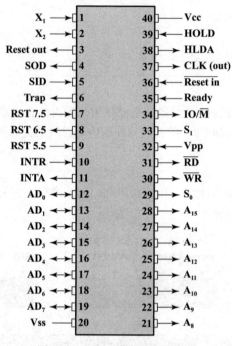

图 19.8 Intel 8085 引脚分布图

表 19.2 Intel 8085 外部信号

地址和数据信号	高位地址（$A_{15} \sim A_8$） 16 位地址的高 8 位
	地址 / 数据（$AD_7 \sim AD_0$） 16 位地址的低 8 位，或是 8 位数据，减少了引脚的使用
	串行输入数据（SID） 适合串行发送（一次一位）设备的单个位输入
	串行输出数据（SOD） 适合串行接收设备的单个位输出
定时和控制信号	时钟（CLK（Out）） 系统时钟。CLK 信号送到外围芯片并同步它们的时序
	X1，X2 这些信号来自外部石英晶体或其他设备，用于驱动内部时钟发生器
	地址锁存使能（ALE） 出现于机器周期的第一个时钟周期，并使外围芯片存储地址线上的内容。这就允许地址模块（例如内存、I/O）知道它们被寻址了
	状态（S_0，S_1） 用于指示是否有读或写操作正在发生的控制信号
	IO/M 用于指示读、写操作的对象是 I/O 模块还是存储器
	读控制（RD） 指示被选中的存储器或 I/O 模块将被读，并且数据总线可用于传输数据
	写控制（WR） 指示数据总线上的数据将被写入到被选中的 I/O 模块或是存储器位置中去
存储器和 I/O 发起的信号	保持请求（HOLD） 请求 CPU 放弃对外部系统总线的控制和使用。CPU 将完成当前 IR 中的指令然后进入保持状态。在保持状态期间，CPU 没有信号送至数据、地址、控制总线，此期间可用于 DMA 操作
	保持确认（HOLDA） 控制器输出此信号表示它确认了 HOLD 请求信号，并指示总线现在可用
	就绪（Ready） 用于 CPU 与较慢的存储器或 I/O 设备同步。当一个被寻址的设备使 Ready 有效时，CPU 就开始一个输入（DBIN）或输出（WR）操作。否则，CPU 进入等待状态直至此设备就绪

(续)

有关中断的信号	自陷（TRAP）	重启动中断（RST 7.5、6.5、5.5）
	中断请求（INTR）	有 5 根线可被外部设备使用以中断 CPU。若 CPU 处于保持状态或禁止中断，CPU 将不理会中断请求。只在一条指令执行完时中断才被受理。中断以优先权降序排队
	中断确认（INTA）	确认一个中断
CPU 初始化信号	复位输入（Reset in）	使 PC 内容被置为 0，CPU 将从位置 0 处恢复执行
	复位输出（Reset out）	CPU 已经复位的确认信号，它能用于复位系统的其余部分
电源和接地	V_{CC} +5V 电源	
	V_{SS} 电器地	

控制器由两个组件组成：指令译码器和机器周期编码、定时和控制。对第一个组件的讨论将推迟到下一节。控制器的功能主要在于定时和控制模块。这个模块包括一个时钟并接受当前指令和某些外部控制信号的输入。它的输出部分包括送到 CPU 其他部件的控制信号和送到外部系统总线的控制信号。

CPU 操作的时序与时钟同步，并受控于控制器的控制信号。每个指令周期又被分为 1~5 个机器周期，每个机器周期又细分为 3~5 个状态。每个状态至少持续一个时钟周期。在一个状态内，CPU 完成由控制信号所确定的一个或多个同时的微操作。

机器周期数目对于给定的一条指令而言是固定的，但对于不同的指令，它是不同的。机器周期定义为等同于总线访问。于是，一条指令的机器周期数取决于 CPU 必须与外部设备通信的次数。例如，若一条指令由两个 8 位字节组成，则取此指令需要两个机器周期。若此指令涉及 1 字节的存储器或 I/O 操作，则还需要第三个机器周期用于执行。

图 19.9 给出 8085 时序的一个例子，展示了外部控制信号值的变化。当然，与此同时，内部控制信号也正由控制器产生，用于控制内部的数据传输。此图表示的是一条 OUT 指令的指令周期，它需要三个机器周期（M_1，M_2，M_3）。在第一个机器周期，此 OUT 指令的前一半被取出来，第二个机器周期取来指令的后一半，其中含有用于输出的 I/O 设备号，在第三个机器周期，AC 的内容经由数据总线写入所选择的设备。

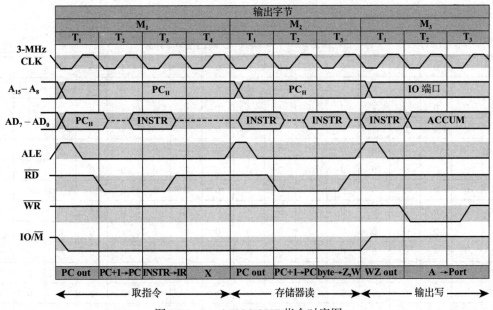

图 19.9　Intel 8085 OUT 指令时序图

由发自控制器的地址锁存使能 ALE（address latch enabled）脉冲来指示每一个机器周期的开始。此 ALE 脉冲使外部电路处于待命状态。在机器周期 M_1 的状态 T 期间，控制器设置 IO/M 信号指出这是一个存储器操作。控制器亦使 PC 内容放到地址总线（$A_{15} \sim A_8$）和地址 / 数据总线（$AD_7 \sim AD_0$）上。在 ALE 脉冲的下降沿，总线上的其他模块会保存地址。

在状态 T_2 期间，存储器模块将被寻址的位置中的内容放到地址 / 数据总线上。控制器设置读控制 RD 信号以指示读，但它等待着直到 T_3 才复制总线上的数据。这给存储器模块提供了一段时间，使它放数据于总线上并使信号电平得以稳定。最后一个状态 T_4 是一个总线空闲状态，在此期间 CPU 译码此指令。其余的机器周期也以类似方式进行。

19.3　硬布线实现

通过对控制器的输入 / 输出和功能的介绍，我们详细讨论了控制器。现在是讨论控制器实现问题的时候了。已采用的技术很多，主要可分为两大类：

- 硬布线实现（hardwired implementation）
- 微程序实现（microprogrammed implementation）

通过**硬布线实现**，控制器本质上是一个组合电路。它把输入逻辑信号转换为一组输出逻辑信号，即控制信号。本节将考察此方法。微程序实现是 19.4 节的主题。

19.3.1　控制器输入

图 19.4 给出的是我们至此已讨论过的控制器，关键输入是指令寄存器、时钟、标志和控制总线信号。对于标志和控制总线信号来说，一般是每个位都有某种意义（例如溢出位）。而另两个输入对于控制器来说其用处不是那么直接明了。

首先考虑指令寄存器。控制器使用指令的操作码，并将为不同的指令完成不同的动作（发出不同的控制信号组合）。为简化控制器逻辑，应使每一个操作码都有一个唯一的逻辑输入。译码器（decoder）能完成这个功能，它接收一个编码了的输入并产生一个单一的输出。通常，译码器有 n 个输入和 2^n 个输出。2^n 个不同输入之一将产生唯一的一个输出。表 19.3 是 $n=4$ 的一个例子。控制器的译码器更复杂些，它要考虑变长的操作码。第 12 章给出了使用数字逻辑实现译码器的一个例子。

表 19.3　一个 4 输入 16 输出的译码器

I1	0	0	0	0	0	0	0	0	1	1	1	1	1	1	1	1
I2	0	0	0	0	1	1	1	1	0	0	0	0	1	1	1	1
I3	0	0	1	1	0	0	1	1	0	0	1	1	0	0	1	1
I4	0	1	0	1	0	1	0	1	0	1	0	1	0	1	0	1
O1	0	0	0	0	0	0	0	0	0	0	0	0	0	0	0	1
O2	0	0	0	0	0	0	0	0	0	0	0	0	0	0	1	0
O3	0	0	0	0	0	0	0	0	0	0	0	0	0	1	0	0
O4	0	0	0	0	0	0	0	0	0	0	0	0	1	0	0	0
O5	0	0	0	0	0	0	0	0	0	0	0	1	0	0	0	0
O6	0	0	0	0	0	0	0	0	0	0	1	0	0	0	0	0
O7	0	0	0	0	0	0	0	0	0	1	0	0	0	0	0	0
O8	0	0	0	0	0	0	0	0	1	0	0	0	0	0	0	0
O9	0	0	0	0	0	0	0	1	0	0	0	0	0	0	0	0

（续）

O10	0	0	0	0	0	0	1	0	0	0	0	0	0	0	0
O11	0	0	0	0	0	1	0	0	0	0	0	0	0	0	0
O12	0	0	0	1	0	0	0	0	0	0	0	0	0	0	0
O13	0	0	0	1	0	0	0	0	0	0	0	0	0	0	0
O14	0	0	1	0	0	0	0	0	0	0	0	0	0	0	0
O15	0	1	0	0	0	0	0	0	0	0	0	0	0	0	0
O16	1	0	0	0	0	0	0	0	0	0	0	0	0	0	0

控制器的时钟部分发出一个重复的脉冲序列，这对于度量微操作的持续时间是有用的。本质上讲，时钟脉冲周期要足够长，以允许信号能沿着数据通路传播和通过 CPU 电路。然而，正如我们已看到的，在一个指令周期内，控制器要在不同时间单位发送不同的控制信号。于是，我们希望有一个计数器作为控制器的输入，在不同计时步骤 T_1、T_2 等发出不同的控制信号。在指令周期结束时，控制器必须通知计数器，以使它从 T_1 重新开始。

通过这两点改进，控制器能表示成如图 19.10 所示的结构。

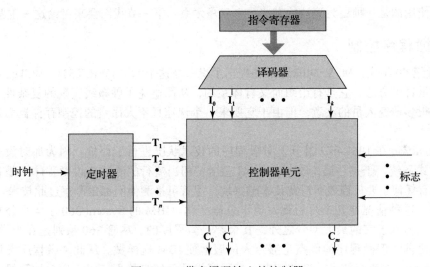

图 19.10　带有译码输入的控制器

19.3.2　控制器逻辑

为定义控制器的硬布线实现方案，所剩下的全部事情就是讨论控制器的内部逻辑了，它产生作为输入信号函数的输出控制信号。

基本上，我们必须做的是为每个控制信号产生一个布尔表达式，该表达式是输入的函数。这最好用例子来说明。让我们再一次考察图 19.5 说明的简单例子。在表 19.1 中已看到，微操作序列和控制信号都需要对指令周期 4 个阶段中的 3 个进行控制。

让我们考虑一个简单控制信号 C_5，这个信号使外部数据总线上的数据读入 MBR。可看出，它在表 19.1 使用了两次。让我们重新定义两个新的控制信号 P 和 Q，它们具有如下的解释：

```
PQ = 00        取指周期
PQ = 01        间接周期
```

```
PQ = 10        执行周期
PQ = 11        中断周期
```

则如下的表达式定义了 C_5：

$$C_5 = \bar{P} \cdot \bar{Q} \cdot T_2 + \bar{P} \cdot Q \cdot T_2$$

即控制信号 C_5，在取指和间接周期的第二个时间单位有效。

这个表达式还不完整，执行周期也需要 C_5。在这个简单例子中假定只有 LDA、ADD 和 AND 三条指令还需要在执行时读内存。现可将 C_5 定义为：

$$C_5 = \bar{P} \cdot \bar{Q} \cdot T_2 + \bar{P} \cdot Q \cdot T_2 + P \cdot \bar{Q} \cdot (LDA + ADD + AND) \cdot T_2$$

对 CPU 产生的任何控制信号重复这样的过程，结果将是有一组布尔等式，它们定义了控制器的行为，从而定义了 CPU 的行为。

为将这些组织在一起，控制器必须控制指令周期的状态。正如我们曾提到过的，在每个子周期（取指、间接、执行、中断）结束时，控制器都要发出一个信号，以使时序发生器重新初始化并发出 T_1。控制器还必须设置 P、Q 的相应电平值来定义下面将要完成的子周期。

读者应该能想得到，对于当代复杂的 CPU 而言，其控制器实现所需的布尔表达式数量将非常大。实现这样一个组合电路来满足所有这些布尔表达式的任务将变得异常困难。结果是，普遍使用的是一种更为简洁的方法：微程序方式。下一节我们会来讨论这一主题。

19.4　微程序控制

20 世纪 50 年代，M. V. Wilkes 最先提出了微程序这个术语 [WILK51]。Wilkes 提出了一种控制器设计的方法，它是有组织而又有体系的，从而避免了硬布线实现的复杂性。这个思想引起了很多研究人员的注意，但由于它要求一个快速且不太昂贵的控制存储器而显得不太实际。

Datamation 在 1964 年 2 月刊上对微程序的技术状况进行了评价。因为那时没有使用任何微程序式系统，于是一篇论文 [HILL64] 总结了相当流行的看法，说微程序"是有些前途暗淡，没有任何主要厂商表明对此技术感兴趣，尽管可推测他们都曾考察过此技术。"

但是，这种情况在几个月后就发生了急剧变化。IBM 的 System/360 于 4 月公布，虽然不是全部，但除了它的最大型号之外，其余都是微程序的。尽管 360 系列是在半导体 ROM 可以使用之前，但微程序的优点足够令人信服地使 IBM 这样做。从此，微程序设计成为实现 CISC 处理器的流行技术。近几年来，微程序设计已较少使用，但它仍是计算机设计的有用工具。例如，正如我们看到的，Pentium 4 的机器指令转换为类 RISC 形式，它们中的大多数不使用微程序来执行，然而，仍有某些指令使用微程序来执行。

19.4.1　微指令

正如前面刚描述过的，控制器是一个相当简单的设备。但是，若以基本逻辑元件互连来实现一个控制器，却不是一个简单的任务。设计必须包括定序微操作、执行微操作、解释操作码以及根据 ALU 的标志来决策等逻辑。设计和测试这样一片硬件是困难的，并且这种设计也不太灵活。例如，改动设计来增加新的机器指令就相当困难。

有一种替代方法，就是**微程序控制器设计方法**，它是很多 CISC 处理器普遍采用的设计方法。

参见表 19.4，除使用控制信号外，每个微操作都以符号表示来描述。这种表示看起来是一种编程语言。实际上，它确实是一种编程语言，叫作**微程序设计语言**（microprogramming language）。每行描述一个时间点内出现的一组微操作，称为一条**微指令**（microinstruction）。

这种微指令序列被称为**微程序**或固件（firmware）。后一术语反映了这样的事实：微程序是介于硬件与软件之间的。以固件进行设计要比硬件容易，但写一个固件程序要比写一个软件程序困难得多。

表 19.4　Wilkes 示例的机器指令集

命令	命令的效果
An	$C(Acc) + C(n)$ 存到 Acc_1
Sn	$C(Acc) - C(n)$ 存到 Acc_1
Hn	$C(n)$ 移到 Acc_2
Vn	$C(Acc_2) \times C(n)$ 存到 Acc，其中 $C(n) \geq 0$
Tn	$C(Acc_1)$ 移到 n，0 移到 Acc
Un	$C(Acc_1)$ 移到 n
Rn	$C(Acc) \times 2^{-(n+1)}$ 移到 Acc
Ln	$C(Acc) \times 2^{(n+1)}$ 移到 Acc
Gn	如果 $C(Acc) < 0$，将控制转移到 n；如果 $C(Acc) \geq 0$，忽略（即继续串行前进）
In	从输入读出下一个字符，并存到 n
On	发送 $C(n)$ 到输出设备

注：Acc—累加器；Acc_1—累加器高半部分；Acc_2—累加器低半部分；n—存储位置 n；$C(X)$—X 中的内容（X 可以是寄存器，也可以是存储器位置）。

如何使用微程序概念来实现控制器呢？考虑到对于每个微操作，控制器所做的全部事情就是产生一组控制信号。对任一微操作，控制器发出的每根控制线是开或关。自然，对应这种情况，每根控制线可由一个二进制数字表示。这样，我们就构造了一个控制字（control word），其中每位代表一根控制线，从而每个微操作能用控制字中的不同的 0 和 1 的式样来表示。

若能将这些控制字串在一起，就能表示控制器完成的微操作序列了。然而，必须认识到微操作序列不是固定的。有时有间接周期，有时又没有。让我们把控制字放入一个存储器单元中，每个字有自己唯一的地址。现在再给每个控制字添加一个地址字段，以指示若某种条件为真时（例如，存储器访问指令中的间接位为 1），将要执行的下一控制字的位置。此外，添加少数几位用于指示条件的真假。

结果是在图 19.11a 中的所谓**水平微指令**（horizontal microinstruction）。此微指令或控制字的格式说明如下。这里对每一条 CPU 内控制线和每一条系统控制总线都有相应的 1 位。这里还有一个指示转移发生条件的条件字段（condition field）和转移目标地址字段（address field），指示将要执行的微指令地址。这样的微指令以如下方式解释执行。

1. 执行这条微指令的效果是，打开所有位值为 1 的控制线，关闭所有位值为 0 的控制线。生成的控制信号会使一个或多个微操作完成。

2. 若条件位指示的条件为假，则顺序执行下一条指令。

3. 若条件位指示的条件为真，则地址字段指向的微指令是将被执行的下一条微指令。

图 19.12 展示了这些控制字或微指令在**控制存储器**中是如何安排的。在每个例程中微指令是顺序执行的，在例程的终端有一个分支或跳转微指令，指出下面将到何处执行。这里还有一个专门的执行周期例程，它的目的仅在于，根据当前的操作码指明哪一个机器指令（AND、ADD 等）例程将被执行。

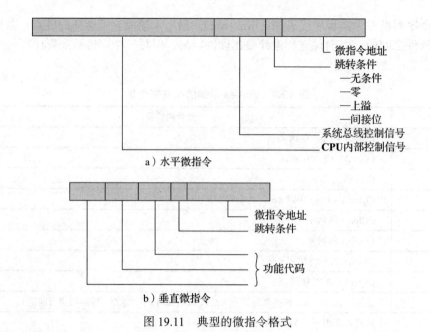

a）水平微指令

b）垂直微指令

图 19.11　典型的微指令格式

　　图 19.12 的控制存储器是控制器整体操作的简明描述，它定义了在每个周期（取指、间接、执行、中断）内将要完成的微操作序列，也指定了这些周期的顺序。如果没有别的事情，这个表示可作为一个说明具体计算机控制器功能的有用工具，但它还不仅只能作为一个设计说明工具，它也是实现控制器的一种方式。

19.4.2　微程序控制器

　　图 19.12 的控制存储器含有描述控制器行为的微程序，下面以执行这个微程序的简单方式来讨论控制器的实现。

　　图 19.13 展示了这种控制器实现方式的关键部件。控制存储器（control memory）存有一组微指令；控制地址寄存器（control address register）含有下面即将被读取的微指令地址；当一条微指令由控制存储器读出后，即被传送到控制缓冲寄存器（control buffer register）。此寄存器的左半部分（见图 19.11a）与控制器发出的控制线相连接。于是，由控制存储器读一条微指令等同于执行这条微指令。图中所示的第三个部件是定序器（sequencing unit），它向控制地址寄存器装入地址并发出读命令。

　　让我们更详细地考察这种结构，如图 19.14

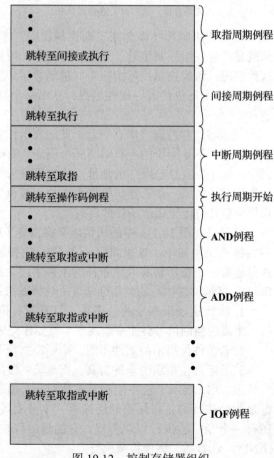

图 19.12　控制存储器组织

所示。将此图与图 19.13 相比，此控制器仍有相同的输入（IR、ALU 标志、时钟）和输出（控制信号）。此控制器的功能如下所述。

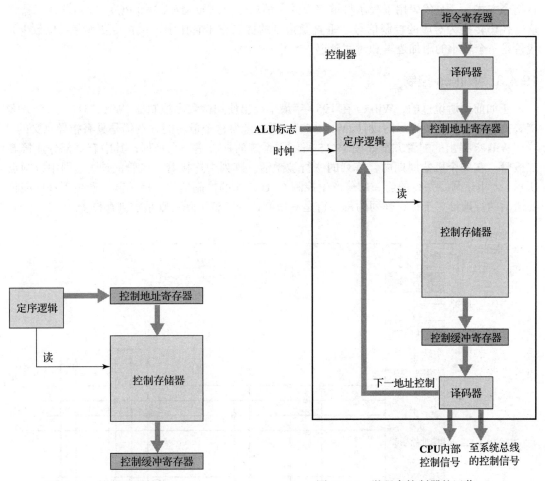

图 19.13　控制器微结构　　　　　　图 19.14　微程序控制器的运作

1. 为执行一条指令，定序逻辑发出一个读命令给控制存储器。
2. 控制地址寄存器指定的一个字读入到控制缓冲寄存器。
3. 控制缓冲寄存器的内容生成控制信号，并为定序逻辑提供下一条地址信息。
4. 定序逻辑根据这个地址信息和 ALU 标志，将一个新地址装入到控制地址寄存器。
所有这些事情都发生在一个时钟周期内。

上述的第 4 个步骤还需进一步说明。在每条微指令结束时，定序逻辑都要将一个新的地址装入到控制地址寄存器。这取决于 ALU 标志和控制缓冲寄存器的内容，它要进行三选一的决策。

- **取顺序的下一条微指令**：加 1 到控制地址寄存器。
- **基于跳转微指令跳转到一个新的例程**：将控制缓冲寄存器的地址字段装入控制地址寄存器。
- **跳转到一个机器指令例程**：根据 IR 中的操作码向控制地址寄存器装入机器指令例程的第一条微指令。

图 19.14 展示了两个标记有译码器的模块。上方的译码器将 IR 中的操作码翻译为一个

控制存储器地址。下方的译码器不用于水平微指令，而是用于**垂直微指令**（见图 19.11b）。正如前面所提到过的，以水平微指令方式，微指令的控制字段中的每一位都接到控制线。以垂直指令方式，一个代码用于表示将被完成的一项动作，例如 MAR ←（PC），而由此译码器将这个代码转换为对应的控制信号。垂直微指令的优点在于它比水平微指令更紧缩（位数少），代价是一个较小的附加逻辑和时间延迟。

19.4.3　Wilkes 控制

　　正如前面所说过的，Wilkes 在 1951 年最早提出使用微程序控制器 [WILK51]。这个方案接着被修正并形成更详尽的设计 [WILK53]。现在考察这个最初的方案仍是具有指导意义的。

　　Wilkes 提出的配置方案如图 19.15 所示。系统的核心是一个阵列，其中有些部分连接着二极管。在一个机器周期内，阵列的一行被激活。阵列中连接着二极管的地方（图中以圆点所示）产生信号。每行的前一部分产生控制 CPU 操作的控制信号，后一部分产生下一周期将要激活的行地址。于是，阵列的每一行是一条微指令，整个阵列则是控制存储器。

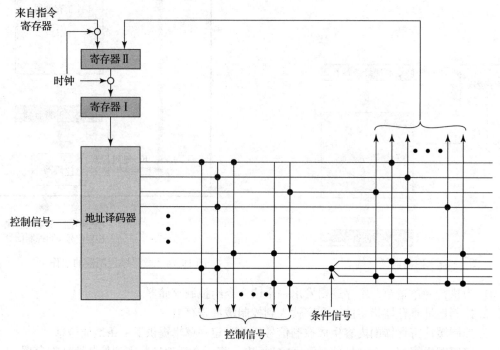

图 19.15　Wilkes 的微程序控制单元

　　机器周期开始时，将要激活的行地址保存在寄存器 I 中。这个地址输入到译码器，当它被一个时钟脉冲启动时，会激活阵列的某一行。在此周期，或是指令寄存器中的操作码，或是行的后一部分，被传送到寄存器 II，这取决于相应的控制信号。然后由一个时钟脉冲打开寄存器 II 到寄存器 I 的门。交替的时钟脉冲用于启动阵列行和寄存器 II 到寄存器 I 的传送。因为译码器是一个简单的组合电路，故需要这种双寄存器的安排；否则，只使用一个寄存器的话，在一个周期内输出可能会反馈到输入，引起一种不稳定的状况。

　　这种思想很类似于前面（见图 19.11a）所介绍的水平微程序设计方法。主要的不同在于：在前面的介绍中，控制地址寄存器能递增 1，得到下一顺序地址；而在 Wilkes 方案中，下一地址是在微指令中。为准许转移，一行必须包含两个地址部分，受控于一个条件信号（例如标志）。

为证实所提出的思想，Wilkes 提供了一个以这种方式实现控制器的简单机器。这个例子是已知的第一个微程序 CPU 设计。这里再一次重复它是有益的，因为它说明了许多当代微程序设计的原则。

此原机型 CPU 包括如下寄存器：

A	被乘数
B	累加器（低半部分）
C	累加器（高半部分）
D	移位寄存器

另外，还有只由控制器可访问的三个寄存器和两个 1 位的标志。三个寄存器是：

E	用作存储器地址寄存器（MAR）和暂时存储的寄存器
F	程序计数器
G	另一个暂时寄存器，用作计数

表 19.4 列出了这个例子的机器指令集。表 19.5 是实现控制器的全部微指令集，以符号形式表示。于是，完整定义此系统需要 38 条微指令。

表 19.5　Wilkes 例子的微指令

		算术单元	控制寄存器单元	条件触发器		下一条微指令	
				设置	使用	0	1
	0		F 到 G 和 E			1	
	1		（G 到 "1"）到 F			2	
	2		存储器到 C			3	
	3		G 到 E			4	
	4		E 到译码器			−1	
A	5	C 到 D				16	
S	6	C 到 D				17	
H	7	存储器到 B				0	
V	8	存储器到 A				27	
T	9	C 到存储器				25	
U	10	C 到存储器				0	
R	11	B 到 D	E 到 G			19	
L	12	C 到 D	E 到 G			22	
G	13		E 到 G	(1) C_5		18	
I	14	输入到存储器				0	
O	15	存储器到输出				0	
	16	（D＋存储器）到 C				0	
	17	（D− 存储器）到 C				0	
	18				1	0	1
	19	D 到 B（R）[①]	（G−1）到 E			20	

（续）

		算术单元	控制寄存器单元	条件触发器		下一条微指令	
				设置	使用	0	1
	20	C 到 D				21	
	21	D 到 C (R)				11	0
	22	D 到 C (L) [②]	（G-1）到 E			23	
	23	B 到 D		$(1)E_5$		24	
	24	D 到 B (L)			1	12	0
	25	"0" 到 B				26	
	26	B 到 C				0	
	27	"0" 到 C	"18" 到 E			28	
	28	B 到 D	E 到 G	$(1)B_1$		29	
	29	D 到 B (R)	（G-"1"）到 E			30	
	30	C 到 D (R)		$(2)E_5$	1	31	32
	31	D 到 C			2	28	33
	32	（D+A）到 C			2	28	33
	33	B 到 D		$(1)B_1$		34	
	34	D 到 B (R)				35	
	35	C 到 D (R)			1	36	37
	36	D 到 C				0	
	37	（D-A）到 C				0	

① 右移。算术单元中的开关电路的设计为：寄存器 C 的最低位放入寄存器 B 的最高位中（在右移操作期间），而寄存器 C 的最高位（符号位）被重复（这样，对于一个负数，右移结果也是正确的）。

② 左移。开关电路被简单地设计为使得在左移微操作期间，寄存器 B 的最高位移到寄存器 C 的最低位。

标记法：A，B，C，……表示算术逻辑单元中不同的寄存器。C 到 D 表示开关电路把寄存器 C 的输出连接到寄存器 D 的输入。（D+A）到 C 表示寄存器 A 的输出被连接到加法器的一个输入上（寄存器 D 的输出被固定连接到加法器的另一个输入上），而加法器的输出连接到寄存器 C。引号括起来的数值符号（例如 "n"）表示一个源，它的输出是以最低有效数字为单位的数值 n。

表中第 1 列给出了每个微指令的地址（行号）。那些对应着操作码的地址被标记出来。例如，当遇到加法指令（A）时，位置 5 处的微指令被执行。第 2 列与第 3 列分别表示 ALU 和控制寄存器单元发生的动作。每个符号表示都必须翻译为一组控制信号（微指令的位）。第 4 列与第 5 列表示两个标志（触发器）的设定和使用。第 4 列指定此标志的信号置位。例如，（1）C_s 意味着由寄存器 C 的符号位来置位标志 1。若第 5 列有一标志识别符，那么第 6 列与第 7 列就会含有两个可选的微指令地址。否则，第 6 列指定将被取的下一条微指令地址。

微指令 0 ~ 4 构成了取指周期。微指令 4 将操作码提交给译码器，译码器产生对应于待取机器指令的微指令地址。如果细心研究表 19.5，读者不难推导出控制器的全部功能。

19.4.4 优缺点

使用微程序实现控制器的优点在于，简化了控制器的设计任务，实现起来既成本较低，也能减少出错机会。硬布线控制器需要一个复杂的逻辑，用来使指令周期的众多微操作按序执行，而微程序控制器的译码器和定序逻辑单元是很简单的逻辑电路。

微程序控制器的主要缺点是：要比采用相同或相近半导体工艺的硬布线控制器慢一些。尽管如此，由于它的易实现性，使微程序设计成为当今 CISC 体系结构的主导技术。而对于 RISC 处理器，由于它们的指令格式简单，一般使用硬布线控制器。

19.5 关键词、思考题和习题

关键词

control bus：控制总线

control path：控制通路

control signal：控制信号

control unit：控制器

hardwired implementation：硬布线实现

micro-operation：微操作

思考题

19.1 请说明指令的编写顺序（written sequence）与时间顺序（time sequence）的区别。

19.2 指令和微操作的关系是什么？

19.3 CPU 控制器的总体功能是什么？

19.4 概述表征控制器的三个步骤。

19.5 控制器要完成的基本任务有哪些？

19.6 给出一个控制器输入输出的典型列表。

19.7 列出三类控制信号。

19.8 简要说明控制器的硬布线实现意味着什么。

19.9 控制器的硬布线实现方式与微程序实现方式有何不同？

19.10 如何解释水平微指令？

19.11 控制存储器有何作用？

习题

19.1 假设有一个 ALU 不能做减法运算，但它能加两个输入寄存器，并能对两个寄存器的各位取逻辑反。数是以二进制补码形式存储的。请列出实现减法的控制器必须完成的微操作。

19.2 若使图 19.4 中的 CPU 完成如下指令，请以与表 19.1 相同的方式列出其微操作和控制信号：

- 装载一个数到累加器
- 保存累加器内容到存储器
- 加一个数到累加器
- AND 一个数到累加器
- 跳转
- 若 AC=0 则跳转
- 累加器取反

19.3 假设图 19.6 中的沿总线传播与通过 ALU 的信号的传播延迟分别是 20ns 和 100ns。由总线将数据拷贝到寄存器需要 10ns。那么，必须允许多少时间才能：

a. 从一个寄存器到另一寄存器传送数据？

b. 递增程序计数器？

19.4 以图 19.6 的内部总线结构为例，考虑加一个数到 AC，若该数是：

a. 一个立即数

b. 一个直接寻址的操作数

c. 一个间接寻址的操作数

请写出所需的微操作序列。

19.5 考虑一个按照图 19.16 来实现的栈（可参见附录 E），请为

　　a. 由栈弹出（pop）

　　b. 压入（push）

此栈，给出相应的微操作序列。

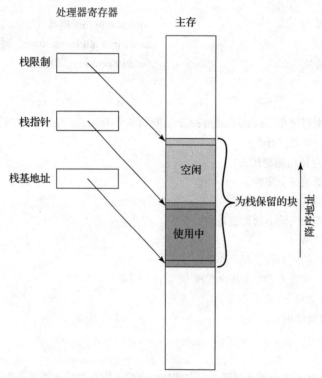

图 19.16　典型的栈组织结构（全 / 降序）

19.6 描述 Wilkes 原机型中乘法指令的执行过程并画出流程图。

19.7 假设一个微指令集有这样一条微指令，以符号形式表示其功能为：

$$\text{IF}\,(AC_0 = 1)\,\text{THEN CAR} \leftarrow (C_{0-6})\,\text{ELSE CAR} \leftarrow (CAR) + 1$$

其中，AC_0 是累加器的符号位，C_{0-6} 是微指令的前 7 位。使用这种微指令，写一个实现"寄存器为负转移"（BRM）机器指令的微程序，该微程序检查 AC 寄存器中的内容，若 AC 为负则转移。假定微指令的 $C_1 \sim C_n$ 指定一组并行的微操作，用符号形式表示此微程序。

19.8 一个简单的处理器的指令周期有四个主要阶段：取指、间接、执行和中断指令周期。两个 1 位的标志指定硬布线实现中的当前阶段。

　　a. 请回答为什么需要这些标志。

　　b. 请回答为什么在微程序控制单元中不需要它们。

并行组织

并 行 处 理

学习目标

学习完本章后，你应该能够：

- 总结出并行**处理器组织**的类型。
- 概述**对称多处理器**的设计特点。
- 理解多处理系统中的 cache **一致性**问题。
- 解释 MESI 协议的关键特性。
- 解释**隐式多线程**与**显式多线程**的区别。
- 总结**集群**的关键设计要点。
- 解释**非均匀存储器**访问的概念。

在传统上，计算机被视为一种时序机器。大多数计算机程序设计语言要求编程人员将算法指定为指令序列。处理器通过按顺序依次执行每一条机器指令来运行程序。每条指令均按顺序执行一系列操作（获取指令，获取操作数，执行操作，存储结果）。

对计算机的这种观点自始就并不完全正确。在微操作级别，多个控制信号是同时产生的。在指令流水线里，至少也要将取指阶段与执行阶段相互重叠（这种做法并不新鲜）。上述例子都为我们展示了计算机并行执行独立操作。进而，这种方法可以扩展到超标量组织，其发掘了指令级并行性：单个处理器中有多个执行单元，它们并行执行同一个程序的多条指令。

随着计算机技术的发展和硬件成本的下降，计算机设计人员开始寻求越来越多的实现并行的机会，通常用于提高性能，某些情况下用于改善可用性。在进行概述之后，本章将考察并行组织的几个最著名的方法。首先考察对称多处理器（SMP），这是最早采用并且至今仍广泛使用的并行组织方法。在 SMP 组织中，多个处理器共享一个公共的存储器，由此带来了 cache 一致性问题，我们将用一节的篇幅专门讨论此问题。接着，本章考察多线程处理器和片上多处理器。然后介绍集群系统，它是多个独立的计算机以一种协作风格组织而成的。对于工作负载超出单个 SMP 能力的情况，采用集群系统方法变得日益普遍。使用多个处理器的另一种方法是非均匀存储器访问（NUMA）式机器，这是一种比较新的方法，有待市场的进一步验证，但它经常被看作 SMP 或集群系统的替代方式。

20.1 多处理器组织

20.1.1 并行处理器系统的类型

Flynn 首先提出的一种分类法 [FLYN72] 至今仍是最普遍使用的，这是对具有并行处理能力的系统进行分类的方法。Flynn 提出了以下计算机系统类别：

- **单指令单数据（SISD）流**：用单个处理器执行单个指令流，对存储在单个存储器中的数据进行操作。单处理器就属于这一类。
- **单指令多数据（SIMD）流**：一条机器指令以基于锁步的方式控制多个处理部件同时执行。每个处理部件都有一个相关联的数据存储器，因此指令可以由不同的处理器在不同的数据集上执行。向量和阵列处理器就属于这一类，20.7 节将对此进行讨论。

- **多指令单数据（MISD）流**：一组数据被传送到一组处理器，每一个处理器执行不同的指令序列。但这种结构尚未在商业上被实现过。
- **多指令多数据（MIMD）流**：一组处理器同时在不同的数据集上执行不同的指令序列。SMP、集群系统和 NUMA 系统都属于这一类。

对于 MIMD 组织，处理器是通用的。每一个处理器都能够处理完成相应数据转换所需要的所有指令。MIMD 能以处理器的通信方式来进一步细分（见图 20.1）。如果处理器共享一个公共的存储器，则每个处理器存取共享存储器中的程序和数据，并经过此存储器相互通信。这种系统最常见的形式是**对称多处理器**（symmetric multiprocessor，SMP），我们将在 20.2 节讨论它。在 SMP 中，通过共享总线或其他互连结构，多个处理器共享单一存储器或存储器池。一个显著的特点是，存储器任何区域的存取时间，对于每个处理器大致是相同的。当前的一种新的实现方法是**非均匀存储器访问**（nonuniform memory access，NUMA）组织，我们将在 20.6 节介绍它。顾名思义，对于 NUMA 处理器，对存储器中不同区域的存取时间可能不同。

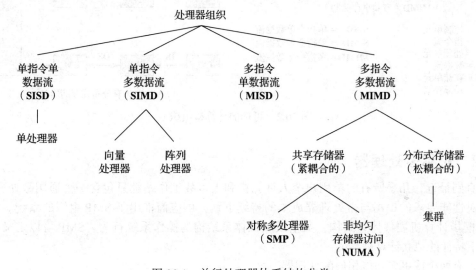

图 20.1   并行处理器体系结构分类

一组独立的单处理器或 SMP，可互连成**集群**系统，计算机之间的通信或是通过固定的路径，或是通过某些网络设施。

20.1.2   并行组织概述

图 20.2 说明了图 20.1 分类的常见组织形式。图 20.2a 表示一个 SISD 的结构。这里有某种控制单元（Control Unit，CU）向处理单元（Processing Unit，PU）提供一个指令流（Instruction Stream，IS），该处理单元对来自一个存储单元（Memory Unit，MU）的单一数据流（Data Stream，DS）进行操作。对 SIMD 而言，仍然有一个单独的控制单元，不过现在是向多个处理单元提供单一指令流，每个处理单元可有自己的专用存储器（见图 20.2b）或者有一个共享的存储器。最后是 MIMD，它有多个控制单元，每个控制单元向自己的 PU 提供单独的指令流。MIMD 可以是共享存储器的多处理器（见图 20.2c），或是一个分布式存储器的多计算机（multicomputer，见图 20.2d）。

与 SMP、集群和 NUMA 机器相关的设计问题相当复杂，涉及与物理组织、互连结构、处理器间通信、操作系统设计和应用软件技术相关的问题。我们在这里主要关心的是组织，但也将简要介绍操作系统的设计问题。

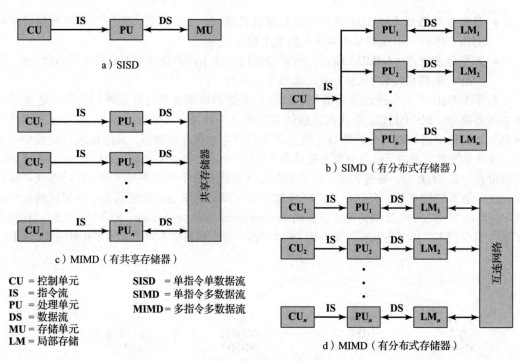

图 20.2   可选的计算机组织

20.2   对称多处理器

直到最近，几乎所有的单用户个人计算机和大多数工作站都只包含一个通用微处理器。随着对性能要求的提高与微处理器成本的持续下跌，供应商推出了 SMP 组织的系统。术语 SMP 既指计算机硬件体系结构，又指反映该体系结构的操作系统行为。SMP 可以定义为具有以下特征的独立计算机系统：

1. 有两个或更多功能相似的处理器。

2. 这些处理器共享同一主存和 I/O 设备，以总线或其他内部连接机制互连在一起；这样，存储器的存取时间对每个处理器大致都是相同的。

3. 所有处理器共享对 I/O 设备的访问，或通过同一通道，或通过提供到同一设备路径的不同通道。

4. 所有处理器都能完成同样的功能（术语对称的由来）。

5. 系统被一个集中式操作系统（OS）控制，OS 提供各处理器及其程序之间的作业级、任务级、文件级和数据元素级的交互。

第 1 点到第 4 点应该不言自明。第 5 点说明了与松散耦合的多处理系统（如集群）的一个对比。在后者中，交互的物理单元通常是一条消息或完整的文件。在 SMP 中，单个数据元素可以构成交互级别，因此处理器之间可以有高度的合作。

SMP 的操作系统在所有处理器之间调度进程或线程。与单处理器组织相比，SMP 组织有许多潜在的优势，包括以下几点：

- **性能**（performance）：如果要由计算机完成的工作可以被组织起来，使部分工作可以并行完成，那么一个拥有多个处理器的系统将比一个拥有同一类型的单一处理器的系统产生更好的性能（见图 20.3）。

- **可用性**（availability）：在对称多处理器中，因为所有处理器都能完成相同的功能，所以单个处理器的故障不会使机器停止。相反，系统可以在性能下降的情况下继续运行。

- **增量式增长**（incremental growth）：用户可以通过在系统中添加额外的处理器来提高系统的性能。
- **可扩展性**（scaling）：厂商可以根据系统中配置的处理器数量，提供一系列具有不同价格和性能特征的产品。

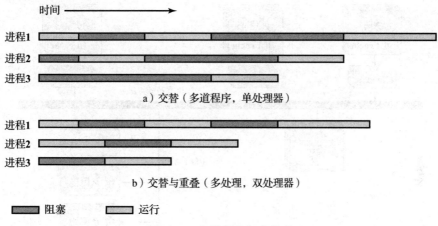

a）交替（多道程序，单处理器）

b）交替与重叠（多处理，双处理器）

■ 阻塞 □ 运行

图 20.3　多道程序与多处理

值得注意的是，这些都是 SMP 组织潜在的优点，而并不是保证必有的。操作系统必须提供工具和函数，以开发 SMP 系统中的并行性。

SMP 的一个吸引人的特性是，多处理器的存在对用户是透明的。由操作系统负责调度各个处理器上的线程或进程，以及处理器之间的同步。

20.2.1　对称多处理器的组织

图 20.4 描述了多处理器系统的一般组织情况。这种系统中有两个或更多个处理器。每个处理器都是自包含的，包括一个控制单元、ALU、寄存器，通常还包括一级或多级 cache。每个处理器都可以通过某种形式的互连机制访问共享的主存储器和 I/O 设备。处理器可以通过存储器（位于公共数据区域的消息或状态信息）相互通信。处理器也可以直接交换信号。存储器通常是分块组织的，所以可以同时对不同的存储器块进行多次访问。在某些配置中，除了共享资源外，每个处理器也可能有自己的私有主内存和 I/O 通道。

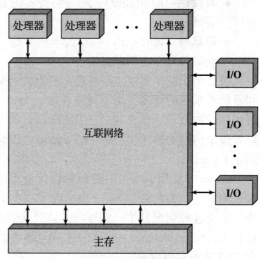

图 20.4　紧耦合多处理器的常规结构图

对个人计算机、工作站和服务器而言，最常见的组织方式是分时共享总线。分时共享总线是构建多处理器系统的最简单的机制（见图 20.5）。其结构和接口与使用总线互连的单处理器系统基本相同。总线由控制线、地址线和数据线组成。为了方便从 I/O 子系统到处理器的 DMA 传输，对称多处理器应提供以下特性：

- **寻址**（addressing）：必须能够区分总线上的模块，以确定数据的源地址与目标地址。

- **仲裁**（arbitration）：任何 I/O 模块都可以临时充当主控器功能。因此需要提供一种仲裁总线控制的竞争请求的机制。对此可以使用某种优先级策略。
- **分时复用**（time-sharing）：当一个模块控制总线时，其他模块被锁定。如果有必要，应该挂起其操作，直到实现当前的总线访问。

这些单处理器特性在 SMP 组织中可以直接使用。稍后我们将看到，SMP 中有多个处理器和多个 I/O 处理器都试图通过总线获得对一个或多个存储器模块的访问。

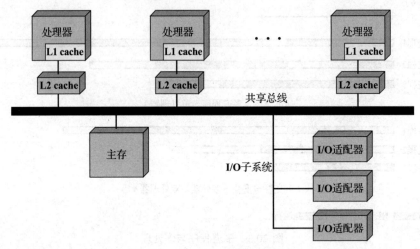

图 20.5　对称多处理器的组织图

与其他方法比较，总线组织方式有如下优点：

- **简易性**（simplicity）：这是组织多处理器的最简单方法。每个处理器的物理接口、寻址、仲裁和分时逻辑与单处理器系统保持一致。
- **灵活性**（flexibility）：通过将更多的处理器连接到总线上来扩充系统，这通常是很容易的。
- **可靠性**（reliability）：总线本质上是一个无源介质，总线上任何一个设备的故障都不会导致整个系统的故障。

总线组织的主要缺点是性能。所有的存储器引用都要通过公共总线，因此，总线周期时间限制了系统的速度。为了提高性能，为每个处理器配备 cache 是可取的，这将显著减少总线访问的次数。一般来说，工作站和 PC 的 SMP 组织有两级 cache。L1 cache 是内部（与处理器位于相同的芯片上）的，L2 cache 可以是内部的也可以是外部的。一些处理器现在还使用了 L3 cache。

cache 的使用引入了一些新的设计考虑因素。因为每个局部 cache 只包含一个存储器的部分映像，如果在某个 cache 中修改了一个字，就可能会使已存入其他 cache 中的该字失效。为了防止这种情况发生，必须向其他处理器发出更新发生的警报。这个问题被称为 cache 一致性（cache coherence）问题，这一问题通常通过硬件解决，而不是通过操作系统。我们将在 20.3 节中专门讨论这个问题。

20.2.2　多处理器操作系统设计考虑

一个 SMP 操作系统管理着处理器和其他计算机资源，这样用户就可以感觉到控制系统资源的是单个操作系统。事实上，这样的配置应该呈现为单处理器多程序系统。不论是 SMP，还是单处理器，多个作业或进程都可能同时处于活动状态，由操作系统负责安排它们的执行和分配资源。用户可以构建使用多个进程或在进程中使用多个线程的应用程序，而不需要考虑底层使用的是单个处理器还是多个处理器。因此，多处理器操作系统必须提供多道程序设计系统的所有功能以及适应多处理器的附加特性。设计上应主要考虑的问题如下：

- **同时并发进程**（simultaneous concurrent process）：OS 例程应该是可重入的，以允许多个处理器同时执行相同的 IS 代码。当多个处理器执行操作系统的相同或不同部分时，必须恰当地管理操作系统的表与相应数据结构，以避免死锁或无效操作。
- **调度**（scheduling）：任何处理器都可以执行调度，因此必须避免冲突。调度程序必须将就绪的进程指派给可用的处理器。
- **同步**（synchronization）：由于多个活动进程可能访问共享地址空间或共享 I/O 资源，因此必须提供有效的同步。同步是一种机制，是强制互斥和对事件排序的工具。
- **存储器管理**（memory management）：正如第 9 章所讨论的，多处理器上的存储器管理必须处理单处理器机器上出现的所有问题。此外，操作系统需要利用可用的硬件并行性，如多端口内存，以实现最佳性能。当多个处理器共享一个页面或段时，必须协调不同处理器上的分页机制，以保证一致性，并在替换页面时决定合适的操作。
- **可靠性与容错**（reliability and fault tolerance）：在面对处理器故障时，操作系统应提供优雅的降级使用。调度程序和操作系统的其他部分必须认识到处理器的失效，并相应地重构管理表。

20.3　cache 一致性与 MESI 协议

在现代多处理器系统中，通常每个处理器都有一级或两级 cache。这样组织是出于对性能的考虑，然而，这同时也引起了一个称为 cache 一致性的问题。问题是这样的：相同数据的多个副本可能同时存在于不同的 cache 中，如果允许处理器自由地更新它们自己的副本，就会导致不同 cache 对存储器中同一数据的反映出现不一致。在第 5 章中，我们定义了两种常见的写策略：

- **写回法**（write back）：写操作通常只对 cache 进行。只有当 cache 中保存的数据行从 cache 中换出时，才会更新相应的主存内容。
- **写直达**（write through）：所有的写操作都是对主存和缓存同时进行的，以确保主存总是有效的。

很明显，回写策略会引起不一致。如果两个 cache 包含同一行数据，并且此行在一个 cache 中更新，另一个 cache 将不知道它保存的是过时数据，后续读取该无效行，将产生无效结果。即使使用写直达策略，也可能发生不一致，除非其他 cache 监控存储器的访问情况，或接收某些直接的修改指示。

在本节中，我们将简要地介绍几种解决 cache 一致性问题的方法，然后重点介绍最广泛使用的方法：MESI（修改/独占/共享/无效）协议。该协议的一个版本使用在 x86 架构上。

对于任何 cache 一致性协议，其目标是让最近使用的局部变量进入适当的 cache，并在多次读写过程中保留在那里，同时使用协议来维护可能同时出现多个 cache 中的共享变量的一致性。cache 一致性方法一般可分为软件方法和硬件方法。某些实现采用二者相结合的策略。然而，将其分为软件和硬件两种方法仍然具有指导意义，并广泛用于评价 cache 一致性策略。

20.3.1　软件解决方案

cache 一致性的软件解决方案的思路是：依赖于编译器和操作系统来处理这个问题，力图避免需要额外的硬件电路和逻辑。软件方法很有吸引力，因为检测潜在问题的开销从运行时转移到编译时，设计复杂性从硬件转移到软件。另外，编译时软件方法通常必须做出保守性的决定，这会导致 cache 利用率下降。

基于编译程序的一致性机制通过进行代码分析，来确定什么样的数据项对于 cache 可能会变成不安全的，然后相应地标记出这些项。操作系统或硬件会防止这些不可被缓存的项进入 cache。

最简单的方法是不准任何共享数据变量被高速缓存。但这种方法太保守了，因为一个共享数据结构可以在某些时期内是排他性使用的，并可在某些其他时期内是只读的。只有在如下的期间内：即至少一个进程修改变量而同时至少有另一个进程会去访问此变量，才会出现 cache 一致性问题。

更有效的方法是分析代码来确定共享变量的安全期间。然后，编译程序在生成代码中插入指令，以在临界期间实施 cache 一致性的维护。已研发了几种技术用于代码分析和保证结果的正确性，详见 [LILJ93] 和 [STEN90]。

20.3.2　硬件解决方案

基于硬件的解决方案通常称为 cache 一致性协议。这些解决方案在运行时提供了对潜在不一致条件的动态识别。因为是在问题实际出现时及时处理，所以硬件方法对 cache 的使用比软件方法更有效，从而可以提高性能。此外，这些方法对程序员和编译器都是透明的，减轻了软件开发的负担。

不同的硬件方案在某些具体细节上有所不同，包括数据行的状态信息保存在何处、信息如何组织、在何处实施一致性维护以及实施机制是什么。一般来说，硬件方案可以分为两大类：**目录协议**（directory protocol）和**监听协议**（snoopy protocol）。

目录协议　　目录协议收集并维护关于数据块副本驻存位置的信息。通常，系统中有一个中央控制器，它是主存控制器的一部分，目录存储在主存中。该目录包含有关各种局部 cache 内容的全局状态信息。当单个 cache 控制器发出访存请求时，集中式控制器检查此请求并发出必要的命令，以便在内存和 cache 之间或在各个 cache 之间进行数据传输。它也负责保持状态信息的更新。因此，任一可以影响 cache 数据行全局状态的局部动作都必须报告给中央控制器。

通常，由控制器维护关于哪个处理器拥有哪些数据行副本的信息。在处理器向局部的 cache 行副本写入之前，它必须向控制器请求对该行的排他性存取权。在授权这种排他性存取权之前，控制器向所有包含该行副本的 cache 的处理器发送一条消息，迫使每个处理器使其副本无效。在接收到这些处理器返回的确认之后，控制器才把排他性存取权授予请求的处理器。当另一个处理器试图读取被排他性授予给另一个处理器的数据行时，它将向控制器发送一个未命中提示。然后，控制器向拥有此数据行的处理器发出命令，要求它将此数据行写回主存。现在，该行可以被原先的处理器和请求处理器共享读取了。

目录协议有中央瓶颈的缺点，并且各种 cache 控制器与中央控制器之间通信开销也大。然而，在采用多总线或某种其他复杂互连结构的大型系统中，它们是有效的。

监听协议　　监听协议将维护 cache 一致性的责任分配给多处理器中的所有 cache 控制器。一个 cache 必须识别它所保存的一行是不是与其他 cache 共享的。当对共享的 cache 行完成一个修改动作时，它必须通过一种广播机制通知所有其他 cache。每个 cache 控制器都能够"监听"互联网络，以得到这些广播的通知，并做出相应的响应。

监听协议非常适合基于总线的多处理器，因为共享总线为广播和监听提供了一种简单的方法。然而，由于使用局部 cache 的目标之一就是避免或减少总线访问，因此必须谨慎设计，避免由于广播和监听而增加的总线传输开销抵消掉使用局部 cache 的收益。

监听协议已开发了两种基本方法：写 – 作废（write-invalidate）、写 – 更新（write-update）或写 – 广播（write-broadcast）。在写 – 作废协议中，系统任一时刻可以有多个读取者，但只能有一个写入者。最初，一个数据行可以在多个 cache 之间共享，以达到读取的目的。当某个 cache 想要对该行执行写操作时，它首先发出一个通知，使其他 cache 中的该行无效，使该行被要执行写操作的 cache 所专有。一旦 cache 行变为专有，拥有它的处理器就可以进行低代价的本地写操作，直到某些其他处理器要求这个数据行。

使用写 – 更新协议时，系统可以有多个写入者和多个读取者。当一个处理器想要修改一个共享行的时候，欲被修改的特定数据字亦被广播到所有其他 cache，于是包含此行的 cache 能够同时进行写入修改。

这两种方法谈不上哪个更好，它们的性能取决于局部 cache 的数量和存储器读、写模式。一些系统的实现既可使用写 – 作废协议，又可以使用写 – 更新协议。

写 – 作废协议在商用多处理器系统中应用最广泛，如 x86 体系结构。它在 cache 标记中使用额外的两位标出每个 cache 行的状态为已修改（Modified）、专有（Exclusive）、共享（Shared）或无效（Invalid）。因此，写 – 作废协议被称为 MESI 协议。在本节的剩余部分中，我们将考虑它在多处理器的各局部 cache 中的使用。为简单起见，我们不讨论在局部的第 1 级和第 2 级之间进行协调以及同时在分布式多处理器之间进行协调所涉及的机制。因为这不会帮助我们掌握更多的原理，但会使讨论变得非常复杂。

20.3.3　MESI 协议

为维护 SMP 中的 cache 一致性，数据 cache 通常支持 MESI 协议。根据 MESI 协议，数据 cache 的每一行包括两个状态位的标记，这样每行可处于下列 4 种状态之一：

- **已修改状态**：此 cache 行已被修改（不同于主存），并仅在这个 cache 中。
- **专有状态**：此 cache 行同于主存，但不出现于任何其他 cache 中。
- **共享状态**：此 cache 行同于主存，并可出现于另外的 cache 中。
- **无效状态**：此 cache 行不含有效数据。

表 20.1 总结了四种状态的含义。图 20.6 展示了 MESI 协议的状态图。请记住，每个 cache 行都有自己的状态位，因此每个 cache 行本身的状态变化就实现了该状态图。图 20.6a 表示由于连接这个 cache 的处理器发起动作而发生的状态转换。图 20.6b 表示由于监听到公共总线上的事件而发生的状态转换。对于处理器发起的和总线发起的动作，分别给出状态图，这样表示有助于阐明 MESI 协议的逻辑。在任何时候，cache 行只能处于单一状态。如果下一个事件来自所连接的处理器，则状态转换由图 20.6a 指示；如果下一个事件来自总线，则状态转换由图 20.6b 给出。图 20.7 总结了不同 cache 行之间的状态关系，它们都映射到同一个内存块。

表 20.1　MESI cache 数据行状态

	M 已修改	E 专有	S 共享	I 无效
该 cache 数据行有效吗？	是	是	是	否
内存副本是……	旧的	有效	有效	—
其他 cache 有此数据行的副本吗？	否	否	可能	可能
写入到该行的数据……	不发送到总线	不发送到总线	发送到总线并更新 cache	直接发送到总线

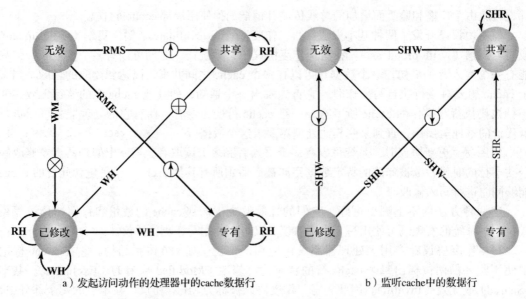

a）发起访问动作的处理器中的cache数据行　　　　　　b）监听cache中的数据行

RH = 读命中	修改过的行拷贝回内存
RMS = 读缺失，共享状态	
RME = 读缺失，专有状态	⊕ 作废处理
WH = 写命中	
WM = 写缺失	⊗ 目的在于修改的读操作
SHR = 监听命中，读操作	
SHW = 监听命中，写操作或目的	↑ 填充cache数据行
在于修改的读操作	

图 20.6　MESI 状态转换图

映射到内存块*i*的局部**cache**中的数据行状态	映射到内存块*i*的其他**cache**中的数据行的允许状态
已修改	无效
专有	无效
共享	共享　无效
无效	已修改　专有　共享　无效

图 20.7　协同 cache 中数据行之间的关系

现在我们更加详细地研究图 20.6 中的转换。

读缺失　当一个局部 cache 中发生读缺失时，处理器会启动一个存储器读操作，以读取包含此未命中地址的主存行。处理器在总线上发出一个信号，通知所有其他处理器/cache单元监听此事务。有几种可能的结果：

- 如果另一个cache有一个干净的副本（从主存读取后未修改过），并处于专有状态，那么它会返回一个信号，表明它共享这一行。然后，发出响应的处理器将其副本状态由专有状态转换为共享状态，发起处理器从主存读取该行，并将其cache中的该行从无效转换为共享。
- 如果一个或多个cache内有处于共享状态的干净副本，则每个cache都会发出共享该行的信号。发起读操作的处理器由主存读取该行，并将其cache中的行从无效状态转换为共享状态。
- 如果另一个cache有一个修改过的数据行副本，那么这个cache会阻塞存储器读，并通过共享总线把该数据行提供给发出请求的cache。然后，发出响应的cache将此行的状态由已修改状态转换为共享状态⊖。发送请求的cache的数据行也会被存储控制器接收与处理，并保存到存储器中。
- 如果任何其他cache都没有该数据行的副本（干净的或修改过的），则没有信号返回。发起处理器读取该行，并将该行状态从无效状态转换为专有状态。

读命中 当读命中出现在当前局部cache行时，处理器只读取所需要的数据项。没有状态变换发生：仍然保留为已修改状态、共享状态和专有状态。

写缺失 当局部cache中发生写缺失时，处理器发起一个存储器读来读取包含该未命中地址的主存行。为此，处理器在总线上发出一个信号，表示带修改意图的读（RWITM，read-with-intent-to-modify）。当该行装入后，它立即被标记为已修改状态。根据其他cache状态，在进行数据行装入之前有两种可能的情况。

第一种情况，其他某个cache有此行的修改副本（状态为已修改状态）。这种情况下，被通知的处理器告诉发起处理器，其他处理器有此行的修改过的副本；发起处理器放弃总线并等待，另一个处理器获得总线访问权，将它修改过的副本写回主存，并将此cache行状态转换成无效状态（因为发起处理器正要修改此行）。接着，发起处理器再一次在总线上发出RWITM信号，然后从主存中读取该行，修改cache中的行，并把该行标识为已修改状态。

第二种情况，任何其他cache都没有所要求行修改过的副本，也就没有信号返回，发起处理器着手它请求的行读入并修改的操作。在此期间，若一个或多个处理器有此行的干净副本并处于共享状态，则每个处理器都要将它的副本变为无效；若一个处理器有此行的干净副本而处于专有状态，则它同样要将此副本作废。

写命中 当写命中出现在当前局部cache中的一行时，其影响取决于该行在局部cache中的当前状态：

- **共享**：在执行写修改之前，处理器必须先得到独占该行的权限。处理器在总线上发出它的意图信号。cache中含有此行共享副本的各处理器将各自的cache行状态由共享状态变成无效状态。然后，发起处理器完成写修改，并将它的cache行副本从共享状态转换为已修改状态。
- **专有**：处理器已拥有对该行的排他性控制，因此它只需要简单地完成写修改，并将此

⊖ 在一些实现中，拥有修改过数据行的cache会向发起处理器发出一个重试信号。此时，拥有修改过数据副本的处理器获取总线控制权，将修改过的数据行副本写回到主存中，并将cache中该数据行的状态从已修改转换到共享。接下来，原先发出请求的处理器再次发出读请求，这次会发现一个或多个处理器拥有该数据行处于共享状态的干净副本，于是按照前一点描述的情况操作。

行的状态由专有状态转换成已修改状态。

- **已修改**：处理器已拥有对该行的排他性控制，并已标记此行为已修改状态，它只需要简单地完成写修改即可。

MESI 信号交换   解释读或写操作期间协同 cache 之间的信号交换的流程图，有助于解释图 20.6 中的状态转换图。下面的流程图假设存在一个发起处理器与一个或多个其他参与处理器，并提供每个系统中的 cache 行的状态，它们都映射到主存的同一块。

内存读操作如图 20.8 所示⊖。如果要用到的字已经在发起处理器的 cache 的数据行中，那么该行必须处于 M、E 或 S 状态。在这种情况下，从 cache 中检索字并返回给处理器。如果 cache 数据行不存在，则发起处理器向其他参与处理器发出读未命中（RM，read miss）信号。这表明在等待响应信号之后，它将执行一个读内存操作来引入包含所需字的内存块。紧接着，如果有必要，发起处理器会向 cache 写回一行，来为传入的内存块腾出空间。

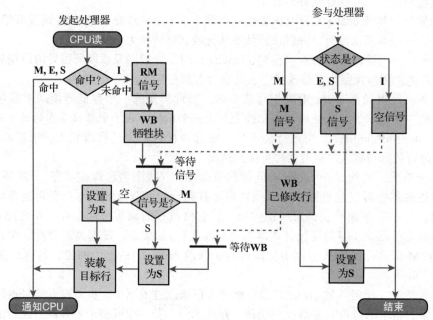

图 20.8　发起处理器从回写 cache 中读取
（图源：经密歇根理工大学 Roger Kieckhafer 教授许可使用）

在参与处理器端，参与处理器检查所请求的块是否在其 cache 的一行中。如果不在，则返回空（null）并结束。如果参与处理器内有数据行处于 E 或 S 状态，则会发送 S 信号（因为此时数据行是与发起处理器所共享的），并设置行状态为 S。如果行处于 M 状态，则发送 M 信号给发起处理器。然后参与处理器写回这一行，使主存更新，并转换到 S 状态。如果发起处理器接收到信号 M，它将等待参与处理器把行写回内存后再继续。如果信号为 M 或 S，发起处理器将数据行设置为 S，如果传入信号为空，则将状态设置为 E。一旦此状态被设置，那么目标数据行就被装载完毕了。

图 20.8 展示了发起处理器与单个参与处理器之间的交互。如果有多个其他 cache 系统，发起处理器需要考虑所有传入的信号。如果接收到 M 信号，接收到的任何其他信号都应该

⊖　这张图与下一张图是由密歇根理工大学的 Roger Kieckhafer 教授提供的。

是 S 或 null ；发起处理器通过等待 WB 信号响应 M 信号。如果没有 M 信号，只有一个或多个 S 信号，则发起处理器响应 M 信号。

发起处理器对回写 cache 执行写操作的流程图如图 20.9 所示。如果包含要写的字的块已经在 cache 的一行中（命中），发起处理器更新 cache 中的行，并将行状态设置为 M。它还向参与处理器发出写命中的信号，参与处理器将该行设置为无效。如果所需的行不在 cache 中，则发起处理器向其他参与处理器发出写未命中（WM）信号。其余的流程图与图 20.8 类似。

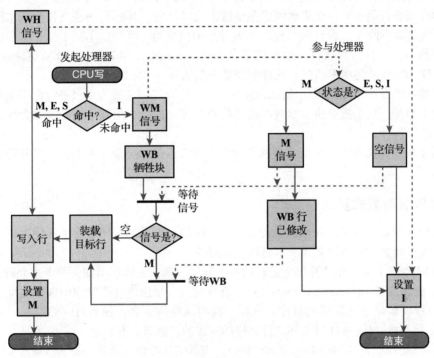

图 20.9　发起处理器向回写 cache 写入

L1 与 L2 cache 的一致性　　到目前为止，本书所介绍的 cache 一致性协议是通过连接到同一总线或其他 SMP 互连结构上的各个 cache 之间的协同动作来实现的。通常，这些 cache 是 L2 cache，每个处理器也有一个 L1 cache，它不直接连接到总线上，不能直接参与监听协议（snoopy protocol）的活动。因此，需要某种策略来维护 SMP 配置中跨越两级 cache 和跨越所有 cache 的数据完整性。

策略是扩展 MESI 协议（或任何其他 cache 一致性协议）到 L1 cache。于是，每个 L1 cache 行都包括指示状态的位。本质上，目标如下：对于既出现在 L2 cache 中又出现在相应 L1 cache 中的任何行，L1 行的状态应追踪 L2 行的状态。实现此目标的最简单方式是在 L1 cache 使用写直达策略；这种情况下，写直达是到 L2 cache 而不是到存储器。L1 写直达策略迫使对 L1 行的任何修改都送出到 L2 cache，这一修改对其他 L2 cache 都是可见的。L1 使用写直达策略要求 L1 的内容必须是 L2 内容的子集。这又暗示 L2 cache 的关联度应等于或大于 L1 cache 的关联度。IBM S/390 SMP 采用了 L1 写直达策略。

如果 L1 cache 使用了回写策略，那么两个 cache 之间的关系会更加复杂。已经有几种方法用于维护这种情况下的 cache 一致性，这超出了我们的讨论范围。

20.4 多线程与片上多处理器

处理器性能的一个重要评测指标是它执行指令的速率，可以表示为：

$$\text{MIPS 速率} = f \times \text{IPC}$$

这里，f 是处理器的时钟频率，单位为 MHz；IPC（instruction per cycle）是平均每周期执行指令数。于是，设计者会在两个方面追求增强性能这个目标：提高时钟频率和提高平均每周期执行的指令数，或严格地说，即提高在单个处理器周期期间所完成的指令数。正如在前面几章所看到的，设计者通过使用指令流水线和在超标量体系结构中使用多条并行的指令流水线的办法来提高 IPC。在流水线或多条流水线设计中，其原则问题是各个流水段利用的最大化。为提高吞吐率，设计人员提出了更为复杂的机制，例如以不同于指令流顺序的次序执行某些指令，以及猜测执行一些可能不会被执行的指令。但正如 2.2 节所讨论过的那样，由于复杂性和所涉及的功率消耗，这种办法最终会达到一个限制点。

一种替代的办法是多线程化（multithreading），它允许高度的指令级并行而不增加电路复杂性和功率消耗。从本质上讲，这种办法是将指令流分成几个更细小的流，称为线程，这些线程可以并行执行。

在商业系统和实验系统中所实现的各种专用多线程设计类型非常丰富。本节简要介绍其主要概念。

20.4.1 隐式与显式多线程

多线程处理器讨论中所使用的线程概念，可能同于也可能不同于多道程序操作系统设计中的软件线程概念。简要定义如下术语将是有用的：

- **进程**（process）：在计算机上运行的一个程序实例，它体现出如下两个主要特征。
  - **资源占有**（resource ownership）：进程包括一个包含进程映像的虚拟地址空间；进程映像是定义进程的程序、数据、栈和属性的集合。随着时间的推移，进程会分配到如主存、I/O 设备和文件这样的资源的控制或占有权。
  - **调度 / 执行**（scheduling/ execution）：进程的执行沿一条执行路径（踪迹）流经一个或多个程序。一个执行可能与其他进程的执行相交错。于是，进程具有执行状态（运行、就绪等）和派发的优先权，是操作系统调度和派发的一个实体。
- **进程切换**（process switch）：将处理器由一个进程转换到另一个进程的操作。它通过保存第一个进程的所有控制数据、寄存器和其他信息，并以第二个进程的信息来替换它们而完成。[⊖]
- **线程**（thread）：进程内可派发的任务单位。它包括一个处理器上下文（程序计数器和栈指针等）和专有的栈数据区域（以允许子例程转移）。线程顺序执行并可中断，这样处理器能转向另一个线程。
- **线程切换**（thread switch）：在同一进程中，将处理器控制从一个线程转换到另一个线程的动作。通常，这类切换的代价要比进程切换少得多。

于是，线程关注的只是调度 / 执行，而进程关注的是调度 / 执行和资源占有。一个进程中的多个线程共享同样的资源。这就是为什么线程切换的耗时要比进程切换少得多。像 UNIX 早期版本这样的传统操作系统是不支持线程的。大多数当代操作系统，如 Linux、

⊖ 术语"上下文切换"（context switch）通常出现在有关操作系统的文献和教材中。不幸的是，虽然大多数文献使用该术语表示这里所说的进程切换，但是另外一些文献使用该术语来表示线程切换。因此，为避免歧义，此处使用进程切换而非上下文切换。

UNIX 后期版本、Windows 等，都支持线程。应区分用户级线程和内核级线程，前者对应用程序是可见的，后者仅对操作系统是可见的。两者都称为显式线程，因它们是软件中定义的。

所有商业处理器和大多数实验处理器至今使用的都是显式多线程。这些系统并发执行来自不同显式线程的指令，或通过在共享流水线上交错执行来自不同线程的指令，或通过在并行流水线上的并行执行来实现多线程。隐式多线程指的是，从单个顺序程序中提取多个线程来并发执行。这些隐式线程可静态地被编译器定义或动态地被硬件定义。本节的其余部分只考虑显式多线程。

20.4.2 显式多线程的方式

首先，多线程处理器必须为并发执行的每个线程提供一个分立的程序计数器。不同的设计区别在于为支持并发多线程执行所添加的硬件类型和总量。通常，以线程为基础来进行取指令操作。处理器分别对待每个线程，并可用几种技术来优化单线程的执行，包括分支预测、寄存器重命名和超标量技术。我们要实现的是线程级并行性，它与指令级并行性结合后会提供极大的性能改善。

概括来说，多线程有如下 4 种方式：

- **交错式多线程**（interleaved multithreading）：亦称为**细粒度多线程**（fine-grained multithreading）。处理器同时处理两个或多个线程上下文，每个时钟周期由一个线程切换到另一个线程。若由于数据相关性或存储器等待而使一个线程阻塞，则跳过此线程去执行另一个就绪线程。
- **阻塞式多线程**（blocked multithreading）：亦称为**粗粒度多线程**（coarse-grained multithreading）。线程的指令连续地执行，直到如 cache 缺失这类引起延迟的事件出现。这类事件引发处理器切换到另一线程。这种方式在按序执行的处理器上比较有效，因为像 cache 缺失这类的延迟事件会使流水停顿。
- **同步多线程**（simultaneous multithreading，SMT）：来自多个线程的指令同时发射到超标量处理器的执行单元。它将超标量多条指令发射的能力与多个线程上下文的使用相结合。
- **片上多处理**（chip multiprocessing）：这种情况是多个处理器在单一芯片上实现，每个处理器处理一个分立线程。这种方式的优点是，能有效地使用芯片上的可用逻辑面积而不依赖复杂性日益增长的流水线设计。这被称为多核，我们将在第 21 章单独讨论这个问题。

对于前两种方式，来自不同线程的指令不是同时被执行的，而是通过使用不同的寄存器组和其他上下文信息，处理器能快速地由一个线程切换到另一个线程。这使得处理器的执行资源可以更好地得到利用，并避免了由于 cache 缺失和其他延迟事件所造成的较大性能损失。SMT 方式利用被复制的执行资源，使来自不同线程的指令能够真正地同时被执行。片上多处理亦允许来自不同线程的指令同时执行。

基于 [UNGE02] 的图 20.10 展示了一些涉及多线程的可能的流水体系结构，并将它们与不使用多线程的办法相对照。每个水平行代表一个执行周期可能有的发射槽[⊖]，即每行的宽度对应于单一时钟周期所能发射的最大指令数。垂直方向表示时钟周期的时间顺序。一个空槽（画有阴影）代表在流水线中未被用于执行的槽。用 N 表示无操作（no-op）。

⊖ 发射槽（issue slot）是在一个给定时钟周期内可发射指令所来自的位置。回顾第 18 章中指令发射的介绍，指令发射是在处理器功能单元上启动指令执行的过程。这发生在指令从流水线的译码阶段向流水线执行阶段的第一阶段前进的时候。

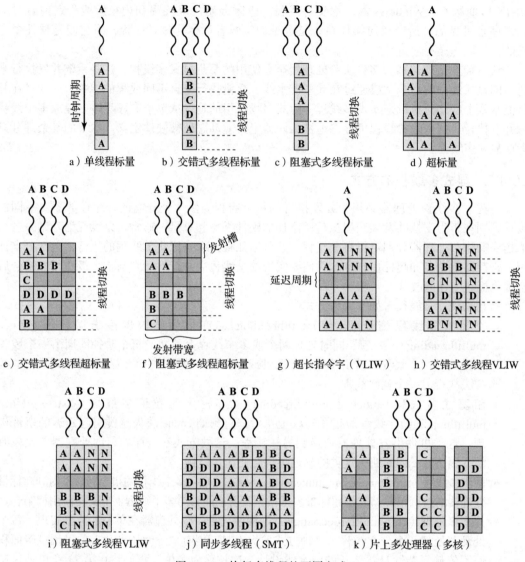

图 20.10　执行多线程的不同方式

图 20.10 的前三个说明了标量（即单发射）处理器所使用的不同办法：

- **单线程标量**（single-threaded scalar）：这是在传统 RISC 和 CISC 机器上见到的简单流水线，没有多线程。
- **交错式多线程标量**（interleaved multithreaded scalar）：这是最易实现的多线程化办法。通过每时钟周期切换线程，使流水线各阶段保持或接近满载。硬件必须在周期之间能由一个线程上下文切换到另一个线程上下文。
- **阻塞式多线程标量**（blocked multithreaded scalar）：在这种情况下，单线程连续执行，直到使流水停顿的等待事件出现，此时处理器切换到另一个线程。

图 20.10c 展示了完成线程切换时间是一个周期的情况，而图 20.10b 表示线程切换以零周期实现。在交错式多线程情况中，假定了线程间无数据相关性和控制相关性，这就简化了流水线设计，并允许线程切换无任何延迟。然而，这取决于特定的设计和实现，阻塞式多线程可能会要求以一个时钟周期来完成线程切换，正如图 20.10 所示。若取来的指令触发线程切换，且必须由流水线逐出，就会发生这种情况 [UNGE03]。

虽然交错式多线程方式比阻塞式多线程有更好的处理器利用率，但它这样做是以牺牲单线程性能为代价的。多个线程竞争 cache 资源，这会使其中某些线程的 cache 缺失概率升高。

若处理器每周期能发射多条指令，则有更多并行执行机会可用。图 20.10d 至图 20.10i 说明了几种类型的处理器，它们都具有每周期发射 4 条指令的硬件。在所有这些情况中，一个周期仅能同时发射来自单个线程的多条指令。下面分别予以说明：

- **超标量**（superscalar）：这是基本的超标量，无多线程。直到前不久，这还是在处理器内提供并行性的最强有力的办法。注意在某些周期期间，不是全部的可用发射槽都被使用。在一些周期，少于最大数的指令被发射，这称为水平损失（horizontal loss）。在另一些周期，无发射槽可用，这些有指令却不能被发射的周期，称为垂直损失（vertical loss）。
- **交错式多线程超标量**（interleaved multithreading superscalar）：每个周期期间，来自单一线程的尽可能多的指令被发射。正如前面所讨论过的，使用这种技术可消除由线程切换所带来的潜在延迟。然而，任一给定周期发射的指令数仍受限于给定线程内所具有的指令间相关性。
- **阻塞式多线程超标量**（blocked multithreaded superscalar）：再一次，任何周期仅来自单个线程的指令会被发射，并使用了阻塞式多线程。
- **超长指令字**（very long instruction word，VLIW）：一个 VLIW 体系结构，如 IA-64，是将多条指令放在单个字中。典型情况下，由编译器构造 VLIW，它把可并行执行的操作放在同一字中。在一个简单的 VLIW 机器中（参见图 20.10g），如果不能以可并行发射的指令填满字，就使用无操作填充。
- **交错式多线程超长指令字**（interleaved multithreading VLIW）：这种方式所提供的效能类似于交错式多线程在超标量体系结构上所提供的效能。
- **阻塞式多线程超长指令字**（blocked multithreading VLIW）：这种方式所提供的效能类似于阻塞式多线程在超标量体系结构上所提供的效能。

图 20.10 中所示的最后两种方式允许多个线程同时并行执行：

- **同步多线程**（simultaneous multithreading）：图 20.10j 展示了一个每次能发射 8 条指令的系统。若一个线程具有高度的指令级并行性，它可在某些周期填满水平槽。在另一些周期，来自两个或多个线程的指令可被发射。若有充足的活跃线程，每周期发射最大数目的指令通常是可能的，这提供了更高级的效能。
- **片上多处理器**（chip multiprocessor）或**多核**（multicore）：图 20.10k 表示一个芯片含有 4 个处理器，其中每个都是一个双发射的超标量处理器。每个核各指派给一个线程，它能每周期发射来自此线程的两条指令。

比较图 20.10j 和图 20.10k，我们看到一个与 SMT 有同样指令发射能力的片上多处理器，却不能达到与 SMT 同等程度的指令级并行性。这是因为片上多处理器不能隐藏由发射来自其他线程的指令所导致的延迟。另外，片上多处理器应比有同样指令发射能力的超标量处理器强，因为超标量处理器的水平损失更大。此外，片上多处理器上的每个核使用多线程是可行的，当今某些机器正是这样做的。

20.5　集群

计算机系统设计的一个重要而且较新的发展是集群化（clustering）。集群化作为一种提供高性能和高可用性的方法，是对称多处理器（SMP）的替代物，并对服务器应用特别有吸引力。我们将集群系统（cluster）定义成一组完整的计算机相互连接，它们作为一个统一的计算资源一起工作，并能产生好像是一台机器的假象。术语完整计算机（whole computer）意指一台计算机离开集群系统仍能执行自己的任务。在文献中，集群系统中的计算机一般称为节点（node）。

[BREW97] 列出了集群化能提供的 4 个好处，它们也可看成集群设计的要求或目标：

- **绝对的可扩展性**（absolute scalability）：组建一个大的集群系统，使它的能力远超过甚至最大的独立计算机是完全可能的。一个集群系统能有上百台甚至几千台机器，每台机器是一个多处理器。
- **增量的可扩展性**（incremental scalability）：集群系统能以这样的方式来配置：以少量增加方式把新节点添加到集群系统中，于是，用户开始只需要一个适度规模的系统，随着需求的增长再扩展它，而不需要采用以大系统替代原小系统的主要升级方式。
- **高可用性**（high availability）：因为集群系统的每个节点都是一台独立计算机，所以一个节点出现故障不意味着服务丢失。在多数产品中，容错是由软件自动完成的。
- **优异的价格 / 性能比**（superior price/performance）：通过将商售的构件组合在一起构成一个集群系统，其计算能力等于或大于单一大型机器，而其成本却低得多。

集群配置

在文献中，集群系统有几种分类方式。也许最简单的分类法是，根据集群系统中的计算机是否共享对同一磁盘的存取来分类。图 20.11a 展示了一个两节点的集群系统，高速链路是两节点的唯一互连机制，它能用于高速消息交换，以协调系统的动作。此链路可以是与其他非集群系统计算机共享的 LAN，也可以是专用的互连设施。在后一种情况下，集群系统中的一个或多个计算机将有一个到 LAN 或 WAN 的链路，这样就提供了服务器集群系统与远程客户系统之间的连接。注意，图中每台计算机被描述为一台多处理器，实际上不是必须如此，但这样做会增强性能和可用性。

在图 20.11 描述的简单分类中，另一种方法是共享磁盘的集群系统。这种情况下，通常在节点间仍有一条消息链路，此外，还有一个直接连接到系统内多台计算机的磁盘子系统。图中的公共磁盘子系统是一个 RAID 系统。使用 RAID 或某种类型的冗余磁盘技术，在集群系统中是很普遍的，这样可使多台计算机所实现的高可用性不被作为单故障点的共享磁盘所损害。

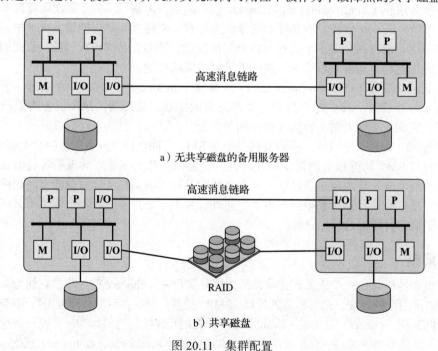

a）无共享磁盘的备用服务器

b）共享磁盘

图 20.11　集群配置

考察功能的可替换性可得到集群系统更清楚的分类图谱。表 20.2 提供了一个沿功能主线的有效分类法，下面就来讨论。

一种通用的老式方法称为**被动式备用**（passive standby），其原理很简单，一台计算机处理所有工作，而另一台计算机不工作，但时刻准备着在主服务器出故障时去接替工作。为协调机器动作，活动的主服务器要周期性地发送"心跳"（heartbeat）消息给备用服务器。一旦这些消息停止到达，备用服务器将认为主服务器失败了，并立即投入运行。这种方法提高了可用性，但没有改善性能。而且，两者之间交换的信息只是心跳信息，而不共享磁盘，即备用者提供了功能上的备份，但不能存取主服务器管理的数据库。

表 20.2　集群方法：优点与缺点

集群方法	说明	优点	缺点
被动式备用	当主服务器发生故障时，次服务器接管处理任务	容易实现	成本较高，因为次服务器对其他处理任务是不可用的
主动式辅助	次服务器也用于处理任务	降低了成本，因为次服务器可用于任务处理	增加了复杂度
分立的服务器	分立的服务器有各自的磁盘。数据从主服务器连续拷贝到此服务器	高可用性	因为大量的拷贝操作，网络和服务器开销大
连接磁盘的服务器	服务器被连接到同一组磁盘，但每个服务器在磁盘组中有各自的磁盘。如果一个服务器发生故障，它的磁盘会被其他服务器接管	降低了网络和服务器开销，因为不需要拷贝操作	通常需要采用磁盘镜像或 RAID 技术，以便抵消磁盘故障带来的影响
共享磁盘的服务器	多个服务器同时共享磁盘访问	网络和服务器的开销较低。降低了因磁盘故障而导致的停机风险	需要锁管理软件。通常会同时使用磁盘镜像或 RAID 技术

这种被动式备用通常不被看成集群系统。术语集群系统是指这样的多个计算机互连的系统，每个计算机都是主动地进行处理，而对外维护着一个单一的系统映像。术语**主动式辅助**（active secondary）经常用于指这种配置，它又分成 3 种集群化方式，分别标识为：分立的服务器、无共享和共享存储。

一种集群化方式是，每个计算机是带有自己磁盘的**分立的服务器**（separate server），计算机之间无共享磁盘（见图 20.11a），这种安排提供了高性能以及高可用性。这种情况下，需要某种管理或调度软件，以将到来的客户请求指派给适当的服务器，从而实现负载平衡和高利用率。同时要求系统具有故障接管能力，这意味着一台计算机在执行应用程序期间出现故障，另一台计算机能接替它并完成此应用服务。因此，数据必须在计算机之间连续不断地被复制，以使每台计算机都能存取其他计算机的当前数据。这种数据交换开销保证了高可用性，却付出了性能损失的代价。

为减少通信开销，现在大多数集群系统由连接到公共磁盘的服务器组成（见图 20.11b）。这种方法的另外说法简称为**无共享**（shared nothing），集群的公共磁盘划分成卷，每卷被单一计算机所拥有。如果某台计算机出了故障，则集群系统必须重新配置，以使另外某台计算机拥有失效计算机的卷。

使多台计算机同时共享同一磁盘也是可能的，这称为**共享磁盘**（shared disk），这样每台计算机可存取所有磁盘上的所有卷。这种方法要求使用某种类型的锁机制，以保证数据一次仅能被一台计算机存取。

20.6 非均匀存储器访问

以商售产品形式提供多处理器系统的两种常用方法是 SMP 和集群系统。近年来,一种被称为非均匀存储器访问(NUMA)的方法已成为研究的热点,并且 NUMA 商业产品最近也已问世。

开始介绍之前,先定义经常出现在 NUMA 文档中的一些术语。

- **均匀存储器访问**(Uniform memory access,UMA):所有处理器都可使用装载和保存指令存取主存的所有部分。一个处理器对所有存储区域的访问时间是相同的,不同处理器所进行的存储器访问时间也是相同的。20.2 节和 20.3 节所讨论的 SMP 组织就是一种 UMA。
- **非均匀存储器访问**(Nonuniform memory access,NUMA):所有处理器使用装载和保存指令能访问主存的所有部分。根据正被访问的存储器区域,一个处理器所用的存储器访问时间是不同的。这种情况对所有处理器都是真的,然而,哪个区域快些,哪个区域慢些,对不同的处理器是不同的。
- **cache 一致的 NUMA**(cache-coherent NUMA,CC-NUMA):在各处理器的 cache 之间有维护 cache 一致性机制的 NUMA 系统。

一个无 cache 一致性维护的 NUMA 系统或多或少等同于一个集群系统。令人关注的商业产品是 CC-NUMA 系统,它与 SMP 和集群系统有着明显的区别。这样的系统在商业文档中实际(通常但并不总是)被称为 CC-NUMA 系统。本节也仅关注 CC-NUMA 系统。

20.6.1 研究动机

在 SMP 系统中,可以使用的处理器数目是有实际限制的。有效的 cache 策略能减少任一处理器与主存之间的总线流通量。随着处理器数目的增长,这个总线流通量也会增长。还有,总线被用于传递 cache 一致性信号,进一步增加了总线的负担。到某一点,总线会变成一个性能瓶颈。性能的降低限制了 SMP 中可配置的处理器数目大致在 16~64 之间。例如,Silicon Graphics 公司的 Power Challenge SMP 被限制为单一系统中有 64 个 R10000 处理器,超过这个数目性能将显著降低。

SMP 中的处理器数目限制也是开发集群系统的一个推动因素。然而,集群系统中是每个节点都有自己的私有主存;应用程序看不到大的全局存储器。实际上,集群以软件而不是硬件维护一致性。这种存储器粒度影响着性能。为实现最大性能,必须为这种环境专门定制软件。一种达到大规模多处理而又保持 SMP 风格的方法是 NUMA。

NUMA 的目标是维护一个透明的、系统范围的存储器,并准许有多个多处理器节点,每个节点有自己的总线或其他内部互连系统。

20.6.2 组织

图 20.12 描述了一种典型的 CC-NUMA 组织。这里有多个独立的节点,每个节点实际上是一个 SMP 组织。于是,每个节点有多个处理器和主存,每个处理器有自己的 L1 和 L2 cache。节点是整个 CC-NUMA 组织的基本构造块,如每个 Silicon Graphics Origin 节点包括两个 MIPS R10000 处理器,又如每个 Sequent NUMA-Q 节点包括 4 个 Pentium Ⅱ 处理器。节点通过某种通信设施互连,这些设施可以是开关机构、环或其他某种网络设施。

CC-NUMA 系统内的每个节点都包含某些主存。然而,从处理器的角度来看,这里只有每个位置都具有唯一系统范围地址的单一可寻址的存储器。当一个处理器启动一个存储器访问时，如果所请求的存储位置不在此处理器的 cache 中，那么 L2 cache 启动一个取操作。如果所请求的行在主存的本地部分中，经由本地总线把此行取来。如果所请求的行在远程的主存区域中，那么请求会由 cache 自动发出，以便通过互连网络从远端获取该行，然后将该行放到内部总线上，由发送请求的 cache 从内部总线上读取。所有这些动作是自动进行的，对处理器及其 cache 是透明的。

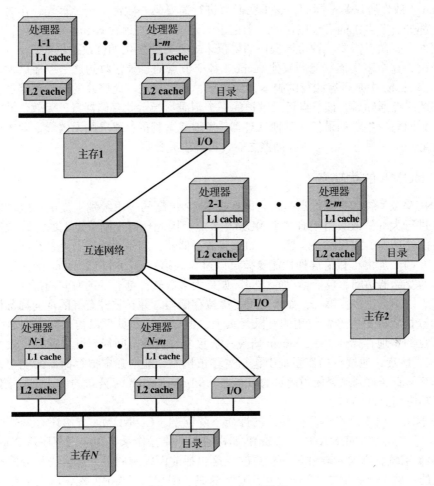

图 20.12 CC-NUMA 组织

在这种配置中，cache 一致性是主要要考虑的问题。虽然实现在细节上有所不同，但一般情况下我们可认为每个节点必须维护某种类型的目录，它给出各存储器部分的位置指示和 cache 状态信息。为看清这种策略如何起作用，我们给出一个取自 [PFIS98] 的例子。假设节点 2 上的处理器 3（P2-3）要求访问存储器位置 798，而此位置在节点 1 的存储器内，那么会发生如下序列的操作：

1. P2-3 在节点 2 的监听总线发出一个对位置 798 的读请求。
2. 节点 2 上的目录看见这个请求，并识别出此位置在节点 1 中。
3. 节点 2 的目录把一个请求发送到节点 1，节点 1 的目录会接收此请求。
4. 节点 1 的目录起着 P2-3 代理的作用，请求读取 798 的内容，就像它是一个处理器一样。
5. 节点 1 的主存响应此请求，将所请求的数据放到总线上。
6. 节点 1 的目录由总线读取数据。

7. 数据被传回节点 2 的目录。

8. 节点 2 的目录将数据放回总线，它起着代理保存此数据的原存储器的作用。

9. 数据被读取并放入 P2-3 的 cache 中，然后发送给 P2-3。

上述顺序说明了如何由远程存储器读数据，它使用了硬件机制，从而使事务过程对处理器是透明的。在这种机制的背后，需要有某种类型的 cache 一致性协议。各种系统具体如何实现 cache 一致性协议是不同的，这里我们只进行简要的一般性讨论。首先，作为上述序列操作的一部分，节点 1 的目录应保持一个记录，记录着某些远程 cache 保存着位置 798 所在的行的副本。其次，需要一种协同操作的协议来处理可能发生的修改。例如，一个 cache 中发生了修改，这个事实能广播到其他 cache。各个节点的目录在收到这一广播后，确定本节点的各局部 cache 中是否有此行的副本，如果有，就放弃它。此修改的实际存储位置所在的节点收到此广播通知后，该节点目录维护的一个记录项指示此存储器行已无效，并一直保持下去，直到回写发生。如果任何其他处理器（本地或远程的）请求此无效行，则本地目录必须强迫发生一个回写过程，修改存储器之后，再提供此数据。

20.6.3 NUMA 的优缺点

CC-NUMA 系统的主要优点是，它能在比 SMP 更高的应用级别上提供有效性能，而不要求软件进行大的修改。由于有多个 NUMA 节点，因此任何个别节点上的总线流通量被限制为总线能处理的负载程度上。然而，如果多数存储器访问是对远程节点进行的，性能就开始变差。有两个理由可相信这种性能变差可以避免。第一，L1 和 L2 cache 的使用被设计成减少所有的存储器访问，包括远程的访问。如果大多数软件都有好的时间局部性，则远程存储器访问应该不会过多。第二，如果使用了虚拟存储器，并且软件有好的空间局部性，则应用所需的数据将驻留在经常使用的有限几页上，那么，这些页可以初始装入到运行应用程序所在节点的本地存储器上。Sequent 研究人员报告，这种空间局部性出现在代表性应用中 [LOVE96]。最后，通过在操作系统中包括页移植机制，能增强虚拟存储器的能力，这种机制将虚拟存储页迁移到频繁使用此页的节点上。Silicon Graphics 公司的设计人员报告了这种方法的成功应用 [WHIT97]。

即使解决了由于远程访问而导致的性能下降问题，CC-NUMA 方法还有另外两个缺点 [PFIS98]。首先，CC-NUMA 并不像 SMP 那样透明，将操作系统和应用程序从 SMP 移植到 CC-NUMA 系统将需要对软件做一些更改。这包括前面提到的页分配、进程分配和由操作系统完成的负载平衡。第二个问题是可用性。这是一个相当复杂的问题，取决于 CC-NUMA 系统的确切实现，感兴趣的读者请参阅 [PFIS98]。

20.7 关键词、思考题和习题

关键词

active standby：主动式备用

cache coherence：cache 一致性

cluster：集群

directory protocol：目录协议

failback：故障退回

failover：故障接管

infrastructure as a service（IaaS）：基础设施即服务

MESI protocol：MESI 协议

multiprocessor：多处理器

nonuniform memory access（NUMA）：非均匀存储器访问

passive standby：被动式备用

platform as a service（PaaS）：平台即服务

service aggregation：服务聚合

service arbitrage：服务套利

service intermediation：服务中介

snoopy protocol：监听协议

software as a service（SaaS）：软件即服务

symmetric multiprocessor（SMP）：对称多处理器

uniform memory access（UMA）：均匀存储器访问

uniprocessor：单处理器

思考题

20.1 列出并简要地为计算机系统组织的三种类型下一个定义。

20.2 SMP 的主要特征是什么？

20.3 与单处理器相比，SMP 有哪些潜在的优势？

20.4 为 SMP 设计 OS 需要考虑的关键问题是什么？

20.5 软件方案与硬件方案解决 cache 一致性有什么不同？

20.6 MESI 协议有 4 种状态，每种状态的含义是什么？

20.7 集群化的主要好处是什么？

20.8 故障接管与故障退回有何不同？

20.9 UMA、NUMA 与 CC-NUMA 三者之间的区别是什么？

习题

20.1 假设一个计算机系统中有 n 个处理器，每个处理器的执行速率是 x MIPS。在 n 个处理器上，程序代码有 α 比例部分能够同时执行，其余部分必须在单处理器上顺序执行。

    a. 请给出程序在这一系统上运行时的有效执行速率，用 n、x 与 α 表示。

    b. 若 $n=16$，$x=4$ MIPS，则 α 应为何值才能产生 40 MIPS 的系统性能？

20.2 一台多处理器拥有 8 个处理器，连接着 20 台磁带机。现有大量的作业提交给系统，每个作业最大要求 4 台磁带机才能完成执行。假定每个作业开始运行时只需要 3 台磁带机，经长时间运行之后到结束之前才在短时间内需要 4 台磁带机，并假设这些作业是循环不断地被提交的。

    a. 假设 OS 中的调度程序是这样工作的：没有 4 台磁带机可用，就不启动作业；一旦启动作业，4 台磁带机立即被分配，且直到作业结束后才释放。请问：每次能同时进行的最大作业数是多少？作为这种调度策略的结果，处于空闲的磁带机最大数与最小数各是多少？

    b. 请给出一种策略，以改善磁带机的利用率，同时又能避免系统死锁。此时，每次能同时进行的最大作业数是多少？空闲磁带机数量的上限与下限各是多少？

20.3 你能预见在基于总线的多处理器上采用 cache 写一次（write-once）方法会出现什么问题吗？如果有，请针对该问题给出一种解决方案。

20.4 考虑该情景：一个 SMP 的配置中有两个处理器，每个处理器配置一个 cache，并应用 MESI 协议。经过一段时间后，两个处理器都要访问存储器的同一数据行 x，并假定初始时两个 cache 中都有此行的无效副本。图 20.13 给出了处理器 P1 读取数据行 x 后的结果。请以此为初始情况，画出如下序列的后续图：

    a. P2 读 x

    b. P1 写 x（为清晰描述，此 P1 cache 行标记为 x'）

    c. P1 写 x（此 P1 cache 行标记为 x"）

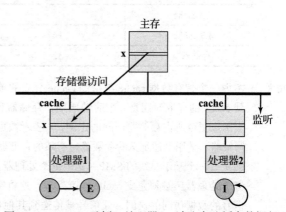

图 20.13　MESI 示例：处理器 P1 读取高速缓存数据行 x

d. P2 读 x

20.5 图 20.14 表示两种可能的 cache 一致性协议的状态图，请推导并解释每种协议，将其与 MESI 协议进行比较。

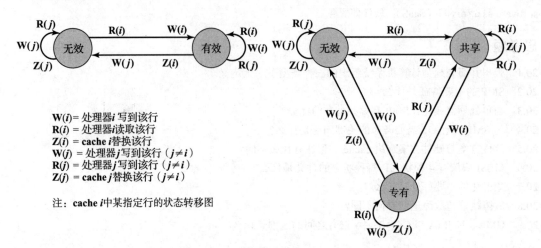

W(i) = 处理器 i 写到该行
R(i) = 处理器 i 读取该行
Z(i) = cache i 替换该行
W(j) = 处理器 j 写到该行（$j \neq i$）
R(j) = 处理器 j 读取该行（$j \neq i$）
Z(j) = cache j 替换该行（$j \neq i$）

注：**cache i** 中某指定行的状态转移图

图 20.14　两种 cache 一致性协议

20.6 考虑一个有 L1 与 L2 cache 并使用 MESI 协议的 SMP。正如 20.3 节所述，L2 cache 的每行有 4 种可能的状态。L1 cache 行是否也需要 4 种状态？如果是，请说明理由。如果不是，请说明哪些状态能被取消。

20.7 IBM 大型机的一个早期版本（S/390 G4）使用了三级 cache。与 z990 相同，仅 L1 cache 在处理器芯片（称为处理器单元，PU）上。L2 cache 类似于 z990。L3 cache 在一个分立芯片上，位于 L2 cache 和存储器卡之间，起着存储控制器的作用。表 20.3 展示了 IBM S/390 三级 cache 配置情况下的性能。此问题的目的在于确认使用第三级 cache 是否值得。请计算仅有 L1 cache 的系统的存取开销（平均 PU 周期数），并将得到的值归一化到 1.0 内。然后，再确定使用 L1 cache 与 L2 cache 以及使用全部三级 cache 的系统存取开销。记下每种情况下的改进总量，并陈述你对 L3 cache 价值的看法。

表 20.3　S/390 SMP 配置上典型的 cache 命中率 [MAK97]

存储子系统	访问开销（PU 时钟周期）	cache 容量	命中率（%）
L1 cache	1	32 KB	89
L2 cache	5	256 KB	5
L3 cache	14	2 MB	3
存储器	32	8 GB	3

20.8 a. 考虑一个带有数据 cache 与指令 cache 分立的单处理器，其命中率分别是 H_d 与 H_i。由处理器到 cache 的存取时间是 c 个时钟周期，存储器和 cache 间的块传送时间是 b 个时钟周期。令 f_i 表示取指令所占存储器访问的比例，f_d 表示数据 cache 中脏行占被替换行的比例。假设采用回写策略，请用上述定义的参数确定有效的存储器访问时间。

b. 假定有一个基于总线的 SMP，其中每个处理器都有 a 部分所述的特征。除了存储器读写之外，每个处理器还必须完成 cache 作废处理，这将影响有效存储器访问时间。令 f_{inv} 表示引发作废信号的数据访问的比例，此信号被传送到其他数据 cache。发送此信号的处理器要用 t 个时钟周期完成作废操作，其他处理器不参与此次作废操作。请给出有效存储器访问时间。

20.9 图 20.15 中每幅图所指出的是什么组织方案？

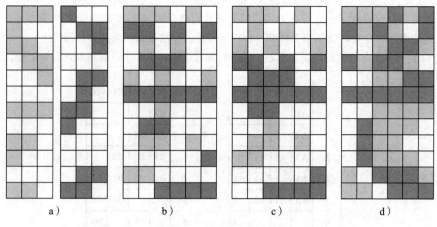

图 20.15 习题 20.9 图

20.10 在图 20.10 中，某些图展示了水平行部分填充，另一种情况是整行空白。请说明这代表哪两种效率损失并解释。

20.11 考虑图 16.13b 所描述的流水。现在忽略取指与译码两个阶段，将其改画为图 20.16a 来表示线程 A 的执行。图 20.16b 表示另一个线程 B 的执行。两种情况下处理器使用的均是简单流水。

a. 参照图 20.10a 为每个线程绘制指令发射图。

b. 假设在片上多处理器上并行执行这两个线程，芯片上的两个处理器核均使用简单流水。请参照图 20.10k 绘制指令发射图，再参照图 20.16 绘制流水执行图。

c. 假设有一个双发射超标量体系结构为交错式多线程超标量的实现，假定不考虑数据相关性，按 b 中的要求重做本题。注意：本题答案不唯一，你需对延迟与优先级进行假设。

d. 对于阻塞式多线程超标量的实现，按 c 中的要求重做本题。

e. 对于 4 发射 SMT 体系结构，按 c 中的要求重做本题。

20.12 一个应用程序在有 9 台计算机的集群上执行，执行时间为 T。经测试，此应用程序在 9 台计算机上同时运行的时间占 T 的 25%，其余时间内应用程序仅在单一计算机上运行。

a. 请计算上述情况相对于单计算机上运行所获得的有效加速比，再计算上述程序中并行化代码（编程或编译时使用了集群模式）所占的百分比 α。

b. 假设我们运行并行化代码部分时，可以有效地使用 17 台计算机而不是 9 台计算机。请计算这种情况下的有效加速比。

20.13 在一计算机上执行的 FORTRAN 程序如下，其并行化版本将在一个由 32 台计算机组成的集群系统上运行。

```
L1:     DO 10 I = 1, 1024
L2:           SUM(I) = 0
L3:           DO 20J = 1,I
L4: 20              SUM(I) = SUM(I) + I
L5: 10 CONTINUE
```

假设行 2 和行 4 每个都用 2 个机器周期，包括所有的处理器和存储器访问动作。不计软件循环控制语句（行 1、3、5）引起的开销和其他所有系统开销以及资源冲突。试问：

a. 程序在单个计算机上总的执行时间是多少（以机器周期为单位）？

b. 将 I 循环的迭代以如下方式在 32 个计算机中分摊：计算机 1 执行最初的 32 次迭代

（I = 1～32），计算机 2 执行下一个 32 次迭代，如此继续分摊下去。总的执行时间是多少？与 a 比较，速度提高了多少？（注意，J 循环支配的计算负载在各计算机中未做均衡。）

c. 说明应如何修改上述并行化方式，以使计算负载在 32 个计算机上分布均衡地并行执行。负载均衡意味着对 I、J 两个循环都要将相等数量的加法运算指派到各计算机上。

d. 32 台计算机并行执行所需要的最小执行时间是多少？与单个计算机相比，速度提高多少？

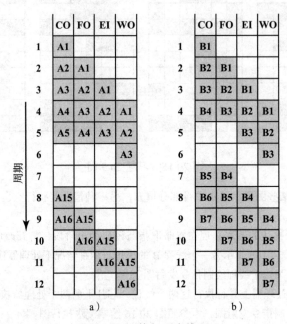

图 20.16　执行两个线程

20.14　考虑如下两个程序所示的两向量相加：

```
L1:     DO 10 I = 1, N
L2:       A(I) = B(I) + C(I)
L3: 10 CONTINUE
L4:     SUM = 0
L5:     DO 20J = 1, N
L6:       SUM = SUM + A(J)
L7: 20 CONTINUE
```

```
DOALL K = 1, M
 DO 10 I = L(K-1)+1, KL
   A(I) = B(I)+C(I)
10 CONTINUE
 SUM(K) = 0
 DO 20 J = 1, L
   SUM(K) = SUM(K) + A(L(K-1)+J)
20 CONTINUE
ENDALL
```

a. 左边的程序在单处理器上执行。假设执行 L2、L4 和 L6 每行需要一个处理器时钟周期。为简单起见，忽略其他代码行所需的时间。初始时，所有的数组都已经加载到主存中，并且短程序段已经在指令 cache 中。执行这个程序需要多少个时钟周期？

b. 右边的程序欲在有 M 个处理器的多处理器上执行。我们将循环操作分成 M 个段，每个部分 $L = N/M$ 个元素。DOALL 声明，所有的 M 段都是并行执行的。这个程序的执行结果是产生 M 个部分和。假设经由共享存储器的处理器之间的通信操作每次需要 k 个时钟周期，这样每个部分和的加法计算需要 k 个周期。一个 l 级二叉加法器树可以合并所有的部分和，其中 $l = \log_2 M$。需要多少个周期才能得到最终的结果？

c. 假设数组中有 $N = 2^{20}$ 个元素，且 $M = 256$。使用多处理器能实现的加速比是多少？假设 $k = 200$。这个加速比是因子为 256 的理想加速比的百分之多少？

多核计算机

学习目标

学习完本章后，你应该能够：

- 理解驱动多核计算机的**硬件性能问题**。
- 理解使用多线程多核计算机带来的**软件性能问题**。
- 总结**异构多核组织**的两种主要方法。
- 了解**多核组织**在嵌入式系统、PC、服务器和大型机中的应用。

多核计算机也称为**单芯片多处理器**，指在一个单独的硅片上结合两个或者多个处理器（称为核）。典型的是，每个核由一个独立处理器的所有组件构成，如寄存器组、ALU、流水线硬件以及控制单元，再加上 L1 指令和 L1 数据 cache。除了多个核之外，当代多核芯片还包括 L2 cache，在一些例子中还有 L3 cache。最高度集成的多核处理器，被称为芯片系统（SoC），甚至包括内存和外设控制器。

本章将对多核系统进行综述。首先考察多核计算机发展的硬件性能因素，探索多核系统功耗方面的软件挑战。接下来，考察多核组织结构。最后，我们将介绍三个多核产品示例，包括个人计算机和工作站系统（Intel）、嵌入式系统（ARM）和大型机（IBM）。

21.1 硬件性能问题

正如我们在第 2 章中所讨论的，微处理器系统在执行性能上已经经历了几十年的稳定增长。这种增长是由许多因素导致的，包括时钟频率的增加、晶体管密度的增加，以及芯片上处理器组织的改进。

21.1.1 增加并行和复杂度

处理器设计结构的改变主要体现在增加指令级并行上，这使更多工作能在一个时钟周期完成。按照时间排序这些改变，包括如下（参见图 21.1）：

- **流水线**：各条指令通过多阶段流水线执行，因而在一条指令执行时，另一条指令在流水线的另一个阶段同时被执行。
- **超标量**：通过复制执行资源来构造多个流水线。只要不出现冲突，指令就能够在多个流水线上并发地执行。
- **同步多线程**（SMT）：寄存器库（register bank）被复制，使多线程能共享流水线资源。

对于以上这些创新，设计师们多年来一直试图通过增加复杂度来提高系统的性能。在流水线例子下，将简单的三级流水线改为五级流水线。Intel Pentium4"Prescott"核心的某些指令有 31 级。

这一趋势的发展是有限的，因为有了更多的流水阶段，就需要更多的逻辑、更多的内部连接与控制信号。

对于超标量流水线，可以通过增加并行流水线的数量来提高性能。随着流水线数量的增加，这里同样存在性能反而下降的问题，因为需要更多的逻辑来管理冲突以及分阶段指令资源。最终，当一个单线程运行到某点时，资源冲突和依赖性将阻止系统充分利用所有可获得的流水线资源。此外，编译后的二进制代码很少能暴露出足够的 ILP 来利用 6 个以上的并行流水线。

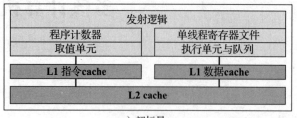

a）超标量

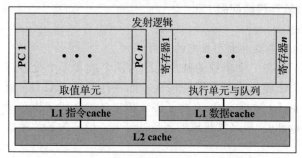

b）同步多线程

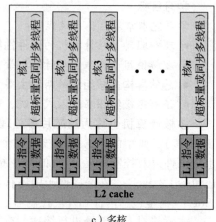

c）多核

图 21.1　可选择的芯片组织

同样，拥有 SMT 的性能递减也会达到这一点，因为一套流水线上多个线程管理的复杂度限制了线程数量以及能够被有效利用的流水线数量。SMT 的优势在于可以搜索两个（或多个）程序流来寻找可用的 ILP。

在计算机芯片的设计和制造中存在一系列相关的问题。在处理与非常长的流水线、多个超标量流水线和多个 SMT 寄存器库相关的所有逻辑问题时，复杂度增加，意味着协调和信号传输逻辑占用了越来越多的芯片面积。这增加了芯片设计、制造和调试的难度。原因之一是日益困难的与处理器逻辑相关的工程技术挑战：越来越多的处理器芯片被用于处理更简单的内存逻辑。接下来将要讨论的功耗问题是另一个原因。

21.1.2　功耗

随着芯片上晶体管数目的增加，为了保持更高性能的发展趋势，设计者采取更精细的处理器设计（流水线、超标量、SMT）以及更高的时钟频率。不幸的是，在芯片密度和时钟频率增加的同时，对功耗的需求呈指数增长。这一点体现在图 2.2 中。

控制功率密度的一种方法是使用更多的芯片区域作为 cache 存储器。内存晶体管更小，功耗密度比逻辑晶体管低一个数量级（见图 21.2）。随着芯片晶体管密度的增加，用于存储的芯片面积的百分比也在增加，现在通常是芯片面积的一半。即便如此，仍有相当多的芯片领域致力于处理逻辑晶体管。

如何利用这些逻辑晶体管是设计的一个关键问题。如前面讨论的一样，有效地使用一些方法（如超标量和 SMT）是有局限的。总的来说，近十年的经验已精炼为 Pollack 规

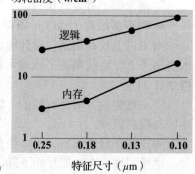

图 21.2　功耗和存储器的关系

则 [POLL99]，它声称性能增长与复杂度增加的平方根严格地成比例。换句话说，如果处理器核中的逻辑部分增加两倍，那么它的性能仅增加 40%。原则上，随着核数目的增加，使用多核潜在地提供了性能的近线性提高——但这只适用于能够利用这一优势的软件。

功耗是转向多核架构的另一个原因。因为当一块芯片拥有如此丰富的 cache 存储器时，任何一个执行的线程都不可能有效利用所有内存。即使拥有 SMT，由于你是在一个相对有限的方式中进行多线程开发，也不能全面开发一个巨大的 cache，而许多相对独立的线程或过程则有较大机会完全利用 cache 存储器。

21.2　软件性能问题

对多核结构软件性能的详细考察超出了我们的范围。本节我们首先给出这些问题的一个概述，然后看一个挖掘多核能力应用设计的例子。

21.2.1　多核软件

对多核结构的潜在性能受益于有效开发应用程序并行资源的能力。我们首先来关注一个运行在多核系统上的应用程序。回顾第 2 章的阿姆达尔定律：

$$加速比 = \frac{程序在单个处理器上的执行时间}{程序在 N 个并行处理器上的执行时间}$$

$$= \frac{1}{(1--f) + \dfrac{f}{N}} \tag{21.1}$$

该定律假定程序中执行时间的（$1--f$）段包含的代码是固定连续的，f 段包含无调度开销的无限可并行代码。

该定律使多核结构前景可观。但是如图 21.3a 所示，甚至连一小段连续代码都产生了值得关注的影响。如果代码只有 10% 是固定连续的（$f = 0.9$），那么该程序在一个 8 核处理器系统上仅能获得 4.7 倍的性能提升。除此之外，由于多处理器上通信和任务分配会导致软件开销以及 cache 一致性开销，再加上使用了多个处理器（例如，协调和操作系统管理）的开销增加，这些开销导致曲线中的性能峰值开始下降。来自 [MCDO05] 的图 21.3b 是一个典型的例子。

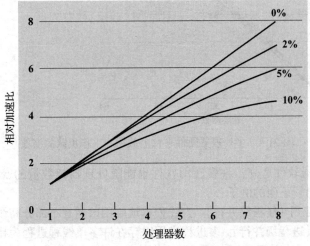

a）0%、2%、5%和10%的代码必须顺序执行的加速比

图 21.3　多核对性能的影响

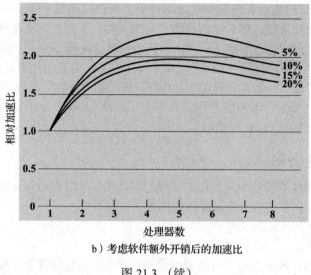

b）考虑软件额外开销后的加速比

图 21.3 （续）

然而，软件工程师一直在关注这个问题，目前存在大量能有效开发多核系统的应用。[MCDO05] 针对数据库应用分析了多核系统的有效性，其中主要关注减少硬件结构、操作系统、中间件和数据库应用软件内的串行部分。图 21.4 显示了这个结果。如此例所示，数据库管理系统和数据库应用是多核系统能有效利用的领域。许多服务器也能有效使用并行多核结构，因为服务器就是并行处理多个相对独立的事务的典型。

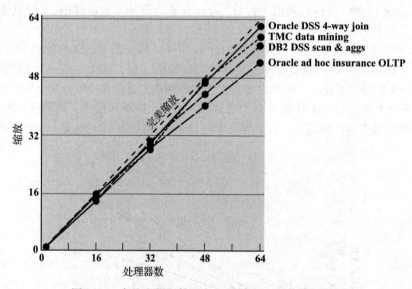

图 21.4   多处理器硬件平台上数据库工作负载的缩放

除了通用服务器软件之外，许多应用软件也能随处理器核数量的变化而实现性能的伸缩。[MCDO06] 列出了下面的例子：

- **多线程本地应用（线程级并行）**：多线程本地应用以拥有小部分高线程进程为特征。
- **多进程应用（进程级并行）**：多进程应用以存在许多单线程进程为特征。
- **Java 应用**：Java 应用包含一个以基本方式运行的线程。Java 语言不但对于多线程应用十分便捷，而且 Java 虚拟机是一个提供 Java 应用的调度和内存管理的多线程进程。

- **多实例应用（应用程序级并行）**：即使单个应用程序不能伸缩以利用大量线程，通过并行运行应用程序的多个实例，仍然可以获得多核体系结构。如果多个应用程序实例需要一定程度的独立，则可以使用虚拟化技术（用于操作系统的硬件）为每个应用程序实例提供单独与安全的环境。

在转向示例之前，我们通过引入**线程粒度**的概念来详细阐述线程级并行性的主题，线程粒度定义为可以有益地并行化的最小工作单元。一般来说，系统支持的粒度越细，程序员在并行化程序时受到的约束就越少。因此，细粒度的线程系统比粗粒度的线程系统允许在更多的情况下实现并行化。目标系统体系结构粒度的选择涉及一个固有的权衡。一方面，粒度更细的系统更理想，因为它们为程序员提供了灵活性。另一方面，线程粒度越细，线程系统开销占用的执行部分就越重要。

21.2.2 应用实例：Valve 游戏软件

Valve 是一家娱乐技术公司，已开发了许多大众游戏以及 Source 引擎，它是最广泛应用的游戏引擎之一。Source 是 Valve 为其游戏以及其他授权游戏开发者使用的一个动画引擎。

Valve 为利用 Intel 和 AMD 多核处理器芯片 [REIM06]，使用多线程重新编写了 Source 引擎软件。修订的 Source 引擎代码为 Valve 游戏（如 Half Life 2）提供了更强大的支持。

以 Valve 的视角来看，线程粒度选项定义如下 [HARR06]：

- **粗粒度线程**：被称为系统的每个模块都会被分配到一个单独的处理器上运行。以 Source 引擎为例，这意味着，图像渲染放在某个处理器上，AI（人工智能）计算放在另一个处理器上，动作处理则又放在一个不同的处理器上，如此类推。该方案非常直接。本质上，每个重要的模块都是一个单线程，而系统协调工作主要是将所有的线程与一个时间轴线程同步。
- **细粒度线程**：许多类似或者同样的任务遍布在多个处理器上。例如，在一个数组上迭代的循环可以分成许多小的在单个线程内并行调度的并行循环。
- **混合线程**：这包括为某些系统选取细粒度线程，以及为另一些系统选取单线程。

Valve 发现，通过使用粗粒度线程，在两个处理器上能获得与在一个单处理器上执行相比两倍的性能，但是这仅是理想情况。在真实世界中，性能大约提高到 1.2 倍。Valve 也发现有效利用细粒度线程十分困难。每个工作单元的时间是变化的，并且维护各种结果及其后续事件在时间轴上的位置也需要复杂的编程。

Valve 发现混合线程的方法最有前景并且在多核处理器上具有最好的性能伸缩性，特别是对于即将出现的 8 核或 16 核处理器而言。Valve 标记出那些被固定分配到某个处理器才能高效运行的系统。一个例子是混音系统，它几乎没有用户交互，不受窗口配置的限制，工作在它自己的数据集上。其他模块（如场景绘制）可以组织为许多线程，从而模块能在一个处理器上执行，并且随着遍布到越来越多的处理器上而获得更高性能。

图 21.5 显示了绘制模块的线程结构。在这个层级结构，高层线程根据需要产生低层线程。该绘制模块依赖 Source 引擎的关键部分——世界列表（world list），该列表是游戏世界中可视化元素的一个数据库表示。第一项任务是确定需要绘制的世界区域是什么。下一步工作是确定从多个角度看到场景中的对象是什么。接下来是处理器密集型工作。该绘制模块必须完成每个对象在多个视角（如玩家角度、TV 监视器角度、水中反射角度）的视图。

绘制模块的线程策略的一些关键元素如 [LEON07] 中所列，包括：

- 为多场景并行构造场景绘制列表（如真实世界和水中反射的世界）。
- 交叠图形模拟。

- 并行计算全部场景中所有角色的骨架变换。
- 并行多线程绘制。

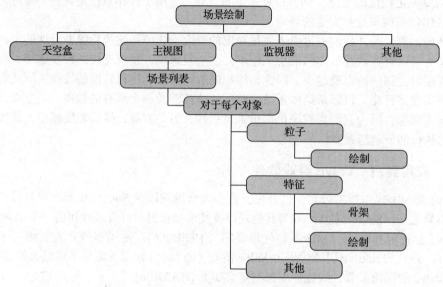

图 21.5 绘制模块的混合线程

设计者发现简单锁定关键数据库，如世界列表，对于线程而言太低效。在超过 95% 的时间内，线程试图从数据集中读数据，而最多 5% 的时间用来写入数据集。这样一来，可以有效利用目前一个称为单写者多读者的模块机制。

21.3 多核组织结构

多核组织结构中的主要变量概述如下：

- 芯片上核处理器的数目
- cache 的级数
- cache 是如何在多个核之间共享的
- 是否采用同步多线程（SMT）
- 核的类型

除最后一个之外的所有注意事项，我们都将在本节中讨论，对核类型的讨论将推迟到下一节进行。

21.3.1 cache 的级别

图 21.6 显示了多核系统的四种常见结构。图 21.6a 出现在早期多核计算机芯片结构中，在一些嵌入式芯片中仍然可见。在这种结构中，唯一的片上 cache 是 L1 cache，每个核都有自己专用的 L1 cache。由于性能原因，L1 cache 几乎固定被划分为指令 cache 和数据 cache，而 L2 和更高级别的 cache 是统一的。这种结构的一个实例是 ARM11 MPCore。

图 21.6b 的结构也是没有片上 cache 共享的一种。在这种情况下，芯片上有足够的可用区域来允许 L2 cache。AMD Opteron 就是一个例子。图 21.6c 显示了一个类似的分配给内存的芯片空间，但是使用了一个共享的 L2 cache。Intel Core Duo 就是这种结构。最后，随着芯片上可用的 cache 存储器资源的增加，出于性能考虑，可以设置一个 L3 cache（图 21.6d），

并由多个核共享，同时每个处理器核仍拥有一个专用的 L1 cache 和 L2 cache。Intel Core i7 就是这种结构的一个例子。

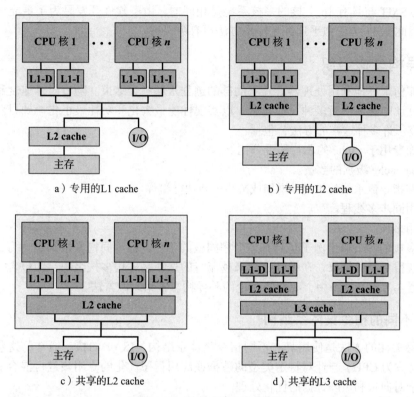

a）专用的L1 cache

b）专用的L2 cache

c）共享的L2 cache

d）共享的L3 cache

图 21.6 四种多核组织结构

在芯片上使用共享的高层级 cache 比单独靠一个专门 cache 有许多优势：

1. 结构干涉能够减少整体失效率。这是因为，当某个核上的线程访问主存某个地址之后，该地址所在的存储块就被调入共享 cache 中，若随后另一个核上的线程要访问同一个存储块，则可以直接从共享的片上 cache 中读取。

2. 一个相关的优势是被多核共享的数据在共享的 cache 级上不会被复制。

3. 利用合适的行替换算法，分配给每个核的共享 cache 数目是动态的，因此，那些存储器访问局部性不强的线程（更大的工作集）能够占用更多的 cache 空间。

4. 通过共享存储器空间，容易实现核心间的通信。

5. 使用一个共享的高级别 cache 将 cache 一致性问题限制在较低的 cache 级别，从而可能提供一些额外的性能优势。

芯片上拥有专用 L2 cache 的一个潜在优势是，每个核享有对其私有 L2 cache 更快速的访问。这是线程展示强大局部性的优势所在。

随着可用的存储器数量和核数的增加，使用一个共享 L3 cache，结合在图 21.6d 中所示的核专用的 L2 cache，似乎比简单地使用大块共享 L2 cache 或不适用芯片上 L3 的大块专用 L2 cache 能提供更好的性能。后者的一个例子是 Xeon E5-2600/4600 芯片处理器（图 8.16）。

21.3.2 同步多线程

多核系统中的另一个组织设计考虑是单个核是否会实现**同步多线程**（SMT）。例如，Intel

Core Duo 使用纯超标量核，而 Intel Core i7 使用 SMT 核。SMT 具有增加多核系统支持的硬件级线程数的效果。因此，在应用程序级别上，具有 4 个核的多核系统和每个核中同时支持 4 个线程的 SMT 与具有 16 个核的多核系统是相同的。由于软件开发是为了更充分地利用并行资源，因此 SMT 方法似乎比纯超标量方法更有吸引力。

21.4　异构多核组织

探索如何最好地利用处理器芯片上的硅的进程永远不会结束。随着时钟速度和逻辑密度的增加，设计师必须平衡多种设计元素，以实现性能最大化和功耗最小化。到目前为止，我们已经研究了许多种这样的方法，包括：

1. 增加专用于 cache 的芯片的百分比。
2. 增加 cache 级别的数量。
3. 调整指令流水线的长度（增加或减少）和功能组件。
4. 采用同步多线程。
5. 使用多核。

使用多核的一个典型例子是具有多个相同核的芯片，称为**同构多核组织**。为了在性能和功耗方面获得更好的结果，在设计上越来越流行的选择是异构多核组织，即包含一种以上核心的处理器芯片。在本节中，我们将讨论两种异构多核组织的方法。

21.4.1　不同的指令集体系结构

业界最关注的方法是使用具有不同指令集体系结构（ISA）的核。通常，这包括将传统的核（此处称为 CPU）与针对特定类型的数据或应用程序优化的专用核进行混合。通常，其他核被用于对向量和矩阵数据的优化处理。

CPU/GPU 多核　　异构多核设计最主流的趋势是在同一芯片上同时使用 CPU 和图形处理单元（GPU）。简单地说，GPU 的特点是能够支持数千个并行执行线程。因此，GPU 可以很好地适应处理大量向量和矩阵数据的应用程序。GPU 的最初设计目标是改善图形应用程序的性能，由于其易于采用的编程模型，如 CUDA（计算统一设备架构），这些新处理器被越来越多地应用于提高对结构化数据进行大量重复操作的通用和科学应用的性能。

为了应对当今计算环境中各式各样的目标应用程序，同时包含 GPU 和 CPU 的多核结构对于提升性能很有潜力。然而，这种异构的混合也引起了协调与正确性的问题。

图 21.7 是一个典型的多核处理器组织。多个 CPU 和 GPU 共享芯片上的资源，如最后一级 cache（LLC）、互连网络和内存控制器。最关键的是 cache 管理策略提供有效的 LLC 共享的方式。CPU 和 GPU 之间的 cache 敏感性和内存访问率的差异对 LLC 的有效共享带来了重大挑战。

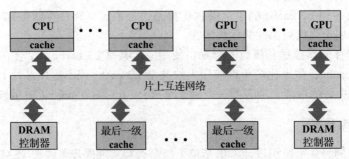

图 21.7　异构多核芯片元件

表 21.1 说明了在科学应用中结合 CPU 和 GPU 的潜在性能好处。该表展示了 AMD 芯片 A10 5800K [ALTS12] 的基本工作参数。对于浮点运算，CPU 在 121.6 GFLOPS 上的性能与 GPU 相比就显得微不足道了，GPU 为能有效利用资源的应用程序提供了 614 GFLOPS。

表 21.1　AMD 5100K 异构多核处理器运行参数

	CPU	GPU
时钟频率（GHz）	3.8	0.8
核数	4	384
FLOPS/core	8	2
GFLOPS	121.6	614.4

FLOPS= 每秒浮点操作数
FLOPS/core= 可执行的并行浮点操作数

无论是科学应用还是传统图形处理，利用添加的 GPU 处理器的关键是考虑将数据块转移到 GPU、做相应的处理，然后将处理结果返回到主应用程序线程所需的时间。在早期集成 GPU 的芯片实现中，物理内存是在 CPU 和 GPU 之间划分的。如果一个应用程序线程运行在需要 GPU 处理的 CPU 上，CPU 显式地将数据复制到 GPU 内存中。GPU 完成计算后，将结果复制回 CPU 内存。cache 一致性问题在跨 CPU 和 GPU 内存缓存中并不会出现，因为内存是分区的。另外，在物理层面上来回交付并处理数据会造成性能的损失。

许多研究和开发工作仍在开展中，以改善前一段中所描述的性能问题，其中最值得注意的是异构系统体系结构（HSA）基金会的倡议。HSA 方法的主要特点包括：

1. 整个虚拟内存空间对 CPU 和 GPU 都是可见的。CPU 和 GPU 都可以对系统中虚拟内存空间的任何位置发起访问和申请。

2. 虚拟内存系统可在需要时将页面调入物理主存。

3. 一个内存一致性策略确保 CPU 和 GPU cache 都能看到数据的最新视图。

4. 一个统一的编程接口，使用户能够在依赖 CPU 执行的程序中利用 GPU 的并行处理能力。

总体目标是允许程序员编写利用 CPU 的串行能力和 GPU 的并行处理能力的应用程序，并在操作系统与硬件级别上进行有效协调。如上所述，这是一个仍在进行的研究与开发的领域。

CPU/DSP 多核　　异构多核芯片的另一个常见例子是 CPU 与数字信号处理器（DSP）的结合。DSP 提供了超快的指令序列（移位与加法；乘法和加法），通常用于数学密集型数字信号处理应用。DSP 用于处理来自声音、气象卫星和地震监测仪的模拟数据。将信号转换成数字数据，并使用快速傅里叶变换等各种算法进行分析。DSP 核心广泛应用于各种设备，包括手机、声卡、传真机、调制解调器、硬盘和数字电视。

图 21.8 展示了 Texas Instruments（TI）K2H SoC 平台 [TI12] 的最新版本，这是一个很好的典型例子。这种异构多核处理器为高端成像应用提供了高效的处理解决方案。TI 列出的性能可达 352 GMACS、198 GFLOPS 和 19 600 MIPS。GMACS 代表每秒千兆（十亿）倍累加运算，这是 DSP 性能的一种常用衡量标准。这些系统的目标应用包括工业自动化、视频监控、高端检测系统、工业打印机 / 扫描仪和货币 / 伪钞检测。

TI 芯片包括 4 个 ARM Cortex- A15 核和 8 个 TI C66x DSP 核。

每个 DSP 核包含 32KB 的 L1 数据 cache 和 32KB 的 L1 程序（指令）cache。此外，每个 DSP 都有 1MB 的专用 SRAM 内存，可以全部配置为 L2 cache 或主存，或者二者的组合。配置为主存的部分功能为"本地"主存，简称为 SRAM。这个本地主存可以用于存放临时数据，从而避免 cache 与片外存储器之间的通信需求。8 个 DSP 核中每个的 L2 cache 是专用的，而不会与其他 DSP 核共享。这对于多核 DSP 组织来说是典型的：每个 DSP 并行地工作在一个单独的数据块上，因此几乎不需要共享数据。

每个 ARM Cortex-A15 CPU 核有 32KB 的 L1 数据和程序 cache，4 个核共享一个 4MB 的 L2 cache。

6MB 多核共享内存（MSM）总是全部被配置为 SRAM。也就是说，它的行为类似于主存而不是 cache。它可以被配置为直接向 L1 DSP 和 CPU 馈送数据的 cache，或是向 L2 DSP 和 CPU 馈送数据的 cache。这个配置决策取决于预期的应用程序概要文件。多核共享存储控制器（MSMC）管理 ARM 核、DSP、DMA、其他主控外设和外部存储接口（EMIF）之间的通信。MSMC 控制对 MSM 的访问，即对所有核心和主控外围设定上设备的访问控制。

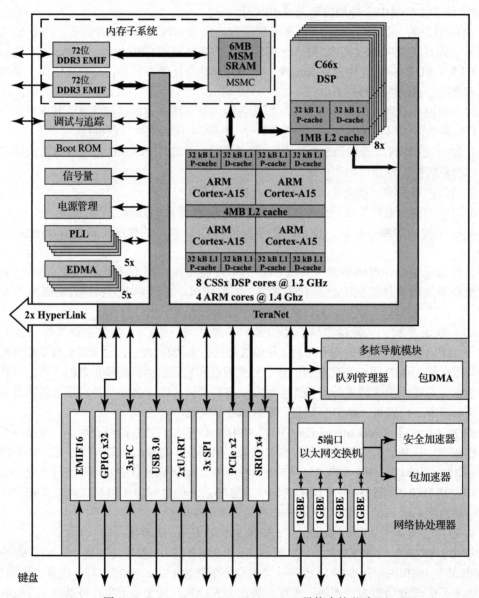

图 21.8　Texas Instruments 66AK2H12 异构多核芯片

21.4.2 等效指令集体系结构

异构多核组织的另一种最新方法是使用具有等效的指令集结构，但在性能或功率效率方面有所不同的多核。最典型的例子就是 ARM 的 big.Little 体系结构，我们将在本节中讨论。

图 21.9 展示了这种体系结构。图中显示了一个多核处理器芯片，包含两个高性能 Cortex-A15 核和两个低性能、低功耗的 Cortex-A7 核。A7 核可以处理少量的高计算量任务，比如后台处理、播放音乐、发短信和打电话。A15 核用于高强度任务，如视频、游戏和导航。

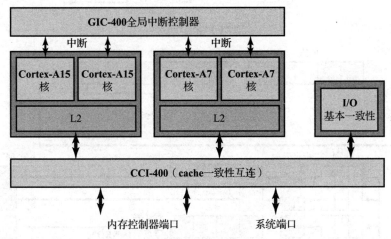

图 21.9 big.Little 芯片组件

big.Little 体系结构针对的是智能手机和平板电脑市场。用户对这些设备的性能要求的增长速度远远快于电池容量或半导体工艺进步所节省的电力。智能手机和平板电脑的使用模式是动态的。在处理繁忙任务的时段（如玩游戏和浏览网页），通常与较长时间的低处理强度任务交替进行（如收发短信、电子邮件和听音频）。big.Little 体系结构根据性能需要来利用这种任务交替。A15 专为在移动电源预算范围内实现最佳性能而设计。A7 处理器旨在实现最高效率和足够高的性能，以应对除最繁忙的工作时间以外的所有工作时间。

A7 与 A15 的特性 与 A15 相比，A7 要简单得多，性能也差得多。但与 A15 的复杂性相比，它更简单，需要的晶体管要少得多，因此它运行所需要的能量也更少。通过检视 A7 和 A15 的指令流水线，可以清楚地看出 A7 和 A15 核之间的差异，如图 21.10 所示。

A7 是一个顺序 CPU 的流水线，长度为 8～10 阶段。它的所有执行单元都有一个队列，每个时钟周期可以向它的五个执行单元发送两条指令。而 A15 是一种无序处理器，其流水线长度为 15～24 阶段。它的八个执行单元中的每一个都有自己的多阶段队列，每个时钟周期可以处理三个指令。

执行一条指令所消耗的能量与它必须遍历的流水线阶段的数量相关。因此，Cortex-A15 和 Cortex-A7 在能量消耗上差异很大，这是由流水线的复杂程度不同所导致的。在一系列基准测试中，Cortex-A15 每单位 MHz 的性能大约是 Cortex-A7 的两倍，Cortex-A7 在完成相同工作量时，能源效率大约是 Cortex-A15 的三倍 [JEFF12]。在图 21.11 中展示了性能的折中 [STEV13]。

软件过程模型 可以将 big.Little 体系结构配置为使用以下两种软件处理模型之一：迁移和多处理（MP）。这些软件模型的主要区别在于，它们在工作负载的运行时执行期间将任务分配给大核还是小核。

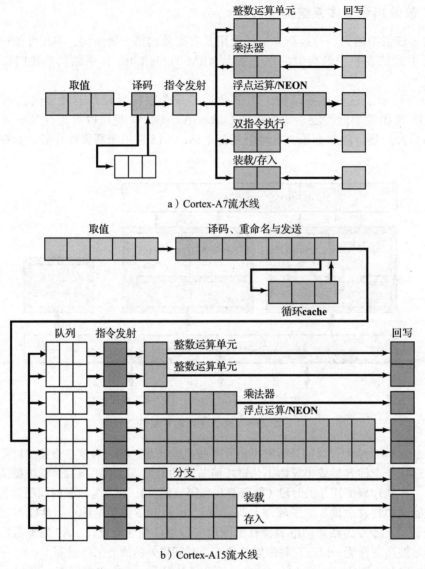

a）Cortex-A7流水线

b）Cortex-A15流水线

图 21.10　Cortex-A7 与 Cortex-A15 流水线

在迁移模型中，大核和小核是成对出现的。对于操作系统内核调度程序（OS kernel scheduler），每个大/小对都可以看作一个单独的核。电源管理软件负责在两个核之间迁移软件上下文。该模型是对当前移动平台提供的动态电压和频率缩放（DVFS）工作点的自然扩展，以允许 OS 将平台的性能与应用程序所需的性能相匹配。在当今的智能手机 SoC 中，诸如 cpu_freq 之类的 DVFS 驱动程序会定期且频繁地对操作系统性能进行采样，然后 DVFS 调节器决定是切换到更高还是更低的工作点还是保持在当前的工作点。

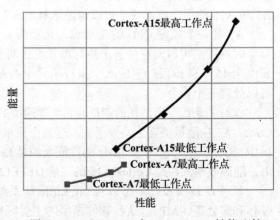

图 21.11　Cortex-A7 与 Cortex-A15 性能比较

如图 21.11 所示，A7 和 A15 都可以在四个不同的工作点执行。DVFS 软件可以有效地拨通曲线上的一个工作点，从而设置特定的 CPU 时钟频率和电压水平。

这些工作点会影响单个 CPU 集群的电压和频率。但是，在 big.Little 系统中，有两个 CPU 集群，它们具有独立的电压和频率域。这允许大型集群充当 Little 处理器集群提供的 DVFS 操作点的逻辑扩展。在具有迁移控制模式的大型系统中，当 Cortex-A7 执行时，DVFS 驱动程序可以将 CPU 集群的性能调整到更高的水平。一旦 Cortex-A7 达到最高工作点，如果需要更高的性能，则可以调用任务迁移，将操作系统和应用程序转移到 Cortex-A15。

迁移模型很简单，但是要求每对 CPU 中有一个始终处于空闲状态。 MP 模式允许任何 A15 和 A7 核的混合物同时上电和执行。大处理器是否需要上电是由当前正在执行的任务的性能要求决定的。如果有苛刻的任务，则可以打开大型处理器以执行它们。低需求任务可以在 Little 处理器上执行。最后，可以关闭所有未使用的处理器的电源。这样可确保大核或小核仅在需要时才处于活动状态，并且使用适当的核来执行任何给定的工作负载。

MP 模型的实现稍微复杂一些，但在资源使用方面更有效率。它会适当地分配任务，并在需要时允许更多内核同时运行。

21.4.3　cache 一致性和 MOESI 模型

通常，异构多核处理器将为不同处理器类型指定专用的 L2 cache。我们在图 21.7 对 CPU / GPU 方案的一般描述中看到了这一点。由于 CPU 和 GPU 从事的任务截然不同，所以每个 CPU 都有自己的 L2 cache，并在相似的 CPU 之间共享。我们还在 big.Little 体系结构中看到了这一点（见图 21.9），其中 A7 核共享一个 L2 cache，而 A15 核共享一个单独的 L2 cache。

当存在多个 cache 时，就需要一种 cache 一致性方案来避免访问无效数据。cache 一致性可以通过基于软件的技术来解决。如果 cache 中包含过时数据，则 cache 中的副本可能会失效，并在再次需要时从内存中重新读取。当由于回写 cache 包含脏数据而导致内存中包含过时数据时，可以通过强制回写到内存来清除 cache。其他 cache 中可能存在的任何其他 cache 副本必须无效。这种软件负担消耗了 SoC 芯片中太多的资源，从而导致我们使用硬件 cache 一致的实现，尤其是在异构多核处理器中。

如第 20 章所述，主要有两种实现硬件 cache 一致性的方法：目录协议和监听协议。ARM 开发了一种称为 ACE（高级可扩展接口一致性扩展）的硬件一致性功能，可以对其进行配置，以实现目录或监听协议，甚至可以组合使用。ACE 的设计旨在支持具有不同功能的各种连贯基元。ACE 支持不同处理器（例如 Cortex-A15 和 Cortex-A7 处理器）之间的一致性，从而支持 ARM big.Little 技术。它支持无 cache 原语的 I/O 一致性，支持具有不同 cache 行大小，内部 cache 状态模型不同的原语，以及具有回写或直写式 cache 的原语。另一个例子是，在图 21.8 的 TI SoC 芯片的存储子系统存储控制器（MSMC）中实现的 ACE。MSMC 支持 ARM CorePac L1 / L2 cache 和 EDMA/IO 外设之间的硬件 cache 一致性，以共享 SRAM 和 DDR 空间。此特性允许芯片上的这些原语共享 MSMC SRAM 和 DDR 数据空间，而不必使用显式的软件 cache 维护技术。

ACE 利用五状态 cache 模型。在每个 cache 中，每一行要么有效要么无效。如果某行有效，则它可以处于四个状态之一，由两个维度定义。行中可能包含共享或唯一数据。共享行包含来自外部（主）内存区域的潜在可共享数据。唯一行包含来自内存区域的数据，该内存区域专用于拥有此 cache 的核。该行可以是脏或干净的，通常干净意味着内存包含最新的数据，并且 cache 行仅是内存的副本；如果它是脏，则 cache 行是最新的数据，并且必须在某个阶段将其写回内存。上面描述的一个例外是，当多个 cache 共享一个数据行并且是脏数据行时。在这种情况下，所有 cache 必须始终包含最新的数据值，但是只有一个处于共享 / 脏状态，而其他则处于共享 / 干净状态。因此，共享 / 脏状态用于指示哪个 cache 负责将数据写回内存。共享 / 干净更准确地描述为共享数据，但不需要将其写回到内存。

ACE 状态对应于具有五个状态的 cache 一致性模型，称为 MOESI（图 21.12）。表 21.2 比较了 MOESI 模型和第 20 章中描述的 MESI 模型。

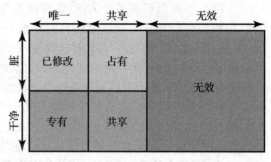

图 21.12　ARM ACE cache 行状态

表 21.2　监听协议中的状态对比

a) MESI

	已修改	专有	共享	无效
干净 / 脏	脏	干净	干净	/
唯一？	是	是	否	/
可写？	是	是	否	/
可转发？	是	是	是	/
注释	必须回写共享或替换	写入时转换为 M	共享意味着干净，可转发	不可读

b) MOESI

	已修改	占有	专有	共享	无效
干净 / 脏	脏	脏	干净	均可	/
唯一？	是	是	是	否	/
可写？	是	是	是	否	/
可转发？	是	是	是	否	/
注释	不写回，共享	必须回写以转换	在写时转换为 M	共享，可为脏或干净	不可读

21.5　Intel Core i7-5960X

近年来，Intel 推出了很多多核产品。在本节中，我们将介绍 Intel Core i7-5960X。

图 21.13 展示了 Intel Core i7-5960X 的一般结构。每个核心都有自己的**专用 L2 cache**，八个核共享 20 MB 的 **L3 cache**。Intel 用来提高 cache 效率的一种机制是预取，即硬件检查内存访问模式，并尝试用可能很快就会被请求的数据推测性地填充 cache。

Core i7-5960X 芯片支持与其他芯片的两种形式的外部通信。**DDR4 存储器控制器**将 DDR 主存储器⊖的存储器控制器带到芯片上。该接口支持四个 8 字节宽的通道，总线的总宽度为 256 位，总数据速率高达 64 GB/s。通过芯片上的存储控制器，可以消除前端总线的使用。

PCI Express 是外围设备总线。它实现了连接处理器芯片的高速通信。 PCI Express 链接以 8 GT/s（每秒传输）的速度运行。每次传输 40 位，则总计达到 40 GB/s。

⊖　DDR 同步 RAM 存储器在第 6 章中讨论过。

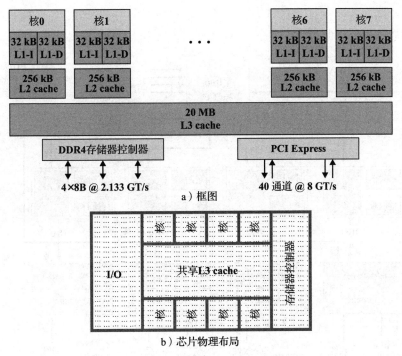

a）框图

b）芯片物理布局

图 21.13　Intel Core i7-5960X 模块图

21.6　ARM Cortex-A15 MPCore

在 21.4 节中，我们已经看到了两个使用 ARM 核的异构多核处理器的示例——big.Little 体系结构（它结合了 ARM Cortex-A7 和 Cortex-A15 核）和 Texas Instruments DSP SoC 体系结构（它将 Cortex-A15 核与 TI DSP 核相结合）。在本节中，我们将介绍 Cortex-A15 MPCore 多核芯片，它是使用多个 A15 内核的同构多核处理器。A15 MPCore 是一款高性能芯片，主要用于移动计算、高端数字家庭服务器和无线基础设施等应用。

图 21.14 给出了 Cortex-A15 MPCore 的框图。该系统的关键要素如下：

- **总中断控制器**（GIC）：处理中断检测与中断优先级。GIC 将中断分配给各个核。
- **调试单元和接口**：调试单元使外部调试主机能够停止程序执行、检查并更改流程与协处理器状态、检查和更改内存以及输入 / 输出外围设备状态、重新启动处理器。
- **通用计时器**：每个核都有自己的专用计时器，可以产生中断。
- **跟踪**：支持性能监控与程序跟踪工具。
- **核**：一个单 ARM Cortex-15 核。
- **L1 cache**：每个核都有自己的专用 L1 数据 cache 和 L1 指令 cache。
- **L2 cache**：共享的 L2 内存系统为每个核的 L1 指令与数据 cache 访问缺失提供服务。
- **监听控制单元**（SCU）：负责维护 L1/L2 cache 一致性。

21.6.1　中断处理

GIC 对来自大量来源的中断进行整理。它提供了：

- 屏蔽中断；
- 中断优先级；
- 将中断分配给目标 A15 内核；

- 跟踪中断状态；
- 通过软件生成中断。

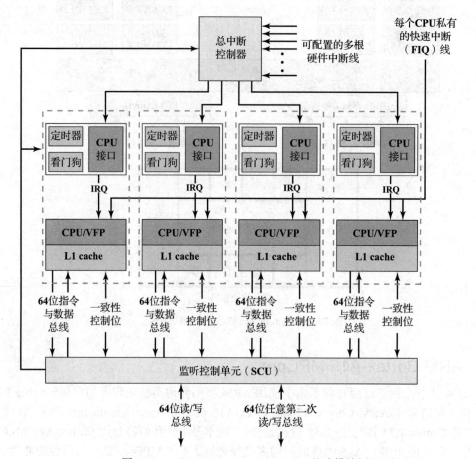

图 21.14 ARM Cortex-A15 MPCore 芯片模块图

GIC 是一个单独的功能单元，与 A15 核一起放置在系统中。这使得系统中支持的中断数量独立于 A15 核设计。GIC 是内存映射的，也就是说，GIC 的控制寄存器是相对于主存基址定义的。该 GIC 通过 SCU 的专用接口由 A15 核访问。

GIC 旨在满足两个功能要求：

- 根据需要，提供一种将中断请求路由到单个或多个 CPU 的方法。
- 提供一种处理器间通信的方法，使得一个 CPU 上的线程可以促使另一个 CPU 上的线程进行活动。

作为一个利用这两种需求的例子，考虑一个多线程应用程序，该应用程序具有在多个处理器上运行的线程。假设应用程序分配了一些虚拟内存。为了保持一致性，操作系统必须更新所有处理器上的内存转换表。操作系统可以更新发生虚拟内存分配的处理器上的表，然后向运行此应用程序的所有其他处理器发出一个中断。再之后，其他处理器可以使用此中断的 ID 来确定是否需要更新它们的内存转换表。

GIC 可以通过以下三种方式将中断路由到一个或多个 CPU：

- 中断只能定向到特定的处理器。
- 一个中断可以被定向到一组定义好的处理器。MPCore 将第一个接受中断的处理器（通常负载最小）视为处理中断的最佳位置。

- 中断可以定向到所有处理器。

从在特定 CPU 上运行的软件的角度来看，操作系统可以对除自身以外的所有 CPU 产生中断，也可以对自身或特定的其他 CPU 产生中断。对于在不同 CPU 上运行的线程之间的通信，中断机制通常与共享内存结合使用以进行消息传递。因此，当线程被处理器间通信中断所中断时，它会从适当的共享内存块中读取消息，以从触发该中断的线程中检索一条消息。每个 CPU 总共有 16 个中断 ID 可用于处理器间通信。

从 A15 核的角度来看，一个中断可以是：

- **非活动的**：非活动中断是未声明的中断，或在多处理环境中已由该 CPU 完全处理的中断，但在某些中断 CPU 中，它仍可以处于挂起或活动状态，所以在中断源上可能没有被清除。
- **挂起的**：挂起中断是已声明的中断，并且尚未在该 CPU 上开始处理。
- **活动的**：活动中断是已在该 CPU 上启动的中断，但处理未完成。当较高优先级的新中断中断 A15 核中断处理时，可以阻止活动中断。

中断来自以下来源：

- **处理器间中断（IPI）**：每个 CPU 都有专用中断 ID0～ID15，只能由软件触发。PI 的优先级取决于接收 CPU，而不是发送 CPU。
- **私人计时器和看门狗中断**：这些使用中断 ID 29 和 30。
- **传统 FIQ 行**：在传统 IRQ 模式下，传统 FIQ 引脚（基于每个 CPU）绕过中断分配器逻辑，直接将中断请求驱动到 CPU 中。
- **硬件中断**：硬件中断由相关的中断输入线上的可编程事件触发。CPU 最多可支持 224 条中断输入行。硬件中断始于 ID32。

图 21.15 是 GIC 的框图。GIC 可配置为支持 0～255 个硬件中断输入。GIC 维护着一个中断列表，显示了它们的优先级和状态。中断分配器将每个接口的最高挂起中断发送到每个 CPU 接口。它接收回已确认中断的信息，然后可以更改相应中断的状态。CPU 接口还传输中断结束（EOI）信息，这使中断分发器可以将此中断的状态从活动更新为非活动。

21.6.2　cache 一致性

MPCore 的监听控制单元（SCU）旨在解决大多数传统瓶颈，这些瓶颈与共享数据的访问以及一致性流量引入的可伸缩性限制有关。

L1 cache 的一致性　L1 cache 一致性方案基于第 20 章中描述的 MESI 协议。SCU 监控具有共享数据的操作以优化 MESI 状态迁移。SCU 引入了三种优化类型：直接数据插入、重复的标签 RAM 和迁移行。

通过**直接数据插入**（DDI），不需要访问外部存储器即可将干净数据从一个 CPU L1 数据 cache 复制到另一个 CPU L1 数据 cache。这样可以减少从 L1 cache 到 L2 cache 的一次又一次的读取活动。因此，本地 L1 cache 缺失可以在远程 L1 cache 中解决，而不是通过访问共享 L2 cache 来解决。

回想一下，cache 中每行的主存位置由该行的标签标识。标签可以实现为一个单独的 RAM 块，其长度与 cache 中的行数相同。在 SCU 中，**重复的标签 RAM** 是 SCU 使用的 L1 标签 RAM 的副本，SCU 在向相关 CPU 发送一致性命令之前使用它来检查数据的可用性。一致性命令仅发送给必须更新其一致性数据 cache 的 CPU。这样可以减少在每次内存更新时监听并处理每个处理器的 cache 所带来的功耗和性能影响。具有本地可用的标签数据使 SCU 可以将 cache 操作限制在具有共同 cache 行的处理器上。

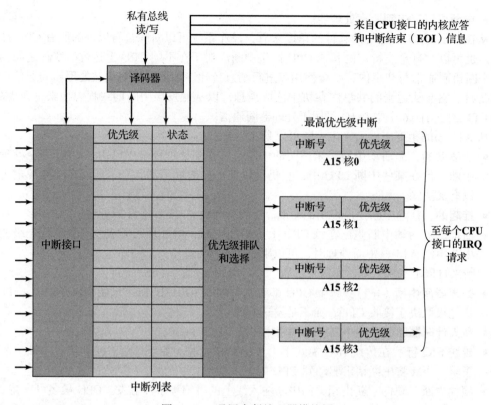

图 21.15 通用中断处理器模块图

迁移行特性允许将脏数据从一个 CPU 移到另一个 CPU，而不需要向 L2 写入数据，也不需要从外部存储器读取数据。该操作可以描述如下。在典型的 MESI 协议中，当一个处理器有一个修改过的行，而另一个处理器试图读取该行时，将发生以下操作：

1. 将行内容从修改后的行传输到发起读取的处理器。
2. 将行内容写回到主存。
3. 该行在两个 cache 中均处于共享状态。

21.6.3 L2 cache 一致性

SCU 使用混合 MESI 和 MOESI 协议来维护各个 L1 数据 cache 和 L2 cache 之间的一致性。L2 存储器系统包含一个监听标签数组（snoop tag array），它是每个 L1 数据 cache 目录的重复副本。监听标签阵列减少了 L2 内存系统和 L1 内存系统之间的监听流量。处于"已修改 / 专有"状态的监听标签数组中的任何行都属于 L1 内存系统。在这种状态下，任何对数据行的访问都必须由 L1 存储系统提供服务，并传递给 L2 存储系统。如果该行无效或在监听标签数组中处于共享状态，则 L2 cache 可以提供数据。SCU 包含缓冲区，这些缓冲区可以直接处理核之间的 cache 到 cache 的直接传输，而不需要在 ACE 上读取或写入任何数据。行可以来回迁移，而不需要更改 L2 cache 中线路的 MOESI 状态。ACP 上的可共享事务也是一致的，因此，作为 ACP 事务的结果，将查询监听标签数组。对于共享行位于"已修改 / 专有"状态的 L1 数据 cache 之一的读取，该行从 L1 内存系统传输到 L2 内存系统，并在 ACP 上传递回去。

21.7 IBM z13 大型机

在本节中，我们将介绍使用多核处理器芯片的大型计算机组织。我们使用的示例是 IBM

z13 大型计算机 [LASC16，BART15]，它于 2015 年年末开始发售。8.8 节提供了 z13 的概述，并讨论了其 I/O 结构。

21.7.1 组织

z13 的主要构造块是处理器节点。两个节点通过一个节点间 S 总线连接在一起，并容纳在一个抽屉中，该抽屉适合用于主机柜的插槽。A 总线接口将这两个节点与其他抽屉中的节点相连。z13 配置最多可包含四个抽屉。

节点的关键组件如图 21.16 所示：

- **处理器单元（PU）**：共有三个 PU 芯片，每个芯片包含 8 个 5GHz 处理器核以及三个级别的 cache。PU 通过内存控制单元与主存储器连接，通过主机通道适配器与 I/O 进行外部连接。因此，每个节点包括 24 个核。
- **存储控制（SC）**：两个 SC 芯片包含一个附加级别的 cache（L4）以及用于连接到其他节点的互连逻辑。
- **DRAM 内存插槽**：提供高达 1.28 GB 的主存。
- **PCIe 插槽**：用于连接到 PCIe I/O 抽屉的插槽。
- **GX++**：用于连接 InfiniBand 的插槽。
- **S 总线**：连接到此抽屉中的其他节点。
- **A 总线**：连接到其他抽屉。
- **处理器支持接口（PSI）**：连接到系统控制逻辑。

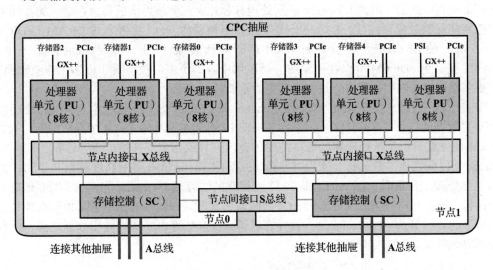

图 21.16　IBM z13 抽屉结构

微处理器内核的特点是具有宽泛的超标量、乱序流水线，可在每个时钟周期（<0.18 ns）译码 6 个 z 系列体系结构 CISC 指令，每个周期最多执行 10 条指令。执行时可能不按程序顺序进行。通过分支方向和目标预测逻辑来预测指令执行路径。每个核包括四个整数单元、两个加载 / 存储单元、两个二进制浮点单元、两个十进制浮点单元和两个向量浮点单元。

21.7.2　cache 结构

zEC12 包含四级 cache 结构。我们依次查看每个级别（见图 21.17）。

每个核都有一个专用的 96KB L1 指令 cache 和一个 128KB L1 数据 cache。L1 cache 被

设计为对 L2 的直写式 cache，也就是说，更改后的数据也将存储到下一级内存中。这些 cache 是八路组相联的。

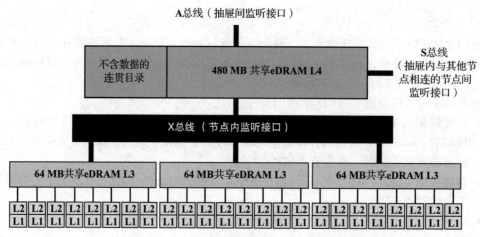

图 21.17   某个节点上 IBM z13 的 cache 层级

每个核还具有专用的 2MB L2，均分为 1MB 数据 cache 和 1MB 指令 cache。L2 cache 直写到 L3，并且八路组相联。

每个八核处理器单元芯片都包含一个由所有八个核共享的 64MB L3 cache。由于 L1 和 L2 cache 是直写式的，因此 L3 cache 必须处理其芯片上八个核生成的每个存储。此特性可在核故障期间保持数据可用性。L3 cache 是十六路组相联的。z13 将嵌入式 DRAM（eDRAM）用作芯片上的 L3 cache。尽管此 eDRAM 存储器比传统上用于实现 cache 的静态 RAM（SRAM）慢，但 eDRAM 可以在给定的表面区域中容纳更多的位。对于许多工作负载而言，拥有更多靠近核的内存比拥有更快的内存更为重要。

节点中的三个 PU 共享 480 MB 的 L4 cache。L4 cache 位于一个芯片上，该芯片还包括一个不含数据的连贯（NIC）目录，该目录指向 L3 拥有的未包含在 L4 缓存中的行。合并 4 级 cache 的主要动机是核处理器的极高的时钟速度，导致与主存速度严重不匹配，需要第四个 cache 层以保持核高效运行。大型共享的 L3 和 L4 cache 适合显示高度数据共享和任务交换的事务处理工作负载。L4 cache 是 30 路组相联的。容纳 L4 cache 的 SC 芯片还充当交叉点交换机，通过双向数据总线将 L4 到 L4 间的通信量发送到同一抽屉中的其他节点和其他两个抽屉中的其他节点。L4 cache 是一致性管理器，这意味着在处理器使用数据之前，所有的内存读取必须在 L4 cache 中。

所有四个 cache 都使用 256 字节的行大小。

z13 是一项有趣的研究，其涉及设计权衡和利用现有技术提供的功能越来越强大的处理器方面的困难。大容量的 L4 cache 旨在将对主存的访问需求降至最低。但是，到片外 L4 cache 的距离要花费若干个指令周期。因此，专用于 cache 的片上区域尽可能大，甚至达到核数量少于芯片上可能的数量的程度。L1 cache 很小，可以最大限度地减少与核的距离，并确保可以在一个周期内进行访问。每个 L2 cache 专用于单个核，以尝试在不求助于共享 cache 的情况下最大化可访问的 cache 数据量。L3 cache 由芯片上的所有四个核共享，并且尽可能大，以最大限度地减少对 L4 cache 的需求。

由于 z13 的所有节点均分担工作负载，因此所有 L4 cache 均形成单个 L4 cache 内存。因此，访问 L4 不仅意味着要离开芯片，而且可能要离开抽屉，这进一步增加了访问延迟。

这意味着处理器中更高级别的 cache 与 L4 cache 内容之间存在相对较大的距离。尽管如此，在另一个节点上访问 L4 cache 数据比在另一个节点上访问 DRAM 要快，这就是 L4 cache 以这种方式工作的原因。

为了克服此设计固有的延迟，并节省访问节点外 L4 内容的周期，设计人员试图通过将给定逻辑分区工作负载尽可能多的工作分发到与 L4 cache 位于同一节点中的内核，以使指令和数据尽可能靠近内核。这是通过让系统和 z/OS 调度器一起工作来实现的，以便在不影响吞吐量和响应时间的情况下，在尽可能少的核和 L4 cache 空间（最好是在节点边界内）的范围内保持尽可能多的工作。防止资源管理器和调度程序将工作负载分配给效率可能较低的处理器，这有助于克服 z13 等高频处理器设计中的延迟。

21.8 关键词、思考题和习题

关键词

Amdahl's law：阿姆达尔定律

chip multiprocessor：片上多处理器

coarse-grained threading：粗粒度线程

fine-grained threading：细粒度线程

heterogeneous multicore organization：异构多核组织

homogenous multicore organization：同构多核组织

hybrid threading：混合线程

MOESI protocol：MOESI 协议

multicore processor：多核处理器

pipelining：流水线

Pollack's rule：波拉克法则

simultaneous multithreading（SMT）：同步多线程（SMT）

superscalar：超标量

threading granularity：线程粒度

思考题

21.1 总结简单指令流水线、超标量与同步多线程的区别。

21.2 给出设计人员选择转向多核结构而不是在一个单处理器内增加并行性的几条理由。

21.3 为什么现在有一种将越来越多的芯片面积分配给 cache 的趋势？

21.4 列出一些直接受益于随核数量扩展吞吐量能力的应用示例。

21.5 概括来说，一个多核结构中主要的设计变量是什么？

21.6 列出多核之间共享 L2 cache 相比于每个核拥有专门的 L2 cache 所具备的优点。

习题

21.1 考虑这样一个问题。假设设计人员有一个芯片并且需要决定用该芯片上的多少资源来实现 cache（L1，L2，L3）。芯片的剩余部分可以用来实现一个复杂的超标量或一个 SMT 处理器核，或者多个相对简单的核。定义如下参数：

- n = 芯片上能包含的最大核数目。
- k = 实际实现的核数目（$1 \leqslant k \leqslant n$，$r = n/k$ 是一个整数）
- $\text{perf}(r)$ = 用 r 个处理器核等价的硬件资源实现单个处理器所带来的连续性能提升，当 $r = 1$ 时，$\text{perf}(l) = 1$。
- f = 可跨多个核进行并行化的软件部分。

如果构造一个包含 n 个核的芯片，我们期望每个处理器核可以带来 1 倍的连续性能提升，并且 n 个核可以利用多达 n 个并行线程的并行性。同样地，如果芯片有 k 个核，那么每个核应表现出一个 perf(r) 性能，并且芯片能利用多达 k 个并行线程的并行性。我们可以修改阿姆达尔定律（式（21.1））来说明这种情况，表示如下：

$$加速比 = \frac{1}{\dfrac{1--f}{\text{perf}(r)} + \dfrac{f \times r}{\text{perf}(r) \times n}} \tag{21.1}$$

a. 判断这个修改后的阿姆达尔定律是否正确。

b. 根据 Pollack 法则，设定当 $n = 16$ 时 perf(r) = $\sqrt{r}$。绘制当 $f = 0.5$，$f = 0.9$，$f = 0.975$，$f = 0.99$，$f = 0.999$ 时加速比作为 r 的函数。你能得出什么结论？

c. 当 $n = 256$ 时，按 b 中的要求重做本题。

21.2　Cortex-A15 的技术参考手册中将 GIC 介绍为一个内存映射。也就是说，核处理器使用内存映射的 I/O 与 GIC 进行通信。回顾第 8 章的内容，内存位置和 I/O 设备有独立的地址空间。处理器将 I/O 模块的状态和数据寄存器视为内存位置，并使用相同的机器指令访问内存和 I/O 设备。基于这些知识，核处理器与 GIC 进行通信时，应采用图 21.15 结构图中的哪条路径？

21.3　在本题中，我们要分析以下 C 语言程序在多线程体系结构上的性能。应假定数组 A、B 和 C 在内存中互不重叠。

```
for (i=0; i<328; i++) {
    A[i] = A[i]*B[i];
    C[i] = C[i]+A[i];
    }
```

- 我们的机器是单指令发射器的有序处理器。它使用固定的轮询调度，在每个周期切换到不同的线程。N 个线程中的每一个在每 N 个周期执行一条指令。我们将代码分配给线程，以便每个线程执行原始 C 语言代码的每第 N 次迭代。

- 整数运算指令的执行需要 1 个周期，浮点运算指令需要 4 个周期，而内存指令则需要 3 个周期。所有执行单元均已完全流水线化。如果一条指令由于其数据尚不可用而无法发出，它会在流水线化中插入一个气泡并在 I 循环后重试。

- 以下是我们为这台机器编写的汇编程序代码，以用于单线程执行整个循环。

```
loop: ld f1, 0 (r1)    ;f1 = A[i]
ld f2, 0 (r2)          ;f2 = B[i]
fmul f4, f2, f1        ;f4 = f1*f2
st f4 0(r1)            ;A[i] = f4
ld f3, 0(r3)           ;f3 = C[i]
fadd f5, f4, f3        ;f5 = f4 + f3
st f5 0(r3)            ;C[i] = f5
add r1, r1, 4          ;i++
add r2, r2, 4
add r3, r3, 4
add r4, r4, -1
bnez r4, loop          ;loop
```

a. 我们将循环的汇编代码分配给 N 个线程，以便每个线程执行原始循环的第 N 次迭代。写出将在这台多线程机器上执行的 N 个线程之一的汇编代码。

b. 该机器在每个周期为我们的程序发出一条指令时，保持充分利用状态所需要的最小线程数是多少？

c. 通过重新安排指令，我们是否可以使用更少的线程来运行此程序，并达到最高性能？简要解释原因。

d. 该程序的最高性能是多少（以 flops/ 周期为单位）？

21.4 对于 MOESI 协议，考虑任意一对 cache。使用以下矩阵来指出 cache 行中哪些状态是允许给定的；用 × 表示禁止，使用√表示允许。

	M	O	E	S	I
M					
O					
E					
S					
I					

21.5 参照图 20.6，为 MOESI 协议绘制一个状态转换图，图中应包括转换上的标签。

21.6 在目录 cache 一致性协议（例如基于 MESI 或 MOESI 的协议）中，静默转换（silent transition）是指其中的 cache 行从一种状态转换为另一种状态，而不向中央控制器报告此更改的一种转换。

a. 对于 MESI 协议中的每个状态，如果有，请指明向哪些目标状态的静默转换是可能发生的。

b. 对于 MOESI 协议中的每个状态，按 a 中的要求重做本题。

深入理解计算机系统（原书第3版）

作者：[美] 兰德尔 E. 布莱恩特 等　译者：龚奕利 等　书号：978-7-111-54493-7　定价：139.00元

理解计算机系统首选书目，10余万程序员的共同选择
卡内基-梅隆大学、北京大学、清华大学、上海交通大学等国内外众多知名高校选用指定教材
从程序员视角全面剖析的实现细节，使读者深刻理解程序的行为，将所有计算机系统的相关知识融会贯通
新版本全面基于X86-64位处理器

　　基于该教材的北大"计算机系统导论"课程实施已有五年，得到了学生的广泛赞誉，学生们通过这门课程的学习建立了完整的计算机系统的知识体系和整体知识框架，养成了良好的编程习惯并获得了编写高性能、可移植和健壮的程序的能力，奠定了后续学习操作系统、编译、计算机体系结构等专业课程的基础。北大的教学实践表明，这是一本值得推荐采用的好教材。本书第3版采用最新x86-64架构来贯穿各部分知识。我相信，该书的出版将有助于国内计算机系统教学的进一步改进，为培养从事系统级创新的计算机人才奠定很好的基础。

——梅 宏　中国科学院院士/发展中国家科学院院士

　　以低年级开设"深入理解计算机系统"课程为基础，我先后在复旦大学和上海交通大学软件学院主导了激进的教学改革……现在我课题组的青年教师全部是首批经历此教学改革的学生。本科的扎实基础为他们从事系统软件的研究打下了良好的基础……师资力量的补充又为推进更加激进的教学改革创造了条件。

——臧斌宇　上海交通大学软件学院院长